AF664734

EUL VERLAG

Family Business

Herausgegeben von Prof. Dr. Sabine B. Klein, Vallendar, Prof. Dr. Peter Jaskiewicz, Edmonton (Kanada), Prof. Dr. Peter May, Vallendar, und Prof. Dr. Arist von Schlippe, Witten/Herdecke

Band 1
Sabine B. Klein
Familienunternehmen – Theoretische und empirische Grundlagen – 3. Auflage
Lohmar – Köln 2010 • 392 S. • € 32,- (D) • ISBN 978-3-89936-900-7

Band 2
Christian Mertens
Herausforderungen für Familienunternehmen im Zeitverlauf – Eine empirische Analyse am Beispiel von Nachfolge und Internationalisierung
Lohmar – Köln 2009 • 520 S. • € 74,- (D) • ISBN 978-3-89936-814-7

Band 3
Stefan Kemp
The Primacy of Financial Objectives – How Family Businesses make a Difference
Lohmar – Köln 2009 • 232 S. • € 56,- (D) • ISBN 978-3-89936-869-7

JOSEF EUL VERLAG

Reihe: Family Business · Band 1

Herausgegeben von Prof. Dr. Sabine B. Klein, Vallendar, Prof. Dr. Peter Jaskiewicz, Edmonton (Kanada), Prof. Dr. Peter May, Vallendar, und Prof. Dr. Arist von Schlippe, Witten/Herdecke

Prof. Dr. Sabine B. Klein

Familienunternehmen

Theoretische und empirische Grundlagen

3. Auflage

EUL VERLAG

Bibliografische Information der Deutschen Nationalbibliothek

Die Deutsche Nationalbibliothek verzeichnet diese Publikation in der Deutschen Nationalbibliografie; detaillierte bibliografische Daten sind im Internet über <http://dnb.d-nb.de> abrufbar.

ISBN 978-3-89936-900-7
3. Auflage März 2010

© JOSEF EUL VERLAG GmbH, Lohmar – Köln, 2010
Alle Rechte vorbehalten

JOSEF EUL VERLAG GmbH
Brandsberg 6
53797 Lohmar
Tel.: 0 22 05 / 90 10 6-6
Fax: 0 22 05 / 90 10 6-88
http://www.eul-verlag.de
info@eul-verlag.de

Bei der Herstellung unserer Bücher möchten wir die Umwelt schonen. Dieses Buch ist daher auf säurefreiem, 100% chlorfrei gebleichtem, alterungsbeständigem Papier nach DIN 6738 gedruckt.

Geleitwort zur Reihe „Family Business“

Familienunternehmen sind die älteste Unternehmensform, die wir kennen. Gleichwohl ist ihre Behandlung in der Wissenschaft noch nicht sehr alt. Was auf den ersten Blick überrascht, erklärt sich bei genauerem Hinschauen schnell. Familienunternehmen, also Unternehmen, die maßgeblich von einer oder mehreren Familien beeinflusst werden, sind traditionell verschwiegen. Dies ist und bleibt einer ihrer Wettbewerbsvorteile. Die Bühne für die großen Auftritte überlassen die Unternehmer gerne angestellten Managern. Familienunternehmen wirken also oft im Verborgenen, was die Beschäftigung mit ihnen von Seiten der Wissenschaft erschwert. Hinzukommt, dass im deutschen Hochschulwesen Lehrstühle erst seit kurzer Zeit auch durch Drittmittel gestiftet werden. Traditionell sind in Deutschland die Wissenschafts- bzw. Bildungsministerien für die Einrichtung von Lehrstühlen verantwortlich. Dass in der Bürokratie wenig Interesse dafür bestand, Unternehmer und ihre Unternehmen durch Forschung und Lehre zu fördern, gehört zu den Versäumnissen der vergangenen Jahrzehnte.

Schlussendlich aber ist auch das System Wissenschaft nicht unerheblich daran beteiligt, dass die wissenschaftliche Beschäftigung mit dem Thema Familienunternehmen lange vernachlässigt wurde. Ich erinnere mich noch gut daran, welche mitleidigen Blicke ich erntete, als ich Ende der 80er Jahre begann, mich mit dem Thema auseinanderzusetzen. Wer in der Wissenschaft Karriere machen wollte, für den kam das Thema Familienunternehmen nicht in Frage. Es war zu „verstaubt“, zugleich auch gefährlich interdisziplinär, und zudem gab es weder Journals noch Konferenzen geschweige denn Lehrstühle.

All das hat sich zwar nicht vollkommen, doch aber zu einem erheblichen Teil geändert. Mit dem Platzen der Internetblase und mit 9/11 veränderte sich die Wahrnehmung von Familienunternehmen. Sie wurden als Unternehmen „mit Gesicht“ erlebt, als verlässliche langfristige Partner. Mochten sie vielleicht nicht ganz so schnell wachsen und lagen ihre Renditen – zumindest die bekannt gegebenen – auch unter denen der Stars an den Börsen, so wurden sie doch zunehmend als Rückgrat der Wirtschaft gewürdigt. Mit der Finanzkrise wurde zudem deutlich, dass Unternehmen, deren Führungskräfte persönlich für ihr Handeln verantwortlich sind, und die dem Unternehmen langfristig verbunden sind, weniger bereit sind, unkalkulierbare Risiken einzugehen oder undurchsichtige Konstruktionen zuzulassen. Der Familienunternehmer kann sich nicht einfach einen neuen Job suchen, er ist auf Gedeih und Verderb mit seinem Unternehmen verbunden.

Die Forschung im Bereich Familienunternehmen hat seit Ende der 80er Jahre große Fortschritte gemacht. 1988 wurde das erste Journal für Familienunternehmen, das

Family Business Review, gegründet. 2001 wurde mit der International Family Enterprise Research Academy (www.ifera.org) die Vereinigung der Family Business Forscher aus der Taufe gehoben, eine Vereinigung, die heute über 300 Mitglieder aus allen Kontinenten aufweist. 2010 geht das zweite Journal, das Journal of Family Business Strategy, an den Start. Zudem haben wir parallel zum internationalen Wachstum auch in Deutschland inzwischen fünf Family Business Center bzw. Lehrstühle, und zwar an der Universität Witten-Herdecke, an der WHU in Vallendar, an der Universität Siegen, an der Zeppelin Universität in Friedrichshafen und an der European Business School in Wiesbaden.

Es ist mir daher eine besondere Freude, gemeinsam mit meinen Kollegen Prof. Arist von Schlippe, Universität Witten-Herdecke, Prof. Peter May, WHU, und mit Prof. Peter Jaskiewicz, University of Alberta, Canada, die Herausgeberreihe Family Business im Josef Eul Verlag herauszugeben. Wir werden in dieser Reihe herausragende Arbeiten im Bereich Familienunternehmen sowohl in deutscher als auch in englischer Sprache veröffentlichen. Hiermit möchten wir einen Beitrag zur weiteren wissenschaftlichen Auseinandersetzung mit dem Thema Familienunternehmen leisten. Darüber hinaus möchten wir die Diskussion zwischen Praxis und Wissenschaft anregen. Wir sind der festen Überzeugung, dass wir alle von Familienunternehmen und Unternehmern Vieles lernen können, was es wert ist, diskutiert und in der Praxis umgesetzt zu werden. Ihnen, liebe Leser, wünschen wir spannende Stunden, konstruktive Diskussionen und viele wertvolle Anregungen.

Hundscheid, den 16. Oktober 2009 SABINE B. KLEIN

Geleitwort von Joseph Astrachan

The variety and value of family business research is developing at a tremendous speed. The number and quality of scientific publications are steadily rising. Speculative theory gave way to anecdotal study which has led to large sample studies, many of which lack sound theoretical foundation. Theory building and testing is vitally important to our field and is the only reliable method for achieving a better understanding of family firms that can form the basis of a science aimed at family business prosperity and survival.

Bearing this idea in mind, in early 1996 Sabine Klein decided to contribute to the field by conducting an empirical investigation of German family-owned companies. She explored their prevalence, structure, and organization and compared these with non-family firms. Using an integrative concept of family business consisting of four dimensions, the family behind the firm, company ownership, the management/leadership and the business itself, Dr. Klein provided a useful text for family business education. Indeed, a value of this work is that it combines theory building with empirical research in a format useful for student use.

This second edition is entirely revised and contains several important additions. The introductory part dealing with a definition of family business breaks with the traditional dichotomization between family- and non-family companies. Dr. Klein adopts a continuous scale view using the F-PEC (Family Power, Experience and Culture) scale of family influence on the business. The subsequent sections explore each dimension of the family business system separately and then in relation to each other.

"Family businesses fascinate." This is the first sentence of the foreword to the previous edition of this book. Research on family business is still in its infancy and fascination and persistence are needed to complete the missing pieces of family business theory and study. Researcher with strong theoretical skills and profound knowledge on family firms are needed. None are as well-qualified in talents and drive as my colleague and dear friend Sabine Klein to meet the theory building challenge. She was raised in her own family's business and is at the forefront of academic research on family firms both in Germany and internationally.

This book is a needed addition especially in that it aptly readies students for classroom discussion, adds substantially to our existing knowledge on family business theory and evidence and lends support to business families seeking a better understanding of the unique challenges with which they are confronted every day.

Joseph H. Astrachan, Ph.D.

Wachovia Eminent Scholar Chair of Family Business

Director, Cox Family Enterprise Center

Editor, *Family Business Review*

Kennesaw State University, U.S.A.

Vorwort zur zweiten und dritten Auflage

Die Faszination des Themas Familienunternehmen hat seit der Veröffentlichung der ersten Ausgabe nicht nachgelassen. Im Gegenteil: Je intensiver die Beschäftigung mit dem Thema, je intensiver die Auseinandersetzung mit den Unternehmern und den Familien, umso spannender wird es. Steckte die wissenschaftliche Auseinandersetzung vor vier Jahren noch in den Kinderschuhen, so sind wir, um im Bild zu bleiben, doch über das Niveau der Grundschule inzwischen hinaus. Gerade in Deutschland haben sich in den vergangenen Jahren junge Wissenschaftler verstärkt mit dem Thema Familienunternehmen beschäftigt und sich erfreulicherweise dabei in vielen Fällen in die internationale Forschungsgemeinschaft integriert. Ganz besonders freut es mich in diesem Zusammenhang, dass die im deutschsprachigen Raum geleistete Forschung zunehmend auch international anerkannt wird. Das Geleitwort von Professor Astrachan, dem Herausgeber der Family Business Journal, und Direktor des Cox Institutes of Family Business an der Kennesaw University in Atlanta, USA, ist hierfür ein weiterer Beleg.

Es freut mich besonders, heute die zweite überarbeitete und erweiterte Auflage des Lehrbuches vorzulegen. Neben neueren Entwicklungen wie z.B. der Abkehr von der dichotomen Einteilung in Familien- und Nicht-Familienunternehmen hinzu einer Messung des Einflusses der Familie auf das Unternehmen, werden in der vorliegenden zweiten Auflage auch die Ergebnisse einer weiteren repräsentativen Studie deutscher Unternehmen aus dem Jahr 2002 vorgestellt. Familienunternehmen, und das zeigt die Relevanz des Themas, nehmen danach an Bedeutung eher zu als ab. Entgegen der landläufigen Meinung vom „Auslaufmodel" erfreuen sich viele Familienunternehmen einer hohen Vitalität und einer ausgeprägten Überlebensfähigkeit.

Die Hilfe, die mir bei der Überarbeitung dieser Auflage zuteil wurde, unterscheidet sich grundlegend von der bei der Originalausgabe. Hierin spiegelt sich zu einem nicht unerheblichen Teil die erfreuliche Entwicklung des Fachbereiches im Kleinen wieder. Zu danken habe ich zunächst und vor allem Herrn Dipl.-Kfm. Torsten Pieper, der als „Assistent der ersten Stunde" die Überarbeitung maßgeblich betreut hat, sowie meinen Studentinnen Frau Beate Breitbach und Frau Sandra Wagner, die sich mit der Einarbeitung der Ergebnisse der zweiten Erhebung, der Erstellung des Stichwort- und Autorenverzeichnisses sowie mit der Beseitigung der Mängel der ersten Ausgabe beschäftigt haben. Ihnen gilt mein besonderer Dank. Besonders danken möchte ich auch meiner Lektorin, Frau Katharina Harsdorf, die mit dankenswerter Genauigkeit und Geduld die verbliebenen Fehler korrigiert hat. Für eventuell verbleibende Fehler bin selbstverständlich ausschließlich ich selbst verantwortlich.

SABINE B. KLEIN

Vorwort

Familienunternehmen faszinieren. Dennoch steckt die wissenschaftliche Auseinandersetzung mit dem Thema in Deutschland noch in den Kinderschuhen. Interessierte Studenten, Wissenschaftler und Praktiker sind bis auf einige Dissertationen und wenige themenzentrierte Veröffentlichungen der letzten Jahren vor allem auf Literatur aus dem anglo-amerikanischen Sprachraum angewiesen. Das vorliegende Lehrbuch soll helfen, eine Basis für die weitere Auseinandersetzung mit diesem spannenden Thema zu schaffen. Hierzu wurde auf zwei Säulen aufgebaut: Zum einen wurde eine repräsentative Erhebung von 1.200 deutschen Unternehmen durchgeführt mit dem Ziel, Aussagen über Häufigkeit, Struktur und Organisation von Familienunternehmen im Vergleich zu Nicht-Familienunternehmen machen zu können. Zum anderen wurde ein integriertes Konzept des Familienunternehmens entwickelt, das es erlaubt, bereits vorhandene Forschungsergebnisse aus verschiedensten Fakultäten ebenso systematisch einzuordnen und darzustellen wie auch weiterführende Gedanken darzulegen.

Die dem Buch zugrunde liegende Gliederung orientiert sich in weiten Teilen an der Gliederung einer Vorlesung zum Thema „Grundlagen des Familienunternehmens“, die seit 1998 an der Universität Trier für Studenten des Hauptstudiums angeboten wird. Wie auch in der Vorlesung soll der Schwerpunkt des Buches auf der Vermittlung der Grundfragen aus einer dynamischen Perspektive, dem Aufzeigen der Interdependenzen und dem Praxisbezug anhand von Fallbeispielen liegen. Jedem Kapitel wird eine kurze Zusammenfassung der Lernziele sowie Orientierungsfragen vorangestellt, die dem Leser die Möglichkeit geben, sich zunächst unvoreingenommen vor dem eigenen Erfahrungshintergrund mit dem Thema auseinander zu setzen. Am Ende eines jeden Kapitels befindet sich der Arbeitsteil, der sich mit Wissensfragen, Transferfragen und einem Kurzfall in jeweils drei Teile gliedert. Das didaktische Konzept des Buches lehnt sich eng an dasjenige von von ROSENSTIEL „Grundlagen der Organisationspsychologie“, Stuttgart 1992, an. Den Trierer Studenten, die das Konzept des Buches bereits vorab in den Vorlesungen getestet und durch ihre Fragen und Anregungen mit gestaltet haben, danke ich herzlich. Ich hoffe, dass das Ergebnis das Erarbeiten des spannenden Themas ein wenig erleichtert.

Für die Unterstützung im Rahmen der Entstehung dieses Buches danke ich vor allem Herrn Professor Lutz von Rosenstiel und Herrn Professor Axel Schmidt, ohne deren Engagement und Ermunterung dieses Buch nie entstanden wäre. Für die Unterstützung der empirischen Erhebung danke ich besonders der Arbeitsgemeinschaft Selbständiger Unternehmer (ASU), vertreten durch Herrn Heribert Juchems, und den Mitarbeitern des Institutes für Wirtschafts- und Organisationspsychologie der LMU München, die Berge von Fragebögen treppauf, treppab geschleppt und die Daten in den Computer eingegeben haben.

Dieses Buch ist über mehrere Jahre entstanden, die Vorarbeiten zu der empirischen Untersuchung begannen bereits Anfang 1996. Die Idee dazu ist sehr viel älter. Sie reifte in der Auseinandersetzung mit meiner Herkunftsfamilie, allen voran meinem Vater Ulrich Rau, Unternehmer aus Überzeugung und Leidenschaft, dem ich dieses Buch widmen möchte. Entstanden ist das Buch in einer Zeit, in der die tägliche Erfahrung mit meiner Familie, meinem Mann und meinen Kindern, mein Leben dominiert hat. Ihnen gebührt besonderer Dank für ihre Geduld und ihre Bereitschaft, das „Hobby“ ihrer Mutter und Ehefrau so ernst zu nehmen, dass sie mir den Rücken für die Fertigstellung der Arbeit frei hielten. Ich hoffe, dieses Buch wird ihnen und vielen anderen Mitgliedern anderer Unternehmerfamilien helfen, Struktur in ein wichtiges, wenn nicht sogar dominantes Thema ihres Lebens zu bringen.

SABINE B. KLEIN

Inhaltsverzeichnis

Abbildungsverzeichnis

Tabellenverzeichnis

1 Bemerkenswerte Familienunternehmen

Familienunternehmen sind in vielerlei Hinsicht bemerkenswert. Zunächst der Begriff selbst: Familienunternehmen; fast jeder kann sich hierunter etwas vorstellen, wenn aber mehrere darüber nachdenken, denkt jeder an etwas anderes. Für den Begriff Familienunternehmen gibt es erst seit kurzem wissenschaftlich anerkannte Definitionen. Ein Problem im Zusammenhang mit Definitionen, nämlich die künstliche Dichotomisierung in Familien- und Nicht-Familienunternehmen, wurde erst im Jahr 2001/2002 durch die Einführung der F-PEC-Skala zur Messung des Familieneinflusses auf Unternehmen überwunden.

Aber nicht nur in Bezug auf den Begriff sind Familienunternehmen bemerkenswert. Auch aus soziologisch-psychologischer Perspektive weisen sie durch die enge Verquickung von privaten und geschäftlichen Strukturen manche Besonderheit auf, die ein weites Forschungsfeld eröffnen. Dass familiäre Querelen gesunde Unternehmen zu ruinieren vermögen, ist mit einem Blick in die Wirtschaftspresse ohne weiteres zu belegen. Dass auf der anderen Seite unternehmerische Querelen Familien über mehrere Generationen entzweien können, ist ein wenig beschriebenes, aber deshalb leider nicht weniger zu beobachtendes Phänomen. Die Faszination Familienunternehmen hat FREUD[1] vielleicht am treffendsten beschrieben, als er gefragt nach seiner Vorstellung von einem erfüllten Leben, antwortete: „Lieben und arbeiten.“.

Familienunternehmen sind in der westdeutschen Volkswirtschaft (und zunehmend auch in der gesamtdeutschen) die Institution, die Privateigentum und Familie, zwei der wichtigen Grundwerte unserer Gesellschaftsordnung, miteinander verbindet. Hier werden Familien mit Privateigentum unternehmerisch tätig, um zunächst einmal unmittelbar für das Wohl ihrer Familie als sodann auch mittelbar für das Wohl der Gesellschaft zu arbeiten. Dies drückt sich auch in Zahlen zu diesem Bereich aus. KLEIN[2] gibt den Anteil der Familienunternehmen an der Gesamtzahl aller bundesdeutschen Unternehmen auf der Basis einer repräsentativen Untersuchung aller deutschen Unternehmen mit mehr als 2 Millionen DM Umsatz 1995 mit 67% an. Die meisten deutschen Unternehmen sind demnach Familienunternehmen.

Umso verwunderlicher mutet daher an, dass es bisher keine grundlegende Theorie und nur für wenige Länder eine gesicherte Datenbasis über diese Gruppe von Unternehmen gibt. Dies hat zum einen seine Ursache in der begrifflichen Unklarheit. Ein nicht eineindeutig definierter Begriff lässt sich nicht operationalisieren. Hinzu kommt, dass die Familienunternehmen in der Mehrzahl zu einer eher zurückhaltenden Veröffentlichungspolitik neigen; nicht selten werden sogar spezielle Konstruktionen von Holding und

---

1 Freud, S. zitiert nach: Gersick, K.E. et al: Generation to Generation – Life Cycles of the Family Business, Boston 1997, S. 2

2 Klein, S.B. (2000): Family Businesses in Germany: Significance and Structure In: FBR XIII (3), S. 157 – 181, hier S. 162

Tochterunternehmen gerade deshalb gewählt, um die Transparenz des Unternehmens für Außenstehende zu reduzieren. Auf der anderen Seite fehlt den Familienunternehmen u.a. deshalb eine entsprechende Lobby; sie tauchen in Wissenschaft und Politik im Verhältnis zu ihrer Bedeutung wenig auf. Dies führt u.a. dazu, dass Unternehmer, potentielle Nachfolger, Eigentümer, Fremdmanager und andere Betroffene und Interessierte keine wissenschaftlich gesicherten grundlegenden Erkenntnisse zur Verfügung haben, anhand derer sie sich auf die Probleme, aber auch die Chancen, die spezifisch für ein Familienunternehmen sind, vorbereiten können.

Ziel der vorliegenden Arbeit ist es deshalb, Grundlagen zu schaffen. Dies kann nur über die Integration bereits vorhandener Forschungsergebnisse aus den verschiedenen Disziplinen in ein Modell des Familienunternehmens auf der Basis einer klaren Definition und Abgrenzung des Forschungsobjektes gelingen. Eine weitere Problematik, die der nur spärlich vorhandenen Datenbasis über deutsche Familienunternehmen, wurde mittels einer für die erste Auflage dieser Arbeit durchgeführten empirischen Erhebung bei mehr als 5.000 nach dem Zufallsprinzip ausgewählten deutschen Unternehmen angegangen. Für die zweite Auflage wurde diese Untersuchung 5 Jahre später (Basisjahr 2000) nochmals nach denselben Kriterien durchgeführt. Die Ergebnisse beider Erhebungen werden in die einzelnen Kapitel integriert.

Eine Problematik, warum dem Phänomen Familienunternehmen trotz seiner inzwischen unbestrittenen Bedeutung für die Volkswirtsschaft[3] nur wenig Aufmerksamkeit zuteil wird, mag auch in der Notwendigkeit interdisziplinärer Sichtweise liegen. Es scheint ein Kennzeichen unserer Zeit zu sein, sich mit Themen isoliert nach Fachbereichen zu beschäftigen. Damit begibt sich derjenige, der die Integration verschiedener Disziplinen versucht, auf schwierigen Grund. Ein Fachmann einer Disziplin beherrscht den diese Disziplin betreffenden Teil i.d.R. besser und kann im schlimmsten Fall den Autor des Dilletantismus überführen. Der Autor ist sich des Risikos bewusst und geht es ein.

1.1 Familienunternehmen – Eine erste Abgrenzung

Die vorliegende Arbeit beschäftigt sich mit der Familie und dem Unternehmen und ihren vielfältigen Beziehungen zueinander. Ohne der aus o.g. Gründen ausführlichen Ableitung und Darstellung der Definition des Familienunternehmens vorgreifen zu wollen, soll im folgenden das der Arbeit zugrunde liegende Rahmenmodell des Familienunternehmens hergeleitet werden, da sich der Ablauf der Arbeit an ihm orientiert. Familienunternehmen werden hierbei als eine Teilmenge aller Unternehmen betrachtet.

---

3 vgl. u.a. Cappuyns, Astrachan & Klein (2003): The Prevalence of Family Business around the World, Ifera-Survey, www.ifera.org

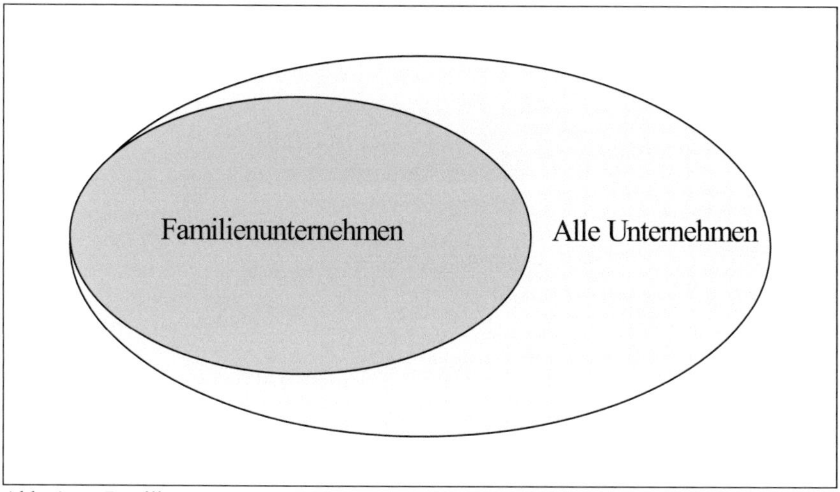

Abb. 1 Familienunternehmen als Teilmenge aller Unternehmen

Was aber unterscheidet ein Familienunternehmen von einem Nicht-Familienunternehmen? In einem Familienunternehmen ist eine oder sind mehrere Familien derart präsent, dass dies den Unternehmensalltag, die Fragestellungen und Probleme, aber auch die Stärken des Unternehmens verändert. Wir haben es also im Familienunternehmen mit einem Einflussfaktor zu tun, mit dem sich ein anonymes Unternehmen nicht in dieser Form auseinandersetzen muss. Die Familie nimmt Einfluss auf das Unternehmen.

Ein Familienunternehmen ist demnach ein Unternehmen, auf das eine oder mehrere Familie(n) maßgeblichen Einfluss ausüben.[4] Die Familie hat nun zwei Möglichkeiten, ihren Einfluss geltend zu machen: zum einen über die Eigentumsfunktion und die daraus abgeleitete Kontrollfunktion und zum anderen über die direkte Beteiligung am Management des Unternehmens. Es ergeben sich also neben dem Familienunternehmen einerseits und der Unternehmerfamilie andererseits zwei Ströme gegenseitiger Beeinflussung, die das System definieren. Folgende Abbildung skizziert den im Laufe der Arbeit zu diskutierenden Zusammenhang.

Im Familienunternehmen beeinflussen sich demnach nicht nur Familie und Unternehmen wechselseitig, sondern auch die Eigentümer und die Führungskräfte, vornehmlich die Geschäftsleitungsmitglieder, nehmen auf das Familienunternehmen Einfluss. Die Eigentümer müssen hierbei auch im Familienunternehmen nicht ausschließlich aus dem Kreis der Familie kommen, ebenso sind nicht alle Familienmitglieder notwendigerweise Eigentümer. Dies gilt ebenso für die Führung des Unternehmens, die aus der Familie rekrutiert sein kann, aber es nicht sein muss. Es ergeben sich demnach 4 Dimensionen, die das Familienunternehmen ausmachen und die sich wechselseitig beeinflussen.

---

4 vgl. hierzu Kapitel 2.2.4. dieser Arbeit

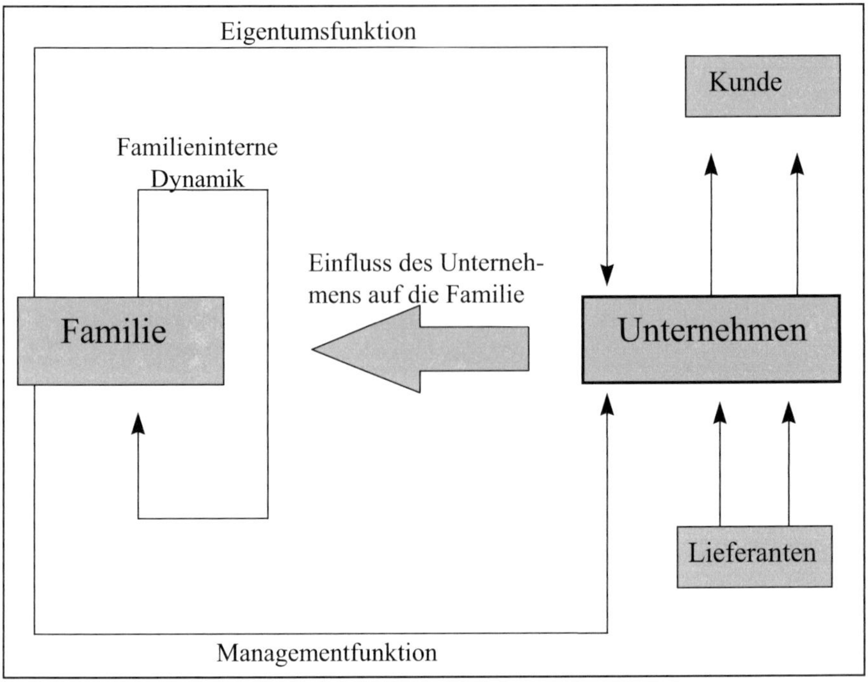

Abb. 2 Skizzierter Zusammenhang zwischen Familie und Unternehmen

Familienunternehmen sind somit als mehrdimensionale Systeme zu verstehen. Die verschiedenen Dimensionen beeinflussen sich wechselseitig, wodurch sich die hohe Komplexität des Themas erklärt. „Jedes Familienunternehmen ist einzigartig, die kann man nicht über einen Kamm scheren.“, ist eine häufig gerade von Familienunternehmern gemachte Aussage, wenn man mit ihnen die wissenschaftliche Behandlung von Familienunternehmen diskutiert. Zudem verändert sich ein Familienunternehmen im Laufe der Zeit, wobei diese Veränderung in jeder einzelnen Dimension zunächst unabhängig voneinander, sich dann aber gegenseitig beeinflussend, von statten geht. Aus dem dynamischen Systemansatz des Familienunternehmens ergibt sich, dass jedes Familienunternehmen eine einzigartige Kombination der sich dynamisch entwickelnden einzelnen Dimensionen darstellt, dass aber durch die Behandlung der Dimensionen zunächst isoliert und dann in der Kombination miteinander eine systematische Bearbeitung des Themas möglich ist.

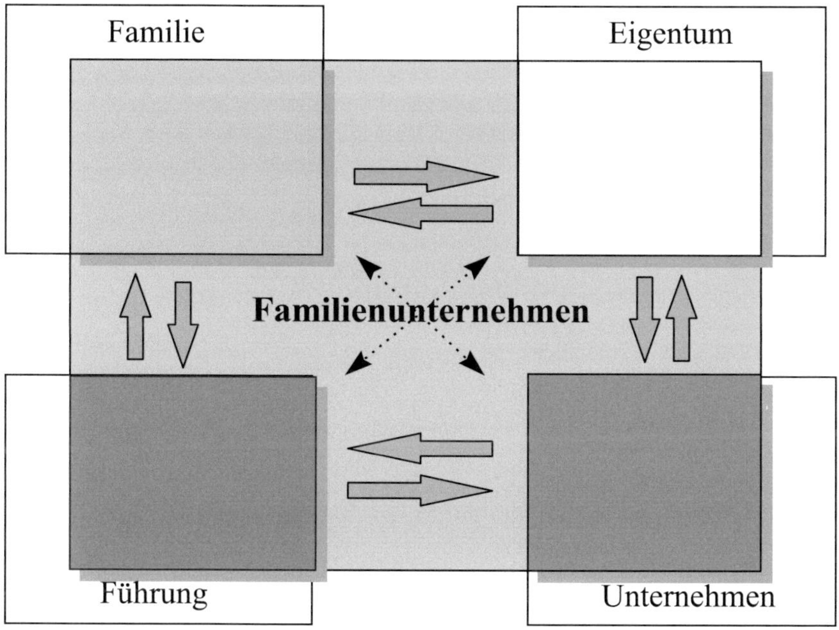

Abb. 3 Dimensionen des Familienunternehmens

Die Dimensionen des Familienunternehmens, die sich innerhalb eines jeden Familienunternehmens finden lassen, sollen im Rahmen der vorliegenden Arbeit dargestellt und in einen Zusammenhang mit den anderen Dimensionen gebracht werden. Hierbei stellt sich die Frage einer sinnvollen Abgrenzung der für das Familienunternehmen relevanten Bereiche der jeweiligen Dimension. Es kann nicht Aufgabe einer Arbeit wie der hier vorgelegten sein, die Familienforschung oder die Führungsforschung voll umfänglich darzustellen. Analoges gilt für Eigentums- und Unternehmensforschung. Zu fragen ist deshalb zuerst nach dem relevanten Bereich der jeweiligen Fachgebiete für das zugrunde liegende Thema und somit nach den Abgrenzungskriterien und im Anschluss daran an die Herangehensweise innerhalb dieses abgegrenzten Bereiches.

Die Relevanz des Bereiches innerhalb der einzelnen Dimensionen ergibt sich aus den Fragestellungen, mit denen Familienunternehmen konfrontiert sind. Die Familienforschung ist insofern dort interessant für die vorliegende Arbeit, wo sie sich mit für die Unternehmerfamilie relevanten Fragestellungen wie z.B. der Geschwisterbeziehung auseinandersetzt, die Führungsforschung ist dort relevant, wo sie Erklärungsansätze und Erkenntnisse z.B. zur Führung in wachsenden Organisationen liefert etc. Besonders problematisch ist die Abgrenzung im Bereich der Betriebswirtschaftslehre des Unternehmens. Hier gibt es eine Fülle von Forschungsbereichen, die für Familienunternehmen relevant sind, vom Marketing über die Distribution bis hin zur Organisationslehre. Die Frage kann hier nicht lauten: Ist dieser Teilbereich für ein Familienunternehmen relevant? sondern: Ist dieser Teilbereich für ein Familienunternehmen anders zu behandeln als für anonymes Unternehmen? Dort, wo alle Unternehmen vor derselben Fragestellung stehen, wird diese in der vorliegenden Arbeit nicht berücksichtigt. Dort, wo sich für ein Familienunternehmen abweichende Fragen, Procedere oder Schlussfolgerungen ergeben, *weil* es ein Familienunternehmen ist, wird dies im Rahmen der vorliegenden Arbeit zu behandeln sein.

1.2 Überblick über den Aufbau des Buches

Zunächst wird der Definition und Abgrenzung des Familienunternehmens ein Kapitel gewidmet. Die bekannten Definitionen des Familienunternehmens und viel diskutierte Studien zu diesem Thema führen zu einer umfassenden und operationalisierbaren, gleichwohl natürlich, weil Position beziehend, zu hinterfragenden Definition des Familienunternehmens. Nachdem der Untersuchungsgegenstand abgegrenzt und definiert ist, wird nochmals auf den Unterschied zwischen Familien- und Nicht-Familienunternehmen, und zwar im volkswirtschaftlichen Kontext, eingegangen. Hierzu werden die grundlegenden Daten, die die empirische Untersuchung zu Familienunternehmen in Deutschland ergeben haben, dargestellt. Erst nach diesem an empirischen Daten orientierten Blick auf das Familienunternehmen als Ganzes im Wirtschaftsleben und seinen Unterschieden zu Nicht-Familienunternehmen werden die einzelnen Dimensionen behandelt.

Die Unternehmerfamilie, die einen integralen Bestandteil des Familienunternehmens darstellt, ist zwar sowohl in der Literatur als auch in den Medien (man denke nur an „Dallas“ und „Denver“) willkommener Lieferant von Geschichten und Geschichtchen, hingegen wird sie erst seit kurzem in ernsthafte Auseinandersetzungen mit dem Thema Familienunternehmen einbezogen. Erst neuere internationale Studien gehen hier den Weg, die Familie als einen gleichberechtigten Teil des Gesamtsystems einzubeziehen und zu würdigen.[5] Kapitel 4 des vorliegenden Buches beschäftigt sich mit der Unternehmerfamilie zunächst einmal als Familie, um dann zu fragen ob und in wie weit sich die Unternehmerfamilie von der „Durchschnittsfamilie“ unterscheidet bzw. unterscheiden muß, um ihren Aufgaben gerecht werden zu können.

Die Unternehmerfamilie tritt zunächst einmal durch ihren Anteil am Eigenkapital des Unternehmen in Erscheinung. Die Unternehmerfamilie ist Kapitaleigner. In Kapitel 5 wird zu diskutieren sein, warum gerade diese Eigentumsfunktion so wichtig im Rahmen des Systems Familienunternehmen ist und welche Rechte und Pflichten und somit auch Einflussmöglichkeiten sich für die Familie aus diesem Eigentum ergeben. Des weiteren werden die möglichen Formen des Eigentums und die Ausprägungen des Eigentums dargestellt. Fragen, die sich aus dem Alleineigentum einer Person ergeben sind hierbei

---

5 Als eines von vielen Beispielen siehe: Carlock, R. & Ward, J. (2001): Strategic Planning for the Family Business – Parallel Planning to Unify the Family and Business, Houndsmill

ebenso zu diskutieren wie die nach der möglichen Partnerschaft von Geschwistern oder der Beteiligung fremder Dritter am Unternehmen.

Eine weitere Möglichkeit, als Familie Einfluss auf das Unternehmen zu nehmen, ist die Beteiligung an der Leitung des Unternehmens. Während dies in der Gründergeneration durch den Gründer noch zumeist, bei allen damit verbundenen Problemen, gesellschaftlich akzeptiert ist, wird in den Folgegenerationen immer mehr angezweifelt, in wie weit Eigentum auch zu Führungsaufgaben berechtigt und welche Qualifikationen auch von Erben erwartet werden können oder sogar müssen. Über die „One-Man-Show" bis hin zur völligen Trennung von Management und Kapital, also der Abstinenz der Familie in der Geschäftsleitung, werden verschiedene Konstellationen und Problemfelder in Kapitel 6 dargestellt und diskutiert. Im letzten Teil des Kapitels beschäftigt sich die Arbeit mit der Entwicklung der Führung im wachsenden Unternehmen vom Chef, der noch als Quasi-Kollege mitarbeitet, über den zwar persönlich bekannten, aber schon entfernteren Chef als Vorbild bis hin zu dem fast anonymen Stadium in sehr großen Familienunternehmen, in denen der Vorsitzende der Geschäftsleitung nur noch einem geringen Prozentsatz seiner Mitarbeiter persönlich bekannt ist.

Kapitel 7 widmet sich dem Familienunternehmen als Unternehmen. Die dynamische Betrachtung des Familienunternehmens führt hier zu familienunternehmensspezifischen Lebenszykluskonzepten und der Frage, warum einige Familienunternehmen die phasenspezifischen Fragen scheinbar fast problemlos lösen (häufig sogar sehr viel erfolgreicher als Nicht-Famileinunternehmen), während andere Familienunternehmen an ihnen scheitern. Dies führt zu der Frage der Lebenskraft, der Vitalität des Familienunternehmens und der Frage, woraus diese sich speist bzw. wodurch sie geschwächt wird. Diese Frage der Vitalität begleitet durch das Kapitel, das sich im Weiteren in seiner Gliederung an den grundlegenden Phasen des Lebenszyklus orientiert. Die Pionierphase wird in ihrem Ablauf und ihren möglichen Entwicklungsverläufen dargestellt, bevor Vitalitätspotentiale und -abflüsse in der Pionierphase diskutiert werden. Die Wachstumsphase wird vor allem unter dem Aspekt des Aufbaus von Vitalitätspotentialen und potentiellen Vitalitätsabflüssen diskutiert, die aufgrund des geringen marktinduzierten Drucks noch nicht offen zum Tragen kommen. Dies ändert sich in der Reifephase, wo die strategische Ausrichtung und die Eignerstrategie im Vordergrund stehen. Die vieldiskutierte Nachfolgefrage wird in der Reifephase zum Problem-Katalysator, in dem durch sie alle bis dahin erledigten und nicht erledigten „Hausaufgaben" auf den Tisch kommen. Die Wendephase, wenn sie denn erreicht wird, wird als Scheideweg des Familienunternehmen in die Anonymität, die (seltene) Revitalisierung bei sonst unverändertem Kreis der Beteiligten oder in das langsame Sterben beschrieben.

Die folgende Abbildung fasst den Aufbau des Buches nochmals zusammen:

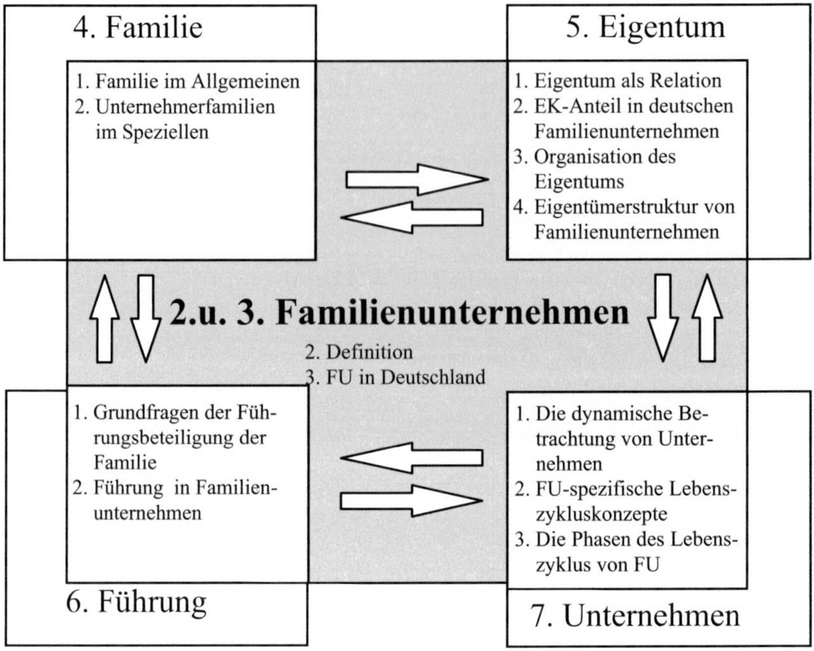

Abb. 4 Der Aufbau des Buches

2 Familienunternehmen - Annäherung an eine Definition

Lernziele und Orientierungsfragen des Kapitels 2

Ziel des Kapitels „Familienunternehmen - Annäherung an eine Definition" ist es, den Leser anzuregen,

- *über die Bedeutung der zugrunde gelegten Definition von „Familienunternehmen" nachzudenken,*
- *die Familie als Bestandteil des Familienunternehmens bewusst wahrzunehmen und sich der Vielfalt möglicher Definitionen bewusst zu werden,*
- *bekannte Definitionen von „Familienunternehmen" auf Unvollständigkeiten und/ oder willkürlich gesetzte Grenzwerte zu überprüfen und*
- *den Familieneinfluss auf ein Unternehmen bewusst wahrnehmen zu können.*

Um sich vor dem Lesen des Kapitels über sein eigenes Wissen zu dem Thema klar zu werden, kann es für den Leser hilfreich sein, die folgenden Orientierungsfragen zu beantworten:

1. *Was verstehen Sie unter einer Familie? Gehören nur Eltern und Kinder oder auch Großeltern, Tanten, Onkel, Angeheiratete zu einer Familie? Sind Vater und Kind auch (noch) eine Familie, wenn die Mutter verstorben oder ausgezogen ist?*
2. *Wie würden Sie den Begriff „Familienunternehmen" definieren und wodurch unterscheidet sich ein Familienunternehmen von einem Nicht-Familienunternehmen?*
3. *Woher stammen Ihr persönliches Wissen und Ihre Erfahrung mit Familienunternehmen?*

Familienunternehmen sind in ihren Ausprägungen ebenso vielfältig wie unterschiedlich, so dass es verschiedene Definitionsansätze gibt. Diese sollen kurz dargestellt werden, um dann die im Rahmen dieser Arbeit zugrunde gelegte Definition herzuleiten. Diese Definition beruht noch auf der bis 2002 üblichen Dichotomisierung in Familien- und Nicht-Familienunternehmen. Diese wurde deshalb beibehalten, da die empirische Erhebung aus dem Jahr 2000 zu Vergleichszwecken auf derselben Definition aufbauen muss, wie die im Jahr 1995 durchgeführte.

Zunächst einmal wird der Begriff "Familie" definiert und abgegrenzt, wobei im Rahmen dieses Kapitels bewusst auf die Darstellung der - sehr umfangreichen - Literatur zu diesem Thema verzichtet wird. Dies wird in Kapitel 4 der Arbeit erfolgen. "Familie" soll hier zweckgebunden von dem zugrunde liegenden Thema kurz dargestellt und definiert werden, da der Begriff ebenso wie der des "Unternehmens" einen Teil des zu definierenden und untersuchenden Begriffes des "Familienunternehmen" darstellt.

2.1 Die Familie als soziale Einheit

Was ist eine "Familie"? Durch Geburt sind nahezu alle Menschen Mitglied einer Familie, und doch gilt mit SCHMID[1]: "*Die* Familie gibt es weder in der Geschichte noch in der Gegenwart." Der Begriff Familie ist, wie so häufig bei geläufigen Begriffen des täglichen Lebens zu beobachten ist, je nach der Ausgangsperspektive sehr unterschiedlich definiert, zudem werden unter dem Begriff Familie sehr verschiedene Lebensformen subsumiert.

"Familie bezeichnet nach dem geltenden Recht und gegenwärtig vorherrschenden Leitbild die rechtlich gesicherte Lebens- und Hausgemeinschaft eines Ehepaares mit seinen eigenen (unmündigen) Kindern."[2] Nach dieser Definition der so genannten Kernfamilie ist eine Familie nur bis zum Auszug der Kinder als Familie zu betrachten. Dies allerdings widerspricht dem gängigen Sprachempfinden, würde es doch bedeuten, dass Mutter, Vater und studierendes, aber nicht mehr Zuhause lebendes Kind keine Familie mehr wären.

Das BVerfG geht demgegenüber davon aus, dass Kinder mit Erlangung der Volljährigkeit nicht aus dem in Artikel 6 Abs. 1 GG geschützten Familienverband ausscheiden[3]. Auch stellt sich bei der eng gefassten Definition der Kernfamilie die Frage, inwieweit ein verwitwetes Elternteil mit seinen Kindern noch eine, wenn auch unvollständige Familie, bildet. Das BGB umgeht diese Problematik, indem es nicht von Familie sondern nur von definierten personenrechtlichen Beziehungen spricht, der Ehe, der Eltern-Kind-Beziehung, der Verwandtschaft und der elterlichen Gewalt.

Die Familie als kleinster Baustein der Gesellschaft, vom Grundgesetz ausdrücklich geschützt, nimmt in der Gesellschaft und für diese Gesellschaft wichtige Funktionen wahr. PIEPER & PIEPER[4] nennen als Funktionen der Familie Reproduktion, Sozialisation, Haushalt und Regeneration. GOODE[5] und NEIDHARDT[6] nennen zusätzlich noch Statuszuweisung bzw. Platzierung. Auch wenn in den letzten 150 Jahren ein Funktionsverlust der Familie zu verzeichnen ist[7]; so wurde z.B. die Alten- und Krankenpflege sozialisiert, bleiben dennoch vor allem mit der Reproduktion und Sozialisation elementare und für die Gesellschaft unverzichtbare Funktionen in großen Teilen in der Verantwortung von Familien.

---

1 Schmid, V. (1989): Die Familie in Artikel 6 des Grundgesetzes, Diss, Berlin, S. 175

2 Gukenbichl, H. (1986): Familie In: Schäfers, B. (Hrsg.): Grundbegriffe der Soziologie, Opladen, S. 83-86, hier S. 83

3 BVerG: 57, 170 (178)

4 Pieper, B. und M. Pieper(1975): Familie - Stabilität und Veränderung, München, S. 12

5 Goode, W. J. (1967): Struktur der Familie, 3. Aufl., Köln, S. 32 f

6 Neidhardt, F. (1970): Die Familie in Deutschland, In: Bolte, K. M; F. Neidhardt und H. Holzer: Deutsche Gesellschaft im Wandel, Bd. II, Opladen, S. 57 - 69

7 vgl. hierzu auch: König, R. (1974): Materialien zur Soziologie der Familie, Köln, S. 64

Gleichwohl wird mit dem konstatierten Funktionsverlust der Familie und der Individualisierung der Gesellschaft[8] die Frage immer lauter, inwieweit denn eine Familie als Institution zu bezeichnen sei. Dies ist auch im Zusammenhang mit der Thematik Familienunternehmen eine wichtige, nicht zu vernachlässigende Frage. Eine Institution als zeitlich, sachlich und sozial generalisierende Verhaltenserwartung[9], definiert durch den ihr angehörenden Personenkreis, ihren Ursprung, ihre Aufgabe und die Idee, die ihr zugrunde liegt, stellt Entscheidungsprogramme für das Individuum zur Verfügung, die ihm die komplexen Entscheidungen abnehmen, damit es sie nicht alle erneut selbst erarbeiten muss.

Eine Unternehmerfamilie in Form einer institutionellen Familie würde demnach definiert sein durch den ihr angehörenden Personenkreis, z.B. alle direkten Abkömmlinge einer definierten Ursprungsehe und deren Ehepartnern, die Aufgabe, z.B. diese Familie zu erhalten und ihren Einfluss zu stärken und die Idee, dieses mittels einer unternehmerischen Tätigkeit zu realisieren. Sie würde dann den ihr angehörenden Familienmitgliedern bestimmte, z.T. auch eng definierte Grenzen für persönliche Entscheidungen setzen im Sinne des Erhalts der Familie. Solchermaßen institutionalisierte Familien findet man im Bereich von Unternehmerfamilien ebenso wie im Bereich des Adels. Die Literatur, z.B. die Buddenbrocks, ist ein beredtes Zeugnis.

Die Frage ist also nicht, ob es solche institutionalisierten Familien gab und noch gibt, sondern vielmehr, ob "die" Unternehmerfamilie dies heute noch ist. Und weiter: Muss das eine Unternehmerfamilie als Familie leisten, um ein Unternehmen erfolgreich in die nächste Generation weitergeben zu können? Oder sind solche institutionalisierten Familien als Unternehmerfamilien mit den zur Verfügung gestellten Entscheidungsprogrammen nicht oftmals diejenigen, die aufgrund der geringen Akzeptanz eben dieser Entscheidungsprogramme bei der jüngeren Generation eine hohe Reaktanz und damit für das Unternehmen steigende Konfliktkosten produzieren? Diese und andere Fragen werden in Kapitel 4. zu bearbeiten sein.

Die Unternehmerfamilie kann also ebenso eine Kernfamilie wie oben dargestellt sein wie auch eine institutionalisierte Familie sein. Darüber hinaus kann die Unternehmerfamilie aber auch eine reduzierte Kernfamilie (z.B. Vater und Kinder) wie auch eine Familie, der mehrere Generationen und z.T. sogar mehrere Stämme angehören, sein.

Als Familie wird in der hier vorliegenden Arbeit eine Gruppe von Menschen, die in einem direkten verwandtschaftlichen Verhältnis zueinander stehen und die von ***einer*** definierten Ursprungsehe abstammen, sowie deren Ehepartner verstanden. Die Hausgemeinschaft, die in vielen Definition als unverzichtbar angesehen wird, kann, aber muß nicht bestehen.

---

8 BECK spricht sogar von einer "Radikalisierung der Individualität". vgl. hierzu: Beck, U. (1986): Risikogesellschaft - Auf dem Weg in eine neue Moderne, München

9 Luhmann, N. (1965): Grundrechte als Institution, Berlin, S. 12f.

2.2 Das Familienunternehmen

Der Begriff "Familienunternehmen" ist zwar vor allem als Grundlage für eine repräsentative Untersuchung nicht hinreichend klar definiert, gleichwohl gibt es aber eine Reihe von Arbeiten zu diesem Thema, denen zumeist auch eine mehr oder weniger präzise Definition vorangestellt ist. Bevor im Rahmen dieser Arbeit eine Definition erarbeitet wird, sollen zunächst einmal einige der bereits bekannten Definitionen dargestellt und diskutiert werden.

Im Anschluss daran wird kurz das Ergebnis einer Expertenbefragung zu dem Thema Familienunternehmen dargestellt, um dann den Begriff "Familienunternehmen" und die ihn definierenden Faktoren zu diskutieren und eine schlüssige Definition zu erarbeiten. Die erarbeiteten Hypothesen werden dann zusammengefasst und leiten zu Teil 3, der empirischen Untersuchung, über.

2.2.1 Das Familienunternehmen und seine Bestimmungsfaktoren

In seiner Dissertation stellt GOEHLER[10] in einer Übersicht die Bestimmungsfaktoren, mit deren Hilfe Familienunternehmen klassifiziert werden können und ihre Berücksichtigung bei wissenschaftlichen Arbeiten zu diesem Thema dar. Er konstatiert, dass "Viele der Bestimmungsfaktoren, die zur Klassifizierung von Familiengesellschaften herangezogen werden können, ...unberücksichtigt (bleiben) oder zumindest vage."[11] Als Bestimmungsfaktoren nennt er Familie, Unternehmung, Eigentum, Kontrolle und Führung.

GOEHLER[12] macht in seiner Definition explizit zu allen o.g. fünf Faktoren Aussagen, wobei er allerdings keine Definition des Begriffes Familie mit aufnimmt:
"So soll unter einer FU (Familienunternehmung) im Folgenden eine Organisation verstanden werden,

- die als <u>offenes System</u> mit der Herstellung eines Gutes oder der Ausübung eines Dienstes eine produktive Funktion wahrnimmt,
- die von einer Personenmehrheit getragen wird, die sich ausschließlich oder teilweise aus den <u>Mitgliedern einer Familie</u> zusammensetzt,
- an der die Familie einen Eigentumsanteil besitzt, der es ihr ermöglicht, <u>maßgeblichen Einfluss</u> auf die Unternehmensentwicklung zu nehmen,
- in der die Stimmrechte so verteilt sind, dass die Familie <u>Kontrollfunktionen</u> ausüben kann und

---

10 Goehler, A. (1993): Der Erfolg großer Familienunternehmen im fortgeschrittenen Lebenszyklus: dargestellt am Beispiel der deutschen Brauwirtschaft, St. Gallen, Diss

11 ebenda, S. 48

12 Goehler, A. (1993): Der Erfolg großer Familienunternehmen im fortgeschrittenen Lebenszyklus: dargestellt am Beispiel der deutschen Brauwirtschaft, St. Gallen, Diss, 1993, S. 7

- an der Geschäftsleitung mindestens ein Mitglied der Eigentümerfamilie aktiv beteiligt ist."

Die Problematik in der Definition von GOEHLER ist nicht die fehlende Definition von Familie, die sich hinzufügen ließe, sondern vielmehr, dass er auf die Quantifizierbarkeit verzichtet zugunsten einer qualitativen Einzelfallentscheidung.

Ein Blick in die neuere Literatur offenbart drei grundsätzliche Möglichkeiten, wie sich die Definitionen von „Familienunternehmen" klassifizieren lassen; Inhalt, Zweck und Form.[13] Die meisten Definitionen fokussieren den Inhalt, wobei hier wiederum Eigentum, Führungsbeteiligung oder der Generationswechsel im Vordergrund stehen. Neuere Arbeiten betonen hingegen häufig die besondere Kultur des Familienunternehmens als Definitionsmerkmal.[14] Darüber hinaus lassen sich Definitionen danach unterscheiden, ob sie einem bestimmten Zweck dienen, ob sie Untergruppen bilden helfen sollen, oder ob sie zu erklärenden Zwecken mit herangezogen werden sollen.

CHRISMAN et al[15] betonen zudem die Notwendigkeit, zwischen einer theoretischen und einer operationalen Definition zu unterscheiden. Die theoretische Definition setzt hierbei den Standard, an dem die Effizienz der operationalen Definition sich messen lassen muss. Hierbei gehen sie davon aus, dass die Probleme des Feldes, eine operationale Definition zu finden, u.a. darin begründet liegt, dass es noch keine „Theorie des Familienunternehmens" gibt, aus der diese operationale Definition abgeleitet werden könnte. Auf der anderen Seite handelt es sich hier um ein zirkuläres Problem: Ohne eine operationale Definition fehlen die empirischen Studien, deren Ergebnisse zu einer Theorie des Familienunternehmens beitragen könnten.

CHRISMAN, CHUA & SHARMA gehen einen gänzlich anderen Weg, um dem Definitionsdilemma zu entgehen. Obwohl auch sie von einer möglichen Dichotomisierung ausgehen, stützt sich ihre Definition nicht auf quantitative Merkmale sondern auf das Verhalten von Organisationen. „We propose that a company is a family business because it behaves as one and that this behaviour is distinct from that of non-family firms."[16] Hierbei ist kritisch anzumerken, dass diese Definition die Gefahr von Zirkelschlüssen in sich birgt. Eine Organisation wird als Familienunternehmen klassifiziert durch ein bestimmtes Verhalten, wodurch die Untersuchung eben dieses Verhaltens und seine Differenzierung empirische kaum noch zu leisten ist. Die Definitionskriterien als abhängige Variablen stehen für empirische Untersuchung in anderen Funktionen nicht mehr zur Verfügung.

---

13 Flören gibt einen Überblick über mehr als 50 Definitionen. (Flören, R.H.(2002): Crown princes in the clay. An empirical study on the tackling of succession challenges in Dutch family firms. Dissertation Universiteit Nyenrode)

14 Chrisman, J.J., Chua, J.H., Sharma, P. (1999): Defining the Family Business by Behaviour In: Entrepreneurship Theory & Practice, Summer 1999, S. 19-39

15 Chrisman et al. (1999), a.a.o., S. 23

16 Chrisman et al. (1999), a.a.o., S. 24

Im Gegensatz zu CHRISMAN, CHUA & SHARMA gehen ASTRACHAN, KLEIN & SMYRNIOS davon aus, dass es keine „natürliche" Trennungslinie zwischen Familien- und Nicht-Familienunternehmen gibt. ASTRACHAN et al[17] argumentieren, dass eine künstliche Dichotomisierung zu mehr Problemen führt, als dass sie Klarheit zu schaffen in der Lage ist. Um diese Problematik zu lösen, schlagen sie vor, eine Skala des Familieneinflusses zu definieren, womit der Einfluss der Familie auf ein beliebiges Unternehmen messbar gemacht und somit vergleichbar wird. Mit einem solchen Vorgehen wird es möglich, den Familieneinfluss als abhängige, unabhängige oder moderierende Variable einzuführen. Im folgenden soll diese Skala, der F-PEC, vorgestellt werden, bevor die dieser Arbeit zugrunde liegende Definition dargestellt wird.

2.2.2 Die F-PEC Skala des Familieneinflusses

Die F-PEC Skala des Familieneinflusses wurde als Konzept erstmalig im Jahr 2001 auf dem FBN Research Forum vorgestellt.[18] Sie baut auf drei Säulen des möglichen Einflusses auf: Macht (**P**ower), Erfahrung (**E**xperience) und Kultur (**C**ulture). F-PEC steht demnach für: **F**amily influence durch **P**ower, **E**xperience und **C**ulture.

Eine weitere Möglichkeit, Familien-Gebundenheit von Unternehmen zu erfassen, die in der Wissenschaft genutzt wird, ist das Self-Assessment. Hierbei werden Geschäftsführungsmitglieder, Anteilseigner oder andere beteiligte Personen gefragt, ob ihr Unternehmen ein Familienunternehmen ist.[19] Von den Autoren des F-PEC wurde diese Bestimmungsmöglichkeit bewusst aussen vor gelassen, da sie methodische Probleme birgt.[20] Diese bestehen u.a. darin, dass die befragten Personen mit jeweils verschiedenen impliziten Definitionen an das Thema herangehen. Des weiteren ist davon auszugehen, dass unterschiedliche soziale Erwünschtheiten zu verschiedenen Antworten in ein und dergleichen Situation führen können. Und zum dritten muss davon ausgegangen werden, dass die Wiederholbarkeit, d.h. das Erzielen derselben Antwort in vergleichbaren Situationen, nicht immer gegeben ist. Der letztere Grund führte denn auch beim F-PEC dazu, dass das Self-Assessment nicht miteinbezogen wurde. „The self-assessment route was not adopted because replicability is a key criterion by which to judge the robustness

---

17 Astrachan, J.H.; Klein, S.B.; Smyrnios, K.X. (2002): The F-PEC scale of family influence: A proposal for solving the family business definition dilemma In: Family Business Review XV (1), S. 45 – 58, hier Seite 46

18 Astrachan, J.H.; Klein, S.B.; Smyrnios, K.X. (2001): The F-PEC scale of family influence: A proposal for solving the family business definition problem In: Corbetta, G., Montemerlo, D. (Hrsg.): The role of family in family business – Research Forum Proceedings, 12th Annual World Conference, S. 9 -24

19 Diese Bestimmungsmöglichkeit wird z.B. angewandt von Birley, S. (2001): Owner-manager attitudes to family and business issues: A 16 country study In: Entrepreneurship Theory & Practice, Winter 2001, S. 63 – 76

20 Vgl. Chrisman, J.J., Chua, J.H., Sharma, P. (1999): Defining the Family Business by Behaviour In: Entrepreneurship Theory & Practice, Summer 1999, S. 19-39, S. 19

of an instrument."[21] Die drei Kriterien, die den F-PEC konstituieren, sollen im folgenden vorgestellt werden.

Eine Familie kann ein Unternehmen über Eigentum, Governance und/oder die Beteiligung an der Geschäftsführung aktiv direkt oder indirekt beeinflussen. Da der F-PEC als Instrument für internationale Vergleichsstudien konzipiert wurde, stellt er nicht auf ein länderspezifisches Rechtssystem ab. In bezug auf Eigentum wird der Anteil der Stimmrechte, der von der Familie wahrgenommenen wird, zugrunde gelegt. Im Rahmen der Governance-Struktur wird nach den von der Familie selbst wahrgenommenen Positionen in den entsprechenden Gremien ebenso wie nach den von der Familie besetzten (d.h. die Amtsinhaber wurden direkt von der Familie benannt und vertreten deren Interessen) gefragt. Bei der Geschäftsleitungsbeteiligung wird analog verfahren. Von der Familie benannte Amtsinhaber werden mit Faktor 0.1 in die Berechnung einbezogen. Insgesamt ergibt sich aus der Power-Subscale des F-PEC die prozentuale Beteiligung der Familie an Eigentumsrechten und den daraus folgenden Rechten zu Kontrolle (Governance) und Führung des Unternehmens.[22]

Die Erfahrungsdimension stellt auf den Erfahrungszuwachs über Generationen in Familien-beeinflussten Unternehmen ab. Die zugrunde liegende Hypothese, die von vielen Autoren gestützt wird[23], ist die, dass eine Familie, die ein Unternehmen beeinflusst, mit jedem erfolgreichen Generationswechsel hinzulernt. Es werden Rituale installiert, Regeln geschaffen, getestet und festgelegt, Legenden gewoben; kurz, die Spielräume für lebensbedrohliche Fehler werden geringer, die Klippen, die nicht bereits umschifft sind, sind zumindest bekannt. Die Erfahrung der beiden Organisationselemente miteinander, der Familie und des Unternehmens, wächst. Der F-PEC geht deshalb davon aus, dass der Einfluss der Familie mit jeder weiteren Generation wächst. Hierbei wird der Einfluss der ersten Generation auf 50 % festgelegt, jeder weitere Generation wird mit der Hälfte des noch verbleibenden Mindereinflusses veranschlagt.

Die Unternehmenskultur rückte im Laufe der Jahre immer ins Zentrum der Betrachtung auch von Familienunternehmen. ARONOFF & WARD[24] gehen davon aus, dass das Wertesystem das vermutlich wichtigste System ist, das eine Generation an die nächste weitergibt. Diesem Gedanken folgend, erfasst die dritte Säule des F-PEC den Grad, mit welchem das Wertesystem des Unternehmens von der Familie beeinflusst ist. Darüber hinaus wird nach dem Kommittment der Familie für das Unternehmen gefragt. Um die-

---

21 Klein, S.B.; Astrachan, J.H., Smyrnios, K.X. (im Druck): The F-PEC scale of family influence: Construction, validation, and further implication for theory; Manuskript präsentiert auf der 3rd Conference on Theories of the family enterprise: Search for a paradigm; 10. – 12. Dezember 2003, University of Calgary, Canada

22 Zu einer genaueren Beschreibung des F-PECs siehe auch Klein, Astrachan & Smynios, a.a.o.

23 Vgl. u.a. Barach, J.A.; Ganitsky, J.B. (1995): Successful succession in family business In: Family Business Review XIII (2), S. 131 – 155, sowie: Chrisman, J.J.; Chua, J.H.; Sharma, P. (1999): Defining the family business by behaviour In: Entrepreneurship Theory & Practice, Summer 1999, S. 19 - 39

24 Aronoff, C.E.; Ward, J.L. (2001): Family business values: How to assure a legacy of continuity and success; Family Business Leadership Series No. 12, Marietta, GA

ses zu erfassen, bedient sich der F-PEC dem von CARLOCK & WARD[25] vorgestellten „Family Business Committment Questionnaire". Die folgende Abbildung zeigt den F-PEC mit seinen drei Unter-Skalen Macht, Erfahrung und Kultur.

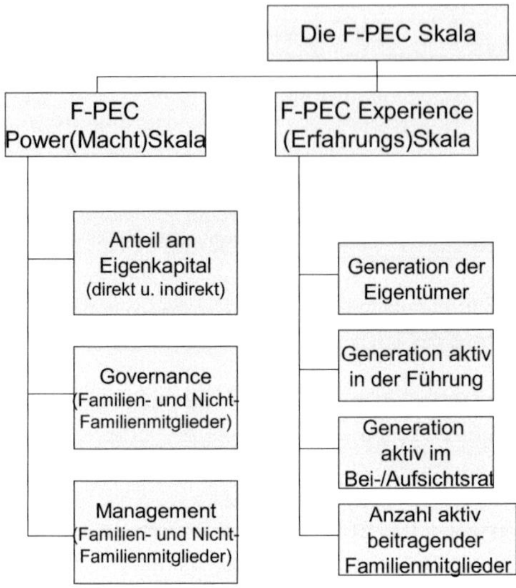

Abb. 5: Die F-PEC Skala des Familieneinflusses nach KLEIN, ASTRACHAN & SMYRNIOS 2003

Die F-PEC Skala wurde 2003 mit Hilfe einer Zufallsstichprobe von 1156 Unternehmen getestet und validiert. Eine Explanatory Factor Analysis (EFA) zeigte, dass die theoretisch abgeleiteten Faktoren sich aus den Daten herleiten lassen. Eine Confirmatory Factor Analysis bestätigte im zweiten Schritt die Unabhängigkeit der Faktoren Macht, Erfahrung und Kultur voneinander. Zusammenfassend lässt sich konstatieren, dass mit dem F-PEC erstmals ein relativ einfach anzuwendendes, statistisch validiertes Instrument zur Verfügung steht, um den Familieneinfluss auf jegliches Unternehmen zu erfassen. Die hieraus resultierende Variable kann je nach Zweck der Untersuchung als unabhängige, abhängige, moderierende oder intervenierende Variable in die Untersuchung eingehen.

[25] Carlock, R.S.; Ward, J.L. (2001): Strategic planning for the family business – Parallel planning to unify the family and business, Houndsmill, NY

2.2.3 Familienunternehmen – Die dieser Arbeit zugrunde gelegte Definition

Die dieser Arbeit zugrunde liegende Definition ist durch die Definition der ersten Auflage und der in ihr vorgestellten empirischen Untersuchung determiniert. Obwohl mit dem F-PEC inzwischen eine neuere Entwicklung vorliegt, wurde im Rahmen dieser Arbeit nochmals auf die schon im Jahr 2000 benutzte Definition zurückgegriffen. Grund hierfür ist die Vergleichbarkeit der beiden repräsentativen Untersuchungen. Da Untersuchungen diesen Umfanges (es wurde in beiden Fällen ein Rücklauf von mehr als 1000 Unternehmensfragebögen angestrebt und erreicht) sehr kostenintensiv sind, und die Vergleichbarkeit der Daten von 1995 und 2000 eines der Ziele der zweiten Untersuchung war, mußte diese auf derselben Definition aufbauen wie die erste Untersuchung. Die der Untersuchung zugrunde gelegten Definition ist aber bei genaueren Betrachtung ein Vorläufer des F-PEC. Der Einfluss der Familie durch Macht, also durch Eigentum, Governance und Führungsbeteiligung war Grundlage der Definition. Erfahrung und Kultur wurden noch nicht mit einbezogen. Hinzukommt, dass für die 1995 Untersuchung noch eine Dichotomisierung in Familien- und Nicht-Familienunternehmen vorgenommen wurde, was deshalb auch für die 2000er Untersuchung wiederholt wurde. Hierbei wurde und wird auf den maßgeblichen Einfluss abgestellt.

Von einem maßgeblichen Einfluss der Familie auf das Unternehmen soll dann gesprochen werden, wenn die Familie einen der Einflussfaktoren vollständig dominiert oder der Mindereinfluss durch einen entsprechenden Einfluss bei einem anderen Faktor ausgeglichen wird. Als notwendige Bedingung wird eine Beteiligung der Familie am Eigenkapital vorausgesetzt. Konkret bedeutet dies, daß ein Unternehmen z. B. dann ein Familienunternehmen ist, wenn 100 % des Eigenkapitals von der Familie gehalten werden. Werden nur 50 % des Eigenkapitals von der Familie gehalten, zugleich aber entweder mindestens die Hälfte der Sitze im Kontrollgremium durch die Familie besetzt oder mindestens die Hälfte der Geschäftsleitungsmitglieder aus der Familie rekrutiert, handelt es sich ebenfalls um ein Familienunternehmen, da in diesem Fall der maßgebliche Einfluss der Familie gewährleistet ist.

Bei $EK_{Fam} > 0$ gilt also: $$FU \cong \left(\frac{EK_{Fam}}{EK_{Ges}}\right) + \left(\frac{MdKG_{Fam}}{MdKG_{Ges}}\right) + \left(\frac{MdGL_{Fam}}{MdGL_{Ges}}\right) \geq 1$$

Der Einfluss über die drei relevanten Faktoren wird damit in Bezug auf die Unterscheidung von Familienunternehmen und Nicht-Familien-Unternehmen gleich gesetzt. Hier werden allerdings nicht die einzelnen Einflussfaktoren selbst gleichgesetzt, sondern es wird nur ausgesagt, daß ein maßgeblicher Einfluss auf ein Unternehmen ebenso über Eigenkapital, Mitgliedschaft im Kontrollgremium also auch über das Wahrnehmen von Managementfunktionen ausgeübt werden kann. Aus dem zuvor Dargestellten ergeben sich folgerichtig drei theoretisch denkbare Reinformen von Familienunternehmen; das Unternehmen in Familienbesitz, das Familien-kontrollierte Unternehmen und das Familien-geführte Unternehmen.

Die bisher erarbeiteten Definitionen zusammengefaßt:

D_1: Als Familie wird in der hier vorliegenden Arbeit eine Gruppe von Menschen verstanden, die in einem direkten verwandtschaftlichen Verhältnis zueinander stehen und die von ***einer*** definierten Ursprungsehe abstammen, sowie deren Ehepartner.

D_2: Ein Unternehmen wird verstanden als eine Organisation, die als offenes System mit der Herstellung eines Gutes oder Zur-Verfügungstellen einer Dienstleistung eine produktive Funktion wahrnimmt.

D_3: Ein Familienunternehmen ist ein Unternehmen, auf das die Familie einen maßgeblichen Einfluss ausübt. Von einem maßgeblichen Einfluss der Familie auf das Unternehmen soll dann gesprochen werden, wenn die Familie einen der Einflussfaktoren Eigenkapital, Kontrolle oder Management vollständig dominiert oder der Mindereinfluss durch entsprechenden Einfluss bei einem anderen Faktor ausgeglichen wird. Als notwendige Bedingung wird eine Beteiligung der Familie am Eigenkapital vorausgesetzt.

Arbeitsteil zu Kapitel 2

Wissensfragen:

Um Ihr Wissen überprüfen zu können, empfiehlt es sich, die Antworten zu notieren, um sie dann anhand des vorangegangenen Kapitels kontrollieren zu können.

1. *Wie umgeht das BGB die Problematik, Familie zu definieren?*
2. *Welche Funktionen erfüllt die Familie innerhalb der Gesellschaft?*
3. *Was versteht man unter einer Institution und was unter einer institutionellen Familie?*
4. *Welche Definition von Familie liegt der vorliegenden Arbeit zugrunde?*
5. *Welche Bestimmungsfaktoren nennt Goehler für die Klassifikation von Familienunternehmen?*
6. *Mittels welcher Faktoren nimmt die Familie Einfluss auf das Unternehmen?*
7. *Was erhält die Familie im Austausch mit dem Unternehmen?*
8. *Wann kann man von einem Familien(dominierten)unternehmen sprechen?*

Transferfragen:

Eine „richtige" Antwort auf diese Fragen gibt es nicht; die Fragen sollen vor allem zum Nach- und zum Weiterdenken anregen.

1. *In einer Diskussion werden Sie mit der These konfrontiert, Familienunternehmen seien anakronistische Gebilde und hätten in der modernen Gesellschaft der Bundesrepublik Deutschland nichts mehr verloren.*
   Bitte setzen Sie sich kritisch mit dieser These auseinander!
2. *Bitte diskutieren Sie den Zusammenhang zwischen Familienunternehmen und Unternehmensgröße.*
3. *Ein Gesprachspartner vertritt die Meinung, daß Definitionen nur Zeit kosten und unnötige Mühe machen.*
   Bitte erläutern Sie ihm anhand der Thematik Familienunternehmen, warum Definitionen als Grundlage wissenschaftlichen Arbeitens notwendig sind und welche Kriterien sie erfüllen sollten.

Kurzfall:

Der Kurzfall soll Ihnen die Möglichkeit geben, Ihr erlerntes Wissen anhand von Situationen aus dem betrieblichen oder familiären Alltag anzuwenden. Im Rahmen des Definitionskapitels sowie des Kapitels über die empirischen Daten wird deshalb auf einen Fall verzichtet.

3 Familienunternehmen in Deutschland

Lernziele und Orientierungsfragen des Kapitels 3

Ziel des Kapitels „Familienunternehmen in Deutschland" ist es, Grundlagen

- *im Rahmen eines geschichtlichen Überblicks die Entwicklungslinien von Familienunternehmen in Deutschland aufzuzeigen*
- *zur ökonomischen Bedeutung von Familienunternehmen anhand von empirischen Daten darzustellen und*
- *einen Vergleich zwischen Familien- und Nicht-Familienunternehmen in bezug auf Umsatz, Mitarbeiter und Branchen anzustellen.*

Um sich vor dem Lesen des Kapitels über sein eigenes Wissen zu dem Thema klar zu werden, kann es für den Leser hilfreich sein, die folgenden Orientierungsfragen zu beantworten:

1. *Was waren die ersten Familienunternehmen in Westeuropa?*
2. *Wieviel Prozent aller deutschen Unternehmen mit mehr als 1 Million € Jahresumsatz schätzen Sie, sind Familienunternehmen?*
3. *Erwirtschaften Familienunternehmen Ihrer Schätzung nach mehr oder weniger Umsatz als Nicht-Familienunternehmen*
   a) im Durchschnitt pro Unternehmen?
   b) insgesamt in Deutschland?

3.1 Zur Geschichte von Familienunternehmen

„Die Erklärung der Gegenwart und der Ausblick auf die Zukunft bedürfen einer Analyse der Vergangenheit. Erst die Auseinandersetzung mit der Geschichte schafft die nötige Distanz zur heutigen Situation, relativiert die aktuellen Probleme und bietet eine Chance zu eigenständigem Urteil."[1]

Im Rahmen der vorliegenden Arbeit kann nicht umfassende differenzierte Wirtschaftsgeschichte aus dem Blickwinkel von Familien und Familienunternehmen geschrieben werden. Gleichwohl muss, um eben die nötige Distanz und das differenzierte Urteil über das heute Vorgefundene zu fundieren, ein kurzer Rückblick auf die Anfänge der Familienunternehmen auch von einem Nicht-Historiker gewagt werden. Verkürzungen sind hierbei unvermeidbar. Aufgezeigt werden sollen Entwicklungslinien, deren Fortführung wir noch heute beobachten und deren Auswirkungen wir noch heute spüren können.

---

1 Kopper, H. (1992) in: Pohl, M. (Hrsg.) (1992): Unternehmen und Geschichte, Mainz, S. 23

Auch die heutigen Familienunternehmen ebenso wie die Unternehmen, die aus solchen hervorgegangen sind, sind ja genau genommen nur ein Übergangsstadium der Geschichte, ein fragiler Zustand zwischen gestern und morgen. Wir können weder die Zeit noch die Familie wählen, in die wir hineingeboren werden. Wohl aber entfliehen wir, wenn auch unter größten, zum Teil sogar traumatischen Schwierigkeiten eher noch der Familie, nie aber der Zeit. Darum ist zu wissen, woher wir kommen eine der unabdingbaren Grundlagen für eine bewusste Entscheidung im Rahmen der begrenzten Möglichkeiten, wohin wir denn wollen (und können).

Von den Genossenschaften abgesehen haben fast alle heute noch existenten Unternehmen als Familienunternehmen begonnen. Die ökonomische Bedingtheit der Familie war in allen Zeiten ein relevanter Tatbestand. „Familie und Haushalt sind immer in Zusammenhang mit den gesellschaftlich realisierten Formen und Möglichkeiten der Güterproduktion und des Konsums zu betrachten."[2] Zum Teil gaben aufgrund fehlender religiöser Ordnungen, hier vor allem in der alteuropäischen Gesellschaft, die ökonomischen Bedingungen Anlass zu einer Ausdifferenzierung der Familienformen.[3] Da eine Familie nur dann auch denjenigen Funktionen gerecht werden kann, die über die biologische und wirtschaftliche Erhaltung hinausgehen wie z.B. die Platzierung, wenn sie ein entsprechendes Vermögen zur Verfügung hat, gewinnt die wirtschaftliche Tätigkeit über die reine Erhaltungsfunktion hinaus Bedeutung. In einigen Fällen erhält sie sogar funktionale Autonomie.[4] Eine Familie ohne Vermögen hatte zu keiner Zeit, auch nicht heute, eine Chance, eine, maximal zwei Generationen aus dem Meer der Geschichte aufzuragen wie ein Fels aus der Brandung. Erst das Vermögen gab der Familie die Chance, zu überdauern und dem Traum der Menschheit nach ein wenig Unsterblichkeit näher zu kommen.

Ab wann aber lässt sich nun eine Unternehmerfamilie im Sinne der dieser Arbeit zugrunde liegenden Definition überhaupt feststellen? Eine Unternehmerfamilie i.d.S. ist festzustellen, wenn die Familie und das Unternehmen als zwei *voneinander unabhängige* Organisationen bestehen. Erst mit der Differenzierung von Unternehmen und Familie, mit der „Emanzipation", der Loslösung der Unternehmensorganisation von der Familienorganisation, ergibt die Unterscheidung von Familie und Unternehmen einen Sinn. Die Beschreibung früherer Familienunternehmen allerdings ist nicht unproblematisch, da die Wirtschaftshistoriker sich „hauptsächlich mit makroökonomischen Themen [befassen] und nur sporadisch mit der Unternehmensgeschichte."[5]

---

2 Hauser, K. (1975): Familie als Gegenstand historischer Sozialforschung. Bemerkungen zu einer Forschungsstrategie in: Zeitschrift für historische Sozialwissenschaft, 1.Jg. Heft 2/3

3 vgl. hierzu: Mitterauer, Michael (1990) :Historisch-anthropologische Familienforschung: Fragestellungen und Zugangsweisen, Wien, 1990, S. 31

4 vgl. hierzu: Schmid, Viola: Die Familie in Artikel 6 des GG, 1984, S. 199

5 Pohl, M. (1992): Unternehmen und Geschichte, Mainz, S. 30

3.1.1 Feudalherrschaft, Handel und Handwerk als erste Familienunternehmen

Erste Vorläufer der dann in der Industrialisierung entstandenen Familienunternehmen, wie wir sie auch heute noch beobachten können, sind im Rahmen der sogenannten 1. Industrialisierung im Mittelalter zwischen 1150 und 1350 entstanden. Durch die Bildung des besonderen Berufsstandes der Gewerbetreibenden entstand erstmals eine Vernetzung von hauswirtschaftlicher Urproduktion mit einem über die kleine Wohngemeinschaft hinausreichender Warenhandel sowie eine damit verbundene Kommunikation.[6] In wie weit hier bereits eine Unternehmensorganisation, die von der der Familie unabhängig war, existiert hat, kann anhand der vorliegenden Quellen[7] kaum festgestellt werden, es muss allerdings bezweifelt werden.

Trotzdem kann als Ursprung der Familienunternehmen in der heutigen Form einerseits die Feudalherrschaft, andererseits die Händler und Gewerbetreibenden und zum dritten das Handwerk, wie z.B. die Textilwirtschaft, betrachtet werden. Die nicht im Ursprung zur Schicht der Feudalherren gehörigen Händler etc. erhielten durch ihre unternehmerischen Tätigkeiten und den daraus resultierenden wirtschaftlichen Erfolg nicht selten den Zutritt zu entweder dem Patriziat der Städte oder aber, soweit sie es zu Landbesitz brachten, sogar zur Feudalherrschaft selbst.[8] Krönender Abschluss einer solchen Karriere eines Unternehmers war die Nobilitierung, die je nachdem, wann sie ausgesprochen wurde, dem Geschäft dienlich war (z.B. Rothschild, Oppenheim) oder aber zum Rückzug aus dem Geschäft in das adelige Landleben, dem Wechsel aus dem Nährstand zum Wehrstand, führte.

Entscheidend ist in dieser frühen Phase der ersten Familienunternehmen vor allem die Änderung der Einstellung der Unternehmer. Während bis zu diesem Zeitpunkt das Versorgungsdenken in bezug auf das eigene Alter vorherrschte, ist beginnend mit dieser Zeit mehr und mehr eine unternehmerische Zielsetzung, die den Gewinn in den Vordergrund stellt, zu beobachten. „Im Frühkapitalismus ändert sich die Wirtschaftsgesinnung des Unternehmers, er ist nicht mehr auf Rentendenken, vielmehr auf Gewinnmaximierung ausgerichtet.“[9]

---

6 F. Philippi: „Die erste Industrialisierung Deutschlands (im Mittelalter)“ Münster 1909 zitiert nach Henning, F.W. (1994): Das vorindustrielle Deutschland 800 - 1800, 5. Durchges. und überarb. Aufl., Paderborn, München, Wien, Zürich 1994, S. 78

7 „Außer Zweifel steht, daß die Hauptgrundlage jeder historischen Forschung immer noch die Unterlagen der Archive sind...[und weiter] In der Regel beherbergen die Unternehmensarchive historisch relevante Unterlagen, die meistens bis in die erste Hälfte des 19. Jahrhundert zurückgehen.“ Pohl, M. (1992): Unternehmen und Geschichte, Mainz, S. 61

8 vgl. Henning, F.W. (1994): Das vorindustrielle Deutschland 800 - 1800, 5. Durchges. und überarb. Aufl., Paderborn, München, Wien, Zürich 1994, S. 38

9 Henning, F.W. (1994): Das vorindustrielle Deutschland 800 - 1800, 5. Durchges. und überarb. Aufl., Paderborn, München, Wien, Zürich 1994, S. 215

Die Ursprünge der Handelshäuser mit der Hanse im Norden und den Handelsgesellschaften im Süden fällt ebenfalls in diese Zeit (12. - 14. Jahrhundert). In beiden Fällen war die Bereitschaft zu reisen und somit hohe Risiken auf sich zu nehmen, der Anfang des Reichtums und somit des Einflusses zu Hause. „Die Hansekaufleute verdankten ihre bevorzugte Stellung zu Hause den Erfolgen im Ausland. In ihren Heimatstädten rückten sie ins Patriziat auf und beeinflussten die Politik.“[10] Erst Anfang des 15. Jahrhunderts fuhren die Hansekaufleute immer weniger selbst mit auf die abenteuerlichen Reisen, sondern konzentrierten sich auf die verwaltende Arbeit in den Kontoren.[11] Deutlich bleibt aber auch mit dem „Rückzug von der Front“ die Untrennbarkeit von Eigentum und Führung. Selbst dort, wo ein Kontorleiter zur Führung der Bücher und Geschäfte vor Ort in Lohn und Brot stand, blieb die eigentliche Leitung, die Letztverantwortung immer beim Eigentümer-Unternehmer.

Neben den auf Dauer angelegten Kontoren wurden im Norden Gelegenheitsgesellschaften zur Finanzierung von Überseeschiffsladungen gegründet, an denen sich jeder in Anteilen als stiller Teilhaber beteiligen konnte. Nach dem Ende der Reise, also nach Erfüllung des Geschäftszweckes, wurde die Gesellschaft aufgelöst.[12] Im Süden hingegen wurden auf langfristige Geschäfte ausgelegte Familiengesellschaften ohne Beteiligung fremder Dritter gegründet (ähnlich der heutigen OHG). z.B. Welser, Imhoff, Tucher, Fugger, Runtinger u.v.a.m.[13]

Diese Kaufmannsgesellschaften gründeten im Wesentlichen auf familiären Bindungen. Die familiären Bande garantierten eine höhere Sicherheit der Kapitaleinlagen ebenso wie eine höhere Sicherheit bei Auslandsaufenthalten, bei denen die Kommunikation z.T. über Monate nahezu zum Erliegen kam. Gleichwohl mussten auch ohne die Möglichkeit zur Abstimmung Entscheidungen gefällt werden, die nur engsten Vertrauten, am Geschäft auf Gedeih und Verderb beteiligten Familienmitgliedern, zugetraut wurden. Gleichzeitig entstand durch diese Verflechtung von Familie und Unternehmen aber auch der Rahmen, in dem die sozialen Vorteile der unternehmerischen Tätigkeit für alle Beteiligten zum Ausdruck gebracht werden konnten.[14] Die Leitung sowohl der Familie als auch des Unternehmens wurde patriarchalisch geregelt. „Die Familiengesellschaften werden durch eine patriarchalische Leitung unter dem jeweiligen Oberhaupt, dem *Regierer,* zusammengehalten."[15]

Aus dem Fernhandel entwickelte sich ein weiterer Zweig früher Familienunternehmen, der der Bankiers. Dieser entstand zunächst aus der Notwendigkeit der Fernhändler und

10 Bechtel, H. (1967): Wirtschafts- und Sozialgeschichte Deutschlands, S 134

11 Bechtel, H. (1967): a.a.o., S. 137f

12 vgl. auch Braudel, F. (1986): Der Handel. Sozialgeschichte des 15.-18. Jahrhunderts, München, S. 476

13 Bechtel, H. (1967): a.a.o., S. 165f

14 vgl. Schuler, Th.(1982): Familien im Mittelalter in: Reif, H. (Hrsg): Die Familie in der Geschichte, Göttingen 1982, S. 54

15 Bechtel, H. (1967): a.a.o., S. 166

Handelsgesellschaften, die verschiedenen Währungen zu handhaben, Kredite zu gewähren etc.. „Die *ersten Bankiers* sind die *Fernkaufleute* gewesen, die sich überwiegend mit dem Geldhandel beschäftigten und für die der Warenhandel unbedeutend wurde: - Die Familien Crespin und Louchart in Arras sind hier vor allem für das 13. und 14. Jahrhundert zu nennen. Mit dem Niedergang der Champagne-Messen verloren auch sie an Bedeutung. Im 16. Jahrhundert wurde dann vor allem das *Depositengeschäft* bei den *„Finanziers"* ausgebaut. Die Fugger erwarben einen Teil ihres Reichtums, indem sie Einlagen von Privatleuten annahmen (und verzinsten)....". [16] Im 18. Jahrhundert dann entwickelten sich verschiedene, zunächst bescheidene Anfänge von Privatbankiers wie die Rothschilds oder die Oppenheims, die zumeist als jüdische Hoffaktoren Wechselstuben eröffneten.[17]

Ein weiterer Zweig, in dem erste Familienunternehmen zu beobachten waren, war die Textilwirtschaft. Diese entwickelte sich aus kleinsten Manufakturen und nahm mit dem Aufschwung des Fernhandels eine weitere Entwicklungsstufe. Ihre Blütezeit begann mit dem 15. Jahrhundert. Im ausgehenden 17. und 18. Jahrhundert erreichten dann die Manufakturen eine bisher nicht gekannte Blüte, die dem Verlagswesen, angesiedelt zwischen Handel und Manufaktur, ebenfalls zu Wachstum verhalf. Erst im 19. Jahrhundert, durch die beginnende Industrialisierung im eigentlichen Sinne, verloren diese Zweige der gewerblichen Wirtschaft ihre Bedeutung bzw. wurden von neuen Zweigen absorbiert. [18]

3.1.2 Der Adel als Vorbild der Familien- und Vermögensorganisation

Im Rahmen der Gestaltung der Familiengesellschaften ebenso wie bei der Organisation und Gestaltung der Familien selbst war der Adel in großen Teilen Vorbild. „Im Mittelalter standen einander zwei Konzeptionen der Ehe gegenüber: Das weltliche, vom Adel vertretene Wertesystem erblickte in der Ehe mehr eine Allianz zweier ehrbarer Familien, einen Akt sozialer Vernetzung, denn eine Vereinigung zweier Individuen. Ein Ehebruch der Frau hätte dynastische Folgen haben können und wurde aus diesem Grunde streng geahndet." Und weiter: „Dieses Ehe- und Familiensystem beruhte auf wirtschaftlicher Macht und somit der juristischen Sicherung der Herrschaft und des Besitzes."[19] Von einigen frühen Familienunternehmen ist, bevor die Namensträger in den Genuss eines

---

16 vgl. Henning, F.W. (1994): Das vorindustrielle Deutschland 800 - 1800, 5. Durchges. und überarb. Aufl., Paderborn, München, Wien, Zürich, S. 203

17 vgl. u.a. Stürmer, M., G. Teichmann, W. Treue (1989): Wägen und Wagen, Sal Oppenheim jr. & Cie, Geschichte einer Bank und einer Familie, München, Zürich und Rothschild, Ph. de (1984): Vive la vie, Château Mouton, München

18 vgl. Henning, F.W. (1994): a.a.o., S. 146

19 Kühnel, H.(1993): Ehe in der Gesellschaft des Mittelalters - Das Rollenbild der Frau In: Vavra, E.(Hrsg): Familie - Ideal und Realität, Horn 1993, S. 55

Adelstitels kamen, ein solch dynastisches Heiratskonzept wenn nicht verbürgt so doch vermutet worden.[20]

Auch in anderen Familiengesellschaften setzte sich diese Ehekonzeption durch. Dies hatte direkte Auswirkungen auf die Erziehung der Kinder. Diese wurde auf das Ziel, die gesellschaftliche Position zu sichern, sowie auf den Erhalt und den Ausbau des Familienunternehmens ausgerichtet.[21] Diese Priorität ergab sich vor allem aus der geringen Schichtendurchlässigkeit des sozialen Systems, das Familienzugehörigkeit höher bewertete als individuelle Fähigkeiten. "In einem familialistischen System entscheidet deshalb die Zugehörigkeit zur Herrschaftsfamilie, bzw. die Nichtzugehörigkeit zu derselben über die Lebensstellung des einzelnen.“[22] Durch diese Platzierungsfunktion der Familie, die in hohem Maße wiederum vom Vermögen der Familie abhing, wurde der Erhalt eben dieses Vermögens sowie der Privilegien, die zur Generierung dieses Vermögens führten (z.B. Steuerhoheit einerseits bei Befreiung von der Steuer für den Privilegierten selbst andererseits) überlebenswichtig.

Der Weg, auf dem solche Familienziele zu realisieren waren, war deshalb vor allem im Adel genau vorgeschrieben, was wiederum von bedeutenden Unternehmerfamilien häufig kopiert wurde. Kern war die ungleiche Verteilung des familialen Reichtums auf die Kinder. REIF[23] bemerkt hierzu: "Die Ansprüche der Familie, das ist ein erstes Spezifikum der Adelsfamilie, standen übermächtig vor dem Einzelnen."

Besitz in Grund und Boden war in der Regel fideikommissarisch gebunden und damit unteilbar und unbeleihbar. Weichende Erben erhielten im höchsten Fall eine Apanage, eine Mitgift oder eine Versorgung mit Amt oder Platz in Kloster oder Stift.[24] „Je höher die Stellung einer Familie war, um so eher war sie den Ideen des Familienglanzes und der Familienmacht zugänglich und bereit, dem einzelnen Familienmitglied im Interesse der Familie als ganzer Opfer aufzuerlegen.“[25] Auch die großen Handelsherren stifteten Fideikommisse, „um das Fortbestehen ihrer Familienunternehmen über ihre eigene Lebensdauer hinaus und möglichst für immer unter Leitung ihrer Nachkommen zu sichern.“[26] Beispiele hierfür sind u.a. neben den Fuggern die Augsburger Familie Baumgartner sowie die Breslauer Familie Sauermann (später Grafen Saurma-Jeltsch). Diese Gedanken wurden bewahrt bis in unser Jahrhundert. Nach den Süddeutschen Handelshäuser haben noch viele Familienunternehmer wenn nicht direkte Fideikommisse so doch diesen sehr ähnliche Regelungen festgelegt. Somit konnte Vermögen und Status

20 vgl. Stürmer, M., G. Teichmann, W. Treue (1989): a.a.o.

21 vgl. Langer-Ostrawsky, G. (1993): Erziehung In: Vavra, E (Hrsg.): Familie - Ideal und Realität, Horn, 1993, S. 151 - 161

22 Schmid, Viola (1984): Die Familie in Artikel 6 des GG, 1984, S. 182 f

23 Reif, H. (Hrsg)(1982): Die Familie in der Geschichte, Göttingen 1982, S. 90

24 vgl. hierzu: Reif, H. (Hrsg)(1982): a.a.o., S. 96

25 Eckert, J. (1992): Der Kampf um die Familienfideikommisse in Deutschland, Frankfurt (Habilitation), S.48

26 Eckert, J. (1992): a.a.o. , S. 65

von der Familie unabhängig etabliert werden, um dieser über Generationen hinweg dienen zu können. „Was für den Adel der Fideikommiss war, das unteilbare Familienvermögen und die Grundlage sozialen Status, sollte für die Oppenheim die Bank sein.“[27]

Ende des 18. Jahrhunderts wurde es zunehmend problematischer, die Folgegeneration auf den Adelskodex zu verpflichten, da die Umwelt zunehmend adelsfeindlicher, alternativenreicher und dem Schutz des Individuums vor Familienansprüchen aufgeschlossener wurde. Mit dem Schutz des Individuums wurden die Machtfülle des jeweiligen Familienoberhauptes eingeschränkt. Dies drückte sich nicht nur in den Außenbeziehungen, sondern auch in der Einschränkung der väterlichen Gewalt aus. Die hierdurch aufbrechenden Konflikte wurden für einige Adelsfamilien, hier sei nur der westfälische stiftsfähige Adel genannt, zu einer Bedrohung ihrer bisherigen Lebensentwürfe. [28] Im gleichen Zeitraum, mit dem ausgehenden 19. Jahrhundert, findet eine zunehmende Annäherung des Großbürgertums an den Adel, die sogenannte Aristokratisierung des Bürgertums, statt.[29]

3.1.3 Familienunternehmen in Gründerzeit und Industrialisierung

Diese Annäherung des Bürgertums an den Adel fällt zeitlich zusammen mit den Anfängen der Industrialisierung in Deutschland. HENNING[30] sieht die Übergangsphase zur Industrialisierung in Deutschland 1795-1835, also nach Großbritannien (1750-1790) und Frankreich (1780-1820), aber vor den USA (1800-1840) und Russland (1850-1880). In den gleichen Zeitraum fällt die Gründung der ersten Handelsakademien in Hamburg (1768), Leipzig (1773), Mannheim (1779); Frankfurt am Main (1785) und Berlin (1791).[31] Diese Gründungen waren nur ein Zeichen dafür, dass sich Deutschland seit der Mitte des 19. Jahrhunderts endgültig von einem Agrar- zu einem Industriestaat wandelte.[32]

---

27 Stürmer, M., G. Teichmann, W. Treue (1989): Wägen und Wagen, Sal Oppenheim jr. & Cie, Geschichte einer Bank und einer Familie, München, Zürich, S. 72

28 vgl. hierzu: Reif, H. (Hrsg)(1982): Die Familie in der Geschichte, Göttingen, S. 93

29 vgl. hierzu: Rosenbaum, Heidi (1982): Formen der Familie: Untersuchungen zum Zusammenhang von Familienverhältnissen, Sozialstruktur und sozialem Wandel in der Gesellschaft des 19. Jh, Frankfurt, S. 321

30 Henning, F:W. (1993): Die Industrialisierung in Deutschland 1800 bis 1914, 8. durchgesehene und ergänzte Aufl., Paderborn, München, Wien, Zürich, S. 35

31 Bechtel, H. (1967): Wirtschafts- und Sozialgeschichte Deutschlands, S. 277f

32 vgl. Pohl, M. (1991): Die Überlebenschancen von Unternehmensgründungen in der Zeit von 1870 bis 1918 In: Pohl, H. (Hrsg.): Überlebenschancen von Unternehmensgründungen, Stuttgart 1991, Zeitschrift für Unternehmensgeschichte, Beiheft 63, S. 29 - 47, hier S. 31

Mitte des 18. Jahrhunderts sah man auch in den deutschsprachigen Ländern die Notwendigkeit zu Manufakturen, wie sie im europäischen Ausland bereits bestanden. Preußen holte Hugenotten und Schutzjuden, Habsburg wollte katholische, dem Hof nahestehende Unternehmer. Sie wurden unterstützt und bei Laune gehalten.[33] ZORN[34] unterscheidet fünf ursprüngliche Unternehmertypen im 19. Jahrhundert: den feudalen Grundbesitzer, den Geschäftserben, Kaufleute und Bankiers, Handwerker und Techniker und die Forscher.

Familien wurden in dieser Zeit die tragende Institution für die unternehmerische Entwicklung. „Für die ersten Jahrzehnte der deutschen Industrialisierung gilt, dass die Familie zu jenen nicht- und vorkapitalistischen Institutionen und Kräften gehörte, die der kapitalistischen Industrialisierung als Voraussetzung, Antrieb und Vehikel dienten.“ [35] Ohne eine entsprechende Anzahl von Menschen, die bereit waren, die Risiken des Unternehmertums auf sich zu nehmen, hätte die Industrialisierung so nicht stattfinden können. KOCKA[36] verweist darauf, wenn er zusammenfasst: „Es ist nicht selbstverständlich, aber für erfolgreiche Industrialisierung nötig, dass eine größere Zahl von dazu fähigen Personen Unternehmer werden will. Einige objektive Bedingungen erleichtern dies sehr: das Vorhandensein ökonomischer Chancen; Knappheit an alternativen Wegen zum ökonomischen und sozialen Erfolg; das Fehlen ständisch-rechtlicher Barrieren, Anerkennung oder doch Tolerierung selbständiger, gewinnorientierter gewerblich-kommerzieller Tätigkeit durch die dominierenden Wertvorstellungen.“ Und weiter: „Hier ist auf einen weiteren ... Motivstrang zu verweisen: Erfolg als Unternehmer trotz entgegenstehender Hindernisse im Interesse des Wohls der Familie und bedürftiger Familienangehöriger anzustreben.“

Unternehmer zu werden war also vor allem deshalb interessant, weil neben dem wirtschaftlichen Erhalt der Familie vor allem die Statuszuweisung durch ein erfolgreiches Unternehmertum großen Erfolg versprach. Die größere Durchlässigkeit der Gesellschaft im beginnenden 19. Jahrhundert machte diese Entwicklung möglich. Neben der Motivation, sich unternehmerisch zu betätigen, gab es jedoch noch weitere Voraussetzungen, die lt. KOCKA[37] zum Unternehmertum im 19. Jahrhundert notwendig waren, und zwar:

- Erziehung
- Wissensvorsprung, da Wissen nicht öffentlich zugänglich war
- Erfahrungsvorsprung (z.B. Auslandsreisen in Kaufmannsfamilien)
- Kapital, wenn auch oft nur minimal aus kleinster Erbschaft (Handwerksfamilien)

---

33 vgl. Bechtel, H. (1967): Wirtschafts- und Sozialgeschichte Deutschlands, S. 277

34 Zorn, W. (1957): Typen und Entwicklungskräfte deutschen Unternehmertums im 19. Jahrhundert In: Vierteljahrschrift für Sozial- und Wirtschaftsgeschichte, Bd. 44, 1957, S. 57-77

35 Kocka, J. (1982): Familie, Unternehmer und Kapitalismus S. 163-186 in: Reif, H. (Hrsg.): Die Familie in der Geschichte, Göttingen, S. 180

36 Kocka, J. (1982): a.a.o. S. 163f

37 Kocka, J. (1982): a.a.o.

- Kontrolle durch Familienmitglieder, da das Management ausschließlich aus den Reihen der Familie besetzt wurde und Telefonate und Postverkehr beschwerlich, wenn nicht unmöglich, waren. Loyalität war ebenso wichtig wie Fachwissen.
- Unternehmer benötigten Kontakte, deshalb heirateten sie im Wirtschaftsbürgertum und schotteten sich sozial nach unten ab. Erst in den 70er Jahren des 19. Jahrhunderts gibt es im Rheinland erste Verbindungen zur Aristokratie.

In diese Zeit (Mitte des 19. Jh.) fällt auch der Streit um die Intimsphäre der Familie. U.a. argumentiert von SAVIGNY, dass das Innenverhältnis der Familie sittlich, nicht rechtlich zu regeln ist, während die Auffassung, dass die sittliche Verpflichtung die rechtliche nach sich ziehe, von einer wachsenden Gruppe vertreten wird.[38] Das Verhältnis von Staat und Familie wandelte sich ebenso wie die Auffassungen darüber. 1840 weist von SAVIGNY[39] daraufhin, dass "in den Familien ...die Keime des Staates enthalten (sind), und der ausgebildete Staat ... die Familien und nicht die Individuen unmittelbar zu Bestandteilen (hat)." Gleichwohl greift der Staat vermehrt auch mit rechtlichen Regelungen in die Familieninterna ein[40] und beeinflusst somit mittelbar auch die Unternehmerfamilien. Dort, wo der Vater bisher als uneingeschränkter *Regierer* autoritär über Unternehmen und Familie herrschte, wirkte sich die Einschränkung der väterlichen Gewalt selbstredend nicht nur auf die Familie sondern auch auf das Unternehmen aus.

KOCKA nennt aus gutem Grund als erste Voraussetzungen für die Entwicklung des Unternehmertums Erziehung und Wissensvorsprung. „Die Anpassungs- bzw. Widerstandsfähigkeit der Menschen an bzw. gegen Autoritätsverhältnisse, Arbeits- und Lebensbedingungen, der Horizont und die Frustrationsschwelle ihrer Glückserwartungen bzw. Erwartungen der Bedürfnisbefriedigung oder die im 19. Jahrhundert häufiger werdende Disposition zu Leistung und gesellschaftlichem Aufstieg sind weitere Ergebnisse der familialen Sozialisation, deren Bedeutung für die Stabilität und Effektivität der jeweiligen Herrschafts-, Besitz- und Arbeitsverhältnisse und für den Wandel eines Gesellschaftssystems auf der Hand liegen.“[41]

In Zeiten, in denen Bildung ein Luxusgut war, hatte die Erziehung der Nachfolger einen besonderen Stellenwert. Nur wer es seinen Kindern ermöglichen konnte, mehr zu lernen als andere, gab ihnen die Chance, aus ihrem Leben auch mehr zu machen. Die Erziehung in der damaligen Zeit war geprägt von Akzeptanzwerten, allerdings wurde vor allem in Familien des kaufmännisch-gewerblichen Mittel- und Großbürgertums zugleich auch Wert auf Verantwortungsbewusstsein und Selbständigkeit gelegt. Dies führte bei Anerkennung der uneingeschränkten väterlichen Befehlsgewalt nicht selten zu Wider-

---

38 vgl. hierzu Schmid, V. (1984): Die Familie in Artikel 6 des GG, 1984, S. 70ff

39 Savigny, F.K. von (1840): System des heutigen römischen Rechts, Berlin, S. 344

40 vgl. hierzu Schmid, V.: a.a.o.

41 Hansen, K.(1975): Familie als Gegenstand historischer Sozialforschung. Bemerkungen zu einer Forschungsstrategie in: Zeitschrift für historische Sozialwissenschaft, 1.Jg. Heft 2/3 S. 171-209

sprüchen.[42] Da laut KOCKA[43] ca. die Hälfte der 1. Unternehmergeneration aus Handwerkerfamilien entstammte, hatte diese Unternehmer eine intensive familiale Erziehung genossen, die (noch) geprägt war von einem engen Zusammenhang zwischen Familien- und Erwerbsleben. Die Familie war hier nicht nur Ort des Lebens, Lernens und Arbeitens, sie war zugleich auch Zielobjekt, indem nämlich das Unternehmen für die Familie langfristig erhalten und ausgebaut werden sollte. Die Familie war somit Ursprung und Ziel unternehmerischer Tätigkeit. KOCKA[44] fasst dies wie folgt zusammen: „Auch wenn der Nutzen ihrer Familien nicht als erklärtes Ziel der Unternehmer in Erscheinung trat, sondern Gewinnstreben, Ehrgeiz oder Liebe zu Macht und Selbständigkeit im Vordergrund standen, war solche Motivation ebenfalls vor allem in den jeweiligen Herkunftsfamilien entstanden. Deren Erziehungs- und Sozialisationsleistung ist insofern als Beitrag zur Entstehung der Unternehmerschaft zu werten."

Geschichte von Familienunternehmen in der Zeit der Industrialisierung ist Geschichte von Unternehmern. „Die weitaus größte Zahl der Unternehmen waren Einzelgesellschaften, in denen der Alleininhaber und alleinige Leiter die gesamte Verantwortung für die Tätigkeit des Unternehmens trug....1882 machte die Zahl der Einzelunternehmen 94,7% der Gesamtzahl aller Unternehmen in Deutschland aus. Bis 1925 sank der Anteil nicht unter 90%."[45] Die Trennung von Unternehmen und Unternehmer, somit auch die Trennung von Unternehmen und Familie war zu dieser Zeit rechtlich in den wenigsten Fällen vollzogen. Dies geschah erst mit den neuen Regelungen zu Aktiengesellschaft und GmbH 1870 bzw. 1892 und wiederum auch nur in Großunternehmen. Bei der Großzahl der Unternehmer stieß die allgemeine Durchsetzung der Aktiengesellschaft „wegen der für sie charakteristischen Anonymität - „Société anonyme" - auf Abneigung und Widerstand..."[46]

Der Unternehmer der Gründerzeit war ein Einfluss suchender und Einfluss nehmender „homo politicus". Unternehmer befanden sich im Zentrum der wirtschaftlichen Entwicklung, wobei Unternehmen wiederum im Zentrum politischer Entwicklungen. Unternehmer waren deshalb in den wenigsten Fällen „nur" Unternehmer. „Aber wer wäre imstande, die „Dynastie" Krupp von ihrem Werk zu trennen? Und worauf hätte Ballins internationaler Einfluss, worauf hätte sein politisches Gewicht beruhen sollen, womit wäre die Stellung von Georg von Siemens, von Stinnes oder Kirdorf zu erklären, wenn man jene Männer in einer reinen „Unternehmer"-Betrachtung von ihren „Firmen" lösen

42 Kocka, J. (1982): Familie, Unternehmer und Kapitalismus S. 163-186 in: Reif, H. (Hrsg.): Die Familie in der Geschichte, Göttingen, S. 169

43 Kocka, J. (1982): a.a.o., S. 167f

44 Kocka, J. (1982): Familie, Unternehmer und Kapitalismus S. 163-186 in: Reif, H. (Hrsg.): Die Familie in der Geschichte, Göttingen, S. 167

45 Gömmel, R. (1992): Überlebenschancen von Unternehmensgründungen 1800-1870 In: Pohl, H.(Hrsg.):Überlebenschancen von Unternehmensgründungen, Stuttgart 1991, Zeitschrift für Unternehmensgeschichte, Beiheft 63, S. 17-28, hier S. 35

46 Gömmel, R. (1992): a.a.o., S. 37

wollte? Falls wirklich Männer Geschichte „machen“, dann doch stets Männer eines bestimmten Milieus, Persönlichkeiten vor einem bestimmten Hintergrund.“[47]

In der Gründerzeit entstanden Unternehmen, die, wenn sie auch heute nicht mehr in der selben Form bestehen, uns doch geläufig sind. Familien, die in der damaligen Zeit durch ihren wirtschaftlichen Erfolg zu Macht und Einfluss gelangten, sind auch heute z.T. noch bekannte Größen. "Von allen Neureichen der Goldenen Gründerzeit waren die Rothschilds am extravagantesten, am empörendsten und - in einem Zeitraum von weniger als 50 Jahren - am erfolgreichsten im Erreichen dessen, was mit Geld zu kaufen ist: Macht, Einfluss, Status, Respekt bis hin zur Angst, prächtige Häuser, exquisite Möbel und Kunstwerke, schöne Frauen und herrliche Pferde. Sie haben jedoch bis zum heutigen Tage ihre Arbeitsmoral und ihre Verbundenheit mit der patriarchalischen Vergangenheit bewahrt."[48]

Von den 274.139 (308.843) Unternehmen, die in Deutschland 1995 (2000) mehr als 2 Millionen DM Jahresumsatz erwirtschafteten, wurden 3,1% (8.575) vor 1870 gegründet, 12% (32.823) zwischen 1871 und 1913. In der ersten Gruppe befinden sich noch 74,5%, in der zweiten 72,1% Familienunternehmen. Es ist davon auszugehen, dass bis auf die Genossenschaften nahezu alle Unternehmen in diesem Zeitraum als Familienunternehmen bzw. als potentielle Familienunternehmen gegründet wurden. Potentielle Familienunternehmen insofern, als sie zunächst von einem Unternehmer ohne Familie gegründet wurden, wohl aber mit dem Ziel, seiner einmal zu gründenden Familie als wirtschaftliche und auch gesellschaftliche Basis zu dienen. Hierfür spricht auch die hohe Zahl der Einzelgesellschaften (s.o.).

Betrachtet man die Struktur der vor 1870 und zwischen 1871 und 1913 gegründeten Unternehmen, die bis 1995 überlebt haben, so stellt man fest, dass die ersteren 1995 ca. eine halbe Milliarde DM Umsatz erwirtschaftet haben, die zweiteren etwas über eine Milliarde DM. 50% des Umsatzes der vor 1870 gegründeten Unternehmen wurde von Familienunternehmen erwirtschaftet, über 60% der zwischen 1871 und 1913 gegründeten. Durchschnittlich beschäftigen die Familienunternehmen pro Unternehmen weniger Mitarbeiter als die Nicht-Familienunternehmen. Dies ist durchgängig in allen Altersklassen bis heute zu beobachten. Ebenso ist durchgängig zu beobachten, dass die älteren Unternehmen durchschnittlich mehr Mitarbeiter beschäftigen als die jüngeren. Bei den bis 1870 gegründeten und bis heute existenten Familienunternehmen arbeiten im Schnitt 472 Mitarbeiter, bei den Nicht-Familienunternehmen 687 Mitarbeiter. Bei den zwischen 1871 und 1913 gegründeten und bis 1995 existenten Familienunternehmen arbeiten durchschnittlich 411 Mitarbeiter, bei den Nicht-Familienunternehmen sind es 575 Mitarbeiter. Über die höhere Anzahl beschäftigen dennoch die Familienunternehmen dieser Gründungszeiträume deutlich mehr Mitarbeiter insgesamt als die Nicht-Familienunternehmen. (-1870 gegr.: 820.000 in FU / 480.000 in NFU; 1871-1913 gegr.:

---

47 Treue, W.(1989): Unternehmens- und Unternehmergeschichte auf fünf Jahrzehnten In: Pohl, H.(Hrsg): Zeitschrift für Unternehmensgeschichte, Beiheft 50, 1989, S. 14

48 Gregory, A. (1993): Der Glanz des Reichtums: wie die großen Vermögen entstanden sind, München, S.83

2,2 Mia. in FU / 1,5 Mia. in NFU). Der Zwang zur Größe um des Überlebens willen wird aus diesen Zahlen deutlich.

Interessant ist der Vergleich der Branchenstruktur der Familien- und Nicht-Familienunternehmen, die in diesen beiden Gründungszeiträumen gegründet wurden und 1995 noch existieren. Während 84% der bis 1870 gegründeten Familienunternehmen im Verarbeitenden Gewerbe tätig sind, 13% im Handel und 2% in sonstigen Branchen, sind bei den Nicht-Familienunternehmen nur 68% im Verarbeitenden Gewerbe tätig, 15% im Handel, aber 5% im Baugewerbe und nochmals 5% im Dienstleistungsbereich. Da es sich allerdings hierbei um nicht mehr als insgesamt 83 Unternehmen der Stichprobe handelt, sind diese Zahlen mit Vorsicht zu interpretieren. Immerhin 170 Unternehmen der Stichprobe von 1995 wurden zwischen 1871 und 1913 gegründet. Hiervon arbeiten 60% der Nicht-Familienunternehmen im Verarbeitenden Gewerbe, aber nur 52% der Familienunternehmen; im Baugewerbe arbeiten 3% der NFU und 7% der FU; 11% der NFU sind im Handel tätig, bei den FU sind es 22%; hingegen sind 19% der NFU im Dienstleistungsbereich, während dies nur 10% der FU sind.

Nach den erhobenen Daten der Untersuchung ist nicht festzustellen, ob die Unterschiede in der Branchenstruktur gründungs- oder überlebensbedingt sind. Es ist aufgrund der Zeitpunkterhebung auch nicht festzustellen, ob die heute noch existenten Unternehmen in den Branchen begannen, in denen sie heute noch tätig sind. Allerdings sind hier aufgrund bekannter Beispiele wie z.B. Haniel oder Mannesmann, heute Vodaphone, Zweifel angebracht.

3.1.4 Familienunternehmen seit dem Ende des Kaiserreiches

Vom Ausbruch des I. Weltkrieges bis zum Ende des II. Weltkrieges kam Europa und mit ihm die deutsche Wirtschaft nicht zur Ruhe. Brüche, Unwägbarkeiten und Katastrophen zu überstehen wurde für die Familienunternehmer der damaligen Zeit zu einem Kampf ums schiere Überleben. Schon mit dem I. Weltkrieg hatte sich das Klima, in dem Unternehmer tätig waren, grundlegend geändert. „Der Krieg beendete jene Epoche der Wirtschaftsgeschichte, die der britische Historiker Eric Hobsbawn „Die Blütezeit des Kapitals" genannt hatte. Der freie Austausch von Geld und Gütern, von Menschen und Dienstleistungen war zu Ende."[49]

Die Gesellschaft hatte sich grundlegend geändert, die Menschen aber waren die gleichen geblieben. Der Staat als überindividuelle Herrschaftsform musste, um sich etablieren zu können, den Machtanspruch der Herrschaftsfamilie(n) negieren.[50] Macht wurde unabhängiger von Menschen, wurde mehr Institutionen zugewiesen, nicht immer aber

49 Stürmer, M. et al (1989): Wägen und Wagen - Sal. Oppenheim & Cie. Geschichte einer Bank und einer Familie, S. 322

50 vgl. hierzu Schmid, V. (1984): Die Familie in Artikel 6 des Grundgesetzes, Diss. Berlin, S. 183

von diesen auch ausgefüllt. Es ist die Zeit auch des Vakuums, des nicht-mehr-alten und noch-nicht-neuen. Viele Familienunternehmen der Gründerzeit haben Größenordnungen erreicht, die nicht mehr vergleichbar sind mit den bescheidenen Anfängen im vergangenen Jahrhundert. Dort, wo sie zudem von der Kriegswirtschaft profitiert haben und aufgrund des sich ergebenden hohen Kapitalbedarfs in Aktiengesellschaften umgewandelt sind, verselbständigen sich nicht wenige von ihnen. Es findet eine z.T. weitreichende Ablösung des Unternehmens von der Familie statt, wobei die formalen Kriterien für ein Familienunternehmen erfüllt wären sind. Golo MANN[51] fasst dies wie folgt zusammen: „Es ist industrielle Macht, eng verschwistert mit der politischen; Macht nicht eines Individuums, kaum auch noch einer Familie - das sind hier unbedeutende Menschen -, sondern industrielle Macht an sich, die immer nur wachsen will und muss im Frieden und noch mehr im Krieg."

Die Wirtschaft wird zwischen den Kriegen zum bestimmenden Element, „zum entscheidenden Bestimmungsfaktor der politischen und gesellschaftlichen Entwicklung Deutschlands...".[52] Die Reparationszahlungen aus dem Versailler Vertrag, die Scheinblüte der Goldenen 20er Jahre, die Inflation, die Weltwirtschaftskrise und Währungsreform hatten die Menschen dabei zutiefst verunsichert, was die Rolle, vor allem aber die Verlässlichkeit der Wirtschaft anbetraf. Die Wirtschaft etablierte sich in den Köpfen der Menschen als der bestimmende, aber unberechenbare Faktor. Man kann dies u.a. daran sehen, dass auch Gegner Hitlers die Beseitigung der Arbeitslosigkeit als eine seiner großen Leistungen bereit waren anzuerkennen, nicht sehend oder nicht sehen wollend, mit welchem Preis die Vollbeschäftigung erkauft wurde.[53] „Die nationalsozialistische Arbeitsbeschaffungspolitik, die Ehestandsdarlehen und schließlich vor allem die Aufrüstungspolitik eröffneten Unternehmensneugründungen eine größere Aussicht auf einen expandierenden Markt und eine größere Nachfrage. Doch insgesamt blieben die Neugründungen auch in den 30er Jahren hinter den Auflösungen zurück...".[54] Gleichwohl stammen immerhin ca. 36.000 (59.000) Unternehmen der 270.000 (309.000) 1995 (2000) registrierten Unternehmen mit mehr als 2 Millionen DM Jahresumsatz aus der Gründungsperiode von 1914 bis 1945. Hiervon sind auch heute noch 77% (75%) Familienunternehmen.

Insgesamt fällt auf, dass die deutsche Wirtschaft eine „alte" Wirtschaft ist. Betrachten wir die Zahlen im Zusammenhang:

---

51 Mann, G. (1983): Deutsche Geschichte des 19. und 20. Jahrhunderts, 7. Aufl. d. Sonderausgabe, Frankfurt, S. 404

52 Stadtmüller, G. (1993): Gesellschaft und Wirtschaft zwischen den Weltkriegen in: Pleticha, H. (Hrsg.): Deutsche Geschichte, Bd. 11, Gütersloh, S. 155-169, hier S. 155

53 vgl. Mann, G.(1983): Deutsche Geschichte des 19. und 20. Jahrhunderts, 7. Aufl. d. Sonderausgabe, Frankfurt

54 Niemann, H.-W. (1991): Zur Entwicklung der Unternehmensgründungen und -auflösungen in der Weimarer Republik und im „Dritten Reich" in: Pohl, H. (Hrsg.): Überlebenschancen von Unternehmensgründungen, Stuttgart 1991, Zeitschrift für Unternehmensgeschichte, Beiheft 63, S. 61-70, hier S.62

Gründungszeitraum	Anzahl NFU	Anzahl FU	Gesamt	% FU v. N
bis 1870	2.187	6.388	8.575	74,5 %
1871-1913	9.151	23.672	32.823	72,1 %
1914-1945	8.306	27.334	35.640	76,7 %
1946-1959	12.641	31.054	43.695	71,1 %
1960-1969	8.093	15.651	23.744	65,9 %
1970-1979	11.388	20.461	31.849	64,2 %
1980-1989	9.617	23.761	33.378	71,2 %
1990-1996	29.400	34.747	64.147	54,2 %

Tab 1 Anzahl der Familien- und Nicht-Familienunternehmen je Altersklasse in Deutschland

In allen Altersklassen gibt es mehr Familien- als Nicht-Familienunternehmen. (Den Ausschlag, ob es sich um ein Familienunternehmen handelt, gibt hierbei nicht der Gründungszeitpunkt, sondern der Zustand, in dem sich das Unternehmen zum Zeitpunkt der Untersuchung befand.) Von allen ca. 8600 deutschen Unternehmen, die es 1996/97 gab, und die nach Gründung des Deutschen Reiches 1871 gegründet wurden, sind heute noch ca. 6.400 Familienunternehmen. Die in der Zeit von Ausbruch des 1.Weltkrieges bis zum Ende des 2.Weltkrieges gegründeten Unternehmen, die heute noch existieren, weisen den höchsten Anteil, nämlich 77 % Familienunternehmen auf, die nach der Wiedervereinigung gegründeten Unternehmen mit 54 % den geringsten.

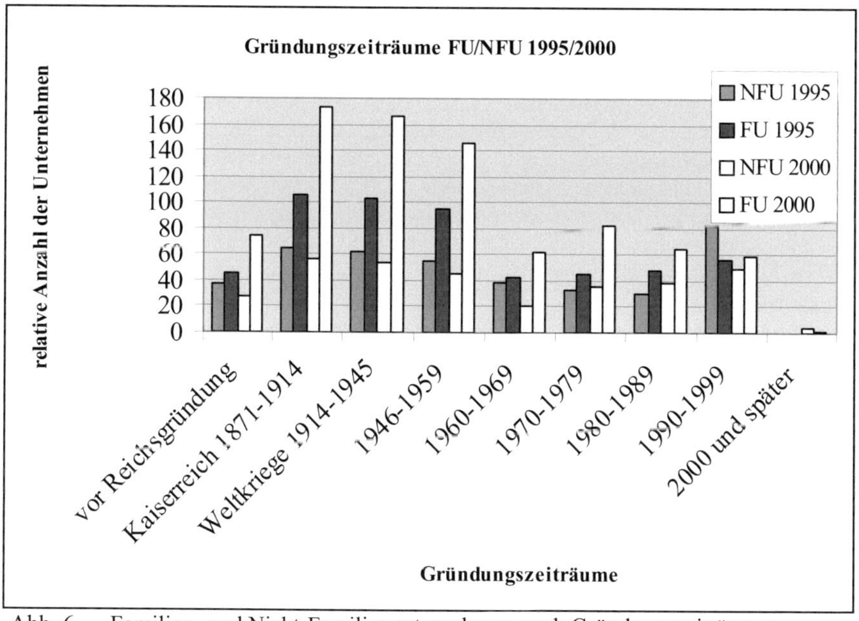

Abb. 6 Familien- und Nicht-Familienunternehmen nach Gründungszeiträumen

Die meisten Unternehmen eines Gründungszeitraumes, die es 2000 in Deutschland gab, wurden nach der Wiedervereinigung gegründet, nämlich 60.000 Unternehmen. Hier sind auch die Unternehmen noch erfasst, die die erste Krise in den ersten Jahren nach der Gründung nicht überleben werden. „Zwei Drittel der Unternehmensgründungen, die nach Kriegsende ins Leben gerufen wurden, sind bereits nach einigen Jahren wieder verschwunden."[55] Trotzdem überleben aus dieser Zeit noch so viele Unternehmen, dass der zweite Peak bei der Anzahl gegründeter Unternehmen sich nach dem 2.Weltkrieg zwischen 1946 und 1959 beobachten lässt. Insgesamt wurden bis zum Ende des 2.Weltkrieges 77.000 Unternehmen der 1995 existenten 270.000 Unternehmen gegründet, dies sind 28,5%. Von diesen sind auch heute noch über 70% Familienunternehmen.

Insgesamt hatte sich mit dem Ende des II. Weltkrieges nochmals das Umfeld für unternehmerische Tätigkeit vollkommen gewandelt. „Zerstörung, Zusammenbruch und bittere Not, der sich auch die ehemals Reichen nicht ganz entziehen konnten, hatten in den Augen der meisten Deutschen für jenes Maß an „Gleichheit" gesorgt, dass Klassenunterschiede in den Hintergrund treten ließ."[56] Golo MANN[57] formuliert schärfer und auch politischer, wenn er sagt: „Der endliche Ruin der alten Obrigkeit ließ die Deutschen in 1945 ohne jede Autorität, außer der, welche die Sieger ihnen gaben. In dem Maße, in dem die Sieger sich von der Macht zurückzogen, zeigte sich die neue Situation: Die einer zum erstenmal von der alten Hierarchie völlig freie bürgerliche Gesellschaft. Einer kapitalistischen auch, sogar einer rein kapitalistischen; denn jetzt und jetzt erst nahm die deutsche Industrie ihre Ordnungswerte nicht mehr von der alten Obrigkeit, erwartete sie Schutz und Anerkennung nicht mehr von der alten Obrigkeit."

Nicht nur die Gesellschaft insgesamt, auch der einzelne Unternehmer war ohne jene Obrigkeit, die Werte und Normen vorgab. Alte Werte waren durch die Zeit, in der sie, wenn doch nicht ausschließlich geprägt so doch vereinnahmt worden waren, quasi zu Un-Werten geworden. Unternehmer haben sich deshalb der Wirtschaft zugewandt, nicht, um von ihr neue Werte zu erhalten, sondern um sich in ihr und durch sie und die eigene Arbeit hier ein neues Umfeld zu schaffen. Die politisch geschaffenen Rahmenbedingungen waren günstig, zumindest was die Westzonen und die spätere Bundesrepublik betraf, es entstand, was als das deutsche Wirtschaftswunder bekannt geworden ist. Das Wertevakuum, das gleichwohl bestand, aber zunächst von den dringlichen täglichen Aufgaben allerdings verdeckt wurde, kam erst sehr viel später zur Sprache: auf der gesamtgesellschaftlichen Ebene mit den sogenannten 68ern, auf der individuellen Ebene immer wieder in Unternehmerbiographien und vor allem in Gesprächen mit Unternehmerkindern, die die Abstinenz in Wertfragen ihrer Gründerväter schmerzlich erfahren haben.

---

55 Schierenbeck, H.(1991): Überlebenschancen von Unternehmensgründungen in der Zeit von 1945 bis zur Gegenwart in: Pohl, H. (Hrsg.): Überlebenschancen von Unternehmensgründungen, Stuttgart 1991, Zeitschrift für Unternehmensgeschichte, Beiheft 63, S. 73-85, hier S. 76

56 Abelhauser, W.(1983): Wirtschaftsgeschichte der Bundesrepublik Deutschland (1945-1980), Frankfurt, S.133

57 Mann, G. (1983): Deutsche Geschichte des 19. und 20. Jahrhunderts, 7. Aufl. d. Sonderausgabe, Frankfurt, S. 1027f

Ein abschließendes Wort noch zu der besonderen deutschen Situation nach dem Krieg und ihren Auswirkungen auf die Generationen-Frage in Unternehmen. Nach dem II. Weltkrieg und der Demontage lag die deutsche Wirtschaft danieder. Ob man in diesem Zusammenhang einem Unternehmen, welches vor dem Krieg gegründet wurde und diesen fast nur als Unternehmensname[58] überlebte, von einer Fortführung sprechen kann oder ob man hier nicht vielmehr von einer Neugründung sprechen muss, kann abschließend nur im Einzelfall geklärt werden. Wenn wir aber über deutsche Unternehmen, gleich ob Familien- oder Nicht-Familienunternehmen sprechen, die nach dem II. Weltkrieg wieder aufgebaut und weitergeführt wurden, müssen wir uns darüber im klaren sein, dass dieser Wiederaufbau häufig die Qualität eines kompletten Neuaufbaus hatte.

3.1.5 Aus der Geschichte lernen

Aus den oben skizzierten Entwicklungslinien lassen sich einige Besonderheiten herausfiltern, die für die heutige Gestaltung in Unternehmerfamilien, Familienunternehmen und deren Umfeld interessant sind. Interessant ist, was die Entwicklung der Familienunternehmen in den vergangenen Jahrhunderten möglich gemacht hat. Hier ist zuerst einmal die Veränderung des unternehmerischen Denkens in den Anfängen der Industrialisierung zu nennen. Aus dem Renten-, d.h. Versorgungsdenken, wurde ein mehr unternehmerisch orientiertes Denken im Sinne einer angestrebten Gewinnmaximierung, wobei das dadurch erhöhte Risiko in Kauf genommen wurde.

Die Familie selbst war die Basis für einen großen Teil der Entwicklung. Im Rahmen von Handelsgeschäften war die Vertrauensbasis, die aus den familiären, da nahezu unkündbaren Banden erwuchs, die Möglichkeit, auch ohne die heute nicht weg zu denkenden Kommunikationsmöglichkeiten Geschäfte in verschiedenen Ländern abzuschließen. Durch die Zusammenarbeit auf der anderen Seite wuchsen die Erfahrung miteinander und somit auch das Vertrauen. Auch hier ist heute eine gegenteilige Entwicklung zu beobachten: Durch die Trennung von Familien- und Berufsleben ist das Miteinander -arbeiten außerhalb von Familienunternehmen selten geworden. Auch in Unternehmerfamilien ist weder die Zusammenarbeit notwendigerweise eng noch die Unkündbarkeit noch in demselben Maße gegeben wie noch vor dem 2.Weltkrieg. Unternehmerfamilien haben dort einen Vorteil, wo sie diese „antiquierten" Werte noch tradieren und nutzen.

Die Basis für diese Art der zielorientierten Unternehmerfamilie ist eine Unternehmerehe, die sich nicht als rein private Verbindung zweier Liebender, sondern vielmehr als den Zusammenschluss zweier Partner begreift, die eine gemeinsame Zielsetzung in gegenseitig anerkannter Arbeitsteilung zum Wohle der ganzen Familie und nicht zur Selbst-

58 Und manchmal nicht einmal dies, so mußte das Bankhaus Oppenheim während des Krieges in Bankhaus Pferdmenges umfirmieren, um Repressionen wegen der jüdischen Gründerväter zu ent-gehen, obwohl die Familie seit mehr als einem Jahrhundert konvertiert war. Vgl. hierzu Stürmer, M. (1989): Wägen und Wagen - Sal. Oppenheim & Cie. Geschichte einer Bank und einer Familie

verwirklichung des Einzelnen versuchen zu realisieren. Ein/e Unternehmer/in tut demnach gut daran, sich bereits bei der Eheschließung über mögliche Konsequenzen, d.h. zum Beispiel eine mögliche Schwächung der Familie durch eine reine Liebesheirat ohne entsprechenden Wert- und Erfahrungshintergrund, klar zu werden. Es besteht selbstredend die Freiheit der Wahl, nur besteht eben nicht die Freiheit von den Konsequenzen der Wahl.

Eine Regelung, die es Unternehmerfamilien in der Vergangenheit möglich gemacht hat, ihre Vermögen und damit auch die Basis ihrer Macht an die kommende Generation weiterzugeben, war der Fideikommiss. Der Fideikommiss selbst ist inzwischen gesetzlich nicht mehr zulässig, ebenso werden vom politischen Umfeld her zunehmend die Möglichkeiten eingeschränkt, fideikommiss-ähnliche Regelungen, und sei es nur in Teilbereichen, zu realisieren. Man denke hier nur an die 30-jährige Erbschaftssteuer für Familienstiftungen u.ä. Neben den deutlich eingeschränkten rechtlichen Möglichkeiten der Perpetuierung von Vermögen stehen aber auch heute vorherrschende gesellschaftliche Wertvorstellungen innerhalb der Familie selbst einer solchen Perpetuierung im Wege. Diese setzt das Zusammenhalten des Vermögens in einer Hand voraus, also eine Ungleichbehandlung mehrerer Kinder (falls vorhanden). Die Idee der Gerechtigkeit im Sinne einer Gleichbehandlung steht dem Vermögenserhalt, der über Jahrhunderte Basis des Machterhalts war, im Wege. Unternehmerfamilien, die ihre Vermögensbasis nicht schwächen wollen, kommen nicht umhin, gegen den Trend der Zeit die Familie über den Einzelnen zu stellen und die Nachkommen ungleich zu behandeln.

Als weiterer Punkt, der sehr deutlich aus der Betrachtung der geschichtlichen Entwicklung hervorgeht, soll die gesellschaftliche Anerkennung als Triebfeder für unternehmerische Betätigung angesprochen werden. Gerade im Zeitalter der Industrialisierung und der Gründerzeit war die unternehmerische Betätigung *die* Möglichkeit, gesellschaftliche Anerkennung zu erringen und seine eigene Situation und die der Familie deutlich zu verbessern. Unternehmer waren auch deshalb bereit, das zum Teil beträchtliche Risiko auf sich zu nehmen, weil dies oft ihre einzige Chance war, die Zukunftsaussichten für die Familie zu verbessern, indem sie in eine höhere gesellschaftliche Schicht vorstießen. Heute scheint die unternehmerische Tätigkeit weniger eine bewundernswerte und erstrebenswerte zu sein als vielmehr eine suspekte. Hinzu kommt, dass die wirtschaftliche Absicherung sowie die Zukunftschance der Kinder durch eine unternehmerische Tätigkeit nicht so nachhaltig verbessert würden, dass sich das Risiko für größere Gruppen zu lohnen scheint.

Die Familie verstand sich in den Hoch-Zeiten der unternehmerischen Bewegung als die Ausbildungs- und Erziehungsinstitution für ihre Nachkommen. Zum einen hing die Altersversorgung der Eltern noch bis in unser Jahrhundert hinein von dem wirtschaftlichen Gedeih und Verderb der Kinder ab, zum anderen war Bildung nicht allgemein zugänglich und als knappes Gut somit ein klarer Wettbewerbsvorsprung. Inzwischen ist die Ausbildung fast vollständig, aber auch die Erziehung in weiten Teilen Aufgabe gesellschaftlicher Institutionen geworden. Bildung und Ausbildung sind weniger Pflicht als Recht; die Mühen einer über den Durchschnitt hinausragenden Ausbildung auf sich zu nehmen, werden nicht immer vom sozialen Umfeld anerkannt. Auf jeden Fall aber übernehmen immer weniger Familien die Verantwortung für die Erziehung und Ausbildung ihrer Kinder, sondern delegieren dies an Kindergarten, Schule, Auszubildendenprogramme, Universitäten u.ä., anstatt diese als „Zulieferer“ zu einem eigenen und eigen verantworteten Konzept zu begreifen. Die Eltern sehen sich denn auch heute weniger dazu aufgerufen, die bestehenden ungleichen Voraussetzungen, denen sich die nachwachsende Generation gegenüber sieht, als Anwalt ihrer Kinder für diese auszunutzen als vielmehr gesellschaftlich dazu aufgerufen, gegen eben diese Ungleichheiten zu protestieren und sie wenn möglich zu nivellieren. Das Ziel vieler Elterngenerationen: „Du/Ihr sollt es einmal besser haben.“ wurde zum viel verspotteten Motto irregeleiteter Eltern herabgewürdigt. Dass es u.a. die Grundlage vielfältiger unternehmerischer Tätigkeiten war, wird in der heutigen, an materiellen Segen in Deutschland so viel reicheren Zeit gern vergessen. Zusammenfassend lässt sich sagen, dass die Rahmenbedingungen, die unternehmerische Initiative gefördert und möglich gemacht haben, sich heute grundlegend gewandelt haben. Unternehmerfamilien, die auch weiterhin unternehmerisch tätig sein wollen bzw. das Erarbeitete und Erworbene erhalten und mehren wollen, müssen vor allem familiäre Leistungen erbringen, die in der heutigen Zeit eher untypisch sind.

3.2 Empirische Untersuchung zu Familienunternehmen in Deutschland

Ziel des Buches ist es, eine grundlegende Theorie, die bisher veröffentlichte Teilergebnisse integriert, darzustellen. Interessant ist, für wie viele Unternehmen eine solche Theorie des Familienunternehmens relevant ist. Daten zu Familienunternehmen liegen aus verschiedenen Ländern vor[59], wobei die Daten nur bedingt vergleichbar und von unterschiedlicher theoretischer Fundierung sind. Empirische Daten zu Familienunternehmen in Deutschland sind immer noch spärlich. Anzahl und Struktur von deutschen Familienunternehmen wurde bis dato auf der Grundlage der Umsatzsteuerstatistiken geschätzt.[60] Die ersten repräsentativen Primärdaten zu Anzahl und Struktur von Familienunternehmen in Deutschland basieren auf der im folgenden dargestellten Erhebung[61]. Ziel der Erhebung war es, eine Aussage zu Häufigkeit und Struktur von Familienunternehmen in Deutschland machen zu können.

Um die Anzahl und Struktur der Familienunternehmen in Deutschland bestimmen zu können, war es notwendig, eine Zufallsstichprobe zu erheben. Der Begriff der repräsen-

59 Vgl. u.a. Flören, R.H. (1998): The Significance of Family Business in the Netherlands in: FBR XI (2), S 121 - 134; Gallo, M.A. (1995): The Role of Family Business and Its Distinctive Characteristic Behaviour in Industrial Activity, FBR VIII (2), S. 83 - 97; Shanker, M.C.; Astrachan, J.H. (1996): Myths and Realities: Family Businesses′ Contribution to the US Economy - A Framework for Assessing Family Business Statistics In: FBR IX (2), S. 107 - 123 u.a.m.

60 Schröer, E.; Freund, W. (1999): Neue Entwicklungen auf dem Markt für die Übertragung mittelständischer Unternehmen, IfM-Materialien Nr. 136, Bonn, hier besonders S. 7 - 13

61 vgl. Klein, S. (2000): Family Businesses in Germany - Structure and Significance, In: FBR XIII (3), S. 157 - 181

tativen Stichprobe soll wegen der definitorischen Ungenauigkeit bewusst vermieden werden. „Die Verwendung des Begriffs ist, legt man wissenschaftliche Kriterien zugrunde, ungenau und unnötig: Entweder stellt eine Auswahl eine Zufallsstichprobe dar oder nicht. Um eine Untersuchung in bezug auf ihre Güte beurteilen zu können, benötigt man genaue Angaben über Grundgesamtheit, Ziehungsprozess, Ausfälle und die verwendeten Instrumente.“[62]

Basis dieser Erhebung sind alle deutschen Unternehmen mit mehr als 2 Millionen DM bzw. 1 Million € Jahresumsatz, die im Handelsregister eingetragen sind. Die Einschränkung der Grundgesamtheit auf Unternehmen mit mehr als 2 Millionen DM bzw. 1 Million € Jahresumsatz ergab sich aus der Überlegung, dass Fragen nach der Eigenkapitalstruktur, Kontroll- und Managementbeteiligung der Familie sowie nach faktischen Auswirkungen erbrechtlicher Regelungen in Kleinstbetrieben nur in den wenigsten Fällen eine Rolle spielen. Die für die vorliegende Arbeit relevanten theoretischen Grundlagen kommen i.d.R. erst bei mittleren und größeren Unternehmen zum Tragen. Die Grenze von 2 Millionen DM bzw. 1 Million € Jahresumsatz wurde in Anlehnung an die Einteilung des Statistischen Jahrbuchs gewählt. Mit der Eintragung ins Handelsregister werden nur eingetragene Unternehmen, nicht aber kleine Handwerksbetriebe, Betriebe der Land- und Forstwirtschaft u.ä. erfasst. Zudem reduziert diese Voraussetzung die Differenz zwischen der Grundgesamtheit und der Auswahlgesamtheit insofern, als die im Handelsregister eingetragenen Unternehmen einer Auswahl leichter zugänglich sind.

3.2.1 Fragebogen, Stichprobe und Pretest

Der Fragebogen gliederte sich in fünf Bereiche, wobei der Fragebogen 2002 unverändert gegenüber dem 1995 in bezug auf die für diese Arbeit ausgewerteten Daten blieb. Zunächst einmal wurde ein Bereich mit allgemeinen Hinweisen zum Ausfüllen des Fragebogens vorangestellt. Es folgte ein Bereich, in dem allgemeine Informationen wie Branche, Rechtsform, Umsatz, Mitarbeiter und Gründungsjahr erfragt wurden. Alle Fragen waren als geschlossene Fragen formuliert, die Antworten ggf. in Größenklasseneinteilungen vorgegeben. Bezugsjahr war das Jahr 1995 bzw. 2000.

Die folgenden drei Bereiche bezogen sich auf die drei Faktoren Kapital, Kontrolle und Management. Jedem der Bereiche waren vier bis sieben Fragen gewidmet, auch hier wurden fast ausschließlich geschlossene Fragen gewählt. Abschnitt B, Kapital, erhob die Anzahl der Gesellschafter, die Eigenkapitalverteilung der drei größten Einzelgesellschafter und die Beteiligung der Gründerfamilie am Eigenkapital. Abschnitt C widmete sich der Kontrolle. Zunächst wurde nach dem Vorhandensein und falls dies bejaht wurde, nach der Art des Kontrollgremiums gefragt. Die Anzahl der Mitglieder und ihre Zusammensetzung in bezug auf ihre Zugehörigkeit zur Gründerfamilie bzw. zu be-

62 Schnell, R; Hill, P.; Esser, E.: Methoden der empirischen Sozialforschung, 5. erw. und überarb. Aufl., München, Wien, 1995, S. 287

stimmten Berufsgruppen bildeten einen weiteren Fragenkomplex. Der letzte Abschnitt des Fragebogens befasste sich vor allem mit der grundlegenden Organisation des obersten Geschäftsleitungsgremiums sowie der Beteiligung der Gründerfamilie an diesem Gremium.

Die Stichprobe wurde aufgrund der Struktur der Grundgesamtheit nach Umsatzgrößenklassen disproportional geschichtet. Anderenfalls wäre es nicht möglich, auch über die Unternehmen mit z.B. mehr als 250 Mio. DM Jahresumsatz eine Aussage zu machen, da diese nach Anzahl gemessen nur 0,8 % der Grundgesamtheit stellen. Gleichwohl erwirtschaften die großen Unternehmen prozentual mehr Umsatz und beschäftigen mehr Mitarbeiter, so dass Aussagen hierzu wichtig sind.

Die Stichprobe wurde als Zufallsstichprobe aus den einzelnen Schichten gezogen, wobei die Auswahl computergesteuert aus der Hoppenstedt-Kartei, die über 90% der Unternehmensadressen der Grundgesamtheit enthält, vorgenommen wurde. Ein sogenanntes Overcoverage wurde mittels der Kontrollfrage nach dem Umsatz im Fragebogen vermieden; Unternehmen, die einen Umsatz von weniger als 2 Millionen DM bzw. 1 Million € angaben, wurden nicht in die Stichprobe aufgenommen.

Umsatzgrößenklassen in DM	Anzahl = N[63] (Werte 2000)	Prozent von N	Angestrebter Rücklauf	tatsächlicher Rücklauf n
2-10 Mio	211.758 (237.231)	77,25 % (76,81 %)	200	242 (219)
10-50 Mio	50.084 (56.115)	18,27 % (18,17 %)	200	226 (233)
50-100 Mio	6.388 (7.786)	2,33 % (2,52 %)	200	162 (195)
100-250 Mio	3.700 (6.226)	1,35 % (2,02 %)	200	165 (198)
> 250 Mio	2.209 (1.485)	0,81 % (0,48 %)	200	219 (314)
Summe	274.139 (308.843)	100 %	1000	1014 (1159)

Tab 2 Angestrebter und tatsächlicher Rücklauf geschichtet nach Umsatzgrößenklassen

Die Tabelle verdeutlicht die unterschiedliche Verteilung der Grundgesamtheit von 274.139 (308.843) Unternehmen auf die Umsatzgrößenklassen. Während insgesamt 77% aller Unternehmen einen Umsatz von 2 bis 10 Millionen DM bzw. 1 bis 5 Millionen € pro Jahr erwirtschaften, sind es weniger als 1% der Unternehmen, deren Jahresumsatz mehr als 250 Millionen DM beträgt.

63 Statistisches Jahrbuch der Bundesrepublik Deutschland 1995 bzw. 2000, Umsatzsteuerstatistik

Im Rahmen des Pretests wurden 15 befreundete Unternehmer und Manager gebeten, die Formulierungen kritisch zu begutachten, die für die Beantwortung benötigte Zeit zu notieren und das Auswertungsdesign zu überprüfen, um es ggf. anpassen zu können. Anregungen der Unternehmer, die alle nicht Teil der Haupterhebung waren, wurden, wo es sinnvoll erschien, eingearbeitet. So wurde z.B. als Überschrift über den 5. Teil des Fragebogens ursprünglich die Formulierung „Management“ gewählt. Die übereinstimmende Anregung der Unternehmer im Pretest war jedoch, diesen Ausdruck durch den der „Unternehmensleitung“ zu ersetzen, da dieses sowohl für Teilnehmer aus großen wie auch aus kleinen Unternehmen verständlich und unbelastet sei. Es gab verschiedenste Anregungen, die hier im einzelnen nicht dargestellt werden sollen. Der im Anhang abgedruckte Fragebogen ist das Ergebnis einer sehr engagierten und konstruktiv-kritischen Mitarbeit der im Pretest angesprochenen Unternehmer und Manager.

3.2.2 Hauptuntersuchungen

Die erste Hauptuntersuchung wurde im Oktober/November/Dezember 1996 mit freundlicher Unterstützung des ASU, Arbeitsgemeinschaft selbständiger Unternehmer, Bonn und dem Institut für Wirtschafts- und Organisationspsychologie der Ludwigs-Maximilians-Universität München durchgeführt. Es wurden 5646 Fragebögen zusammen mit einem gemeinsamen Anschreiben der beiden o.g. Institutionen und der Autorin verschickt. Darüberhinaus wurde dem Brief ein Faxformular beigelegt, in dem die Unternehmen unabhängig von der Beantwortung des Fragebogens die Ergebnisse der Untersuchung anfordern konnten. Der Rücklauf betrug insgesamt 1203 Fragebögen, wovon 155 Fragebögen von Tochtergesellschaften waren, die definitionsgemäß keinen Eingang in die Untersuchung fanden, da diese sich ausschließlich auf die Muttergesellschaften konzentrierte. Insgesamt betrug damit die Rücklaufquote der Untersuchung 21,3%.

Die zweite Hauptuntersuchung wurde nach dem analogen Vorgehen im Sommer 2002 mit freundlicher Unterstützung des ASU, Arbeitsgemeinschaft selbständiger Unternehmer, Bonn und des ProMit (Professur für Mittelstandsökonomie) der Universität Trier durchgeführt. Die Anzahl der verschickten Fragebögen wurde auf 9.000 erhöht, da sich die Rücklaufquote in den vergangenen 5 Jahren tendenziell negativ entwickelt hatte. Die letztlich verwertbaren 1.159 Fragebögen ergaben eine Rücklaufquote von 13 %, was die o.g. Hypothese stützt.

Bei den 1047 (1159) auswertbaren Fragebögen war es in 1014 (1156) Fällen möglich, die Schichtung zurück zu rechnen, da diese eine Angabe zum Umsatz machten. Die nachfolgende Tabelle zeigt die Schichtung der Stichprobe sowie die Verteilung in der Grundgesamtheit und die der Grundgesamtheit proportionale fiktive Aufteilung in der Stichprobe auf. Die Umsatzgrößenklassen in der Grundgesamtheit N (alle deutschen Unternehmen mit Umsatz größer als 2 Millionen DM bzw. 1 Million € pro Jahr und einer Eintragung ins Handelsregister) verteilen sich im Vergleich zu den Stichproben n wie folgt:

Umsatz in Mio DM	N[64]	% von N	n	% von n	n ungeschichtet
2-10	211.758	77,25 %	242	23,87 %	783
10-50	50.084	18,27 %	226	22,29 %	185
50-100	6.388	2,33 %	162	15,98 %	24
100-250	3.700	1,35 %	165	16,27 %	14
250-500			90	8,88 %	
500-1.000	2.209	0,81 %	42	4,14 %	8
> 1.000			87	8,58 %	
Gesamt	274.139	100,00 %	1014	100,00 %	1014

Tab. 3 Verteilung der Stichprobe bei Schichtung und fiktiver Nicht-Schichtung für die Hauptuntersuchung 1995

Spalte 1 und 2 geben Auskunft über die Verteilung der Anzahl der Unternehmen über die Umsatzgrößenklassen in der Grundgesamtheit. Spalte 3 und 4 zeigen die Verteilung der Stichprobe nach denselben Kriterien. Spalte 5 zeigt, wie die Anzahl aller Unternehmen der Stichprobe sich verteilen würde, unter der Voraussetzung einer der Grundgesamtheit analogen Verteilung.

3.2.3 Ergebnisse der empirischen Untersuchungen

Im folgenden sollen zunächst einmal die grundlegenden Ergebnisse der empirischen Untersuchung dargestellt werden. Ausgangspunkt der Untersuchung war, dass für die Bundesrepublik Deutschland mit ihrer überwiegend mittelständisch strukturierten Wirtschaft kaum gesicherte Daten über Familienunternehmen vorlagen. Zunächst werden also die Ergebnisse der Untersuchung bezüglich Anzahl, Größe und Branche dargestellt, und zwar im Vergleich zu den Nicht-Familienunternehmen der Stichprobe.

3.2.3.1 Familienunternehmen in Deutschland nach Anzahl und Größe

Von den erhobenen Unternehmen machen 1014 (1142) verwertbare Angaben sowohl zum Eigenkapitalbesitz, zum Aufsichts- und Kontrollgremium und zur Unternehmensführung. Von diesen 1014 Unternehmen sind gemäß der Kapitel 2.2.4 dargestellten Definition 586 (810) Familienunternehmen. Die entspricht 58 % (71 %) der Unternehmen der Stichprobe. Allerdings ist die Verteilung über die Umsatzgrößenklassen aufgrund der vorgenommenen Schichtung hierbei disproportional, wie die nachfolgende Tabelle zeigt:

64 Statistisches Jahrbuch der Bundesrepublik Deutschland 1995, Umsatzsteuerstatistik, S. 536

Umsatz DM	*N 1995*	*N 2000*	*%FU in n 1995*	*%FU in n 2000*	*FU in N 1995*	*FU in N 2000*
2-9 Mio	211.758	237.231	67,08%	84,93%	142.047	201.484
10-49 Mio	50.084	56.115	68,58%	84,12%	34.348	47.204
50-99 Mio	6.388	7.786	64,20%	72,82%	4.101	5.670
100-249 Mio	3.700	6.226	50,60%	67,68%	1.872	4.214
250-499 Mio	2.209		46,67%	59,73%	807	
500-999 Mio		796	28,57%	56,52%		450
> 1.000 Mio		689	29,89%	40,63%		280
Gesamt	274.139	308.843	57,68%	71,18%	183.175	259.302
					66,82%	83,96%

Tab 4 Anzahl der Familienunternehmen in Stichprobe und Grundgesamtheit 1995 und 2000

Spalten 1 und 2 geben Auskunft über die Anzahl der Unternehmen pro Umsatzgrößenklasse in der Grundgesamtheit aller deutschen Unternehmen mit mehr als 2 Millionen DM bzw. 1 Million € Umsatz. Die Aufspaltung der erhobenen Umsatzgrößenklassen von Unternehmen mit mehr als 250 Mio. DM Jahresumsatz in 3 Umsatzgrößenklassen ergibt sich, da die Angaben der Unternehmen im allgemeinen Teil des Fragebogens dies ermöglichten. Es erschien aus sachlichen Gründen sinnvoll, zwischen Unternehmen mit 250 - 500 Mio. DM Umsatz, solchen mit 500 - 1.000 Mio. Umsatz und solchen mit mehr als 1 Milliarde Umsatz zu unterscheiden. Unternehmen mit 250 - 500 Mio. DM Umsatz beschäftigen z.B. i.d.R. deutlich weniger Mitarbeiter als solche mit mehr als 1 Milliarde DM Umsatz, wodurch die Implikationen im Bereich der Führung ebenso andere sind wie im Bereich der Organisation. Allerdings nimmt das Statistische Jahrbuch diese Unterteilung für das Jahr 1995 nicht vor, ein Vergleich mit der Grundgesamtheit ist deshalb nicht möglich.

Spalte 3 und 4 geben an, wie viel Prozent der Unternehmen der Stichprobe in der jeweiligen Umsatzgrößenklasse nach der vorangestellten Definition als Familienunternehmen zu bezeichnen sind. Mit zunehmendem Umsatz sinkt der Anteil der Familienunternehmen an allen Unternehmen. Hier lassen sich für das Jahr 1995 3 Gruppen herausfiltern: von den Unternehmen mit 2-100 Mio. DM Jahresumsatz sind fast 70 % Familienunternehmen, von denen mit 100-500 Mio. DM sind es fast 50 %, und bei den Unternehmen, die mehr als 500 Mio. DM erwirtschaften, sind immer noch fast 30 % Familienunternehmen. Spalte 5 zeigt die Verteilung der Familienunternehmen in der Grundgesamtheit. Von 274.139 (308.843) deutschen Unternehmen sind 183.175 (259.302) bzw. 66,9 % (83,96 %) Familienunternehmen.

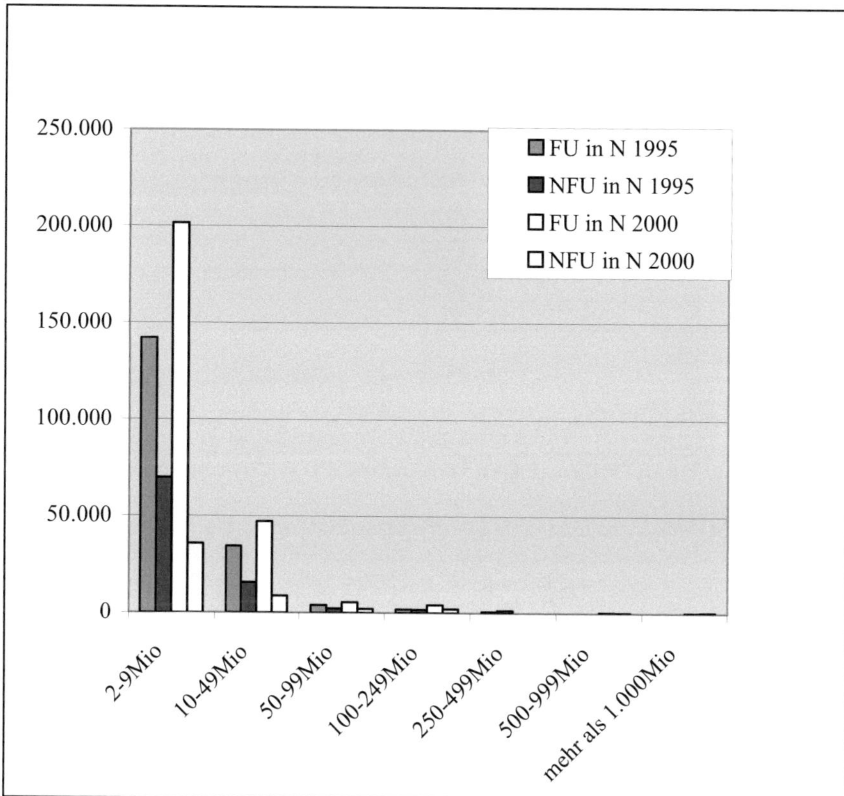

Abb. 7 Familienunternehmen in Deutschland 1995 und 2000

Die Graphik verdeutlicht die Größenordnungen im Vergleich der beiden Untersuchungsjahre. Geht man davon aus, dass die Familienunternehmen in der Grundgesamtheit genauso verteilt sind wie in der Stichprobe, so gibt es in Deutschland 183.175 (259.302) Familienunternehmen, die im Handelsregister eingetragen sind und mehr als 2 Millionen DM bzw. 1 Million € Jahresumsatz erwirtschaften. Nur 2.209 Unternehmen setzen hiervon 1995 mehr als 250 Millionen DM pro Jahr um; hiervon sind 807 Familienunternehmen. Der größte Teil der Familienunternehmen (142.047) wie auch der größte Teil der Unternehmen insgesamt (211.758) erwirtschaftet weniger als 10 Millionen DM jährlich.

3.2.3.2 Umsatz und Mitarbeiter

Familienunternehmen sind in Deutschland in den unteren Umsatzgrößenklassen in der Überzahl im Vergleich zu Nicht-Familienunternehmen, in den oberen Umsatzgrößenklassen überwiegen die Nicht-Familienunternehmen. Im folgenden sollen die Gesamtumsätze pro Umsatzgrößenklasse, aufgeschlüsselt nach Familien- und Nicht-Familienunternehmen, dargestellt werden. Es handelt sich hierbei um Hochrechnungen auf der Basis der oben dargestellten Zufallsstichprobe, bei denen jeweils die Mittelwerte der jeweiligen Umsatzgrößenklasse zugrunde gelegt wurden. In der obersten Umsatzgrößenklasse von mehr als 1 Milliarde DM bzw. 500 Millionen € Umsatz wurde eben diese 1 Milliarde DM bzw. 500 Millionen € den Berechnungen zugrunde gelegt.

Umsatzgrößenklasse	Umsatz N[65]	Umsatz FU in N	Umsatz NFU in N
2-10 Mio DM	1.270.548	852.282	418.266
10-50 Mio DM	1.502.520	1.030.440	472.080
50-100 Mio DM	479.100	307.575	171.525
100-250 Mio DM	647.500	327.600	319.900
250-500 Mio DM 500-1.000 Mio DM > 1.000 Mio DM	1.656.750	605.250	1.051.500
Gesamt	5.556.418	3.113.147	2.433.271

Tab 5 Umsätze (in Millionen DM) von FU und NFU in Deutschland 1995

Geht man von den o.g. Mittelwerten aus, erwirtschafteten 1995 274.139 Unternehmen in Deutschland einen Jahresumsatz von ca. 5,6 Billionen DM. Hiervon werden ca. 3,1 Billionen von Familienunternehmen und ca. 2,5 Billionen von Nicht-Familienunternehmen erwirtschaftet.

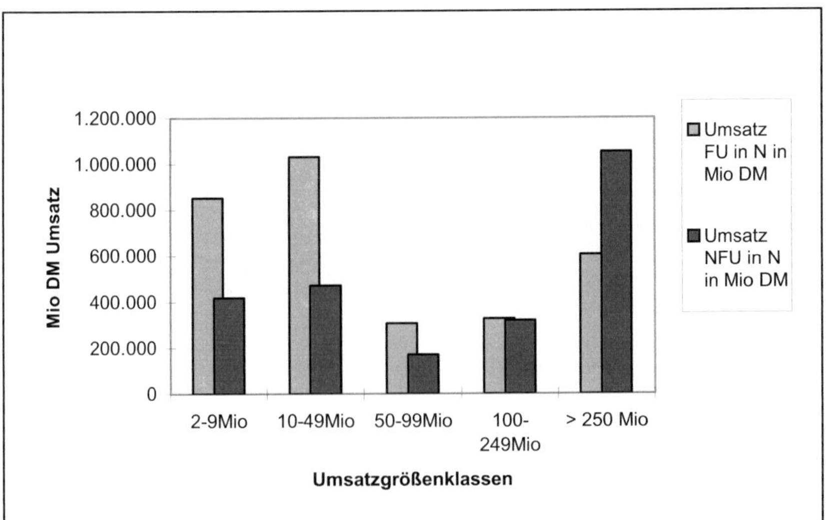

Abb. 8 Umsätze von Familien- und Nicht-Familienunternehmen in Deutschland 1995

65 Durchschnittlicher Umsatz multipliziert mit der Anzahl der Unternehmen der Umsatzgrößenklasse

Die größten Anteile erwirtschafteten 1995 hierbei Familienunternehmen mit 10-50 Millionen DM Jahresumsatz einerseits (zusammen ca. 1 Billion) und Nicht-Familienunternehmen mit mehr als 1 Milliarde DM Jahresumsatz andererseits (zusammen ebenfalls ca. 1 Billion). Auch in bezug auf die Mitarbeiterzahl von Familien- und Nicht-Familienunternehmen lassen sich gravierende Unterschiede feststellen. Analog der Berechnungen der durchschnittlichen Umsätze wurden auch die durchschnittlichen Mitarbeiterzahlen berechnet. Es wurde also für jede Mitarbeitergrößenklasse der Mittelwert gebildet. Bei der Gruppe mit mehr als 1.000 Mitarbeitern wurde mit 1.000 gerechnet. Als Gegenprobe soll die Summe aller Beschäftigten der Grundgesamtheit mit den im Statistischen Jahrbuch erfassten Beschäftigten verglichen werden. Betrachten wir zunächst einmal die nachfolgende Tabelle:

Umsatzgrößenklasse	Anzahl der Unternehmen in N	MA in N	MA in FU in N	MA in NFU in N
2-9Mio DM	211.758	8.784.036	4.675.233	4.108.802
10-49Mio DM	50.084	7.663.295	5.122.529	2.540.766
50-99Mio DM	6.388	1.817.228	1.247.434	569.794
100-249Mio DM	3.700	1.651.069	866.825	784.244
> 250 Mio DM	2.209	1.880.020	686.771	1.193.249
Summe	274.139	21.795.649	12.598.794	9.196.855

Tab 6 Anzahl der Mitarbeiter nach Umsatzgrößenklassen in 1995

Spalte 2 der Tabelle gibt die Gesamtzahl der in einer Umsatzgrößenklasse Beschäftigten in der Grundgesamtheit unter Berücksichtigung der Schichtung an. Die Zahl aller Beschäftigten in Unternehmen mit als 2 Millionen DM Jahresumsatz in Deutschland im Jahre 1995 beträgt demnach 21.795.649. Das Statistische Jahrbuch gibt 21.915.838 Beschäftigte an[66]. Es ist also davon auszugehen, dass die auf Grundlage der annäherungsweise gebildeten Mittelwerte errechneten Zahlen denen der Grundgesamtheit entsprechen.

Interessant ist nun die absolute Zahl der Beschäftigten in Deutschland, die in Familienunternehmen arbeiten Spalte 2 der Tabelle gibt hierüber aufgeschlüsselt nach Umsatzgrößenklassen Auskunft. Insgesamt arbeiten arbeiteten 1995 in der Bundesrepublik Deutschland 8,8 Millionen Beschäftigte in Unternehmen, die 2-10 Millionen DM Jahresumsatz erwirtschaften, hiervon sind 4,7 Millionen (also 53%) in Familienunternehmen beschäftigt. Von den 7,7 Millionen Beschäftigten in der Umsatzgrößenklasse von 10-50 Millionen Umsatz arbeiten 5,1 Millionen in Familienunternehmen. Von den 1,9 Millionen Beschäftigten in der Umsatzgrößenklasse mit mehr als 250 Millionen DM Jahresumsatz sind ca. 700.000 in Familienunternehmen angestellt. Insgesamt sind von 22 Millionen Beschäftigten in Deutschland 12,6 Millionen, also 58 %, in Familienunternehmen beschäftigt.

---

66 Statistisches Jahrbuch der Bundesrepublik Deutschland 1996, 7. Unternehmen und Arbeitsstätten, S. 132

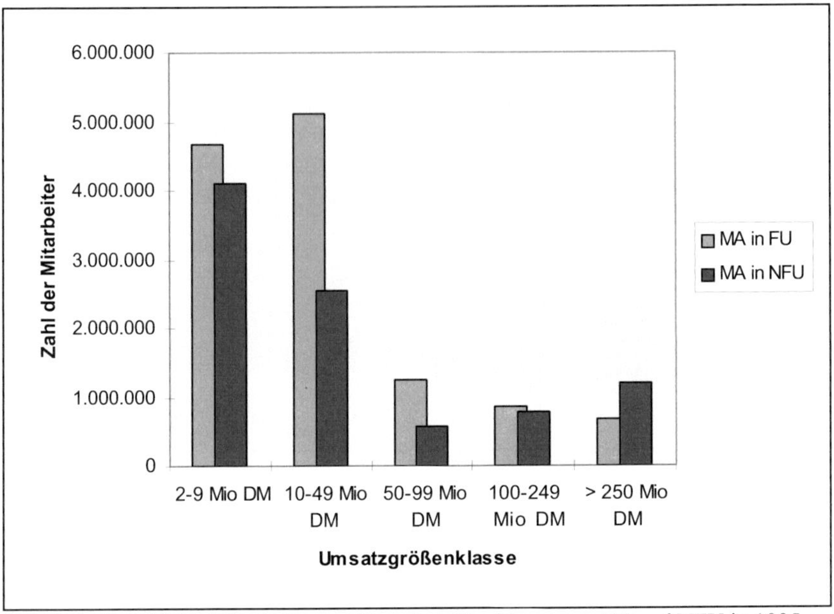

Abb. 9 Anzahl der Mitarbeiter pro Umsatzgrößenklasse von FU und NFU in 1995

In Tabelle 7 sind nochmals die Mitarbeiter sowohl der Familien- als auch der Nicht- Familienunternehmen pro Umsatzgrößenklasse aufgeführt. Auch der Umsatz der beiden Gruppen ist für die Umsatzgrößenklassen getrennt zusammengestellt. Aus diesen beiden Kennzahlen ergibt sich pro Umsatzgrößenklasse jeweils für die Familien- und Nicht-Familienunternehmen der Umsatz, den ein Mitarbeiter erwirtschaftet.

Umsatzgrößenklasse	MA in FU	MA in NFU	Umsatz FU (Mio DM)	Umsatz NFU (Mio DM)	Umsatz/MA FU (DM)	Umsatz/MA NFU (DM)
2-9Mio DM	4.675.233	4.108.802	852.261	418.287	182.293	101.803
10-49Mio DM	5.122.529	2.540.766	1.030.489	472.031	201.168	185.783
50-99Mio DM	1.247.434	569.794	307.570	171.530	246.562	301.039
100-249Mio DM	866.825	784.244	327.651	319.849	377.990	407.844
> 250 Mio DM	686.771	1.193.249	605.205	1.051.545	881.233	881.245
Summe	12.598.792	9.196.855	3.123.176	2.433.242	247.895	264.573

Tab 7 Mitarbeiter/Umsatz in FU und NFU in Deutschland in 1995

Insgesamt lässt sich sowohl in Familien- als auch in Nicht-Familienunternehmen ein deutlicher Anstieg des Umsatzes pro Mitarbeiter mit zunehmendem Umsatz feststellen. Größere Unternehmen erwirtschaften also pro Mitarbeiter deutlich mehr Umsatz oder anders ausgedrückt: Größere Unternehmen setzen relativ weniger Mitarbeiter ein, um den gleichen Umsatz zu erzielen wie mittelständische Unternehmen.

Die Tabelle zeigt, dass Familienunternehmen in den unteren Umsatzgrößenklassen mehr Umsatz pro Mitarbeiter erwirtschaften als Nicht-Familienunternehmen. Die Familienunternehmen mit 2-10 Millionen DM Umsatz erwirtschaften pro Mitarbeiter einen Umsatz von 182.293 DM, während die Nicht-Familienunternehmen derselben Größenklasse nur 101.803 DM erzielen. Inwieweit dies auf unbezahlte oder gering bezahlte mitarbeitende Familienmitglieder oder den Unternehmer selbst zurückzuführen ist, lässt sich aufgrund der vorliegenden Daten nicht feststellen. In den Umsatzgrößenklassen zwischen 50 und 250 Millionen DM Jahresumsatz hingegen erzielen die Nicht-Familienunternehmen höhere Umsätze pro Mitarbeiter (301.039 versus 246.562; 407.844 versus 377.990) als die Familienunternehmen. Bei Unternehmen mit mehr als 250 Millionen DM Umsatz ergibt sich keine Differenz mehr im Pro-Kopf-Umsatz.

Folgende Graphik verdeutlicht diese Zusammenhänge:

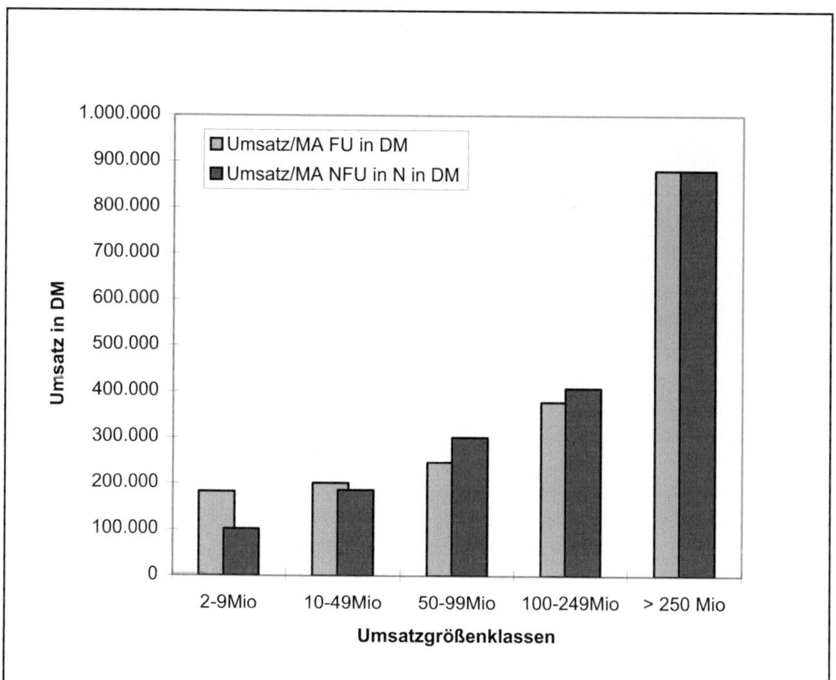

Abb. 10 Pro-Kopf-Umsatz von Familien- und Nicht-Familienunternehmen 1995

Aus den vorliegenden Daten lassen sich Hypothesen ableiten, die diese Daten erklären könnten. So wäre es denkbar, dass nach besonders engagierten Anfängen der Familienunternehmen, die gekennzeichnet sind durch einen direkten Führungsstil und geringe Bürokratie. sich aus dem Wachstum später Effizienzprobleme im Vergleich zu Nicht-Familienunternehmen ergeben. Diejenigen Familienunternehmen allerdings, die den Wachstumssprung in die Umsatzgrößenklasse von mehr als 250 Millionen DM bzw. 125 Millionen € schaffen, unterscheiden sich im Pro-Kopf-Umsatz nicht mehr nennenswert von Nicht-Familienunternehmen. Dies legt die Hypothese nahe, dass der Wettbewerb hier die Familienunternehmen auf der Wachstumsschiene zu einer zunehmenden Professionalisierung zwingt. Es bedarf weiterer Langzeitstudien, um diese Hypothesen auf ihre Gültigkeit zu überprüfen.

3.2.3.3 Branchenstruktur

Insgesamt gibt es in allen Branchen mehr Familien- als Nicht-Familienunternehmen. Am größten ist die relative Differenz zwischen Familien- und Nicht-Familienunternehmen 1995 im Verarbeitenden Gewerbe und in den sonstigen Branchen, am geringsten im Dienstleistungsbereich. Während es im Verarbeitenden Gewerbe fast 2 ½ mal soviel Familien- wie Nicht-Familienunternehmen gibt, sind es im Dienstleistungsbereich nicht einmal doppelt so viele. Auffällt, dass auch im Handwerk die Zahl der Familienunternehmen nicht einmal doppelt so groß ist wie die der Nicht-Familienunternehmen.

Branche	Anzahl NFU	Anzahl FU	% FU von allen Unternehmen der Branche
Verarb. Gewerbe	33.415	83.925	71,52 %
Baugewerbe	5.841	15.414	72,52 %
Handel	13.649	27.211	66,59 %
Dienstleistung	26.606	33.020	55,38 %
Handwerk	7.484	10.187	57,65 %
sonstige	3.873	13.541	77,76 %
Gesamt	**90.869**	**183.299**	**66,86%**

Tab 8 Anzahl der Familien- und Nicht-Familienunternehmen nach Branchen in 1995

Tabelle 8 zeigt, dass die Anzahl der Familienunternehmen in den Branchen des Verarbeitenden Gewerbes, des Baugewerbes und der sonstigen Branchen deutlich über dem Durchschnitt liegt, während in der Dienstleistungsbranche und im Handwerk die Anzahl der Familienunternehmen unter dem Durchschnitt liegt. Nur der Handel zeigt einen der Grundgesamtheit in der Verteilung ähnlichen Prozentsatz von Familienunternehmen. Dies mag insofern erstaunen, als gerade das Handwerk und die Dienstleistungsbranche als die Hochburgen der Familienunternehmen angesehen werden. Hier zeigt sich, wie wichtig nachvollziehbare empirische Daten auf der Basis einer operationalisierbaren Definition sind.

Die folgende Abbildung verdeutlicht den Zusammenhang nochmals graphisch:

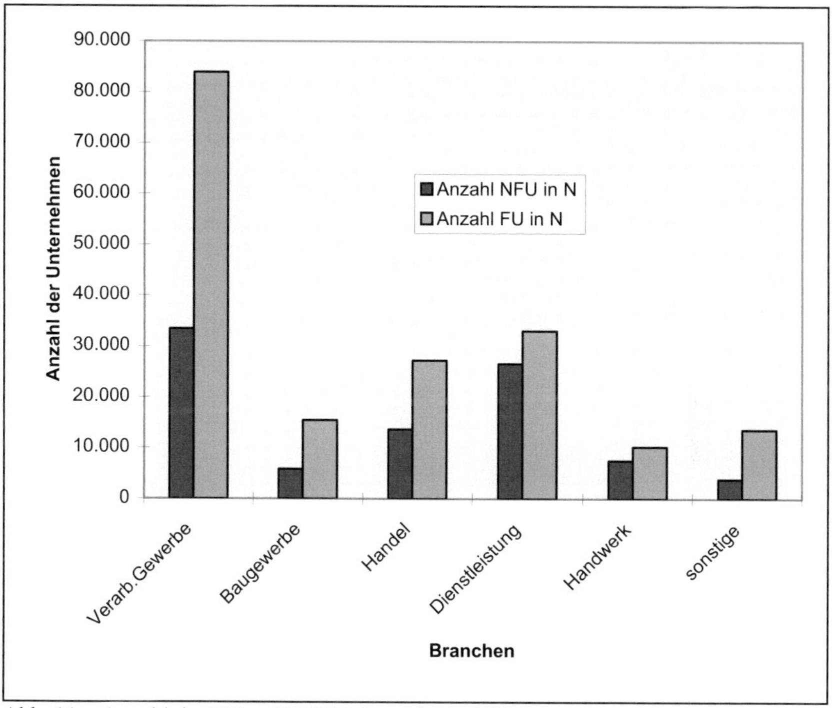

Abb. 11 Anzahl der FU und NFU je Branche in 1995

Betrachtet man allerdings den durchschnittlichen Umsatz pro Unternehmen und Branche sowie die Zahl der Mitarbeiter pro Unternehmen und Branche, so wird deutlich, dass Familienunternehmen i.d.R. sowohl was den Umsatz als auch was die Mitarbeiter betrifft kleiner sind als Nicht-Familienunternehmen.

Branche	Umsatz/NFU Mio DM	Umsatz/FU Mio DM	Mitarbeiter/NFU	Mitarbeiter/FU
Verarb. Gew.	350	151	543	339
Baugewerbe	228	121	482	267
Handel	271	146	285	213
Dienstleistung	234	109	371	235
Handwerk	13	35	60	197
sonstige	346	123	484	262
Insgesamt	293	135	441	287

Tab 9 Mitarbeiter in Familien- und Nicht-Familienunternehmen nach Branchen 1995

Nicht-Familienunternehmen setzen in allen Branchen deutlich mehr um als Familienunternehmen mit Ausnahme des Handwerks. Im Handwerk setzen Familienunternehmen nahezu dreimal soviel um wie Nicht-Familienunternehmen. Ein analoges Bild findet wir in Bezug auf die Anzahl der beschäftigten Mitarbeiter pro Unternehmen. Insgesamt sind mit Ausnahme des Handwerks in allen Branchen in Nicht-Familienunternehmen durchschnittlich mehr Mitarbeiter beschäftigt als in Nicht- Familienunternehmen. Diese Differenz ist im Verarbeitenden Gewerbe, im Baugewerbe und in sonstigen Branchen am größten (bis annähernd doppelt so viel), in Handel und Dienstleistung ist die Differenz relativ geringer (ca. ¼ bzw. 1/3 mehr Mitarbeiter pro Unternehmen in Nicht-Familienunternehmen im Vergleich zu Familienunternehmen). Im Handwerk ist die Differenz mit umgekehrten Vorzeichen am größten; die Familienunternehmen in dieser Branche beschäftigen im Durchschnitt mehr als 3mal so viele Mitarbeiter als die Nicht-Familienunternehmen.

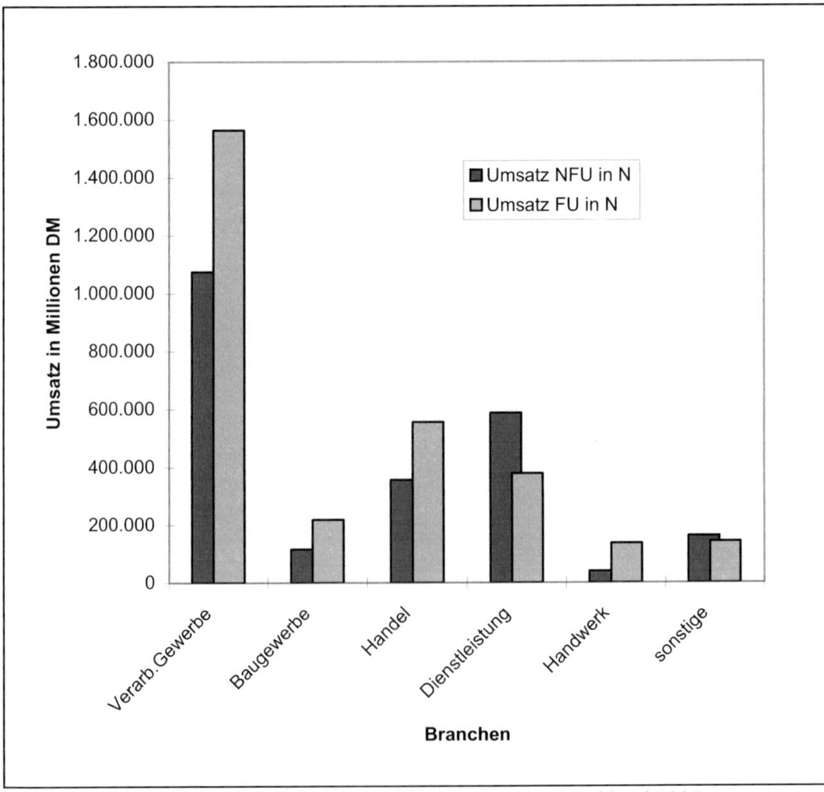

Abb. 12 Umsätze von FU und NFU nach Branchen in Deutschland 1995

Abbildung 12 macht deutlich, dass trotz der geringeren Umsätze pro Unternehmen in der Summe die Familienunternehmen in nahezu allen Branchen mehr erwirtschaften als die Nicht-Familienunternehmen. Auffällig ist, dass die Dienstleistungsbranche hier eine

Ausnahme darstellt. Hier sind weitergehende Studien notwendig, um die Frage nach der Struktur der Branche und den Ursachen der geringeren Anzahl und Größe von Familienunternehmen gerade in einer Branche zu erklären, die gemeinhin wie das Handwerk als „die“ Hochburg von Familienunternehmen schlechthin gehandelt wird.

3.2.4 Zusammenfassung der Ergebnisse

Die grundlegenden Ergebnisse der empirischen Erhebung lassen sich wie folgt zusammenfassen:

- Von den deutschen Unternehmen, die 2 - 100 Millionen DM Jahresumsatz in 1995 erwirtschaftet haben, sind knapp 70% Familienunternehmen.
- Von denjenigen, die 100 - 500 Millionen DM erwirtschaftet haben, sind knapp 50% Familienunternehmen.
- Und von denjenigen, die mehr als 500 Millionen DM Jahresumsatz erwirtschaftet haben, sind immer noch knapp 30% Familienunternehmen.
- Insgesamt erwirtschaften Familienunternehmen 55% des Umsatzes, der von Unternehmen mit mehr als 2 Millionen DM Jahresumsatz insgesamt erwirtschaftet wird.
- 53% aller Beschäftigten, die in Unternehmen mit mehr als 2 Millionen DM Umsatz beschäftigt sind, arbeiten in Familienunternehmen.
- Bei kleineren Unternehmen (bis 50 Millionen DM Umsatz) erwirtschaften Familienunternehmen einen höheren Umsatz pro Mitarbeiter als Nicht-Familienunternehmen.
- Bei mittleren Unternehmen (50-250 Millionen DM Umsatz) erwirtschaften die Nicht-Familienunternehmen einen höheren Umsatz pro Mitarbeiter.
- Bei größeren und großen Unternehmen (mehr als 250 Millionen DM Umsatz) ist kein Unterschied in den Umsätzen pro Mitarbeiter zwischen Familien- und Nicht-Familienunternehmen festzustellen.
- Familienunternehmen sind in allen Branchen zahlenmäßig in der Mehrheit, nur in der Dienstleistungsbranche sind sie deutlich unterrepräsentiert. (27% aller Nicht-Familienunternehmen sind in der Dienstleistungsbranche tätig, aber nur 13% aller Familienunternehmen).
- Familienunternehmen beschäftigen in allen Branchen durchschnittlich weniger Mitarbeiter als Nicht-Familienunternehmen mit Ausnahme des Handwerks, hier beschäftigen Familienunternehmen 3-mal so viel Mitarbeiter wie Nicht-Familienunternehmen. Familienunternehmen beschäftigen im Handwerk 3-mal so viel Mitarbeiter wie Nicht-Familienunternehmen, in den übrigen Branchen beschäftigen sie durchschnittlich weniger Mitarbeiter als Nicht-Familienunternehmen.
- Kumuliert erwirtschaften Familienunternehmen in allen Branchen außer in der Dienstleistungsbranche mehr Umsatz als Nicht-Familienunternehmen.
- Im Verarbeitenden Gewerbe erwirtschaften Familienunternehmen 50% mehr Umsatz als Nicht-Familienunternehmen.
- Im Baugewerbe erwirtschaften sie doppelt so viel Umsatz wie Nicht-Familienunternehmen.

- Im Handwerk erwirtschaften Familienunternehmen sogar 300% mehr Umsatz als Nicht-Familienunternehmen.

Familienunternehmen sind in Deutschland nach den vorliegenden Daten volkswirtschaftlich eine mindestens ebenso wichtige Gruppe wie Nicht-Familienunternehmen.

Arbeitsteil zu Kapitel 3

Wissensfragen:

Um Ihr Wissen überprüfen zu können, empfiehlt es sich, die Antworten zu notieren, um sie dann anhand des vorangegangenen Kapitels kontrollieren zu können.

1. *Ab wann kann im geschichtlichen Kontext von einem Familienunternehmen im Sinne der hier vorliegenden Definition sprechen?*
2. *Was waren die ersten Familienunternehmen?*
3. *Welchen Einfluss übte der Adel auf die Gestaltung von Familienunternehmen aus?*
4. *Welche Rahmenbedingungen für unternehmerische Tätigkeit kennzeichnete das Zeitalter der Industrialisierung?*
5. *Wie viele von den nach dem 2. Weltkrieg gegründeten Unternehmen in Deutschland sind auch heute noch Familienunternehmen?*
6. *Wie viele Familienunternehmen gibt es in Deutschland in Prozent aller Unternehmen ausgedrückt?*
7. *Wie stellt sich der Zusammenhang von Größe und Anzahl der Familienunternehmen dar, zum einen gemessen in Umsatz, zum anderen in Mitarbeitern?*
8. *In welchen Branchen sind Familienunternehmen über-, in welchen unterrepräsentiert?*

Transferfragen:

Eine „richtige" Antwort auf diese Fragen gibt es nicht; die Fragen sollen vor allem zum Nach- und zum Weiterdenken anregen.

1. *Wie müssten die wirtschaftspolitischen und sozialen Rahmenbedingungen gestaltet werden, um eine Gründer-freundliche Atmosphäre vergleichbar der in der Zeit der Industrialisierung zu schaffen?.*
2. *Die nach der deutschen Wiedervereinigung gegründeten Unternehmen weisen erstmals in den betrachteten historischen Zeiträumen eine fast gleich große Anzahl von Nicht-Familienunternehmen auf. Entwickeln Sie Hypothesen, die diese Änderung erklären könnten.*
3. *Entgegen der landläufigen Meinung sind Familienunternehmen in der Dienstleistungsbranche unterrepräsentiert. Diskutieren Sie mögliche Gründe.*

4 Unternehmerfamilien - eine besondere Spezies?

Lernziele und Orientierungsfragen des Kapitels 4

Ziel des Kapitels „Unternehmerfamilien - Eine besondere Spezies?" ist es, den Leser anzuregen,

- *über die Vielfalt familiärer Formen und ihren Einfluss auf die von Familien beeinflussten Unternehmen nachzudenken,*
- *sich die Veränderungen der Familie in den vergangenen 150 Jahren bewusst zu machen,*
- *die Familie als entscheidenden Baustein des Familienunternehmens bewusst wahrzunehmen und sie in ihrer zeitlichen Dynamik kennen zu lernen,*
- *die Fragestellungen innerhalb der verschiedenen Stadien der Unternehmerfamilie zu erkennen und zu diskutieren.*

Um sich vor dem Lesen des Kapitels über sein eigenes Wissen zu dem Thema klar zu werden, kann es für den Leser hilfreich sein, die folgenden Orientierungsfragen zu beantworten:

1. *In wie fern hat sich „Familie" in den vergangenen 150 Jahren in ihrer Funktion und ihren Zielsetzungen sowie in ihrer gesellschaftlichen Akzeptanz verändert?*
2. *Welche Phasen durchläuft eine Unternehmerfamilie von ihrer Gründung bis zu ihrer Auflösung?*
3. *Unter welchen Voraussetzungen stellt eine im Unternehmen engagierte Familie aufgrund ihrer Familienstruktur, ihrer Werte und ihrer Ziele für ein Unternehmen eine Stärke bzw. eine Belastung dar?*

Familienunternehmen sind dadurch gekennzeichnet, dass eine oder mehrere Unternehmerfamilien einen maßgeblichen Einfluss auf sie ausüben. Um den Einfluss der Familie verstehen zu können, muss man zunächst die Familie und ihre Entwicklung kennen und verstehen. Bereits in den ersten amerikanischen Arbeiten zum Thema Familienunternehmen wurde der Familie ein entscheidender Einfluss attestiert[1], später folgten graphische Darstellungen der verschiedenen beteiligten Subsysteme und des daraus zusammengesetzten „family firm system"[2], das zwischen Familien-, Eigentümer- und Managementsystem unterschied. Die Integration von Erkenntnissen aus der Familienpsycho-

1 Vgl. z.B. Danco, L.(1975): Beyond Survival, Cleveland

2 Lansberg, I. (1988): The Succession Conspiracy In: FBR I (2), S. 119 - 144, hier S. 123

logie und -soziologie folgten[3]. Im deutschsprachigen Raum findet man erst Mitte der 90er Jahre Arbeiten über Familienunternehmen, die dem System Familie explizit Bedeutung einräumen.[4] WIMMER et al. konstatieren, „dass man einen realitätsgerechten Zugang zur Eigenart von Familienunternehmen erst dann gewinnt, wenn man sie als Ergebnis der Koevolution zweier, im Grunde genommen einer ganz unterschiedlichen inneren Logik folgender sozialer Systeme begreift, der Eigentümerfamilie einerseits und dem Unternehmen ...andererseits."[5]

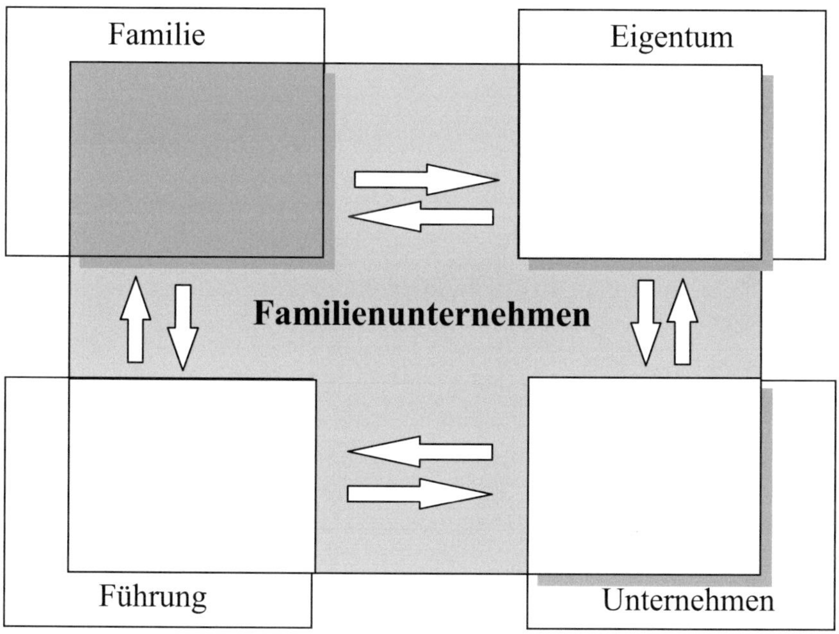

Abb. 13 Die Familiendimension

---

3 BROWN, die aus der Familientherapie kommt, ist eines der prominenten Beispiele für die Befruchtung der Familienunternehmensforschung im anglo-amerikanischen Bereich durch Familientherapeuten, Psychologen und Soziologen. Brown, H.F. (1991): Reweaving the family tapestry: A multigenerational approach to families, New York und Brown, H.F.(1993): Loss and Continuity in the Family Firm In: FBR VI (2), S. 111-130

4 vgl. u.a. Rosenbauer, C.(1994): Strategische Erfolgsfaktoren des Familienunternehmens im Rahmen seines Lebenszyklus, Diss. St. Gallen und Siefer, T.(1994): „Du kommst später mal in die Firma!": Psychosoziale Dynamik von Familienunternehmen, Diss. Wuppertal

5 Wimmer, R. et al (1996): Familienunternehmen - Auslaufmodell oder Erfolgstyp? Wiesbaden, S. 19

In der vorliegenden Arbeit wird davon ausgegangen, dass die Familie und ihre Entwicklung entscheidenden Einfluss auf das Familienunternehmen selbst und auf seine Entwicklung hat.

4.1 Familie im Allgemeinen

Immer dann, wenn sich die Wissenschaft mit Begriffen des täglichen Lebens beschäftigt, läuft sie Gefahr, diese Begriffe nicht hinreichend präzise zu definieren. Jeder verbindet mit dem Begriff Familie ganz bestimmte, oft von persönlicher Erfahrung geprägte Inhalte, wenn auch jeder andere mit ihm verbindet. Im folgenden soll deshalb der Begriff Familie definiert und abgegrenzt und in seinen wichtigen Funktionen dargestellt werden.

Familie wird abgeleitet vom lateinischen familia, was die Hausgenossenschaft, den Hausstand, die Dienerschaft und die Hörigen bezeichnet.[6] ZIEGLER/SONTHEIMER[7] weisen darauf hin, dass in der Antike der Begriff familia sowohl ein Personen- als auch ein Vermögensbegriff war. Zur familia zählten alle der Gewalt des pater familias unterstellten Personen, also auch Angestellte und Sklaven, sowie das gesamte beim Zensus anzugebende Vermögen inklusive des Vermögens verstorbener Ahnen der familia.

4.1.1 Institution Familie

Der weit gefasste Familienbegriff, der Familie als Institution begreift, ist heute nur noch in Ausnahmefällen vorzufinden. So verstehen SIEGEL/RAU[8] die Familie als Personen- und Sachinstitution, mithin einen Komplex verpflichtender Normen. Personeninstitution meint hier sowohl eine Institution, die durch Personen als solche definiert wird, als auch die Familie als "Person". Sie erkennen der Familie somit eine eigene Persönlichkeit, die über die Summe der in ihr vereinigten Persönlichkeiten hinausgeht, zu. Diese eigene Familienpersönlichkeit, vergleichbar mit der Unternehmenskultur eines Unternehmens, ist in bezug auf die Problematik von Familienunternehmen von außerordentlicher Bedeutung. Wenn eine Familie analog anderer Gruppen eine über die Summe der in ihr vereinigten Persönlichkeiten hinausgehende eigene Persönlichkeit, bzw. "Familienkultur", ausprägt, resultiert hieraus eine Dynamik, die wiederum einen relevanten Einflussfaktor im Gesamtsystem Familienunternehmen darstellt.

---

6 vgl. Gukenbiehl, H. (1986): Familie in: Schäfers, B.(Hrsg.): Grundbegriffe der Soziologie, Opladen, S. 83-86

7 Ziegler, K., Sontheimer, W. (Hrsg.)(1967): Der kleine Pauly. Lexikon der Antike, 2 Bd., Stuttgart, Sp. 511

8 Siegel, W. u. .Rau, W. (1984): Dimensionen der Herrschaft in: Siebel, Wiegand (Hrsg.); Herrschaft und Liebe, Berlin, S. 11-29, hier S. 23

Diese Auffassung von der Familie als Institution hat zu Erörterungen geführt, inwieweit eine auf begrenzte Zeit bestehende Gruppe als Institution bezeichnet werden kann, wo doch der zeitlich unbegrenzte Bestand ein Charakteristikum für eine Institution ist.[9] Voraussetzung für die aufgezeigte Problematik ist die heute vorherrschende Definition der Kernfamilie als eine um Kinder erweiterte Ehe. "Familie bezeichnet nach dem geltenden Recht und gegenwärtig vorherrschenden Leitbild die rechtlich gesicherte Lebens- und Hausgemeinschaft eines Ehepaares mit seinen eigenen (unmündigen) Kindern."[10] Eine so definierte Familie löst sich nach Auszug der mündigen Kinder aus der Hausgemeinschaft auf, wird wieder zur Ehe. Eine "Familie auf Zeit" kann kaum als Institution bezeichnet werden. Gegen den institutionellen Charakter der Familie spricht demnach,"...dass eine Familie kurzlebig ist, in ihrer Existenz von den Ehegatten abhängt, also in der Regel ihre Gründungspersonen nicht überlebt. Staaten, Kirchen, Unternehmungen, Vereine dagegen vermögen viele Mitgliedergenerationen zu überleben, ja sind in ihrer Lebensdauer im Prinzip nicht begrenzt."[11]

Nun existieren neben den von Atrophie gekennzeichneten Kernfamilien auch heute noch Familien, die über mehr als eine Generation Bestand haben. Es scheint also zunächst so zu sein, dass nicht eindeutig zu entscheiden ist, ob die Familie heute noch als Institution zu bezeichnen ist oder nicht, sondern vielmehr, inwieweit eine bestimmte Familie noch für den institutionellen Charakter steht. Um dies zu entscheiden, ist es notwendig, Kriterien zu definieren, die Familien mit institutionellem Charakter von solchen ohne unterscheidbar machen.

Institutionen sind nach LUHMANN[12] zeitlich, sachlich und sozial generalisierende Verhaltenserwartungen. Institutionen sind definiert durch den ihr angehörenden Personenkreis, ihren Ursprung, ihre Aufgabe und die Idee, die ihr zugrunde liegt. SCHMID[13] weist darauf hin, dass der institutionelle Gedanke davon ausgeht, dass das Individuum nicht in der Lage ist, die "Gesamtzusammenhänge seines Lebens mit der Umwelt und der zeitlichen Entwicklung dieses Lebens und dieser Umwelt zu erfassen, geschweige denn zu erarbeiten." Institutionen stellen somit Entscheidungsprogramme für das Individuum zur Verfügung, die ihm diese komplexen Entscheidungen abnehmen. Die Institution Familie hat eben dies über Jahrhunderte geleistet. Über diese Institution wurden Verhaltensmuster tradiert, soziale Kontrolle ausgeübt und somit sichergestellt, dass bestimmte Leistungen für die Gesellschaft auch weiterhin erbracht wurden, wie z.B. die Fortpflanzung, die Sozialisation nachwachsender Mitglieder der Gesellschaft, die Kranken- und Altenpflege etc.

9 "Institutionen als zeitlich, sachlich und sozial generalisierende Verhaltenserwartungen bilden die Struktur sozialer Systeme." Luhmann, N.(1965): Grundrechte als Institution, Berlin, S. 12f

10 Gukenbiehl, H(1986): Familie In: Schäfers, B. (Hrsg.): Grundbegriffe der Soziologie, Opladen, S. 83-86, hier S. 83

11 Siebel, W.(1984): Herrschaft und Liebe, Berlin, S. 13

12 vgl. FN 9

13 Schmid, V(1989): Die Familie in Artikel 6 des Grundgesetzes, Diss. Berlin, S. 377

Erst im Laufe der letzten 100 Jahre, vor allem aber nach dem II. Weltkrieg kam es in den westlichen Industrienationen zu einer Liberalisierung eben dieser Vorstellungen und Verhaltensmuster. Nicht-eheliche Lebensgemeinschaften, Scheidungen, alleinerziehende Mütter oder Väter, Hausmänner, all das sind heute ebenso "normale" Erscheinungsformen wie die traditionelle Familie, die es natürlich auch noch gibt. Wir haben es heute also mit einer Vielfalt möglicher Erscheinungsformen zu tun, die mehr oder weniger die Funktionen der Familie im traditionellen Sinne wahrnehmen.

Aus dieser Darstellung wird deutlich, dass Familie heute sowohl Institution sein kann als eben auch ausdrücklich nicht Institution. Familie, falls sie Institution ist, geht auf einen Ursprung, d.h. eine Gründerehe, zurück, aus der sich der ihr angehörige Personenkreis, nämlich direkte Abkömmlinge dieser Ehe, definiert. Ihre Aufgabe und die ihr zugrundeliegende Idee kann sehr verschieden sein, bezieht sich jedoch im allgemeinen auf die Sicherung des Bestandes der Familie an sich und ihres Einflusses. Eine solche institutionelle Familie will nicht nur Ort der Geborgenheit und der Harmonie sein, sondern vielmehr ein Lebensmuster für kommende Generationen vermitteln.

Zusammenfassend lässt sich also konstatieren: Unter Familie wird heute die Kernfamilie, d.h. Mutter, Vater und ihre unmündigen Kinder verstanden. Nicht alle heutigen Familien, wohl aber einige, haben noch den ehemals allgemein anerkannten institutionellen Charakter, der heute mehr und mehr angezweifelt wird. Dieser zeigt sich in einem zeitlich unbegrenzten Bestand, einem gemeinsamen Ursprung und vor allem einer gemeinsamen Idee, die unabhängig von der jeweiligen "Mitgliedergeneration", d.h. Familiengeneration, Bestand hat. Zudem vermitteln Familien mit institutionellem Charakter ihren Mitglieder tradierte Lebensmuster, die es dem Einzelnen ermöglichen, sich mit weitergehenden Fragestellungen zu beschäftigen, da die Erarbeitung von eben diesen Lebensmustern nicht von jeder Generation erneut geleistet werden muss. Jede Familie mit institutionellem Charakter setzt sich aus einer oder mehreren Kernfamilien zusammen, beinhaltet also notwendigerweise immer auch eine Kernfamilie. Nicht jede Kernfamilie aber erfüllt die Kriterien einer institutionellen Familie.

Die vorliegende Arbeit beschäftigt sich auch, aber nicht ausschließlich mit diesen Familien mit institutionellem Charakter. Viele Unternehmerfamilien entsprechen lediglich der heutigen Auffassung von Kernfamilie. Hier soll jedoch eine Ergänzung bzw. Korrektur der gängigen Definition vorgenommen werden. Die moderne Kernfamilie endet mit dem Auszug der Kinder aus dem Elternhaus. Diese Auffassung von Familie widerspricht dem gängigen Empfinden von Familie. Eine Person kommt auch dann aus einer Familie, wenn ihre Eltern bereits verstorben sind. Und selbstverständlich sind Mutter, Vater und deren erwachsene Kinder auch nach Auszug der Kinder aus dem Elternhaus in unserem Empfinden noch eine Familie. Selbst, wenn jemand bereits eine eigene Familie gegründet hat, gehört er oder sie dennoch weiterhin seiner Herkunftsfamilie an. Dies gilt um so mehr, je stärker die sogenannte "Familienkultur" ausgeprägt ist, sei es aufgrund lange zurückreichender Tradition, bedeutendem Familienvermögen oder anderer, über Generationen verbindender Elemente.

4.1.2 Funktion und Zwecke der Familie

Geht man davon aus, dass die Familie, unabhängig von der Form, in der sie auftritt, die kleinste Einheit jeder menschlichen Gesellschaft ist, so sprechen wir zunächst von der Kernfamilie. Da die Familie in nahezu allen Gesellschaften mehr oder weniger institutionalisiert zu finden ist, muss sie Funktionen wahrnehmen, die für jede Gesellschaft von elementarer Bedeutung sind. Es ist also zunächst einmal die Frage nach den Funktionen der Familie zu stellen. "Die Frage nach den Funktionen," bemerkt hierzu SIEBEL[14], "ist in erster Linie die Frage nach den Leistungen, die ein Sozialsystem für die Gesellschaft erbringt."

GOODE[15]	NEIDHARDT[16]	PIEPER und PIEPER[17]
Reproduktion	Reproduktion	Reproduktion
Sozialisierung und soziale Kontrolle	Sozialisation	Sozialisation
Statuszuweisung	Placierung	
Biologische Erhaltung des Individuums	Haushalt und Freizeit	Haushalt
Emotionale und wirtschaftliche Erhaltung des Individuums	Spannungsausgleich	Regeneration

Tab 10 Funktionen der Familie

Nach PIEPER/PIEPER[18] hat jede Gesellschaft "ein natürliches Interesse an der Reproduktion ihrer selbst. Dieses Interesse hört mit der Geburt eines neuen Mitgliedes nicht auf... Durch die Zuweisung der Reproduktionsfunktion an die Institution Familie erreicht die Gesellschaft zweierlei: Die Zuständigkeit für Versorgung und biologisch-soziale Erhaltung des Kindes wird geregelt; gleichzeitig wird jedem Mitglied der Gesellschaft mit der Geburt eine erste Position in der Familie und damit auch in der Sozialstruktur zugewiesen." Diese Formulierung darf nicht verdecken, dass zunächst Gesellschaft entstanden ist aus dem Zweckverband mehrerer Familien, die auch vor "Zuweisung durch die Gesellschaft" die Reproduktions- und Sozialisationsfunktion übernommen haben.

Gleichwohl ist dem hier angesprochenen ordnenden und gesellschaftserhaltenden Aspekt der Familien in heutiger Zeit besondere Aufmerksamkeit zu schenken, da, im Gegensatz zu der Zeit der Gründung der Bundesrepublik, die Zuweisung der Reproduktion an die Institution Familie nicht mehr unzweifelhaft ist. Die zunehmende Infragestellung, ja z.T. sogar Auflösung traditioneller Familienstrukturen in den modernen westlichen Industrienationen lässt die Frage nach den Funktionen der Familie aus der Perspektive ihres inneren Wertes neu stellen.

---

14 Siebel, W.(1984): Herrschaft und Liebe, Berlin, S. 208

15 Goode, W. J.(1967): Struktur der Familie, 3. Aufl., Köln, S. 32f

16 Neidhardt, F(1970): Die Familie in Deutschland In: Bolte, Karl M., F. Neidhardt und H. Holzer: Deutsche Gesellschaft im Wandel, Bd. II, Opladen, S. 57 - 69

17 Pieper, B. und M. Piper(1975): Familie - Stabilität und Veränderung, München, S. 12

18 ebenda, S. 13

Vergleicht man nun die soziologischen Funktionen der Familie wie oben dargestellt mit den moraltheologisch begründeten Ehezwecken, wie sie in Can. 1013 § 1 des im Jahre 1918 in Kraft getretenen kirchlichen Gesetzbuches CIC[19] festgeschrieben wurden[20], so ergibt sich folgende Gegenüberstellung:

Funktionen der Familie	Zwecke der Ehe
Reproduktion	Erzeugung von Nachkommenschaft
Sozialisation	Erziehung
Haushalt	Gegenseitige Unterstützung
Regeneration/ Spannungsausgleich	Geordnete Befriedigung des Geschlechtstriebes

Tab 1 Funktionen der Familie und Ehezwecke nach SIEBEL[21]

Die Übereinstimmung der Funktionen der Familie einerseits und der Zwecke der Ehe andererseits wird von SIEBEL dahingehend interpretiert, dass er der Familie eine ureigene Funktion abspricht, da alle der Familie zugeschriebenen Funktionen letztlich von der Ehe erfüllt werden können. Nun greifen aber die Funktionen Sozialisation und Haushalt weiter als die Zwecke Erziehung und gegenseitige Unterstützung. Eine Verkürzung auf die Ehezwecke würde z.B. die Unterstützung der Eltern durch die Kinder, die Unterstützung der Geschwister untereinander oder auch die Sozialisation des Kindes in der Geschwistergruppe ausschließen. Dieses aber sind Funktionen, die von Familien über Jahrhunderte wahrgenommen wurden und auch heute z.T. noch wahrgenommen werden.

Vielmehr ist es aufschlussreich, aufzuzeigen, welche ehemals familieneigenen Funktionen heute vermehrt an die Gesellschaft delegiert werden und nicht mehr von der Familie wahrgenommen werden. Dies wird deutlich, wenn man den Funktionen der Familie wie oben aufgeführt die sie jeweils sicherstellenden Tätigkeiten bzw. Tätigkeitsbereiche zuordnet.

- Biologische Erhaltung des Individuums
  - Bereitstellen von Nahrung
  - Bereitstellen und Erhalten von Wohnraum
  - Krankenpflege
  - Fürsorge im Alter
- Wirtschaftliche Erhaltung des Individuums
  - Vermögensaufbau und -erhaltung
  - Alterssicherung
  - Absicherung für Eventualfälle
- Emotionale Erhaltung des Individuums
  - Sexualität

19 vgl. Codex juris canonici, Freiburg und Regensburg 1922

20 vgl. hierzu auch: Kathechismus der katholischen Kirche, München et al, 1993, § 2201 ff

21 Siebel, W. (1984): Herrschaft und Liebe, Berlin, S. 211

- Liebe und Geborgenheit
- Sicherheit
- Glauben
- Reproduktion
  - Geburt
  - Aufzucht der Kinder i.S. biologischer Erhaltung
- Sozialisierung und soziale Kontrolle
  - Aufsicht der Kinder
  - Erziehung der Kinder
  - Ausbildung
  - Freizeitgestaltung
- Statuszuweisung
  - Placierung
  - Rangordnung
  - Leistungskontrolle

Die o.g. Tätigkeitsbereiche sind nicht ausschließlich im Rahmen einer Ehe, sondern nur im Rahmen einer Familie sicherzustellen. Hierbei ist zu beachten, wie viele dieser zunächst familienspezifischen Aufgaben heute nach außen verlagert werden.

Abbildung 14 verdeutlicht die Reduktion der von der Familie wahrgenommenen Funktionen. Während z.B. das Bereitstellen von Nahrung, die Krankenpflege oder die Fürsorge im Alter früher i.d.R. von den Familienmitgliedern übernommen wurde, sind diese Funktionen heute zu einem erheblichen Teil an wirtschaftliche oder/und gesellschaftliche Institutionen delegiert. Einige der angesprochenen Funktionen haben sich erst nach dem 2.Weltkrieg aus der Familie heraus in die Gesellschaft verlagert. Betrachtet man z.B. die Zahl der Hausgeburten seit dem Beginn des Jahrhunderts[22], so wird deutlich, wie sehr sich die Geburt aus dem Haus in die Institutionen der Krankenpflege verlagert hat. War früher die Hausgeburt normal, so finden die meisten Hausgeburten heute nicht mehr aus Notwendigkeit bzw. mangelnder Alternative, sondern vielmehr aus weltanschaulichen Gründen statt. Analog stellt sich das Bild in den meisten anderen Bereichen von ehemaligen Familienfunktionen dar. Inwieweit die Darstellung, Liebe und Geborgenheit seien eine reine Familienfunktion, Sexualität sei fast ausschließlich eine Familienfunktion, noch der gesellschaftlichen Realität entsprechen, muss in Frage gestellt werden. Dies hängt u.a. davon ab, ob man nicht-eheliche Lebensgemeinschaften aufgrund ihrer allgemein gestiegenen gesellschaftlichen Akzeptanz als „Familien“ mit einbezieht oder nicht.

Die Ursachen für diese Entwicklung sind vielfältig. Der "ungeheuerliche Funktionsverlust"[23] wurde durch die zunehmende Spezialisierung und damit Komplexität nahezu aller Lebensbereiche einerseits und durch die zunehmende Sozialisierung von Individualrisiken andererseits stark gefördert. Auch der Übergang von der Vorratswirtschaft zur Marktwirtschaft trug erheblich zu dem Funktionsverlust der Familie bei. War noch vor 100 Jahren das Überleben der Familie von der Vorratswirtschaft der Hausfrau abhängig,

---

22 vgl. u.a. Engstler, H. (1998): Die Familie im Spiegel der amtlichen Statistik, Brühl

23 König, R.(1974): Materialien zur Soziologie der Familie, Köln, S. 64

so ist eine solche Vorratswirtschaft heute nur noch Luxus, da die Nahrungsmittelindustrie all diejenigen Produkte, die bisher im Haushalt hergestellt wurden, zu geringeren Kosten in großer Auswahl jederzeit bereitstellt. Hinzukommt, dass mit der zunehmenden Prosperität des Staates dieser Aufgaben übernommen hat, die früher ausschließlich der Familie oblagen, wie z.B. die Erziehung und Ausbildung der Kinder. Der Funktionsverlust der Familie beinhaltet somit vor allem eine Aufgabenreduktion und somit auch einen Machtverlust der Frau, den diese durch zunehmende Emanzipationsbemühungen wettzumachen versuchte.[24]

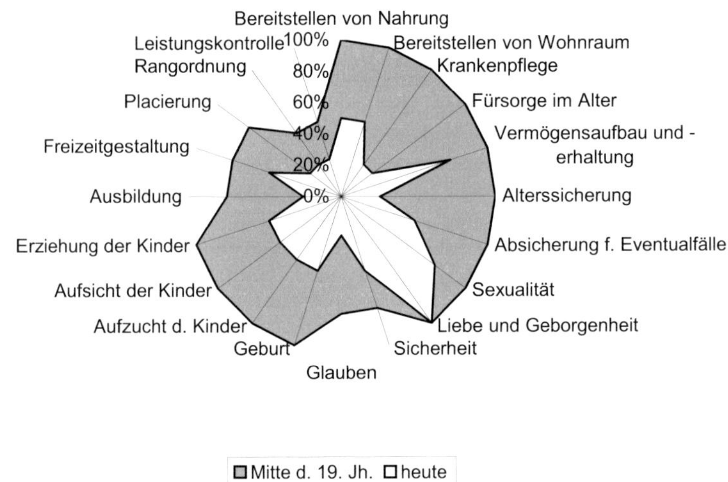

Abb. 14 Reduktion familieneigener Funktionen (eigene Darstellung; äußerster Kreis = wird zu 100 % von der Familie übernommen, innen = 0% Familienbeteiligung)

"Der Verlust an Verfügung über materielle Güter, die Aussiedlung der Produktion, der Abstieg von der eigenen Wirtschaft über die noch stattliche Haushaltung zur kleinräumigen Wohnungsbesorgung weniger Menschen zeigt den radikalen Wandel, der einer einst mächtigen Institution auferlegt wurde, die mit ihrer Arbeitskraft nunmehr fremde, auf die Familie anregend und auflösend zurückwirkende Institutionen beschickt."[25] Aber nicht nur der Verlust von Produktionsmitteln, sondern vor allem auch der Wertewandel

24 vgl. hierzu: Bischof-Köhler, D.(1992): Geschlechtsspezifische Besonderheiten im Konkurrenzverhalten: Evolutionäre Grundlagen und entwicklungspsychologische Fakten In: Krell, G. u. M. Osterloh (Hrsg.): Personalpolitik aus der Sicht der Frauen, München, S. 251- 281, hier S. 263

25 Filser, F.(1978): Einführung in die Familiensoziologie, Paderborn et al., S. 63

von Pflicht- und Akzeptanzwerten hin zu Selbstentfaltungswerten[26], also die "Radikalisierung der Individualisierung der Gesellschaft"[27] haben diesen Funktionsverlust und den dadurch eingeleiteten Auflösungsprozess verstärkt. "Durch den Prozess der sozialen Differenzierung wird die Kernfamilie vom Verwandtschaftssystem unabhängig, da Wirtschaft, Bürokratie, Politik und Erziehung diese Funktion übernehmen. Die Kernfamilie ist durch Freunde, Nachbarn und Verwandte einem Minimum sozialer Kontakte unterworfen. Dies begünstigt eine Atrophie, eine Kontraktion der Familie auf den engsten Familienkreis; das Gattenpaar wird zum Zentrum der Familie, und es bleiben ihr noch die überwiegend emotionalen Beziehungen zwischen Ehemann, Ehefrau und Kindern; damit wird die Familie zu einer fragilen, schwachen sozialen Einheit, die leicht auseinander bricht, sich auflöst und beinahe vollständig von anderen gesellschaftlichen Institutionen abhängig wird."[28]

Neben diesen generellen gesellschaftlichen Entwicklungen, die, wenn auch von großer Vielfalt, so doch in eine Richtung zu weisen scheinen, gibt es auch weiterhin Familien, die sich nicht ausschließlich als emotionaler Ort von Geborgenheit und Harmonie begreifen. Sie wollen vielmehr einen über ihre eigene Existenz hinausgehenden Auftrag als Teil ihrer Familienkultur erfüllen. Diese Familien, die die Anforderung an eine Institution erfüllen, ebenso jene, die den Schwerpunkt auf die Generationen-übergreifenden, die dynastischen Aspekte legen, werden in Kapitel 4.1.4 dargestellt und voneinander abgegrenzt. Zuvor jedoch soll noch auf den Aspekt der Macht in Familien eingegangen werden, da er von zentraler Bedeutung für Unternehmerfamilien ist. Unternehmerfamilien üben Einfluss auf ihre Unternehmen aus, anders ausgedrückt, sie üben Macht aus. Bevor sie jedoch Macht nach außen, hier gegenüber dem Unternehmen ausüben, muss zunächst intern geklärt werden, wer wie diese Macht ausübt. Damit ist Macht auch innerhalb einer Unternehmerfamilie ein entscheidendes Thema. Andererseits wird die Familie als Ort von Harmonie und Geborgenheit, als der Ort der Liebe definiert, stellt sich die Frage nach dem Verhältnis von Macht und Liebe in Unternehmerfamilien.

4.1.3 Macht und Liebe in Unternehmerfamilien

Die Familie war von alters her eine hierarchisch organisierte Institution, deren Aufbau auf die christliche Ehelehre zurückzuführen war. Die hierarchische Ordnung der Ehe hat u.a. den Zweck, über die Frau den Mann zu einem gottesfürchtigen Leben zu bringen. "Desgleichen sollt ihr Frauen euch euren Männern unterordnen, damit auch die, die nicht an das Wort glauben, durch das Leben ihrer Frauen ohne Worte gewonnen werden,...".[29] Die wesentlichen Elemente der katholischen Ehelehre waren noch Anfang des 20. Jahrhunderts

---

26 vgl. hierzu Nave-Herz, R.(1987): Bedeutungswandel von Ehe und Familie In: Schulze, H.-J. und T. Meyer (Hrsg.): Familie - Zerfall oder neues Selbstverständnis? Würzburg, S. 18 -27, S. 24

27 vgl. Beck, U.(1986): Risikogesellschaft - Auf dem Weg in einer neue Moderne, München

28 Schwägler, G.(1970): Soziologie der Familie, Tübingen, S. 152 f

29 1. Petrus 3,1

- der sakramentale Charakter der Ehe,
- die Einheit und Unauflöslichkeit der Ehe,
- Hauptzweck der Ehe waren Erzeugung und Erziehung von Nachkommenschaft, Nebenzwecke gegenseitige Hilfe und die sittlich geordnete Befriedigung des Geschlechtstriebes,
- Rangdifferenz zwischen Mann und Frau und
- elterliche Autorität.

Auch bei Luther findet man im wesentlichen diese Elemente, wobei die Sakramentalität durch primäre Einbindung der Ehe in den staatlichen Bereich aufgehoben wird und die Unauflöslichkeit der Ehe relativiert wird.

In den vergangenen 100 Jahren setzte eine Säkularisierung und Enthierarchisierung der Eheauffassungen sowohl der evangelischen wie auch der katholischen Kirche ein.[30] Im Zuge dieser Entwicklung wurde der institutionelle Charakter der Ehe immer stärker vom personalen Charakter der Ehe verdrängt. Verdeutlicht wird durch die § 49 und 50 der Pastoralkonstitution "Gaudium et Spes", bei der "die Bedeutung der ehelichen Liebe, also der personale Charakter der Ehe eindeutig im Vordergrund steht".[31] Der heutige Papst Johannes Paul II. hat in seiner Veröffentlichung "Liebe und Verantwortung" schon 1960 darauf hingewiesen, dass "Niemand...das Recht (hat), sich einer Person zu bedienen, sie als Mittel zu gebrauchen, nicht einmal Gott, der sie erschaffen hat."[32] Hierzu nimmt KLEINMANN[33] wie folgt Stellung: "Selbst das rhetorische Geschick von Karol Woityla vermag es nicht, die Widersprüchlichkeiten zwischen den Forderungen der traditionellen katholischen Ehelehre und den Forderungen der personalistischen Ideologie zu vertuschen."

Diese Problematik versucht die katholische Kirche heute aufzulösen, indem sie das Wohl der Gatten als Ziel der Ehe betont[34], dieses Wohl aber nicht im egozentrischen Sinne verstanden wissen will, sondern in dem Wohl, das entsteht, wenn sich ein Gatte dem anderen ganz schenkt.[35] Diese Haltung führt zu einer Gleichstellung von Mann und Frau in der Ehe, jedoch wird von der katholischen Kirche nach wie vor auf eine Rollendifferenzierung in bezug auf Verantwortungen, Rechte und Pflichten hingewiesen[36]. Vieles deutet darauf hin, dass sich der Standpunkt der katholischen Kirche aufgrund des zugrunde gelegten Konzeptes nicht verändert hat, auch nicht verändern kann, die Sprachregelungen aber "weicher" geworden sind. Auch dieses Weichzeichnen hat letztlich dazu geführt, dass das von der Kirche eingeforderte soziale "Soll" von den

---

30 vgl. Kleinmann, P.(1984): Kirchliche Auffassungen zur familialen Herrschaft In: Siebel, W.(Hrsg.): Herrschaft und Liebe, Berlin, S. 296

31 Kleinmann, P.(1984): a.a.o., S. 118

32 Woityla, K.(1979): Liebe und Verantwortung, München, S. 25

33 Kleinmann, P.(1984): a.a.o., S. 135

34 vgl. Ecclesia Catholica: Kathechismus der katholischen Kirche, München, Wien, 1993, § 2201

35 vgl. a.a.o., § 1643

36 vgl. a.a.o., § 2203

Gläubigen und von interessierten Bürgern heute als weniger verpflichtend empfunden wird als früher.

Herrschaft nun tritt im Zusammenhang mit der Institution Familie nicht nur zwischen Ehepartnern, sondern auch zwischen Eltern und Kindern und nicht zuletzt zwischen der Familie und der Gesellschaft auf. Die Entwicklung der elterlichen Autorität nimmt historisch einen ähnlichen Verlauf wie die der Hierarchie zwischen den Ehepartnern. RAU[37] unterscheidet zu Herrschaft in der Ehe und in der Familie verschiedene Phasen der Desinstitutionalisierung. In der Ehe sind dies

- Profilierte Herrschaft (bis zum Ende des 2. Weltkrieges)
- Reduzierte Herrschaft (in der Gesetzgebung der Bundesrepublik Deutschland)
- Eliminierte Herrschaft (ab 1977).

In der Familie ergeben sich folgende Stufen der Desinstitutionalisierung:

- Väterliche Gewalt (Preußisches Allgemeines Landrecht)
- Reduzierte väterliche Gewalt (Bürgerliches Gesetzbuch von 1900)
- Gemeinsame elterliche Gewalt (BGB)
- Elterliche Sorge (Neuregelung vom 18.7.1979).

Auch die moderne evangelische Kirche geht von einer Gleichberechtigung sowohl der Partner untereinander wie auch der Eltern und Kinder aus.[38] SIEBEL[39] spricht in diesem Zusammenhang von der Desinstitutionalisierung der Familie. "In seinem Kern bedeutet der Vorgang der Desinstitutionalisierung den Rückgang der innerfamilialen Herrschaft, primär des Mannes, sekundär der Frau. Die Ehe als eine gestufte hierarchische Sozialeinheit weicht mehr und mehr einem Organisationsprinzip, bei dem die Beteiligten sich in undifferenzierter Weise als gleichberechtigt - im Hinblick auf Rang, Rechte und Pflichten - ansehen. Zugleich wird die gesellschaftliche Bezogenheit geringer, die Familie schließt sich ab, versucht sich aus sich selbst zu rechtfertigen und nicht mehr aus der gesellschaftlichen Anerkennung der Erfüllung ihrer gesellschaftlichen Funktionen. Familiäres Handeln verliert an Legitimität."[40]

Die Hauptursache sieht SIEBEL in dem Verlust von innerfamiliärer Herrschaft, die nach seinem Dafürhalten letztlich auch zu einer Gefährdung der Liebe in der Familie führt. "Es ist also gerade nicht so, dass die Liebe sich in der Familie umso mehr entfalten vermöchte, je mehr die Herrschaft zurückgedrängt wird. Diese weit verbreitete Annahme trifft nur dann zu, wenn Herrschaft mit willkürlicher Machtausübung gleichgesetzt wird. Tatsächlich ist es genau umgekehrt: Je mehr legitime Herrschaft in der Familie vorhanden ist oder anders gesagt, je mehr die Familie als Institution ausgeprägt ist, desto größer

---

37 Rau, W.(1984): Rechtsauffassungen zur familialen Herrschaft In: Siebel, W. (Hrsg.): Herrschaft und Liebe, Berlin, S. 58ff

38 vgl. hierzu: Leben und Erziehen - Wozu? Entschließung der 5. Synode der Evangelischen Kirche in Deutschland In: Familienpolitische Informationen 18 (1979), S. 45

39 Siebel, W.(1984): Herrschaft und Liebe, Berlin

40 Siebel, W.(1984): a.a.o., S. 296

ist die Chance für die Liebe in der Familie."[41] Es ergibt sich also das Paradoxon, dass mit dem Ins-Zentrum-Rücken der Liebe als Grund und Rechtfertigung für Ehe und Familie die Herrschaft innerhalb der Familie reduziert wird, wodurch wiederum die Chance für ein liebevolles Miteinander tendenziell abnimmt.

Warum aber führt abnehmende Differenzierung in Bezug auf Rolle, Rang, Rechte und Pflichten zu geringeren Chancen für ein liebevolles Miteinander? Hier sind zwei Bereiche zu nennen: zum einen den der täglichen Verrichtungen und zum anderen das Entstehen und Nutzen von Freiräumen. Bei klarer Rollen- und Rangdifferenzierung gibt es klare Erwartungen in Bezug auf die Rechte und Pflichten jedes Familienmitgliedes. Hieraus entsteht für alle Beteiligten Verlässlichkeit, wer für was zuständig ist und die Notwendigkeit dauernder Diskussionen bzw. auch Machtkämpfe über Zuständigkeiten nimmt ab. Da die Rollenverteilung von allen Mitgliedern anerkannt und akzeptiert wird, ist auch die Anerkennung der für die Familie erbrachten Leistungen selbstverständlicher als in ungeklärten Verhältnissen. Diese Anerkennung sowie die eigene Gewissheit, den Erwartungen der Familie gerecht zu werden, führen zu einer Zufriedenheit, die sich bei ständigem Kampf um eben diese Anerkennung nicht in demselben Maße einstellt. Es scheint also so zu sein, dass klare Zuständigkeit und differenzierte Rollen das tägliche Miteinander weniger belasten und im Umgang der Familie somit mehr Raum für jenes angestrebte liebevolle Miteinander lassen.

Hinzukommt, dass durch geklärte Rollen tägliche Diskussionen darüber, wer welche Aufgabe übernimmt, entfallen. Hierdurch entstehen Freiräume an Zeit und Kraft, die weitergehende Gespräche und gemeinsame Unternehmungen möglich machen. Beide positiven Wirkungen einer geklärten Rollen- und Rangverteilung setzen allerdings die Akzeptanz der verteilten Rollen durch alle Beteiligten voraus. Solange in Bezug auf diese Rollenverteilung intra- oder interpersonale Konflikte bestehen, können oben dargestellten positive Wirkungen dieser Rollenverteilung nicht oder nur sehr bedingt zum Tragen kommen.

SIEBEL geht davon aus, das in der partnerschaftliche Ehe der Machtvorsprung des Mannes aufgehoben und keine klare Rollenfixierung vorhanden ist. Dies muss aber nicht Ausdruck der partnerschaftlichen Ehe sein. Eine Rollenfixierung widerspricht sachlogisch nicht der Partnerschaft, solange die Rollen gleichwertig sind. Dies allerdings hat mit zunehmender Desinstitutionalisierung der Familie einerseits und somit mit ihrer zunehmenden Privatheit und mit der Nach-Außen-Verlagerung von bisher familieninternen Funktionen wie Erziehung, Krankenpflege, Altenpflege, Vorratshaltung, Nahrungserzeugung etc. immer mehr abgenommen. Die familieninterne Rolle hat an Umfang, wenn auch nicht an Bedeutung abgenommen, die familienexterne Rolle hat zugenommen und ist von der Familie zudem heute weitgehend isoliert. Die Ungleichgewichtigkeit der klassischen Rollen von Mann und Frau in der Familie sind demnach erst mit der Sozialisierung von Individualrisiken entstanden. Durch die Emanzipation des Einzelnen von der Familie und die Betonung der Individualität verlor die familieninterne Rolle zunehmend an Bedeutung. Hierdurch verlor die Frau innerhalb der Familie Macht, indem

41 Siebel, W.(1984): a.a.o., S. 294

sie Funktionen nach außen abgab. Hierdurch fehlte in der Folge häufig die Bestätigung von aussen.

Letztlich aber lässt sich die Frage nach Macht und Herrschaft in der Familie nur in Zusammenhang mit dem Familienziel klären., da Macht und Herrschaft immer nur als Mittel zu betrachten sind, soweit sie sich nicht bereits verselbständigt haben und Ziel geworden sind. Gerade aber in diesem Punkt ist durch die Desinstitutionalisierung eine entscheidende Wendung eingetreten. "Man übernimmt ja in der partnerschaftlichen Ideenwelt keine Pflichten von der Gesellschaft bzw. von dem gesellschaftlichen Träger, sondern bestimmt allein aus der Partnerschaft Ziel und Struktur der Gemeinsamkeit."[42] An die Stelle eines gesellschaftlich klar definierten Auftrages an die Institution Familie ist also eine diffuse, nicht näher definierte Wunschvorstellung von der immerwährenden Liebe getreten. Hierdurch wird Herrschaft in der Ehe und damit auch letztendlich in der Familie mit allen daraus resultierenden Folgen obsolet und die Wahrnehmung eines gesellschaftlichen Auftrags durch die Familie als Ganzes unmöglich. Die Wahrnehmung von Eigentumsrechten und -pflichten sowie von Führung auch bzw. gerade im Zusammenhang mit dem Familienunternehmen kann nur noch durch Individuen, nicht aber durch die Familie als Institution erfolgen.

Zusammenfassend lässt sich konstatieren, dass die Entwicklung von Ehe und Familie in den vergangenen 100 Jahren einen massiven Funktionsverlust der Familie als gesellschaftliche Institution und eine nahezu Aufhebung von Herrschaft, Rang- und Rollendifferenzierung aufweist. Die moderne Kernfamilie basiert auf der Liebe der Ehegatten zueinander und hat als originäre Aufgabe nur noch die Geburt und Aufzucht der Kinder, soweit dies nicht von gesellschaftlichen Institutionen wie Kindergarten, Schule, Verein etc. wahrgenommen wird, und die Versorgung der Familienmitglieder in der heute üblichen reduzierten Form. Diese Aufgaben werden von den Ehegatten in verschiedensten Formen, von beiden zu gleichen Teilen, von beiden abwechselnd, von einem nach innen, von einem nach außen u.v.a.m. erfüllt, so dass es für einen Außenstehenden zunächst nicht einsichtig ist, wer in der Familie für welche Fragestellungen zuständig ist. Sobald die Kinder "aus dem Gröbsten raus" sind, verstärkt sich die Atrophie, der die Kernfamilie unterworfen ist, da keine Notwendigkeit des Zusammenbleibens mehr besteht und die Liebe, die einst Anlass für die Familiengründung war, oftmals nicht mehr genug Zusammenhalt bietet.

So ist aus der einst mächtigen Institution Familie ein privater Ort mit ebenso privaten Beziehungen geworden. Die gesellschaftliche Stellung und den Einfluss, den die Institution Familie einst unbestritten hatte, kann die heutige Kernfamilie nicht mehr wahrnehmen. An ihre Stelle treten anonymere Institutionen, die in Bezug auf die Sachaufgaben ähnliche Funktionen wahrnehmen wie früher die Familie, die aber auf der wertgebenden und menschlichen Seite von Enthaltsamkeit geprägt sind und die nicht oder nur unzureichend auf die Aufgaben, die eine Unternehmerfamilie wahrzunehmen hat, vorbereiten.

---

42 Siebel, W.(1984): Herrschaft und Liebe, Berlin, S. 303

4.1.4 Dynastisch-institutionelle Familie

Die Beschreibung der heutigen Kernfamilie greift in bezug auf Unternehmerfamilien nicht in allen Punkten weit genug.[43] Die deutsche Industrie- und Wirtschaftsgeschichte ist reich an Beispielen von Familien, die über mehrere Generationen hinweg mächtig und einflussreich die Geschicke von Unternehmen bestimmt haben. Analoge Familiengeschichten findet man im gesamten europäischen Adel. Um diese Phänomene entsprechend beschreiben zu können, ist es notwendig, den oben diskutierten Familienbegriff der Kernfamilie zu erweitern.

Betrachtet man eine der faszinierendsten Familiengeschichten, nämlich die der Familie Krupp, wird deutlich, wie eingeengt der oben diskutierte Familienbegriff ist. Golo MANN[44] beschreibt sie wie folgt: "Die Geschichte Krupps ist durch lange Jahrhunderte ehrliche, bescheidene Familiengeschichte. Im neunzehnten Jahrhundert wird sie Industriegeschichte; schließlich unter Wilhelm II. auch politische Geschichte. Die industrielle Macht vermischt sich unheilvoll mit der politischen.
Familiengeschichte: die Geschichte eines geld-tüchtigen, handelnden, stadtpolitisierenden Patriziergeschlechts in Essen, welches sich gelegentlich mit der Fabrikation von Flinten befasst, im allgemeinen aber den Handel der Produktion vorzieht. Dann Industriegeschichte: im Zusammenhang mit den großen Erfindungen der Zeit, mit den großen Nachfragen, mit den politischen Ereignissen, dem Zollverein, den Kriegen. Ihre personellen Träger: Friedrich Krupp, erfinderischer Spekulant, zu Napoleons Zeiten französisch orientiert; und sein Sohn Alfred, der eigentliche Gründer, recht ein Mann des 19. Jahrhunderts, geboren, als sein Vater Napoleon diente, gestorben, als es galt, die Gunst des preußisch-deutschen Erbprinzen Wilhelm zu gewinnen und als seine Unternehmungen mehr als fünfzigtausend Arbeiter beschäftigen."

Zwei Dimensionen, die in dem Kern-Familienbegriff nicht oder kaum vorkommen, erlangen hier besondere Bedeutung, die eine ist die Zeitdimension, die andere die Vermögensdimension. Familiengeschichte war immer Geschichte über mehr als eine Generation und Familie war immer mit Vermögen verbunden, oder doch, wenn sie noch nicht darüber verfügte, auf den Aufbau eines Vermögens bedacht. Die Familien als Träger gesellschaftlicher Funktionen waren auch immer über mehr als eine "Aufzuchtperiode", sprich maximal 20 Jahre nach der Geburt des letzten Kindes, eine Familie. Das ist es, was unserem Sprachgefühl an der engen Definition der Kernfamilie widerspricht. Ein Mensch fühlt sich auch dann noch seiner Familie zugehörig, wenn er selbst eine eigene Familie gegründet hat, wenn Vater oder Mutter verstorben sind, oder wenn die Geschwister in alle Himmelsrichtungen verstreut leben.

Im folgenden soll dieses Phänomen mit dem Begriff "dynastische Familie" erfasst werden. Eine dynastische Familie ist demnach eine Gruppe von Menschen, die aus einer

---

43 vgl. Wimmer, R. et al (1996): Familienunternehmen - Auslaufmodell oder Erfolgstyp, Wiesbaden, S. 198f

44 Mann, G. (1983): Deutsche Geschichte des 19. und 20. Jahrhunderts, 7. Aufl. der Sonderausgabe, Frankfurt, S. 402 f

oder mehreren Kernfamilien und weiteren Einzelpersonen besteht, die ihr Zusammengehörigkeitsgefühl auf die Abstammung von einer klar benannten Kernfamilie herleitet, die ein Familienvermögen aufbaut oder erhält und die Einfluss nimmt auf gesellschaftliche Prozesse. Versucht man dies graphisch zu erfassen, ergibt sich folgendes Bild:

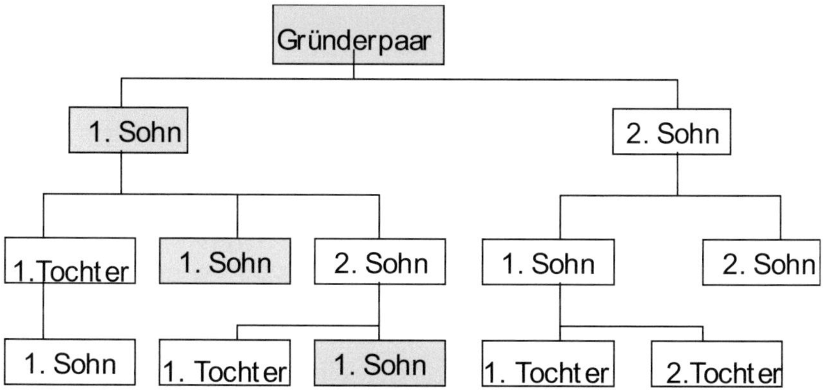

Abb. 15 Mögliche Erbfolge in einer dynastischen Familie

Die in der Abbildung erfasste dynastische Familie gibt die Leitung der Familie jeweils an den ältesten Sohn weiter, so dass in der zweiten Generation beide Söhne eine Kernfamilie gründen, aber nur der 1. Sohn die Leitung der Gesamtfamilie von seinem Vater übernimmt. Er wiederum gibt die Leitung an sein 2. Kind, seinen ältesten Sohn weiter und da dieser kinderlos bleibt, geht die Leitung der Familie in der 4. Generation an den ältesten Sohn seines Bruders. Unbesehen von obigem Beispiel lassen sich verschiedene andere Regelungen finden, die den Übergang der Familienleitung zum Inhalt haben, so kann dies immer an das älteste Kind gehen, aber auch an den jüngsten Sohn u.v.a.m..

Die Abbildung lässt erkennen, wie groß der Regelungsbedarf in einer dynastischen Familie ist, und dies um so mehr, wenn mit dem Vorsitz der Zugriff auf das Familienvermögen verbunden ist. Zudem ist es in vielen dynastischen Familien üblich, dass dem Familienoberhaupt eine gewisse normgebende und richterliche Kompetenz zukommt. Er oder sie definieren dann, was ein Familienmitglied darf und was wie geahndet wird bis hin zum Verlust des Schutzes der Familie. Anpassungen des (un)geschriebenen Familiengesetzes an die Zeitströmungen obliegen i.d.R. ebenfalls dem Familienoberhaupt. Es entsteht somit eine eigene Familienkultur vergleichbar einer Unternehmenskultur. Eine so definierte dynastische Familie ist somit eine Organisation im Sinne eines gegenüber seiner Umwelt offenen, sozialen Gebildes, das zeitlich überdauernd existiert, bestimmte Ziele verfolgt und eine Struktur aufweist, mit deren Hilfe die Aktivitäten der Mitglieder auf die jeweiligen Ziele ausgerichtet werden.[45]

45 Zur Definition von "Organisation" sowie verschiedener Organisationsbegriffe vgl. Klein, S. (1991): Der Einfluss von Werten auf die Gestaltung von Organisationen, Berlin, S. 65 ff.

Zunächst aber sollen die drei in dieser Arbeit verwendeten Familienbegriffe gegeneinander abgegrenzt werden, der der Kernfamilie, der institutionellen Familie und der dynastischen Familie. Abbildung 16 verdeutlicht zum einen die Definitionskriterien und zum anderen die Schnittmenge der Familienformen miteinander. Kernfamilie muss weder institutionellen Charakter haben noch muss sie dynastische Familie sein. Vater, Mutter und ihr(e) unmündigen(s) Kind(er) bilden eine Kernfamilie.

Jede institutionelle Familie besteht aus mindestens einer Kernfamilie, da sie sonst bestimmte Handlungsmuster und Rollenverteilungen nicht an nachwachsende Familienmitglieder weitergeben kann und ebensowenig in vollem Umfang Leistungen für die Gesellschaft erbringen kann. Darüber hinaus können zu einer institutionellen Familie weitere Verwandte gehören. Die institutionelle Familie erfüllt einen gesellschaftlichen Auftrag, der in der heutigen Zeit zwar nicht mehr ausschließlich von Familien erfüllt wird, jedoch auch von ihnen, wie z.B. die Altenpflege, die Krankenpflege, die Kindererziehung u.v.a.m. „Familienloyalität und gegenseitige Verpflichtung stellen sicher, dass der Kompetente dient und der Inkompetente geschützt wird.“[46]

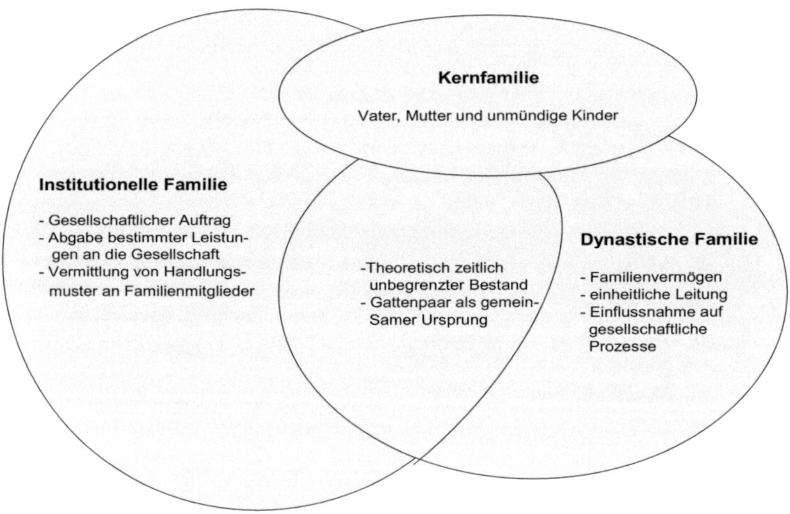

Abb. 16 Verschiedene Familienbegriffe und ihre Überschneidungen

All diese Kriterien, Erfüllung eines gesellschaftlichen Auftrages, Abgabe von Leistungen an die Gesellschaft und Vermittlung von Handlungsmustern sind nicht notwendigerweise Definitionskriterien für eine dynastische Familie. Eine dynastische Familie bezieht ihr Zusammengehörigkeitsgefühl auf ein bestimmtes Gattenpaar, von dem alle

46 Miller,E.J. u. A.K.Rice (1988): The Family Business in Contemporary Society In: FBR I (2), S.193-210, hier S.195 zitiert nach: Wimmer, R. et al. (1996): Familienunternehmen - Auslaufmodell oder Erfolgstyp? Wiesbaden, S. 203

Familienmitglieder abstammen, soweit sie nicht in die Familie eingeheiratet haben. Es kann also im Verlauf der Familiengeschichte in Ausnahmefällen auch zu der Situation kommen, dass es in einer dynastischen Familie keine Kernfamilie gibt, wenn z.B. der einzige Abkömmling noch nicht geheiratet und eine Kernfamilie gegründet hat, die Eltern aber bereits verstorben sind.

Entscheidende Kriterien, die die dynastische Familie kennzeichnen, sind das Familienvermögen, die einheitliche Leitung und die Einflussnahme auf gesellschaftliche Prozesse. Während also die institutionelle Familie für die Gesellschaft ausführend tätig wird, greift die dynastische Familie gestaltend in gesellschaftliche Prozesse ein. Werden von einer Familie alle in der obigen Darstellung erwähnten Kriterien erfüllt, handelt es sich um eine dynastische Familie mit institutionellem Charakter. Beispiele von Unternehmerfamilien mit dynastisch-institutionellem Charakter gibt es viele. Hier seien neben den Familien Brenninckmeyer (C&A) und Deichmann mit der stark institutionellen Komponente für die dynastische Komponente die Familien Oetker und Oppenheim genannt.[47]

Unternehmerfamilien, die sich, wie in Abschnitt 3.1.5 dargelegt, um ihres Unternehmerdaseins willen gegen bestimmte Trends der heutigen Zeit verhalten wollen, müssen neben der reinen Kernfamilie auch Elemente der dynastischen und der institutionellen Familie leben. Tun sie dies nicht, so laufen sie Gefahr, mit dem Ende der Kernfamilie, also dem Auszug der mündigen Kinder, spätestens aber mit dem Tod des dominanten Elternteils bzw. der Gründung einer eigenen Kernfamilie der Kinder, als Familie zu „sterben“, d.h. in ihrer Existenz zu enden. Ein Beispiel sei hier dargestellt:

> *Jürgen M. hat die kleine Molkerei, die er im Ostwestfälischen nach dem Krieg aufgebaut hat, nach den ersten Jahren stürmischen Wachstums im Zuge der Milchbewirtschaftung verkauft, um sich ausschließlich dem zweiten Bein des Unternehmens, der Produktion und dem Vertrieb von Margarine und Fetten, zu widmen. Das Unternehmen entwickelt sich solide und stetig. Die Entscheidung, sich auf das Segment der Großverbraucher (Bäckereigenossenschaften, Kantinen, Sozialbereich, Gastronomie) und der Zweitmarken zu spezialisieren, zahlt sich aus.*
>
> *Jürgen M. hat eine Jugendfreundin aus dem Nachbardorf geheiratet; sie haben 2 Kinder, einen Sohn, Stefan, und eine Tochter, Nadine. Beide Kinder entwickeln sich ebenfalls prächtig, was nicht zuletzt daran liegt, dass Frau M. ihre Kraft und Zeit ganz in den Dienst der Familie stellt, denn Jürgen M. hat nur wenig Zeit, sich außerhalb der Wochenenden, und auch dann meist nur stundenweise, und in den seltenen gemeinsamen Ferien um die Kinder zu kümmern. Um so mehr freut es Jürgen M., dass sein Sohn, nachdem er nicht zum Militär*

47 vgl. u.a. Helmer, W. (1995): Die Oetker-Gruppe trägt bis heute die Handschrift der Familie in: FAZ v. 2.2. 96; Kasper, M. (1996): Bibel und Business - Von den Reichtümern des Schuhverkäufers Deichmann aus Essen in: Welt am Sonntag v. 17.3.96, S.52; Stürmer, M. et al (1989): Wägen und Wagen - Sal. Oppenheim & Cie: Geschichte einer Bank und einer Familie, München

eingezogen wird, aus eigenen Stücken mit einem Betriebswirtschaftsstudium in Köln beginnt. Jürgen M. ist sich sicher: Stefan wird einmal in seine Fußstapfen treten.

Mit nur 57 Jahren verstirbt Jürgen M. unerwartet, allerdings nicht ohne exakte juristische Verfügungen bzgl. des Erbes zu hinterlassen. Stefan erbt das Firmenvermögen, Nadine das Privatvermögen, seine Frau erhält eine lebenslange, großzügig bemessene Apanage aus der Firma. Die Leitung des Unternehmens wird interimsweise Jürgen M.'s langjährigem Vertrauten und engstem Mitarbeiter, dem Finanzprokuristen übertragen. Nadine empfand diese Regelung als zutiefst ungerecht und zog unter Protest zuhause aus, um kurz darauf ihren Jugendfreund zu heiraten.

Stefan beendete sein Studium ist der kürzester Zeit, absolvierte ein Trainee-Programm bei einem internationalen Nahrungsmittelkonzern und wurde nach Abschluss von diesem für ein Jahr in die U.S.A. geschickt. Aus den U.S.A. zurückgekehrt, überrascht er seine völlig schockierte Mutter mit der Mitteilung, er gedenke nun, sein eigenes Leben aufzubauen und dächte nicht im Traum daran, sich in der ostwestfälischen Provinz zu vergraben. Sie oder auch seine Schwester könnten die Firma von ihm zurückkaufen, anderenfalls würde er sie an einen externen Interessenten verkaufen. Darüber hinaus gedenke er zu promovieren und zu heiraten. Auf die Einwände seiner Mutter, der Vater habe ihm dies alles vermacht in dem Glauben, er, Stefan, würde es im Sinne der ganzen Familie M. weiterführen und der Familie in guten und schlechten Zeiten vorstehen, lacht ihr Sohn sie aus und nennt sie „fürchterlich altmodisch". Er werde selbstverständlich einer Familie vorstehen, aber seiner eigenen.

Soweit die Geschichte der Familie M. aus Ostwestfalen. Für den Sohn war seine Herkunftsfamilie Vergangenheit. Die Aufgabe, sie zu seiner eigenen zu machen und in die Zukunft zu führen, erschien ihm aufgrund seiner Wertvorstellungen, die offensichtlich stark individualistisch geprägt sind, absurd. Seine Prägung aber hat er in eben dieser Herkunftsfamilie erfahren. Frau M. war es offensichtlich nicht gelungen, ein anderes als das der Zeit entsprechende Bild der vorübergehend zusammenlebenden Kernfamilie vorzuleben und an ihre Kinder weiterzugeben. Der zumeist abwesende Vater empfand die von seiner Frau geschaffene Harmonie ebenso wie die gute intellektuelle Entwicklung der Kinder als ausreichendes Indiz dafür, dass „alles in Ordnung" sei, was auch immer das heißen sollte. Der Moment, in dem sich die Werthaltung seines Sohnes offenbarte, wäre auch gekommen, falls Jürgen M. sehr viel länger die Geschicke der Familie und des Unternehmens geleitet hätte. Herr und Frau M. hatten es versäumt, durch ihre Erziehung den Grundstein für ein dynastisch-institutionelles Familienverständnis bei ihren Kindern zu legen.

Ohne diesen Grundstein scheitern viele Familienunternehmen der ersten Generation am Generationswechsel. Es fehlt familienseitig das Verständnis für die Notwendigkeiten und auch für die zu erbringenden Opfer für den Fortbestand der Familie. Ohne den Fortbestand der Familie kann zwar das Unternehmen weiterbestehen, nicht aber als Familienunternehmen. So müssen Unternehmerfamilien zu allererst ihren Mitgliedern entsprechende Wert- und Zielvorstellungen vermitteln. Hierbei sind Konzepte für das Zusammenleben ebenso wichtig wie der Stellenwert der Kinder als Nachkommen und der Wert der unternehmerischen Tätigkeit an sich. Auch die Verpflichtung, die aus den größeren Möglichkeiten gegenüber der Allgemeinheit erwächst, muss im Rahmen der Familie vermittelt werden. „Die Vorwerk-Frauen der älteren Generationen, Töchter von Bürgern und Großbürgern, von Kaufleuten und Fabrikanten, kleineren und größeren Unternehmen, trugen durch ihr Traditionsbewußtsein dazu bei, die Söhne auf die vorgezeichneten Wege zu führen und sie für den Unternehmerberuf zu motivieren.“[48]

Da die Unternehmerfamilie nicht mit dem Auszug der Kinder endet, sondern gerade auch im Erwachsenenalter von Geschwistern noch häufig eine dominante Rolle spielt, ist das Miteinander in der Unternehmerfamilie vor allem mit steigendem Alter der Familie (nicht ihrer Mitglieder) komplizierter als in der Kernfamilie heutiger Prägung. Die Unternehmerfamilie muss deshalb auch Ausbilder der kommenden Generationen im Kommunikations- und Konfliktverhalten innerhalb der Familie, sei es unter Geschwistern, zwischen Generationen oder mit der erweiterten Familie (Cousins, Cousinen, Tanten, Schwiegereltern etc.) sein. Und last but not least muss die Unternehmerfamilie sich als Erziehungs-, Bildungs- und Ausbildungsinstanz für die kommende Generation, von der ihr Fortbestehen abhängt, begreifen.

4.2 Die Entwicklung der Unternehmerfamilie

Die Unternehmerfamilie gibt es genauso wenig wie es *das* Familienunternehmen gibt. Jede Unternehmerfamilie hat, genau wie jede andere Familie auch, ihre Eigenheiten, die sich aus ihrer Struktur und Geschichte, aus den sie formenden Persönlichkeiten ergeben.[49] Gleichwohl lassen sich bestimmte Phasen im Rahmen einer Familiengeschichte identifizieren. Zu der Entwicklung von Familien sind viele Arbeiten veröffentlicht worden, im Rahmen dieser Arbeit soll auf die von GERSICK et al.[50] zurückgegriffen werden, da das dort vorgestellte Life-Cycle-Concept sich speziell auf Unternehmerfamilien bezieht. Dies ist deshalb wichtig, da Unternehmerfamilien im Schnitt länger zusammen bleiben, die Zusammenarbeit wird sogar im Erwachsenenalter intensiver im Gegensatz zu Nicht-Unternehmerfamilien, wo die Aufzuchtperiode die intensivste Zeit des Zusammenlebens ist.

GERSICK et al.[51] teilen die Phasen des Familienlebens im Rahmen eines sich theoretisch unendlich wiederholenden Zirkels in vier annähernd gleich lange Phasen ein:

---

48 Pross, H. (1983): Der Geist der Unternehmer. 100 Jahre Vorwerk & Co., Düsseldorf, S. 174

49 Den Einfluss des ethnischen Hintergrundes umreißen M. McGoldrick und J.G. Troast Jr. in ihrem Artikel: Ethnicity, Families, and Family Business: Implications for Practitioners in: FBR VI (3), 1993, S.283-300.

50 Gersick et al. (1996): Generation to Generation, Life Cycles of the Family Business, Boston

51 Gersick et al. (1996): a.a.o., S. 57 ff

1. die junge Unternehmerfamilie, in der die ältere Generation unter 40 Jahre alt ist und die Kinder, falls schon welche vorhanden sind, noch unter 18 Jahren
2. die Phase, in der der Nachwuchs flügge wird, in der die ältere Generation zwischen 35 und 55 Jahren alt ist und die jüngere Generation in ihren teens oder twens
3. die Phase der Zusammenarbeit der Generationen, in der die ältere Generation zwischen 50 und 65 Jahren alt ist und die jüngere, bereits im Unternehmen engagierte Generation zwischen 20 und 45 Jahren alt ist und
4. die Phase des Wachwechsels, in der die ältere Generation 60 Jahre und älter ist.

Jeder dieser Phasen lassen sich spezifische Fragestellungen zuordnen, die nachfolgend im Überblick dargestellt und dann im Rahmen der Teilabschnitte unter Einbeziehung hierfür interessanter und weiterführender Forschungsergebnisse diskutiert werden sollen. Der Leser muss sich hierbei darüber im Klaren sein, dass im Rahmen einer Arbeit wie dieser nur ein Überblick mit entsprechenden Schlaglichtern im Detail dargestellt werden kann, nicht aber die Forschung über das System Familie, die Entwicklungspsychologie des Einzelnen und der Familie oder der Mehrgenerationenforschung umfassend gewürdigt werden kann.

Phase	**Charakteristika** Ältere Generation	 Jüngere Generation	**Problemstellungen**
Junge Unternehmerfamilie	< 40 J.	falls vorhanden, < 18 J.	• Aufbau eines funktionierenden „Eheunternehmens“ (marriage enterprise) • Grundsatzentscheidungen zum Verhältnis von Arbeit und Familie • Aufbau von Beziehungen zur erweiterten Familie • Erziehung der Kinder
Nachwuchs wird flügge	35 - 55 J.	13 - 29 J.	• Handhabung der Veränderungen in der Mitte des Lebens (Midlife-Transistion) • Abnabelung der jüngeren Generation • Initialentscheidungen zum Berufsweg der jüngeren Generation
Zusammenarbeit der Generationen	50 - 65 J.	20 - 45 J.	• Förderung der Kommunikation und der Zusammenarbeit zwischen den Generationen • Konstruktives Konfliktmanagement • Handhabung der über 3 Generationen zusammenarbeitenden Familie
Wachwechsel	> 60 J.		• Ausscheiden der älteren Generation aus dem Unternehmen • Generationenwechsel in der Familienleitung

Tab 12 Phasen der Unternehmerfamilie nach GERSICK et al[52]

52 Gersick, K. et al (1996): Generation to Generation, Life Cycles of the Family Business, Boston

4.2.1 Junge Unternehmerfamilie

Die Geschichte einer Unternehmerfamilie beginnt mit der Heirat zweier Partner, von denen einer bereits bei der Hochzeit oder aber später ein Familienunternehmen gründet bzw. in dieses eintritt. Die Möglichkeiten der Unternehmensgründung, -übernahme, des Eintritts in ein Familienunternehmen werden in späteren Kapiteln noch zentral zur Sprache kommen, sie sollen deshalb im Rahmen dieses Kapitels nur dort diskutiert werden, wo sie direkte Auswirkungen auf die Familie selbst haben.

4.2.1.1 Wahl des Ehepartners

Die Wahl des jeweiligen Ehepartners hat, soweit bereits ein Partner in einem Unternehmen engagiert ist, nicht nur für die persönliche Lebensgestaltung, sondern auch für das Unternehmen weitreichende Auswirkungen. Bevor die Liebesheirat gesellschaftlich akzeptiert wurde und sich verbreitete, waren zumeist ganz unromantische Gründe ausschlaggebend für die Partnerwahl. Die gesellschaftliche Akzeptanz der Partnerwahl hing und hängt von der Nähe/Distanz-Relation in bezug auf den gesellschaftlichen Kontext ab. Zu fremde ebenso wie zu vertraute Partner erregen das Missfallen.[53] Es kann deshalb nicht verwundern, dass in früheren Zeiten die Eltern, anfangs sogar ohne ihren Kindern auch nur ein Vetorecht einzuräumen und zum Teil noch in Kindertagen der zu Vermählenden, die Partner ihrer Kinder nach Stand, Religion, Vermögen und geschäftlichen Verbindungen aussuchten. Später gestanden sie ihren Kindern immerhin ein Vetorecht zu. In der dritten Phase suchten die Kinder den Ehepartner, allerdings hatten die Eltern ein Vetorecht. Heute ist auch dies eine Seltenheit, zumeist suchen die „Kinder" ihren jeweiligen Partner, ohne dass sie den Eltern ein Recht direkter Intervention einräumen.[54]

Die Wahl des Partners erfolgt heute weniger nach unternehmensdienlichen denn nach persönlichen Prioritäten. War die Heirat in vorindustrieller Zeit mehr die Verbindung zweier Familien oder Sippen, so ist sie heute zumeist eine Verbindung zweier Personen, die ihre Partnerschaft auf persönlicher Zuneigung gründen. „Was heute zusammenbringt, ist nicht eine gemeinsame Sache, sondern die persönliche Glückserwartung..."[55] In diesem Zusammenhang spricht BECK[56] von der „Sucht nach Liebe ..[die der] Fundamentalismus der Moderne [ist]". Allerdings meint er hiermit die Sucht, Liebe zu bekommen, nicht Liebe zu schenken. Durch die Herauslösung der Eheschließung aus dem ge-

---

53 Bischof (1985) führt dies auf den abnehmenden Fortpflanzungserfolg bei großer Nähe oder Ferne zurück, der sich aus der Schnittmenge des Ethnozentrismus- und des Exogamie-Gradienten ergibt. Bischof, N.(1985): Das Rätsel Ödipus, 4. Aufl., München, S. 40/41

54 vgl. hierzu auch Stone, L. (1978): Heirat und Ehe im englischen Adel des 16. Und 17. Jahrhunderts, in: Rosenbaum, H. (Hrsg.): Seminar Familie und Gesellschaftsstruktur, Frankfurt 1978, S. 444-479, bes. S. 475

55 Beck, U. und E. Beck-Gernsheim (1990): Das ganz normale Chaos der Liebe, Frankfurt, S. 132

56 Beck, U. und E. Beck-Gernsheim (1990): a.a.o., S. 21

schäftlichen Bereich endet gleichwohl nicht der Einfluss auf denselben. Die Wahl des Partners beeinflusst gerade in Familienunternehmen zum Teil nicht unerheblich das Miteinander der Gesellschafter und des Managements, auch und gerade dann, wenn diese Wahl ausschließlich aus persönlichen Gründen getroffen wurde.

Hieraus ergibt sich das Problem, dass eine auf Zuneigung gründende Ehe sehr viel instabiler ist[57] und eine Trennung gerade in Unternehmerfamilien weitreichende Folgen haben kann. „Entsprechend entsteht eine neue Entscheidungsregel, die heißt: Wo die Gefühle enden, da soll die Ehe enden.“[58] Wenn in diesem Fall keine entsprechenden rechtlichen Regelungen getroffen und den jeweils sich geänderten juristischen Tatbeständen angepasst worden sind, kann eine solche Scheidung, die zum Ausgleich des Zugewinns führt, zu einer Belastung des Unternehmens bis hin zum Konkurs werden. In einer Unternehmerehe muss durch rechtliche Regelungen sichergestellt sein, dass es bei Beendigung der Ehe durch Scheidung oder durch Tod eines Partners nicht zu einem Abfluss von Kapital und somit Liquidität aus dem Unternehmen kommt.[59] Andererseits ist es ebenso unabdingbar, die unverzichtbare, aber nicht bezifferte Leistung des nicht im Unternehmen mitarbeitenden Partners, z.B. durch Unterstützung, durch das Wahrnehmen gesellschaftlicher Verpflichtungen, durch die Betreuung und Erziehung der Kinder (Nachfolger), auch finanziell zu belohnen, so dass dieser Partner im Zuge des Auf- oder Ausbau des Unternehmens finanziell unabhängig wird und eine spätere Ausgleichszahlung rechtlich ausgeschlossen werden kann, ohne dass dies moralisch verwerflich wäre.

4.2.1.2 Marriage Enterprise

Als ein Hauptproblem in der ersten Phase der Familie nennen GERSICK et al den Aufbau eines funktionierenden Eheunternehmens, eines „marriage enterprise“. Das Konzept des „marriage enterprise“[60] ist insofern für die vorliegende Analyse ein tragfähiges, als es davon ausgeht, dass Ehepartner am Beginn ihrer Ehe implizite und explizite Annahmen über die relevanten Tatbestände treffen. Die Verletzung dieser Annahmen ist ein häufiger Grund für ein Scheitern von Ehen. Obwohl diese Annahmen sich durch und mit den sich ändernden Umständen, unter denen die Ehe geführt wird, anpassen und ändern (müssen), ist der Aushandlungsprozess am Anfang der Ehe doch der Keller, auf dem das Haus gebaut wird. Hier müssen Annahmen getroffen werden z.B. über die gemeinsamen Ziele für die Zukunft, über Kinder, Glauben, Heimat, über Zeitaufteilung zwischen gemeinsamen und individuellen Interessen, über Geld, über Sex, über die Beziehungen zu den beiden Herkunftsfamilien, den Freundeskreisen u.v.a.m.. Wo früher klare Normen die Arbeitsteilung und Aufgabengebiete, das „Must“ und das „Don´t“ festlegten, müssen

57 vgl. hierzu auch Kapitel 4.1. dieser Arbeit

58 Beck, U. und E. Beck-Gernsheim (1990): a.a.o., Frankfurt, S. 131

59 Zu juristischen Regelungen in Gesellschafts- und Ehevertrag in Unternehmerfamilien vgl. Hennerkes, B.-H. (1998): Familienunternehmen sichern und optimieren, Frankfurt et al, S. 125 ff

60 Vgl. Levinson, D.J. (1976): Seasons of a man´s life, New York und ders. (1996): Seasons of a woman´s life, New York.

diese heute durch Diskussionen, Begründungen, Verhandlungen und Vereinbarungen in jeder Ehe neu festgelegt werden. Da die sozialen Sanktionen für solche Verhaltensweisen, die in dieser Ehe nicht, oder von einem Partner nicht, erwünscht sind, zudem weitestgehend entfallen, können die Verhandlungsergebnisse auch aufgekündigt oder zumindest immer wieder erneut in Frage gestellt werden. Die Errichtung eines marriage enterprise ist damit in der heutigen Zeit, die soviel mehr Freiraum für individuelle Entscheidungen und Gestaltungen der Ehepartner lässt, um vieles komplizierter geworden.

Neben dem Aushandlungsprozess jener o.g. grundsätzlichen Fragen stellt die Frage Nähe und Distanz zum Lebensraum des anderen ein wichtiges Problem in der jungen Unternehmerehe dar. „For example, the couple will gradually evolve a style of interaction on the continuum that family theorists call *enmeshment-disengagement.*“[61] „In enmeshed families, anybody´s business is everybody´s business; there is a high level of intimacy and interdependence, and little privacy. In disengaged families, autonomy, self-reliance, and individuality are highly valued. Extremes in either directions can be dysfunctional. Most strong and healthy families demonstrate aspects of both styles.“ [62]

Insgesamt lässt sich bei Familien mit Unternehmen eine Tendenz zum enmeshement beobachten. Die Familienidentifikation, enge Beziehungen, die Betonung des Vertrauens, und der Vorteil von gruppenbezogenen Stärken beinhaltet viele Vorteile, die Familienunternehmen gegenüber Nicht-Familienunternehmen haben. Aber wie auch immer sich Familien mit Unternehmen entscheiden, ihr häusliches Zusammenleben zu strukturieren, es hat entscheidenden Einfluss auf das Unternehmen. Häufig wird das Unternehmen zum Korrekturfaktor für ein nicht gelungenes Familienleben. Sind die Familienbande Zuhause zu eng, so versuchen die Familienmitglieder zumindest im Unternehmen, ihren Bereich „sauber“ zu halten. Umgekehrt versuchen Familienmitglieder, die sich im privaten Bereich mehr Miteinander wünschen, häufig, das Unternehmen zur Familienzusammenführung zu missbrauchen.

Die Frage von Nähe und Distanz, von Enmeshment und Disengagement ist eng verwoben mit der Frage nach Macht. Wie bereits in Kapitel 4.1.3. dieser Arbeit gestellt, ist in jeder Familie die Frage von Macht, Hierarchie, ja Herrschaft zu klären, wobei die These vertreten wird, das eine klare Rollendifferenzierung eben gerade auch in bezug auf Macht und Herrschaft ein liebevolles Miteinander eher ermöglicht als ein unklares, täglich auszuhandelndes Verhältnis.[63] Das Problem der jungen Unternehmerfamilie in bezug auf diese Frage ist vor allem dann komplexer als in der „Normalfamilie“, wenn die beiden Ehepartner miteinander arbeiten. „When a couple works together, their power relationship is part of all aspects of their lives - they cannot get away from it either by going to work or by going home.“[64] In dieses Verhältnis spielen zudem nicht nur

61 Minuchin, S. (1974): Families and family therapy, Cambridge.

62 Gersick, K. et al. (1996): Generation to Generation, Life Cycles of the Family Business, Boston, S. 66

63 vgl. hierzu S. 67 dieser Arbeit

64 Gersick, K. et al. (1996): Generation to Generation, Life Cycles of the Family Business, Boston, S. 67

familieninterne Faktoren hinein, sondern es ist zugleich auch Teil eines größeren Ganzen, nämlich des Verhältnisses der Ehepartner zu Mitarbeitern, anderen mitarbeitenden Familienmitgliedern, sogar in bestimmten Fällen zu Kunden, Banken u.ä. Damit gewinnt die deutliche und für beide befriedigende Klärung des Machtverhältnisses untereinander große Bedeutung über die Ehe hinaus und in das Unternehmen hinein.

Ausgehend von der Machtverteilung des jungen Unternehmerehepaares sind Entscheidungen zu treffen über das Verhältnis von Arbeit und Familie. Dieses ist zwar in jeder speziellen Situation eines jungen Paares ein aus unterschiedlichen Fragen zusammengesetztes Thema, aber bei kaum einem Paar ist es kein Thema. Einer der Gründe hierfür ist, dass Zeit, Energie, Aufmerksamkeit und Geld normalerweise gerade in der jungen Unternehmerfamilie knapp sind. Das Unternehmen selbst erfordert viel Zeit, sei es, es aufzubauen oder um sich im bestehenden Unternehmen einen Platz zu erkämpfen. Ist der Partner nicht im Unternehmen engagiert, gerät er leicht ins Hintertreffen. Hinzukommt, dass Familienzusammenkünfte häufig durch geschäftliche Probleme überlagert werden. Ist die junge Unternehmerehe zudem Teil einer größeren Unternehmerfamilie, beeinflusst diese direkt oder indirekt die junge Ehe. Nicht verarbeitete Kindheitsprobleme tauchen jeden Tag im Unternehmensbereich wieder auf, direkte Eingriffe unter dem Vorwand der Unternehmenspflege der (Schwieger-)Eltern in die Ehe sind nicht selten. Wenn Kinder geboren werden und heranwachsen, entstehen zudem neue Konfliktpotentiale. Sollen alle Kinder in das Unternehmen eintreten dürfen, soll nur ein Kronprinz erzogen werden und noch weiter, wenn es sich bereits um die 2. oder 3. Generation handelt, wessen Kinder sollen unter welchen Voraussetzungen eintreten dürfen etc.

Deshalb muss eine klares Konzept für das Zusammenleben mit der erweiterten Familie gefunden werden. Die Balance zwischen beiden Herkunftsfamilien zu finden, ist für jedes jungverheiratete Paar schwer, dies umso mehr, wenn eine der Herkunftsfamilien bereits in einem Familienunternehmen verbunden ist, in dem auch einer oder beide Ehepartner engagiert sind. Hier gewinnt leicht die Unternehmer-Herkunftsfamilie ein Übergewicht an Relevanz, Zeit, Aufmerksamkeit u.a., was zu Enttäuschung, Eifersucht und anderen negativen Gefühlen bei dem Partner führen kann, der nicht aus dieser Unternehmer-Herkunftsfamilie stammt. Genauso problematisch ist der nicht seltene Fall, dass die Ehe der Unternehmerfamilie als nicht erwünscht gilt, aus welchem Grund auch immer. Da in diesen Fällen davon auszugehen ist, dass der als nicht adäquat empfundene Ehepartner nicht im Unternehmen arbeitet, bewegt sich der andere Partner nahezu täglich zwischen den Fronten Herkunfts-Unternehmer-Familie auf der einen und neu gegründeter und deshalb noch nicht stabil etablierter eigener Kernfamilie auf der anderen Seite. Auch für den Fall der Trennung müssen Regelungen gefunden werden, da sonst im Rahmen z.B. von Gütergemeinschaften ganze Unternehmen aufgrund einer gescheiterten Ehe gefährdet werden.

4.2.1.3 Erziehung der Kinder

Die Erziehung der Kinder ist ein letzter, vielleicht der wichtigste zu klärende Punkt in der jungen Unternehmerfamilie. Kinder sind die Zukunft und besonders für einen Unternehmer ergibt es zumindest nach rational nachvollziehbaren Gesichtspunkten keinen Sinn, ein Unternehmen aufzubauen und fortzuführen, wenn nicht die Familie davon in irgendeiner Weise profitiert. Ausnahmen sind hier nur ausgeprägte Egomanen (die es sehr viel häufiger gibt als man zunächst annehmen möchte), die ein Unternehmen ausschließlich zu ihrer eigenen Freunde, der Befriedigung ihres Macht- und Geltungsbedürfnisses o.ä. aufbauen bzw. fortführen.

Für die meisten Eltern, die man befragt, haben Kinder, vor allem die Geburt des ersten Kindes, alles geändert, ganz besonders aber die Ehe und das Verhältnis der Ehepartner zueinander und zu ihrer Umwelt. Kinder sind Zukunft und mit Kindern wird Zukunft auch in einer Ehe auf einmal greifbar und zwar über die eigene Zukunft hinaus. „Verhindern weltanschauliche Barrieren die Zeitachse in ein Jenseits zu extrapolieren, so erlaubt die synchrone Identifikation, sich vorzustellen, wie man in *anderen Menschen* fortlebt, besonders in den eigenen Kindern.“[65]

Allerdings hat sich der Stellenwert des Kindes allgemein in der heutigen Zeit deutlich verändert. BECK-GERNSHEIM[66] fasst dies wie folgt zusammen: „Da Kinder kaum noch gebraucht werden als Arbeitskräfte und Erben, bleibt als die eigentliche Belohnung meist der emotionale Wert, den Kinder haben.“ Hier bilden Unternehmerfamilien eine Ausnahme, da eben die Erbenfunktion der Kinder sehr wohl noch existent ist. In wie weit dies schon in der jungen Unternehmerfamilie bewusst ist und den Stellenwert, die die Erziehung und die Ausbildung der Kinder sowie das Gespräch der Eltern über diese Themen beeinflusst, ist von Unternehmerelternpaar zu Unternehmerelternpaar sehr unterschiedlich. Während sich junge Unternehmerehen finden lassen, die ganz dem Trend der Zeit entsprechend sogar die Erbenfunktion negieren und darauf bestehen, ihre Kinder „ganz normal“ (was auch immer das heißen mag) zu erziehen, gibt es wiederum andere, für die das Nachfolgethema schon im Zentrum ihrer Diskussionen über Kinder steht, bevor noch das erste geboren ist und die forthin alles, was die Kinder betrifft, ausschließlich unter diesem Gesichtspunkt betrachten.

Arbeitet nur ein Ehepartner im Unternehmen, wird mit der Geburt von Kindern die Rolle des Ehepartners zu Hause sehr viel wichtiger und umfangreicher. Der nicht berufstätige Ehepartner erzieht häufig in fast vollständiger Abwesenheit des anderen Ehepartners (während der Stunden, in denen die noch kleinen Kinder wach sind) die Kinder und somit die Nachfolger im Unternehmen. Arbeiten beide Partner, sei es im Unternehmen oder auch in verschiedenen Unternehmen bzw. Berufen, wird die Aufteilung der limitierten Ressource Zeit erneut unter ganz anderen Gesichtspunkten in Frage gestellt werden müssen. Traditionell verzichtet die Frau auf ein weiteres intensives Berufsleben zugunsten der gemeinsamen Kinder. Erst mit der Geburt des ersten Kindes wird nun aus

[65] Bischof, N. (1985): Das Rätsel Ödipus, München, S. 555

[66] Beck, U. und E. Beck-Gernsheim (1990): Das ganz normale Chaos der Liebe, Frankfurt, S. 182

dem Gründerunternehmen ein echtes Familienunternehmen. Für viele Gründer ist dies der Zeitpunkt, an dem sie das erste Mal ernsthaft über ihr Unternehmen als Familienunternehmen und somit auch als ein von ihnen im gewissen Maße unabhängiges Etwas nachdenken.

In Bezug auf die Erziehung der Kinder sind die ersten Jahre, auch wenn deren Karriere in scheinbar unerreichbarer Ferne liegt, die entscheidenden. In diesen ersten Jahren lernen die Kinder intuitiv die Werte und Einstellung der Eltern zum Unternehmen kennen und internalisieren sie. Mythen und Märchen über Gründerväter oder -großväter, die Art, wie das Unternehmen in die Familie hineinragt, wie es vielleicht immer wieder Anlass zu Erfolgserlebnissen und Freude oder aber zum Streit zwischen Vater und Mutter ist oder wie es als unschlagbarer Konkurrent um die Zeit des Vaters immer wieder Sieger bleibt, prägt das implizite Bild der Kinder über das Unternehmen. Auch das Verhältnis zu materiellen und immateriellen Gütern wird in dieser Zeit bei den Kindern geprägt. Unternehmereltern tun insofern gut daran, ihr Verhalten daraufhin kritisch zu prüfen, welches Bild von den ihnen wichtigen Dingen im Leben den Kindern übermittelt werden.

4.2.2 Der Nachwuchs wird flügge

Nachdem die ersten Jahre der Ehe gemeistert sind, verändert sich auch die Unternehmerehe. Die grundsätzlichen Fragen sind nicht nur geklärt und in ihrer Umsetzung getestet, sie sind vielfach erprobt und zu großen Teilen längst Routine. Mit dem flügge werden der älteren Kinder beginnt nun eine neue Phase insofern, als das hier neue, andere Fragen zu beantworten, andere Probleme zu lösen sind. Zunächst einmal erleben in dieser Phase viele (Unternehmer-)Ehepaare das, was man im Volksmund als Midlife-Crisis bezeichnet, in der Literatur etwas neutraler Midlife Transistion genannt.

4.2.2.1 Die Krise in der Mitte des Lebens

Die Midlife Transistion beinhaltet das Infragestellen des bisherigen Lebens, soweit dies nicht in einem permanenten Prozess parallel zum täglichen Leben bereits Übung ist. Es ist die Zeit, in der sich derjenige fragt, ob ihm/ihr noch genug Zeit bleibt, seine/ihre wichtigsten Träume zu verwirklichen, aber auch, ob diese Träume tatsächlich so wichtig sind. Es ist die Zeit zwischen zwei wichtigen, großen Lebensabschnitten, dem des frühen Erwachsensein, der explorativen Zeit, der Zeit des Lernens und des Aufbaus, der Zeit, in der man Pflöcke einschlägt, mit denen man vermutlich den Rest seines Lebens verbringen wird und muss, und auf der anderen Seite der Zeit des mittleren Erwachsenseins zwischen 40 und 60, der Zeit, in der man die größte Autorität genießt, den größten Einfluss und die größte Macht, die Zeit auch der Ernte dessen, was man zwischen 20 und 40 aufgebaut hat. Diese Rechnungslegung des bisherigen Lebens sowie die Überlegung bezüglich des kommenden wird begleitet von dem Bewusstsein begrenzter Zeit, die noch bleibt, um noch einiges zu ändern, wohl wissend, dass dies nicht mehr lange im Bereich des Möglichen ist. Es ist die Zeit der erneuten Distanzsuche nach Jahren der intensiven Nähe, die „häufig gekoppelt [ist] mit langwierigen Machtkämpfen, die verschiedene Formen annehmen - von Verweigerung, Flucht in die Krankheit, Ausbruchsversuchen mit Dritten bis zur offenen Gewalt,...“[67], soweit sie nicht zur Zufriedenheit beider Partner einvernehmlich geklärt werden kann.

BECK-GERNSHEIM[68] geht sogar soweit, diese Krise der mittleren Jahre als ein Gesellschaftsereignis mehr denn als ein Naturereignis zu bezeichnen. „Sie ist zunächst ein Produkt von Individualisierungsprozessen; sie ist spezieller noch das Produkt einer fortgeschrittenen Phase dieser Entwicklung, in der Momente von Individualisierung auch den weiblichen Lebenszusammenhang erfassen; und sie ist schließlich auch das Produkt einer demographischen Entwicklung, nämlich des enormen Anstiegs der Lebenserwartung, der es erst möglich macht, dass viele Paare die mittleren Ehejahre erreichen.“ Unabhängig davon, ob es sich bei der Krise der mittleren Jahre um ein Natur- oder ein Gesellschaftsereignis handelt, müssen auch und vor allem die Unternehmerehepaare einen für beide gangbaren Weg finden unter der erschwerenden Bedingung, dass jede Entscheidung, die sie treffen, immer auch Auswirkungen auf das Unternehmen hat.

4.2.2.2 Ablösung der Kinder

Die ältesten Kinder verlassen das Haus, begleitet mit allen Problemen der Ablösung, der Angst der Eltern um sie, der Schwierigkeit häufig besonders der Mutter, loszulassen etc. Vorangegangen ist die Zeit des verstärkten Suchens nach der eigenen Identität mit all seinen z.T. schwierigen und mühsamen Auswirkungen auf die Familie. Die bisherige Rangordnung wird in Frage gestellt, eine neue konnte (noch) nicht hergestellt werden. BISCHOF[69] beschreibt diese Situation wie folgt: „Eine stabile Rangordnung setzt nicht nur voraus, dass ein Gruppenmitglied Privilegien beansprucht, sondern auch, dass die anderen ihm diese zugestehen. Geborgenheit unter dem Schutz des Stärkeren wird nur dem zuteil, der seine eigene Unmündigkeit signalisiert. Andererseits treibt die Geschlechtsreife den Heranreifenden in ein immer stärkeres Verlangen nach Autonomie. Aus diesem Konflikt führen nur zwei Auswege: Entwicklungsstillstand oder Bruch.“

Für einige Eltern ist es eine Erleichterung, dass nun die Kinder in hohem Maße die Verantwortung für sich und ihr Leben übernehmen, für andere ist es ein wehmütiger Moment, in dem eine für sie erfüllende Lebensgemeinschaft ihr Ende findet, für wieder andere ist es ein trauriger Moment festzustellen, was sie versäumt haben und nicht mehr nachholen können. Sie fühlen sich allein gelassen, überflüssig und isoliert. Gleichzeitig altern die Eltern der Midlife-Adults dramatisch, einige sterben, was besonders in Unternehmerfamilien zu Verwerfungen persönlicher, geschäftlicher und z.T. sogar juristischer Natur führen kann. Die Letztentscheidungen gehen nun ganz auf die mittlere Generation uber, die Verantwortung für die Familie, und zwar die Großfamilie ebenso wie die Verantwortung für das Unternehmen und das Vermögen.

---

67 Beck, U. und E. Beck-Gernsheim (1990): Das ganz normale Chaos der Liebe, Frankfurt, S. 91

68 in: Beck, U. und E. Beck-Gernsheim (1990): a.a.o. S. 92

69 Bischof, N. (1985): Das Rätsel Ödipus, München, S. 310

Der Auszug der Kinder verändert die Familienstruktur dramatisch. Hierbei geht es nicht um Adressenwechsel, sondern um Ablösung. Die Rollen innerhalb der Ehe verändern sich ebenso dramatisch wie sie dies bei der Geburt des ersten Kindes taten. Normalerweise wird die Rolle der Mutter als Anlaufstelle der Kinder wieder reduziert, aus einer täglich sich treffenden Gruppe wird wieder ein Paar. Die Aufgabe der Kernfamilie ist erfüllt, oder sie ist an dieser Aufgabe gescheitert. Die Verantwortung für die weitere Entwicklung der dynastischen Familie bleibt, geht aber im aktiven Teil nun auf die junge Generation über. Diese muss ihren eigenen Platz im System finden, dieses umgestalten, wie es die Eltern getan haben und dies auch ggf. gegen die Ideen der Eltern. Sie müssen im anthropologischen Sinne des Wortes zu autonomen Persönlichkeiten herangereift sein, die ihr Leben in die eigene Hand nehmen und sich auf eigenes Risiko ihren Weg ins Lebens suchen und auch erkämpfen müssen. Dazu gehört auch, dass die junge Generation ihren Weg ins Berufsleben finden muss. Inwieweit die Unterstützung der Eltern hierbei eher kontraproduktiv im Sinne einer Verminderung der Autonomie zu beurteilen ist, ist vom Einzelfall abhängig. Grundsätzlich jedoch sollten Eltern gerade in dieser Phase, so schwer es ihnen auch fallen mag, die neu gewonnene Autonomie ihrer Kinder so wenig wie möglich einschränken.

In dieser Phase gilt es schwierige Fragen zu lösen. Zum einen stellt sich die Frage des Eintritts nicht nur in das Erwachsenen- und Berufsleben für die junge Generation sondern auch die des Eintritts in das Familienunternehmen. Will die junge Generation dies? Kann sie es? Können es alle? Was heißt: Es können? Welche Auswahlkriterien muss ein Kind erfüllen, um in welche Position im Unternehmen eintreten zu können? Welche Erfahrungen, vor allem auch außerhalb des Unternehmens, muss ein Erbe gemacht haben, um im Unternehmen eine Position nicht nur aufgrund seines Namens ausfüllen zu können?

4.2.2.3 Geschwisterbeziehungen

Diese Phase ist häufig von neu aufbrechenden Rivalitäten zwischen den Geschwistern gekennzeichnet, die, lange unterdrückt von der Autorität des Familienoberhauptes, nun außerhalb seines/ihres direkten Einflusses und unter dem evtl. Einfluss der jeweiligen (Ehe)-Partner der Geschwister neue Dynamik entfalten. Die Geschwisterbeziehung in Familienunternehmen dauert häufig länger in dem Sinne eines intensiven, auf die Lebensgrundlagen des Einzelnen referierenden Kontaktes. Während in der Nicht-Unternehmerfamilie dieser Kontakt nur aufgrund moralischer Verpflichtung, innerer Bindung oder echter Zuneigung gehalten wird, ist er in der Unternehmerfamilie bei Beteiligung oder potentieller Beteiligung aller Geschwister am Unternehmen, sogar bei offener Rivalität bis hin zur Feindschaft nicht zu vermeiden. Eine tragfähige Form des Kontaktes zu den Geschwistern zu finden, ist deshalb gerade in der Unternehmerfamilie von großer Bedeutung.

Gibt es große Rivalitäten zwischen Geschwistern in der Unternehmerfamilie, stellt sich die Frage, welche Rolle das Unternehmen im Familienleben gespielt hat und spielt. Es gibt Familien, in denen das Unternehmen in dieser Phase zum Schauplatz des Kampfes wird, der im harmonischen Elternhaus nie erlaubt war. Hier wird das Unternehmen, meistens zum Schaden aller Beteiligten, instrumentalisiert, um Kindheitsdefizite aufzuarbeiten. In solchen Familien gilt nur das Kind, das auch Interesse zeigt, in das Unternehmen einzutreten. Häufig streben dies dann auch solche jungen Erwachsenen an, die eigentlich von ganz anderen beruflichen Plänen träumen, diese aber nicht zu realisieren wagen, um nicht die Aufmerksamkeit und Zuneigung ihrer Eltern zu verlieren. Welche Konsequenzen dies für ein Unternehmen haben kann, muss im einzelnen nicht dargestellt werden; selten sind es positive.

Solche Konstellationen können, müssen aber nicht auftreten. Genauso gibt es Familien, in denen die Nachfolge im Unternehmen von der ersten Stunde an geklärt ist, sei es aufgrund von Traditionen, früherer Entscheidungen o.a. Die Nachfolgefrage steht dann nicht zwischen den Geschwistern im Sinne eines noch auszuhandelnden oder auszukämpfenden Preises, es ist vielmehr ein lange bekannter, nicht von der persönlichen Wertschätzung der Eltern abhängiger Fakt. Solche Fakten sind zumeist leichter akzeptabel als Werturteile der Eltern. Gleichwohl werden auch so geschaffene Fakten nicht immer eine positive Entwicklung einer Geschwisterbeziehung sicherstellen können. Ein Unternehmen aber, das belegen viele Beispiele der jüngeren Geschichte von Familienunternehmen, kann leichter einen nicht optimalen Nachfolger als einen Erbfolgekrieg verkraften.

Eine dritte Möglichkeit besteht darin, dass den Eltern gelungen ist, Unternehmen und Familie derart zu trennen, dass sich zwischen den Geschwistern unabhängig vom Unternehmen eine tragfähige Beziehung entwickeln konnte. In einigen Fällen erleben Unternehmerkinder das Unternehmen sogar als den gemeinsamen Feind von außen, der sie eint. In diesem Fall ist das Problem in der Phase des flügge werdenden Nachwuchses nicht die Beziehung der Geschwister untereinander, sondern vielmehr die Problematik, ob und wie sich eines der Kinder für das Unternehmen überhaupt gewinnen lässt.

GERSICK et al.[70] nennen drei relevante Tatbestände der Geschwisterbeziehung in Unternehmerfamilien:

1. die Reihenfolge der Geburt
2. die Dynamik der Differenzierung und
3. die Dynamik der Identifikation.

Die Reihenfolge der Geburt ist hierbei in Westeuropa wichtiger als z.B. in Amerika. Aufgrund der geschichtlichen Erfahrung mit dem Erstgeborenenrecht und den Fideikommissen ist die Auswirkung der Geburtenreihenfolge auf Nachfolge und Erbschaft ausgeprägter. Die Rolle des Kronprinzen kann sowohl entlastende als belastende Auswirkungen auf die Entwicklung der Geschwister als auch auf ihre Beziehung untereinander haben. Je nachdem, ob dieses Erstgeborenenrecht als etwas selbstverständliches und von der Person des Erstgeborenen unabhängiges erlebt wird, kann es zu Neid und Eifersucht oder auch zu einer von der Nachfolgefrage unabhängigen Geschwisterbeziehung führen. Für den Erstgeborenen selbst beinhaltet es einerseits einen großen, von seinen Veranlagungen und Fähigkeiten unabhängigen Druck auf ihn, andererseits kann bei un-

70 Gersick, K. et al. (1996): Generation to Generation - Life Cycles of the Family Business, Boston, S. 78

genügender Autonomie des Sohnes das Bild des „berufsmäßigen Sohnes und Erben" entstehen, das sich im Extremfall bis hin zur Lächerlichkeit entfaltet.

Interessant sind in diesem Zusammenhang die Untersuchungen zur Identitätsbildung bei Jugendlichen und jungen Erwachsenen von BISCHOF-KÖHLER[71], die davon ausgeht, dass sich die Identitätsbildung bei Jungen und Mädchen in wichtigen Punkten unterscheidet. Während junge Frauen mit übernommener Identität sogar z.T. besser klar kommen als mit einer erarbeiteten Identität, stellt die übernommene Identität für junge Männer ein Problem dar. Die fehlende Ablösung von der Herkunftsfamilie führt hier zu Selbstunsicherheit und mangelnder Autonomie; der „schwache" Sohn ist tendenziell autoritäts-gläubig, konservativ, von äußerer Anerkennung abhängig und aufgrund seiner rigiden Einstellung von mangelnder Entwicklungsperspektive gekennzeichnet. Auch wenn in dieser Phase bereits viele Grundlagen in der Erziehung gelegt sind, so ist es doch für die Unternehmerfamilie, deren Nachwuchs nun flügge wird, besonders wichtig, alles daran zu setzen, dass dieser Ablösungsprozess den Kindern einen Weg in ein selbstbestimmtes und selbstverantwortetes Leben eröffnet. „Die Entwicklungsaufgabe, einmal ohne Netz zu leben, ohne Rückendeckung Autonomie zu wagen, wird keinem erlassen."[72] Dieser Weg wird in fast allen Fällen von Geschwisterkind zu Geschwisterkind unterschiedlich sein, ebenso wie sich die Geschwister in Begabungen, Veranlagungen, Interessen und bisherigen Erfahrungen unterscheiden. Diese Differenzierung unter Geschwistern, die sich eine eigene Rolle suchen ist ein Prozess, der Geschwister sich voneinander unterscheiden lässt. Dies ist im Sinne ihrer Identitätssuche ein wichtiger und notwendiger Prozess, weshalb Einzelkinder aufgrund dieser fehlenden Differenzierung später häufiger Probleme in der Einordnung in bereits bestehende Systeme erfahren.

Während Differenzierung Geschwister auseinander treibt, hält Identifizierung sie zusammen. Beide Kräfte sind vonnöten, um eine funktionierende Geschwistergemeinde aufzubauen. Die Identifikation der Geschwister untereinander und mit der Familie hängt u.a. sehr von der Haltung der Eltern und Erzieher ab, wenn die Geschwister noch klein sind. Nur wenn diese es zulassen, dass sich ganz von ihnen unabhängige Beziehungen zwischen Geschwistern entwickeln, die nicht über das Dreiecksverhältnis mit Mutter oder Vater ihre Stabilität erhalten, die sich sogar in gewissen Zeiten gegen Mutter oder/und Vater wenden und behaupten, sind diese Beziehungen auch später tragfähig. Lassen Mutter und Vater z.B. Petzen zu und nutzen Kinder als Informationsquellen über ihre Geschwister, so setzen sie einen für die Geschwisterbeziehung destruktiven Prozess in Gang.

4.2.2.4 Erste Schritte ins Berufsleben

Die letzte Problematik, die im Rahmen der Zeit des flügge werdenden Nachwuchses angesprochen werden soll, ist der der ersten Schritte dieses Nachwuchses in das Berufsle-

71 Bischof-Köhler, D. (1990): Frau und Karriere aus psychobiologischer Sicht in: Zeitschrift für Arbeits- und Organisationspsychologie (1990) 34 (N.F.8), S. 17 - 28

72 Bischof, N. (1985): Das Rätsel Ödipus, München, S. 498

ben. Soll/will ein Kind studieren, eine Lehre absolvieren oder evtl. beides tun? Welche Ausbildung ist die für das Kind richtige, welche wünscht das Kind, soll überhaupt eines der Kinder in das Unternehmen? Interessiert sich eines oder mehrere Kinder für eine berufliche Karriere im Unternehmen?[73] Wenn ja, welche Ausbildung ist für das Unternehmen sinnvoll? Sollen die Geschwister gemeinsam in das Unternehmen, sollen sie die Anteile verwalten oder in das aktive Management? Sollen Kinder Erfahrungen außerhalb vom Unternehmen sammeln, soll dies von den Eltern organisiert oder von den Kindern selbst gesucht werden etc.

Antworten auf diese Fragen müssen sowohl die Kinder als auch die Eltern finden, was schon schwierig genug ist. Aber dann müssen sie sich noch zusammensetzen und einen gemeinsamen Entschluss fassen. Hier werden die Träume und Wünsche sowohl der Mutter und des Vaters als auch von jedem der Kinder auf die Probe gestellt. Die in diesen Gesprächen erarbeiteten Ziele sind die Grundlage für eine nun folgende Zeit der Individuation der jungen Erwachsenen einerseits, ihrer sich mehr und mehr entwickelnden Autonomie, und ihrer gleichzeitigen Rückbindung an die Familie andererseits, durch die ihre Identität Selbstgewissheit und Permanenz erfährt.[74]

4.2.3 Zusammenarbeit der Generationen

Die Kinder haben nun ihren Weg in ihr eigenes Leben mehr oder weniger erfolgreich gefunden; sie leben dieses Leben mit oder ohne Billigung ihrer Eltern. Einige der Kinder haben sich vielleicht für eine Karriere im Unternehmen entschieden, andere dagegen. Ein hoher Grad an Differenzierung eines Kindes/jungen Erwachsenen erleichtert hier die Auseinandersetzung mit diesem aufgrund der emotionalen Komponenten schwierigen Themas. Umgekehrt erschwert eine ungenügende Differenzierung die Auseinandersetzung. „when the burden of unseperated family and business goals is added to the basic strain caused by imperfect differentiation, the net effect is a powerful confluence of forces-..“[75] Hinzu kommt häufig eine überhöhte Erwartungshaltung der Eltern, die die jungen Erwachsenen in dieser Phase eher entmutigt. „Children expect to surpass their parents, but entrepreneurially successful parents may pose dauntingly high targets. This can bread a fear of failure - an anxiety about matching parental accomplishments.“[76]

---

73 ROGAL hat hierzu Checklisten für die potentiellen Erben dargestellt, an Hand derer diese für sich überprüfen können, ob und in wie weit sie sich für das Unternehmen interessieren. Rogal, K.H. (1989): Obligation or Opportunity: How Can Could-Be Heirs Asses Their Position? In: FBR II (3), S. 237-255

74 vgl. hierzu Bischof, N. (1985): Das Rätsel Ödipus, München, S. 591

75 Rogal, K.H. (1989): Rogal, K.H. (1989): Obligation or Opportunity: How Can Could-Be Heirs Asses Their Position? In: FBR II (3), S. 237-255, S. 241

76 Rogal, K.H. (1989): a.a.o. S. 251

4.2.3.1 Kommunikation in der Mehrgenerationenfamilie

Die Eltern hingegen stehen vor einem neuen Problem, diese Zeit beinhaltet für die Elterngeneration eine Neudefinition ihrer Ehe, nachdem auch das letzte Kind das Elternhaus verlassen hat und aus dem einstigen Nukleus der jungen Unternehmerfamilie ein Netzwerk von Familien geworden ist bzw. wird. Aufgrund der verschiedenen Lebensumstände, denen die Familienmitglieder nun ausgesetzt sind bzw. die sie selbst auch aktiv gestalten, wird die Kommunikation untereinander zu einer Notwendigkeit, soll die Familie nicht vollständig auseinander laufen. Die Ziele und Werte der einzelnen entwickeln sich in diesem Stadium relativ unabhängig voneinander; um weiterhin eine Familie sein zu können, müssen die einzelnen Mitglieder die Ziele und Werte der anderen kennen und versuchen, diese zu verstehen, besser aber noch, aufeinander abstimmen.

Obwohl Kommunikation notwendiger und nicht vermeidbarer Bestandteil unseres Lebens von Beginn an ist, sie zugleich auch notwendiger Bestandteil unserer Ich-Definition ist[77], wir also langjährige Erfahrung haben, ist ungenügende Kommunikation immer wieder Anlass gerade in Unternehmerfamilien und Familienunternehmen zu tiefgehenden Störungen und Verletzungen. Kommunikation als System verstehen zu lernen, in welchem aufgrund des Prinzips der Rückkopplung per se eine hohe Komplexität entsteht, die zu handhaben nur bedingt möglich ist, ist eine der Voraussetzungen für eine gelungene Kommunikation in Familie und Unternehmen sowohl auf der Sach-, vor allem aber auf der Beziehungsebene. Unternehmerehepaaren, denen es gelungen ist, ihren Kindern in den vorangegangenen Phasen Fertigkeiten der Kommunikation beizubringen ebenso wie ihre Fähigkeiten hierzu adäquat einzuschätzen und zu fördern, haben in dieser Phase des Familienzyklus einen nicht zu unterschätzenden Vorteil.

Die Fähigkeiten und Fertigkeiten sollten ganz grundlegende Voraussetzungen schaffen. Hierbei nennen GERSICK et al.[78] neben Ehrlichkeit und Offenheit vor allem die Konsistenz der Kommunikation als Grundlage von Verlässlichkeit. Die einmal definierten Rollen und ihr Verhältnis zueinander sollten sich nicht permanent und vor allem nicht unvorhersehbar ändern. Wie spricht der Vater den Sohn im Unternehmen an? Sind sie in erster Linie Vater und Sohn, sind sie Chef und Untergebener, sind sie Vorgänger und Nachfolger? Jede dieser Rollen hat etwas für sich, der Wechsel zwischen einzelnen Rollenkonzepten darf aber nicht willkürlich zum eigenen Vorteil erfolgen, da sonst eine vertrauensvolle Kommunikation unmöglich gemacht wird.

Der Komplexitätsgrad der familialen Kommunikation kann in Familien, in denen Generationen zusammenarbeiten, so groß werden, dass sich die Einführung von Hilfskonstruktionen wie der des Familienrates empfiehlt. Dies wiederum hängt davon ab, wie viele Geschwister in den einzelnen Generationen es jeweils gibt, die sowohl in Familie

---

77 vgl. hierzu Watzlawick, P. et al (1996): Menschliche Kommunikation, 9. Unveränd. Aufl., Bonn, Göttingen, Toronto, Seattle, S. 37 ff

78 Gersick, K. et al(1996): Generation to Generation - Life cycles in of the Family Business, Boston S. 82

als auch im Unternehmen miteinander verbunden sind. Grundsätzlich sollten die Familieninteressen nicht im Unternehmen ausgehandelt werden, warum sich ab einem gewissen Komplexitätsgrad neben der Eigentümervertretung und dem Managementgremium ein Familienrat empfiehlt.

Familien entwickeln eine ganz eigene Dynamik, die selbst in Kenntnis aller geschichtlichen Details (und die wiederum kennt kaum jemand) nicht immer zu verstehen ist. Umso problematischer ist es für die Ehepartner von Familienmitgliedern, besonders, wenn sie im Gegensatz zu ihren Partnern nicht im Unternehmen arbeiten, diese Dynamik zu verstehen. An einem Tag beschwert sich ihr Mann/Frau über eines seiner mit ihm arbeitenden Geschwister bitterlich, am nächsten Tag sind die beiden beste Freunde. Der Partner aber kann und will seine gestern aufgrund des Berichtes gefasste Meinung nicht so schnell ändern und bleibt reserviert. Kommt nun auf der anderen Seite ebenfalls ein Ehepartner hinzu, der nur aufgrund der subjektiv wahrgenommenen Ablehnung die Gegenpartei ergreift, kann eine kurze Meinungsverschiedenheit zwischen zwei miteinander im großen und ganzen gut zusammenarbeitenden Geschwistern zu einer dauerhaften Antipathie bei deren Ehepartnern führen.

4.2.3.2 Konflikte in der Unternehmerfamilie

Gerade deshalb ist es in derart komplexen Gebilden wie der Familie, in der die Generationen im Familienunternehmen zusammenarbeiten, ein funktionierendes Konfliktmanagement unabdingbar. Wie dieses zu gestalten ist, hängt neben der Struktur der Familie(n) auch von deren Geschichte, den beteiligten Personen, dem Unternehmen, dem Umfeld u.v.a.m. ab. Allerdings ist es wichtig, dass es bezüglich der Art mit Konflikten umzugehen, Rituale sowie einstudierte und geübte Verhaltensweisen gibt, da erfahrungsgemäß im Konfliktfall auf früher gelernte Muster zurückgegriffen wird. Der ernste Konfliktfall selbst ist der falsche Moment, auszuprobieren, welche Möglichkeiten des Konfliktmanagements zur Verfügung stehen. Entscheidend aber ist unabhängig von den Methoden der Konflikthandhabung, dass alle Beteiligten darin geübt sind und bereit sind, den Konflikt als eine Chance zu begreifen und konstruktiv und nicht destruktiv mit ihm umgehen. Die Auswirkungen nicht konstruktiv gehandhabter Konflikte sind in diesem Familienstadium sehr viel negativer, oder anders ausgedrückt, die Konfliktkosten sind deutlich höher, da alle Beteiligten auch im Unternehmen miteinander zu tun haben, sei es als Eigentümer, im Management oder als potentielle Nachfolge für die eine oder andere Funktion.

Im folgenden soll ein kurzer Überblick über den Konfliktverlauf, seine Ursachen, Formen, Symptome, seine Analyse und seine Austragung vermittelt werden. Es kann und soll keinesfalls eine Zusammenfassung und kritische Würdigung der Konfliktforschung gegeben werden; dies würde den Rahmen der vorliegenden Untersuchung ebenso sprengen wie ihr Thema verfehlen. Es soll vielmehr der Versuch gewagt werden, in einer stark komprimierten Form die für die Unternehmerfamilie relevanten und insofern hilfreichen Erkenntnisse der Konfliktforschung darzustellen. Die Gliederung folgt hierbei dem Verlauf eines isolierten Konfliktes, wohl wissend, dass Konflikte selten isoliert und gerade im Falle von In-Group-Konflikten oft als verschobene und ineinander verwobene, sich häufig sogar gegenseitig verstärkende Konflikte auftreten.

4.2.3.2.1 Voraussetzungen

Bevor ein Konflikt virulent wird, sind gewisse Voraussetzungen „nötig" in bezug auf die Personen, die Situation und das Umfeld. Im Rahmen einer langfristigen Konfliktprävention in Familie wie auch im Unternehmen sind deshalb die Gestaltung und aktive Herbeiführung konflikt-reduzierender Variablen wichtig. In bezug auf die Personen ist eine gelungene Kommunikation (s.o.) mit dem Ziel gegenseitigen Vertrauens, ein gemeinsames Werte- und Normensystem, eine geklärte Rollenverteilung mit entsprechenden Erwartungen sowie eine gering ausgeprägte Wettbewerbshaltung Variablen, die Konflikte unwahrscheinlicher machen. Nahezu alle diese Variablen sind das Ergebnis von Erziehung und Sozialisation.

Dies klingt zunächst plausibel, es ergeben sich aber hieraus Zielkonflikte vor allem für Eltern in der Erziehung ihrer Kinder. Gerade in Unternehmerfamilien wird der Leistungsaspekt häufig besonders deutlich betont. Mit dem Leistungsgedanken verbunden ist der Wettbewerbsgedanke. Erst im Vergleich mit anderen wird die Leistung des Einzelnen messbar, vor allem wenn es sich um Leistungen im sozialen Kontext handelt. Die Wettbewerbsorientierung wird deshalb in der Erziehung in Unternehmerfamilien tendenziell eher gefördert als abgebaut. Dies ist vor allem dann eine potentielle Konfliktursache, wenn diese Wettbewerbsorientierung sich auch explizit auf die Geschwister bezieht und diese dann in einer späteren Phase auch noch im Rahmen einer Geschwister-Partnerschaft zu gleichen Teilen am Eigentum des Unternehmen beteiligt sind und in der Leitung des Unternehmens zusammenarbeiten sollen. Gilt hingegen die Regelung wie sie über Jahrhunderte im Adel, zuletzt formalisiert über den Fideikommiss, gegolten hat, dass nämlich das Familienvermögen ebenso wie die Leitung unteilbar sind, so kann sich diese in der Erziehung verankerte Wettbewerbshaltung weniger auf die Geschwister als auf Familienexterne wie z. B. angestellte Geschäftsführer, Konkurrenten u.ä. richten und ist von daher nicht per se kontraproduktiv für den Zusammenhalt der Familie.

Eine weitere, für Unternehmerfamilien relevante Voraussetzung für Konflikte ist die gegenseitige Abhängigkeit potentieller Konfliktparteien. Die einfachste Art der Konfliktvermeidung ist nach von ROSENSTIEL, MOLT und RÜTTINGER[79] „eine Vermeidung gegenseitiger Abhängigkeit." Da sich aber aus der Familie als System, zumal aus der dynastischen Familie, ebenso wie aus dem Eigentum und der Leitung des Unternehmens zwangsläufig Abhängigkeiten ergeben, ist diese Voraussetzung häufig nur unter In-Kaufnahme eines Ausscheidens aus dem Unternehmen durch eine Konfliktpartei zu erkaufen. Die Kenntnis der - potentiellen - Abhängigkeiten, ihrer Auswirkungen und ihrer Handhabung ist deshalb für den Fortbestand eines Familienunternehmens als Familienunternehmen von großer Bedeutung.

---

79 Rosenstiel, L.v.; W. Molt u. B. Rüttinger (1995): Organisationspsychologie, 8. überarb. und erweit. Aufl., Stuttgart, Berlin, Köln, S. 200

Die Abhängigkeiten, die hier konfliktträchtig sind, sind vielfältiger Natur. Hier ist zunächst einmal die emotionale Abhängigkeit der Kinder von den Eltern zu nennen. Die weitestgehende Autonomie der Kinder bzw. jungen Erwachsenen reduziert diese Abhängigkeit auf das mögliche Maß, wobei gerade diese Autonomie zu fördern in Unternehmerfamilien nicht unbedingt zum erklärten Ziel gehört. Dies hat zum einen seinen Grund in dem damit verbundenen Kontrollverlust für das amtierende Familienoberhaupt, zum anderen wird der damit verbundene Angriff auf die hierarchische Position des Unternehmers z.T. drastisch geahndet. In seiner pathologischen Ausprägung wird sogar die Individuation der Kinder unterdrückt, um das derzeitige System Familie an einer (notwendigen) Anpassung an eine neue Phase des Familienlebenszyklus zu hindern. „Some people bring their offspring into a business or come to work with their parents *in order to retard* individuation.“[80]

Neben der emotionalen Abhängigkeit, die dem System Familie immanent ist, ist die Unternehmerfamilie durch weitere Abhängigkeiten verbunden. Hier sind zum einen das gemeinsame Eigentum am Unternehmen, die wirtschaftliche Abhängigkeit von den Ausschüttungen, die Abhängigkeit vom gemeinsamen Unternehmen als Arbeitgeber, der gemeinsame Name und der damit verbundene Imagetransfer zu nennen. Kluge Regelungen vermögen in Einzelfällen, diese Abhängigkeiten zu reduzieren und handhabbar zu machen. Über die Gestaltung der Eigentumsfrage ist Gegenstand von Kapitel 5, die Problematik der (gemeinsamen) Leitung von Kapitel 6.

4.2.3.2.2 Arten des Konflikts

Nachdem nun die Voraussetzungen für Konflikte kurz angesprochen wurden, sollen im folgenden dem Konfliktverlauf folgend die Phasen von Konflikten und ihre Besonderheiten in Unternehmerfamilien dargestellt werden. Von einem Konflikt soll dann gesprochen werden, wenn „eine Spannungssituation besteht, in der zwei oder mehr Parteien, die voneinander abhängig sind, mit Nachdruck versuchen, unvereinbare Handlungspläne zu verwirklichen und sich dabei ihrer Gegnerschaft bewusst sind.“[81] Solange also die Konfliktparteien sich Gegnerschaft noch nicht bewusst sind, handelt es sich um einen latenten Konflikt. Viele Familienunternehmen und Unternehmerfamilien sind eine wahre Fundgrube für latente Konflikte, von denen einige über Jahrzehnte nicht virulent werden. Nachdem der Konflikt nun von den Parteien als solcher wahrgenommen wird, ist zunächst einmal festzustellen, um welche Art von Konflikt es sich handelt. In der Literatur[82] wird zwischen 4 Arten von Konflikten unterschieden:

1. dem Bewertungskonflikt: Uneinigkeit über die Ziele

---

80 Kaye, K. (1996): When the Family Business is a Sickness in: FBR, IX (4), S. 347-368, S. 359

81 Rosenstiel, L.v. (1992): Grundlagen der Organisationspsychologie, 3. überarb., erg. Aufl, Stuttgart, S. 286

82 vgl. Rosenstiel, L.v. (1992): a.a.o., S. 286ff und v. Rosenstiel et al. (1995): Organisationspsychologie, 8. überarb. und erg. Aufl, Stuttgart et al., S. 189 und die dort angegebene Literatur

2. dem Beurteilungskonflikt: Uneinigkeit über die Wege
3. dem Verteilungskonflikt: Uneinigkeit über die Mittel und
4. dem Beziehungskonflikt: Uneinigkeit über die Beziehung.

Gesetzt den Fall, Gründervater und im Unternehmen arbeitender Sohn haben einen Konflikt über die Umwandlung des Unternehmens in eine Aktiengesellschaft. Sind sie sich darüber einig, dass eine Aktiengesellschaft die persönliche Haftung verringert, die Steuerlast vor allem durch die Umwandlung erhöht und die Kapitalbeschaffung ggf. vereinfacht würde und sind sie sich zugleich uneins darüber, wie diese Auswirkungen zu bewerten sind, so liegt ein Bewertungskonflikt vor. Der Gründer empfindet es als ehrenrührig, sich aus der persönlichen Haftung „davonzustehlen", der Sohn empfindet es gegenüber der Familie als verantwortungslos, in ihr zu verbleiben.

Nehmen wir nun an, Vater und Sohn wollen beide die Kosten des Unternehmens und der Familie per saldo und unter Einbeziehung eines eventuellen Erbfalles minimieren, weshalb der Vater die Umwandlung in die Aktiengesellschaft ablehnt, um die umwandlungsbedingten Steuern und Kosten zu sparen, der Sohn die Umwandlung anstrebt, da er glaubt, dass die Konfliktkosten im Rahmen einer Aktiengesellschaft aufgrund ihres hohen Formalisierungsgrades gerade im Erbfall mit mehreren Geschwistern als Erben deutlich geringer sein werden. In diesem Fall haben Vater und Sohn also einen Konflikt in bezug auf die Wege, durch die ein gemeinsam akzeptiertes Ziel erreicht werden kann, sie haben einen Beurteilungskonflikt.

Nehmen wir weiter an, dass im Zuge der diskutierten Umwandlung auch die Verteilung der Aktien auf die Familienmitglieder diskutiert wird. Der Vater will 100 % der Stammaktien auf seinen Namen eintragen lassen und seinen Kindern, unabhängig davon, dass zur Zeit nur der älteste Sohn im Unternehmen aktiv ist, zu gleichen Teilen stimmrechtslose Vorzugsaktien übertragen. Der Sohn ist hiermit nicht einverstanden, da er in der Gleichbehandlung der Geschwister eine Ungerechtigkeit insofern sieht, als er als einziger im Unternehmen tätig ist und deshalb einerseits mehr Informationen andererseits auch mehr Verantwortung hat und daraus folgend einen größeren Einfluss haben möchte als seine Geschwister. Ihm schwebt vor, dass er neben seinem Anteil an den stimmrechtslosen Vorzugsaktien noch einen Anteil an den Stammaktien erhält. In diesem Fall dreht sich der Konflikt um die Verteilung von Mitteln, es handelt sich um einen Verteilungskonflikt.

Bespricht hingegen der Vater die mögliche Umwandlung gar nicht mit seinem ihm Unternehmen arbeitenden Sohn und signalisiert ihm so, dass er ihn noch immer nicht ernst nimmt, und der Sohn torpediert daraufhin bereits die Erstellung von Entscheidungsunterlagen für eine eventuelle Umwandlung, haben Vater und Sohn einen Beziehungskonflikt. Ein solcher Beziehungskonflikt, der ja nicht erst besteht, seitdem der Vater über eine Umwandlung in eine Aktiengesellschaft nachdenkt, tritt häufig in wandelnden Gewändern auf. Er kann sich als Bewertungs-, Beurteilungs- und Verteilungskonflikt zeigen, er kann in Ort und/oder Personen verschoben sein. Hier ist es vor allem wichtig, im Rahmen der Konfliktanalyse neben dem Auslöser die Konfliktursache herauszuarbeiten und den Parteien deutlich zu machen.

4.2.3.2.3 Auswirkungen und Handhabung

Tritt ein Konflikt auf, verändern die Konfliktparteien ihr Verhalten. Sie

- überbetonen die eigenen Ziele,
- mauern gegenüber der anderen Partei,
- bauen Überraschungseffekte in ihre Strategien ein,
- sie beginnen, mit Drohungen und Bluff zu arbeiten,
- verteidigen strategisch wichtige Positionen mit sachlichen und unsachlichen Argumenten[83] und
- sie suchen Verbündete.

Da aber der Konflikt im Familienunternehmen und in der Unternehmerfamilie In-Group stattfindet, wird mit dem Auftreten der o.g. Verhaltensweisen die Gruppe als Ganzes zunächst geschädigt. Der Versuch, die andere Partei, in diesem Fall seinen Sohn oder seinen Vater, zu schwächen, schwächt unweigerlich auch die Gruppe, zu der derjenige selbst gehört. Es ist in diesem Fall nur unter Einbeziehung der Langzeitperspektive zu entscheiden, ob die vorübergehende Schwächung durch eine langfristige Stärkung gerechtfertigt scheint. In bezug auf die drei Typen angestrebter Konfliktlösungen, die von ROSENSTIEL[84] nennt, die individualistisch eingestellte Person, die ihren eigenen Nutzen maximieren will, die kompetetiv eingestellte Person, die ihren relativen Nutzen maximieren will und die kooperativ eingestellte Person, die den gemeinsamen Nutzen maximieren will, ist im Familienunternehmen die Voraussetzung im letzten Fall am besten. Wenn die Beteiligten vom Grundsatz ihren gemeinsamen Nutzen maximieren wollen anstatt ihren eigenen Nutzen auf Kosten des anderen zu maximieren, ist dies für die Familie als Gruppe und für das Unternehmen als von der Familie Abhängige am förderlichsten.

In jedem Fall sind aber sogenannte „Sustained Conflict Cycles“[85] ein permanenter Kraftabfluß für eine Unternehmerfamilie und somit auch für das Familienunternehmen. Um solche dauerhaften, systemischen Konflikte in Familien zu analysieren, reicht die Einteilung in die o.g. Konfliktarten selten aus. Dies liegt zum einen daran, dass die Konflikte zu verwoben und komplex sind, zum anderen an den Verschiebungen, die die eigentlichen Ursachen verschleiern. Mit Hilfe solcher Sustained Conflict Cycles wird zum Teil das System Familie über einen langen Zeitraum „stabilisiert“. So macht zum Beispiel die Unfähigkeit des Sohnes das Verbleiben des Vaters im Unternehmen „nötig“, warum der Vater kein Interesse an der Individuation des Sohnes hat, solange er nicht ausscheiden möchte. Oder es schweißt der Despotismus und regelmäßige Alkoholmiss-

---

[83] vgl. Walton, R. (1974): How to choose between strategies of conflict and collaboration. In R.T. Golembiewski & H.H. Blumberg (Hrsg.): Sensivity training and laboratory approach (S. 383-389) (2.Aufl.), Itasca, Ill , zitiert nach Rosenstiel, L.v. (1992): a.a.o., S. 289

[84] Rosenstiel et al. (1995): Organisationspsychologie, 8. Überarb. u. erg. Aufl., Stuttgart, Berlin, Köln, S. 193 unter Berufung auf Ch. G. McClintock (1972): Game behavior and social motivation in interpersonal settings In: McClintock, Ch. G. (Hrsg): Experimental social psychology , S. 271-297, New York

[85] Kaye, K. (1991): Penetrating the Cycle of Sustained Conflict in: FBR IV(1), S. 21-44

brauch des aus dem Unternehmen ausgeschiedenen Gründers die an sich wettbewerbsorientierten Söhne, die gemeinsam das Unternehmen führen, zusammen, um Schaden sowohl von ihrer Mutter einerseits und vom Unternehmen andererseits abzuwenden. In solchen Fällen kann eine Lösung des vordergründigen Konfliktes die dahinter versteckten latenten Konflikte zum Ausbruch bringen. Der Eingriff in ein System, sei es das der Familie oder das des Unternehmens, bringt immer auch Auswirkungen auf das andere System mit sich. Diese müssen im Rahmen einer Intervention in die Überlegungen mit einbezogen und soweit als möglich antizipiert werden. Dies ist einer der Gründe, warum „Nur-Juristen", „Nur-Betriebswirte" oder „Nur-Psychologen" mit der Konfliktberatung und -intervention in Familienunternehmen häufig überfordert sind.

Eine der in der letzten Zeit im Zusammenhang mit Familienunternehmen diskutierten Methoden zur Konflikthandhabung ist die der „mediation", der Vermittlung. „Mediation is a method of conflict resolution whereby an objective third party, the mediator, assists the disputing parties to negotiate the issues that divide them."[86] Die Voraussetzung für eine solche Vermittlung laut PRINCE sind:

1. Der Vermittler ist unparteiisch.
2. Der Vermittlungsprozess ist freiwillig.
3. Vertraulichkeit wird gemäß den gemeinsamen Vereinbarungen eingehalten.
4. Der Vermittler kann den Prozess flexibel gestalten.

Die Grundidee der Vermittlung hierbei ist, eine für alle Beteiligten tragfähige Situation zu schaffen ohne die zum Teil weit in die Vergangenheit zurückreichenden Verletzungen und Verquickungen in einem schmerzhaften Prozess hervorzukehren und aufzuarbeiten.

Besonders schwierig sind Situationen, in denen drei Generationen in einem Unternehmen vertreten sind, z.B. der Gründer als Aufsichts- oder Beiratsvorsitzender, seine Söhne / Schwiegersöhne in der Geschäftsleitung und deren Kinder in ersten untergeordneten Positionen. Neben den Rivalitäten der jeweiligen Generation untereinander (hier darf vor allem die Rolle der nicht im Unternehmen arbeiten Mütter nicht unterschätzt werden) befindet sich vor allem die 2. Generation im Sandwich. Von den eigenen Kindern in Frage gestellt und zu Innovationen und Veränderungen gedrängt, vom eigenen Vater beobachtet und immer noch als Kind betrachtet, zugleich mit seinen Brüdern/Schwägern verglichen besteht die Gefahr, dass die eigentliche Aufgabe, nämlich die Leitung des Unternehmens neben all den Familienschauplätzen aus dem Auge verloren wird.

4.2.4 Wachwechsel

Die Zeit des Wachwechsels ist das am häufigsten untersuchte Stadium der Unternehmerfamilie. Untersuchungen über die Unternehmer- und Unternehmensnachfolge füllen

---

86 Prince, R.A.(1990): Family Business Mediation: A Conflict Resolution Model In: FBR III(3) S.209- 223, S.209

Bände. Allerdings wird in der deutschsprachigen Literatur die wirtschaftliche, rechtliche und steuerliche Nachfolgeproblematik[87] betont, nur wenige Arbeiten widmen sich der psychologisch-soziolo-gischen Perspektive[88]. Im Gegensatz hierzu ist die Forschung im anglo-amerikanischen Raum älter und umfangreicher und vor allem, was die Integration psychologischer und soziologischer Forschung in die Nachfolgeforschung betrifft, sehr viel weiter.[89] Im folgenden soll auf die Darstellung der wirtschaftlichen Aspekte des Wachwechsels verzichtet werden; diese stehen in Kapitel 7.3.3.1.3.: „Die Nachfolgefrage als Problem-Katalysator“ im Zentrum. Im Rahmen dieses Abschnittes soll das Augenmerk auf die Zeit des Wachwechsels in der Familie selbst gerichtet werden, auf die Schwierigkeiten der älteren Generation, sich zurückzuziehen ebenso wie auf den - häufig vernachlässigten - Generationswechsel in der Leitung der Familie.

Dem Konzept des Familien-Lebenszyklus folgend wird davon ausgegangen, dass der Wachwechsel in Unternehmen und Familie im Rahmen der „Late Adult Transistion“ um die Zeit zwischen dem 60. und 65. Lebensjahr stattfinden sollte. Dies ist, wie unzählige Beispiele aus Familienunternehmen belegen, nicht notwendigerweise der Fall. Die Übergabe der Leitung des Unternehmens und der Familie erfolgt, soweit nicht Krankheit oder Tod unausweichliche Fakten schaffen, aufgrund der Entscheidung der Beteiligten, in erster Linie des Unternehmerehepaares bzw. des Unternehmers.

Unabhängig aber davon, ob der Wachwechsel stattfindet, findet in jedem Fall die „late adult transistion“ in dieser Zeitspanne statt. Dies kennzeichnet den Übergang zwischen der Ära der „middle adulthood“ und der „late adulthood“[90]. Dieser Übergang ist deshalb so besonders belastend, da er den Unternehmern ebenso wie anderen, die durch diesen Prozess gehen, schmerzhaft bewusst macht, „that the next step is heaven.“[91] Hinzukommt, dass mit diesem Übergang ein massiver Macht- und Ansehensverlust insofern verbunden ist, als die Generation, die nun in der Verantwortung steht und auf der Höhe

---

87 u.a. Spielmann, U.(1994): Generationswechsel in mittelständischen Unternehmungen, Wiesbaden, der zwar der menschlichen und psychologischen Komponente die wichtigste Rolle im Nachfolgeprozess attestiert, sie dann aber auf 1 Seite abhandelt, um sich den wirtschaftlichen Faktoren zu widmen; Fasselt, T.(1992): Nachfolge in Familienunternehmen, Stuttgart; Bechtle, Ch. (1983): Die Sicherung der Führungsnachfolge in der Familienunternehmung, St. Gallen, Diss.

88 Klein, S. (1997): Erben lassen - Psychologische Aspekte der Unternehmernachfolge In: Rosenstiel, L.v. und T. Lang-von Wins (Hrsg): Perspektiven des Unternehmertums, Stuttgart; Gerke-Holzhäuer, F. (1996): Generationswechsel in Familienunternehmen - Psychologische Aspekte des Führungswechsels, Wiesbaden;
Kappler, E. und S. Laske (1990)(Hrsg): Blickwechsel, Freiburg

89 u.a. Lansberg, I.S. und J.H. Astrachan (1991): Modeling the Influences of Family Relationships on Leadership Succession in Family Businesses: The Importance of Mediating Influences, Unpublished manuscript, New Haven; Danco, L.A. (1975): Beyond Survival: A Business Owner´s Guide for Success, Cleveland, Ohio: Levinson, H. (1971): Conflicts That Plague Family Businesses In: HBR, 1971, 49, S.90-98; u.a.m.

90 Levinson, D. J. (1978): The Seasons of a Man´s Life

91 Lansberg, I.(1991): On Retirement: A Conversation with Daniel Levinson In: FBR IV(1), S.59-73, S.63

ihrer Machtfülle ist, nicht mehr die eigene Generation, sondern die der Kinder ist. Gerade diesen Machtverlust empfinden besonders Gründer-Unternehmer als schmerzlich, da mit dem Machtverlust auch viele der Möglichkeiten verloren gehen, um derentwillen sie die unternehmerische Tätigkeit über Jahrzehnte ausgeübt haben.

Der Übergang zum späten Erwachsenenleben lässt sich nur minimal verzögern, er lässt sich auch nur eine gewisse Zeit ignorieren. Er wird in jedem Fall von der Umwelt wahrgenommen, auch in dem Fall, in dem der oder die Betroffene selbst dies versucht, zu ignorieren. Neben dem Abnehmen der Macht und dem damit verbundenen sozialen Status ändert sich mit der „late adult transistion“ auch die Bewertung der eigenen Situation und der Tätigkeiten grundlegend. Während derjenige, der durch die „middle life transistion“ geht, sich fragt, ob seine Ziele, die er sich als junger Mensch gesetzt hat, erreicht wurden, ob er sein Leben bisher sinnvoll ausgerichtet hat und ob es denn nicht noch Dinge gäbe, die er dringend ändern müsste, um das eine oder andere ihm Wichtige noch zu erreichen, stellt sich nun im Rahmen der „late adult transistion“ weniger die Frage nach dem Erreichen als nach dem, was davon bleibt. Das, was erreicht ist, ist kaum noch zu ändern, hierfür verbleibt weder genug Zeit noch genug Kraft. Die Frage ist also nicht: „Was will ich erreichen?“ sondern vielmehr „Was bleibt von dem, was ich erreicht, was ich aufgebaut habe?“. Während in der Phase des mittleren Erwachsenenlebens Bewertungen nach externen Kriterien überwiegen, wie z.B. Arbeitsergebnis, Einkommen, sozialer Status u.ä., wird dies in der Phase der späten Erwachsenenlebens stärker nach dem Wert für die Gesellschaft als Ganzes bemessen.[92] Vor diesem Hintergrund ist der intrapersonelle - und zum Teil auch soziale - Konflikt um den Rückzug der älteren Generation zu betrachten.

4.2.4.1 Der Rückzug der älteren Generation

Ein großes Problem besteht in dem Rückzug der älteren Generation aus dem Unternehmen. Dies stellt eine große, häufig nicht gelöste Herausforderung für eine Generation dar, deren Leben das Unternehmen war. „Der Wegfall der beruflichen Tätigkeit ist für viele Menschen ein krisenhaftes Ereignis.“[93] GERKE-HOLZHÄUER[94] sieht als eine wesentliche Ursache für die mangelnde Rücktrittsbereitschaft von Unternehmern die Tatsache, dass für viele das Unternehmen gleichzeitig ihr Hobby ist. Ein Leben außerhalb des Unternehmens oder gar ohne das Unternehmen ist für sie ebenso wenig vorstellbar wie die Möglichkeit, dass das Unternehmen auch ohne sie weiterhin prosperieren könnte.

Betrachtet man grundlegende Ergebnisse zum Problem des Ruhestandes und der Bereitschaft, in diesen zu gehen, so gibt es verschiedene Faktoren, die hierauf einwirken. Zum

92 Lansberg, I.(1991): a.a.o., S.66

93 Rosenstiel et al. (1995): Organisationspsychologie, 8. überarb. u. erg. Aufl, Stuttgart, Berlin, Köln, S. 335

94 Gerke-Holzhäuer, F. (1996): Generationswechsel in Familienunternehmen - Psychologische Aspekte des Führungswechsels, Wiesbaden, S. 97

einen ist die zeitliche Nähe des Eintritts in den Ruhestand selbst zu berücksichtigen. Je weiter dieser Zeitpunkt noch entfernt ist, um so höher ist tendenziell die subjektive Bereitschaft, zu einem definierten Zeitpunkt in den Ruhestand zu gehen.[95] Die Bereitschaft, seinen Ruhestand vorzubereiten und zu gestalten, nimmt demnach während und nach der „late adult transistion" eher ab als zu. Unternehmer, die neben ihrer unternehmerischen Tätigkeit ein echtes Hobby gepflegt haben, tun sich darüber hinaus leichter mit dem Ausscheiden aus dem aktiven Berufsleben als diejenigen, die dies in ihrer aktiven Zeit vernachlässigt haben.[96] Dies hängt direkt zusammen mit dem Stellenwert, den der Unternehmer seiner Arbeit zuordnet. Je absoluter das Unternehmen und die unternehmerische Tätigkeit im Wertsystem des Unternehmers sind, um so problematischer ist das Aufgeben derselben. Ein Unternehmer, dessen intrinsische Motivation über Jahrzehnte außergewöhnliche Leistungen auch unter In-Kauf-Nehmen außergewöhnlicher Belastungen möglich gemacht hat, tut sich mit dem Ausscheiden allein schon deshalb schwerer als derjenige, der eher aus extrinsischer Motivation die unternehmerische Tätigkeit ausgeübt hat. Es steht zu vermuten, dass die vermehrt extrinsisch motivierten Unternehmer weniger in der Gründer- als in den Folgegenerationen zu finden sind.[97]

Daneben hat auch das subjektive „Erfüllt-Haben" einer selbstgestellten Aufgabe Einfluss auf die Rücktrittsbereitschaft.[98] Der Unternehmer, der sein Unternehmen auf finanziell gesicherter Basis mit einer guten Marktposition und kompetenter Leitung weiß, zieht sich leichter zurück, als derjenige, dessen vor einiger Zeit angestoßene Investitionen noch nicht den Break-Even erreicht haben und deren Finanzierung noch immer vom Wohlwollen der Banken abhängt. Da nach seiner Meinung zum Beispiel das Wohlwollen der Banken nicht unerheblich von seinem Verbleiben im aktiven Geschäftsleben abhängt, würde ein Rückzug das Projekt und vielleicht sogar das Unternehmen als Ganzes gefährden. Dass es hierbei gerade in solchen Situationen auch zu fatalen Fehleinschätzungen kommen kann, ist nicht von der Hand zu weisen. Es kann ebenso aus der Sicht der Banken der Fall sein, dass die Kreditwürdigkeit des Unternehmens mit dem Ausscheiden des vielleicht schon etwas senilen Seniors steigt, obwohl dieser das nicht wahrhaben will.

Vielfach wird von Unternehmern, die das entsprechende Alter erreicht haben und von sich behaupten, aufhören zu wollen, das Nicht-Vorhanden-Sein eines adäquaten Nachfolgers als Grund dafür angegeben, dass sie noch nicht aufhören können. Unabhängig von der objektiven Beurteilung potentieller Nachfolger stellt sich eine solche Argumentation häufig als vorgeschoben heraus. Das Vorhanden-Sein eines als kompetent empfundenen Nachfolgers erhöht zwar deutlich die Rücktrittsbereitschaft des Unternehmers, allerdings stellt sich hier die Frage nach Henne und Ei. Es soll an dieser Stelle zumindest

95 Gebert, D. und L.v. Rosenstiel (1992): Organisationspsychologie, 3. Aufl., Stuttgart, Berlin, Köln; S. 36

96 Gerke-Holzhäuer, F. (1996): Generationswechsel in Familienunternehmen - Psychologische Aspekte des Führungswechsels, Wiesbaden, S. 147f

97 vgl. hierzu Spielmann, U. (1994): Generationswechsel in mittelständischen Unternehmungen, Wiesbaden

98 vgl. hierzu Lehr, U. (1991): Psychologie des Alterns, 7.Aufl., Heidelberg, Wiesbaden, S. 223

erwähnt werden, dass auch die Vermutung nicht von der Hand zu weisen ist, dass der rücktrittswillige und -entschlossene Unternehmer langfristig einen Nachfolger aufbaut, sei es aus der Familie oder aus dem Kreis der Fremdmanager, während der nicht rücktrittswillige Unternehmer direkt und indirekt daraufhin arbeitet, potentielle Nachfolger entweder zu vertreiben oder sie zu „amputieren", um sich selbst somit unabkömmlich zu machen. Schmerzliche Entscheidungen sind nötig, will der Unternehmer tatsächlich einen Nachfolger aufbauen. Ist eines meiner Kinder geeignet? Wie erkläre ich es den Kindern, die es auch werden wollen, aber meiner Meinung nach nicht können? Will derjenige, den ich als Unternehmer für kompetent halte, überhaupt die Nachfolge antreten? usw. Einen kompetenten Nachfolger aufzubauen bedingt auch, sich selbst in Frage zu stellen und in dem einen oder anderen Fall Dinge zuzulassen, die man selbst so nicht gemacht hätte. Dies wiederum hat eine gewisse Distanz zu sich selbst, Geduld, Humor und Demut nötig, Eigenschaften, die nicht jedem Unternehmer eigen sind.

Als letzter Punkt, der Auswirkungen auf die Rückzugsbereitschaft des Unternehmers hat, muss noch die finanzielle Situation angesprochen werden. Je unabhängiger der Unternehmer/das Unternehmerpaar von ihrem Einkommen aus dem Unternehmen sind, um so größer ist tendenziell die Rückzugsbereitschaft. Die Sicherheitsbasis[99] Unternehmen ist für Unternehmer mit einem entsprechenden Privatvermögen nicht notwendig, um den aufgebauten Lebensstil in bezug auf die finanzielle Ausstattung auch nach dem Ausscheiden aus dem Unternehmen fortführen zu können. Ist im Gegensatz hierzu das Einkommen des Unternehmers/des Unternehmerehepaares bisher ausschließlich aus dem Unternehmen generiert worden, sei es in Form von Arbeitseinkommen oder Ausschüttungen, und ein relevantes Privatvermögen nicht vorhanden, wird die Frage des Ausscheidens und der damit verbundenen Alimentierung des Unternehmers im Ruhestand zu einer essentiellen Frage. Allerdings darf hierbei nicht übersehen werden, dass diese Frage in ihrem Nicht-Geklärt-Sein häufig auch vorgeschoben wird als Begründung, warum ein Ausscheiden zum derzeitigen Zeitpunkt noch nicht möglich ist.

Unabhängig aber von den Rahmenbedingungen, unter denen ein Ausscheiden aus dem Unternehmen vollzogen werden soll, muss der Unternehmer sich im Klaren darüber sein, dass die „late adult transistion", ohne das er darauf Einfluss hat, stattfindet. Probleme treten vor allem dort auf, wo die persönliche Lebenssituation mit dem unabänderlichen Zustand des Alters und der Position, die derjenige durch sein Alter in einer bestimmten Gruppe einnimmt, nicht kompatibel sind. Während der eine Zyklus sich mit geringen Schwankungen vollzieht, ist der Vollzug des anderen, nämlich das Ausscheiden aus dem aktiven Berufsleben, in die Entscheidung des Unternehmers gelegt. Bei gravierenden Abweichungen der beiden Zyklen voneinander kommt es in den meisten Fällen zu negativen Folgen sowohl für den Unternehmer selbst (Verlust von Ansehen bis hin zur Lächerlichkeit, Mitleid u.ä.) als auch für das Unternehmen (Erstarrung, Abwandern motivierter junger Mitarbeiter etc.). Den eigenen Lebenszyklus mit dem Ausscheiden aus dem Berufsleben in Übereinstimmung mit dem wenig beeinflussbaren

99 Zur Bedeutung des materiellen Aspektes für den Unternehmer siehe auch: Klein, S. (1997): Erben lassen - Psychologische Aspekte der Unternehmernachfolge In: Rosenstiel, L.v. und T. Lang-von Wins (Hrsg): Perspektiven des Unternehmertums, Stuttgart

Zyklus des körperlichen und sozialen Alterns zu bringen, ist *die* Aufgabe für den Unternehmer in diesem Stadium.

4.2.4.2 Wechsel in der Leitung der Familie

Eng verbunden mit der Aufgabe, das Ausscheiden aus dem aktiven Berufsleben zu meistern, ist der Wechsel in der Leitung der Familie. Die Leitung der Familie ist nur in wenigen Fällen eine formalisierte Position, sie ist häufig nicht einmal allen Familienmitgliedern als eine existente Aufgabe und Position bewusst. Es stellt sich demnach zunächst die Frage, ob es so etwas wie die Leitung der Familie überhaupt gibt und wenn ja, woher sie ihre Legitimation bezieht. Diese Frage ist umfangreich und komplex, sie soll deshalb hier nur in bezug auf die Unternehmerfamilie diskutiert werden.

Die Unternehmerfamilie im Stadium des Wachwechsels hat ihren Ursprung in der Gründung des Familienunternehmens durch den Gründer. Geht man von der ersten Generation aus, so sind Unternehmen und Familie dynamisch miteinander und einander beeinflussend gewachsen. Der Unternehmer hat einerseits sein Unternehmen aufgebaut, andererseits eine Familie gegründet und - soweit seine Zeit und Kraft es erlaubte - auch diese durch die Zeit geführt. Er hat - bis auf wenige Ausnahmen abgesehen - auch zuhause „das Zepter in der Hand" gehabt. Es hat also gerade in dieser ersten Generation ein Familienoberhaupt gegeben, mag dies auch nicht explizit so ausgesprochen worden sein, dessen Richtlinienkompetenz, seine Entscheidungen über das finanzielle Wohl und Wehe der Familie, sein Vertreten der Familie gegenüber der Gesellschaft, auch sein Delegieren bestimmter, für die Familie wichtiger Aufgaben wie z.B. das Zusammenhalten der Familie auf der emotionalen Ebene z.B. an seine Frau, u.v.a.m. eine deutliche Sprache gesprochen hat. In der ersten Generation der Unternehmerfamilie stellt sich also nicht die Frage, ob es eine Leitung der Familie gegeben hat, sondern vielmehr, wie diese aussah bzw. aussieht und in wie weit sie den einzelnen Familienmitgliedern bewusst ist. Wir sprechen hier von einer impliziten oder expliziten Leitung der Familie.

In den Folgegenerationen stellt sich das Problem der Leitung der Familie sehr viel vielschichtiger dar. Die Problematik des Wechsels in der Leitung soll zunächst hinten an gestellt werden und erst nach der Darstellung der Formen der Leitung in Folgegenerationen interessieren. Hier können folgende Formen unterschieden werden:

- geklärte und akzeptierte Leitung eines Familienoberhauptes
- geklärte und in Frage gestellte Leitung eines Familienoberhauptes
- diffuse Situation: kein Familienoberhaupt, aber auch (noch) keine divergierende Handlungen
- mehrere angemeldete Ansprüche, aber keiner ist von allen akzeptiert
- Zerfall der dynastischen Familie: mehrere Familienoberhäupter von Kern- oder Teilfamilien

Soll die dynastische Familie als solche erhalten bleiben, braucht sie eine von allen Familienmitgliedern akzeptierte Leitung. Anderenfalls kann die Familie nicht mehr als *eine*

Institution eingreifen in gesellschaftliche Prozesse und diese ggf. mitgestalten. Ebenso wenig verfügt sie dann über die dafür notwendige Machtbasis, das Familienvermögen, da dieses dann in viele kleinere Vermögen zerfällt und somit deutlich an Durchsetzungskraft verliert. Während der Zerfall der dynastischen Familie als letzte der aufgeführten Möglichkeiten keinen Weg mehr zur ursprünglichen Familiengemeinschaft zurück zu eröffnen scheint, sind in den drei konfliktträchtigen Situationen der geklärten und in Frage gestellten Leitung, der diffusen Situation und der multiplen Ansprüche Übergangssituationen. Während in der letzten geschilderten Situation der Konflikt durch Flucht, d.h. durch Flucht der Kern- bzw. Teilfamilien aus dem Griff der übergeordneten dynastischen Familie, gelöst wurde, er im ersten Fall der geklärten und akzeptierten Leitung nicht besteht, ist er in den drei mittleren Fällen noch zu lösen. Grundsätzlich bieten sich nur die beiden Möglichkeiten, nämlich eine einheitliche, von allen akzeptierte Leitung oder der Zerfall der dynastischen Familie an, allerdings kann das Verharren im Zwischenzustand z.B. der diffusen Situation relativ lange dauern. Das Entscheidende in dieser Situation ist eine klare Analyse und ein baldiges Herbeiführen einer der beiden Lösungen, da in Krisensituationen die nicht geklärte Leitung der Familie erfahrungsgemäß zu Folgekonflikten führt, z.T. mit erheblichen schädlichen Folgen sowohl menschlich für die Familie wie auch für Unternehmen und das damit verbundene Vermögen.

Der Unternehmer, der im Rahmen seiner „late adult transistion" auch über die Weitergabe der Leitung der Familie nachdenkt, wird alles daran setzen müssen, geklärte Verhältnisse zu schaffen, will er Familie und Unternehmen eine Chance geben, über sein Wirken, möglicherweise über seinen Tod hinaus, zu bestehen. Ziel des Unternehmers in dieser Phase ist es also, den Übergabeprozess so zu gestalten, dass entweder die Familie seinen Nachfolger/seine Nachfolgerin akzeptiert oder dass von vornherein Möglichkeiten der Trennung der Familie geschaffen werden, so dass jede der Kernfamilien seiner Kinder den beschriebenen Familienlebenszyklus neu und ohne den Schutz einer übergeordnet und in ihrem Namen handelnden dynastischen Familie beginnen kann. Diese Grundentscheidung impliziert wiederum bestimmte notwendigerweise zu schaffende Rahmenbedingungen auch im Bereich des Unternehmens (z.B. Umwandlung in eine Aktiengesellschaft, Börsengang) und im Bereich der Leitung des Unternehmens (z.B. konsequente Trennung von Management und Kapital).

Dem amtierenden Familienoberhaupt eröffnen sich drei Möglichkeiten, den Übergang bewusst zu gestalten. Er/sie kann dies

- situationsbezogen
- personenbezogen oder
- ritualisiert gestalten.

Die situationsbezogene Möglichkeit beinhaltet, dass das Familienoberhaupt aus der Situation heraus entscheidet, wem er die Leitung der Familie überträgt. Entscheidungsparameter sind demnach z.B. das Verhältnis der Geschwister zueinander, die Akzeptanz der in Frage kommenden Nachfolger im erweiterten Familienkreis, aber auch im Unternehmen, bei Banken, Kunden etc.. Nicht eindeutig hiervon zu trennen ist die personenbezogene Entscheidung. Es wird *der/die beste* Nachfolger/-in bestimmt. Hier spielen neben Sympathie und Antipathie z.B. die berufliche Ausbildung, Alter, Erfahrung, aber auch das persönliche Verhältnis zum Familienoberhaupt eine Rolle. Die letzte Möglichkeit ist, den Übergang von Situationen und Personen unabhängig zu gestalten. Hierunter fallen die aus der Geschichte bekannten Beispiele von Fideikommissen, Erbfolgen u.ä.. Der Nachteil solcher Regelungen liegt darin, dass sie zu einem Zeitpunkt getroffen werden, an dem weder Situation noch zur Auswahl stehende Personen bekannt sind. Die auf Höfen bekannte Regelung des ungeteilten Überganges des Hofes und an ihn gebunden der Übergang der Rolle als Familienoberhaupt an den ältesten männlichen Nachkommen ist hier ein Beispiel. Wenn der älteste Sohn sich nun zum Arzt, Dirigenten, Pastor oder anderem berufen fühlt, kann er entweder gegen seine Neigung und Begabung trotzdem den elterlichen Hof übernehmen oder aber die Regelung muss außer Kraft gesetzt werden. Zugleich liegt in der Situations- und Personenunabhängigkeit aber auch der Vorteil dieser Regelung. Keines der Kinder des Familienoberhauptes ist im Unklaren über die kommende Regelung, und zwar zu keinem Zeitpunkt. Nicht Schulzeugnisse oder Weihnachtsgeschenke, nicht Freunde oder Opposition gegen den Vater werden permanent unter dem Gesichtspunkt einer eventuellen Nachfolge diskutiert. So werden weder der Nachfolger noch die anderen Kinder sich persönlich herabgesetzt oder bevorzugt fühlen, da die Regelung schon vor seiner/ihrer Geburt Bestand hatte, also auch nicht Ausdruck der väterlichen Liebe und der väterlichen Anerkennung ist.

Welche Lösung ein Familienoberhaupt anstrebt und welche der Möglichkeiten der Gestaltung er wählt, hängt in hohem Maße von dessen Wert- und Zielstruktur ab. Wichtig für die Familie ebenso wie für das Unternehmen ist eine klare, von allen akzeptierte Lösung. Die Akzeptanz der Lösung ist nicht zuletzt auch eine Frage der bis zu diesem Zeitpunkt erfolgten Erziehung und Sozialisation der potentiellen Nachfolger. Stehen Erziehung und Sozialisation ebenso wie die angestrebte Lösung im Einklang mit den Werten des Unternehmers, erhöht sich die Chance auf einen reibungslosen Übergang.

4.3 Zusammenfassung

Im Rahmen dieser Arbeit wird zwischen Kernfamilie, institutioneller Familie und dynastischer Familie unterschieden. Während die Kernfamilie mit dem Auszug der mündigen Kinder endet, sind dynastische und institutionelle Familie theoretisch von zeitlich unbegrenzter Dauer. Der dynastische Aspekt einer Familie bezieht sich neben der Dauer vor allem auf die aktive, bewusste Einflussnahme auf gesellschaftliche Prozesse, was eine einheitliche Leitung der Familie und ein Familienvermögen voraussetzt; der institutionelle Aspekt hingegen betont das Erbringen der Leistung der Familie für die Gesellschaft und die Vermittlung von Handlungsmustern an die Familienmitglieder.

Insgesamt ist eine Verlagerung früher familieninterner Funktionen auf außerfamiliäre, gesellschaftliche Institutionen zu konstatieren. Die gesellschaftliche Bedeutung des Konzeptes Familie nimmt hierdurch eher ab. Es ist zudem die paradoxe Entwicklung zu beobachten, dass durch das Ins-Zentrum-Rücken der Liebe als Grund und Rechtfertigung für Ehe und Familie die Herrschaft innerhalb der Familie reduziert wird, wodurch wiederum die Chance für ein liebevolles Miteinander tendenziell abnimmt.

Insgesamt bleibt festzuhalten, dass auch die Unternehmerfamilie einem Lebenszyklus, der sich theoretisch unendlich oft wiederholt, unterliegt, in dem in jeder Phase bestimmte Probleme im Vordergrund stehen. Die Entwicklung der Unternehmerfamilie teilt sich in 4 Phasen: die junge Unternehmerfamilie, die Phase, in der die Kinder flügge werden, die Zeit der Zusammenarbeit der Generationen und die des Wachwechsels. Die junge Unternehmerfamilie muss zunächst ein funktionierendes Eheunternehmen (marriage enterprise) aufbauen, es müssen Grundsatzentscheidungen zum Verhältnis von Arbeit und Familie getroffen werden, die Beziehungen zur erweiterten Familie und die Erziehung der Kinder muss geklärt werden. In der Phase, in der der Nachwuchs flügge wird, muss die Unternehmerfamilie mit der Abnabelung der jungen Generation fertig werden, die Midlife-Transistion muss durchlebt und gehandhabt werden und die ersten Schritte der jüngeren Generation in ihr Berufsleben müssen begleitet werden. In der Phase der Zusammenarbeit der Generationen stehen Kommunikation und Konfliktmanagement im Zentrum der Aufmerksamkeit, und dies vor allem, wenn drei Generationen zusammenarbeiten. Die Phase des Wachwechsels in der Unternehmerfamilie ist gekennzeichnet von der sogenannten „late adult transistion". Die Aufgabe der älteren Generation ist es jetzt, sich aus dem aktiven Berufsleben zurückzuziehen und die Leitung der Familie in die Hände der nächsten Generation zu legen.

Zusammenfassend ist zu konstatieren, dass der Familie im System Familienunternehmen eine Schlüsselposition zukommt. Ohne die von der Familie zu erbringenden Leistungen, die heute nicht mehr selbstverständlich, ja zu einem Teil nicht einmal mehr zeitgemäß sind, ist ein Unternehmen als Familienunternehmen über mehr als eine Generation nur in Ausnahmefällen zu erhalten. Das Unternehmen selbst mag dies überleben, nicht aber die Familie als Unternehmerfamilie und zugleich das Unternehmen als Familienunternehmen.

Arbeitsteil zu Kapitel 4

Wissensfragen:

1. *Was sind die Zwecke und Funktionen der Familie nach GOODE?*
2. *Was versteht man unter a) einer Institution und b) einer institutionellen Familie?*
3. *Worin unterscheiden sich institutionelle und dynastische Familien?*
4. *In welche Phasen teilen GERSICK et al. den Familienlebenszyklus von Unternehmerfamilien ein?*
5. *Nennen Sie jeweils zwei typische Fragestellungen aus den einzelnen Lebenszyklusphasen sowie mögliche Antworten.*

Transferfragen:

1. *In einer Diskussion werden Sie mit der These konfrontiert, Familienunternehmen könnten über mehr als eine Generation als Familienunternehmen nur überleben, wenn die Familie selbst institutionellen Charakter hätte. Bitte setzen Sie sich kritisch mit dieser These auseinander!*
2. *Bitte beschreiben Sie kurz die drei großen Krisen im Leben eines Menschen und diskutieren Sie die möglichen Auswirkungen dieser Krisen auf Familienunternehmen.*
3. *Diskutieren Sie Pro und Kontra einer „Erziehung zum Unternehmensnachfolger"!*
4. *Welche Möglichkeiten der vorausschauenden Gestaltung von Geschwisterbeziehungen kennen Sie und welche sind für Familienunternehmen von besonderer Relevanz?*

Kurzfall: Ernst Meister und Söhne

Sie sind Steuerberater in einer großen Beratungsgesellschaft und in dieser Funktion werden Sie zu Herrn Ernst Meister geschickt, der Ihr Unternehmen in Bezug auf sein Ausscheiden aus dem aktiven Berufsleben und deren Gestaltung um Rat gefragt hat. Ernst Meister hat nach dem Krieg mit Unterstützung seiner Frau die kleine Druckerei, die er von seinem Vater übernommen hat, zu einem mittelständischen Unternehmen (ca. 120 Mitarbeiter) ausgebaut. Das Unternehmen selbst ist gut positioniert; es bedient in erster Linie Werbeagenturen mit Spezialanfertigungen, und war bis vor einigen Jahren überdurchschnittlich rentabel. In jüngster Zeit allerdings liegt die Rentabilität nicht mehr über dem Branchenschnitt.

Ernst Meister, der demnächst seinen 70. Geburtstag feiern wird, wird von seiner Frau in der letzten Zeit verstärkt gedrängt, die Leitung des Unternehmens an seine beiden Söhne zu übergeben. Um über die steuerlich optimale Gestaltung der Übergabe zu spre-

chen, wurden Sie eingeladen. Während des Gespräches stellt sich allerdings heraus, dass Ernst Meister selbst noch nicht bereit ist, das Zepter aus der Hand zu geben. Er kann sich nicht vorstellen, was er mit seiner Zeit anfangen soll, wenn er einmal nicht mehr täglich ins Unternehmen gehen kann. Auf der anderen Seite ist der eine Sohn, Ernst jun., bereits seit über 10 Jahren in der Werbebranche erfolgreich tätig, nachdem er nicht unter seinem Vater arbeiten wollte. Der andere Sohn, Klaus, ist direkt nach der Schule ins väterliche Unternehmen gegangen und hat dort eine Lehre zum Offset-Drucker absolviert. Seitdem arbeitet er in der Produktion, allerdings mit ebenso mittelmäßigem Engagement wie Erfolg.

Für Ernst Meister ist das geringe Engagement seines jüngsten Sohnes eine herbe Enttäuschung. Er selbst hat all seine Kraft, Energie und selbstverständlich auch sein gesamtes Vermögen in den Aufbau der Firma gesteckt. Für ein Hobby oder Reisen mit der Familie hat ihm immer die Zeit gefehlt. Stets hat er davon geträumt, das Unternehmen eines Tages seinen Söhnen zu übergeben. Als Ernst jun. ihm dann eröffnete, er werde zunächst in einem fremden Unternehmen arbeiten, hat er in seiner Enttäuschung all seine Hoffnungen auf Klaus konzentriert. Klaus jedoch, der sich von den Erwartungen seines Vaters einerseits, der, wie er es nennt „erdrückenden Liebe" seiner Mutter andererseits, dessen Liebling er war und ist, und dem misstrauischen Blicken von Kollegen und Mitarbeitern in die Enge getrieben fühlt, hat schon seit Jahren nicht mehr mit seinen Eltern über seine Ideen und Ziele gesprochen.

In diese Situation hinein kommen Sie als Steuerberater zunächst mit dem Auftrag, den Übergang auf die nächste Generation steuerlich zu optimieren. Sie erkennen sofort, dass es hier in erster Linie aber um familiäre, nicht um steuerliche Probleme handelt. Stellen Sie zunächst eine Aufstellung der heikelsten Punkte aus Vergangenheit, Gegenwart und Zukunft der Familie Meister zusammen und entwickeln Sie auf dieser Grundlage eine Vorgehensweise, die allen Mitgliedern der Familie Meister deutlich werden lässt, dass sie das Nachfolgeproblem erst lösen können, wenn sie ihre familiären Probleme aus dem Weg geräumt haben.

5 Die Unternehmerfamilie als Eigentümer

Lernziele und Orientierungsfragen des Kapitels 5

Ziel des Kapitels „Die Unternehmerfamilie als Eigentümer" ist es,

- *die Eigentumsstrukturen und die aus ihnen resultierenden Rechte und Pflichten aufzuzeigen,*
- *die aus diesen Rechten und Pflichten sich ergebenden Aufgabenstellungen für die Eigentümer darzulegen,*
- *die Organisation des Eigentums in Abhängigkeit von Rechtsform, Finanzierung und Eigentümerstruktur aufzuzeigen und*
- *die hieraus resultierenden Fragestellungen darzulegen sowie Gestaltungsmöglichkeiten mit ihren jeweiligen Vor- und Nachteilen zu diskutieren*

Um sich vor dem Lesen des Kapitels über sein eigenes Wissen zu dem Thema klar zu werden, kann es für den Leser hilfreich sein, die folgenden Orientierungsfragen zu beantworten:

1. *Was bedeutet Eigentum speziell für Unternehmerfamilien?*
2. *Welche Rechte und Pflichten ergeben sich aus dem Eigentum an einem Unternehmen?*
3. *Welche verschiedenen Formen von Eigentum an Familienunternehmen sind Ihnen bekannt?*

„Wirklichkeit und Verlässlichkeit der Welt beruhen darauf, dass die uns umgebenden Dinge eine größere Dauerhaftigkeit haben, als die Tätigkeit, die sie hervorbrachte, und dass diese Dauerhaftigkeit sogar das Leben ihrer Erzeuger überdauern kann."[1]

Die Unternehmerfamilie unterscheidet sich dadurch von anderen Familien, dass sie maßgeblichen Einfluss nimmt auf ein Unternehmen, an welchem sie definitionsgemäß auch beteiligt ist. „Fragt man, wer überhaupt als Träger betrieblicher Willensbildung in Frage kommt, dann wird zunächst zu antworten sein: Diejenigen, denen das Eigentum an den Produktionsmitteln zusteht."[2][3] Das vorliegende Kapitel beschäftigt sich mit eben dieser Eigentümerfunktion der Unternehmerfamilie.

---

1 Arendt, H. (1985): Vita activa oder Vom tätigen Leben, 4. Aufl., München, S. 88

2 Gutenberg, E. (1972): Grundlagen der Betriebswirtschaftslehre, Bd. I, Berlin et al., S. 486

3 Allerdings weisen Schreyögg, G. u. H. Steinmann (1981): Zur Trennung von Eigentum und Verfügungsgewalt. Eine empirische Analyse der Beteiligungsverhältnisse in deutschen Großunternehmen, In: ZfB 51. Jg., S. 533-558, hier S. 552, darauf hin, dass „wenn auch ohne Eigentümerkontrolle ein hohes Maß an Rentabilität erzielt wird, dann gerät die Institution des Privateigentums ... in Legitimationsprobleme..."

5.1 Eigentum als Relation zwischen Unternehmer (-familie) und Unternehmen

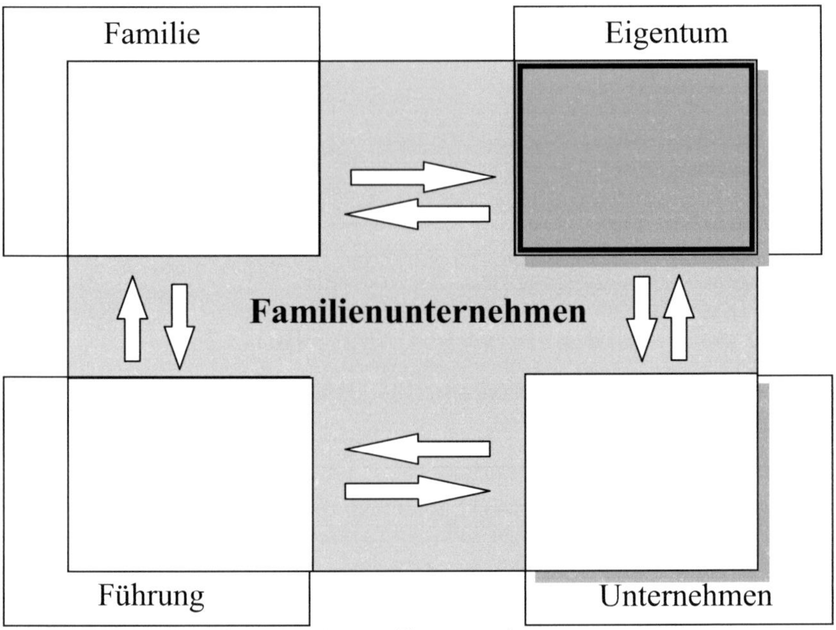

Abb. 17 Eigentumsdimension des Familienunternehmens

Was ist Eigentum? Von PROUDHON[4] stammt die wohl berühmteste Eigentumsdefinition: „Eigentum ist Diebstahl." Allerdings setzt diese Definition die Existenz von Eigentum voraus; nur was sich im Eigentum befindet, kann gestohlen werden. Insofern ist die geschichtliche Betrachtung der Eigentumsidee[5], hier vor allem der Zusammenhang von Eigentum und Freiheit, interessant. Eigentum im Besitz breiter Bevölkerungsschichten entstand letztlich gegen die herrschende Klasse im Zuge der französischen Revolution, die sich u.a. auch gegen das Eigentumsprivileg dieser herrschenden Klasse richtete. Eigentum bedeutete hier die Freiheit der gemeinen Bürger, in ihrem Besitz befindliche Sachen, vor allem Grund und Boden, auch zu Eigentum zu erwerben und mit diesem nach eigenem Gutdünken verfahren zu können.

---

4 Proudhon, P.J. (1840): Was ist Eigentum? (dt. 1844), zit. nach Leisner, W. (1996): Eigentum: Schriften zu Eigentumsgrundrecht und Wirtschaftsverfassung 1970 - 1996, S. 21

5 zur Geschichte der Eigentumsidee vgl. Juhnke, R. (1995): Die Trennung von Eigentum und Verfügungsmacht in der deutschen Publikumsgesellschaft und der Funktionswechsel ihrer Organe, Diss. Berlin, S. 100-109

Eigentum war so gesehen also die Voraussetzung für ein bis dahin nicht bekanntes Maß an Gleichheit, allerdings an Gleichheit der Voraussetzungen und somit der Chancen, nicht der Gleichheit der Ergebnisse. Dennoch blieb Eigentum, vor allem Privateigentum an Produktionsmitteln, ein Politikum. „Das private Eigentum an „Produktionsmitteln" zu beseitigen, war das Hauptziel des Sozialismus im 19. Jahrhundert, der radikale Kommunismus hat dies nahezu völlig verwirklicht und damit seinen Zusammenbruch eingeleitet."[6] Auf der anderen Seite brachte auch die soziale Marktwirtschaft westlicher Prägung in Westdeutschland keine Beruhigung der Eigentumsfrage. Zwar sind Eigentum und Erbschaft im Grundgesetz (§14 (1)) verankert, aber Kritiker weisen auf den „Formelkompromiss voll innerer Widersprüche"[7] hin.

Gesellschaftspolitisch lässt sich eine Entwicklung zur Aushöhlung des Eigentums aufzeigen, die nicht zuletzt auch durch die Eigentümer selbst mit eingeleitet und möglich gemacht worden ist. MITTELSTEN-SCHEID[8] legt eindrücklich dar, wie aus der Überzeugung von natürlicher Ungleichheit und dem Belohnen des Tüchtigen nach dem 2. Weltkrieg mit zunehmender Ungleichheit der Ergebnisse die Forderung nach Gleichmachung auch von Ungleichen erwuchs. „Der Stolz auf die Tüchtigen wandelte sich in Neid auf die Leistungsträger..."[9]. Aus der Forderung nach Chancengleichheit bei gleichen Voraussetzungen wurde die Forderung, die ungleichen Voraussetzungen qua Nivellierung zu korrigieren. Im Zuge dieser Entwicklung wurde aus dem Stolz der Eigentümer auf das Erworbene oder Ererbte und den daraus erwachsenden Pflichten ein mühsames Rechtfertigen und verschämtes Verstecken einerseits und ein hemmungsloses Ausnutzen der Verfügungsrechte andererseits.

Eigentum ist unanständig geworden. „Es verbindet sich damit [Reichtum und reich werden] ein gesellschaftlicher Vorwurf und u.U. so etwas wie ein schlechtes Gewissen bei sensiblen Erben."[10] GOETHE´s vielzitierter Satz „Was du ererbt von deinen Vätern hast, Erwirb es, um es zu besitzen!", scheint heute weniger Aufforderung zur Verantwortung als Abschreckung zu beinhalten, wobei offen bleibt, ob nicht auch Goethe selbst dies gesehen hat, denn die beiden Zeilen zuvor lauten: „Weit besser hätt´ ich doch mein Weniges verprasst, Als mit dem Wenigen belastet hier zu schwitzen, Was du ererbt von deinen Vätern hast, Erwirb es, um es zu besitzen."[11]. In diesem Zusammenhang weisen auch Kritiker wie LEISNER[12] darauf hin, dass von Gerichten nicht erwartet werden kann, ein Gut zu verteidigen und bewahren, „welches die politischen Kräfte aufgeben, welches die Eigentümer selbst nicht verteidigen."

---

6 Leisner, W. (1996): Eigentum: Schriften zu Eigentumsgrundrecht und Wirtschaftsverfassung 1970 - 1996., S. 35

7 Isensee, J. (1996) in: Leisner, W.: a.a.o., S. VII (Vorwort des Herausgebers)

8 Mittelsten-Scheid, J. (1985): Gedanken zum Familienunternehmen, Stuttgart, S. 47

9 Mittelsten-Scheid, J. (1985): a.a.o., S. 47

10 Mittelsten-Scheid, , J. (1985): a.a.o, Stuttgart, S. 47

11 Goethe, J.W.v.: Faust I, Nacht, 679-682

12 Leisner, W. (1996): a.a.o., S. 50

Im Eigentum sind Rechte und Pflichten untrennbar miteinander verbunden. Indem man die Rechte negiert, werden auch die Pflichten nicht mehr wahrgenommen (siehe z.B. die ehemalige DDR). Umgekehrt werden dort, wo nur noch Rechte wahrgenommen werden, Pflichten aber vernachlässigt werden, Legitimationsprobleme in der oben skizzierten Weise unabwendbar. Eigentum des Unternehmers/der Unternehmerfamilie beinhaltet somit Rechte, wie es die juristische Definition des Eigentum als „das umfassendste, absolute, dingliche Recht an einer Sache“[13] aussagt ebenso wie Pflichten, die weit über die Sozialverpflichtung des Eigentums, wie es GG §14 (2) postuliert, hinausgehen.

Eigentum ist also nicht eine Sache an sich, sondern vielmehr die Beziehung zwischen Subjekt (in diesem Fall: der Unternehmer(-familie) als Eigentümer) und Objekt (in diesem Fall: dem Unternehmen). Diese Beziehung ist vielfach gestaltbar, und zwar in Abhängigkeit von der Eigentümerstruktur einerseits, der Objektstruktur andererseits und der Relation zwischen beiden, die wiederum aus dem Bündel der aus ihr erwachsenden Rechte und Pflichten definiert ist. Im folgenden soll nach der Darstellung der empirischen Daten zum Eigenkapitalanteil der Familien an deutschen Familienunternehmen zunächst die Organisation des Eigentums mit den Finanzierungsmöglichkeiten, den aus dem Eigentum erwachsenden Pflichten und den daraus resultierenden Rechten diskutiert werden. Im Anschluss daran sollen die verschiedenen Formen der Eigentümerstrukturen sowie ihre Chancen und Risiken im Zentrum stehen.

5.2 Der Eigenkapitalanteil der Unternehmerfamilie in deutschen Familienunternehmen

Der Anteil der Familie am Eigenkapital des Unternehmens wird von allen Autoren als Definitionsmerkmal des Familienunternehmens genannt. Ebenso nennen alle Teilnehmer der vorangegangenen Expertenbefragung die Beteiligung der Familie am Eigenkapital. Nur über die notwendige Höhe des Eigenkapitalanteils sind sich weder Autoren[14] noch Experten[15] einig. Im Rahmen der vorliegenden Untersuchung wurden erstmals Daten erhoben, aufgrund derer sich eine Aussage über die tatsächliche Höhe und Struktur der Beteiligung von Familien sowohl an Familien- wie auch an Nicht-Familienunternehmen machen lässt. Da die Definition sich nicht ausschließlich auf den Eigenkapitalanteil der Familie bezieht, sind Familien auch an Nicht-Familienunternehmen beteiligt. Allerdings reicht in diesem Fall der insgesamt auf das Unternehmen ausgeübte Einfluss nicht aus, um nach der der Arbeit zugrundeliegenden Definition als maßgeblicher Einfluss zu gelten.

Obwohl die Definition die Eigenkapitalfunktion nur als eine von drei gleich gewichteten Funktionen enthält, erweist sich diese als klares Unterscheidungskriterium für Familien-

---

13 Sellien, F.; Sellien, H. (Hrsg.): Gablers Wirtschaftslexikon, 10. neubear. Aufl., 1980, Sp. 1141

14 vgl. hierzu Kapitel 2.2.1. dieser Arbeit

15 vgl. hierzu Kapitel 2.2.2. dieser Arbeit

und Nicht-Familienunternehmen. Von den 592 Familienunternehmen der Stichprobe von 1995 weisen 465 einen 100%igen Eigenkapitalanteil der Unternehmerfamilie auf. Nur 8 Familienunternehmen weisen einen Eigenkapitalanteil von weniger als 50% auf, keines dieser Unternehmen erwirtschaftet einen Umsatz von mehr als 50 Millionen DM jährlich. Vergleicht man Familien- und Nicht-Familienunternehmen der Stichprobe in bezug auf die Eigenkapitalbeteiligung der Unternehmerfamilie, ergibt sich folgendes Bild:

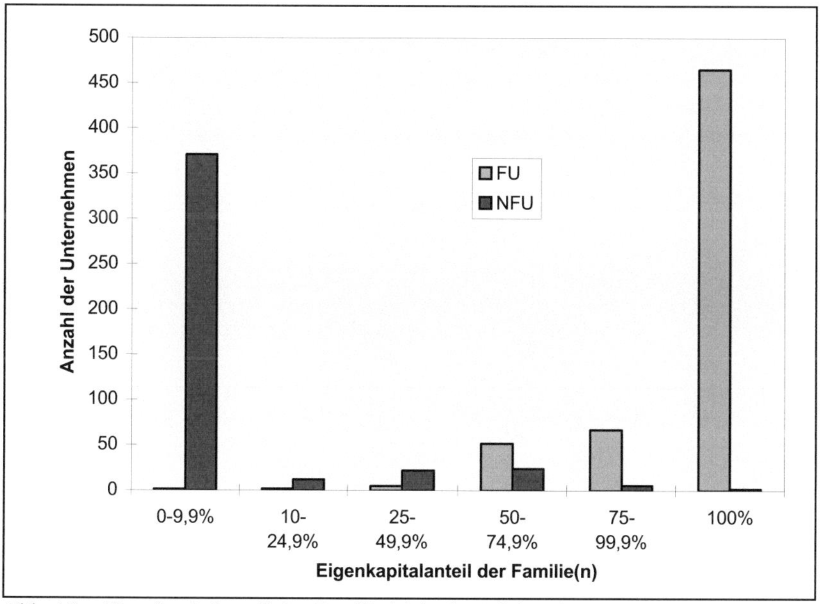

Abb. 18 Eigenkapitalanteil der Familie(n) in der Stichprobe 1995

Auch in Nicht-Familienunternehmen sind z.T. noch Unternehmerfamilien beteiligt, allerdings reicht ihr Einfluss nicht mehr, um von einem Familienunternehmen sprechen zu können. In 371 von 437 Nicht-Familienunternehmen der Stichprobe 1995 hat die Unternehmerfamilie 0 bis max. 9,9% Eigenkapitalanteil. In weiteren 12 Fällen erreicht die Familie keine Sperrminorität, bleibt also mit ihrem Eigenkapitalanteil unter 25 %. In immerhin 30 Fällen hält die Unternehmerfamilie mehr als 50% des Eigenkapitals, ohne dass von einem Familienunternehmen gesprochen werden kann. Der durchschnittliche Eigenkapitalanteil der Unternehmerfamilie beträgt im Familienunternehmen 95%, im Nicht-Familienunternehmen 12 %.

Die vorliegenden Zahlen machen deutlich, dass der Eigenkapitalanteil ein relativ trennscharfes Kriterium in bezug auf die Beurteilung Familienunternehmen/Nicht-Familienunternehmen ist. Bei einem Eigenkapitalanteil der Unternehmerfamilie von weniger als 50% kann man mit sehr großer Wahrscheinlichkeit davon ausgehen, dass es sich bei dem Unternehmen nicht mehr um ein Familienunternehmen handelt. Diese Wahrscheinlichkeit steigt sogar noch an, wenn das betreffende Unternehmen mehr als 50 Millionen DM Jahresumsatz erwirtschaftet. Bei einem Eigenkapitalanteil der Familie von 100% handelt es sich in jedem Fall um ein Familienunternehmen. Bei einer Kapitalbeteiligung von 50-99% handelt es sich nach den hier vorliegenden Zahlen in 3 von 4 Fällen ebenfalls um ein Familienunternehmen. In diesem Fall muss man zur genauen Bestimmung weitere Informationen über Kontroll- und Managementeinfluss der Familie einholen.

Rechnet man nun die Stichprobe auf die Grundgesamtheit um, so ergeben sich kaum relevante Abweichungen. Die nachfolgende Graphik macht deutlich, dass von den ca. 180.000 (260.000) Familienunternehmen in Deutschland 1995 (2000) 80% (84%) (das sind ca. 145.000 (218.000) Unternehmen) einen Eigenkapitalanteil der Unternehmerfamilie von 100% aufweisen. Nur 2% (3%) aller deutschen Familienunternehmen (ca. 3.700 (7.800) Unternehmen) sind Familienunternehmen mit weniger als 50% Eigenkapitalanteil der Unternehmerfamilie.

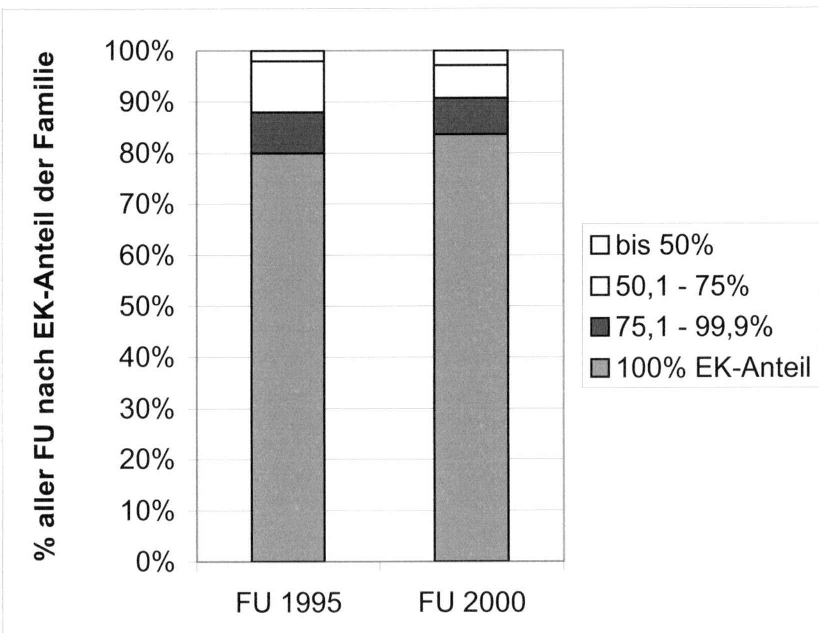

Abb. 19 Eigenkapitalanteil der Familie(n) an deutschen Familienunternehmen 1995 und 2000

Eine kritische Anmerkung ist dieser Betrachtung noch anzufügen: Der Eigenkapitalanteil der Familie ist nicht zu verwechseln mit der Eigenkapitalquote des Unternehmens.

Dass diese traditionell eher gering gerade in mittelständischen Unternehmen ist[16], wurde und wird in der betriebswirtschaftlichen Literatur aus verschiedensten Perspektiven diskutiert.[17] Im Rahmen der empirischen Untersuchung wurde die Eigenkapital-quote nicht erhoben, da sie ebenso wie der Gewinn in den Bereich der sensiblen Daten fällt und somit ihre Erwähnung die Gefahr einer geringeren Rücklaufquote in sich geborgen hätte.

5.2.1 Minderheitsbeteiligungen zur Wachstumsfinanzierung

Betrachtet man den Eigenkapitalanteil und den Umsatz von Familienunternehmen, so sinkt der Anteil der Unternehmen mit 100%igen Eigenkapitalanteil der Familie mit steigendem Umsatz. Allerdings sind in der Stichprobe von 1995 auch in der Umsatzgrößenklasse von mehr als 1 Mrd. DM Umsatz über 60% der Familienunternehmen zu 100% in Besitz der Familie. Deutlich steigt mit zunehmendem Umsatz der Anteil der Unternehmen an, die eine Minderheitsbeteiligung fremder Dritter von weniger als 25% aufweisen. Während dies bei nicht einmal 10% aller Familienunternehmen mit weniger als 50 Mio. DM Umsatz der Fall ist, sind es in der Umsatzgrößenklasse mit mehr als 1 Mrd. DM Umsatz 24%.

Umsatz in Mio DM	100% EK-Anteil	75-99% EK-Anteil	50-74% EK-Anteil	10-49% EK-Anteil	Summe
2 - 10	108.472	10.331	13.774	2.583	135.160
10 - 50	26.642	3.303	2.862	661	33.467
50 - 100	3.391	473	197	39	4.101
100 - 250	1.421	248	203	0	1.872
<250	558	159	70	10	797
Summe	**140.484**	**14.514**	**17.106**	**3.293**	**175.397**

Tab. 13 Deutsche FU je Umsatzgrößenklasse und Eigenkapitalanteil der Familie in 1995

Vergleicht man die Stichprobe mit den auf die Grundgesamtheit zurück gerechneten Zahlen, wird deutlich, dass die Schichtung der Stichprobe keinen Einfluss auf die Struktur der Eigenkapitalanteile in Familienunternehmen hat. Deshalb zeigt folgende Abbildung nochmals die Struktur der Stichprobe von 1995, die aufgrund ihrer differenzierteren Betrachtung der oberen Umsatzgrößenklassen deutlich zeigt, dass eine 100 %-ige Eigenkapitalbeteiligung der Familie ab einem Jahresumsatz von 500 Mio. DM seltener

16 „Die Eigenkapitalquote der KMU sinkt ständig. Inzwischen liegt sie weit unter 20%." Ehren, H. und W. Hirn (1997): Geld oder Sterben In: Manager Magazin 9/97, S. 87-97, hier S.88

17 vgl. u.a. Schmidt, A. (1998): Zur finanzwirtschaftlichen Situation kleiner und mittlerer Unternehmen im Strukturwandel In: Franke, G. u. H. Laux (Hrsg.): Unternehmensführung und Kapitalmarkt, Festschrift für Herbert Hax, Berlin et al, S. 285 - 326; Wossidlo, P.R. (1997): Finanzierung In: Pfohl, H.-C. (Hrsg.): Betriebswirtschaftslehre der Mittel- und Kleinbetriebe: größenspezifische Probleme und Möglichkeiten zu ihrer Lösung, 3. neubearb. Aufl., S. 287 -333

wird. Aber auch dann vermeiden Unternehmerfamilien nach den vorliegenden Zahlen, ihren Eigenkapitalanteil unter eine qualifizierte Mehrheit absinken zu lassen.

Solange Unternehmerfamilien die Wahl haben, bleiben sie unter sich. Ein Eigenkapitalanteil von 100% bei mehr als ¾ aller Familienunternehmen in 1995 (80%=140.000 FU) spricht eine deutliche Sprache. Andererseits scheint das notwendige Wachstum in einigen Fällen doch nicht ausschließlich über Fremdkapital erreicht werden zu können, sondern über fremde Dritte. Ob dies z.B. Mitarbeiter, andere Unternehmen oder Beteiligungsgesellschaften sind, lässt sich aufgrund der vorliegenden Daten nicht sagen. Aussagen aber lässt sich, dass Familienunternehmen nur in Ausnahmefällen (und dies vermutlich nur, wenn sie dazu gezwungen sind) eine familienfremde Mehrheit zulassen. Nur 1% (gerade einmal 10) der Familienunternehmen mit mehr als 250 Millionen DM Jahresumsatz in Deutschland werden von fremden Dritten majorisiert. In den anderen Umsatzgrößenklassen sieht es ähnlich aus (0-2%). Bevor eine solche Mehrheitsbeteiligung fremder Dritter zugelassen wird und der Einfluss der Familie über eine der beiden anderen Funktionen Kontrolle oder Management sichergestellt werden muss, scheinen Familien dazu zu tendieren, dass Unternehmen ganz zu verkaufen bzw. ihren Einfluss auf den eines Minderheitsgesellschafters ohne Einfluss zu reduzieren.

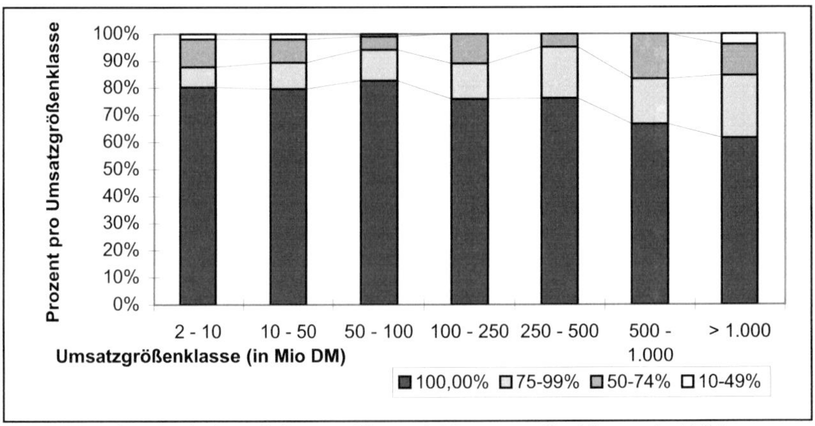

Abb. 20 Eigenkapitalanteil der Familie nach Umsatzgrößenklassen in 1995

Wenn fremde Dritte am Eigenkapital beteiligt werden, so als Minderheitsgesellschafter mit weniger als 25% des Eigenkapitals, so dass dies in keiner Gesellschaftsform zu einer Sperrminorität und somit zu einem maßgeblichen Einfluss führt. Besondere gesellschaftsrechtliche Regelungen im Einzelfall sind hiervon ausgenommen.

5.2.2 Jüngere FU mit höherer Fremdbeteiligung

Vergleicht man die Beteiligung der Unternehmerfamilien am Eigenkapital in den verschiedenen Branchen der Stichprobe 1995, so findet man nur geringe Unterschiede. Am höchsten ist der Eigenkapitalanteil der Familie im Handel mit über 96%, am geringsten in Dienstleistung und sonstigen Branchen mit ca. 92%.

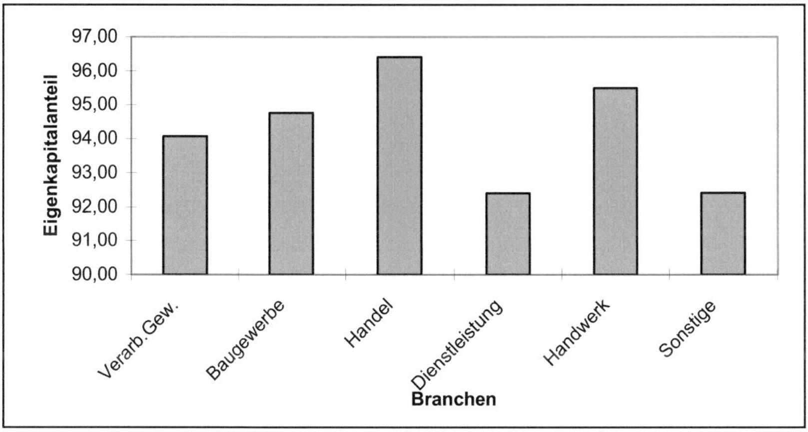

Abb. 21 Eigenkapitalbeteiligung der Familie in den Branchen 1995

Dienstleistungsbranche und sonstige Branchen sind die Branchen, in denen Familienunternehmen auffallend jung sind. Inwieweit es einen Zusammenhang zwischen Alter und Eigenkapitalanteil der Familie gibt, soll deshalb im folgenden dargestellt werden. Das Alter der Unternehmen wird durch die angegebenen Gründungsjahre erfasst. Erfasst worden sind allerdings nur Unternehmen, die zum Zeitpunkt der Erhebung Ende 1996/Anfang 1997 noch existierten. Die Gründungsjahre wurden zu geschichtlich sinnvollen Gründungszeiträumen zusammengefasst, und zwar

1. bis zur Gründung des Kaiserreiches,
2. von der Gründung des Kaiserreiches bis zum Ausbruch des I. Weltkrieges,
3. die Zeit der Weltkriege,
4. die Jahre des Wiederaufbaus 1946-1959 und dann jeweils in 10-Jahres-Zeiträumen,
5. 1960-1969,
6. 1970-1979,
7. 1980-1989 und
8. von der Wiedervereinigung bis zur Erhebung 1990-1996.

Betrachtet man den Eigenkapitalanteil der Unternehmerfamilien nach dem Alter der Unternehmen in der Stichprobe 1995, so wird deutlich, dass die oben genannte Vermutung richtig ist. Je später ein Familienunternehmen gegründet wurde, desto geringer ist der Eigenkapitalanteil, den die Familie hält mit Ausnahme der noch vor 1913 gegründeten Unternehmen. In diesen beiden Gründungszeiträumen gegründete und 1996/97 noch existente Familienunternehmen wiesen im Durchschnitt eine Eigenkapitalbeteiligung der Unternehmerfamilie von 94 bzw. 95% auf. Die zwischen Beginn des I. Weltkrieges und dem Ende der 50er Jahre gegründeten Familienunternehmen weisen den deutlich höchsten Eigenkapitalanteil der an ihnen beteiligten Unternehmerfamilien auf mit über 96%. Von da an fällt der Eigenkapitalanteil der Unternehmerfamilien kontinuierlich auf einen

Wert von knapp 90% bei den nach der Wiedervereinigung gegründeten Familienunternehmen.

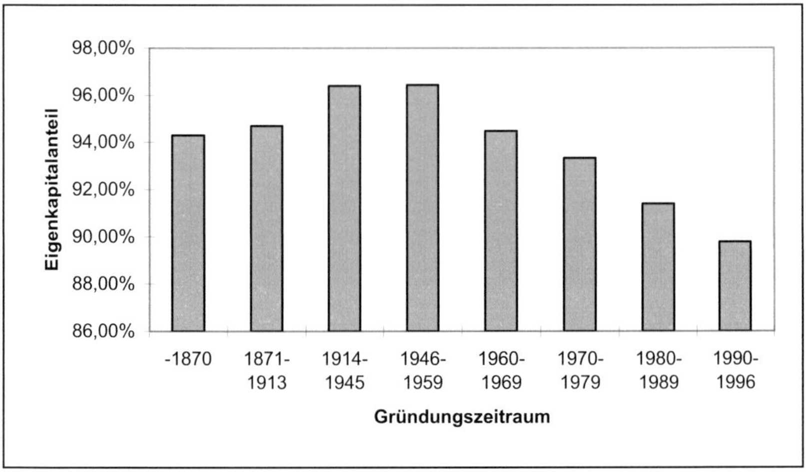

Abb. 22 Eigenkapitalanteil der Familie am FU nach Gründungszeiträumen in 1995

Wichtig ist hierbei, dass diese Entwicklung sich seit dem Ende der 50er Jahre abzeichnet und auch mit der Wiedervereinigung und damit so mit dem Hinzukommen der ehemaligen DDR-Betriebe keine Beschleunigung oder Trendwende erfährt. Sicher aber lässt sich anhand der hier vorliegenden Zahlen die These widerlegen, dass Unternehmen, die zunächst als Familienunternehmen gegründet wurden, über die Jahre mehr und mehr von dem von der Familie gehaltenen Eigenkapitalanteil an fremde Dritte abgeben und so peu à peu in fremde Hände übergehen. Vielmehr scheint es so zu sein, dass besonders zwischen 1914 und 1959 gegründete Familienunternehmen der Versuchung, fremde Dritte aus welchen Gründen auch immer aufzunehmen, bisher widerstanden haben. Die Bereitschaft hierzu scheint bei später gegründeten Familienunternehmen jedoch größer zu sein.

5.3 Organisation des Eigentums

Aus den oben dargestellten empirischen Daten wird bereits deutlich, dass es verschiedene Möglichkeiten gibt, die Rechte und Pflichten, die aus dem Eigentum hervorgehen, zu organisieren. Den juristischen Niederschlag findet die Organisation des Eigentums in der Wahl der Rechtsform, wobei allerdings die ausschließliche Betrachtung der Rechtsformen den Sachverhalt auf einen hauptsächlich juristischen und wirtschaftlichen (Steuern, Kapitalmarkt etc.) reduzieren würde, was dem komplexen Charakter des Sachverhaltes in der Praxis nicht gerecht wird.

Zu dieser Organisation des Eigentums zählt zum einen die Finanzierung, aber eben auch die Pflichten, wie der Erhalt und der Einsatz des Eigentums, die Sozialverpflichtung des Eigentums und die daraus erwachsende Informationspflicht, sowie die Rechte, hier im Sinne der Verfügungsrechte, wie sie im Zuge der Property Rights Theory[18] formuliert werden, verstanden werden sollen. Zu diesen Rechten zählen das Recht,

- das Eigentum zu nutzen (usus)
- das Eigentum in Form und Substanz zu verändern (abusus)
- Erträge und Verluste aus dem Eigentum einzubehalten (usus fructus)
- das Eigentum mit den dazu gehörenden Verfügungsrechten ganz oder teilweise zu übertragen.[19]

Im folgenden sollen diese Merkmale der Organisation des Eigentums unter besonderer Berücksichtigung des Familienunternehmens und der Unternehmerfamilie dargestellt werden, nachdem die Ergebnisse der empirischen Erhebung in bezug auf die Rechtsformen dargestellt worden sind.

5.3.1 Rechtsformen von Familien- und Nicht-Familienunternehmen in Deutschland

Die Wahl der Rechtsform hat weitreichende Auswirkungen auf die Gestaltung von Organisationen. Selbst bei fortschreitender Angleichung der steuerlichen Behandlung von Unternehmen verschiedener Rechtsformen bestehen immer noch gravierende Unterschiede. Vor allem zwischen Personen- und Kapitalgesellschaften sind diese Unterschiede ausgeprägt. Dabei darf nicht vergessen werden, dass sich die Wahl der Rechtsform nicht nur bei Gründung eines Unternehmens stellt, sondern immer dann zur Überprüfung und ggf. Anpassung ansteht, wenn sich relevante Rahmenbedingungen wie z.B. steuerliche, rechtliche oder wirtschaftliche Faktoren gravierend ändern.[20]

Hierzu ist es wichtig, neben der steuerlichen Gegenwart auch die historischen Wurzeln zu berücksichtigen. Die Kapitalgesellschaften sind sehr viel jünger als die Personengesellschaften. Erst Ende des vergangenen Jahrhunderts wurden mit der Aktiengesellschaft, später mit der GmbH und nochmals später mit der GmbH&CoKG Instrumente geschaffen, die die persönliche Haftung des Unternehmers beschränkten.[21] Diese anonymen Unternehmensformen machten es somit auch erstmals möglich, dass juristische Personen Unternehmen besitzen und auch - zumindest juristisch - leiten.

---

18 vgl. u.a. Alchian, A.-A. (1965): Some Economics of Property Rights In: Il Politico, 30. Jg., S. 816-829

19 vgl. König, D. (1986): Die mittelgroße Familienunternehmung in der Rechtsform der Aktiengesellschaft, Bergisch-Gladbach, S. 146 f und die dort angegebene Literatur

20 Vgl. hierzu auch: Wöhe, G.(1978): „Die Wahl der Rechtsform als Entscheidungsproblem“ in ders.: Einführung in die Betriebswirtschaftslehre, 13. überarb. Aufl., München 1978 und die dort angegebene Literatur

21 vgl. hierzu auch Kapitel 3.1.3 und 3.1.4. dieser Arbeit

Gleichwohl blieb die Ablehnung gegen das Ausscheiden aus der persönlichen Haftung vor allem in Unternehmerkreisen bis weit nach dem 2. Weltkrieg erhalten. Trotz gestiegener Risiken haftete „der Unternehmer“ selbstverständlich mit seinem gesamten persönlichen Vermögen. Erst im Laufe der 70er Jahre änderte sich diese Grundhaltung und es war sowohl bei Unternehmerkollegen und auch bei Banken nicht mehr verpönt, wenn z.B. KGs in GmbH&CoKGs umgewandelt wurden, die zu der Zeit sowohl in bezug auf Publizitätspflicht als auch Steuerbelastung deutlich besser gestellt waren als AGs. Im folgenden soll nun interessieren, in wieweit diese für alle Unternehmen gleichen, aber einem ständigen Wandel unterliegenden Rahmenbedingungen zur Wahl unterschiedlicher Rechtsformen bei Familien- und Nicht-Familienunternehmen geführt haben.

In der vorliegenden Untersuchung sind mehr als ¾ der Unternehmen, die Angaben zur Rechtsform gemacht haben, GmbHs oder GmbH&CoKGs. Über die Hälfte, nämlich 553 der 1010 Unternehmen, werden in der Form einer GmbH geführt. Hiervon sind 308 Familienunternehmen. 232 Unternehmen werden als GmbH&CoKG geführt, hier allerdings mit einem deutlichen Schwerpunkt der Familienunternehmen, und 113 Unternehmen sind Aktiengesellschaften, wobei hier die Nicht-Familienunternehmen überwiegen. Insgesamt lässt sich feststellen, dass die Kapitalgesellschaften (inkl. der Mischform GmbH&CoKG) in der vorliegenden Stichprobe über ¾ der Unternehmen dominierend sind. Es bleibt festzuhalten, dass Personengesellschaften[22] die Rechtsform der Wahl für Familienunternehmen, Kapitalgesellschaften die für Nicht-Familienunternehmen sind. Nur im Bereich der GmbH beobachten wir nahezu eine Gleichverteilung der Zahl nach.

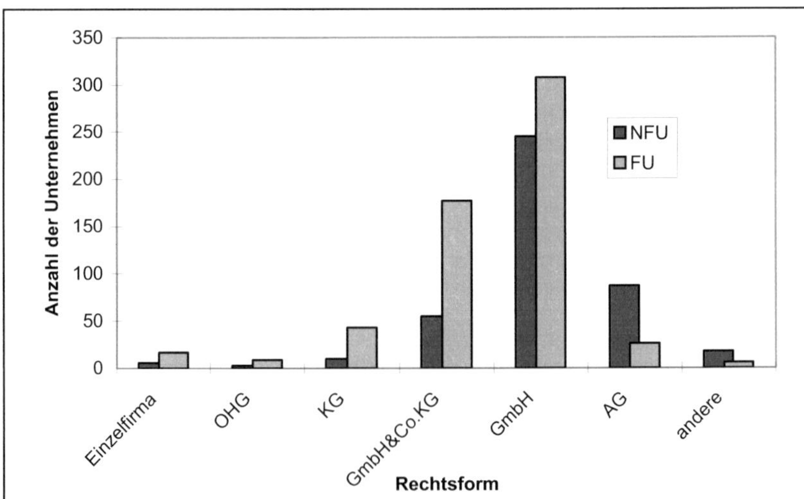

Abb. 23 Familien- und Nicht-Familienunternehmen nach Wahl der Rechtsform

22 GmbH & Co KGs sind nach der Rechtssprechung keine Kapitalgesellschaften. Vgl. BFG-Entscheidung v. 26.8.82; zit. nach: König, D. (1986): Die mittelgroße Familienunternehmung in der Rechtsform der Aktiengesellschaft, Bergisch-Gladbach, S. 37

5.3.1.1 Rechtsform und Unternehmensgröße

Da der Verwaltungsaufwand, der vom Gesetz geforderte Formalisierungsgrad u.a.m. bei Kapital- und Personengesellschaften unterschiedlich ist, ist zu vermuten, dass sich die Wahl der Rechtsform u.a. auch nach der Unternehmensgröße richtet. Im folgenden soll deshalb die gewählte Rechtsform von Familienunternehmen mit der Unternehmensgröße, gemessen am Umsatz, ins Verhältnis gesetzt werden.

Einzelfirmen finden wir bei den Familienunternehmen der Stichprobe nur bis zu einer Umsatzgrößenklasse von maximal 250 Mio. DM. Die OHGs sind nur bis zu einem Jahresumsatz von max. 500 DM in der Stichprobe vertreten, wobei mehr als die Hälfte, nämlich 5 von 9 OHGs, in der Umsatzgrößenklasse von 100-249 Mio. DM zu finden ist. Aufgrund der geringen Fallzahl muss auf eine Interpretation hier verzichtet werden.

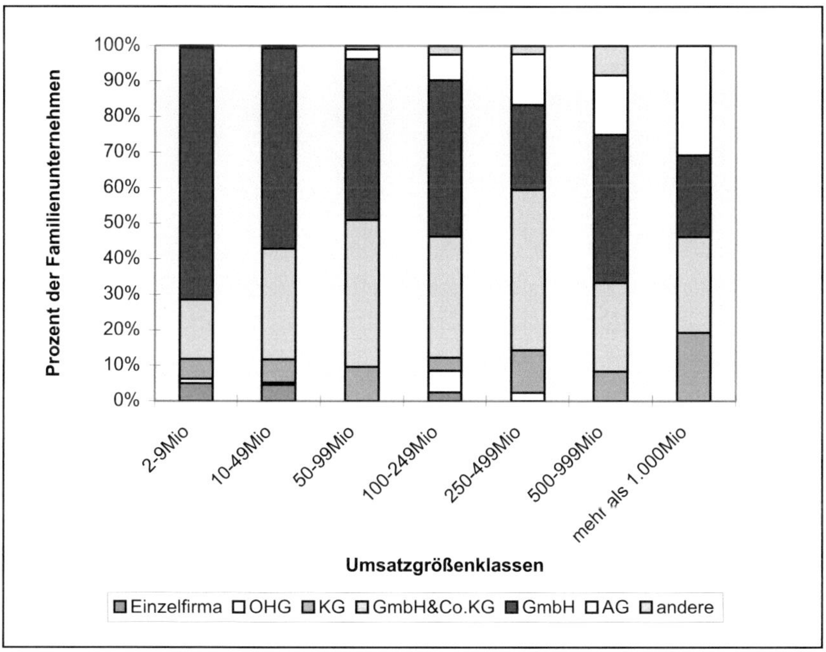

Abb. 24 Rechtsform von Familienunternehmen nach Umsatzgrößenklassen in 1995

Die Kommanditgesellschaften finden wir in allen Umsatzgrößenklassen unter den Familienunternehmen der Stichprobe. Ihr Anteil nimmt in der obersten Umsatzgrößenklasse bei Unternehmen mit mehr als 1 Mrd. DM Umsatz in der Stichprobe von 1995 sogar noch deutlich zu. Von den 26 Familienunternehmen dieser Umsatzgrößenklasse sind 8 Aktiengesellschaften, 7 Kommanditgesellschaften, 6 GmbH&CoKGs und 5 GmbHs. Ebenso ist der Anteil der GmbH&CoKG über alle Umsatzgrößenklassen relativ stabil, mit geringfügig geringerem Anteil bei Familienunternehmen mit weniger als 10

Mio DM Umsatz und dem größten Anteil bei denjenigen zwischen 50 und 500 Mio DM Umsatz.

Hingegen nimmt der Anteil der GmbH mit zunehmender Umsatzgrößenklasse ab, während der Anteil der AG kontinuierlich zunimmt. Bei den Familienunternehmen der Stichprobe mit weniger als 10 Mio DM Umsatz sind 70% GmbHs, bei denen mit mehr als 1 Mill. DM Umsatz sind es nur noch knapp 20%. In der Umsatzgrößenklasse von weniger als 10 Mio DM Umsatz gibt es kein Familienunternehmen, dass als AG geführt wird, bei 10-49 Mio DM sind es weniger als 1 %. Bei mehr als 1 Mill. DM Umsatz sind 30% der Familienunternehmen der Stichprobe Aktiengesellschaften.

Insgesamt spielt mit zunehmender Unternehmensgröße die Begrenzung der Haftung eine immer größere Rolle. Nur in der Kommanditgesellschaften reiner Prägung gibt es noch einen persönlich haftenden Gesellschafter, in allen anderen Rechtsformen, die in Familienunternehmen mit mehr als 1 Mill. Umsatz zu beobachten sind, ist die Haftung auf das eingelegte Kapital begrenzt. Auch der Trend zur zunehmenden Professionalisierung und damit Angleichung von Familien- und Nicht-Familienunternehmen mit zunehmender Größe bestätigt sich hier erneut.

5.3.1.2 Rechtsform, Branche und Alter

Die nächste Frage ist die, wie sich die Familienunternehmen der Stichprobe 1995 auf die einzelnen Branchen im Verhältnis zu der gewählten Rechtsform verteilten. Hier sind deutliche Unterschiede zwischen den Branchen zu beobachten.

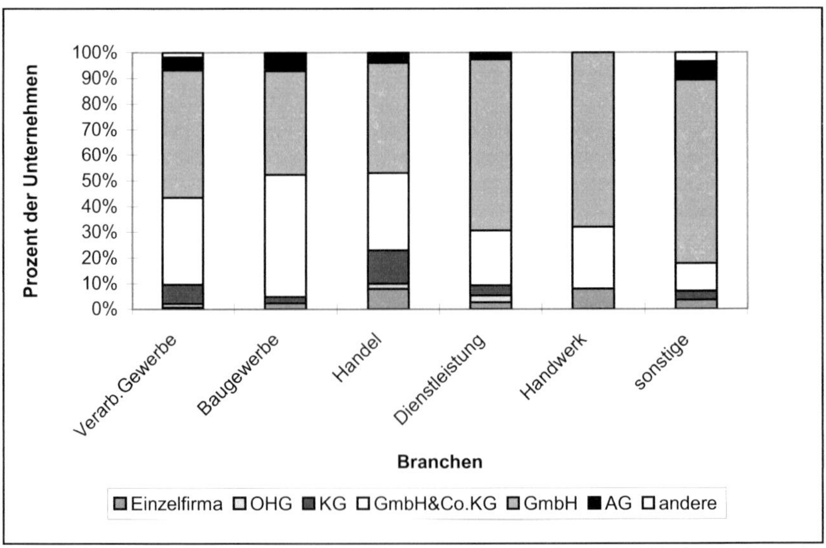

Abb. 25 Rechtsformen von Familienunternehmen in den verschiedenen Branchen 1995

Im Handwerk dominiert die GmbH mit 2/3, gefolgt von der GmbH&CoKG mit nochmals über 20%. Die einzige weitere vertretene Rechtsform ist die Einzelfirma mit ca. 8% der Handwerksunternehmen der Stichprobe. Ähnlich stellt sich das Bild im Bereich der Dienstleistung dar. Auch hier sind 2/3 der Unternehmen GmbHs und nochmals über 20% GmbH&CoKGs. Der Rest der Dienstleistungsunternehmen der Stichprobe teilt sich dann zu nahezu gleichen Teilen (jeweils 2,7 bzw. 4%) auf Einzelfirma, OHG, KG und AG auf.

Anders stellt sich das Bild im Verarbeitenden Gewerbe, im Bau und im Handel dar. Hier ist die GmbH zwar immer noch relativ häufig vertreten, aber die GmbH&CoKGs nehmen einen deutlichen größeren Anteil ein. Auch der Anteil der Aktiengesellschaften ist hier größer. Im Baugewerbe nehmen die GmbH&CoKGs mit fast 50% sogar den größten Anteil ein, während im Verarbeitenden Gewerbe die GmbHs mit über 40% noch die Majorität stellen. Wiederum abweichend von den anderen Branchen findet man bei den sonstigen Branchen über 70% GmbHs, allerdings nur wenige GmbH&CoKGs.

5.3.2 Finanzierungsmöglichkeiten

Zur Finanzierung eines Familienunternehmens stehen grundsätzlich analog anderen Unternehmensarten die Eigen- und die Fremdfinanzierung zur Verfügung, wobei die Ausgestaltung der konkreten Finanzierungsalternativen durch die Rechtsform des Unternehmens, die Zahl der Gesellschafter, die vertragliche Gestaltung im Einzelfall und die wirtschaftliche Verfassung des Unternehmens determiniert werden. Während bei Eigenfinanzierungen die Verpflichtungen gegenüber den Familienmitgliedern wachsen, die im Rahmen von Stimmrechten, Dividendenansprüchen u.ä. entlohnt werden, steigt bei der Fremdfinanzierung die Abhängigkeit des Unternehmens von fremden Dritten, seien es Kreditinstitute, Kapitalbeteiligungsgesellschaften o.a.. Dies belastet das Unternehmen mit Zinsen und Haftungsrisiken, die von Fall zu Fall sehr unterschiedlich sein können.

Abbildung 26 stellt die Finanzierungsarten für mittelgroße Familienunternehmungen[23] dar, die als Grundlage der Erörterungen dienen soll. Zum einen kann der Unternehmer bzw. die Unternehmerfamilie das notwendige Kapital aus eigenen Mitteln aufbringen. Die Grenzen für die sogenannte Eigenfinanzierung aus eigenen Mitteln, der Erhöhung der Einlagen durch die Familie selbst, liegen im Privatvermögen der Unternehmerfamilie. Die ausschließliche Investition des Privatvermögens in das Familienunternehmen ist bei Unternehmerfamilien nicht selten, birgt aber naturgemäß Gefahren. Zum einen wird die risiko-mindernde Diversifikation unterlassen, so dass in Krisensituationen des Unternehmens ein weiteres Nachschießen aus Eigenmitteln nicht mehr möglich ist, zum anderen sind die Erwartungen der Gesellschafter an das Unternehmen und die Unternehmensführung dementsprechend hoch. Umso komplexer im Sinne der Anzahl, der Struk-

---

23 zur Abgrenzung von „mittelgroß“ siehe König, D. (1986): Die mittelgroße Familienunternehmung in der Rechtsform der Aktiengesellschaft, Bergisch-Gladbach, S. 15-25

tur ihres jeweiligen Privatvermögens, der jeweiligen Anteilshöhe und des mitarbeitenden/nicht mitarbeitenden Familienmitgliedsstatus der Gesellschafterkreis ist, desto schwieriger wird es für das Unternehmen und die Unternehmensleitung, den Anforderungen der Eigenkapitalgeber gerecht zu werden.

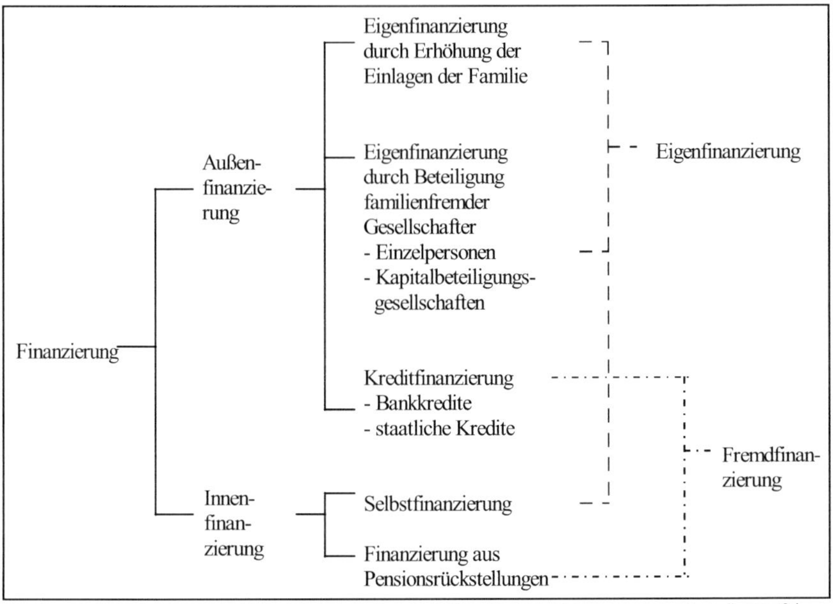

Abb. 26 Finanzierungsarten mittelgroßer Familienunternehmungen nach KÖNIG[24]

Eine weitere Möglichkeit der Eigenfinanzierung ist die Hereinnahme familienfremder Gesellschafter[25]. Dies kann zum einen eine Einzelperson, zum anderen ein Unternehmen sein. Ein anderes Unternehmen beteiligt sich hierbei z.B., um einen Markteintritt zu erhalten oder um langfristig das gesamte Familienunternehmen übernehmen zu können. Während Einzelpersonen als Gesellschafter nur schwer zu finden sind, es sei denn, sie stehen dem Unternehmen z.B. als langjähriger leitender Mitarbeiter, Lieferant oder Kunde besonders nahe, gibt es inzwischen eine ganze Zahl von Kapitalbeteiligungsgesellschaften, die sich gerade auf die Beteiligung an Familienunternehmen vor allem mittlerer und größerer Größe oder an Gründungsunternehmen in besonders innovativen, schnell wachsenden Märkten spezialisiert haben. Ziel solcher Beteiligungsgesellschaften ist neben einer marktgerechten Rendite zumeist mittel- bis langfristig eine Übernahme und Weiterveräußerung des Unternehmens, so dass sich diese Form der Eigenfinanzierung langfristig als ein Einstieg zum Ausstieg herausstellen kann.

---

[24] König, D. (1986): Die mittelgroße Familienunternehmung in der Rechtsform der Aktiengesellschaft, Bergisch-Gladbach, S. 126

[25] Mit den Zielen, die mittelständische Unternehmen mit einem solchen Schritt verbinden, befasst sich die Arbeit von ARNOLD. Arnold, W. (1989): Finanzierungsziele. Anforderungen mittelständischer Unternehmungen an Beteiligungskapital, Frankfurt

Der für ein Familienunternehmen am wenigsten in die Abhängigkeit weisende Weg der Eigenfinanzierung ist die Selbstfinanzierung. Hier unterscheidet man die offene und die stille Selbstfinanzierung. Im Rahmen der offenen Selbstfinanzierung werden versteuerte Gewinne nicht ausgeschüttet und je nach Rechtsform entweder den Kapitalkonten der Gesellschafter gutgeschrieben oder zu einer Kapitalerhöhung genutzt, von stiller Selbstfinanzierung spricht man bei Ausschöpfen von Bewertungsspielräumen mit dem Ziel der Bildung stiller Reserven.

Das Konfliktpotential dieser Finanzierungsarten ist zum einen auf der Eigentümerseite, zum anderen aber auch auf der Unternehmensseite zu sehen. Das Konfliktpotential auf der Eigentümerseite wird erst dann offensichtlich, wenn die Eigentümerstruktur auf Seiten der Familie komplexer wird. Solange der Eigentümer-Unternehmer als Alleininhaber die Geschicke des Unternehmens bestimmt, ist die offene Selbstfinanzierung nur im Sinne der Risikostreuung des Vermögens des Unternehmers kritisch zu sehen. Sobald aber, wie oben dargestellt, die Gesellschafterstruktur komplexer wird, ist sowohl die vollständige Thesaurierung von Gewinnen wie auch die Bildung stiller Reserven besonders für die Gesellschafter, die von den Dividenden in hohem Maße abhängig sind, problematisch. Hinzukommt, dass die Bildung stiller Reserven die Aufnahme neuer Gesellschafter aufgrund der Bewertungsproblematik erschwert, ebenso wie es das Ausscheiden eines der Gesellschafter aus dem Gesellschafterkreis für alle durch die damit verbundene Auflösung der stillen Reserven schwierig werden lässt. Zudem findet das Bilden stiller Reserven in Familienunternehmen in den meisten Fällen mit Blick auf das Finanzamt und evtl. auf weitere Gesellschafter statt. Damit wird die Aufmerksamkeit der damit Befassten vom eigentlichen Unternehmensziel abgelenkt, dieses wird verwässert. Darüber hinaus steht zu befürchten, dass stille Reserven in dem Moment, wo sie gebraucht werden, nicht oder nur mit einem erheblichen Wertverlust realisierbar sind.[26]

Neben der Eigenfinanzierung sind die meisten Familienunternehmen zu einem nicht unerheblichen Teil fremdfinanziert. KÖNIG[27] zitiert verschiedene Untersuchungen, die die Eigenkapitalquote deutscher Unternehmen zwischen 20 und 30% im Jahr 1980 angeben. Allerdings ist davon auszugehen, dass die Eigenkapitalquote von Unternehmen zu Unternehmen stark schwankt[28]. Diese Durchschnittszahlen sind daher volkswirtschaftlich interessant, aber für die Aussage über einzelne Familienunternehmen kaum hilfreich. „Außerdem zeigt die Tiefenanalyse der einzelnen Betriebsgrößenklassen häufig ein sehr heterogenes Bild. In nahezu jeder Klasse existieren eine Reihe von relativ gut und zugleich eine Reihe von relativ schlecht ausgestatteten Unternehmen.“[29]

26 Zu den negativen Auswirkungen von stillen Reserven vgl. auch Kapitel 7.3.2.2.3.

27 König, D. (1986): Die mittelgroße Familienunternehmung in der Rechtsform der Aktiengesellschaft, Bergisch-Gladbach, S. 75ff

28 Der Autorin sind Familienunternehmen mit 100% Eigenkapitalquote bekannt.

29 Wossidlo, P.R. (1997): Finanzierung In: Pfohl, H.-C. (Hrsg.): Betriebswirtschaftslehre der Mittel- und Kleinbetriebe: größenspezifische Probleme und Möglichkeiten zu ihrer Lösung, 3. neubearb. Aufl., S. 287 - 333, hier S. 328

Die Fremdfinanzierung kann über Kredite oder über die Pensionsrückstellungen des Unternehmens erfolgen. Der Finanzierungseffekt von Pensionsrückstellungen ergibt sich zum einen aus der Möglichkeit, die Rückstellungen Kreditmindernd einzusetzen bis zu ihrer endgültigen Verwendung zur Kredittilgung respektive Auszahlung und zum anderen aus der Minderung des auszuweisenden Gewinns durch die Zuführung zu den Rückstellungen und den somit geringeren Ausschüttungen an die Gesellschafter sowie an das Finanzamt. Allerdings ist die Bildung von Rückstellungen für Familienmitglieder, die im Unternehmen tätig sind, je nach Rechtsform und Beteiligungshöhe eingeschränkt.

Die Fremdfinanzierung über Kredite erhöht die Abhängigkeit des Unternehmens von der außenstehenden Beurteilung und belastet es mit Zins- und Tilgungszahlungen. Während Familienmitglieder unter Umständen auf eine Ausschüttung zu verzichten bereit sind, müssen die den Banken gegenüber eingegangenen Verpflichtungen vertragsgemäß erfüllt werden und belasten so die Liquidität des Unternehmens. Hinzukommt, dass sich zwar de jure aus dem Zur-Verfügung-Stellen von Fremdkapital keine Mitspracherechte ableiten lassen, de facto dies jedoch von den Banken häufig anders gesehen wird und je nach Abhängigkeit des jeweiligen Unternehmens auch anders gehandhabt wird. KÖNIG[30] weist darauf hin, dass die Bonitätsprüfung bei Personengesellschaften sich in hohem Maße an der Person des/der Unternehmer(s) orientiert und das Privatvermögen der Familienmitglieder als Sicherheit mit herangezogen wird, während bei Kapitalgesellschaften das Unternehmen selbst im Zentrum der Beurteilung steht. Die Wahl der Rechtsform, soweit sich das Unternehmen in der wirtschaftlichen Situation befindet, die eine Wahlfreiheit zulässt, ist deshalb von den Eigentümern auch unter dem Gesichtspunkt der möglichen Fremdkapitalbeschaffung zu prüfen.

5.3.3 Erfüllung der Pflichten

Die Property Rights-Theorie sieht Pflichten, die sich aus dem Ressourcenbesitz ergeben, als die Verfügungsrechte mindernde Kosten an.[31] Die ethisch-moralischen Diskussionen über die Legitimität von Eigentum gehen hier sehr viel weiter. Wenn wahres Eigentum nicht Privileg, sondern Aufgabe ist,[32] so können die mit der Aufgabe verbundenen Pflichten schwerlich nur unter dem Begriff der Kosten subsumiert werden. Der Unternehmer bzw. die Unternehmerfamilie hat resultierend aus dem Eigentum an Produktionsmitteln, das sich ausdrückt in dem Eigentum am Unternehmen selbst, die Pflicht, dieses Eigentum zu erhalten und zum eigenen Nutzen[33] und zum Nutzen der Gesellschaft einzusetzen und zu mehren. Darüber hinaus besteht ein Interesse der Beteiligten und Betroffenen wie z.B. der Mitarbeiter, der Kunden, der Lieferanten und der interessierten

---

30 König, D. (1986): Die mittelgroße Familienunternehmung in der Rechtsform der Aktiengesell-schaft, Bergisch-Gladbach, S. 132f

31 König, D. (1986): a.a.o. und die dort angegebene Literatur

32 Leisner, W. (1996): Schriften zu Eigentumsgrundrecht und Wirtschaftsverfassung, Berlin, S. 50

33 Leisner, W. (1996): a.a.o., S. 721

Öffentlichkeit, über das Unternehmen und sein wirtschaftliches Gedeihen informiert zu werden.

5.3.3.1 Erhalt und Einsatz des Eigentums

„Das Eigentum bedeutet ihm [dem Familienunternehmer] mehr als ein finanzieller Vermögensgegenstand;...es ist Teil seines Schaffens und Wirkens, es ist ein Instrument, das ihm gestattet, die Geschicke seines Unternehmens zu gestalten.“[34] Insoweit ist das Eigentum am Unternehmen für ihn ein Mittel zum Zweck, kein Selbstzweck. Dass es vor allem in den auf den Gründer folgenden Generationen häufig zur funktionellen Autonomie[35], d.h. zu einer Verselbständigung des Mittels, dass dann selbst Zweck und Ziel wird, kommt, ist unbestritten. Die Unternehmensidee wach zu halten, muss deshalb Teil der Erziehung in der Unternehmerfamilie sein, da nur dann die nachfolgenden Generationen das Eigentum als eine Verpflichtung zur Gestaltung begreifen werden.[36] „Bezüglich des Eigentums an Produktionsmitteln betont er [Papst Johannes Paul II] mit Nachdruck und Schärfe, man dürfe sie „nicht gegen die Arbeit besitzen“, man dürfe sie „nicht um des Besitzes willen besitzen“; „der einzige Grund, der ihren Besitz rechtfertigt, (sei), der Arbeit zu dienen..“[37]

Der Einsatz des Eigentums im Rahmen unternehmerischer Tätigkeiten ist mit Risiko verbunden. Dieses Risiko besteht grundsätzlich für alle, die einen Teil ihrer Ressourcen in den unternehmerischen Prozess einbringen. Dieses Risiko besteht somit für den Unternehmer und die Unternehmerfamilie, die als Eigentümer Produktionsmittel zur Verfügung stellen und für das in Anspruch genommene Fremdkapital je nach Rechtsform mit ihrem gesamten Vermögen haften, es besteht für die Mitarbeiter, die ihre Arbeitskraft einbringen, und es besteht für die Banken und Kapitalbeteiligungsgesellschaften, die Fremd- oder Eigenkapital zur Verfügung stellen. Die mit der unternehmerischen Tätigkeit verbundenen Risiken sind trotz immer ausgefeilteren Möglichkeiten der Kommunikation und des Berichtswesens in den vergangenen Jahrzehnten dramatisch angestiegen. „Wer ohne wirtschaftliches Risiko leben will, darf nicht Unternehmer werden. Drohte früher nur das allgemeine Risiko schlechter Geschäfte, so ist in den letzten Jahren das Risikopotential weiter gestiegen. Seien es verschärfte Bestimmungen über die Produkthaftpflicht (Stichwort: Holzschutzmittelprozess; Milupa- und Alete-Kindertee-Entscheidung, Verlängerung der Garantiezeit auf 2 Jahre), seien es die fast täglich wachsenden Anforderungen der Arbeitsgerichte, sei es die Umweltproblematik, sei es das sich ver-

---

34 St. Schmidheiny zitiert bei Zahn, P.A. (1990): Familienunternehmen im Gegenwind? In: GDI (Hrsg.): Zukunft für Familienunternehmen, Rüschlikon, S. 5

35 Allport, G.W. (1937): Personality - A psychological interpretation, New York, S. 384

36 vgl. auch Mittelsten-Scheid, J. (1985): Gedanken zum Familienunternehmen, Stuttgart, S. 18 ff

37 Nell-Breuning, O.v. (1983): Arbeit vor Kapital - Kommentar zur Enzyklika Laborem exercens von Johannes Paul II., Wien, S. 40

schärfende Sicherheitsbedürfnis der Banken mit der Forderung nach persönlichen Bürgschaften und Garantien...“ [38]

In der Personengesellschaft haftet grundsätzlich der Unternehmer mit seinem gesamten Vermögen, also auch seinem Privatvermögen. Der Einzelunternehmer tut dies allein, in der OHG haften alle Gesellschafter uneingeschränkt und gesamtschuldnerisch, in der Kommanditgesellschaft haftet nur der persönlich haftende und zugleich geschäftsführende Gesellschafter als Komplementär uneingeschränkt, die anderen Gesellschafter, die Kommanditisten, haften nur bis zur Höhe ihrer Einlage und soweit diese nicht vollständig eingezahlt ist bzw. durch negative Kapitalkonten gemindert wird, bis zu eben jener Höhe mit ihrem Privatvermögen.

In der Kapitalgesellschaft haftet die Gesellschaft für eingegangene Verpflichtungen, das Risiko der Gesellschafter bzw. der Aktionäre beschränkt sich auf das von ihnen eingebrachte Eigenkapital. Aus der vorteilhafteren Haftungssituation in Kapitalgesellschaften bei steigenden Haftungsrisiken und gleichzeitigen steuerlichen und gestaltungsrechtlichen Vorteilen der Personengesellschaften erklärt sich die Entstehung und Bedeutung der Mischformen wie der GmbH&CoKG, KGaA, AG&CoKG und der GmbH& CoKGaA. Grundsätzlich zeichnet all diese Mischformen aus, dass sie die Haftungsbeschränkung der Kapitalgesellschaften und die damit verbundenen besseren Kapitalbeschaffungsmöglichkeit für Eigenkapital zu kombinieren versuchen mit den steuerlichen Vorteilen und der Gestaltungsfreiheit der Personengesellschaften. Bis auf die KGaA haften die Kapitalgesellschaften als persönlich haftende Gesellschafter, denen zugleich auch die Geschäftsführung übertragen ist, während die Unternehmerfamilie das Eigenkapital in die Personengesellschaft einbringt, wo sie als Kommanditist nur bis zur Höhe eben dieses Kapitals haftet.

Allerdings ist die Haftungsbeschränkung in kleinen Kapitalgesellschaften nicht unumstritten. Diese Entwicklung ist nicht zuletzt als ein Ergebnis eines Prozesses zu sehen, in dessen Zuge Unternehmer und Unternehmerfamilien durch juristische Konstruktionen z.T. sehr erfolgreich versucht haben, sich persönlich und ihr Vermögen aus dem unternehmerischen Risiko herauszuhalten, letztlich also über den juristischen Weg sichergestellt haben, für die Folgen ihres Handelns zumindestens wirtschaftlich nicht oder nur in stark eingeschränktem Maße einstehen zu müssen. Hier hat also das Ausschöpfen der juristischen Möglichkeiten zur Beschränkung der Pflichten wie der Haftung bei gleichzeitigem Beibehalten der Rechte zu einem gesellschaftspolitisch wahrgenommenen Ungleichgewicht geführt, das dann im Zuge der Rechtssprechung versucht wurde (und wird), wieder auszutarieren.

Um das Eigentum auf lange Sicht zu erhalten, kann der Aufbau eines Privatvermögens, soweit es nicht gegen, also auf Kosten des Unternehmens erfolgt, für den Unternehmer und seine Familie sinnvoll sein. So wird denn auch für den Aufbau eines Privatvermö-

---

38 Hennerkes, B. (1994): Familienbetriebe heute: Kreativität und Sinn für das Machbare in: BddW, 5.10.94, S. 1

gens als ein Vorteil u.a. die Risikostreuung genannt. HAMILTON[39] nennt darüber hinaus noch das Vorhalten von Liquidität für evtl. Steuerforderungen, den Zugang zum Vermögensverwaltungsmarkt, der der jüngeren Generation die Chance gibt, diesen kennen zu lernen, die Möglichkeit, philantrophische Ziele verfolgen zu können, über die sich klar zu werden wiederum hilft, die Familienwerte zu definieren und als Familie näher zusammenzurücken sowie die Entlastung der Finanzfachleute im Unternehmen von evtl. privaten Investments, die sie zu betreuen hatten, bevor ein nennenswertes Privatvermögen Profis anvertraut wird.

Das Vorhandensein eines nennenswerten Privatvermögens bei den einzelnen Gesellschaftern eines Familienunternehmens kann darüber hinaus zu einer nicht unerheblichen Entspannung der Situation im Gesellschafterkreis und zwischen den Gesellschaftern und der Geschäftsführung derart führen, dass die Gesellschafter nicht oder nur in geringem Maße auf die Ausschüttung der Gewinne des Unternehmens angewiesen sind und deshalb seltener eine Interessenkollision mit der Geschäftsführung auftritt. Darüber hinaus mindert das Vorhandensein eines Privatvermögens die Gefahr für das Unternehmen, bei unvermutet anfallenden Steuerforderungen gegen die Gesellschafter (z.B. Erbschaftssteuer, Ertragssteuern durch Auflösung stiller Reserven u.ä.) eine erhebliche Liquiditätseinbuße verkraften zu müssen.

Der Eigentümer ist aufgerufen und verpflichtet, sein Eigentum zu erhalten und zu seinem eigenen Nutzen, dem seiner Familie sowie dem Nutzen der Allgemeinheit zu mehren. Allerdings zeigen obige Ausführungen, dass er dieses auf Dauer nicht auf Kosten einer betroffenen Partei durchsetzen kann, sondern nur so lange auf eine gesellschaftlich anerkannte Legitimation seines Eigentums bauen kann, als er dieser Pflicht zum Vorteil für alle nachkommt. Unternehmen, die seit Generationen im Familienbesitz sind, haben dies in ihren Unternehmensleitlinien, Gesellschaftsverträgen und anderen grundlegenden internen Veröffentlichungen z.T. sehr deutlich gefasst. Als ein Beispiel sei hier aus der Präambel eines Gesellschaftsvertrages, den sich ein in der dritten Generation geführter, mehr als 100 Jahre alter Verlag gegeben hat, zitiert:

> „*So wie es dereinst der Wille des Firmengründers war, dass sein Werk von seinen Söhnen und Enkeln fortgeführt werde, so ist es der Wille der Familienangehörigen, die dieses Vertragswerk erneuern, dass auch ihre Nachkommen das Familiengut, wie es in diesem Unternehmen manifestiert ist, zusammenhalten, pfleglich betreuen, es mit gesundem unternehmerischen Wagemut und in Anpassung an die jeweils gegebenen wirtschaftlichen Verhältnisse fortentwickeln. Dabei sollen die Prinzipien, von denen die Firmengründer ausgegangen sind, nach wie vor ihre volle Gültigkeit behalten: Sich mit allen Kräften, unter Zurückstellung persönlicher Interessen für das Unternehmen einzusetzen, sein erster Diener und Arbeiter zu sei; trotz der Vielfalt der Ideen nicht auseinander streben, sondern in gesunder Selbstbescheidung sich dem unterordnen, was in großer Schau und verständiger Würdi-*

39 vgl. Hamilton, S. (1982): Research Note: A Second Family Business - Pattern in Wealth Management in: FBR V, 2, S. 181-188, hier S. 181

gung dem Besten des Unternehmens dient, das war und ist das Gebot, das sich unsere Familie gegeben hat.“ [40]

5.3.3.2 Sozialverpflichtung des Eigentums

Privateigentum an Produktionsmitteln wird im Grundgesetz der Bundesrepublik Deutschland garantiert.[41] Zugleich aber wird in § 14 (2) GG die Sozialverpflichtung des Eigentums festgelegt: „Eigentum verpflichtet. Sein Gebrauch soll zugleich dem Wohle der Allgemeinheit dienen.“ Der Sozialverpflichtung des Eigentums nachzukommen, ist also nicht nur ein Gebot der das Vermögen erhaltenden Vernunft, sondern im Rahmen eines Verfassungsgrundsatzes zugleich auch Grundlage des Zusammenlebens. Diese Sozialverpflichtung des Eigentums äußert sich in verschiedenen Punkten:

- dem Erhalt und Einsatz zum Wohle der Familie und der Allgemeinheit,
- der aus dem mit dem Vermögen erarbeiteten Mehrwert resultierenden Steuerpflicht,
- der Schaffung und Erhaltung von Arbeitsplätzen, also dem Einsatz des Vermögens um der Arbeit willen und
- den Einsatz von nicht durch Familie und das Unternehmen gebundener Kraft, Zeit und des Vermögens zum Aufbau und zur Gestaltung einer für alle lebenswerten Zukunft.

Im Sinne dieser Sozialverpflichtung ist der mit dem Vermögen erarbeitete Mehrwert steuerpflichtig[42]. Hier wirken sich wiederum die verschiedenen Rechtsformen unterschiedlich aus. Während Kapitalgesellschaften als selbständiges Steuersubjekt uneingeschränkt steuerpflichtig sind, also sowohl Körperschafts- als auch Gewerbesteuer zu entrichten haben, sind in Personengesellschaften die Gesellschafter persönlich steuerpflichtig soweit es die Einkommens- und ggf. die Kirchensteuer betrifft, während das Unternehmen die Gewerbesteuer zu entrichten hat. Eventuelle Belastungsdifferenzen zwischen Kapital- und Personengesellschaften können sich zum einen aus der Anrechenbarkeit der Gewerbesteuer ergeben, zum anderen aus der Möglichkeit, in Personengesellschaften die Verluste bis zur Höhe der Einlage in der privaten Steuererklärung der Gesellschafter mit anderen Einkommensarten zu verrechnen bzw. über die Einlage hinaus vorzutragen, während die Verluste in Kapitalgesellschaften in diesen verbleiben und also nicht in die private Sphäre des Unternehmers übertragbar sind. Verluste der Kapitalgesellschaft können nur durch Gewinne in der Zukunft derselben ausgeglichen werden.[43]

---

40 zitiert nach Hennerkes, B. (1994): Familienbetriebe heute: Probleme erkennen, das Erbe bewahren in BddW, 21.9.1994

41 GG §14 (1)

42 Die Verhandlungsergebnisse zur Steuerreform 2001 zwischen Bund und Ländern sind mit dem Stand vom 17.7.2000 berücksichtigt. Vgl. Handelsblatt v. 17.7.2000, S. 8

43 Belastungsunterschiede ausgewählter Bemessungsgrundlagenteile für Personen- und Kapitalgesellschaften stellt KÖNIG, D. (1986): Die mittelgroße Familienunternehmung in der Rechtsform der Aktiengesellschaft, Bergisch-Gladbach, S. 224, dar.

Zum Teil erhebliche Unterschiede in der Besteuerung können sich bei Veräußerung und Erbschaft ergeben. Die Veräußerung von Beteiligungen an Kapitalgesellschaften durch Kapitalgesellschaften ist mit der Begründung, dass die Dividenden aus diesen steuerfrei sind und die Veräußerung einer Totalausschüttung gleich zu setzen sei, steuerfrei. Die Veräußerung von Aktien, soweit der Verkäufer nicht mehr als 1% und diese im Privatvermögen hält, ist nach Ablauf einer Spekulationsfrist von 1 Jahr steuerfrei. Die Veräußerungsgewinne aus Personengesellschaften unterliegen hingegen grundsätzlich der Einkommensteuer. Sie werden mit dem halben Steuersatz erfasst. Diese Regelung gilt allerdings nur einmal im Leben eines Unternehmers. Im Gegensatz zu der Veräußerung ist oftmals die Erbschaftssteuer bei Personengesellschaften aufgrund der Bemessungsgrundlage günstiger. Die zu zahlende Erbschafts- bzw. Schenkungssteuer richtet sich nach dem Wert der Beteiligung zum Übergangszeitpunkt. Da bei Aktiengesellschaften der Börsenwert oder der gemeine Wert der Aktien, bei GmbHs ebenfalls der gemeine Wert, der, wenn nicht aus Verkäufen herleitbar, nach dem Stuttgarter Verfahren zu errechnen ist, bei Personengesellschaften aber der Einheitswert des Betriebsvermögens bemessen wird, ergibt zumeist eine geringere Belastung für Anteile an Personengesellschaften.

WÖHE[44] weist darauf hin, dass trotz unterschiedlicher Besteuerung der verschiedenen Rechtsformen die Wahl der Rechtsform zunächst vorrangig unter betriebswirtschaftlichen und nicht unter steuerlichen Aspekten erfolgen sollte. Als Begründung führt er die sich wandelnde Steuergesetzgebung an, die in der Vergangenheit wiederholt zu einer Änderung der Entscheidungsgrundlagen diesbezüglich geführt hätte. Er verweist allerdings auch darauf, dass im historischen Verlauf die steuerliche Ausgestaltung der Rechtsformen wiederholt zu Rechtsformenwechseln geführt hat.

Die Besteuerung des Unternehmens bzw. des Unternehmers stellen insofern systembedingte Kosten im Sinne des Property Rights Ansatzes dar.[45] Die sich aus der Legitimation des Eigentums ergebende Pflicht wird hier vom Gesetzgeber direkt und unmissverständlich in Kosten übersetzt, wodurch die gesetzlich zulässige Vermeidung dieser Kosten zu einer unternehmerisch notwendigen Aufgabe wird.[46] Anders, wenn auch nicht gänzlich anders, stellt sich das Problem bei dem dritten o.g. Punkt, der Schaffung und dem Erhalt von Arbeitsplätzen dar. Schaffung und Erhaltung von Arbeitsplätzen ergibt sich als Folge des wirtschaftlichen Erfolges des Unternehmens. Sie sind insoweit nicht Selbstzweck, als solcher sogar kontraproduktiv, sondern vielmehr das Ergebnis er-

---

44 Wöhe, G. (1978): Die Wahl der Rechtsform als Entscheidungsproblem In: Einführung in die Allgemeine Betriebswirtschaftslehre, 13. überarb. Aufl., S. 167 - 223, hier S. 197

45 Hutter, M. (1979): Die Gestaltung von Property Rights als Mittel gesellschaftswirtschaftlicher Allokation In: H.K. Schneider (Hrsg.): Beiträge zu ökonomischer Forschung, Bd. 7, Göttingen, S. 159

46 Fröhlich, E. und J.H. Pichler (1988): Werte und Typen mittelständischer Unternehmer, Berlin, S. 53, weisen auf die länderspezifischen Unterschiede in der Akzeptanz der Steuervermeidung hin. Hier sind deutsche Unternehmer mit 71 % Befürwortern Spitzenreiter. Allerdings verweisen sie auch darauf, dass die Ergebnisse in bezug zu setzen seien zu dem länderspezifischen Steuerdruck, was im Rahmen der von ihnen vorgelegten Untersuchung nicht geleistet werden konnte.

folgreichen unternehmerischen Handelns. Familienunternehmen mit mehr als 250 Mio. DM Jahresumsatz erwirtschaften in 1995 denn auch pro Mitarbeiter genauso viel wie Nicht-Familienunternehmen (880.000 DM)[47], während bis zu einem Jahresumsatz von 50 Mio. DM Familienunternehmen mehr Umsatz pro Mitarbeiter, von 50 - 250 Mio. die Nicht-Familienunternehmen mehr Umsatz pro Mitarbeiter erwirtschaften. Es besteht nach den vorliegenden Zahlen ein deutlicher wirtschaftlicher Zwang, Unternehmen in bezug auf den Ressourceneinsatz im Vergleich zum Wettbewerb zu optimieren. Der viel und zum Teil kontrovers diskutierte Verlagerung von Arbeitsplätzen ins Ausland wird man im Rahmen der dabei einerseits einzusparenden Lohn- und Lohnnebenkosten und den Umzugskosten andererseits eher gerecht als mit einer Diskussion auf sozialpolitischer oder gar ethisch-moralischer Ebene.

Auf der anderen Seite muss im Rahmen der Sozialverpflichtung des Unternehmers diese auch unter dem Aspekt der Personenorientierung in Familienunternehmen betrachtet werden. Die subjektiv empfundene Verantwortung für die Mitarbeiter ist in Familienunternehmen häufig ausgeprägter als in Nicht-Familienunternehmen. „Manche Beobachter, wie zum Beispiel Hennerkes, sehen in der geschilderten Personenorientierung von Familienunternehmen geradezu das wesentlichste Unterscheidungsmerkmal zu Publikumsgesellschaften.“ [48] Die Sozialverpflichtung des Eigentums des Unternehmers spielt sich somit im Spannungsfeld zwischen vom Markt geforderter Effizienz und von in der Unternehmenskultur verankerten Personenorientiertheit ab.

Als letzter Punkt bleibt der Einsatz von nicht durch Familie und Unternehmen gebundener Kraft, Zeit und Vermögen zum Aufbau und zur Gestaltung einer für alle lebenswerten Zukunft. Die hier angesprochene Sozialverpflichtung des Eigentums ist eine in keiner Weise einzufordernde, sie ist vielmehr nicht jedem Unternehmer bewusst bzw. wird von ihm akzeptiert. Falls überhaupt, wird diese Art der Verpflichtung von den Kirchen[49] eingefordert, nicht ohne hierbei z.T. Formulierungen zu wählen, die auch dem Anliegen gegenüber positiv eingestellte Unternehmer eher abschrecken, wie z.B.: „Werden die Vermögen nicht in angemessener Weise zur Finanzierung gesamtstaatlicher Aufgaben *herangezogen* (Hervorhebung d. d. Verf.)..“ Dennoch gibt es Unternehmer, die gerade in diesem Bereich Beispielhaftes geleistet haben. Als eines dieser Beispiele sei hier H.-H. Deichmann mit seinem vielfältigen Engagement vor allem in Indien genannt.[50] Die selbstgestellte Verpflichtung und damit auch die Motivation für ein solches, weit über das „Normale“ hinausgehende Engagement ist in diesem Fall in der weltanschaulichen Basis des Unternehmers, seinem christlichen Glauben, zu finden. Bei anderen Unternehmern spielen hier auch Verewigungsgedanken hinein, wenn auch die Werke der All-

---

47 vgl. Tabelle 7, Kapitel 3.2.3.2., S. 46 dieser Arbeit

48 Wimmer, R. et al. (1996): Familienunternehmen - Auflaufmodell oder Erfolgstyp?, Wiesbaden, S. 148

49 vgl.: Für eine Zukunft in Solidarität und Gerechtigkeit - Wort des Rates der Evangelischen Kirche in Deutschland und der Deutschen Bischofskonferenz zur wirtschaftlichen und sozialen Lage in Deutschland, Hannover, Bonn, 1997, S. 87 (220)

50 Kasper, M. (1996): Bibel und Business - Von den Reichtümern des Schuhverkäufers Deichmann aus Essen, In.: WamS 11, 17.3.1996, S. 52

gemeinheit zugute kommen, so sind sie doch zum Ruhm des Unternehmers untrennbar mit seinem Namen verbunden (wie z.B. das Ludwig-Museum in Köln). Feststellen lässt sich, dass je mehr ein solches Engagement sich uneigennützig an die Bedürftigen richtet und um so weniger damit der Name des Unternehmers in den Mittelpunkt gerückt wird, desto mehr wird ein solches Engagement als eine freiwillig erfüllte, selbst auferlegte Pflicht begriffen und als solche als Legitimation von Eigentum akzeptiert.

5.3.3.3 Informationspflicht

Die von den unternehmerischen Handlungen Betroffenen ebenso wie die daran Beteiligten haben ein Interesse an Informationen über die derzeitige wirtschaftliche Situation des Unternehmens ebenso wie über die zukünftigen Pläne. Familienunternehmen hingegen tendieren i.d.R. zunächst einmal zu einer sehr zurückhaltenden Informationspolitik. Dies soll im einzelnen kurz dargestellt werden. Zur Informationspolitik eines Unternehmens werden im folgenden gerechnet:

- die Veröffentlichung der Unternehmensdaten gemäß dem Publizitätsgesetz,
- die Information der Arbeitnehmer nach dem Betriebsverfassungsgesetz und
- die Information interessierter Kreise mittels gezielter PR.

Nach dem Publizitätsgesetz (PublG) vom 24. Oktober 1994 ist ein Unternehmen dann zur Offenlegung von Bilanz, GuV sowie Anhang verpflichtet, wenn es zum Bilanzstichtag und für die zwei darauf folgenden Abschlussstichtage jeweils mindestens zwei der drei nachfolgenden Kriterien erfüllt:

1. Die Bilanzsumme ist größer als 125 Millionen DM.
2. Die Umsatzerlöse übersteigen 250 Millionen DM.
3. Die durchschnittliche Mitarbeiterzahl übersteigt 5.000 Mitarbeiter.

Da im Rahmen der empirischen Studie die Bilanzsumme nicht erhoben wurde, können leider keine Angaben darüber gemacht werden, wie viele Familienunternehmen unter das Publizitätsgesetz fallen. Allerdings ist davon auszugehen, dass es sich um eine eher kleine Zahl handelt. Nur 807 Familienunternehmen in Deutschland erfüllten 1995 die Anforderung, mehr als 250 Millionen DM Jahresumsatz zu erwirtschaften und nur 10,5% der Familienunternehmen der Stichprobe beschäftigten 1995 mehr als 1.000 Mitarbeiter[51], wie viele hiervon mehr als 5.000 Mitarbeiter beschäftigten, ist ebenfalls anhand der vorliegenden Daten nicht festzustellen.

Darüber hinaus ist nach dem Betriebsverfassungsgesetz vom 25. September 2001 in „allen Unternehmen mit in der Regel mehr als 100 ständig beschäftigten Arbeitnehmern ein Wirtschaftsausschuss zu bilden. Der Wirtschaftsausschuss hat die Aufgabe, wirtschaftliche Angelegenheiten mit dem Unternehmer zu beraten und den Betriebsrat zu unterrichten.“[52] Der Unternehmer ist laut BetrVG verpflichtet, den Wirtschaftsausschuss rechtzeitig und umfassend über alle wirtschaftlichen Angelegenheiten des Unternehmens zu unterrichten. Hierunter fielen 1995 ca. 20.000 Familienunternehmen (19.800).[53]

---

51 vgl. Kapitel 3.2.3.2

52 § 106 (1) BetrVG

53 vgl. Kapitel 3.2.3.2

Beide Gesetze sollen jeweils diejenigen, die dem Unternehmen Ressourcen zur Verfügung stellen, sei es in Form von Kapital (Gesellschafter und Gläubiger), sei es in Form ihrer Arbeitskraft (Arbeitnehmer), schützen, indem sie ihnen eine Chance geben, die wirtschaftliche Situation des Unternehmens zu beurteilen und ihr Handeln darauf auszurichten. Das Prinzip, „Es geht niemanden etwas an, wo und wie mein Eigentum erworben wurde oder was ich damit tue. Mein Recht ist uneingeschränkt und absolut, solange ich nicht gegen Gesetze verstoße."[54], wird hier vom Gesetzgeber deutlich eingeschränkt zu Lasten des Eigentümers und zum Schutz von Gläubigern, Gesellschaftern und Arbeitnehmern und in einigen Fällen auch zur Freude der Konkurrenz.

Neben den gesetzlich zu erfüllenden Minimalerfordernissen informieren viele Unternehmen im Rahmen ihrer Public Relation Arbeit darüber hinausgehend, sei es durch unternehmensinterne Veröffentlichungen, Versammlungen, Aushänge oder durch werbliche Maßnahmen. Familienunternehmen wird hier eine größere Zurückhaltung attestiert[55]. KLEIN[56] erhob im Rahmen einer explorativen Studie bei personenzentrierten Unternehmen u.a. die Umweltoffenheit von Organisationen. Hier wurde in 10 Unternehmen mittels einer direkten, offenen Frage nach den freiwillig an die Umwelt abgegebenen Informationen gefragt. 1 Unternehmen informierte seine Mitarbeiter über Dinge, die für die Mitarbeiter von allgemeinem Interesse sind, 5 Unternehmen gaben an, PR und Werbung in Fachzeitschriften zu betreiben, 1 Unternehmen informierte so wenig wie möglich und 3 Unternehmen gaben freiwillig keine Information an die Umwelt. JOHNSON[57] sieht in der geringeren Pflicht und darüber hinausgehenden Möglichkeiten einer restriktiven Informationspolitik sogar einen klaren Wettbewerbsvorteil von Familienunternehmen vor allem gegenüber Publikumsgesellschaften. Zusammenfassend lässt sich sagen, dass der Informations*pflicht* in Familien- ebenso wie in Nicht-Familienunternehmen nachgekommen wird, die *Chance* zur darüber hinaus gehenden freiwilligen Information wird in Familienunternehmen tendenziell seltener und wenn, so zurückhaltender wahrgenommen, da sie häufig nicht als solche definiert wird.

5.3.4 Wahrnehmung der Rechte

Neben den Pflichten sind mit dem Eigentum auch Rechte verbunden, die hier in Anlehnung an die Property Rights Theorie[58] als Verfügungsrechte im Sinne von „sanctioned

---

54 Fromm, E. (1986): Haben oder Sein, 15. Aufl., München, S. 73

55 vgl. z.B. Pellinghausen, P. (1998): Ist was weg, muß was hin - Wie funktioniert Aldi? Ein lang-jähriger Topmanager des Handelskonzern berichtet In: Wirtschaftwoche v. 12.3.1998, S. 92-97

56 Klein, S. (1991): Der Einfluss von Werten auf die Gestaltung von Organisationen, Berlin, S. 171

57 Johnson, S.C. (1996): We'll Never Go Public In: Aronoff, C.E. et al (Hrsg.): Family Business Source Book II, S. 140-144, hier S. 140

58 vgl. hierzu König, D. (1986): Die mittelgroße Familienunternehmung in der Rechtsform der Aktiengesellschaft, Bergisch-Gladbach und die dort angegebene Literatur

behavioral relations among men that arise from the existence of things and pertain to their use"[59] definiert werden. Rechte sind somit „*kollektiv anerkannte* Handlungsbefugnisse einzelner, und sie sind als Resultat - nicht als Voraussetzung - kollektiver Entscheidungen in die Theorie einzuführen."[60] WITTE[61] wies 1981 in einer empirischen Untersuchung eine hohe Korrelation zwischen Einfluss und Konzentration des Eigentums nach, und zwar in besonders ausgeprägtem Maß für Familienunternehmen, nach der dieser Arbeit zugrundeliegenden Definition. Als mögliche Rechte, die der Unternehmer bzw. die Unternehmerfamilie aus dem Eigentum herleiten kann, sind hier zu nennen: das Eigentum zu nutzen und zu gestalten (usus und abusus), die Erträge ebenso wie die Verluste aus dem Eigentum einzubehalten (wobei sich hier Recht und Pflicht als zwei Seiten ein und derselben Sache treffen) sowie das Eigentum ganz oder teilweise zu veräußern oder zu übertragen.

5.3.4.1 Gestaltung zum Nutzen der Eigentümer

Der/die Eigentümer haben das Recht, ihr Eigentum, sprich ihr Unternehmen, derart zu gestalten, dass es für sie von Vorteil ist. Ihnen steht somit die Leitungsbefugnis zu.[62] Der Eigentümer kann diese Leitungsbefugnis persönlich wahrnehmen im Sinne des Eigentümer-Unternehmers, der Eigentum, Kontrolle und Führung des Unternehmens in einer Hand vereinigt, er kann sie aber auch ganz oder teilweise delegieren. „In einem das Privateigentum an den Produktionsmitteln grundsätzlich anerkennenden Gesellschaftssystem verkörpern Eigentumsrechte Konzentration von Einfluss und Macht in den Betrieben. Diese Macht weist jedoch starke Unterschiede auf. Ganz allgemein lässt sich sagen, dass der Grad an Einfluss der Kapitaleigner auf die Geschicke eines Betriebes in dem Maße zunimmt, als Eigentumsrechte mit Geschäftsführungsfunktion gekoppelt sind."[63] SCHNEIDER[64] sieht in der Einheit von Führungsverantwortung und Kapital ein Merkmal eines „idealtypischen" Familienunternehmens.

---

59 Furobotn, E.G. und Pejovich, S. (1972): Property Rights and Economic Theory: A Survey of Recent Literature In: The Journal of Economic Literature, Vol. 10, S. 1137-1162, hier S. 1139, zit. n. König, D. (1986): a.a.o., S. 142

60 Homann, K. (1995): Gewinnmaximierung und Kooperation - Eine ordnungsethische Reflexion; Kieler Arbeitspapiere Nr. 691, S. 5

61 Witte, E. (1981): Der Einfluss der Anteilseigner auf die Unternehmenspolitik In: ZfB, 51. Jg., S. 733-779, hier S. 763

62 Im weiteren wird unabhängig von der Zahl der Eigentümer von dem Eigentümer gesprochen. Die spezifischen Fragestellungen, die sich aus der Anzahl und Struktur der Eigentümer ergeben, werden in Kapitel 5.4. der Arbeit, also im Anschluss an dieses Teilkapitel, thematisiert.

63 Gutenberg, E. (1972): Grundlagen der Betriebswirtschaftslehre, Bd. I, Die Produktion, Berlin, Heidelberg, New York (Springer), S. 488

64 Schneider, U. (1990): Das Nachfolgeproblem als Familiendrama In: Kappler, E. u. S. Laske (Hrsg.): Blickwechsel - Zur Dramatik und Dramaturgie von Nachfolgeprozessen in Familienunternehmen, Freiburg, S. 71-84, hier S. 71

5.3.4.1.1 Geschäftsleitungsbefugnis

Die Frage, die sich der Eigentümer zu stellen hat bezüglich der Koppelung/ Entkoppelung von Eigentum und Leitungsbefugnis, ist die nach der größtmöglichen Effizienz. Beim Gründerunternehmer stellt sich diese Frage zumeist erst mit der Nachfolgeproblematik, frühestens jedoch nach einigen Jahren, wenn aus einer Idee und der diese Idee auf dem Markt durchsetzenden Arbeit ein Unternehmen mit einer eigenen Identität und somit auch mit einer vom Unternehmer selbst unabhängigen Überlebensfähigkeit geworden ist. Erst mit dem Hineinwachsen des Unternehmens in neue Größenordnungen könnte das Unternehmen zumindest finanziell die Trennung von Eigentümer auf der einen und bezahltem Management auf der anderen Seite verkraften. Im großen und ganzen stellt sich also die Frage nach der Trennung von Kapital und Management erst ab einer bestimmten Größenordnung des Unternehmens und in den meisten Fällen auch erst ab dem Wechsel von der 1. zur 2. Generation sowie den Folgegenerationen. In wie vielen deutschen Familienunternehmen die Unternehmerfamilie die Leitungsbefugnis selbst wahrnimmt, d.h. das Management komplett oder zu Teilen aus den Reihen der Familie besetzt, soll im folgenden anhand der Zahlen der empirischen Untersuchungen, die dieser Arbeit zugrunde liegen, dargestellt werden.

Die Managementbeteiligung der Familie wurde in der vorliegenden Untersuchung als Prozentsatz der Beteiligung von Familienmitgliedern am obersten Managementgremium des Unternehmens bzw. der Unternehmensgruppe erfasst. Familienmitglieder, die auf der 2., 3. oder einer nachgeordneten Hierarchieebene tätig sind, wurden nicht erfasst, da sie nicht in demselben Maße unmittelbar Einfluss auf die Unternehmenspolitik nehmen können. Wie Abbildung 27 verdeutlicht, verzichtet die Familie in der Stichprobe von 1995 in immerhin 14 % aller Familienunternehmen völlig auf eine Beteiligung an der Geschäftsführung. Im Gegensatz hierzu werden 44 % aller Familienunternehmen ausschließlich von Familienmitgliedern geführt. Insgesamt werden ca. die Hälfte aller Familienunternehmen von einer klaren Majorität von Familienmitgliedern auch operativ geführt, während bei der anderen Hälfte die Managementbeteiligung der Familie bei 50% und darunter liegt.

Mit steigendem Umsatz sinkt die prozentuale Beteiligung der Familie am obersten Managementgremium. Während bei Familienunternehmen mit 2 bis 50 Mio. DM Umsatz noch über die Hälfte zu 100% von der Familie geführt werden, sind es bei Unternehmen mit mehr als 500 Mio. DM Umsatz nur noch 8% (3 von 38 Unternehmen). Hingegen wächst der Anteil der Familienunternehmen, die ausschließlich von Familienfremden geführt werden, mit zunehmender Umsatzgrößenklasse. Nur ca. 10% der Unternehmen mit weniger als 100 Mio. DM Umsatz werden ohne Familienbeteiligung geführt, während es ca. 30% der Familienunternehmen mit mehr als 1 Mia DM Umsatz sind.

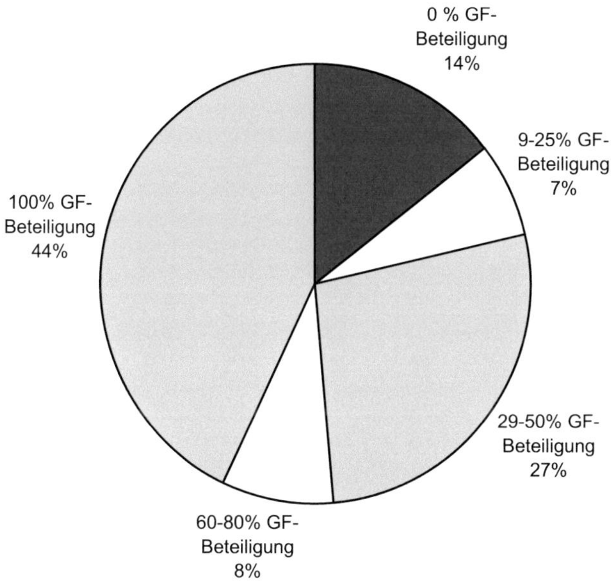

Abb. 27 Beteiligung der Familie an der Geschäftsführung in 1995

Es gibt sowohl für die Entkoppelung als auch für das Verbleiben von Eigentum und Führung in einer Hand Argumente. „Agency theory holds that businesses perform better to the extent that management and ownership overlap. When the overlap is small, management spends more resources on gaining personal security and power. Shareholders, in turn, use more corporate resources to monitor management."[65] Soweit unter den Eigentümern Einigkeit besteht und es zudem einen für die Unternehmensführung entsprechend qualifizierten Vertreter unter den Eigentümern gibt, argumentieren die Befürworter des möglichst großen overlaps mit den dadurch geringeren Transaktionskosten im Sinne von Kontrollkosten sowie mit höherem Einsatz für die Unternehmensziele aufgrund der Zielkongruenz von Unternehmenszielen und individuellen Zielen. KÖNIG[66] sieht zudem in den informellen Möglichkeiten der Kontrolle der Familienmitglieder in der Geschäftsleitung durch die anderen Familienmitglieder eine Effizienzsteigerung gegenüber den formalisierten Kontrollmöglichkeiten, die eine Fremdgeschäftsführung erfordert. Dies schränkt sie allerdings deutlich ein, in dem sie sagt: „wenn nicht die oben beschriebenen familiären Probleme eine indirekte Kontrolle angebracht erscheinen lassen".

[65] Aronoff, C.E. und J.L. Ward (1995): Family Owned Businesses: A Thing of the Past or a Model for the Future? In: FBR IIX, 2, S. 121-130, hier S. 127

[66] König, D. (1986): Die mittelgroße Familienunternehmung in der Rechtsform der Aktiengesellschaft, Bergisch-Gladbach, S. 181 f

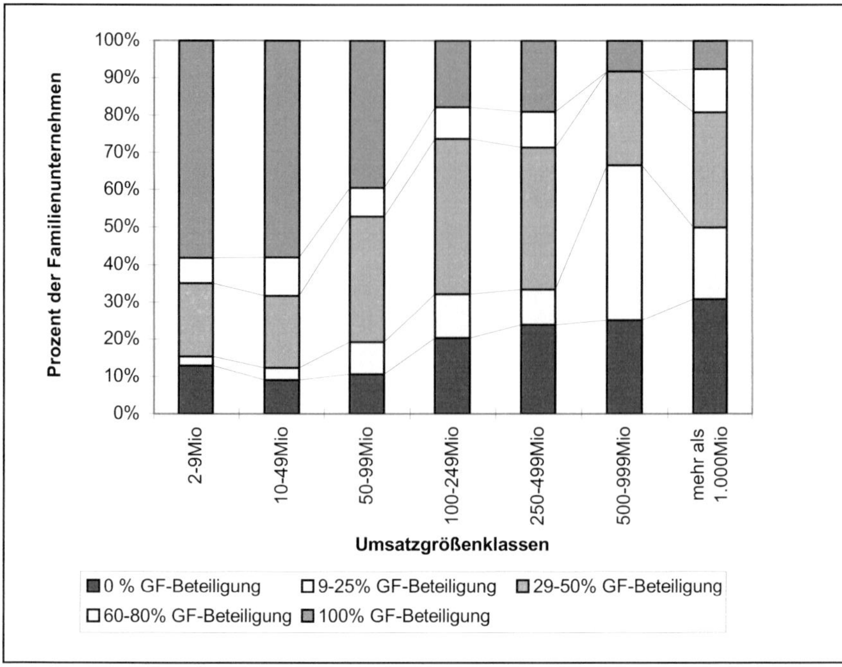

Abb. 28 Geschäftsleitungsbeteiligung der Familie nach Umsatzgrößenklassen in 1995

Auf der anderen Seite gibt es auch ohne die vielfach anzutreffenden familiären Probleme Argumente für eine Entkoppelung von Eigentum und Unternehmensführung, obwohl sich die Eigentümer damit eines Teils ihrer Verfügungsrechte begeben. „Dadurch, dass die Unternehmungskapital besitzenden Familienmitglieder die unternehmerische Leitungsbefugnis an Personen delegieren, deren potentielle unternehmerische Fähigkeiten die der Familienmitglieder überschreiten, die aber keine finanziellen Möglichkeiten zur Nutzung ihres Potentials haben, wird für beide Seiten ein Spezialisierungsvorteil ähnlich dem der Arbeitsteilung in der Produktion erreicht."[67] Allerdings setzt die Realisierung dieses Spezialisierungsvorteils zunächst einmal die Erkenntnis der/des Eigentümers voraus, dass ein anderer „es" besser könnte, was wiederum eine klare Definition von „es" voraussetzt. Die Erfahrungen der Praxis zeigen, dass die Eigentümer, die gut beraten wären, die Geschäftsleitung in fremde, professionelle Hände zu legen, häufig weder zu der dafür notwendigen Selbstkritik und Selbsterkenntnis in der Lage sind, geschweige denn, dass sie definieren könnten, was die genaue Aufgabe einer solchen Fremdgeschäftsführung zu sein hätte. Werden in solchen Fällen dennoch Fremdmanager mit der Geschäftsleitung betraut, kommt es nicht selten zu Interessenkonflikten und Kontrollproblemen, da die Kommunikation zwischen Eigentümern und Geschäftsleitung der Komplexität und Sensitivität der Aufgabe nicht gerecht wird.

67 König, D. (1986): Die mittelgroße Familienunternehmung in der Rechtsform der Aktiengesellschaft, Bergisch-Gladbach, S. 181 f

Nicht unerwähnt bleiben soll, dass die Trennung zwischen Management und Kapital, also zwischen Verfügungsgewalt und Eigentum, in deutschen Großunternehmen längst zu einem Faktum geworden ist.[68] PROSS[69] hat bereits 1965 den Typus des managerkontrollierten Unternehmens eingeführt, bei dem die Gesellschafter/Aktionäre jeweils weniger als 1% des Eigenkapitals halten und die Geschäftsleitung de facto wie ein Eigentümer agiere. Auch wenn in Familienunternehmen mit steigendem Umsatz der Prozentsatz der Unternehmen, die ausschließlich von Familienfremden geführt werden, deutlich steigt, ist doch davon auszugehen, dass die Freiheiten im Management solcher Unternehmen bei weitem nicht an die der oben zitierten managerkontrollierten Unternehmen heranreichen. Hier wird ein klarer Unterschied zwischen Familienunternehmen und Nicht-Familienunternehmen, vor allem aber Publikumsgesellschaften deutlich.

5.3.4.1.2 Kontrollbefugnis

Neben der Geschäftsleitungsbefugnis resultiert aus der Eigentümerstellung auch die Kontrollbefugnis. Diese ist nur in der Aktiengesellschaft und der großen GmbH gesetzlich geregelt. Für diese schreibt das Aktiengesetz den Aufsichtsrat zwingend vor. Er wird von der Hauptversammlung bzw. Gesellschafterversammlung gewählt und bestellt und kontrolliert wiederum den Vorstand bzw. die Geschäftsführung. „Der Vorstand ist in der Führung der Gesellschaft völlig autonom - bis auf die wenigen Entscheidungen, bei denen das Gesetz oder die Satzung eine Zustimmung des Aufsichtsrates verlangt oder eine Beschlussfassung durch die Hauptversammlung erfolgen muss."[70] In allen anderen Gesellschaftsformen besteht für die Eigentümer Gestaltungsfreiheit, soweit die jeweiligen Gesellschaftsverträge dies zulassen.

5.3.4.1.2.1 Kontroll- und Beratungsgremien in Familienunternehmen

Im folgenden soll zunächst einmal danach gefragt werden, ob bzw. wie viele deutsche Familienunternehmen überhaupt über ein Kontroll- und Beratungsgremium verfügen. Die Familienunternehmen der Stichprobe 1995 haben deutlich seltener ein Kontrollgremium als die Nicht-Familienunternehmen. Wie Abbildung 28 zeigt, ist das Verhältnis invers. Während 2/3 der Nicht-Familienunternehmen über ein Kontrollgremium verfügen, sind es nur 1/3 der Familienunternehmen. Für die Stichprobe 2000 wird deutlich, dass sich der Anteil der Kontroll- und Beratungsgremien in Nicht-Familienunternehmen auf 78 % um mehr als 10 % erhöht hat, während der in Familienunternehmen nahezu gleich blieb.

---

68 Schreyögg, G. u. H.Steinmann (1981): Zur Trennung von Eigentum und Verfügungsgewalt. Eine empirische Analyse der Beteiligungsverhältnisse in deutschen Großunternehmen. In: ZfB 51.Jg, S. 533-558, hier S. 551

69 Pross, H. (1965): Manager und Aktionäre in Deutschland, Frankfurt

70 Wöhe, G. (1978): Einführung in die Allgemeine Betriebswirtschaftslehre, 13. überarb. Aufl., S. 114

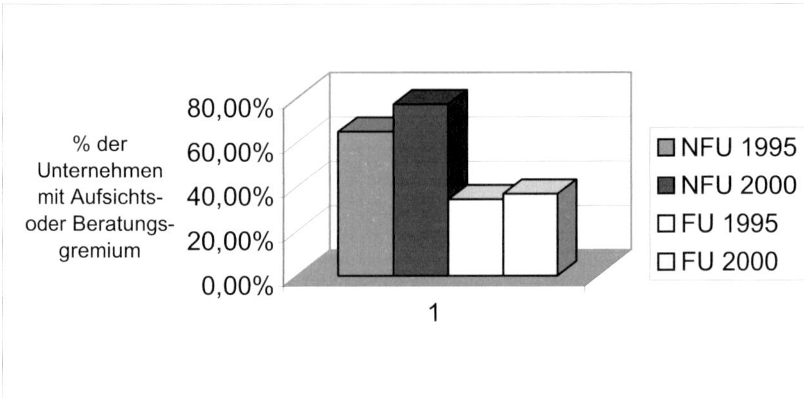

Abb. 29 Kontroll- und Beratungsgremien in Familien- und Nicht-Familienunternehmen

Im folgenden wird zu prüfen sein, in wie weit diese Differenz mit der unterschiedlichen Größe bzw. Rechtsform von Familien- und Nicht-Familienunternehmen zusammenhängt. Wie Abbildung 29 deutlich macht, findet man durchgängig bei allen Rechtsformen in den Nicht-Familienunternehmen mehr Kontrollgremien als in den Nicht-Familienunternehmen, so dass davon ausgegangen werden kann, dass die Wahl der Rechtsform keinen relevanten Einfluss auf diese Entscheidung hat.

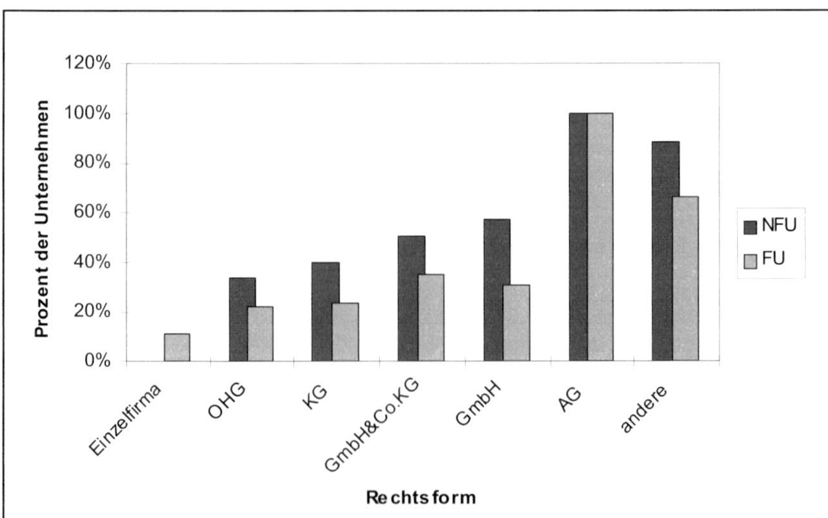

Abb. 30 FU und NFU mit Kontroll- und Beratungsgremien nach Rechtsformen 1995

Abbildung 30 macht darüber hinaus deutlich, dass auch die Größe des Unternehmens offensichtlich keine ausreichende Erklärung für die Abstinenz von Familienunternehmen bezüglich der Installation eines Kontrollgremiums bietet. Insgesamt steigt die Zahl der Unternehmen mit Kontrollgremium in der Stichprobe von 1995 mit zunehmendem Umsatz, wobei die Nicht-Familienunternehmen der jeweiligen Umsatzgrößenklasse durchgängig häufiger über ein Kontrollgremium verfügen als die Familienunternehmen. Diese Differenz ist in den mittleren Umsatzgrößenklassen am größten und verringert sich in den oberen Umsatzgrößenklassen.

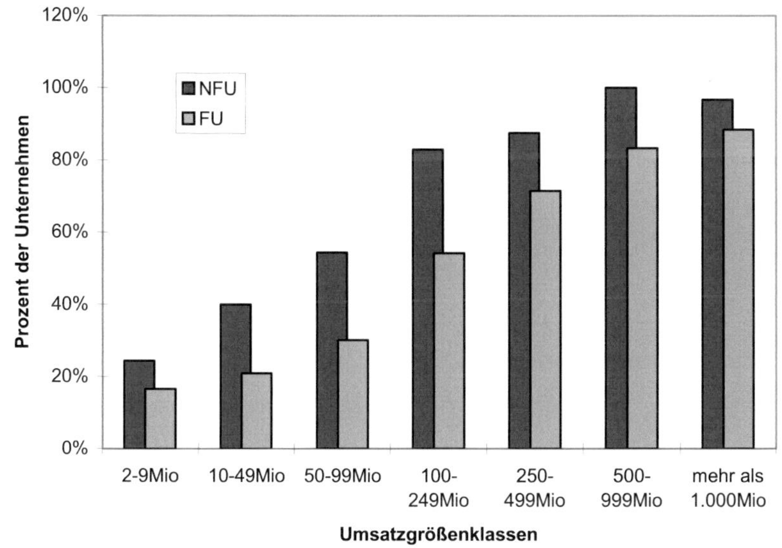

Abb. 31 Kontrollgremien von FU und NFU nach Umsatzgrößenklassen 1995

Betrachtet man das Alter der Unternehmen 1995, so ergibt sich ein interessantes Bild. Zunächst ist auch hier die Differenz zwischen Familien- und Nicht-Familienunternehmen mit und ohne Kontrollgremium durchgängig zu beobachten mit einer Ausnahme: die nach der Wiedervereinigung gegründeten Unternehmen. Zwar haben auch bei diesen Unternehmen die Nicht-Familienunternehmen mit 54% häufiger ein Kontrollgremium, allerdings verfügen 43% der Familienunternehmen ebenfalls über ein Kontrollgremium, so dass man hier eine deutliche Abweichung vom Durchschnitt konstatieren kann. Insgesamt haben die älteren Unternehmen zum Zeitpunkt der Untersuchung häufiger ein Kontrollgremium als die später gegründeten. Bei den Familienunternehmen ist diese Tendenz bis auf den oben angesprochenen Gründungszeitraum nach der Wiedervereinigung durchgängig. Bei den Nicht-Familienunternehmen gilt diese Beobachtung für die bis 1969 gegründeten Unternehmen, während bei den zwischen 1970 und 1990 gegründeten Nicht-Familienunternehmen eine höhere Zahl an Kontrollgremien festgestellt werden kann, die dann bei den nach der Wiedervereinigung gegründeten Unternehmen absinkt.

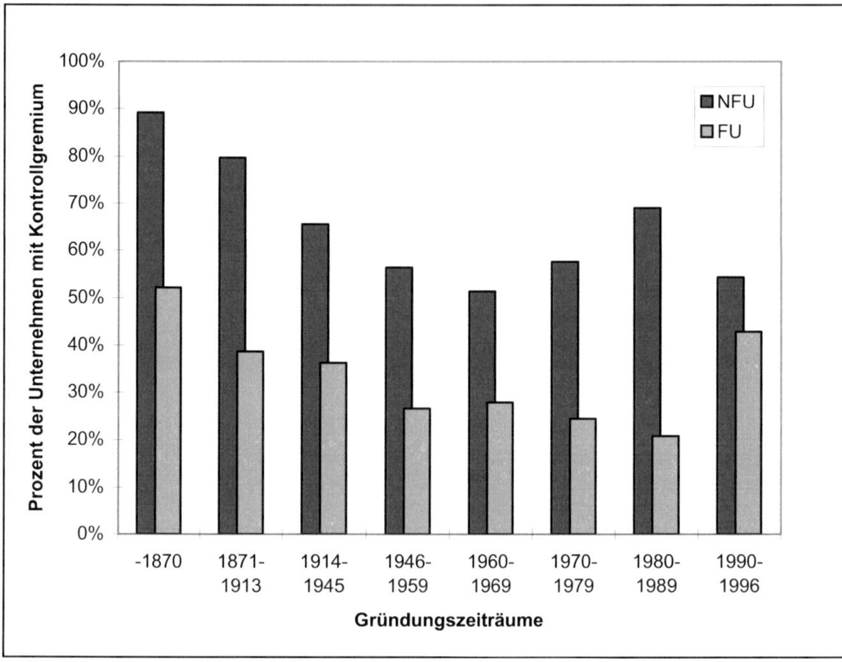

Abb. 32 Kontrollgremien in FU und NFU nach Gründungszeiträumen 1995

Bleibt noch die Frage zu beantworten, ob Gründer, wie wiederholt geäußert, eine besonders ausgeprägte Abneigung gegen die Installation von Kontrollgremien haben. Dies würde nahe legen, dass der prozentuale Anteil von Familienunternehmen mit Kontrollgremium mit dem Übergang von der Gründer- in die 2. Generation deutlich ansteigt. Die vorliegenden Zahlen stützen diese These nicht. Der Prozentsatz der Familienunternehmen mit Kontrollgremium liegt sowohl in der Gründergeneration als auch in der 2. Generation bei 30%. Erst in der 3. Generation ist mit 38% ein leichter Anstieg zu verzeichnen, der sich mit 41% in der 4. und 54% in der 5. Generation fortsetzt.

Allerdings kann man in Abbildung 33 sehen, dass die steigenden Anteile von Unternehmen mit Kontrollgremien vor allem dadurch zustande kommen, dass mit jeder weiteren Generation weniger Unternehmen ohne Kontrollgremium zu beobachten sind, während die Zahl der Unternehmen mit Kontrollgremium nur geringfügig abnimmt. Hier über Ursache und Wirkung zu spekulieren, verbietet sich schon deshalb, weil es sich um eine Zeitpunktanalyse und nicht um einen Längsschnitt handelt. Ob die im Rahmen dieser Untersuchung erfassten Familienunternehmen der Gründergeneration mit Kontrollgremium zu einem höheren Prozentsatz den Wechsel in die 2. Generation überleben, lässt sich nur mittels einer Langzeitstudie feststellen. Die vorliegenden Zahlen würden eine solche Studie jedoch zumindest nahe legen.

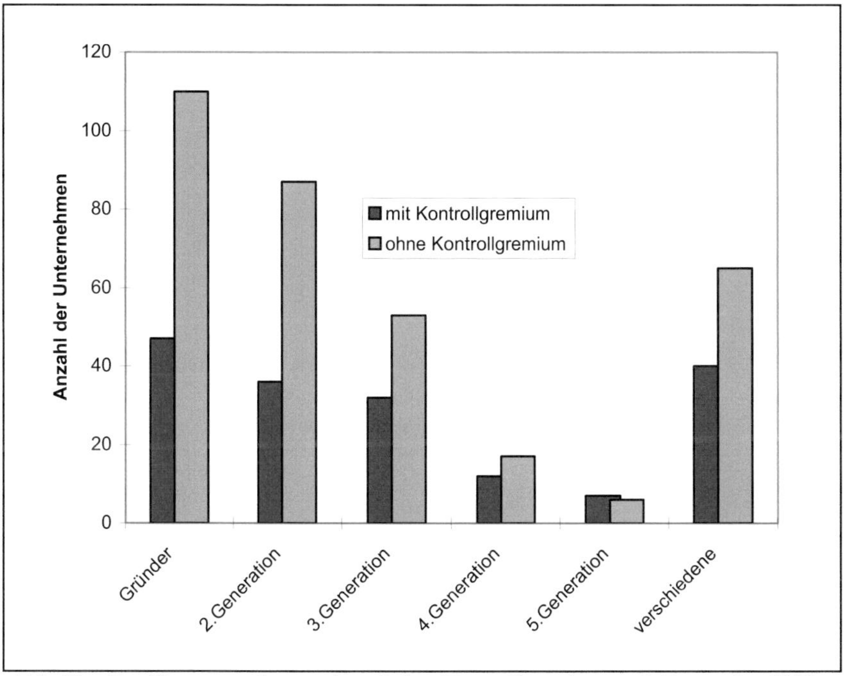

Abb. 33 Familienunternehmen mit und ohne Kontrollgremium nach Generation 1995

Betrachtet man nun abschließend den Anteil, den die Familie am Eigenkapital des Unternehmens hält und die Entscheidung für oder wider ein Kontrollgremium, ergibt sich folgendes Bild.[71] Von den 52 befragten Familienunternehmen in 1995, an denen die Familie eine einfache Mehrheit hält, haben 28, also 54%, ein Kontrollgremium installiert. Von den 67 Familienunternehmen, an denen die Familie eine qualifizierte Mehrheit hält, haben 33, das sind 49%, ein Kontrollgremium und von den 460 Familienunternehmen, die zu 100% der Familie gehören, haben 137, das sind 30%, ein Kontrollgremium.

Die Zahlen legen demnach einen Zusammenhang zwischen der Höhe der Eigenkapitalbeteiligung der Familie und der Installation eines Kontrollgremiums nahe[72]. Dies ist aus mehreren Gründen plausibel. Erst, wenn fremde Dritte in einem Unternehmen einen maßgeblichen Anteil halten, ist es im Sinne der für sie notwendigen Transparenz einerseits und Wahrung ihrer Rechte als Gesellschafter andererseits notwendig, ein von der Unternehmerfamilie zumindest z.T. unabhängiges Gremium zu installieren. Viele Familienunternehmen, die erst im Laufe der Zeit, z.B. um Wachstum weiterhin finanzieren zu können, fremde Dritte aufgenommen haben, konnten diese nur gewinnen, wenn sie

[71] Aufgrund der geringen Fallzahlen von 1,1 und 5 Unternehmen mit 1-9,9%, 10-24,9% und 25-49,9% Eigenkapitalanteil der Familie wurden nur Unternehmen mit 50% und mehr Eigenkapitalanteil der Familie einbezogen.

[72] Die Pearson-Korrelation beträgt 0,140** bei einem Signifikanzniveau von 0,01.

ein solches Gremium bereit waren, zu installieren. Es bedeutet demnach eine Professionalisierung einerseits, aber auch einen bei vielen Unternehmern ungeliebten Kontrollverlust andererseits, den sie nur unter bestimmtem „Leidensdruck" bereit sind, zu akzeptieren.

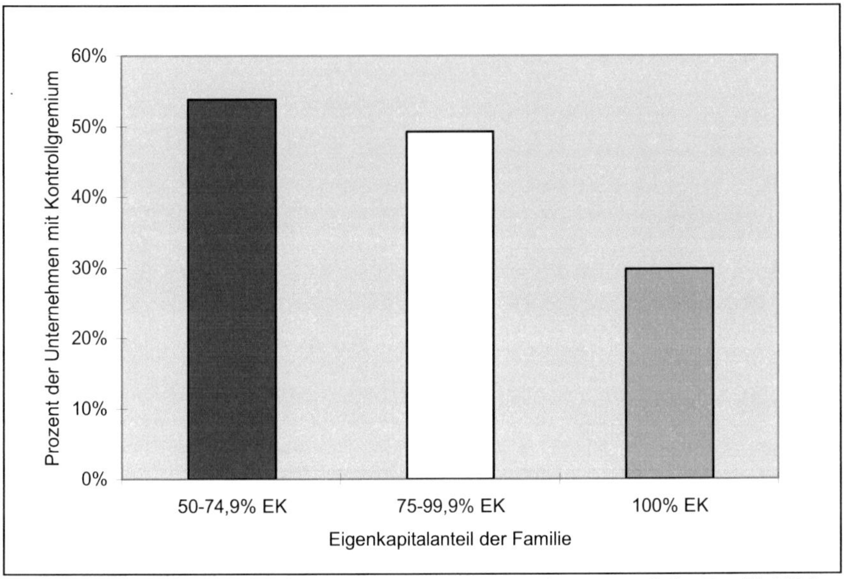

Abb. 34 Familienunternehmen mit Kontrollgremien nach EK-Anteil der Familie1995

Im Rahmen der Untersuchung wurde des weiteren nach der Art des Kontrollgremiums gefragt. Bis auf die Aktiengesellschaft, bei der der Aufsichtsrat zwingend vorgeschrieben ist, besteht hier für die Gründer/Eigentümer Gestaltungsfreiheit. Gefragt wurde, dies muss einschränkend hinzugefügt werden, nach der Bezeichnung des Kontrollgremiums, nicht nach seiner inhaltlichen und vertraglichen Ausgestaltung. Ein wie ein Aufsichtsrat gestalteter Beirat wird demnach in den vorliegenden Daten als Beirat erscheinen, auch wenn die durch ihn wahrgenommenen Rechte und Pflichten dem eines Aufsichtsrates gleich kommen.

Abbildung 35 macht deutlich, dass in Nicht-Familienunternehmen der Aufsichtsrat das Gremium der Wahl ist, was sich auch aus der Verteilung der Rechtsform auf Familien- und Nicht-Familienunternehmen erklärt. In Familienunternehmen hingegen dominiert der Beirat als Gremium der Wahl. Hier wird vermutet, dass die größere Gestaltungsfreiheit den Ausschlag gibt, die Kosten der Aushandlung in Kauf zu nehmen. Dem/den Eigentümern gilt die Freiheit, den Beirat nach den Regeln der Vertragsfreiheit gestalten zu können, mehr als die Kosten, die durch eben diese Verhandlungsfreiheit im Gegensatz zu den von vornherein durch das Aktiengesetz festgelegten Regeln entstehen.

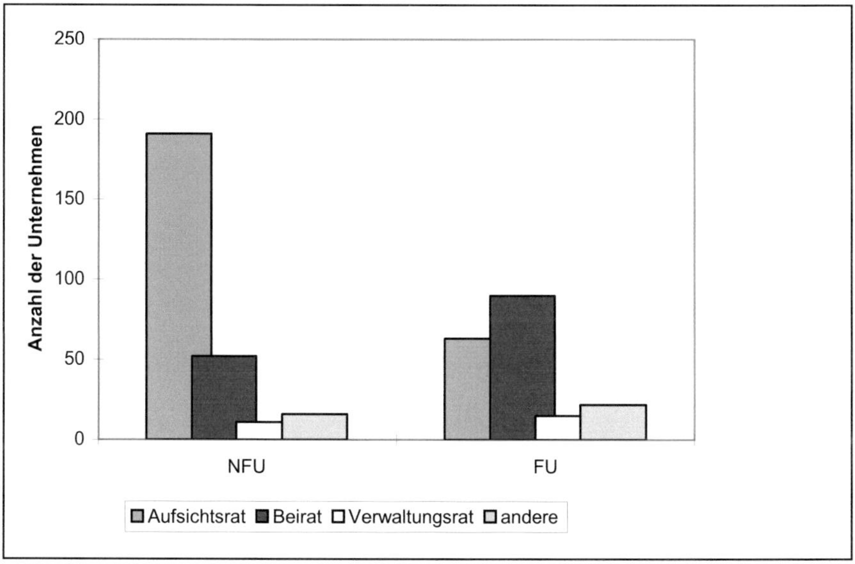

Abb. 35 Art der Kontrollgremien nach Familien- und Nicht-Familienunternehmen 1995

Der Einfluss der Familie im Kontrollgremium wird zum einen direkt, zum anderen indirekt wahrgenommen. Direkt wird er dann wahrgenommen, wenn ein oder mehrere Familienmitglieder einen Sitz im Kontrollgremium haben, indirekt dort, wo Familienmitglieder die Mitglieder des Kontrollgremiums benennen. Der Einfluss der Familie im Kontrollgremium wurde im Rahmen der vorliegenden Untersuchung über den Anteil der direkt aus der Familie und indirekt durch die Familie in das Kontrollgremium entsandten Mitglieder an der Gesamtzahl der Kontrollgremiumsmitglieder quantifiziert.

Von den 587 befragten Familienunternehmen in 1995, die Angaben darüber gemacht haben, ob sie über ein Kontrollgremium verfügen, haben 201 ein solches. Im folgenden soll das Engagement der Familienmitglieder im Rahmen dieser Kontrollgremien dargestellt werden. Abbildung 36 zeigt die prozentuale direkte und indirekte Beteiligung der Familie in den Kontrollgremien. Die Prozentangaben, die der Abbildung 36 zugrunde liegen, ergeben sich aus der Gesamtzahl der Mitglieder des Kontrollgremiums im Verhältnis zu den beteiligten Familienmitgliedern und den durch Familienmitglieder nominierten Personen. Insofern ist nicht jede Prozentzahl von 0-100 besetzt und es ergeben sich scheinbar Lücken (z.B. 10-20%, dann 25%, dann 30 38%). Diese Lücken sind nicht besetzt, so dass, um einen möglichst hohen Informationsgehalt gewährleisten zu können, nur die tatsächlich besetzten Intervalle angegeben werden.

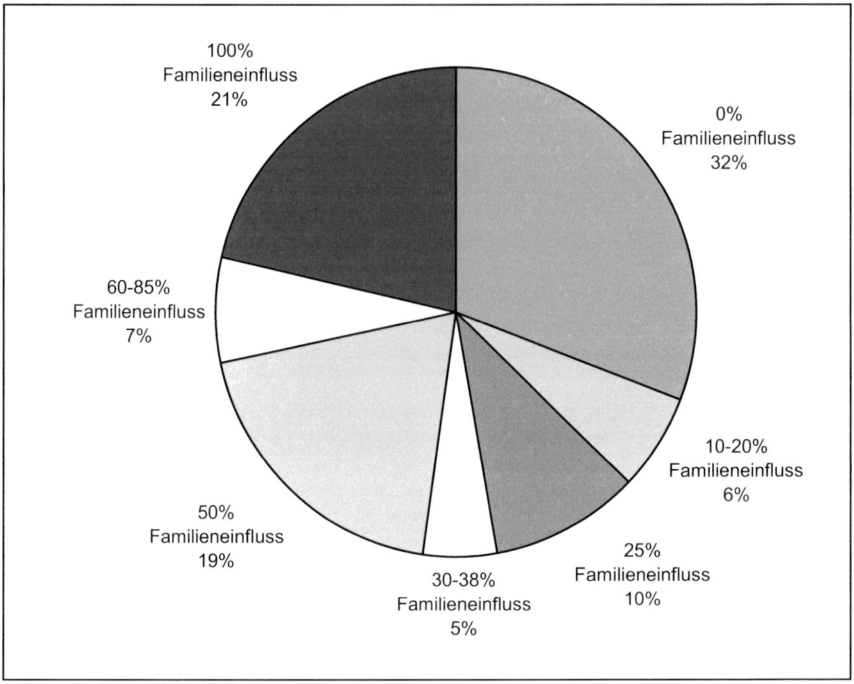

Abb. 36 Familieneinfluss in Kontrollgremien 1995

In den 201 Familienunternehmen mit Kontrollgremium nimmt die Familie in 32% (62) dieser Unternehmen keinerlei Einfluss über das Kontrollgremium wahr. Nur in 139 Unternehmen beteiligt sich die Familie am Kontrollgremium, und zwar sowohl direkt als auch indirekt. In 21% der Unternehmen kontrolliert die Familie das gesamte Kontrollgremium und in 19% der Fälle kontrolliert sie das Kontrollgremium zur Hälfte. Insgesamt lässt sich konstatieren, dass die Familien ihren Einfluss entweder über ein deutliches Engagement in der Unternehmensleitung *oder* durch ein Kontrollgremium wahrnehmen.

5.3.4.1.2.2 Stellung und Aufgaben des Beirates in Familienunternehmen

Der Beirat ist, wie oben zu ersehen, die im Familienunternehmen am häufigsten anzutreffende Form eines Kontroll- und Beratungsgremium. Die einzige andere nach der Häufigkeit relevante Form ist der Aufsichtsrat. Da der Gestaltung des Aufsichtsrates aufgrund des Aktienrechts sehr viel engere Grenzen gesetzt sind, soll im folgenden der Beirat exemplarisch in bezug auf seine Stellung und seine möglichen Aufgaben diskutiert werden. Die von der Gestaltung weitgehend unabhängige zwischenmenschliche Dynamik, die hierbei deutlich wird, gilt aber ebenso für den Aufsichtsrat und andere Formen ähnlicher Gremien.

Der Beirat wird in der Literatur als eines *der* Instrumente dargestellt, das die Handhabbarkeit von Familienunternehmen deutlich verbessert.[73] Hierbei wird von den Beiräten die Wahrnehmung von Kontrollfunktionen gegenüber der Geschäftsleitung, beratende Begleitung strategischer Entscheidungen und moderierende und schlichtende Funktionen gegenüber den Gesellschaftern erwartet. Diese Fülle von Aufgaben ist selbst dann, wenn der Beirat gesellschaftsrechtlich als Organ verankert ist[74], überaus komplex und stellt hohe Anforderungen an die Beteiligten. Die Idee des Beirates ist zunächst die Installation eines Gremiums, das die Kontrollfunktion wahrnimmt, die rein juristisch dem oder den Gesellschaftern zusteht. Diese Kontrollfunktion wird abgekoppelt von der Gesellschafterversammlung wahrgenommen und institutionalisiert. Dies hat zum einen den Vorteil einer größeren Distanz zwischen Gesellschafterversammlung und Geschäftsführung. Das Überschwappen familiärer Konflikte im Gesellschafterkreis in die Unternehmenssphäre soll hiermit u.a. verhindert werden. WIMMER et al[75] fordern ein spezifisches „Nahtstellenmanagement" für die Verzahnung von Eigentümerfamilie und Familienunternehmen als „Teil eines vorausschauenden Risikomanagements." Zum anderen sollte sich hieraus unter bestimmten Voraussetzungen (Besetzung des Beirates) eine größere Professionalität der Kontrolle und Beurteilung der Leistungen der Geschäftsführung ergeben, was wiederum die Rekrutierung entsprechend qualifizierter Fremdmanager erleichtert[76].

Soll ein Beirat die Geschäftsleitung wirkungsvoll kontrollieren können, muss er über ein hohes Einflusspotential verfügen[77]. Hierzu stehen ihm grundsätzlich vier verschiedene Wege offen: Er kann über die Besetzung der Geschäftsleitungsfunktionen indirekt die Geschäftspolitik mitbestimmen, er kann die ex-post-Analyse von Ergebnissen vornehmen, er kann die Geschäftsführung laufend überwachen und bzw. oder er kann eine vorsteuernde Kontrolle ausüben. In der Realität sind die meisten Beiräte mit entsprechend weitreichenden formalen Kompetenzen ausgestattet, von denen sie jedoch in den wenigsten Fällen Gebrauch machen.[78] „Nach unseren Ergebnissen wird die Institution Beirat von den Unternehmensleitungen wie von den Beiratsmitgliedern letztlich nicht als das dem Leitungsorgan übergeordnete Organ anerkannt, zu dem die privatautonomen Bestimmungen den Beirat machen."[79] Diese erwartete und geleistete Zurückhaltung lässt sich vor allem durch die Beteiligung von Eigentümern an der Geschäftsleitung erklären. Viele der Beiräte in Familienunternehmen befinden sich in einer „Sandwich-Position", d.h. sie werden im extremsten Fall vom Eigentümer-Unternehmer als 1-Mann-Gesellschafterversammlung bestellt, um den Unternehmer-Eigentümer als Vorsit-

---

73 Hennerkes, B.-H. (1998): Familienunternehmen sichern und optimieren, Frankfurt, New York, S. 165

74 vgl. hierzu Klaus, H. (1988): Die Rolle des Beirates bei der Führung von Mittelbetrieben, Frankfurt et al, zugl. Diss. Erlangen 1987, S. 29 ff

75 Wimmer, R. et al (1996): Familienunternehmen - Auslaufmodell oder Erfolgstyp? Wiesbaden, S. 101

76 vgl. hierzu Hennerkes, B.-H. (1998): a.a.o., S. 166

77 Klaus, H. (1991): Der Firmenbeirat, Stuttgart, S. 33

78 vgl. hierzu die empirischen Ergebnisse von Klaus, H. (1988): a.a.o., S. 87 ff

79 Klaus, H. (1988): a.a.o., S. 102 f

zenden der Geschäftsleitung zu kontrollieren. Dass auch entsprechende rechtliche Regelung hier nicht dazu führen können (und sollten), dass dieser Beirat diesen Vorsitzenden der Geschäftsleitung wirkungsvoll kontrolliert, steht außer Frage. In einer solchen Konstellation hat ein Beirat vielmehr eine vom Unternehmer freiwillig installierte Disziplinierungsfunktion. Sind die Beiräte hinreichend qualifiziert und beleumundet, so zwingt allein ihre Anwesenheit den Unternehmer, sich ebenso qualifiziert zu den anstehenden Fragen zu äußern. Er zwingt sich also durch die Einrichtung des Beirates selbst, zu (allerdings i.d.R. von ihm selbst aufgeworfenen) Fragen der bisherigen und zukünftigen Entwicklung des Unternehmens Stellung zu nehmen.

Diese Situation ändert sich grundlegend, sobald es nicht mehr nur einen Eigentümer sondern deren mehrere gibt, von denen nicht alle in der Geschäftsleitung vertreten sind. Hier wächst dem Beirat nun eine Vermittlerrolle zwischen im Unternehmen tätigen und nicht tätigen Eigentümern zu. Der Beirat ist hierbei im besten Fall der Garant für die nicht im Unternehmen mitarbeitenden Eigentümer, dass der oder die mitarbeitenden Eigentümer ihre Aufgaben ebenso qualifiziert und engagiert wahrnehmen, wie man es von einem Fremdgeschäftsführer erwarten würde. Allerdings handelt es hier selbstredend um eine Wunschvorstellung. Die Bestellung und Abberufung von Gesellschafter-Geschäftsführern in Familienunternehmen durch Beiräte ist die absolute Ausnahme.

> *„Am 11. Mai 1981 wurde ich von meinem eigenen Verwaltungsrat, welcher mehrheitlich von Nicht-Familienmitgliedern beherrscht wurde, aus der Firma 'entfernt', ...“* [80]

Die lapidare Feststellung von KÖNIG, „Mit der Delegation von eigentumsspezifischen Befugnissen an Repräsentativorgane begeben sich die Anteilseigner eines Teils ihrer Verfügungsrechte.“[81] gewinnt anhand solcher Beispiele eine zunächst nicht zu erwartende Brisanz. In der Praxis allerdings ist davon auszugehen, dass der Beirat seine Kontrollfunktion im Sinne einer Plausibilitätsprüfung vornimmt und in der Hauptsache beratende und schlichtende Funktionen wahrnimmt.

Allerdings ist auch die Schlichtung zwischen verschiedenen Gesellschafter(-stämmen) durch den Beirat nicht unumstritten. Im Falle Bahlsen kam es über diesen (permanenten) Schlichtungsversuch sogar zu einem Zerwürfnis mit dem Beirat, der daraufhin geschlossen zurücktrat und der diesen Rücktritt zudem auch noch publik machte. Während der Minderheitsgesellschafterstamm und der Beirat den Einfluss der Familie auf die Geschäftsleitung begrenzen wollten, also eine weitgehende Trennung von Kapital und Management anstrebten, beharrte der Mehrheitsgesellschafterstamm auf seiner Leitungsbefugnis. Die in diesem Fall eingetretene, aber auch aus anderen Fällen bekannte Patt-Si-

---

80 Reinhart, A.(1990): Die Familie als Kulturträger in Unternehmen in: Gottlieb-Duttweiler-Institut (Hrsg): Zukunft für Familienunternehmen? Perspektiven für die Unternehmenskontinuität., Tagungsband Rüschlikon, S. 2f

81 König, D. (1986): Die mittelgroße Familienunternehmung in der Rechtsform der Aktiengesellschaft, Bergisch-Gladbach, S. 165

tuation verberge nach Ansicht von SIEFER[82] nur die dahinter stehenden Familienkonflikte und perpetuiere u.U. sogar das Problem, oft zum Nutzen des einen und zum Schaden des anderen. Auf der anderen Seite kann gerade ein vorausschauendes Konfliktmanagement eines Beirates das Miteinander von verschiedenen Familienmitgliedern oder sogar -stämmen auf lange Zeit zum Wohle des Unternehmens ermöglichen.

Im Rahmen seiner Beratungsfunktion hat der Beirat grundsätzlich die Möglichkeit, inhaltlich ungerichtete, allgemeine Beratung im Sinne einer konstruktiv-kritischen Begleitung der Geschäftsleitung zu leisten. Inhaltlich gerichtete entscheidungsprozeßbegleitende Beratung wird nur in Ausnahmefällen zu leisten sein[83] und sollte im Sinne einer unabhängigen Überprüfung einer Beratungsleistung bis auf Ausnahmen am Markt eingekauft werden. In seiner Beratungsfunktion ist der Beirat somit in erster Linie dem noch nicht sehr erfahrenen Jungunternehmer ein väterlicher Freund bzw. dem erfahrenen Unternehmer ein Sparingpartner, der ihn mit konstruktiv-kritischen Fragen und Anregungen immer wieder zwingt, Distanz zu seinen eigenen Vorhaben zu nehmen, diese Vorhaben und auch seine eigene Position zu hinterfragen, mit dem Ziel, zu einem qualitativ besseren Ergebnis zu kommen.

Die eigentliche Problematik des Beirates, das wird aus dem Vorgesagten deutlich, liegt in der hierarchisch unterschiedlichen Zuordnung eines beratenden und eines kontrollierenden Gremiums einerseits und andererseits darin, dass bei einem Auseinanderfallen der Zielsetzungen des Unternehmens und der Eigentümer die Frage im Raum steht, wem von beiden der Beirat verpflichtet ist. Während das kontrollierende Gremium, wenn es diese Kontrolle auch de facto ausüben will, der Gesellschafterversammlung verpflichtet und der Geschäftsleitung übergeordnet sein muss, muss der beratende Beirat dem Unternehmen verpflichtet und der Geschäftsleitung untergeordnet sein. In der Praxis findet man i.d.R. eine Mischform beider Funktionen, nicht ohne die daraus resultierenden Probleme, die sich aus der unklaren Zuordnung ergeben können.

5.3.4.1.2.3 Besetzung von Kontroll- und Beratungsgremien

Je nach unterschiedlicher Verankerung des Kontroll- und Beratungsgremiums und der sich daraus ergebenden Verpflichtung ist die Besetzung eines solchen Gremiums unterschiedlich zu handhaben. Allerdings lässt sich hier in der Praxis eher eine Umkehrung des Ursache-Wirkungs-Prinzips beobachten: Nicht aufgrund der festgelegten Verankerung und Zielsetzung werden die Gremiumsmitglieder ausgesucht, sondern aufgrund der ernannten Gremiumsmitglieder ergibt sich aus deren persönlichen Präferenzen und Überzeugungen die Zielsetzung des Gremiums. HENNERKES[84] nennt als Voraussetzung für eine optimale Beiratsbesetzung unabhängig vom Fokus vor allem drei Punkte:

---

82 Siefer, T.(1996): „Du kommst später mal in die Firma!“: Psychosoziale Dynamik von Familien-Unternehmen, Heidelberg, S. 96

83 vgl. hierzu Klaus, H. (1991): Der Firmenbeirat, Stuttgart, S. 79

84 Hennerkes, B.-H. (1998): Familienunternehmen sichern und optimieren, Frankfurt et al, S. 166

Beiräte müssen unabhängig sein, Beiräte müssen neben ihrer fachlichen Kompetenz vor allem charakterlich über jeden Zweifel erhaben sein und die Zusammensetzung des Beirates muss auf die speziellen Bedürfnisse des Unternehmens ausgerichtet sein. Darüber hinaus verweist er auf die Notwendigkeit, eine klare Altersgrenze für das Ausscheiden des Beirates vertraglich zu verankern. KLAUS[85] nennt ebenfalls Unvoreingenommenheit und Unabhängigkeit als Voraussetzungen sowie Erfahrung in bezug auf Probleme der Unternehmensführung. Bei beiden Autoren wird die Ausrichtung des Beirates auf das Unternehmen mehr als auf die Eigentümer deutlich. Dies entspricht auch dem Selbstbild, das Beiräte i.d.R. in der Praxis haben.

> *„Ich bin für eine Sicherung des Gesellschaftereinflusses dann, wenn der Gesellschaftereinfluss zu vertreten ist, wenn das, was die Gesellschafterversammlung will, im Interesse des Unternehmens ist. Ich bin aber nicht der Meinung, dass der Beirat den Gesellschaftereinfluss dann sicherstellen muss, wenn der Gesellschaftereinfluss im Endeffekt auf persönliche Vorteile hinausläuft und zum Nachteil des Unternehmens ist.“*[86]

Dort, wo Gremiumsmitglieder vor allem das Interesse des Unternehmens wahren sollen, müssen sie vor allem in der Führung eines solchen Unternehmens direkt oder indirekt Erfahrung haben. Branchenkenntnisse und/oder spezifische Fachkenntnisse sind hierbei ebenso wie grundlegenden juristischen und steuerlichen Kenntnisse von Vorteil. Vor allem aber müssen Gremiumsmitglieder mit dem Fokus Unternehmen von den Eigentümern und deren Interessen unabhängig sein, d.h. sie können z.B. nicht aus dem Kreis der Eigentümer kommen oder diesem in irgendeiner Form verpflichtet sein. Ob man die damit durchgeführte Entmündigung der Gesellschafter für legitim erachtet, ist ein persönlich zu treffendes Werturteil eines jeden Einzelnen und in hohem Maß abhängig von dessen Eigentumsauffassung.

Ist der Fokus der Gremiumsmitglieder hingegen die Vertretung der Interessen der Eigentümer, notfalls auch gegen das Unternehmen, so ist die Besetzung unter ganz anderen Gesichtspunkten zu betrachten. Ein so ausgerichtetes Gremium muss neben der selbstverständlich ebenso notwendigen Sachkenntnis in bezug auf die Führung von Unternehmen über die sozialen Kompetenzen verfügen, die zur Koordination eines heterogenen Eigentümerkreises nötig sind. „Da die eigentlichen Schwierigkeiten in der Nachfolge und im Generationswechsel eher in der Familien- und Unternehmensdynamik als auf der Ebene (operativer) Sachprobleme begründet liegen, benötigen Beiräte zunehmend mehr Prozesskompetenzen.“[87] Darüber hinaus muss ein so ausgerichtetes Gremium über Kompetenzen zur Beratung von Eigentümern in bezug auf deren Eigentümerinteressen verfügen. So muss zumindest ein Gremiumsmitglied in der Lage sein, eine Eignerstrategie zu entwickeln und die Beteiligung am Unternehmen als *einen* Vermö-

---

85 Klaus, H. (1988): Die Rolle des Beirates bei der Führung von Mittelbetrieben, Frankfurt et al, zugl. Diss. Erlangen 1987, S. 169

86 Aussage eines Beiratsmitgliedes zitiert nach: Klaus, H. (1988): Die Rolle des Beirates bei der Führung von Mittelbetrieben, Frankfurt et al, zugl. Diss. Erlangen 1987, S. 107 f

87 Siefer, T.(1996): „Du kommst später mal in die Firma!“: Psychosoziale Dynamik von Familien-Unternehmen, Heidelberg, S. 95

genswert in Beziehung zu setzen zu evtl. vorhandenen anderen bzw. noch zu erwerbenden anderen Vermögenswerten. Im Extremfall kann dies sogar soweit gehen, dass ein so ausgerichteter Beirat den Eigentümern zur Wahrung ihrer Interessen rät, das Familienunternehmen ganz oder teilweise zu verkaufen, da sie ihre Interessen z.B. in einem anderen Markt besser realisieren können. Ein so deutlich auf die Eigentümerinteressen ausgerichtetes Gremium ist dann auch in der Lage, eine Fremdgeschäftsführung (allerdings nur diese) entsprechend zu kontrollieren und zu überwachen.

In der Empirie legt allerdings die Besetzung von Beratungs- und Kontrollgremien in Familienunternehmen nahe, dass derartige Überlegungen zu Fokus und Aufgabe der Gremien bei deren Besetzung eine eher untergeordnete Rolle spielen. Folgende Tabelle zeigt die in den Kontroll- und Beratungsgremien vertretenen Berufsgruppen in den untersuchten Unternehmen von 1995:

	Anzahl NFU, in denen die Berufsgruppe vertreten ist	% der NFU	Anzahl FU, in denen die Berufsgruppe vertreten ist	% der FU
Banker	84	30%	60	30%
Gesellschafter	201	72%	130	65%
Manager anderer Unternehmen	143	51%	76	38%
Pensionäre	45	16%	39	19%
Rechtsanwalt	58	21%	64	32%
Unternehmer	56	20%	61	30%
Wirtschaftsprüfer	26	9%	53	26%
Sonstige	93	33%	51	25%

Tab 14 In Kontrollgremien vertretene Berufsgruppen (Mehrfachnennungen möglich)

Entgegen den Empfehlungen von HENNERKES sind in immerhin 1/3 aller Kontroll- und Beratungsgremien, unabhängig davon, ob es sich um Familien- oder Nicht-Familienunternehmen handelt, Banker vertreten. In 1/3 der Gremien von Familienunternehmen sind Rechtsanwälte vertreten und in fast 1/3 Wirtschaftsprüfer. Da allerdings nicht erfragt wurde, wie viele Vertreter einer Berufsgruppe im Gremium sitzen, sondern nur welche, kann hieraus kein additiver Schluss gezogen werden. Die Gruppe, die in den meisten Gremien, nämlich fast 2/3 der Gremien in FU und in 72% der Gremien in NFU, vertreten ist, ist die der Gesellschafter. Nur in 1/3 der Kontroll- und Beratungsgremien von Familienunternehmen sind keine Gesellschafter vertreten.

Die Unterschiede zwischen den Gremien der Familien- und Nicht-Familienunternehmen sind bei weitem nicht so groß wie man annehmen könnte. In denen der Familienunternehmen sind häufiger andere Unternehmer, Rechtsanwälte und vor allem Wirtschaftprüfer vertreten, in denen der Nicht-Familienunternehmen geringfügig häufiger Gesellschafter und Sonstige, vor allem aber mehr Manager anderer Unternehmen. Um qualifizierte Aussagen über die Besetzung der Beratungs- und Kontrollgremien, vor allem aber über ihre tatsächlich wahrgenommenen Aufgaben in Familienunternehmen machen zu können, sind weitere empirische Arbeiten unerlässlich.

Der in häufig sehr allgemeingültiger Form geäußerten Forderung „Jedes Familienunternehmen braucht ein Kontroll- und Beratungsgremium" kann so nicht zugestimmt werden. Ein Kontroll- und Beratungsgremium kann nur dann für die Eigentümer und das Unternehmen hilfreich sein, wenn eine klar definierte Zielsetzung besteht, an der die zu schaffenden Rahmenbedingungen wie z.B. gesellschaftsvertragliche Verankerung etc. ausgerichtet werden. Dann erst ist es möglich, eine für die Zielsetzung optimale Besetzung zu definieren und zu versuchen, diese umzusetzen. Die Arbeit des Kontroll- und Beratungsgremium erfolgt dann mit einem klaren Auftrag, so dass auch die Kontrolle der Kontrolleure und ihrer Arbeit möglich ist.

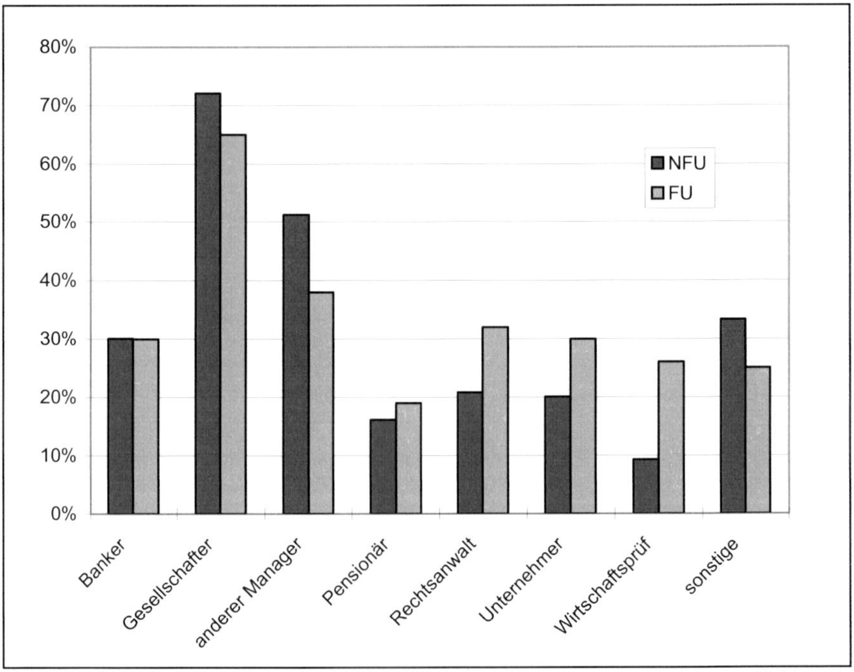

Abb. 37 In den Gremien vertretene Berufsgruppen (Mehrfachnennungen möglich)

5.3.4.2 Verfügung über die finanziellen Ressourcen

Zu den Verfügungsrechten über die finanziellen Ressourcen gehören die Entnahme sowie die Gewinnverwendung. Ihre Kehrseite sind die Nachschusspflicht und die Übernahme von Verlusten. In bezug auf diese Rechte sind zwei grundsätzliche Problembereiche zu unterscheiden; zum einen das Verhältnis der Gesellschafter zum Unternehmen und zum anderen das Verhältnis der Gesellschafter untereinander.

Der erste Themenkreis setzt die Eigenexistenz des Unternehmens unabhängig von den Gesellschaftern voraus. Diese Eigenexistenz des Unternehmens und seine Berechtigung sind nicht unumstritten. Erkennt man dieses Recht an, schränkt das die Verfügungsrechte der Eigentümer in hohem Maße ein, und zwar dort, wo die Ausübung derselben das Unternehmen schädigen oder in seiner Existenz gefährden. Wirtschaftliche Macht, die nicht originär erarbeitet sondern ererbt wurde, ist für MITTELSTEN-SCHEID[88] nur dann als sinnvoll zu akzeptieren, „wenn in ihr die Priorität des Firmeninteresses und die Bereitschaft zum Dienst am Unternehmen enthalten ist." Akzeptiert man die Priorität des Unternehmens, ist die Entnahme, wie sie in Personengesellschaften zulässig ist, soweit nicht gesellschaftsrechtliche Regelungen dem entgegen stehen, nur in Ausnahmefällen überhaupt in Erwägung zu ziehen. Mit der Entnahme schwächt der Eigentümer die Eigenkapitalbasis des Unternehmens, macht es also verstärkt von Fremdfinanzierungen mit allen damit verbundenen Einschränkungen abhängig. Ein wirtschaftlich starkes Unternehmen sollte die Bedürfnisse der Eigentümer, so sie denn nicht unrealistisch sind, aus den Gewinnen befriedigen können, ein wirtschaftlich schwaches Unternehmen kann eine weitere Schwächung sowieso nicht mehr vertragen. Schließt man also Sonderfälle wie zu 100% eigenfinanzierte Familienunternehmen aus und geht von einer „normalen" Situation, also nicht einem außergewöhnlich erhöhten privaten Finanzbedarf der Eigentümer, z.B. durch Krankheit, Erbschaft, Steuer o.ä. aus, so sollte sich das Hauptaugenmerk des Eigentümers auf die Gewinnverwendung, nicht auf die Entnahme richten.

Es gibt sowohl für eine langfristig am Unternehmen orientierte wie auch für eine an den Bedürfnissen der Eigentümer orientierte Entnahme- und Gewinnverwendungspolitik zahlreiche Beispiele. Zwei seien hier zur Illustration angeführt:

> *„In den fetten Jahren des Unternehmens wurde das Eigenkapital vernachlässigt und die Privatentnahme gefördert...Die* [Eigentümer-Geschäftsführer] *selbst ziehen sich, ohne finanzielle Opfer bringen zu müssen, aus der Affäre: Nachdem sie in den vergangenen fünf mageren Jahren rund 60 Millionen Mark nach Steuern aus der Firma gezogen haben, war auch 1982 noch ein Bruttogewinn von 21,9 Millionen zu verteilen... Im Gegensatz zur Firma sind die Familienmitglieder, inzwischen 20 an der Zahl, bestens gepolstert."*[89]

Die dem Beispiel innewohnende Logik lässt sich in vielen Familienunternehmen irgendwann im Laufe ihrer Geschichte beobachten. Die innere Bindung der Familie an das Familienunternehmen lässt deutlich nach, und zwar meist mit Auswirkungen auf den wirtschaftlichen Erfolg des Unternehmens. Das gesellschaftsrechtliche und betriebliche Handeln wird vorwiegend von privaten Gewinnbezugs- und Entnahmegesichtspunkten

---

88 Mittelsten-Scheid, J. (1985): Gedanken zum Familienunternehmen, Stuttgart, S.18

89 Diekhof, R. u. K. Hoffmann (1983): Die Erben steigen aus In: Manager Magazin 11(83), S. 72-80, hier S. 77

bestimmt. In nicht wenigen Fällen kündigt sich so oder so ähnlich das Ende des Familienunternehmens (zumindest als Familienunternehmen) an.

Auf der anderen Seite gibt es zahlreiche Beispiele dafür, wie Eigentümer mit einer langfristigen Ausrichtung und persönlicher Disziplin z.T. über Generationen einen klaren Konsumverzicht geleistet haben zugunsten des Unternehmens. Hier wurde nicht nur auf Privatentnahmen verzichtet, sondern auch der im Unternehmen erarbeitete Gewinn verblieb zu großen Teilen im Unternehmen selbst und verbreiterte so die Eigenkapitalbasis.

> *„Dass eine solche, dem Unternehmen eindeutig Priorität einräumende Eigentümerpolitik auch über viele Generationen hinweg aufrecht erhalten werden kann, wenn entsprechende Spielregeln vorhanden sind, zeigt das Beispiel der Firma Freudenberg in Weinheim an der Bergstraße. Heute bereits in der sechsten Generation, hat eine strenge Thesaurierungspolitik der Familie (insgesamt werden vom Gewinn der Unternehmensgruppe vor Steuern jährlich weniger als zehn Prozent ausgeschüttet) das Unternehmen sehr gut mit Eigenmitteln ausgestattet und damit auch über härtere Zeiten hinweggeholfen."*[90]

Neben dem Problemkreis Unternehmensinteressen vs. Eigentümerinteressen besteht in bezug auf die Entnahme- und Gewinnverwendungspolitik der Problemkreis der Eigentümer untereinander, so es denn mehrere sind. „Je größer die Zahl der Gesellschafter und je ungleicher die Höhe ihres Privatvermögens ist, desto unterschiedlicher ist in der Regel die Interessenlage im Hinblick auf Gewinnentnahmen und Gewinnthesaurierung."[91] Die hieraus entstehenden Probleme sind zu einem entscheidenden Teil durch die Struktur der Gesellschafter, die Generation der Eigentümerfamilie, die mitarbeitenden und nicht mitarbeitenden Familienmitglieder sowie durch die gemeinsame (Familien-) Geschichte und die wirtschaftliche Situation des Unternehmens bestimmt.

5.3.4.3 Veräußerung und Übertragung

Neben der Leitungs- und Kontrollbefugnis und dem Entnahme- und Gewinnverwendungsrecht steht es dem Eigentümer grundsätzlich frei, sein Eigentum an einen anderen zu übertragen. Dies kann im Wege der Veräußerung, der Erbschaft oder der Schenkung geschehen. Die Ausübung dieses Rechts löst je nach Situation und Konstruktion der Übergabe steuerliche Folgewirkungen aus. Die vieldiskutierte Nachfolgeproblematik in Familienunternehmen wurde in Deutschland zunächst vornehmlich unter diesen steuerlichen Gesichtspunkten betrachtet, was zu nicht unerheblichen Verzerrungen deshalb geführt hat, weil hier eine von mehreren Auswirkungen unternehmerischen Handelns in den Rang einer Handlungsmaxime erhoben wurde. Steuerliche Wirkungen des Eigentumsübergangs sollen, ja müssen im Rahmen verantwortlichen unternehmerischen Handelns Eingang finden in die Überlegungen und ggf. Konzepte, aber die Handelnden

---

90 Wimmer, R. et al.(1996): Familienunternehmen - Auslaufmodell oder Erfolgstyp? Wiesbaden, S. 157

91 Wöhe, G.(1978): „Die Wahl der Rechtsform als Entscheidungsproblem" in ders.: Einführung in die Betriebswirtschaftslehre, 13. überarb. Aufl., München 1978

müssen sich über ihre Natur im Klaren sein, es handelt sich hier *„nur“* um Wirkungen, in keinem Fall um Ursachen.[92] Im folgenden soll ein kurzer Überblick über die Übertragungsmöglichkeiten und ihre Vor- und Nachteile erfolgen.

Grundsätzlich kann eine Übertragung ganz oder teilweise, zu Lebzeiten oder von Todes wegen erfolgen. Schenkung und Erbschaft lösen grundsätzlich dieselben steuerlichen Wirkungen aus[93], da es sich bei einer Erbschaft um die „letztmögliche“ Schenkung handelt. Das Recht, sein Eigentum zu vererben, ist zusammen mit dem Recht auf Eigentum im § 14 (1) GG garantiert. Es stellt u.a. einen erheblichen Anreiz für den oben beschriebenen Konsumverzicht einer Generation zugunsten der nachfolgenden dar.

Die teilweise Übertragung von Eigentum kann an den Nachfolger aus der Familie aus erzieherischen und/oder steuerlichen Gründen erfolgen. Hier wird das durch § 9 ErbStG begründete Stichtagsprinzip in seiner engen Form durch aufeinander folgende Teilübertragungen aufgeweicht, wobei die Regelung in § 14 Abs.1 (1) ErbStG dem enge Grenzen setzt, wonach alle Zuwendungen der letzten 10 Jahre jeweils zusammengerechnet werden zur Ermittlung des Steuersatzes. Modelle zur quantitativen Ermittlung steueroptimaler Vorschenkungen, wie sie BRÜCKMANN[94] vorstellt, müssen jeweils für den Einzelfall errechnet werden, da die Zahl der intervenierenden Variablen i.d.R. zu groß ist, um allgemeingültige Aussagen machen zu können.

Allerdings lassen sich neben den steuerlichen Gesichtspunkten einige allgemeine Vor- und Nachteile von Zuwendungen des Eigentümers vor seinem Tod zusammenfassen[95], die es zu bedenken gibt, will der Unternehmenseigentümer Teile oder auch das gesamte Eigentum am Unternehmen zu Lebzeiten übertragen. Als Vorteile sind hier zu nennen:

- die Bindung des Nachfolgers an das Unternehmen,
- die rechtliche und wirtschaftliche Absicherung des Nachfolgers[96],
- die Sicherheit für den Erblasser (Unternehmereigentümer), dass auch tatsächlich der- oder diejenige(n) das Erbe erhalten, die der Erblasser ausgewählt hat,
- die Schaffung von haftungsfreiem Vermögen und
- die zeitliche Entzerrung von Ausgleichsansprüchen.

Allerdings stehen diesen Vorteilen einige gravierende Nachteile entgegen:

- die Versorgung der Erblassergeneration muss anderweitig sichergestellt werden,

---

92 Brückmann, H. (1991): Steuerliche Optimierungsstrategien für die Generationsfolge bei Unter-nehmerfamilien, Frankfurt, (zugleich Diss. Universität der Bundeswehr München 1990), S. 253

93 § 17 (1) ErbStG

94 Brückmann, H. (1991): Steuerliche Optimierungsstrategien für die Generationsfolge bei Unter-nehmerfamilien, Frankfurt, (zugleich Diss. Universität der Bundeswehr München 1990), S. 169ff

95 vgl. Brückmann, H. (1991): a.a.o., S. 162 f

96 „Es zeigte sich..., dass die Eigentumsfrage häufig erst etliche Jahre nach dem Führungswechsel definitiv gelöst wird.“ Spielmann, U. (1994): Generationenwechsel in mittelständischen Unternehmungen, Diss. St. Gallen, S. 65

- der Verzicht auf die Entscheidungsbefugnisse durch den Erblasser werden vom Erblasser selbst häufig als Nachteil erlebt,
- die Ungewissheit des Erblassers über die Entwicklung des Nachfolgers,
- die Ungewissheit über den evtl. Ehepartner des Nachfolgers,
- die Gefahr mangelnder Harmonie der Nachfolgegeneration untereinander, so es sich um mehrere handelt,
- die Gefahr des Scheiterns der Ehe des/der Nachfolger(s) und
- die Gefahr des Vorversterbens, falls nur ein(e) Nachfolger(in) das Erbe antritt.

Während die negativen steuerlichen Wirkungen in den meisten Fällen durch entsprechend gestaltete Verträge (Ehevertrag, gesellschaftsvertragliche Regelungen), wenn schon nicht komplett ausgeschlossen, so doch maßgeblich reduziert werden können, sind im besonderen die psychologischen Schwierigkeiten wie der Verzicht auf Einflussmöglichkeiten, vor allem aber die Beurteilung der Entwicklung des Nachfolgers und die Harmonie in der Nachfolgegeneration vertraglich kaum zu regeln. Auch wenn der Erblasser irgendwann das Risiko eingehen muss, eine Regelung zu treffen unter der Unsicherheit, was sich aus den o.g. Problemkreisen entwickelt, so stellt sich die Frage im Rahmen der vorgezogenen Erbfolge häufig so früh, dass hier noch kaum Aussagen gemacht werden können. Die Wahrnehmung steuerlicher Vorteile wird hier z.T. durch die Nachteile auf der menschlich-psychologischen Seite mehr als kompensiert.

Darüber hinaus besteht auch die Möglichkeit für den Eigentümer, Anteile am Unternehmen an fremde Dritte zu veräußern, um so z.B. Pflichtteilsansprüche weichender Erben, die Erbschaftssteuer oder die Versorgung von Familienmitgliedern, die nicht als Erben eingesetzt werden im Rahmen z.B. von Rentenversicherungen sicher zu stellen. Mit einer solchen Entscheidung schafft der Eigentümer eine grundsätzlich neue Situation, indem er den Familieneinfluss auf das Unternehmen reduziert, die Familie damit unabhängiger vom Unternehmen macht, zugleich aber auch das Unternehmen unabhängiger von der Familie. Dies kann sich, wie in Kapitel 5.4.5. zu zeigen sein wird, sowohl zum Vor- als auch zum Nachteil der Familie und/oder des Unternehmens auswirken.

Überträgt der Eigentümer seinen Anteil am Unternehmen in Gänze, so kann dies im Wege des Verkaufs an einen fremden Dritten[97] oder, seltener an ein Familienmitglied, oder im Wege der Erbschaft/Schenkung dann zumeist an ein Familienmitglied erfolgen. Der Verkauf seines Anteils als unternehmerische Entscheidung soll in Kapitel 5.4.6. dargestellt werden. Bei der Übertragung von der Eltern- an die Kindergeneration im Sinne der Generationenfolge in Familienunternehmen geht BRÜCKMANN[98] davon aus, dass „die so verstandene Unternehmernachfolge ...das Unternehmen primär für die Fa-

97 Eine umfassende Arbeit zum Verkauf an fremde Dritte im Zuge des Generationswechsels hat BERGAMIN im Rahmen seiner Dissertation an der HSG St. Gallen 1995 vorgelegt. Bergamin, S. (1995): Der Fremdverkauf einer Familienunternehmung im Nachfolgeprozess: Motive - Vorgehenskonzept - externe Unterstützung, Bern, Stuttgart, Wien

98 Brückmann, H. (1991): Steuerliche Optimierungsstrategien für die Generationsfolge bei Unter-nehmerfamilien, Frankfurt, (zugleich Diss. Universität der Bundeswehr München 1990), S. 25

milie und in der Familie erhalten [soll];". Die Gestaltungsmöglichkeiten für Einzelunternehmer, persönlich haftende Gesellschafter und Kommanditisten in Personengesellschaften, für Gesellschafter und Aktionäre in Kapitalgesellschaften im Einzelnen darzustellen, würde hier zu weit führen.[99]

In groben Zügen ist davon auszugehen, dass bei der Veräußerung von Anteilen von weniger als 25% am Unternehmen die Kapitalgesellschaften aufgrund der Befreiung von Gewinnsteuern bevorzugt sind, bei der Vererbung aufgrund der günstigeren Bemessungsgrundlage (Stuttgarter Verfahren vs. Markt- bzw. Börsenwert) die Personengesellschaften. Zusammenfassend lässt sich in bezug auf das Recht des Eigentümers zur Übertragung des Eigentums auf einen oder mehrere Erben feststellen: „Es besteht damit ein großer Gestaltungsspielraum und andererseits auch ein entsprechender Planungs- und Handlungsbedarf, der die Erbfolge einerseits kompliziert, darüber hinaus aber auch in vielen Fällen zusätzliche steuerliche Chancen eröffnet, ..."[100]

5.4 Eigentümerstruktur von Familienunternehmen

Die Rechte und Pflichten des bzw. der Eigentümer mit besonderem Augenmerk auf Familienunternehmen wurde im vorangegangenen Abschnitt dargestellt. In diesem Abschnitt soll zunächst einmal ein kurzer Überblick über die Eigentümerstruktur in den deutschen Unternehmen, wie sie im Rahmen der der Arbeit zugrundeliegenden empirischen Studie erhoben wurden, gegeben werden. Im Anschluß daran werden die verschiedenen Formen der Eigentümerstruktur von Familienunternehmen dargestellt und ihre Chancen und Risiken diskutiert. Es wird dabei von dem von WARD 1987[101] vorgeschlagenen Modell der typischen Entwicklung der Eigentümerstruktur vom Gründerunternehmen über die Geschwisterpartnerschaft zum Vettern-Konsortium ausgegangen.

5.4.1 Gesellschafter von Familien- und Nicht-Familienunternehmen

Die Gesellschafter eines Unternehmens gestalten das Unternehmen mit. Sie können, müssen aber nur sehr wenig, Einfluss nehmen auf die Unternehmenspolitik. In Familienunternehmen, vor allem denen der Gründergeneration, war und ist dieser Einfluss häufig

99 Eine fundierte Abhandlung findet sich hierzu bei Fasselt, T.(1992): Nachfolge in Familienunternehmen, Stuttgart, insbesondere Teil II

100 Brückmann, H. (1991): a.a.o., S. 119 f

101 Gersick, K.E. et al (1997): Generation to Generation: life cycles of the family business, Boston, S. 30 und Ward, J.L. (1996): Family vision, ownership structure and strategy formulation for family firms. Presentation at the annual meeting of the Academy of Management, Cincinnati.

ausgeprägter als in großen Publikumsgesellschaften und daher oft Quelle von Streitigkeiten, wenn es mehr als einen Gesellschafter gibt. „Denn immer dann, wenn eine Familie oder Mehrfamilienkonstellation als Eigentümer fungiert, wird die Wahrnehmung der Eigentümerrolle nicht nur durch die Entscheidungspräferenzen der einzelnen beteiligten Personen geprägt, sondern auch durch die besondere Eigenart dieses sozialen Systems Familie und seiner internen Dynamik.“[102]

5.4.1.1 Gesellschafter nach Zahl, Umsatzgrößenklasse und Alter des Unternehmens

Vergleicht man die Anzahl der an Familien- und Nicht-Familienunternehmen beteiligten Gesellschafter im Jahre 1995, so ergibt sich für Familienunternehmen eine durchschnittlich Anzahl von 6 Gesellschaftern, während Nicht-Familienunternehmen durchschnittlich 16 Gesellschafter haben. Betrachtet man die folgende Graphik, wird deutlich, dass diese Differenz im Durchschnitt vor allem dadurch zustande kommt, dass immerhin 14% der Nicht-Familienunternehmen mehr als 100 Gesellschafter haben, während dies nur bei 1,5% der Familienunternehmen der Fall ist. Der relativ hohe Prozentsatz der Nicht-Familienunternehmen mit nur einem Gesellschafter (fast 32 % aller Nicht-Familienunternehmen) erklärt sich vermutlich durch eigenständig operierende Tochterunternehmen von Konzernen und kommunale Unternehmen. Nur 1 Gesellschafter bedeutet ja zugleich auch 100% Eigenkapital im Besitz dieses einen Gesellschafters. Hiermit kann dieser eine Gesellschafter entweder keine natürlich Person sein oder aber eine natürliche Person, die nicht vom Unternehmensgründer abstammt. Es würde sich hiermit dann um ein Familienunternehmen 2. Ordnung handeln. Ein Familienunternehmen 2. Ordnung ist ein Unternehmen, auf dessen Entwicklung eine Person oder eine Familie maßgeblichen Einfluss im Sinne der dieser Arbeit zugrunde liegenden Definition hat, der oder die aber nicht von dem Gründer des Unternehmens abstammen. Es kann sich hierbei um Unternehmen handeln, die z.B. durch Management-Buy-Out, durch Privatisierung nach der Wiedervereinigung oder andere Übernahmen von Familien erworben wurden.

---

102 Wimmer, R. et al.(1996): Familienunternehmen - Auslaufmodell oder Erfolgstyp? Wiesbaden, S. 101

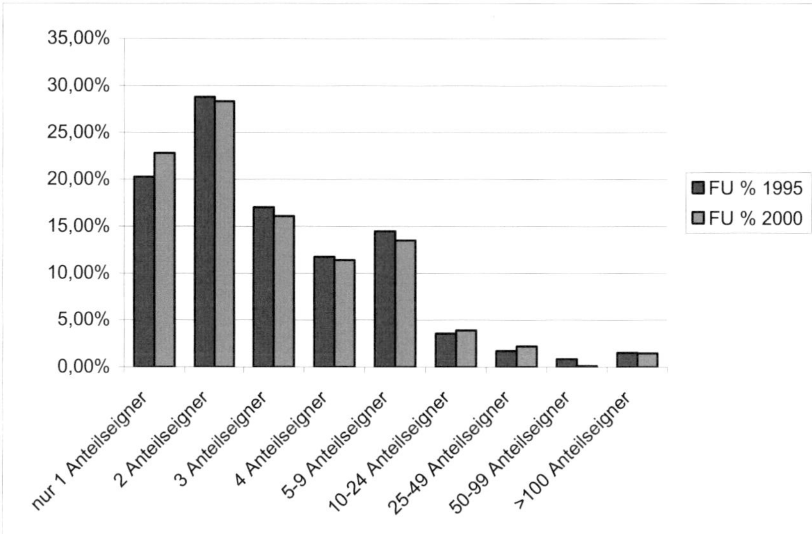

Abb. 38 Anzahl der Gesellschafter in Familienunternehmen 1995 und 2000 im Vergleich

20 (23) % aller Familienunternehmen haben nur einen Gesellschafter. Wie viele Gründerunternehmen sich hierunter befinden, wird im folgenden zu klären sein. Fast 30 % (28,8 bzw. 28,3 %) aller Familienunternehmen haben 2 Gesellschafter und nur knapp 8 % (8 %) haben mehr als 10 Gesellschafter. Der größte Teil von Familienunternehmen hat demnach mehr als 1 und 10 oder weniger Gesellschafter. Es steht zu vermuten, dass die Zahl der Gesellschafter eines Unternehmens mit zunehmendem Alter und mit zunehmender Größe, die wiederum nicht unabhängig voneinander sind, ansteigt.

Schlüsselt man nun die Anzahl der Gesellschafter nach Umsatzgrößenklassen für das Jahr 1995 auf, ergibt sich folgendes Bild: In der Umsatzgroßenklasse bis 10 Millionen DM Jahresumsatz haben Familienunternehmen mit durchschnittlich 4 Gesellschaftern durchschnittlich einen Gesellschafter mehr als Nicht-Familienunternehmen. In allen anderen Umsatzgrößenklassen haben Nicht-Familienunternehmen durchschnittlich mehr Gesellschafter. In den Unternehmen mit 10 bis 500 Millionen Umsatz haben Nicht-Familienunternehmen im Schnitt doppelt so viele Gesellschafter, bei 500 Millionen bis 1 Milliarde DM Umsatz sind es sogar 2 ½ mal so viele, erst bei mehr als 1 Milliarde DM Jahresumsatz sinkt die Differenz auf weniger als die Hälfte (29:41) ab.

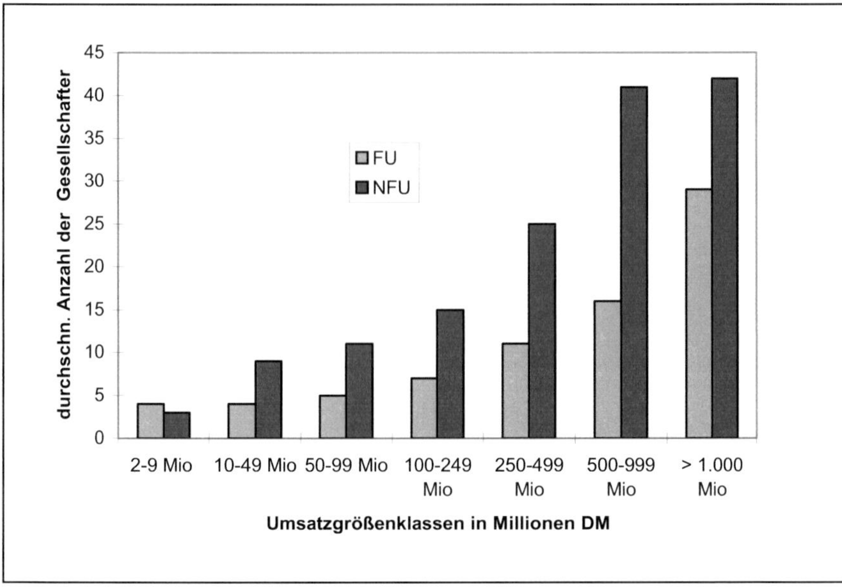

Abb. 39 Durchschnittliche Anzahl der Gesellschafter nach Umsatzgrößenklassen 1995

Dass Nicht-Familienunternehmen durchschnittlich mehr Gesellschafter haben als Familienunternehmen, ist auch vice versa zu interpretieren. Die Zahl der Gesellschafter in Familienunternehmen nimmt im Laufe der Zeit tendenziell zu, sei es durch Aufnahme weiterer Gesellschafter zur Sicherung der Finanzierung, der strategischen Positionierung oder sei es durch Bruchteilseigentum, welches im Zuge von Generationswechseln entsteht und in einigen Fällen auch immer weiter aufgeteilt wird. Hiermit nimmt zunächst einmal der Einfluss des Einzelnen ab, durch Aufnahme fremder Dritter oder durch den Verkauf von Anteilen an Familienfremde sinkt im weiteren der Einfluss der Familie insgesamt. Aus dem Familienunternehmen wird mehr und mehr ein Nicht-Familienunternehmen; die Familie übt nicht mehr den maßgeblichen Einfluss aus.

In den seltensten Fällen werden Unternehmen von vielen Gesellschaftern gegründet. Die steigende Zahl der Gesellschafter ergibt sich i.d.R. entweder durch den Verkauf von Gesellschaftsanteilen an fremde Dritte oder durch das Ansteigen der Zahl der Familienmitglieder im Laufe der Zeit durch Heirat, Schenkungen und Erbschaften. Es liegt deshalb nahe anzunehmen, dass die Zahl der Gesellschafter mit zunehmendem Alter der Unternehmen ansteigt. Diese Annahme bestätigte sich im Laufe der Erhebungen. Beim Alter der Unternehmen, aufgeschlüsselt nach der Zahl der Gesellschafter, ergibt sich folgendes Bild für 1995:

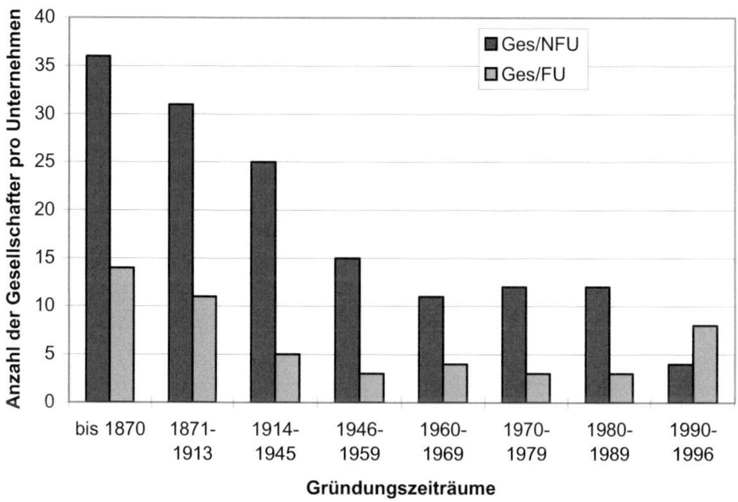

Abb. 40 Anzahl der Gesellschafter in FU und NFU der Stichprobe 1995 nach Alter

Auch hier wird deutlich, dass Nicht-Familienunternehmen durchgängig bis auf die nach der Wiedervereinigung gegründeten mehr Gesellschafter haben als Familienunternehmen. Als Interpretation bietet sich an, dass Familienunternehmen durch Hinzunahme von fremden Dritten als Gesellschafter ihren Charakter als Familienunternehmen aufgeben. Insgesamt steigt die Zahl der Gesellschafter mit zunehmendem Alter des Unternehmens. Familienunternehmen, die nach dem Ende des II. Weltkrieges gegründet wurden, haben in der Regel nicht mehr als 3 Gesellschafter; die Ausnahme bilden wieder die nach der Wiedervereinigung gegründeten Familienunternehmen. Hierbei spielt sicher auch die Privatisierung ehemaliger Staatsbetriebe der DDR z.B. durch Management-Buy Outs oder -Ins eine nicht unerhebliche Rolle.[103] Nicht-Familienunternehmen haben in der Regel mindestens 10 Gesellschafter, ausgenommen die nach 1990 gegründeten; sie haben im Durchschnitt 4 Gesellschafter, wobei aus der Erhebung nicht deutlich wird, ob und in wie vielen Fällen es sich um natürliche bzw. um juristische Personen handelt.

5.4.1.2 Familienunternehmen im Besitz verschiedener Generationen

Eine Besonderheit von Familienunternehmen ist, dass sie sich zum Teil über mehrere Generationen im Besitz der Gründerfamilien(n) und ihrer Nachkommen befinden. Im Zusammenhang mit der Hypothese, das Familienunternehmen stürbe, wird häufig auf den Satz auf dem Volksmund verwiesen, der da sagt: „Der Vater baut´s auf, der Sohn

103 vgl. u.a. Hüfner, P. et al (1992): Mittelstand und Mittelstandspolitik in den neuen Bundesländern, ifm-Materialien Nr. 45, Bonn

erhält's, beim Enkel verfällt's." Im folgenden soll nun anhand der erhobenen Daten dargestellt werden, ob und in wie weit dieser Satz durch die empirischen Daten gestützt wird. Vorher sei noch eine Anmerkung gestattet: Während bis dato von der Grundidee 3 Generationen / 1 Unternehmen ausgegangen wurde, mehren sich die Stimmen, die für die Zukunft davon ausgehen, dass wir es mehr und mehr mit dem umgekehrten Verhältnis zu tun haben werden, nämlich 1 Generation / 3 Unternehmen. Gründer „machen" Un-ternehmen in relativ kurzer Zeit, verkaufen diese an einer kritischen Größenschwelle, um mit dem Erlös wiederum ein neues Unternehmen aufzubauen etc. Aber selbst wenn sich dieses Muster in Zukunft häufiger finden lassen wird als bisher, ist doch davon auszugehen, dass in absehbarer Zukunft die traditionell von Generation zu Generation weitergegebenen Familienunternehmen nicht verschwinden werden. Noch stellen sie die Mehrzahl der Familienunternehmen, wie folgende Daten zeigen.

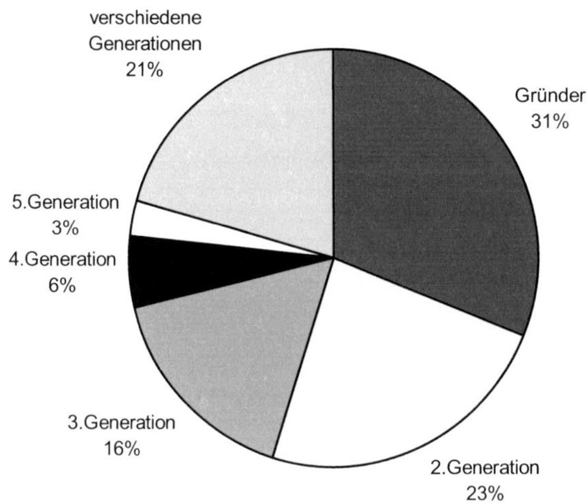

Abb. 41 Familienunternehmen im Besitz verschiedener Generationen 1995

1/3 der Familienunternehmen der Stichprobe von 1995 befinden sich im Besitz der Gründergeneration, 23 % im Besitz der 2. Generation, 16 % im Besitz der dritten, 6 % im Besitz der vierten und 3 % im Besitz der 5. Generation. 21 % der Familienunter-nehmen befinden sich im Besitz verschiedener Generationen. Die Zahlen machen deutlich, dass nicht alle Familienunternehmen einer Generation die jeweils nächste erreichen. Allerdings ist die drastische Formulierung des Volksmundes bei weitem übertrieben. Nach der dritten Generation spalten sich offensichtlich die Besitzverhältnisse zunehmend derart auf, dass verschiedene Generationen gleichzeitig im Besitz von Gesellschaftsanteilen sind. Allerdings ist hierzu kritisch anzumerken, dass es sich bei der vorliegenden empirischen Basis um eine Stichpunktbetrachtung handelt. Die Daten sagen nichts darüber aus, wie viele der Unternehmen, die in einem bestimmten Zeitraum gegründet wurden, die nächste Generation erreichten, sondern nur, wie viele der 1996/97 noch existenten Unternehmen, die während des Zeitraumes gegründet wurden, heute im Besitz der Gründergeneration, der 2., 3. oder einer anderen Generationen sind.

Betrachten wir zunächst einmal den Durchschnittswert der besitzenden Generation. Familienunternehmen, die 40 Jahre und jünger sind, befinden sich noch fast alle im Besitz der Gründergeneration, also der 1.Generation. Unternehmen, die zwischen Ausbruch des I.Weltkrieges und dem Ende der 50er Jahre gegründet wurden, befinden sich im Schnitt im Besitz der 2.Generation. Unternehmen, die im Kaiserreich gegründet wurden, befinden sich im Besitz der 3.Generation und die vorher gegründeten Unternehmen befinden sich im Besitz der 4.Generation. Eine Generation ist demnach im Schnitt 40 bis 45 Jahre im Besitz der Gesellschaftsanteile.

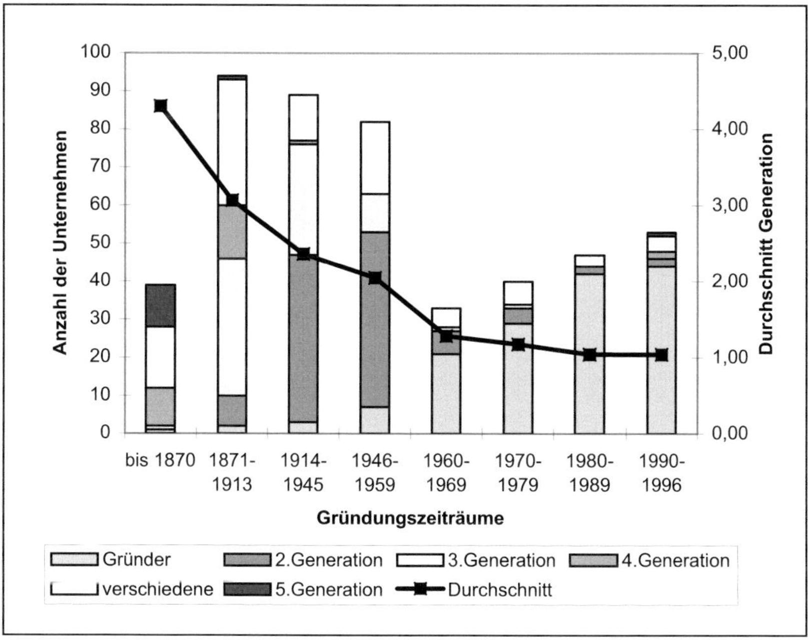

Abb. 42 FU im Besitz verschiedener Generationen nach Gründungszeiträumen 1995

Die folgende Abbildung zeigt die Anzahl der Gesellschafter in den jeweiligen Generationen.[104] In der Gründergeneration sind 30% der Familienunternehmen im alleinigen

104 Erste empirische Ergebnisse für Unternehmen in den USA zu Eigentümerstrukturen haben WARD und DOLAN 1998 veröffentlicht, allerdings nicht auf einer repräsentativen Auswahl von Unternehmen sondern auf einer regional begrenzten nicht zufälligen Auswahl basierend. Die Ergebnisse legen nahe, dass die sogenannte „sole ownership" in den USA mit ca. 9 % in der ersten Generation deutlich seltener zu finden ist als in Deutschland mit ca. 30 %. Ward, J.; Dolan, C. (1998): Defining and Discribing Family Business Ownership Cofigurations In: FBR XI (4), S. 305 - 309, hier S. 308

Besitz des Gründers. Weitere 34% der Familienunternehmen der Gründergeneration sind im Besitz von 2 Gesellschaftern. Dies können 2 Gründer sein, aber der Gründer und sein später hinzugekommener Partner, sei es nur ein Geschäfts- oder auch sein Ehepartner.

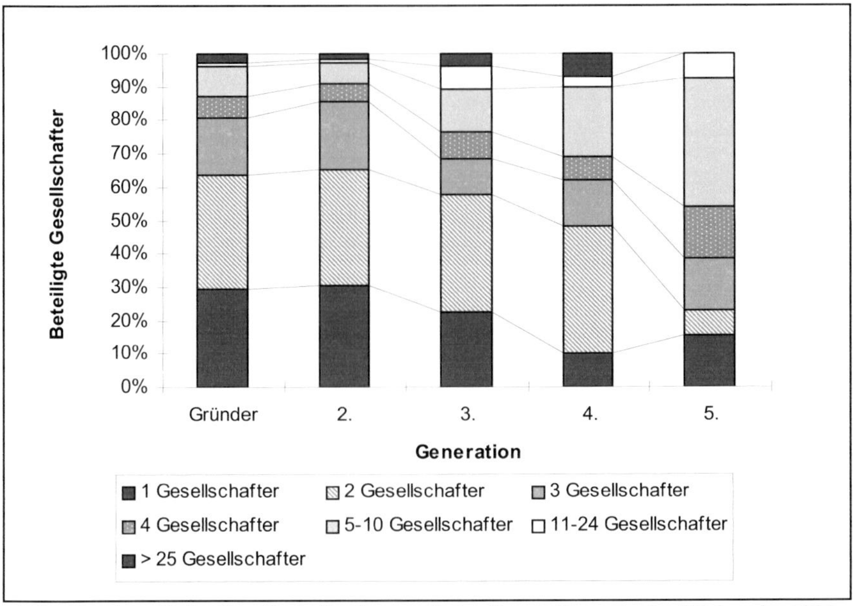

Abb. 43 Anzahl der Gesellschafter innerhalb der Generationen in der Stichprobe 1995

Interessant ist, dass die prozentualen Anteile von Familienunternehmen, die im Besitz von einem oder zwei Gesellschaftern sind, nämlich zusammen rund 65%, sich auch in der 2.Generation nicht ändern. Erst in der 3. und 4.Generation befinden sich deutlich weniger Familienunternehmen im Besitz nur eines Gesellschafters (22% in der 3. und 10% in der 4.Generation). Allerdings nimmt der Anteil der Familienunternehmen, die sich im Besitz von 2 Gesellschaftern befinden, eher zu (35% in der 3. und 38% in der 4.Generation). Erst in der 5.Generation nimmt der Anteil mit 1 (12%) oder 2 Gesellschaftern (8%) deutlich ab.

5.4.1.3 Gesellschafter und Eigenkapitalanteil der Familie

Auch zwischen dem Anteil, den die Familie am gesamten Eigenkapital des Unternehmens hält und der Zahl der Gesellschafter besteht ein Zusammenhang. Je mehr Gesellschafter ein Familienunternehmen hat, desto geringer ist der Anteil, den die Familie am Eigenkapital hält. Der Verkauf von Gesellschaftsanteilen an fremde Dritte, seien es aussenstehende Gesellschafter im Sinne natürlicher Personen oder aber andere Unternehmen, wird nach den vorliegenden Zahlen mit zunehmender Gesellschafterzahl wahrscheinlicher.

Die vorliegenden Zahlen von 1995 lassen diesen Trend deutlich erkennen. Allerdings ist Vorsicht geboten bei der Interpretation der Zahlen von Familienunternehmen mit mehr als 25 Gesellschaftern. Von den 590 untersuchten Familienunternehmen haben nur 25 Unternehmen mehr als 25 Gesellschafter, so dass eine Interpretation dieser Zahlen zumindest unter Vorbehalt zu erfolgen hat. Die folgende Graphik verdeutlicht den grundlegenden Trend von geringerem Anteil der Familie am Eigenkapital des Unternehmens bei steigender Zahl von Gesellschaftern:

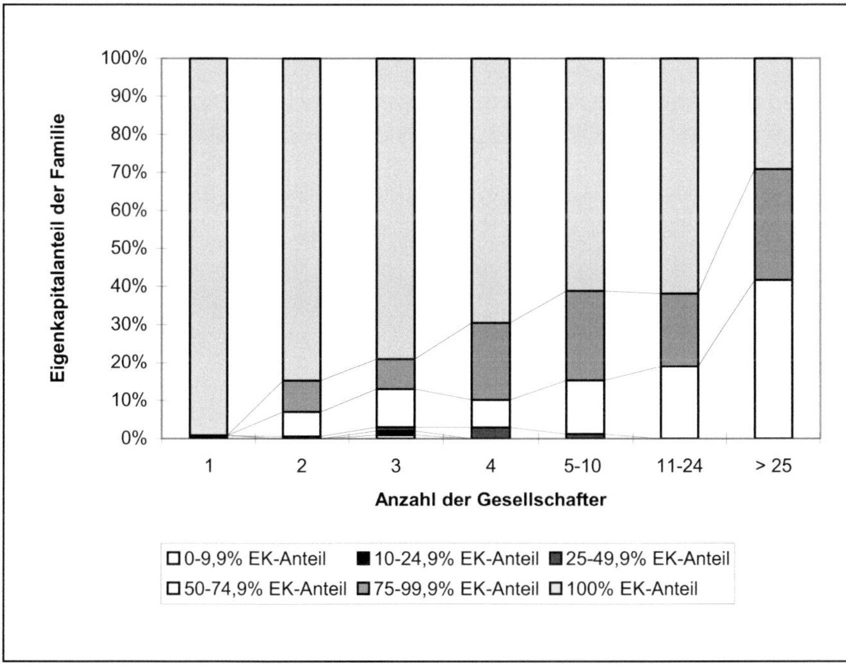

Abb. 44 Eigenkapitalanteil der Familie nach Anzahl der Gesellschafter 1995

Betrachtet man den Anteil, den die Familie am Eigenkapital des Unternehmens hält, nach den Generationen, die im Besitz des Eigenkapitals sind, sieht man deutlich, dass die Generation keinen nennenswerten Einfluss auf den Anteil hat, den die Familie am Eigenkapital hält. Entscheidend ist die Zahl der Gesellschafter, nicht die Generation.

Zudem verdeutlicht Abbildung 45 ein weiteres interessantes Faktum: Ab der 3. Generation, die im Besitz des Eigenkapitals des Unternehmens ist, besitzt diese Familie 50 % und mehr. Familienunternehmen mit weniger als 50 % Eigenkapital gibt es nur in der 1. und 2. Generation. Eine mögliche Interpretation ist, dass Familien, die weniger als 50 % des Eigenkapitals des Unternehmens halten und diesen Mindereinfluss über die Besetzung des Kontroll- und Beratungsgremiums oder durch das Wahrnehmen von Managementpositionen ausgleicht, dies nur eine kurze Zeitspanne durchhalten können. Eigentum lässt sich vererben. Daher lässt sich auch der Einfluss, der aus Eigentum resultiert, vererben. Managementpositionen und ebenso Positionen im Kontroll- und Beratungsgremium lassen sich nicht vererben. Familien, die ihren Einfluss über Managementpositionen bei Minderheitsbeteiligungen sicherstellen, können diesen nicht perpetuieren.

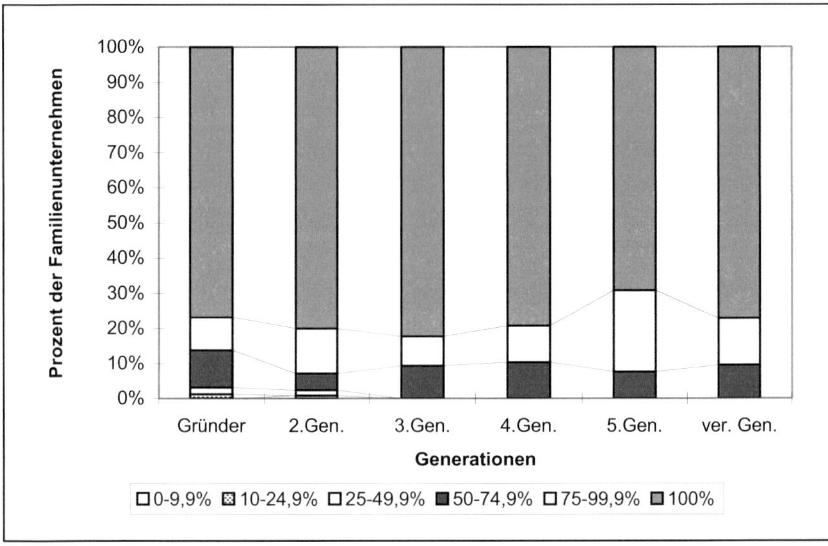

Abb. 45 Eigenkapitalanteil der Familie nach Generationen 1995

An den Daten zu Anzahl der Gesellschafter und der beteiligten Generation wurde deutlich, dass die Zahl der Gesellschafter über die Generationen nicht in allen Unternehmen notwendigerweise zunimmt. Welche Regelungen hierzu führen, läßt sich anhand der vorliegenden Daten nicht erkennen. Eines läßt sich jedoch bereits zum jetzigen Zeitpunkt feststellen: Die Anzahl der beteiligten Gesellschafter korreliert im Gegensatz zu der beteiligten Generation negativ mit dem Anteil, den die Familie am Eigenkapital des Unternehmens hält.

5.4.2 Familienunternehmen im Alleineigentum des Unternehmers

In wie weit Unternehmen, die sich im Alleineigentum eines Unternehmers befinden, als Familienunternehmen zu bezeichnen sind, ist umstritten. Dies gilt besonders für Gründerunternehmen in ihrer ersten Phase, also der tatsächlichen Gründungsphase, und dies gilt insbesondere für Unternehmen, die von alleinstehenden Personen gegründet und geführt werden. Diese Arbeit geht davon aus, dass es eine Vielfalt von Familienunternehmen gibt, die vor allem eines gemeinsam haben; sie werden eben nicht von Konzernen oder einer relativ anonymen Masse von Eigentümern kontrolliert, sondern von Familienmitgliedern. Unternehmen, die von alleinstehenden Personen kontrolliert werden, die (noch) keine Familie gegründet haben, sind somit als potentielle Familienunternehmen ein Sonderfall eines Familienunternehmens.[105]

Von den im Rahmen der empirischen Arbeit zum Jahr 1995 erhobenen Daten von 587 Familienunternehmen sind 119 im Besitz nur eines Gesellschafters. Von diesen 119 Unternehmen sind 46 im Besitz des Gründers und 36 im Besitz der zweiten Generation. 52 % aller deutschen Familienunternehmen mit nur einem Gesellschafter sind demnach im Besitz des Gründers, 29 % befinden sich im Besitz der 2. Generation, 14 % im Besitz der 3. und 5 % im Besitz der 4. und 5. Generation.

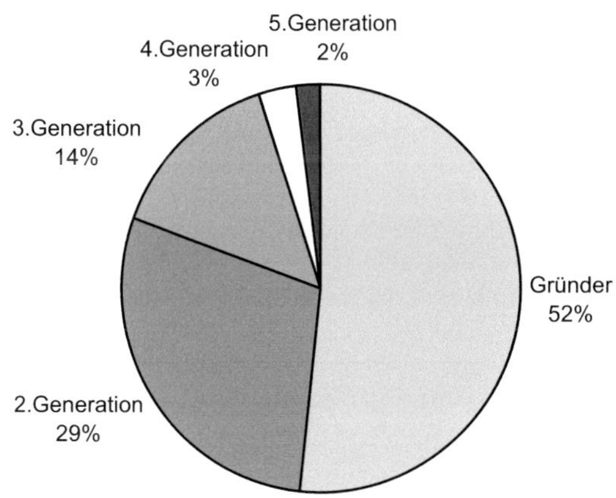

Abb. 46 FU in Deutschland mit nur einem Gesellschafter nach Generationen

5.4.2.1 Gründerunternehmer

Jedes Unternehmen, gleich welche Größe, Rechtsform und Eigentümerstruktur es heute aufweist, ist irgendwann gegründet worden. Unternehmen können entweder von einem Einzelnen, von Partnern, von einer Gruppe oder von einem anderen Unternehmen gegründet werden. Die Forschung im Bereich der Unternehmensgründungen bezieht sich zumeist auf Gründungen von Einzelpersonen, Partnern oder kleinen Gruppen. „Unter Gründung verstehen wir somit den Aufbau einer eigenständigen, vorher nicht existierenden Unternehmung durch eine oder mehrere selbständige Personen.“[106] und weiter: „Gründer in unserem Sinne sind Personen, die sich selbständig gemacht und sich mit

[105] Ein durch die vielfältigen Presseberichte sehr bekanntes Gründerunternehmen, das zunächst als potentielles Familienunternehmen begann, ist z.B. Microsoft.

[106] Spielmann, U. (1994): Generationenwechsel in mittelständischen Unternehmungen, Diss. St. Gallen, S. 9

dem Aufbau einer neuen, vorher nicht existierenden Unternehmung eine eigene Existenz erarbeitet haben."[107] Von den 119 Unternehmen der empirischen Studie im alleinigen Besitz einer Person sind 46 Unternehmen im Besitz der ersten Generation, der Gründergeneration.

Gründerunternehmen im Alleinbesitz haben einige Eigenheiten, die im folgenden kurz dargestellt werden sollen. Zunächst stellt sich die Frage der Finanzierung für den Eigentümer. Gründerunternehmen müssen wachsen, um zu überleben und dieses Wachstum muß finanziert werden. „Although some who study entrepreneurs focus on venture capital and cashing-out strategies, most new businesses begin with family resources and nebulous long-term intentions."[108] Dem Eigentümer-Unternehmer stehen hierzu prinzipiell drei Möglichkeiten zur Verfügung. Die Finanzierung kann aus den erwirtschafteten Gewinnen, also aus dem Wachstum selbst erfolgen. Dies bedingt einen zum Teil sehr weitgehenden Konsumverzicht des Eigentümers, da Gewinne nahezu ausschließlich thesauriert werden. Für die Familie des Eigentümer-Unternehmers bedeutet dies einen weiteren Verzicht, neben dem hohen Zeit- und Kraftaufwand, den das Unternehmen fordert, muß die Familie zudem auf einen dem Arbeitsaufwand angemessenen Konsum verzichten und sogar noch in vielen Fällen ein hohes finanzielles Risiko übernehmen.

Dies entsteht durch die zweite Finanzierungsmöglichkeit, die Fremdfinanzierung mittels Bankkrediten. Da Gründerunternehmer nur in den seltensten Fällen über Sicherheiten im Firmenvermögen verfügen, verlangen Banken für die Bereitstellung von benötigten Krediten häufig Sicherheiten aus dem Privatvermögen des Unternehmers und seiner Familie. Dies wird entweder durch die Rechtsform (Einzelunternehmen, OHG) zwangsläufig erfolgen oder im Falle von Haftungsausschluß durch zum Beispiel eine GmbH als Rechtsform in der Form von Bürgschaften quasi „durch die Hintertür" wieder eingeführt. Eine dritte Möglichkeit, die Finanzierung im Gründerunternehmen sicherzustellen, ist denn auch die Inanspruchnahme von persönlichen Krediten von Verwandten oder Freunden. Neben der hohen moralischen Verpflichtung, die der Gründerunternehmer hier eingeht, läuft er zudem Gefahr, sich über die finanzielle Verpflichtung menschlich mit ihm nahestehenden Personen zu überwerfen. Häufig wird diese Finanzierungsform dann gewählt, wenn die beiden ersten Wege nicht mehr das entsprechende Kapital zur Verfügung stellen, also in einer wirtschaftlich so angespannten Situation, dass hier größte Vorsicht geboten ist.

Eine weitere Frage, die der Gründerunternehmer zu klären hat, ist die der Leitung. Grundsätzlich steht ihm als Alleineigentümer die Leitungsbefugnis zu. Er kann und wird diese auch in den meisten Fällen allein ausüben. Von den 46 Gründern der vorliegenden Untersuchung haben nur 26 Angaben zur Geschäftsleitung gemacht. Hiervon haben 19 die Geschäftsleitung selbst ausgeübt, immerhin 7 haben sie delegiert.

---

107 Spielmann, U. (1994): a.a.o., S. 10

108 Aronoff, C.E. und J.L. Ward (1995): Family Owned Businesses: A Thing of the Past or a Model for the Future? In: FBR IIX, 2, S. 121-130, hier S. 124

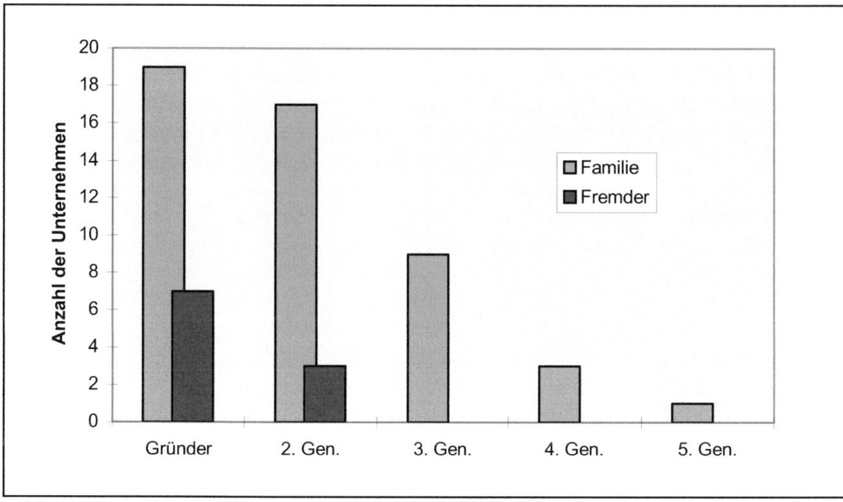

Abb. 47 Vorsitzende der Geschäftsleitung in Gründerunternehmen in Alleineigentum 1995

Interessant ist in diesem Zusammenhang, dass die Bereitschaft, die Leitungsfunktion zu delegieren, mit zunehmender Generation abnimmt. Befindet sich ein Unternehmen auch noch (oder wieder) in der 3. Generation im Alleineigentum, so übt in diesen Fällen der Eigentümer auch die Leitungsfunktion aus. Allerdings sind mit der Machtkonzentration von Eigentum und Leitung neben vielen Vorteilen auch gravierende Nachteile verbunden, die in Folgegenerationen dazu führen können (nicht: müssen!), dass solche Unternehmen sich weniger gut im Markt behaupten können als ihre Konkurrenz.[109]

Die Problematik dieser Unternehmen mit „einpoliger Struktur, den sog. Unternehmerbetrieben, in denen es nur ein Zentrum betrieblicher Willensbildung gibt,“[110] ist die absolute Bezogenheit auf die Person des Unternehmers. Er ist die personifizierte Stärke und Schwäche des Unternehmens. Die Vorteile sind hier vor allem die Klarheit und die Schnelligkeit der Kommunikation. Mitarbeiter, Lieferanten und Kunden wissen, wer die „Zügel in der Hand hält“, an wen sie sich zu wenden haben. Zugleich liegt aber hierin auch die Gefahr des „alles selbst in der Hand haben wollen(s)“, was nicht nur bei dem Ausfall des Unternehmers zu Problemen führt, sondern auch eine entscheidende Wachstumsbremse sein kann. Die Entscheidungen im Unternehmen sind in ihrer Qualität in einem hohen Maße von der Kompetenz und dem Instinkt des Unternehmers abhängig. Die Fähigkeit zu Delegation wird Gründerunternehmer häufig abgesprochen.

Ein weiterer Vorteil dieser Einpoligkeit sind die nicht auftretenden Konfliktkosten in der Vermittlung zwischen Eigentümer- und Leitungsinteressen. Auch eine Kontrolle ist hier

---

109 vgl. hierzu Kapitel 6.2.1.1.1. „Der Alleinherrscher“ dieser Arbeit

110 Gutenberg, E. (1972): Grundlagen der Betriebswirtschaftslehre, Bd. 1, Die Produktion, Berlin, Heidelberg, New York, S. 506

nicht notwendig; wird z.B. trotzdem ein Beirat installiert, der sich dann in der Sandwich-Position zwischen dem Eigentümer-Unternehmer als Eigentumsvertreter auf der einen Seite und demselben Eigentümer-Unternehmer als Verantwortlichen für die Leitung des Unternehmens auf der anderen Seite befindet, so ist dies zumeist entweder eine Vorsorgemaßnahme für die Zeit nach dem Generationswechsel oder es handelt sich um ein reines Beratungs-, aber nicht um ein Kontrollgremium. So überrascht es denn auch nicht, dass von den 46 Gründerunternehmen im Alleinbesitz nur 11 über ein Beratungs- und Kontrollgremium verfügen.

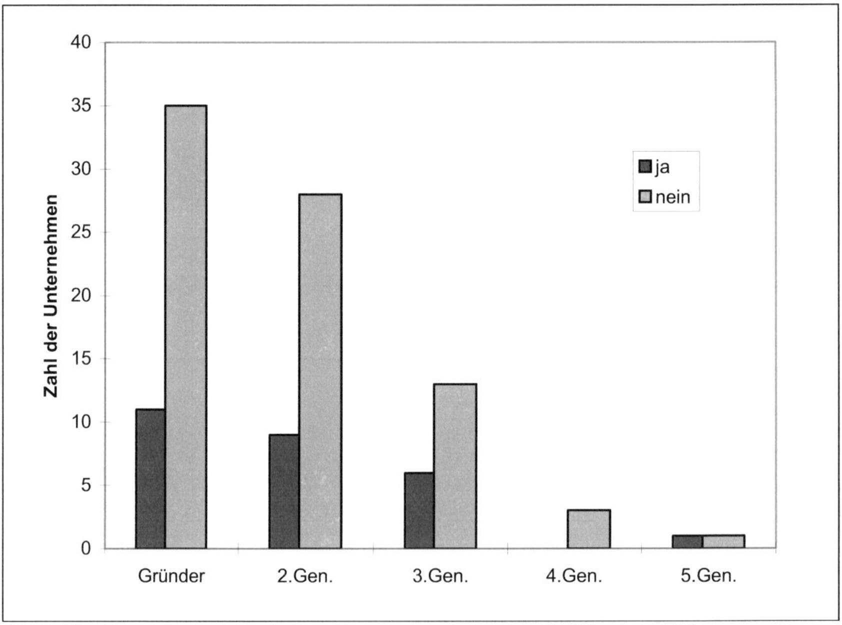

Abb. 48 Kontrollgremium in Familienunternehmen in Alleinbesitz 1995

Auch in den folgenden Generationen steigt der Prozentsatz der Unternehmen im Alleinbesitz mit einem solchen Gremium nicht nennenswert an. In der zweiten Generation der Stichprobe von 1995 sind es genau wie in der Gründergeneration 24% der Unternehmen, in denen ein Kontrollgremium existiert, in der 3. Generation sind es 32 % und die Interpretation der 4. und 5. Generation ist aufgrund der geringen Fallzahl (3 bzw. 2 Unternehmen) nicht möglich. Nach den vorliegenden Zahlen läßt sich aber konstatieren, dass Eigentümer-Unternehmer unabhängig von der Generation nur in einem Viertel bzw. Drittel der Fälle einen Beirat oder Aufsichtsrat installieren. Die Einrichtung eines solchen, zumeist Beirates, wird vor allem für den reibungslosen Generationen-wechsel in der Literatur als probates Mittel genannt.[111]

[111] Ruter, R. u. R.C. Thömmel (1994): Beiräte in mittelständischen Familienunternehmen, Stuttgart, S. 137 ff

Unabhängig von der Installation eines Kontrollgremiums gehört die Vorbereitung und Organisation des Generationswechsels zu den herausragenden Aufgaben, aber auch zu den großen Schwierigkeiten, mit denen sich ein Eigentümer-Unternehmer konfrontiert sieht. Die oben beschriebene Einpoligkeit prägt das Unternehmerbild der Nachfolgegeneration. Die Unternehmerkinder haben den Vater i.d.R. seltener gesehen als ihre Altersgenossen, da der Aufbau des Unternehmens seine Kraft und seine Zeit erforderte. Nicht selten haben sie ihn (oder in seltenen Fällen auch sie) im Unternehmen erlebt, in dem er nach eigenem Ermessen geschaltet und gewaltet hat. Dass die Legitimität seiner Führung als Gründer sich nicht, wie das in den folgenden Generationen der Fall sein wird, aus dem Eigentum ableitet sondern vielmehr aus der unternehmerischen Leistung, die dieses Eigentum geschaffen hat, muß der Unternehmer als Vater seine(n)m Nachfolger(n) verdeutlichen. Vererben kann er nur das Eigentum im Rahmen seines Veräußerungs- und Übertragungsrechtes.

Mit dem Eigentum überträgt er auch das Recht, über die Leitungsfunktion zu entscheiden. Nicht aber übertragen kann er die Akzeptanz dafür, dass einer oder mehrere der Erben diese Leitungsfunktion selbst ausüben wollen. Will der Eigentümer-Unternehmer einen möglichst reibungslosen Generationsübergang ermöglichen, um das Vermögen in der und für die Familie zu erhalten, so muß der Vater-Unternehmer sich frühzeitig um die darauf ausgerichtete Erziehung der Kinder kümmern. Eigentümer wird man, so man es erbt und nicht erarbeitet, relativ leicht. Eigentümer zu sein, muß man lernen. „Being owners is only the first part of acting like effective owners.“ [112]

Der Gründer-Eigentümer entscheidet über die zukünftige Eigentümerstruktur. Er kann nicht bzw. nur sehr eingeschränkt über die zukünftige Führungsstruktur entscheiden. Diese Entscheidung obliegt dem oder den Eigentümern. Der Gründer kann sein Eigentum am Unternehmen ungeteilt vererben, er kann Bruchteilseigentum schaffen, er kann es verkaufen und den Erlös vererben oder kann Mischformen wählen. Vererbt er das Unternehmen an eine einzige Person, zumeist das einzige oder eines seiner Kinder, entsteht das Unternehmen im Alleineigentum in Nachfolgegenerationen.

5.4.2.2 Alleineigentum in Folgegenerationen

Solange der Unternehmer nur ein Kind hat, stellt sich für ihn nur die Frage, ob er es ihm vererbt oder ob er das Unternehmen verkauft oder in eine Stiftung einbringt. Hat der Unternehmer aber mehrere potentielle Erben, ist die Entscheidung, das Unternehmen nur einem von ihnen zu vererben, schwer. Basis dieser Entscheidung können die Geburtenfolge (z.B. Erstgeborenenrecht) oder die Beurteilung der potentiellen Erben darstellen. Bei seit langem in Familien verankerten Erbfolgeregelungen, auch wenn ihre Beibehaltung den Erblasser vor z.T. erhebliche rechtliche Probleme stellt, wird die zukünftige Eigentümerstruktur von den Geschwistern seltener auf eine Vorliebe des Erblasser für den Erben zurückgeführt. Bereits vor der Geburt und somit bevor der Erblasser seine Kinder

112 Daily, C. und M.J. Dollinger (1992): An Empirical Examination of Ownership Structure in Family and Professionally Managed Firms In: FBR V, 2, S.161-172, hier S. 162

kannte, gab es diese Erbfolge. Wenn sie auch nicht immer als gerecht empfunden wird, so bedeutet sie doch keine auf die Person bezogene Zurücksetzung und Kränkung. Es ist einfach Pech, als Zweit- oder Drittgeborene(r) das Licht der Welt erblickt zu haben. Anders stellt sich die Situation in den Fällen dar, in denen der Unternehmer-Vater über Jahre betont hat, der oder die „Beste" soll sein Nachfolger werden. Hier wohnt der Wahl des Vaters die Zurücksetzung der anderen potentiellen Erben inne. Wenn in diesem Fall nicht Kompensation von weichenden Erben möglich ist z.B. aus dem Privatvermögen und die Erbverträge im Vorfeld entsprechend konzipiert wurden, kann es z.B. über Pflichtteilsansprüche bei nicht vorhandenem Privatvermögen zu einem gefährlichen Liquiditätsabfluß aus dem Unternehmen kommen. Schlimmstenfalls führen solche gravierenden menschlichen Kränkungen zu langen gerichtlichen Auseinandersetzungen, die Familie und Unternehmen nicht selten ruinieren.

Des weiteren kann Alleineigentum in Folgegenerationen entstehen durch das Auskaufen von Mitgesellschaftern durch einen der Erben. Einige mißlungene Geschwister- und Vettern-Partnerschaften wurden auf diese Weise beendet. Das Unternehmen Underberg mit seiner fast 20-jährigen Auseinandersetzung der Vettern Emil und Carl Hubertus Underberg, die mit dem Auskauf von Carl Hubertus durch Emil beendet wurde, ist eines von vielen Beispielen hierfür. Die Gefahren einer solchen Regelung liegen auf der Hand: der Liquiditätsbedarf für das Auskaufen ist nur in den seltensten Fällen aus dem Privatvermögen finanzierbar, es kommt also zu einem nicht unerheblichen Liquiditätsabfluß aus dem Unternehmen. Diese finanziellen Mittel fehlen dann i.d.R. in den kommenden Jahren für strategische Investitionen, nicht wenige Unternehmen haben über solch interne Querelen den Anschluß am Markt verloren. Darüber hinaus bindet der Prozess, bevor er zu einem wie oben beschriebenen Ende kommt, Zeit und Kraft nicht nur der Eigentümer, sondern auch des Managements und der Mitarbeiter.

Ein Eigentümer wird nur dann bereit sein, sich auskaufen zu lassen, wenn er entweder kein Interesse am Unternehmen hat und finanziell durch sein Ausscheiden zumindest gleich gut gestellt ist, wenn die Konfliktkosten bei Verbleiben im Unternehmen so hoch sind, dass er keine Chance für ein weiteres Gedeihen des Unternehmens und somit seines Vermögens sieht oder wenn er den Frieden in der Familie als wertvoller erachtet als den Vermögenswert, den er durch einen Verkauf unter Wert verliert. Es besteht zudem die Gefahr, dass derjenige Gesellschafter das Unternehmen verläßt, der über eine größere Unabhängigkeit, sei es durch persönliche Reife, eine fundierte Ausbildung, ein nicht firmengebundenes Privatvermögen, eine berufliche Karriere außerhalb des Unternehmens und/oder durch ein firmenunabhängiges Netz sozialer Kontakte verfügt. Im Volksmund heißt es: „Der Klügere/Stärkere gibt nach." Auch hier kann das Unternehmen u.U. durch das Ausscheiden eines besonders unabhängigen, kompetenten Gesellschafters geschwächt werden, der das Feld den/dem Schwächeren überläßt.

Die Chancen und Risiken des Alleineigentums in Folgegenerationen ähneln denen von Gründerunternehmen im Alleineigentum, in manchen Fällen allerdings in abgeschwächter Form. Der Nachfolger ist nicht mehr der „Vater", der Erschaffer des Unternehmens. Die Bereitschaft, zu delegieren ist nicht mehr ganz so gering wie noch in der Gründergeneration. Zugleich ist aber die Bereitschaft, fremde Dritte mit dem Vorsitz der Geschäftsleitung zu beauftragen eher geringer als bei der Gründergeneration.[113] Hier ergibt sich ein Problem aufgrund des Zeitpunktcharakters der zugrunde liegenden Studie: Es ist nicht festzustellen, ob die Bereitschaft in den Folgegenerationen sinkt oder ob nur die Familienunternehmen die Folgegeneration erreichen, in denen der Eigentümer auch zugleich die Geschäftsleitung für sich beansprucht. So kann z.B. der Machtanspruch des Eigentümers, auch die Leitung innehaben zu wollen, verhindern, dass weitere Gesellschafter aufgenommen werden oder weitere Gesellschafter sind nicht bereit, sich an einem Unternehmen zu beteiligen, in dem der bisher alleinige Gesellschafter die Geschäftsführung für sich beansprucht.

Auch für den Nachfolgeunternehmer stellt sich die Frage des Generationenwechsels. Allerdings hat hier SPIELMANN[114] festgestellt, dass „Interessanterweise...die Nachfolger, die eine Gründungsunternehmung übernahmen, wesentlich häufiger beeinflusst (50%) [wurden], als diejenigen, die einen Nachfolgeunternehmer ablösten (12,5%).“ MITTELSTEN-SCHEID[115] beschreibt eindrücklich die oft sehr pointierten Ansichten eines typischen Gründervaters zur Nachfolge, respektive zur Ausbildung und Erfahrung des Nachfolgers. Sätze wie: „Akademiker wird man nicht, Akademiker hält man sich.“ sind auch heute noch keine Seltenheit. Die Nachfolgergeneration als Erblasser tut sich hier vielleicht auch deshalb leichter, weil sie selbst einmal Nachfolger war. Der Gründer war niemals Nachfolger, ihm fehlt eine wichtige Erfahrung. Gleichwohl ist die Gestaltung des Nachfolgeprozesses auch in den Folgegenerationen eine der herausragenden und schwierigen Aufgaben.

Die Behauptung, dass diese Aufgabe in den meisten Fällen nur unzureichend gelöst wird[116], kann nach den vorliegenden Zahlen allerdings nicht gestützt werden. Führt man sich vor Augen, dass von allen Familienunternehmen in Deutschland im Jahre 1995 fast die Hälfte im Besitz der 3. oder einer späteren Generation ist[117], und die Familienunternehmen der Stichprobe im Durchschnitt mit 59 Jahren 7 Jahre älter sind als Nicht-Familienunternehmen mit durchschnittlich 52 Jahren, wird deutlich, dass die Familienunternehmen diese Schwierigkeit immer wieder zu meistern in der Lage sind. Dabei darf nicht vergessen werden, dass neben den Herausforderungen des Generationswechsels auch die täglichen Herausforderungen auf dem Markt gemeistert werden müssen, und zwar von Familien- und Nicht-Familienunternehmen gleichermaßen.

---

113 vgl. Abbildung 47, S. 161

114 Spielmann, U. (1994): Generationenwechsel in mittelständischen Unternehmungen, Diss. St. Gallen, S. 97

115 Mittelsten-Scheid, J. (1985): Gedanken zum Familienunternehmen, Stuttgart, S. 16f

116 vgl. u.a. Albach, H. und W. Freund (1989): Generationswechsel und Unternehmenskontinuität - Chancen, Risiken, Maßnahmen; Gütersloh.
SIEFER (1996) geht sogar davon aus, dass die These vom Aussterben der Familienunternehmen bei ALBACH/ FREUND nicht auf empirischen Daten fußt, sondern ein Abwehrmechanismus ist gegen die Provokation Familienunternehmen, in denen „Irrationalität, Paradoxie und Komplexität von Organisationen offenkundig zutage treten“. Siefer, T. (1996): „Du kommst später mal in die Firma!“ Psycholsoziale Dynamik von Familienunternehmen, Heidelberg, FN 2, Seite 309

117 vgl. Abbildung 42, S. 155

5.4.3 Familienunternehmen im Eigentum mehrerer Familienmitglieder

Über 3/4 aller deutschen Familienunternehmen sowohl 1995 als auch 2000 haben mehr als einen Gesellschafter. Hiervon haben ca. 35% nur 2 Gesellschafter, 17% haben 3 Gesellschafter und jeweils 9% haben 4 bzw. 5-10 Gesellschafter. Nur 3% aller deutschen Familienunternehmen haben mehr als 10 Gesellschafter.

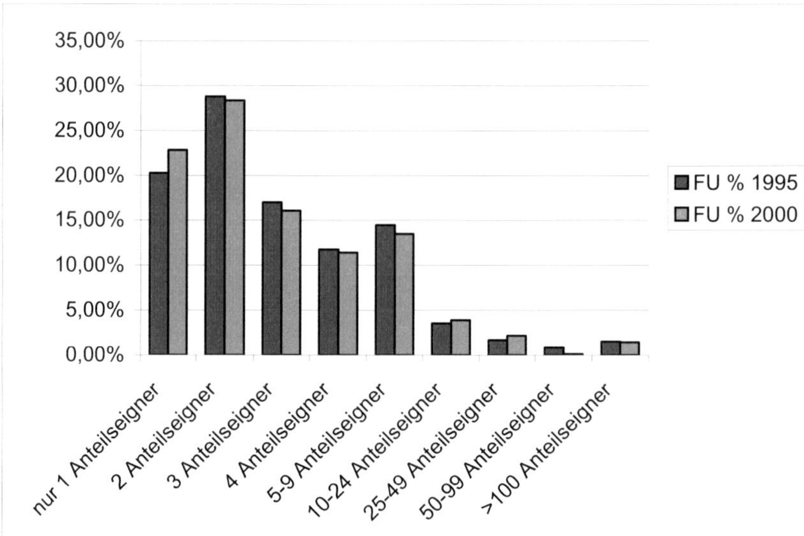

Abb. 49 Anzahl der Gesellschafter in deutschen Familienunternehmen 1995 im Vergleich zu 2000

Es besteht also in der Mehrzahl aller Familienunternehmen die Notwendigkeit, sich mit einem kleinen Kreis von Mit-Gesellschaftern zu einigen. Der Umgang der Gesellschafter miteinander, das gemeinsame Erfüllen ihrer eigentumsbedingten Pflichten sowie das gemeinsame Ausüben ihrer eigentumsbedingten Rechte gehört somit zu den wichtigsten zu regelnden Fragen in Familienunternehmen. Hier spielen die Familienbeziehungen neben den zu klärenden unternehmensbezogenen Fragen eine entscheidende Rolle. „In any business, ... , the power of ownership is directly related to the proportion of shares held, ... In a family business, however, the power of ownership can be reinforced or weakened by the relationships between the members of the family.“[118] Das Eigentum ist somit die Klammer zwischen Familie und Unternehmen, es ist aber damit auch der Punkt, an dem Konflikte aus dem einen Bereich die Entscheidungen im anderen Bereich beeinflussen können.

118 Miller, E.J. und A.K.Rice (1988): The Family Business in Contemporary Society In: FBR I, 1, S.193-210, hier S. 203 (ursprünglich 1967 veröffentlicht)

Im folgenden sollen die auftretenden Formen gemeinsamen Eigentums und ihre Auswirkungen dargestellt werden. Das Eigentum ist hierbei das ausschlaggebende Kriterium, da mit ihm die Pflichten und Rechte verbunden sind. Unbestritten ist zwar, dass gerade in Familien Einfluss auch ohne eine entsprechende juristische Position z.T. massiv ausgeübt wird, dies soll jedoch nicht Gegenstand des vorliegenden Kapitels sein.

5.4.3.1 Das Ehepartner-Unternehmen

Unter einem Ehepartner-Unternehmen versteht man ein Unternehmen, an dem beide Ehepartner beteiligt sind. In der amerikanischen Literatur[119] wird zwischen Copreneurs und Coentrepreneurs unterschieden. PONTHIEU und CAUDILL[120] definieren Copreneurs als verheiratete Paare, die zusammen einen Unternehmen besitzen und führen, während Coentrepreneurs eine Gruppe von zwei oder mehr Personen ist, unabhängig von Geschlecht, Familienstand u.a.. Unternehmen, an denen neben Ehepartnern noch weitere Familienmitglieder oder fremde Dritte beteiligt sind, fallen demnach nicht unter die zugrunde gelegte Definition des Ehepartner-Unternehmens. Ehepartner-Unternehmen entstehen in den meisten Fällen durch gemeinsame Gründung. In den U.S.A. nahm diese Form des Familienunternehmens vor allem durch die steigende Zahl von Franchise-Unternehmen in den vergangenen Jahren deutlich zu.[121] Daneben gibt es ebenfalls Ehepartner-Unternehmen, die durch den späteren Eintritt eines Partners in das bereits bestehende Unternehmen entstanden sind. In diesen Fällen ist eine Mitarbeit beider Partner nicht zwingend; in einigen Fällen geschieht der Eintritt als Eigentümer aus finanziellen oder steuerlichen Gründen und ist nicht mit einer Geschäftsleitungsverantwortung verbunden, oder aber der in der Firma aktive Ehepartner, zumeist der Ehemann, wird von der Ehefrau, die bis dato Alleineigentümerin war, beteiligt.

Gehört ein Unternehmen zwei Ehepartnern, so unterscheidet sich vor allem die Wahrnehmung der Eigentumsrechte in einigen Punkten von der in Familienunternehmen mit anderen Eigentumsstrukturen. Hier lassen sich drei Stufen von Ehepartner-Unternehmen unterscheiden:

- das Unternehmen gehört beiden Ehepartnern gemeinsam, nur einer oder keiner von beiden ist in der Unternehmensleitung engagiert
- das Unternehmen gehört beiden Ehepartnern gemeinsam und wird gemeinsam von ihnen geleitet

---

119 vgl. Barnett, F.; S. Barnett (1988): Working Together; Entrepreneurial Couples, Berkeley; Jaffe, D.T. (1990): Working with the One You Love: Conflict Resolution and Problem-Solving Strategies for Successful Family Business, Berkeley; Nelton, S. (1986): In Love and in Business: How Entrepreneurial Couples Are Changing the Rules of Business and Marriage, New York

120 Ponthieu, L.D. und Caudill, H.L. (1993): Who's the Boss? Responsibility and Decision Making in Copreneurial Ventures In: FBR VI, 1, S. 3 - 17, hier S. 3

121 Roha, R.A. (1990): Enterprising Couples: What Does It Take to Run a Business with Your Spouse? In: Changing Times, S. 73-76

- das Unternehmen gehört beiden Ehepartner gemeinsam, wird gemeinsam von ihnen geleitet und ist als sogenanntes „home-based-business" örtlich an den privaten Lebensbereich des Paares/der Familie angegliedert.

Die grundlegende Problematik ist die der Vermischung von privaten und beruflichen Lebensbereichen. Die Grenzen, sowohl sie physischen wie auch die psychischen Grenzen, zwischen beiden Bereichen verschwimmen. Es können dynamische Entwicklungen entstehen, die als gerichtete, sich selbst verstärkende Prozesse von keinem der Beteiligten mehr kontrollierbar sind, denen aber zugleich auch keiner der Beteiligten ausweichen kann. Es ist nachvollziehbar, dass die Problematik der großen Nähe in beiden Bereichen und der fast vollkommenen Auflösung der Grenzen zwischen beiden Bereichen[122], dem privaten und dem beruflichen, seinen Höhepunkt im home-based business erfährt. BEACH[123] warnt denn auch zusammenfassend: „The problems of role carryover, the lack of physical boundaries between work and family, and the potential stresses involved in combining work and family dynamics may warn off some individuals."

Ein Kennzeichen der verschwimmenden Grenzen ist u.a., dass der jeweilige Partner in allen seinen Lebensaspekten von dem anderen beobachtbar und somit beurteilbar wird. Es entfällt die Möglichkeit, mittels einseitiger Berichterstattung sich der nötigen Bewunderung, zumindest doch aber der Zustimmung und Unterstützung des Partner zu versichern, wenn z.B. im beruflichen Bereich etwas „schief" gelaufen ist. Andererseits stellt der berufliche Raum keinen Freiraum von familiären Ansprüchen mehr da, wie dies bei „normalen" Paaren der Fall ist. Vielmehr findet vielfach sogar eine Rollenübertragung aus dem privaten in den beruflichen Bereich statt. KATZENDOBLER[124] hat dies anhand von bayrischen Handwerksbetrieben eindrücklich beschrieben.

Der Erfolg oder Mißerfolg, sowohl der subjektiv empfundene als auch der wirtschaftlich nachvollziehbare, solcher Ehepartner-Unternehmen ist eng verknüpft mit der Struktur der privaten Beziehung, mit ihrer Grundlage, den mit ihr verbundenen Erwartungen, ihren Ritualen. Erfolgreiche Ehepartner-Unternehmer berichten einerseits von einer klaren Rollenteilung, zugleich aber von einem großen Gefühl gegenseitigen Vertrauens, gegenseitiger Anerkennung, von Fairness und Gleichberechtigung im täglichen Miteinander, und zwar sowohl im privaten wie auch im beruflichen Bereich.[125] Basis ist eine gemeinsame Zielsetzung, um derentwillen eine sachlich sinnvoll erscheinende Aufteilung der zu erledigenden Aufgaben erfolgt. Ein erfolgreiches Ehepartner-Unternehmen scheint

---

122 SENNETT (1986) hat die Auflösung zwischen öffentlichem und privatem Raum als „Tyrannei der Intimität" bezeichnet, die hier sicherlich noch eine Steigerung erfahren kann, wenn keine entsprechenden eigenen Bereiche der Partner dem entgegenwirken. Sennett, R. (1986): Die Tyrannei der Intimität. Verfall und Ende des öffentlichen Lebens, Frankfurt

123 Beach, B. (1993): Family Support in Home-Based Family Business In: FBR VI, 4, S. 371-379, hier S. 378

124 Katzendobler, E.-M. (1997): Führung in gewachsenen Organisationen - Chancen und Herausforderungen für wachsende Familienbetriebe im Handwerk, Diss. München 1997

125 Ponthieu, L.D. und Caudill, H.L. (1993): Who's the Boss? Responsibility and Decision Making in Copreneurial Ventures In: FBR VI, 1, S. 3 - 17, hier S. 14f

somit zumindest eine über die Idee der Kernfamilie hinausgehende Ehe- und Familienphilosophie vorauszusetzen. Die beteiligten Partner berichten dann von besonders befriedigenden Ergebnissen einer solchen Verbindung, wenn der tägliche Machtkampf ein gemeinsam nach außen gerichteter und kein gegen den Partner gerichteter ist. Dies setzt neben der gemeinsamen Zielsetzung, die einen relativ langfristigen Horizont beinhaltet, autonome Persönlichkeiten mit realistischen Erwartungen an den Partner und an das Unternehmen voraus. Ist dies nicht der Fall und werden juristische Regelungen überhaupt erst Diskussionsgegenstand zwischen den Partnern, ist unabhängig von den jeweiligen juristischen Regelungen, und seien sie noch so ausgefeilt, kaum noch eine Chance für ein Überleben weder der privaten noch der geschäftlichen Partnerschaft gegeben.

Dort, wo Liebe und Arbeit als die beiden zentralen Lebensbereiche des Menschen sich so ineinander verweben wie im Ehepartner-Unternehmen, sind Eigentümer-Rechte und -Pflichten, Ehe- und Gesellschaftsverträge sowie evtl. steuerliche Erwägungen nur noch Randerscheinungen, die in der Folge gelungener oder mißlungener Beziehungen den Beteiligten einen Spiegel vorhalten. „As a subset of dual-career couples and a subset of family businesses, copreneurs represent the dynamic interaction of the systems of love and work.“[126] So können denn Ehepartner-Unternehmen beides sein, die unerträglichste oder die gelungenste Lebensform. Für beides gibt es zahllose Beispiele.

5.4.3.2 Die Geschwister-Partnerschaft

Eine weitere Unternehmensform, die sich ausschließlich im Besitz einer Familie befindet, ist die Geschwister-Partnerschaft. Sie entsteht i.d.R. durch Erbschaft. Ein Gründer vererbt die Anteile an seinem Unternehmen an seine Kinder. Im Unterschied zum Ehepartner-Unternehmen haben die Geschwister sich ihre Partner nicht ausgesucht, sie sind in die Partnerschaft quasi hineingeboren worden und sie teilen eine lange, gemeinsame Geschichte. Beziehungen von Geschwistern, die gemeinsam an einem Familienunternehmen beteiligt sind und es auch bis an ihr Lebensende bleiben, sind die am längsten dauernden engeren Beziehungen, die ein Mensch haben kann. Während Eltern i.d.R. früher sterben, Ehepartner später hinzukommen, teilen Geschwister fast ihr gesamtes Leben miteinander, wenn sie nicht im Erwachsenenalter getrennter Wege gehen.

Die Geschichte und die Literatur bilden ein reichhaltiges Reservoir gelungener und vor allem weniger gelungener Geschwisterbeziehungen. Geschwisterbeziehungen waren offenbar zu keiner Zeit ohne Probleme, man denke nur, um am Anfang zu beginnen, an Kain und Abel. „It is also clear that relationship among siblings are a rich broth of love and hate, care and abuse, loyalty and betrayal.“[127] Geschwister verbindet genetisches Material, gemeinsame Geschichte, kulturelles Erbe der Familie, vor allem aber der Wett-

---

126 Marshack, K. J. (1993): Coentrepreneurial Couples: A Literature Review on Boundaries and Transistions Among Copreneurs In: FBR VI, 4, S. 346-369, hier S. 365

127 Friedman, S. (1991): Sibling Relationships and Intergenerational Succession in Family Firms In: FBR IV, 1, S. 3 - 20, hier S. 6

bewerb um die elterliche Liebe und Anerkennung.[128] Geschwisterrivalität hat ihren Ursprung in dem Wettbewerb um elterliche Liebe und Aufmerksamkeit.[129] Ungleiche gleich zu behandeln, ist ungerecht. Aber Ungleiche auf die angemessene, gerechte Weise ungleich zu behandeln, führt bei den Betroffenen selten zu einem Gefühl, gerecht behandelt worden zu sein. Dieses Dilemma, vor das sich alle Eltern mit mehreren Kindern gestellt sehen, fassen BANK und KAHN wie folgt zusammen: „Auch abgesehen von allen genetischen Unterschieden bleibt Geschwisterschaft eine ungleiche Angelegenheit. Selbst in dem (utopischen) Fall absoluter Gleichbehandlung aller Kinder durch die Eltern wären die Kinder immer noch überzeugt, dass der eine oder andere von ihnen vorgezogen würde. Ein Gefühl genereller Fairness ist das Höchste, was Eltern vermitteln können.“[130]

Mit dem gemeinsamen Eigentum an einem Familienunternehmen nun erhält die Geschwistergruppe eine Bühne, auf der, durch Eigentum aneinander gebunden, durch individuellen Charakter, Erfahrung und Lebenssituation divergierend, diese früh angelegten Konfliktpotentiale ausagiert werden können. Sie müssen es aber nicht. Eigentum ist die Klammer, die gegenseitige Abhängigkeit schafft und die somit die Konfliktwahrscheinlichkeit erhöht. Die Geschwisterbeziehungen, die beteiligten Persönlichkeiten und deren Lebenssituationen, wie auch die Unternehmenssituation sind die intervenierenden Variablen, die Konflikte wahrscheinlicher oder unwahrscheinlicher werden lassen. „Neben ungelösten Generationskonflikten zählen chronische Beziehungsprobleme zwischen Geschwistern oder in weiterer Folge zwischen miteinander verwandten Familienstämmen zu jenen Hauptursachen des Scheiterns von Familienunternehmen, die durch das ungebremste Hereinschwappen der konflikthaften Eigendynamik der Eigentümerfamilie ins Unternehmen bedingt sind.“[131] [132]

Geschwisterbeziehungen können im Gegensatz zu den oben beschriebenen Problemen auch äußerst effektive Beziehungen sein. Alte Familienunternehmen wie die Fugger, die Oppenheims oder die Rothschilds haben dies eindrucksvoll bewiesen. „Sibling relationships in adulthood are most effective, most conducive to collaboration, when driven by needs of the siblings acting as autonomous adults, not as children still vying for parental approval and attention.“[133] Im folgenden soll darauf verzichtet werden, die vorrangig juristischen Fragestellungen, die bei Bruchteilseigentum von Geschwistern an Unternehmen häufig die Diskussion beherrschen, darzustellen. Vielmehr soll es darum gehen, herauszuarbeiten, wodurch und wie Geschwisterbeziehungen im Erwachsenenalter unter der Voraussetzung einer gemeinsamen Beteiligung an einem Familienunternehmen erfolgreich gestaltet werden können.

---

128 Friedman, S. (1991): a.a.o., S. 3

129 vgl. hierzu auch Adler, A. (1959): Unterstanding Human Nature, New York

130 Bank, S. und M. Kahn (1989): Geschwister-Bindung, Paderborn, S. 183

131 Wimmer, R. et al.(1996): Familienunternehmen - Auslaufmodell oder Erfolgstyp? Wiesbaden, S. 243

132 ganz ähnlich Friedman, S.(1991): Sibling Relationships and Intergenerational Succession in Family Firms In: FBR IV, 1, S. 3 - 20, hier S. 4

133 Friedman, S.(1991): a.a.o., S. 10

Geschwisterbeziehungen, die sich auf Familienunternehmen auswirken, sind in drei Punkten beeinflussbar: zum ersten im Entstehen durch die Eltern und durch die an Sozialisation und Erziehung beteiligten Personen, zum zweiten durch die erwachsenen Geschwister selbst, die ihren Umgang als erwachsene Personen gestalten können und zum dritten durch spezifische organisatorische Regelungen, die ein Miteinander auf der Eigentümerseite erleichtern.

Geschwister sind nicht grundsätzlich Rivalen. Sie sind z.B. auch Spielkameraden, Verbündete, im besten Fall sogar Freunde. Den Eltern fällt eine Schlüsselrolle für die späteren Geschwisterbeziehungen zu. WIMMER stellt hierzu fest: „Erst die offenen oder auch verdeckten Rollen, die Eltern ihren Kindern zuschreiben, machen aus Geschwistern Rivalen.“[134] Jedes Kind ist darauf angewiesen, von seinen Eltern geliebt zu werden, die Prinzessin genauso wie der Rowdy. Vermitteln nun die Eltern den Kindern das Gefühl, es sei nur eine „gegebene Menge Liebe“ zu verteilen, entsteht zwangsläufig ein Verteilungs-konflikt unter den Geschwistern um das knappe Gut Liebe. Erschwerend kommen Situationen hinzu, in denen Liebe nicht bedingungslos sondern nur gegen Gegenleistung zugewendet wird. In solchen Situationen lernen Geschwister nur selten, Konflikte konstruktiv untereinander auszutragen, anstatt die Eltern bzw. ein Elternteil in die Konflikte mit hinein zu ziehen. „Wenn Eltern zu oft eingreifen, zu stark reagieren, sich zu sehr in den Konflikt hineinziehen lassen, sich verhalten, als ob sie allwissend wären oder den falschen Zeitpunkt für ihr Eingreifen wählen, unterminieren sie die Fähigkeit der Kinder zu Konfliktlösung.“[135]

Zum einen nennt er den Vergleich zwischen Geschwistern. Dieser ist normal und auch notwendig, damit das einzelne Geschwisterkind eine eigene individuelle Persönlichkeit entwickeln kann. Erst im Vergleich mit anderen lernt es sich selbst und seine Wirkung auf andere kennen und einschätzen, später auch beeinflussen. Findet dieser Vergleich ausschließlich über vorher festgelegte Rollen statt, kann es im Rahmen eines dysfunktionalen Ergebnisses zur sogenannten Stereotypisierung kommen. Die Geschwisterkinder entwickeln keine eigenen Charakterzüge, sondern übernehmen vielmehr ihnen zugeschriebene Charakterzüge, ja im schlimmsten Fall sogar ganze Persönlichkeitsbilder, die einer reifen eigenen Persönlichkeit später im Weg stehen.[136]

---

134 Wimmer, R. et al.(1996): a.a.o., S. 242

135 Bank, S. und Kahn, M. (1989): Geschwister-Bindung, Paderborn, S. 184

136 vgl. auch Kap. 4.2.2.3, FN 71: Bischof-Köhler, D. (1990) zu übernommener und erarbeiteter Identität

Einflussfaktoren	Funktionales Ergebnis	Dysfunktionales Ergebnis
Vergleich zwischen Geschwistern	Individuation	Stereotypisierung
Art der Gerechtigkeit (Fairness vs. Gleichheit)	Fairness	„Resentfulness“
elterliche Rolle bei Konflikt-lösungen	Autonomie	Abhängigkeit

Tab 15 Drei Einflussfaktoren auf Geschwisterbeziehungen nach FRIEDMAN[137]

Des weiteren beeinflusst die Art der Gerechtigkeit, um die sich die Eltern bemühen (oder auch nicht bemühen), das spätere Verhältnis zwischen Geschwistern. Eine vertrauensvolle Beziehung zwischen erwachsenen Geschwistern bedingt, dass sich jedes Geschwisterteil auf seine Art fair behandelt fühlt bzw. gefühlt hat. Andernfalls sind lebenslange Vorbehalte („Du warst immer schon Mutter´s Liebling, Dir gab sie immer Recht“) eine Bürde für eine spätere Beziehung der Geschwister untereinander. Als letzter Punkt ist die oben bereits angesprochene Rolle der Eltern bei der Konfliktlösung zu nennen. Geschwisterkinder, die gelernt haben, ihre Konflikte als normal zu akzeptieren und sie ohne ihre Eltern zu lösen, sind im Erwachsenenalter trainiert und in der Lage, dann auftretende Konflikte ebenfalls anzunehmen und selbständig zu lösen.

Autonome, erwachsene Geschwister sind auch später, wenn sie gemeinsam Eigentümer an einem Unternehmen sind, in der Lage, Konflikte ohne Rückgriff auf Kindheitsprobleme konstruktiv zu lösen. Auf der anderen Seite muß jedem, der Geschwister-Partnerschaften beobachtet, schnell klar werden, dass kaum eine Person eine andere so tief und nachhaltig verletzen kann, wie ein Geschwister ein anderes. Hierzu stehen verschiedene „Schauplätze“ zur Verfügung:

- Leistung und Erfolg
- Sexualität und Schönheit
- soziale Beziehungen zu Gleichaltrigen, innerhalb wie außerhalb der Familie.[138]

In funktionierenden Geschwisterbeziehungen besetzen verschiedene Geschwister verschiedene „Schauplätze“, wie man dies auch in anderen Gruppen, z.B. in Klassenverbänden oder Sportmannschaften, beobachten kann. Besetzt hingegen ein Geschwisterkind, zumeist gefördert von den Eltern, alle drei Gebiete, so ist i.d.R. davon auszugehen, dass bei Wegfall der übergeordneten Autorität einerseits und dem Zwang, sachliche Konflikte gemeinsam konstruktiv zu lösen andererseits, alte Demütigungen „endlich“ ausagiert werden. Bevor ein(e) Unternehmer(-in)/ein Unternehmer-Ehepaar qua Testament eine Geschwister-Partnerschaft ins Leben ruft/rufen, ist deshalb eine selbstkritische, differenzierte Analyse der Geschwisterbeziehungen selbst um vieles wichtiger als

137 Friedman, S. (1991):): Sibling Relationships and Intergenerational Succession in Family Firms In: FBR IV, 1, S. 3 - 20, hier S. 7

138 vgl. Ross, H. u. J. Milgram (1982): Important Variables in Adult Sibling Relationships In: M. Lamb u. B. Sutton-Smith (Hrsg.): Sibling Relationships: Their Nature and Significance Across the Life Span, S. 223-247, Hillsdale

die Konzeption juristischer Hilfskonstruktionen wie z.B. einer Beiratsordnung, eines Gesellschaftsvertrages o.ä.. Diese Hilfskonstruktionen helfen funktionierenden Geschwisterbeziehungen, auch weiterhin zu funktionieren und die anstehenden Probleme nach festgelegten Regeln zu diskutieren und zu entscheiden, sie heilen aber niemals bereits belastete Beziehungen. „Wir Geschwister haben Neid nie gelernt....Wir brauchen keine Anwälte. Im übrigen bin ich mir sicher, dass die uns auch nicht wirklich helfen könnten, wenn wir zerstritten wären." bringt es Doris Reiter-Argyriadis, Leiterin Marketin des Textilherstellers Hatico, auf den Punkt. Ihre beiden Brüder übernahmen nach einem geplanten Generationswechsel zu Lebzeiten ihres Vaters je 50% der Anteile des Familienunternehmens, während sie einen Erbverzicht unterschrieb, um nicht dauerhaft an das Unternehmen gebunden zu sein.[139]

Durch das gemeinsame Eigentum ist ein nur schwer trennbares Band zwischen den Geschwistern vorhanden. Es besteht, solange dieses Band nicht von einem zerschnitten wird, eine Abhängigkeit zwischen den Geschwistern. Sie müssen als Eigentümer gemeinsam das ihnen anvertraute Eigentum erhalten, der daraus erwachsenden Sozialverpflichtung gerecht werden und ihrer Informationspflicht nachkommen. Darüber hinaus müssen sie entscheiden, wer die Leitung des Unternehmens übernehmen und wer diese kontrollieren soll. Als wären dies nicht genug mögliche Konfliktthemen, müssen sich die Geschwister in einer Geschwister-Partnerschaft auch noch über die Gewinnverwendungs- und Entnahmepolitik einigen und ihre jeweiligen Kinder auf eine evtl. Übernahme in der kommenden Generation vorbereiten.

Nur selten kommt es in keinem der oben genannten Themenbereiche zu Meinungsverschiedenheiten zwischen Geschwistern, dies um so mehr, wenn eines oder mehrere der Geschwister verheiratet sind. Je fremder den jeweiligen Ehepartnern das Umfeld eines Familienunternehmens ist[140], um so mehr werden auch die Geschwister-Eigentümer in einer Art und Weise beeinflusst, die einer bis dahin ähnlich verlaufenen Sozialisation zuwiderläuft und die für die anderen Geschwister schwerer vorhersehbar und häufig nicht mehr nachvollziehbar ist. Eine weitere Interessendivergenz kann entstehen, wenn einer der Geschwister im Unternehmen tätig ist, z.B. als Komplementär in der KG, und mit seinem privaten Vermögen haftet, während seine Geschwister lediglich Kommanditisten sind. Während der Komplementär aus langfristigen Erwägungen z.B. für eine vollständige Thesaurierung der Gewinne plädiert, ihm steht ja darüber hinaus zumeist eine entsprechende Geschäftsleitungsvergütung zur Verfügung, kann es durchaus der Fall sein, dass eine zwar verheiratete, aber von ihrem Mann finanziell abhängige Schwester auf einer Ausschüttung besteht, um nicht wegen jeder Mark ihren Mann fragen zu müssen.

Es gibt ein nicht enden wollendes Repertoire möglicher Konflikte zwischen Eigentümer-Geschwistern. Geschwister können diese Konflikte nicht völlig vermeiden; einige dieser

139 N.N. (1995): Vertrauen statt Verträgen - Vermeintlich ungerecht, konfliktanfällig - und dennoch erfolgreich: Die Nachfolgeregelung bei Textilhersteller Hatico In: Manager Magazin 5/95, S. 84/85, hier S. 85

140 vgl. u.a. Mittelsten-Scheid, J. (1985): Gedanken zum Familienunternehmen, Stuttgart, S. 26

Konflikte sind sogar wichtig, ausgetragen zu werden, um dadurch zu einer qualitativ besseren und vor allem zu einer von allen Beteiligten mitgetragenen Lösung zu kommen. Geschwister-Partnerschaften können nur dann längerfristig erfolgreich sein, wenn die Geschwister bereit und in der Lage sind, diese Konflikte konstruktiv zum Wohle des Unternehmens zu lösen. Dazu müssen sie gelernt haben

- sich gegenseitig als Individuum wahrzunehmen, zu schätzen und im entsprechenden Rahmen einzuordnen, ohne dabei ihre Persönlichkeit aufzugeben,
- dass verschiedene Menschen, also auch sie selbst und ihre Geschwister, eine verschiedene Behandlung erfahren, ohne dass sie dies als Ungerechtigkeit empfinden,
- Empathie für ihre Geschwister zu empfinden,
- ihre Egozentrik abzubauen,
- eigene „Reviere“ zu definieren, die unabhängig von den Geschwistern sind und
- Konfliktlösungskompetenz als Geschwister untereinander zu entwickeln und somit die auftretenden Konflikte zu akzeptieren und ohne fremde Hilfe lösen zu lernen.

Neben diesen grundlegenden Fähigkeiten des Miteinanders lassen sich darüber hinaus organisatorische Gegebenheiten schaffen, die destruktive Konflikte weniger wahrscheinlich machen. Allerdings können alle organisatorischen Regelungen bei gleichzeitig gemeinsamem Eigentum, also bei Abhängigkeit, das Fehlen obiger Fähigkeiten nicht wettmachen. Welche organisatorischen Möglichkeiten zur Konfliktreduzierung bzw. -lenkung stehen in der Geschwisterpartnerschaft nun zur Verfügung? In Anlehnung an von ROSENSTIEL[141] kann zum Beispiel

- der Koordinationszwang zwischen den Eigentümern reduziert werden, indem z.B. für bestimmte wiederkehrende konfliktträchtige Fragestellungen ritualisierte Lösungen implementiert werden. So kann z.B. grundsätzlich nur ein bestimmter Prozentsatz des Gewinns nach Steuern zur Ausschüttung gelangen, während Privatentnahmen grundsätzlich nicht zulässig sind oder aber mit einem entsprechenden Zinssatz belegt werden.
- Darüberhinaus kann der Koordinationszwang durch gesellschaftsrechtliche Regelungen reduziert werden, die im Extremfall mit dem Wechsel der Rechtsform zur Aktiengesellschaft enden. Werden z.B. zustimmungspflichtige Geschäfte exakt definiert, sowie die Zustimmung aller Gesellschafter durch die Zustimmung der qualifizierten oder sogar einfachen Mehrheit möglich gemacht, können ggf. Pattsituationen vermieden werden. Allerdings kann durch das Überstimmen eines Geschwister-Gesellschafters durch eine Koalition der anderen Geschwister wiederum die Wurzel eines neuen Konfliktes entstehen.
- Neben dem Eigentümergremium kann ein Familienrat installiert werden, um das Verständnis der Ehepartner für die unternehmerischen Fragestellungen zu wecken und zu fördern.
- Mit den mit der Geschäftsleitung beauftragten Familienmitgliedern kann ein Geschäftsführervertrag geschlossen werden, der einem Vertrag mit einem fremden Dritten entspricht, also den Handlungsspielraum ebenso wie Kompetenz und Verantwortlichkeit klar regelt.

---

141 von Rosenstiel, L. (1992): Grundlagen der Organisationspsychologie, Stuttgart, 3. überarb. Aufl., S. 291

- Darüber hinaus kann eine Vergütungsregelung mit den in der Geschäftsleitung engagierten Geschwistern vereinbart werden, die auch unter fremden Dritten üblich wäre und die einen Anreiz bietet, sich für gemeinsam erarbeitete Ziele wie z.B. Marktanteilsgewinn oder Kosteneinsparung einzusetzen und es kann
- ein Schiedsgremium gemeinsam ausgewählt und installiert werden. Mit diesem werden dann gemeinsam feste Vorgehensweisen für den Konfliktfall vereinbart, um „im Falle eines Falles" zumindest die Regeln und die Vorgehensweise geklärt zu haben.

Darüber hinaus kann die Geschwisteraggression im Erwachsenenalter vor allem durch die räumliche Trennung entschärft werden.[142] Die Aufteilung des Unternehmens in verschiedene Profitcenter oder auch in verschiedene Ländergesellschaften kann hier zu einer Entzerrung von Geschwisterstreitigkeiten führen. Eine sehr erfolgreiche Geschwister-Partnerschaft, die allerdings eine Geschwistergründung ist, ist die der Brüder Albrecht, ALDI, mit Aldi Süd (Karl Albrecht) und Aldi Nord (Theo Albrecht). Hier ist durch eine klare Aufteilung, die neben der Konfliktreduzierung auch den Vorteil der gewollt geringeren Transparenz und der durch reduzierte Firmengröße eingeschränkten Mitbestimmung mit sich bringt, eine Geschwister-Partnerschaft über Jahrzehnte überaus erfolgreich.[143]

Allerdings sind die gegenteiligen Beispiele die bekannteren. Die Probleme sind offensichtlich: Die Partner haben einander i.d.R. nicht ausgewählt, sie waren häufig sogar über lange Zeit Konkurrenten, sie sind trotz gemeinsamer Gene häufig sehr verschieden und sie kennen sich so gut und so lange, dass sie sich gegenseitig wie kaum andere Partner tief und nachhaltig verletzen können. Darüber hinaus gibt es in den meisten Familien „Ausreißer", die auf die eine oder andere Weise aus dem vorgezeichneten Schema, dem Erwarteten ausbrechen. Nicht immer sind die anderen bereit, dieses „schwarze Schaf" durchzuziehen oder nach Jahren außerhalb der Familie wieder wie den verlorenen Sohn willkommen zu heißen. KAYE[144] berichtet von dem sogenannten „kid brother syndrom", wo ein Geschwister, häufig der jüngste Sohn, durch ein Verbleiben in kindlichen Verhaltensmustern die anderen Geschwister gegen sich aufbringt.

Hinzu kommt, dass es sich bei Geschwister-Partnerschaften in den meisten Fällen um eine Gruppe von 2 bis maximal 10 Personen handelt; es ist also eine Gruppengröße erreicht, in der man sich noch nicht ausweichen kann, aber schon genug Konfliktpotential aufgrund verschiedener Ansichten und Kommunikationsstrukturen entstehen kann. Die organisatorischen Regelungen wie Gesellschaftsverträge, Kontrollorgan, Familienrat u.ä. sind noch nicht in allen Fällen installiert, selten sind sie geprobt und akzeptiert. Der Formalisierungsgrad entspricht häufig nicht der Komplexität der Beziehungen der Eigentümer. Insgesamt ist zu konstatieren, dass Geschwister-Partnerschaften aufgrund der einerseits sehr engen Beziehung und der langen gemeinsamen Geschichte der Protagonisten und der gestiegenen Komplexität andererseits zu den konfliktanfälligsten Formen von Eigentümerstrukturen in Familienunternehmen zählen.

142 vgl. Bank, S. und Kahn, M. (1989): Geschwister-Bindung, Paderborn, S. 203

143 vgl. hierzu Brandes, D. (1998): Konsequent einfach - Die ALDI Story, Frankfurt, New York

144 Kaye, K. (1992): The Kid Brother in FBR V, 3, S. 237- 256

5.4.3.3 Das Vettern-Konsortium

Der Vettern-Konsortium entsteht durch Erbschaft. Es tritt als Eigentümerform des Familienunternehmens frühestens in der 2. Generation, i.d.R. aber erst ab der 3. Generation auf. In der 2. Generation gehört es zu den Ausnahmen; hier haben Geschwister ein Unternehmen gegründet und an ihre Kinder weitergegeben. Vettern-Konsortien sind Unternehmen, an denen mehrere Gesellschafter, deren Abstammung sich auf eine zumindest 3 Generationen zurückliegende Ursprungsehe zurückführen läßt, beteiligt sind. In vielen Fällen stammen diese Gesellschafter zudem noch aus verschiedenen Generationen. GERSICK et al[145] gehen zudem davon aus, dass in Vettern-Konsortien kein Anteilseigner einen anderen majorisiert.

Die theoretische Abgrenzung des Vettern-Konsortiums ist in dreierlei Hinsicht nicht unproblematisch: Zum ersten stellt sich die Frage, ab welcher Anzahl von Anteilseignern man von einem Vettern-Konsortium sprechen kann. Gesetzt den Fall, die beiden einzigen Nachkommen von zwei Brüdern übernehmen in der dritten Generation ein Familienunternehmen, so ist dies zwar ein Familienunternehmen im Besitz von Vettern bzw. Cousinen, aber die Probleme des Unternehmens und der Eigentümer werden in vielen Punkten eher einer Geschwister-Partnerschaft ähneln als einem Vettern-Konsortium. Abbildung 50 zeigt für die Stichprobe von 1995 die Anzahl der Gesellschafter in den Familienunternehmen, die sich zu 100 % im Besitz der Familie, und zwar in der 3. oder einer späteren Generation, befinden.

Die Abbildung macht deutlich, dass selbst in der Stichprobe, die die größeren Unternehmen überproportional erfasst hat, nur wenige Unternehmen als typische Vettern-Konsortien in Frage kommen. Da nach dem Verwandtschaftsgrad der Anteilseigner nur in bezug auf die Abstammung von dem/den Gründern gefragt wurde, ist z.B. bei den Unternehmen mit 3 Gesellschaftern nicht feststellbar, ob es sich hierbei um Geschwister oder Vettern handelt. Es läßt sich anhand der vorliegenden Daten aber sagen, dass das klassische Vettern-Konsortium mit mehr als 10 Gesellschaftern selten ist, mehr als 25 Gesellschafter sind in Familienunternehmen sogar ausgesprochen selten, auch wenn die Beispiele, die es hier gibt wie z.B. Wehrhahn und Brenninckmeyer, besonders bekannt sind. GERSICK et al[146] verweisen darauf, dass in den U.S.A. aufgrund der größeren Betonung des Entrepreneurship, der Unabhängigkeit und der Mobilität sowie der Hinwendung zur Kernfamilie im Gegensatz zur dynastischen Familie (extended family) Familienunternehmen seltener als in Europa und in Lateinamerika zu Vettern-Konsortien werden. Vielmehr bestehe eine Tendenz zum Alleineigentum auch in Folgegenerationen und zum Aufteilen von wachsenden Unternehmen, so dass auch in späteren Generationen wieder Geschwister-Partnerschaften entstünden.

---

145 Gersick, K. E. et al (1997): Generation to Generation: life cycles of the family business, Boston, S. 47

146 Gersick, K. E. et al (1997): a.a.o., S. 53

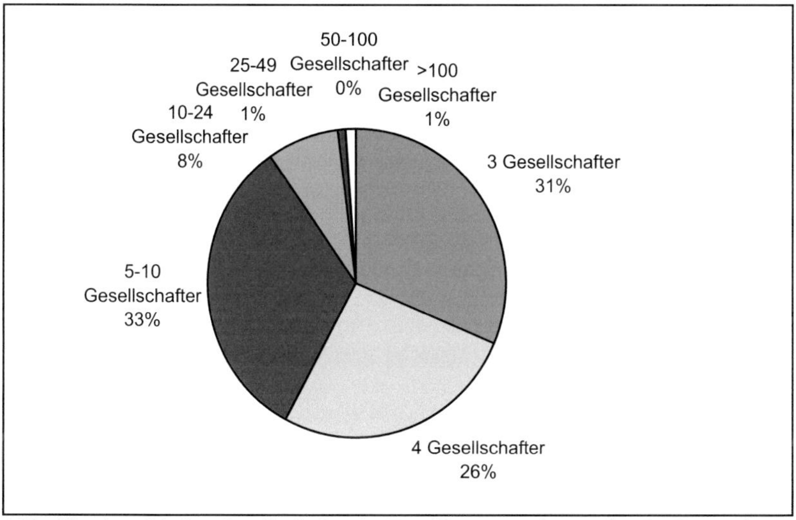

Abb. 50 Anzahl der Gesellschafter in Familienunternehmen der 3. Generation oder späteren Generationen mit 100% EK-Anteil der Familie 1995

Zum zweiten stellt sich die Frage der Abgrenzung eines Stämmeunternehmens von einem Vettern-Konsortium. Streng genommen ist ein Stämmeunternehmen ein Unternehmen, an dem mehrere Familien beteiligt sind, deren Ursprungsfamilien nicht miteinander verwandt sind. Auf der anderen Seite sind nicht wenige Vettern-Konsortien, deren Ursprung auf eine Ursprungsehe zurückgeht, wie Stämmeunternehmen organisiert. Man denke hier z.B. nur an Bahlsen[147] oder Wehrhahn. Solche Quasi-Stämmeunternehmen entstehen entweder durch die Perpetuierung von Konflikten der vorangegangenen Generationen oder durch frühe Stimmpoolung von Geschwisterstämmen. „Previous family conflicts can be transmitted to current generation of cousins, polarizing them into camps.“[148] Die Wehrhahn-Gesellschafter können ihre familiären Bande zwar auf ein Ehepaar zurückführen, allerdings wurde bereits zu Beginn der Unternehmensentwicklung mit der Gründung der OHG im Jahre 1871 durch die drei Brüder Peter, Wilhelm und Franz eine Teilung in drei Stämme festgeschrieben, die auch heute noch Bestand hat.[149] Wehrhahn ist demnach ein Vettern-Konsortium, das nach den Grundsätzen eines Stämmeunternehmens geführt wird.

Die dritte Abgrenzungsproblematik ergibt sich aus der Frage, ob ein Vettern-Konsortium auch dann noch als solches zu betrachten ist, wenn fremde Dritte beteiligt sind. Im

147 Helmer, W. (1992): Bahlsen - ratlos. Familienbetrieb und Eigentümer. In: FAZ v. 18.7.92, Nr. 165, S. 9

148 Gersick, K. E. et al (1997): Generation to Generation: life cycles of the family business, Boston S. 50

149 vgl. Rüßmann, K.-H. (1994): Die stille Macht am Rhein - Serie Dynastien/Wehrhahn In: Manager Magazin 11/94, S. 48-65, hier S. 50

Fall Werhahn ist dies nicht bei der Holding, wohl aber bei den gehaltenen Beteiligungen der Fall, in anderen Unternehmen, z.B. bei Haniel oder Henkel, sind Anteile auch an der Obergesellschaft nicht ausschließlich in Familienbesitz. Die Frage, wo hier die jeweiligen Grenzen zu ziehen sind, ergibt sich im Einzelfall aus der jeweils zu behandelnden Problemstellung. Unternehmen wie die oben erwähnten Unternehmen Haniel und Henkel haben sich mit beiden Fragestellungen, der des Vettern-Konsortiums einerseits und der des Familienunternehmens mit Beteiligung fremder Dritter andererseits, auseinanderzusetzen. Familienunternehmen in der 3. und späteren Generation treten in so vielen Varianten auf, dass im folgenden die Reinformen und ihre Chancen und Risiken dargestellt werden sollen und auf die entsprechenden Mischformen nur anhand von konkreten Beispielen verwiesen wird.

Worin nun bestehen die besonderen Chancen und Risiken des Vettern-Konsortiums? Auf der einen Seite ist durch die gewachsene Zahl von Anteilseignern die Problematik persönlicher Zwistigkeiten, die ein ganzes Unternehmen lähmen können, nicht mehr so groß. Hinzu kommt, dass die Beziehung zwischen Vettern und Cousinen i.d.R. emotional weniger aufgeladen ist als zwischen Geschwistern. „Cousin relationships tend to be less intense and more politically motivated than those among siblings."[150] Auf der anderen Seite muß die gestiegene Komplexität der Beziehungen der Anteilseigner untereinander, zu anderen, nicht beteiligten Familienmitgliedern sowie zum Unternehmen gehandhabt werden. Hemdsärmliche Lösungen, wie sie in der Gründergeneration häufig sind, in der Geschwister-Partnerschaft noch oft beobachtbar sind, wenn auch nicht mehr konfliktfrei, müssen nun im Vettern-Konsortium in „geregelte Bahnen" überführt werden. Mit dem steigenden Komplexitätsgrad steigt die Notwendigkeit der Formalisierung der Beziehungen, der Koordinationsaufwand steigt und damit auch die Tendenz, diesen an dafür geschaffene Stellen oder Gremien zu delegieren, was wiederum den Professionalisierungsgrad erhöht.[151] In dieser Entwicklung liegen sowohl Chancen wie auch Risiken. Die Entfernung der einzelnen Anteilseigner zum Unternehmen nimmt zu, weshalb sie einerseits das Unternehmen nicht mehr in dem Maße als Bühne für persönliche Auseinandersetzungen mißbrauchen, andererseits betrachten sie ihre Beteiligung mehr und mehr als einen Vermögenswert statt als einen Teil eines Unternehmens, dem man verpflichtet ist. „Sie [die Beteiligung] wird als Recht angesehen, nicht mehr als Verpflichtung."[152] GERSICK et al fassen denn auch zusammen: „One key challenge facing Cousin Consortium families is to reach agreement on the requirements of responsible ownership."[153]

Mit dem Recht der Leitungsbefugnis verbinden sich im Vettern-Konsortium zwei Problemfelder. Zum einen muß eine Regelung gefunden werden, nach der entschieden wird, wer im Unternehmen arbeiten darf (muß?) und wer nicht. Hier haben Familienunternehmen sehr unterschiedliche Modelle entwickelt. Während z.B. bei C&A Familienmitglie-

---

150 Gersick, K. E. et al (1997): Generation to Generation: life cycles of the family business, Boston, S. 50

151 vgl. hierzu Kieser, A.; H. Kubicek (1983): Organisation, 2. Aufl., Berlin, New York, S. 264

152 Mittelsten-Scheid, J.(1985): Gedanken zum Familienunternehmen, Stuttgart, S. 18

153 Gersick, K. E. et al (1997): a.a.o. S. 52

der gezielt gefördert und für Führungspositionen ausgebildet werden, gibt es auf der anderen Seite des Kontinuums Unternehmen wie Haniel, bei denen gilt: „Haniel ist für die Haniel-Familie tabu.“ Ein Beispiel für ein Konzept, das zwischen den Extremen von „dürfen nicht“ und „sollen“ angesiedelt ist, ist die Familie Freundenberg, deren ca. 260 Familienmitglieder das 1849 gegründete Unternehmen gemeinsam mit der Freundenberg Stiftung GmbH halten. „Aus dem Gesellschaftervertrag, den 1936 18 Gesellschafter geschlossen hatten, können Familienangehörige keine Ansprüche auf eine Tätigkeit im Unternehmen ableiten. Die Unternehmensleitung besteht aus den persönlich haftenden Gesellschaftern und gegebenenfalls aus anderen Mitgliedern. Sie wird von einem durch die Gesellschafterversammlung gewählten Gesellschafterausschuß beraten, zu dem auch Mitglieder zählen, die nicht der Familie Freundenberg angehören. Seine Zustimmung ist für eine Reihe von Beschlüssen erforderlich. Übertragbar sind Gesellschafteranteile lediglich innerhalb des Familienkreises. Ein Verkauf von Anteilen an familienfremde Personen ist nicht möglich.“[154] Alle diese erwähnten Unternehmen sind mit der Art, mit dem Problem der Leitungsbefugnis und der Mitarbeit von Familienmitgliedern umzugehen, sehr erfolgreich, obwohl ihre Konzepte sich grundsätzlich unterscheiden. Daraus lässt sich folgern, dass es <u>das</u> Konzept zu dieser Frage in großen Familienunternehmen nicht gibt. Nur eine maßgeschneiderte Lösung, die den historisch gewachsenen Eigenheiten von Familie und Unternehmen gerecht wird, und ihre konsequente Umsetzung versprechen Erfolg.

Im Vettern-Konsortium gibt es i.d.R. den Interessensgegensatz zwischen im Unternehmen arbeitenden und nur beteiligten Anteilseignern. Nur in Unternehmen, in denen wie z.B. bei Haniel & CIE, gegr. 1756, heute zu 99% im Besitz von ca. 360 Familienmitgliedern[155], gilt: „dass Mitglieder der Familie nicht im Unternehmen arbeiten, nicht einmal als Lehrling.“, ist diese Problematik ausgeschaltet. Dass neben dem Vermeiden des Konfliktes zwischen mitarbeitenden und nicht mitarbeitenden Anteilseignern auf diese Art noch ein weiterer Konflikt entschärft wird, wird aus der Begründung deutlich: „Auf diese Weise will man bei der Besetzung wichtiger Positionen frei und unabhängig bleiben und allein nach Fähigkeit, nicht aber nach Familienzugehörigkeit entscheiden können.“[156] Im Unternehmen, besonders in der Geschäftsleitung arbeitende Anteilseigner verfügen über andere Informationen, wenn es um Entscheidungen geht, die sie als Anteilseigner treffen müssen. Sie haben zudem andere individuelle Präferenzen, sie sehen das Unternehmen unter einem langfristigeren, unternehmerischen Gesichtspunkt, während für die Nur-Anteilseigner großer Vettern-Konsortien häufig Shareholder-Value-Gesichtspunkte im Vordergrund stehen. Dies kann vor allem bei der Finanzierung von Investitionen, sprich der Thesaurierung von Gewinnen, bei der Besetzung von Geschäftsleitungspositionen sowie bei der strategischen Ausrichtung des Unternehmens zu Konflikten führen.

---

154 Lietke, R. (1994): Wem gehört die Republik? Die Konzerne und ihre Verflechtungen, Frankfurt, S. 177

155 Lietke, R. (1994): a.a.o., S. 188

156 Koch, B. (1995): Mitglieder der Familie Haniel dürfen bei Haniel nicht arbeiten- Eine wirtschaftliche Keimzelle des Ruhrgebietes / Rund 400 Gesellschafter In: FAZ, 2.3.95, Nr. 52, S. 26

Aus solchen unzureichend gelösten Konflikten kann für einige Gesellschafter der Wunsch resultieren, die Anteile zu verkaufen. Die Regelungen, die Familienunternehmen hier gefunden haben, sind sehr unterschiedlich. Während Oppenheim dies z.B. grundsätzlich ablehnt und auch versucht, zu verhindern „Ein Ausscheiden aus dem Eigentümerkreis ist im Grunde nicht erwünscht. Sollte jemand den Wunsch haben, sein Erbe anderweitig zu verwenden, so wird dies „decouragiert", wie von Oppenheim es nennt."[157], gibt bei Wehrhahn in Neuss die Satzung den inzwischen ca. 200 Gesellschaftern das Recht, auszuscheiden. Die Holding muß jeden Gesellschafter umgehend auszahlen, sobald er es wünscht. Allerdings haben zwischen 1966 und 1994 nur 6,5 % der Anteilseigner von dieser Regelung Gebrauch gemacht.[158]

In den meisten Vettern-Konsortien gibt es ein gesellschaftsvertraglich verankertes Vorkaufsrecht entweder der Gesellschaft oder der Familienmitglieder. Schwierig werden Austrittswünsche von Anteilseignern dann, wenn aus dem Kreis der Familie kein Käufer zu finden ist bzw. der Preis der Anteile aus verschiedensten Gründen nicht ohne Schädigung des Unternehmens aufgebracht werden kann. Viele Familienunternehmen verfügen deshalb über seit langem festgelegte Bewertungsmodalitäten, die bei Austritt anzuwenden sind. Diese Regelung ist nicht unumstritten. Neben den juristischen Fragen der Verhältnismäßigkeit stellt sich zudem die Frage, ob nicht ein Gesellschafter, der ausscheiden möchte, es aufgrund der Modalitäten aber dann doch nicht tut, ein Herd von Unruhe und Streitigkeiten im Gesellschafterkreis wird. Schlimmstenfalls beschließt ein Gesellschafter, im Unternehmen zu bleiben und dieses als Bühne für seinen „Krieg" gegen andere Gesellschafter zu mißbrauchen, wohl wissend, dass er das Unternehmen und damit auch sein Vermögen schädigt. Regelungen, solche Gesellschafter unschädlich zu machen, ihren Einfluss also auf ein absolutes Minimum zu reduzieren, kann für ein Vettern-Konsortium lebenserhaltend sein.

Die oben dargestellten Schwierigkeiten werden z.T. gelöst, wenn die Familiengesellschaft in eine Aktiengesellschaft umgewandelt wird. Der hohe Formalisierungsgrad und die geringere Gestaltungsfreiheit bei gesellschaftsrechtlichen Regelungen sprechen neben dem leichteren Zugang zum Kapitalmarkt für diese Rechtsform für Vettern-Konsortien. Allerdings sind die größere Informationspflicht und steuerliche Nachteile für viele Familienunternehmen abschreckend. An die Börse zu gehen, stellt für viele Familienunternehmer nicht eine Möglichkeit der Finanzierung sondern vielmehr das - gedankliche - Ende des Familienunternehmens als Familienunternehmen dar. „When you go public you get two things, money and trouble, and Cargill has enough of both..."[159]

---

157 Koch, B. (1995): „Das Familienvermögen ist seit 1789 in der Bank gut aufgehoben" Bei Sal. Oppenheim in Köln bereitet sich die siebte Generation auf Führungsaufgaben vor In: FAZ v. 26.9.95, Nr. 224, S. 30

158 Rüßmann, K.-H. (1994): Die stille Macht am Rhein - Serie Dynastien/Wehrhahn In: Manager Magazin 11/94, S. 48-65, hier S. 58

159 Jim Cargill, director, major shareholder, and retired senior vice president of Cargill, Inc., America´s largest family enterprise, in: Carlock, R. (1994): A Classroom Discussion with James R. Cargill In: FBR VII, 3, S. 297-307, hier S. 300

KÖNIG[160] geht davon aus, dass die Aktiengesellschaft für ein Familienunternehmen dann die geeignete Rechtsform ist, wenn die Transaktionskosten für die Trennung von Familien- und Unternehmenssphäre einschließlich der damit verbundenen Systemkosten (Mitbestimmung, Publizitätspflicht, Besteuerung) geringer sind als die Transaktionskosten einer Rechtsform, die von der Einheit von Eigentum und Leitung ausgeht. Dies sei, so KÖNIG, bei Familienunternehmen mit einem großen Kreis von Anteilseignern mit heterogenen Interessen der Fall. Um den Familieneinfluss trotzdem weiterhin sicherzustellen, sind neben vertraglich gesicherten Vorkaufsrechten der Familie, der Trennung in stimmberechtigte und nicht-stimmberechtigte Aktien (sogenannte Stamm- und Vorzugsaktien)[161] auch familienbezogene Einrichtungen wie z.B. die eines jährlichen Familientreffens, gemeinsamen Erlebnisferien für die heranwachsende Generation, eines Familienrates u.ä. hilfreich.

Für die Familie, sowohl die einzelnen Kernfamilien als auch für die dynastische Familie stellt das Unternehmen in dieser Phase nicht nur eine Einkommensquelle, ggf. auch einen Arbeitsplatz, und auf der anderen Seite eine Belastung aufgrund der zutreffenden Entscheidungen, der zu erfüllenden Pflichten und des damit verbundenen Einigungsbedarfs dar, sondern es ist auch die Klammer, die die erweiterte Familie zusammenhält. Es erfüllt damit die Funktion eines Stammsitzes oder eines Hofes als Ort des Ursprungs der Familie und zugleich als das zum Gegenstand gewordene Ziel ihrer gemeinsamen Bemühungen. Die Reaktionen auf diese Bindung sind verschieden, was sich auch in der Literatur zu diesem Thema widerspiegelt.

Während SIEFER[162] darauf hinweist, dass die Beauftragung nachfolgender Generationen als horizontale Umklammerung eine unbewußte Wirkung auf die Familiendynamik ausübt und im schlimmsten Fall zu bedrohlichen Auswirkungen auf den Einzelnen und seine Identität (hier z.B. seine/ihre Ich-Stärke) führen kann, sieht MITTELSTEN-SCHEID[163] hier neben der Bedrohung auch eine Chance, und zwar vor allem für starke Persönlichkeiten aus der nachfolgenden Generation, die weder mit Anpassung noch mit Abwendung reagieren, sondern vielmehr sich bewußt und freiwillig dem Unternehmen zuwenden und aus der Geschichte Verpflichtung und Aufforderung annehmen, dieses weiterzuführen.

Jim Cargill, director, Gesellschafter und pensionierter Senior Vice President von Cargill Inc., dem größten Familienunternehmen Amerikas mit ca. 50 Milliarden Dollar Umsatz 1995 und über 60.000 Mitarbeitern, antwortete auf die Frage, welche Einstellung junge Leute haben sollten, die in dem Unternehmen, das ihrer Familie gehört, anfangen zu arbeiten: „That´s the attitude young people have to have in their family companies. You

160 König, D. (1986): Die mittelgroße Familienunternehmung in der Rechtsform der Aktiengesellschaft, Bergisch-Gladbach, S. 258

161 vgl. hierzu auch May, P. (1992): Die Sicherung des Familieneinflusses auf die Führung der börsengehandelten Aktiengesellschaft, Köln

162 Siefer, T. (1996): „Du kommst später mal in die Firma!“ Psychosoziale Dynamik von Familienunternehmen, Heidelberg, S. 223

163 Mittelsten-Scheid, J. (1985): Gedanken zum Familienunternehmen, Stuttgart, S. 27

work and you work and you work and you don´t ask questions, you don´t criticise and you do the very best job that you possibly can and you will get ahead, and you will make the company very successful.“[164]

5.4.4 Familienunternehmen im Besitz mehrerer Familien

Familienunternehmen sind nicht nur solche, die sich im Besitz einer Familie befinden, sie können sich auch im Besitz mehrerer Familien befinden. Dies kann zum einen aus einer Partnerschaftsgründung entstehen, man denke z.B. an Miele mit seinen beiden Familien Zinkann und Miele oder in dieser Generation an SAP, wo sich erst 1998 der erste der Gründer zurückzog. Familienunternehmen im Besitz mehrerer Familien können aber auch dadurch entstehen, dass zur Finanzierung weiteren Wachstums oder zur Absicherung von Managementkapazität eine weitere Familie maßgeblich an einem Unternehmen beteiligt wird.

Im folgenden sollen zwei Typen von Familienunternehmen im Besitz mehrerer Familien dargestellt werden, die Partnerschaftsgründung und das Stämmeunternehmen. Es soll hierbei nur auf die Besonderheiten eingegangen werden, um Wiederholungen zu vermeiden. Dabei wird von Reinformen der einzelnen Unternehmenstypen ausgegangen, die allerdings in der Praxis seltener sind als Mischformen, wie bereits in Kapitel 4.2.3. deutlich wurde.

5.4.4.1 Partnerschaftsgründung

Partnerschaftsgründungen von 2 oder mehr Partnern stellen einen erheblichen Teil der Unternehmensgründungen dar.[165] Lediglich ⅓ aller Gründungsunternehmen gehören nur einem Gesellschafter. Hierbei muß allerdings berücksichtigt werden, dass die vorliegenden Zahlen ausschließlich eine Aussage über die Eigentumsverhältnisse zulassen und nichts über die aktive Beteiligung am Unternehmen selbst. Eine klassische Partnerschaftsgründung ist ebenso wie das Ehepartner-Unternehmen in unterschiedlichen Stufen der Intensität dieser Partnerschaft zu finden. Die weniger intensive Form ist die finanzielle Beteiligung eines Partners an einem Gründungsunternehmen, sei es aus Finanzierungsgesichtspunkten, aus familiären oder auch aus steuerlichen Erwägungen.

---

164 Jim Cargill, director, major shareholder, and retired senior vice president of Cargill Inc., America´s largest family enterprise, in: Carlock, R. (1994): A Classroom Discussion with James R. Cargill In: FBR VII, 3, S. 297-307, hier S. 301

165 Von 243 Gründern und potentiellen Gründern, die 1997 vom Institut für Mittelstandsökonomie der Universität Trier (InMit) befragt wurden, gaben über 1/3 (38%) an, ihre Gründung gemeinsam mit einem Partner durchzuführen. InMit (1998): Erfolgsfaktor Qualifikation: Unternehmerische Aus- und Weiterbildung in Deutschland, Münster, S. 319

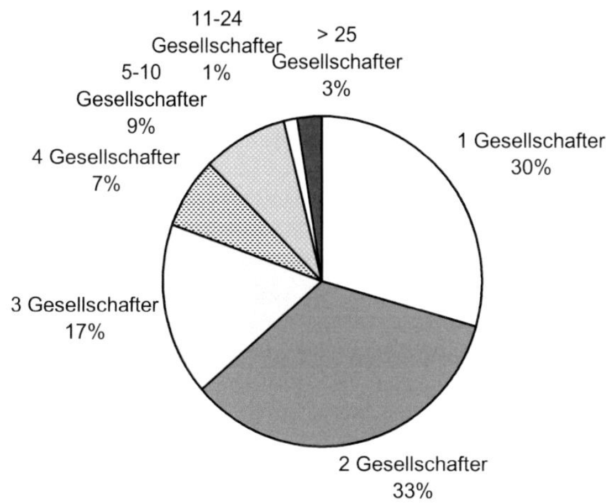

Abb. 51 Anzahl der Gesellschafter in Familienunternehmen der Gründergeneration 1995

Abbildung 51 zeigt, dass von allen erfassten Gründungsunternehmen der Stichprobe aus 1995 33% 2 Gesellschaftern, 17% 3 Gesellschaftern, 7 % 4 Gesellschaftern und immerhin 13 % 5 oder mehr Gesellschaftern gehören. Die eigentliche Partnerschaftsgründung beinhaltet neben dem gemeinsamen Eigentum auch ein gemeinsames Engagement in der Leitung des Unternehmens. Hierdurch entsteht ein großer Einigungsbedarf zwischen den Partnern.

Partnerschaftsgründungen können vor allem in zwei Bereichen stärker sein als Alleingründungen; dort, wo es um die Lösung komplexer Probleme geht und durch die größere Anzahl beteiligter qualifizierter Personen die Qualität der Entscheidungsergebnisse steigt und dort, wo verschiedene Sach- oder Sozialkompetenz gefordert ist, die ein Einzelner nicht darzustellen in der Lage ist, und die er/sie als Gründer auch noch nicht am Arbeitsmarkt einkaufen kann. Typische Partnergründungen sind häufig die des Innen- und Außen-„ministers", die des Partners „hinter der Bühne" mit demjenigen, der die Dienstleistung vorne verkauft, aber auch die des Wirtschaftwissenschaftlers mit dem Techniker bzw. Naturwissenschaftler, wie z.B. die schweizerische Phonak AG, ein Hörgerätespezialist, der 1964 von dem Ingenieur Beda Diethelm und dem Unternehmerssohn Andy Rihs gegründet wurde, und 1995 mit ca. 550 Mitarbeitern 130 Millionen Schweizer Franken umsetzte.[166]

Die Probleme der Partnerschaftsgründung sind zunächst einmal die eines Gründerunternehmens. Die Bezogenheit des Unternehmens auf die Gründer, die eher hemdsärmliche, operativ orientierte Organisation, die Problematik, notwendiges Wachstum finanzieren

166 Risch, S. (1996): Mach mal Pause In: Manager Magazin 10/96, S. 120-129, hier S. 122

zu müssen, möglichst ohne seine Unabhängigkeit einzubüßen und die Schwierigkeit, eine Regelung für das eigene Ausscheiden zu finden. In anderen Punkten ähnelt die Partnergründung dem Ehepartner-Unternehmen. Zwar teilen Partner, die ein Unternehmen miteinander gründen, deshalb nicht auch ihr Privatleben, aber gerade in der Gründungsphase ist von einem wirklichen Privatleben kaum etwas übrig, da das Unternehmen alle Kraft- und Zeitreserven der Gründer absorbiert.

Hieraus ergibt sich ein Problemkreis, der im Ehepartner-Unternehmen so nicht entsteht. Der im Unternehmen aktive Partner verbringt i.d.R. mehr Zeit mit seinem Gründungspartner als mit seinem Lebenspartner und seiner (evt. vorhandenen) Familie. Es kann eine „zweite Lebensgemeinschaft“ zwischen den Gründungspartnern entstehen. Die hieraus sich ergebenden Probleme sind analog zu anderen Partnerschaftsbeziehungen wie z.B. denen zwischen Geschwistern vor allem das Hinzukommen eines weiteren Partners im privaten Bereich. Heiratet z.B. einer von zwei Gründungsunternehmern und verbringt nun nicht mehr jedes Wochenende in der Firma, kann dies zunächst Irritationen bei dem anderen Gründungspartner auslösen. Im weiteren Verlauf der beiden oder auch sogar mehrerer zu koordinierender Familienlebenszyklen kann es zu weiteren Irritationen der Partner kommen. Während der eine bereits darüber nachdenkt, wie er seinen Sohn auf die Nachfolge vorbereiten kann, wo dieser ggf. studieren sollte etc., ist der andere gerade frisch verliebt, aber noch nicht einmal verheiratet.

Die Gründungspartnerschaft benötigt ein höheres Maß an Formalisierung vor allem der rechtlichen Beziehungen als eine Alleingründung. Ein nicht geschlossener Gütertrennungsvertrag kann bei Scheidung zur nachhaltigen Schädigung der Finanzkraft des Unternehmens führen und ist deshalb in einer Partnerschaftsgründung keine reine Privatsache mehr. Analoges gilt für die Erbregelungen, da sie das Eigentum an dem gemeinsam gegründeten Unternehmen betreffen, betreffen sie wiederum alle an der Gründung beteiligten Partner. Auch das Ausscheiden zu Lebzeiten eines der Gründungsmitglieder muß von Anfang an geregelt sein, um so Schaden vom Unternehmen fernzuhalten. Mit wachsender Zahl der Anteilseigner steigt zudem die Problematik evtl. Lagerbildung; Geschwister, die nicht besonders gut miteinander auskommen, können sich Verbündete aus der oder aus einer der anderen Familien suchen. Nicht wenige Partnerschaftsgründer legen deshalb in ihrem Testament und den Gesellschaftsverträgen fest, dass ihr Stamm seine Stimmen jeweils poolen muß, d.h. sie müssen mit „einer Stimme“ sprechen. Aus diesen Regelungen entsteht das klassische Stämmeunternehmen.

5.4.4.2 Stämmeunternehmen

Das Stämmeunternehmen stellt eine Organisationsform des Eigentums an Familienunternehmen im fortgeschrittenen Alter der Organisation dar. Es entsteht i.d.R. aus einer Partnerschaftsgründung, bei der die beteiligten Partner ihren Anteil jeweils an ihre Nachkommen vererben, die dann jeweils einen Stamm bilden. Wie bereits in Kapitel 4.2.3 dargestellt, kann ein Stämmeunternehmen aber auch dadurch entstehen, dass sich eine große dynastische Familie in mehrere Stämme aufteilt, sei es durch Streitigkeiten, sei es durch spezielle organisatorische Regelungen in der Vergangenheit, die im Ergebnis zu einem Stämmeunternehmen führen. Hierbei soll die rechtlich abgesicherte Organisation in Stämme als das Definitionskriterium gelten, das ein Stämmeunternehmen von einem Vettern-Konsortium abgrenzt. Vorübergehende, stämme-ähnliche Gruppenbildungen im Vettern-Konsortium, die keine rechtlich fixierte Grundlage haben, sollen im folgenden nicht unter dem Begriff des Stämmeunternehmens erfaßt werden.

Die grundsätzlichen Probleme des Stämmeunternehmens sind eine Kombination aus denen des Vettern-Konsortiums als da wären Handhabung steigender Komplexität, Vermittlung zwischen mitarbeitenden und nicht mitarbeitenden Familienmitgliedern, Entscheidung über die Geschäftsleitungsbefugnis und der Organisation der Weitergabe der Anteile und der Geschwister-Partnerschaft mit ihren weniger politischen als emotionalen Beziehungen. Durch die Gruppenbildung im Stämmeunternehmen entsteht in vielen Fällen ein Wir-Gefühl innerhalb eines Stammes, der sich dann abgrenzt gegen „die anderen“. Da die Basis für die Stämmebildung zumeist die Idee ist, sich nicht von „den anderen“ überstimmen zu lassen, nicht zuzulassen, dass ein Keil zwischen die Mitglieder der eigenen Gruppe getrieben wird, ist im Stämmeunternehmen ein latenter Gruppenkonflikt bereits angelegt. Durch das Bewußtsein, sich in einer kompetetiven Situation mit einer oder mehreren anderen Gruppen, respektive Stämmen, zu befinden, steigt vor allem in Krisensituationen der Zusammenhalt und die Zielorientierung innerhalb des eigenen Stammes sowie die Bereitschaft, sich einem autoritären Führungsstil unterzuordnen. Der eigene Stamm wird überschätzt und gleichzeitig nimmt der Binnenkontakt auf Kosten des Außenkontaktes zu.[167]

Beobachtet man Stämmeunternehmen, so lassen sich häufig Verhaltensweisen feststellen, wie man sie auch zwischen anderen konfligierenden Gruppen findet: [168]

- die eigenen Ziele werden überbetont,
- gegenüber der anderen Partei wird „gemauert“,
- die eigenen Interessen werden nicht dargelegt,
- die gewählten Strategien sind mit Überraschungseffekten verbunden,
- es wird mit Drohungen und Bluff gearbeitet,
- strategisch wichtige Positionen werden mit sachlichen und unsachlichen Argumenten verteidigt.

In Familienunternehmen führt dies zu bekannten Verhaltensweisen, wie sie auch immer wieder Thema verschiedener Presseveröffentlichungen sind. So führt das Manager Magazin[169] die schlechte wirtschaftliche Lage von Interlübke auf die Aufteilung in die beiden Stämme Hans und Leo Lübke, die jeweils ihre Söhne Horst und Burkhard als Nachfolger einsetzten, zurück. Ein Riß ginge durch das ganze Unternehmen, „je öfter sich die Lübke-Clans um Horst (Gesellschaftsanteile: 38 Prozent) und Burkhard (43 Prozent) bei

---

167 Sherif, M. et al (1961): Ingroup conflict and cooperation: The robbers cave experiment. Zit. nach: Rosenstiel, L.v. (1992): Grundlagen der Organisationspsychologie, Stuttgart, S. 289f

168 Vgl. Walton, R. (1974): How to choose between strategies of conflict and collaboration In: Golembiewski, R.T. und H.H. Blumberg (Hrsg.): Sensivity training and laboratory approach, S. 383-389, 2. Aufl., Itasca Zit. nach: Rosenstiel, L.v. (1992): Grundlagen der Organisationspsychologie, Stuttgart, S. 289

169 N.N. (1995): Interlübke: Tüchtig vermöbelt In: Manager Magazin, 8/1995, S. 21-22

wichtigen Fragen gegenseitig blockierten, umso öfter kam es zu faulen Kompromissen." Mit fatalen Folgen, Interlübke „hat wichtige Trends verschlafen".

Zeitweilig ähneln Beschreibungen von Auseinandersetzungen in Stämmeunternehmen denn auch eher der Kriegsberichtserstattung als der Wirtschaftspresse. „Wendelin von Boch, der nur seinen kleineren Familienstamm für sich mobilisieren konnte, versuchte die externe Lösung mit Hilfe der Arbeitnehmer zu torpedieren. Doch seine Bataillone waren zu schwach. Vetter LG und sein stimmgewaltiger Stamm hielten voll gegen den Herausforderer aus der Britten-Linie. Wieder kam Wendelin von Boch nicht zum Zug, er blieb einfacher Spartenvorstand."[170] Den Unternehmen dienen solche Verhaltensweisen nur in den seltensten Fällen; hier geht es um individuelle Interessen bzw. um die Interessen eines Stammes, nicht um die des Unternehmens.

Im Stämmeunternehmen sind im Gegensatz zum reinen Vettern-Konsortium Konflikte bereits angelegt. Durch die Festschreibung von Anteilen in Stämmen tritt eben nicht eine Diffusion auf, wie sie in größer werdenden Vetternkonsortien ohne Stimmpoolung zu beobachten ist. Wechselnde Koalitionen können hier als Reaktion auf, aber auch als Prophylaxe gegen Konflikte beobachtet werden. Diese Möglichkeit besteht im Stämmeunternehmen mit der entsprechenden rechtlichen Regelung nicht. Im besten Fall kommen die Pool-Verträge aufgrund von Einigkeit unter den Gesellschaftern nicht zur Anwendung, andernfalls werden mit ihrer Hilfe Abweichler zur Räson gebracht. Generationswechsel mit der entsprechenden Delegation an die nachfolgende Generation können Konflikte in Stämmeunternehmen tradieren, wobei Delegation hier als „sinnstiftende Beauftragung von Kindern einer Familie aufgefaßt [wird], die eine Tradierung, Weiterentwicklung und ein Transzendieren familiärer Identität (bzw. Wir-Identität) ermöglichen."[171] Ein Beispiel soll dies verdeutlichen:

> *In einem Unternehmen der chemischen Industrie in der Rechtsform einer Aktiengesellschaft, deren Aktien sich als vinkulierte Namensaktien ausschließlich im Besitz von 2 Stämmen befinden, muß, um das Wachstum zu finanzieren, eine Kapitalerhöhung durchgeführt werden. Hierzu ist eine qualifizierte Mehrheit der Hauptversammlung notwendig. Stamm A, der sich in der Minderheit befindet, blockiert über fast 2 Jahrzehnte eine Kapitalerhöhung. Seit demselben Zeitraum hat keinerlei Ausschüttung von Gewinnen mehr stattgefunden, da dies mit einfacher Mehrheit, d.h. mit den Stimmen des Stammes B, verhindert werden kann. Die Gewinne werden vielmehr so weit als möglich versteckt, da der Vorstand von dem von Stamm B berufenen Aufsichtsrat bestellt wird.*
>
> *Stamm A besteht aus 6 Geschwistern, die von dem ältesten Bruder, Friedrich A., einem Zahnarzt (46 J.), koordiniert werden. Er übt auch das Stimmrecht für die Geschwister aus. Stamm B besteht aus 3 Brüdern und der Witwe von deren Vater,*

---

170 Hoffmann, K. u. F. Linden (1998): Nach Art des Hauses In: Manager Magazin, 1/1998, S. 68 - 77, hier S. 74

171 Siefer, T. (1996): „Du kommst später mal in die Firma!": Psychosoziale Dynamik von Familien-Unternehmen, Heidelberg, S. 183

der der Gründersohn war. Stamm B hat keinen offiziellen Vertreter, die Mutter und die Brüder einigen sich jedesmal mittels eines formalen Beschlusses vor Hauptversammlungen, Aufsichtsratssitzungen oder außerordentlichen Entscheidungen. Die Konfliktkosten, die durch Anfechtungsklagen zu Hauptversammlungsbeschlüssen, Sonderprüfungen, Wertgutachten zur Feststellung des gemeinen Wertes der Aktien u.a. entstanden sind, übersteigen die Wertsteigerung des Unternehmens immer deutlicher. In dieser Situation macht Georg B., Student der Betriebswirtschaftslehre (34 J.), der älteste der Brüder des Stammes B, Friedrich A. nach der erneuten Ablehnung einer Kapitalerhöhung, die aufgrund der schlechter werdenden wirtschaftlichen Situation nun auch von den Banken nachhaltig gefordert wird, ein Übernahmeangebot.

Friedrich A. bittet seine Geschwister zu einem Gespräch, um das Angebot des B-Stammes zu diskutieren. Nachdem alle Geschwister sich darüber einig sind, dass sie das in dem Unternehmen gebundene Vermögen nicht benötigen - alle sind beruflich erfolgreich und somit unabhängig - werden sie sich ebenso schnell darüber einig, dass für sie von dem Unternehmen, da es in der Rechtsform der Aktiengesellschaft geführt wird, keine Gefahr drohe. Ein nun nicht mehr auszuschließender Konkurs würde sie nur in Höhe der Einlage, und diese hätten sie geerbt, schädigen. Anders beim Stamm B; die 3 Brüder des Stammes B sind auf das Unternehmen als Arbeitgeber angewiesen, da keiner von ihnen bis dato beruflich unabhängig ist, und dies auch in naher Zukunft nicht zu erwarten ist. Da der Vater von den B-Brüdern den Vater der A-Geschwister aus der Geschäftsleitung gedrängt hatte und die Anteile eines dritten Stammes ohne Rücksprache mit dem Vater A aufgekauft hatte, um diese Mehrheit dann gegen den A-Stamm zu nutzen, sehen es die A-Geschwister als ihren „Auftrag" an, nun, da sie die Chance haben, es dem B-Stamm heimzuzahlen.

Friedrich A. lehnt nach dieser Rücksprache mit seinen Geschwistern das Übernahmenangebot ebenso wie eine nochmals erbetene Kapitalerhöhung ohne Begründung ab.

Die Beauftragung der Geschwister des A-Stammes ist in diesem Fall im Gegensatz zu anderen bekannten Beispielen aus Unternehmerfamilien nicht ausgesprochen worden. Gleichwohl handelt es sich um einen über die Generationengrenze hinweg aufrechterhaltenen Konflikt. Der Ursprung des Blockadeverhaltens des A-Stammes liegt in dem Konflikt, den der Vater A mit dem Vater B hatte. Er wird nun stellvertretend von den Erben ausgetragen. Dass hierbei nicht nur die von den Vätern erarbeitete Vermögenssubstanz geschädigt, wenn nicht sogar vernichtet wird, sondern zudem auch Arbeitsplätze von an dem Konflikt Unbeteiligten, dem Ergebnis des Konfliktes aber bis zu einem gewissen Grad Ausgelieferten, gefährdet werden, spricht für ein wenig ausgeprägtes Verantwortungsgefühl der beiden Stämme.

Solche Stellvertreter-Konflikte, in denen am ursprünglichen Konflikt nicht Beteiligte diesen mit den Mitteln, die sie als Eigentümer zur Verfügung haben auf Kosten des Unternehmens und seiner Mitarbeiter zum Teil über Generationen fortführen, haben nicht unerheblich zu dem z.T. schlechten Ruf von Familienunternehmen und ihren Erben in der Öffentlichkeit beigetragen. Das Stämmeunternehmen ist von allen Eigentümerformen des Familienunternehmens denn wohl auch dasjenige, in welchem im Sinne einer sich selbst erfüllenden Prophezeiung die durch die Stämmeorganisation im Vorfeld antizipierten Konflikte in vielen Fällen zum Schaden des Unternehmens auch zum Tragen kommen.

5.4.5 Familienunternehmen mit Beteiligung fremder Dritter

Von den ca. 180.000 Familienunternehmen in Deutschland 1995 mit mehr als 2 Mio DM Jahresumsatz sind 80%, also ca. 145.000, zu 100% im Besitz der Familie(n)[172]. Die ca. 35.000 Familienunternehmen mit Fremdbeteiligung sollen im folgenden Gegenstand der Betrachtung sein. Betrachtet man in der 1995er Stichprobe die Familienunternehmen mit Fremdbeteiligung, ergibt sich folgendes Bild:

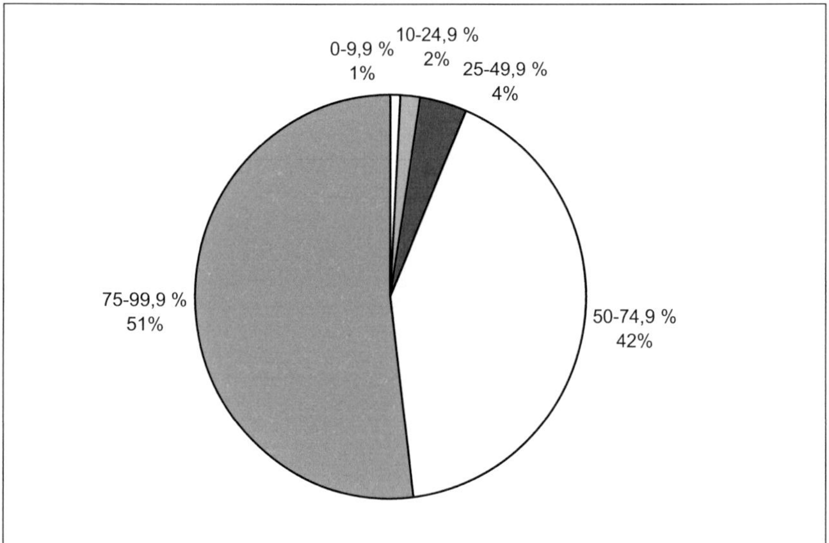

Abb. 52 Eigenkapitalanteil der Familie an Familienunternehmen mit Fremdbeteiligung 1995

Bei mehr als der Hälfte dieser Familienunternehmen hat die Familie eine qualifizierte Mehrheit, bei immerhin 42% noch eine einfache Mehrheit. Nur in ca. 7% der Familienunternehmen mit Fremdbeteiligung ist diese eine Minderheitsbeteiligung.[173] Interessant

172 vgl. Abb. 19: Eigenkapitalanteil der Unternehmerfamilie in deutschen FU, S. 108 dieser Arbeit

173 zur weiteren Struktur vgl. Kapitel 5.2. Der Eigenkapitalanteil der Unternehmerfamilie in deutschen Familienunternehmen, S. 106 ff dieser Arbeit

ist hierbei, dass der Eigenkapitalanteil der Familie(n) negativ mit der Zahl der Gesellschafter korreliert. Je mehr Gesellschafter ein Familienunternehmen hat, desto geringer ist die Summe des von der Familie gehaltenen Eigenkapitals bzw. umso höher ist der Anteil am Eigenkapital, den familienfremde Dritte halten.[174]

Die Beteiligung fremder Dritter an einem Familienunternehmen kann sich zum einen aus Finanzierungsgesichtspunkten ergeben, sei es, um durch einen Börsengang Wachstum zu ermöglichen oder einen Teil des Vermögens umschichten zu können, oder durch die Hereinnahme einer Beteiligungsgesellschaft Eigenkapital zu generieren. Des weiteren kann der Wunsch nach Ausscheiden eines oder mehrerer Gesellschafter(s) zum Hereinnehmen fremder Dritter führen, wenn die anderen Gesellschafter oder noch nicht am Unternehmen beteiligte Familienmitglieder entweder finanziell nicht in der Lage sind, die Anteile zu übernehmen oder aber nicht dazu bereit sind. Ist dieser Prozeß der Hereinnahme fremder Dritter erst einmal eingeleitet, so verstärkt er sich in der Regel selbst. MITTELSTEN-SCHEID beschreibt dies wie folgt: „Hier steht zu erwarten, dass jene Familienmitglieder, die aus der Beteiligung herausstreben, dies mit dem Hinweis auf die fremden Aktionäre und der Forderung nach Gleichberechtigung verstärkt tun werden. Diesen Wunsch, auf Dauer mit dem Hinweis auf den Vertrag abzuwehren, wird schwierig und häufig nicht durchhaltbar sein. Nicht zuletzt deshalb, weil mit der Aufnahme fremder Gesellschafter die Einheit von Familie und Unternehmen aufgeweicht wurde."[175]

Gesellschaftsvertragliche Regelungen sollen in Familienunternehmen mit Fremdbeteiligung den Einfluss der Familie auch weiterhin sicherstellen. Die Möglichkeiten hierzu sind vielfältig. Gerade in Personengesellschaften gibt es unzählige Kombinationen, die von Betriebsaufspaltungen über Beirats- und Geschäftsordnungen bis hin zu zeitlich limitierten Beteiligungen mit garantiertem Rückkaufsrecht zu einem vorher festgelegten Preis reichen. Die für solche, den Familieneinfluss sichernde Maßnahmen restriktivste Rechtsform ist die der (börsengehandelten) Aktiengesellschaft. MAY[176] hat im Rahmen seiner Arbeit eine Vielzahl von Gestaltungsmöglichkeiten aufgezeigt, den Familieneinfluss auch in einer solchen Gesellschaftsform unter Beteiligung fremder Dritter aufrecht zu erhalten.

Die Grenzen derartiger Regelungen liegen in der Bereitschaft fremder Dritter, sich an einem Familienunternehmen dann zu beteiligen, wenn sie ihre subjektiv empfundene Leistung gegenüber dem Unternehmen im Zur-Verfügung-Stellen von Kapital bei gegebenem Risiko nicht mehr ausreichend verzinst sehen. Denn obwohl Eigenkapital in der Außenfinanzierung ca. doppelt so teuer ist wie Fremdkapital,[177] erhöht es gleichzeitig die Unabhängigkeit des Unternehmens durch eine vergleichsweise höhere Eigenkapital-

---

174 vgl. Abb. 44: EK-Anteil der Familie nach Anzahl der Gesellschafter, S. 159 dieser Arbeit

175 Mittelsten-Scheid, J. (1985): Gedanken zum Familienunternehmen, Stuttgart, S. 40

176 May, P. (1992): Die Sicherung des Familieneinflusses auf die Führung der börsengehandelten Aktiengesellschaft, Köln, 1992

177 vgl. Böckli, P. (1981): Neuere Methoden der Eigenkapitalbeschaffung durch Mittelbetriebe In: Schweizerische Aktiengesellschaft 1981, S. 21-26, hier S. 23

quote. Allerdings, und hier liegt der gravierende Unterschied zwischen der Eigenkapitalfinanzierung aus der Familie und durch fremde Dritte, begibt sich die Familie damit einer bestimmten Unabhängigkeit. Das Unternehmen erhält seine Unabhängigkeit, die Familie aber verliert sie zu einem gewissen Teil. Die Entscheidung, fremde Dritte an der Finanzierung des Familienunternehmens zu beteiligen, kann demnach im Interessengegensatz Familie vs. Unternehmen gesehen werden. Auf der anderen Seite darf nicht vergessen werden, dass durch die Eigenkapitalbeschaffung außerhalb der Familie unter bestimmten Umständen auch eine gegenläufige Definanzierungswirkung derart zustande kommen kann, dass aufgrund „der hohen Renditeforderungen ... im großen Umfang Kapital zweckgebunden [wird], welches nicht mehr zur Selbstfinanzierung zur Verfügung steht.“[178]

In Familienunternehmen mit Beteiligung fremder Dritter besteht eine verstärkte Abstimmungsproblematik zwischen den Gesellschaftern. Diese laufen nach anderen Regeln ab als innerhalb der Familie. Vor allem Familienunternehmen der ersten und zweiten Generation, die, aus welchen Gründen auch immer, fremde Dritte aufnehmen, müssen sich häufig unter großen Schwierigkeiten an die veränderten Spielregeln anpassen. Ein Beispiel soll dies verdeutlichen:

> *Ein Gründerunternehmer, dessen Dienstleistungsunternehmen, inzwischen im 23. Jahr seines Bestehens, ein Honorarvolumen von über 200 Millionen DM erwirtschaftet, hat sich entschlossen, aufgrund seiner eigenen Kinderlosigkeit einen Partner am Unternehmen zu beteiligen. Da das Unternehmen solide finanziert ist, stark aus eigenen Mitteln wächst und zudem sehr renditestark ist, gelingt es ihm, ein alt-eingesessenes Finanzinstitut für eine Beteiligung zu gewinnen.*
>
> *Nach einigen Jahren der Beteiligung kommt es zu folgendem Konflikt: Der Gründer stellt fest, dass der von seinem Partner entsandte Wirtschaftsprüfer eine Liste der vom Gründer unternommenen Geschäftsreisen und der dafür abgerechneten Spesen erstellt hat und diese nun mit ihm, dem Gründer diskutieren möchte. Der Gründer ist über alle Maßen erbost. Es sei immerhin seine Sache, ob und in welcher Höhe er seine Reisekosten abrechne. Die Frage, ob eine Reise vom Privatkonto oder vom Firmenkonto bezahlt würde, würde ausschließlich für das Finanzamt von Belang sein. Der Wirtschaftsprüfer und mit ihm das beteiligte Unternehmen, ein Vettern-Konsortium in der sechsten Generation, sind anderer Meinung. Die korrekte Abrechnung eben dieser Kosten und die Kontrolle derselben sei eine der entscheidensten Grundlagen für ein konfliktfreies Miteinander.*

Soweit das Beispiel. Was ist passiert? Ein Gründer, der es gewohnt ist, in seinem Unternehmen zu schalten und zu walten, wie er - und nur er - es für richtig hält, ist entsetzt über die unterschwellige Unterstellung, er würde seinen Partner übervorteilen, indem er private Reisen geschäftlich geltend machen würde bzw. indem er überhöhte Reisekosten „produziere“. Für den Gründer war die Frage, von welchem Konto bestimmte, seiner Meinung nach notwendige, Reisen und Spesen beglichen werden, bis dato nur eine

---

178 Bätz, V. (1994): Anleihen von Familienunternehmen, Diss., Würzburg, S. 157

Frage, ob und inwieweit das Finanzamt bereit sein würde, diese Kosten anzuerkennen. Ansonsten ist er es sein ganzes Berufsleben lang gewohnt, seine ganze Kraft und seine Mittel in den Dienst des Unternehmens zu stellen. Die Idee, das Unternehmen zur Finanzierung privater Eskapaden zu mißbrauchen, ist für ihn absurd.

Anders der Partner. Als ein Vettern-Konsortium in der sechsten Generation hat dieses Unternehmen eine reiche Erfahrung mit dem Eindämmen bzw. Unter-Kontrolle-Halten der privaten Begehrlichkeiten seiner Gesellschafter. Die Vermittlung zwischen mitarbeitenden und nicht mitarbeitenden Gesellschaftern macht eine penibel genaue Kontrolle von gerade solch nachvollziehbaren Kosten wie den Reisekosten und Spesen unabdingbar. Auf die Idee, geschäftlich notwendige, aber vom Finanzamt nicht anerkannte Kosten aus der privaten Tasche zu begleichen, würde keiner der Gesellschafter des Partners kommen. Insofern ist die Kontrolle des Gründers in bezug auf seine Abrechnungen nur folgerichtig. Im Aufeinanderstoßen zweier Eigentümerformen, dem Gründerunternehmen und dem Vettern-Konsortium, lag in diesem Fall die Wurzel des Konfliktes.

Familienunternehmen, die fremde Dritte beteiligen, sei es, wie in diesem Fall, ein anderes Familienunternehmen oder sei es z.B. eine breit gestreute, aber anonyme Öffentlichkeit durch einen Börsengang, sind in fast allen Fällen mit einer von ihrer eigenen abweichenden Historie und somit Kultur des/der fremden Anteilseigner konfrontiert. Die Bruchstellen müssen antizipiert und entsprechend gemanaged werden. Gerade in Familienunternehmen mit Beteiligung fremder Dritter steigt deshalb der Koordinationsaufwand zwischen den Eigentümergruppen stark an, was vor der Beteiligung im Rahmen einer Kosten-Nutzen-Analyse auf der Seite der Kosten berücksichtigt werden sollte.

Für Familienunternehmen mit Fremdbeteiligung gelten andere Spielregeln als für Familienunternehmen im Alleinbesitz der Familie. Der Informationspflicht gegenüber fremden Dritten ist i.d.R. weniger informell nachzukommen, die Beurteilung erbrachter Leistungen muß an für allen nachvollziehbaren Maßstäben vorgenommen werden und die „Bezahlung in familiären Leistungen“, wie Zusammengehörigkeitsgefühl, Name und Ehre u.ä. entfällt zwischen Familie und fremden Dritten. Hierin allerdings liegt auch die Chance vor allem für die Unternehmen selbst, die über eine solche gemischte Eigentümerstruktur verfügen. Die mangelnde Professionalität auch größerer Familienunternehmen wird in vielen Fällen beklagt. Fremde Dritte für eine Beteiligung zu gewinnen, wird nur dann möglich sein, wenn diese eine einer Publikumsgesellschaft analoge Professionalität vorfinden.

Ein Punkt, in dem dies deutlich wird, ist die Besetzung der Geschäftsleitungspositionen. Unabhängig von der Rechtsform steht das Recht zur Leitung des Unternehmens den Eigentümern zu. Diese können (bzw. müssen in der Aktiengesellschaft) die Bestellung der Geschäftsleitung an ein von ihnen zu wählendes Gremium, sei es ein Aufsichts- oder Beirat, delegieren. Sobald ein Eigentümergremium aus verschiedenen Interessengruppen zusammengesetzt ist, müssen diese sich über die Modalitäten der Besetzung einigen. Zwar verweist MAY[179] darauf, dass der Familie auch in der börsengehandelten

[179] May, P. (1992): Die Sicherung des Familieneinflusses auf die Führung der börsengehandelten Aktiengesellschaft, Köln, 1992, S. 87ff

Aktiengesellschaft über die Festlegung der Familienzugehörigkeit als sachliches Qualifikationsmerkmal für einen Vorstandsposten sowie über unverbindliche Vorschlagsrechte Möglichkeiten gegeben sind, den Einfluss der Familie im Vorstand zu erhalten, aber die Grenzen solcher Maßnahmen liegen auch hier wieder in der Akzeptanz derselben durch den Partner.

In Familienunternehmen mit Beteiligung fremder Dritter müssen nun mehrere Gruppen koordiniert werden. Umso wichtiger ist es, dass sich in solchen Unternehmen die Familienmitglieder einig sind und nicht versuchen, die Dritten als verlängerten Arm in der familieninternen Auseinandersetzung zu mißbrauchen. Dies ist weniger von juristischen Regelungen als von der Zusammensetzung der Gruppe selbst und den informellen Beziehungen abhängig. „Versucht man zu ergründen, wieso in manchen der befragten Unternehmen starke Zielkonflikte bestehen, während in anderen Unternehmen ein weitgehend einheitliches Verhaltensmuster zu beobachten ist, so zeigt sich, dass bei den letztgenannten Unternehmen eine Person den Kreis der Gesellschafter beherrscht...“[180] „Obwohl der Name Henkel seit Anfang 1991 erstmals in keinem der Konzern-Gremien auftaucht, ist Konrad Henkel, bis 1990 offiziell und jetzt inoffiziell das unumschränkte Familienoberhaupt der Henkels, der „Spezialist für angewandte Chemie“. Er hatte es immer verstanden, auch die aufmüpfigsten Henkel-Ableger durch siebenstellige Ausschüttungen und raffinierte Verträge zufriedenzustellen und außerhalb des Geschäfts zu lassen. Sogar beim Ausbau des Chemiekonzerns und seiner Börseneinführung 1985 ließ Konrad Henkel sich seinem Clan das Zepter nicht ein Stück weit aus der Hand nehmen.“[181]

Familienunternehmen mit Beteiligung fremder Dritter sind Unternehmen im Übergang. Nur in den seltensten Fällen wird diese Entwicklung umgekehrt und der Familieneinfluss wieder verstärkt.[182] Die Chancen dieses Stadiums von Familienunternehmen liegen in der zunehmenden Professionalisierung der Eigentümerfunktionen, die Nachteile sind spiegelbildlich die höheren Transaktionskosten. Wie lange ein Unternehmen ein Familienunternehmen mit Fremdbeteiligung bleibt, bevor die Familie ihren maßgeblichen Einfluss verliert, ist sehr verschieden. Die meisten der heute bekannten großen Publikumsgesellschaften haben sich von einem Gründerunternehmen über die eine oder andere Variante eines zunächst klassischen Familienunternehmens über ein Familienunternehmen mit Fremdbeteiligung schließlich zu einer Publikumsgesellschaft entwickelt.

---

[180] Bechtle, C. (1983): Die Sicherung der Führungsnachfolge in der Familienunternehmung, Diss. St.Gallen, S. 133

[181] Lietke, R. (1994): Wem gehört die Republik? Die Konzerne und ihre Verflechtungen, Frankfurt, S. 199 Henkel: Gegründet 1876; 100% der stimmberechtigten Stammaktien und ca. 30 % der Vorzugsaktien im Besitz der Familie Henkel, inzwischen ca. 100 Familienmitglieder. Rest der Vorzugsaktien breit gestreut bei ca. 41.000 Aktionären

[182] Eine dieser Ausnahmen ist die Firma Kühne & Nagel, wo K.-M. Kühne 1992, allerdings mit Hilfe einer Minderheitsbeteiligung der VIAG (30,34 % der Kapitalanteile, 33,36 % der Stimmrechte) die 1980 an die englische Lonrho-Gruppe verkaufte Hälfte des Unternehmens wieder zurückkaufte. Vgl. FAZ v. 6.4.98, Nr. 81, S. 23

5.4.6 Verkauf als unternehmerische Entscheidung

Neben der Beteiligung fremder Dritter kann auch ein Verkauf des Familienunternehmens eine Alternative sein. „Nicht nur der Aufbau eines Unternehmens, auch sein Verkauf ist eine unternehmerische Leistung.“[183] Aber gerade diese Entscheidung, mag sie noch so wirtschaftlich sinnvoll und psychologisch entlastend sein, fällt vielen Unternehmerfamilien schwer. Die Gründe hierfür sind weniger im wirtschaftlichen, schon gar nicht im steuerlichen oder juristischen Bereich, sondern vielmehr in der psycho-sozialen Verankerung des Unternehmens im Familien- bzw. Unternehmerbewußtsein zu suchen.

Das Unternehmen stellt die Klammer dar, aus ihm ergibt sich die, oft unbewußte, Beauftragung nachfolgender Generationen, die „durchaus auch einen sinnstiftenden Charakter hat. Oft ist er [der Prozeß der Beauftragung, Anm.d.Verf.] mit frühen Erfahrungen der Nachfolger verbunden, die sie im Zusammenhang mit dem Vorbild der Gründer- (oder Nachfolger-)Väter direkt im Familienunternehmen oder im Kontext relevanter Umwelten machten. So wird ihnen oft der Eindruck vermittelt, sich in eine Reihe von Unternehmern gestellt zu sehen, welche dem Ursprung des Systems (der Gründung) folgt. Der prozeßhafte Verlauf der Delegation kann dabei durchaus diskontinuierlich (...) verlaufen.“[184] Wenn aber dieser Prozeß eine so zentrale Stellung im Familienbewußtsein einnimmt, bedeutet der Unternehmensverkauf ein selbst herbeigeführtes Ende dieses Prozesses, der ja als sinnstiftend erlebt wird. So käme ein Verkauf, der auf der psycho-sozialen Ebene nicht bewußt gemacht, differenziert und hinterfragt wird, einem Selbstmord der Familie als Unternehmerfamilie nahe. Dies ändert sich in den meisten Fällen auch dann nicht, wenn von dem Unternehmen für die Familie mehr Belastung als Sinnstiftung oder andere positive Impulse ausgehen. „Im Übrigen sind die Betroffenen oftmals selbst dann noch an die Institution der Vorfahren gebunden, wenn eine systemische Destruktivität das Ende des Familienunternehmens herbeigeführt hat.“[185]

Das Familienunternehmen als Institution erfüllt insofern für die Unternehmerfamilie und seine Mitglieder auch den Zweck, ein wenig mehr unsterblich zu sein als andere. Wenn schon das Ausscheiden aus dem aktiven Unternehmerleben mit der Übergabe an einen Nachfolger aus der Familie für viele Unternehmer „dem Unterschreiben des eigenen Todesurteils“[186] gleich kommt, was bedeutet dann erst die endgültige Aufgabe des Unternehmens für die Familie. Erst mit dem Einordnen des Unternehmens in den Wertekanon der Familie derart, dass es als Mittel, nicht aber als Zweck und schon gar nicht als integraler und unverzichtbarer Bestandteil der Familie selbst erlebt wird, wird der Weg frei für sachliche Überlegungen bezüglich eines Verkaufs des Unternehmens.

---

183 R. Eggert, der eine der größten Konzern-unabhängigen deutschen Werbeagenturen aufgebaut hat, die er Ende der 80er Jahre an eine französische Gruppe verkauft hat, in einem persönlichen Gespräch mit der Verfasserin im Januar 1998.

184 Siefer, T. (1996): „Du kommst später mal in die Firma!“: Psychosoziale Dynamik von Familien-Unternehmen, Heidelberg, S. 238

185 Siefer, T. (1996): a.a.o., S. 238

186 Barnes, L.B. und Hershon, S.A. (1970): Machtwechsel in Familienunternehmen, In: Harvard Manager 2, S. 67 -76, hier S. 70

Die Notwendigkeit, ein Familienunternehmen als Anteilseigner oder auch Alleineigentümer zu verkaufen, kann zum einen im Bereich des Unternehmens selbst oder aber im Bereich der Familie liegen.[187] In den meisten Fällen wird man eine Mischung aus beiden Ursachenbereichen beobachten können, wobei häufig im Nachhinein schwer zu klären ist, was Ursache und was Wirkung war bzw. ist. Aus dem Bereich des Unternehmens selbst kann z.B. eine strategisch ungünstige Position, eine zu geringe Größe bei gleichzeitiger Marktkonzentration, kombiniert mit Eigenkapitalschwäche, das Ende des Produktlebenszykluses der das Unternehmen tragenden Produkte ohne gleichzeitige Innovationen im Bereich neuer Produkte, eine nachhaltige Veränderung auf dem Abnehmermarkt, wie sie z.B. die europäische Konzentration im Bereich des Handels für viele mittelständische, ausschließlich deutsch orientierten Familienunternehmen darstellt, ein Grund für einen Verkauf sein.

Aus dem Bereich der Familie lassen z.B. das fehlende Interesse der potentiellen Nachfolger (oder ihre fehlende Qualifikation) es angeraten erscheinen, das Vermögen zu realisieren und es so für die Erben zu erhalten, anstatt sie mit einem Unternehmen zu belasten, welches sie weder wollen, noch welchem sie gewachsen sind. Dies allerdings setzt die Erkenntnis bei dem/den Erblasser(n)/Unternehmer(n) voraus, dass dies so ist. Der Verkauf schützt in diesem Fall sowohl das Unternehmen vor den Erben, wie auch die Erben vor der für sie übermächtigen Anforderung, Unternehmer oder zumindest unternehmerisch handelnder Anteilseigner werden zu müssen. Darüber hinaus treten auch nicht selten nach dem Erbfall Konstellationen auf, die es den Erben subjektiv unmöglich machen, das Unternehmen fortzuführen. Hierzu gehören vor allem Situationen, in denen durch Bruchteilseigentum bei gleichzeitig ungeklärtem Führungsanspruch in Familie und Unternehmen die Erben zunächst allein diese Positionen aushandeln müssen. „Im Falle Dornier waren die Erben, allein auf sich gestellt, von diesem Aushandlungsprozess überfordert. Der Verkauf des Unternehmens schien die einzige Alternative zu sein, deren Bewältigung allerdings auch vollen unternehmerischen Einsatz verlangte.“[188]

Ist die Notwendigkeit für einen Verkauf erkannt und die Entscheidung für einen Verkauf gefallen, heißt dies noch nicht, dass ein solches Unterfangen auch gelingt. Es verlangt, wie C. DORNIER in obigem Zitat klarstellt, den vollen unternehmerischen Einsatz und eine nicht zu unterschätzende unternehmerische Kompetenz, einen solchen Prozeß für alle Beteiligten zu einem erfolgreichen Ende zu führen. Die Ursachen für ein mögliches Mißlingen und spiegelbildlich für ein Gelingen, sind vielfältig:

- unrealistische Vorstellungen des Verkäufers/Käufers:
  z.B. über eine Geschäftsleitungsposition für seine Kinder, über den strategischen Wert des Unternehmens, über die juristische Absicherung evtl. Risiken, über die zukünftige Unternehmenspolitik u.ä.

---

187 vgl. hierzu auch Bergamin, S. (1995): Der Fremdverkauf einer Familienunternehmung im Nachfolgeprozess, Bern, Stuttgart, Wien; zugleich Diss. St. Gallen 1995, S. 33 ff

188 Wimmer, R. et al (1996): Familienunternehmen - Auslaufmodell oder Erfolgstyp? Wiesbaden, S. 306

- kein plausibler Verkaufsgrund:
  Die Notwendigkeit zum Verkauf auf Seiten des Verkäufers muß nicht auch für einen potentiellen Käufer ein plausibler Grund sein, zu kaufen. Plausible Gründe können z.B. ein fehlender Nachfolger, ein Familienstreit oder eine von der Unternehmerfamilie nicht zu behebende (aber natürlich wertmindernde) Eigenkapitalschwäche des Unternehmens sein, nicht aber eine veraltete Produktpalette, eine schlechte strategische Position oder die Abhängigkeit von einem insgesamt schrumpfenden Markt.

- zerstrittene Verkäufer, die nicht an einem Strang ziehen:
  Verkaufsprozesse ziehen sich über z.T. relativ lange Zeiträume hin, in denen gewiefte Kaufinteressenten versuchen werden, mit allen Anteilseignern möglichst jeweils allein zu sprechen. Lassen sich die Anteilseigner hierauf ein, anstatt einen Verhandlungsführer zu beauftragen und diesen auch mit entsprechenden Vollmachten auszustatten und zu unterstützen, indem sie sich persönlich heraushalten, kann der Wert des Unternehmens erheblich durch die mangelnde Geschlossenheit auf der Verkäuferseite gemindert werden. Vor allem in Familien, in denen ein Streit zwischen den Anteilseignern letztlich der Grund für den Verkauf ist, ist dies gefährlich.

- großes Professionalitätsgefälle zwischen Verkäufern und Käufern:
  Die Käufer besonders von mittelständischen Familienunternehmen sind häufig große Konzerne, die so Produkte, Marktanteile oder einfach eine Marktbereinigung kaufen. Ihnen stehen sowohl im Unternehmen selbst als auch als externe Berater i.d.R. erfahrene Profis zur Verfügung, für die dies nicht der erste Unternehmenskauf ist. Unternehmen wie z.B. Mannesmann sind durch den Aufkauf mittelständischer Unternehmen gewachsen. Im Gegensatz hierzu ist es i.d.R. für die Unternehmerfamilie bzw. den Unternehmer selbst der erste, zudem auch noch psychologisch äußerst schwierige Unternehmensverkauf, er/sie befindet sich also zumeist in der schwächeren Position.

- Zögern und Hadern des Verkäufers:
  In einigen Fällen lassen sich Dramen beobachten, die oft erst beginnen, wenn der eigentliche Verhandlungsprozess bereits abgeschlossen zu sein scheint. Plötzlich fallen dem Unternehmer unterschiedlichste Gründe ein, warum ein Verkauf zum jetzigen Zeitpunkt noch nicht optimal wäre, welche Eventualität noch zu prüfen sei u.a.m.. Da für den Käufer das Unternehmen in den meisten Fällen aus strategischen Erwägungen nur während einer bestimmten Zeitspanne interessant ist, kann ein solches Zögern auf der Verkäuferseite zum Abbruch der Verhandlungen führen.

- „uneigennützige" Berater des Verkäufers:
  Familienunternehmer, die sich in einer entweder Unternehmens-kritischen oder Familien-kritischen Situation befinden, ziehen Berater an, die nicht immer nur das Wohl des Unternehmer oder der Unternehmerfamilie im Auge haben. Dabei korreliert erfahrungsgemäß die Seriosität der Berater umgekehrt proportional mit der Hilflosigkeit der Unternehmerfamilie. Hinzu kommt, dass auch ein kompetenter und seriöser Berater seine Grenze in der Kompetenz seines Auftraggebers findet.

Insgesamt stellt der Verkauf eines Familienunternehmens einen hochkomplexen, unternehmerischen Vorgang dar, der nur auf der Grundlage geklärter psychologischer Voraussetzungen Erfolg verspricht. Die wirtschaftliche, steuerliche und juristische Umsetzung stellt bei entsprechenden Vorgaben an seriöse „Sachbearbeiter", sprich Anwälte, Steuerberater und Wirtschaftsprüfer hierbei das geringere Problem vor allem im Vergleich zur Entscheidungsfindung und Vorgabendefinition einerseits und zum Familienmanagement andererseits dar.

5.5 Zusammenfassende Würdigung

Die Unternehmerfamilie bzw. der Unternehmer ist als Anteilseigner mit dem Unternehmen verbunden. Eigentum stellt insofern die Beziehung zwischen dem Anteilseigner und dem Unternehmen dar. Dieses Eigentum muß finanziert werden, aus ihm erwachsen Rechte und Pflichten. Zwischen diesen Rechten und Pflichten besteht ein äußerst sensibles Gleichgewicht. Werden die Pflichten des Eigentums ausgeweitet, sei es durch ordnungspolitische Eingriffe z.B. über das Steuersystem, durch tarifpolitische Entscheidungen o.ä., verringert sich der Wert des Eigentums für den Eigentümer. Er ist dann weniger interessiert, das Eigentum für sich und seine Familie zu erhalten. Andererseits führt eine Reduzierung der Erfüllung der aus dem Eigentum erwachsenden Pflichten zu einer sinkenden Akzeptanz des Eigentums als Institution, die letztlich zu einer Legitimationskrise des Eigentums führt.

Da das Eigentum insgesamt, vor allem aber das Eigentum an Produktionsmitteln, eine der wenn nicht <u>die</u> Voraussetzung für eine funktionierende Marktwirtschaft und somit wiederum eine Grundbedingung von Demokratie ist, ist sowohl auf der makro- wie auch auf der mikropolitischen Ebene äußerste Vorsicht bei Veränderungen der das Eigentum definierenden Rechte und Pflichten geboten. Wird Eigentum an Produktionsmitteln, also gerade auch an Familienunternehmen, für die Eigentümer so unattraktiv, dass sie sich überlegen, das hierin gebundene Vermögen zu realisieren und einen attraktiveren Standort zu suchen, wird der Marktwirtschaft und mit ihr auf Dauer der Demokratie der Boden entzogen. Wird auf der anderen Seite den Pflichten nicht mehr ausreichend nachgekommen, so dass auch für Außenstehende der Wert des Privateigentums an Produktionsmitteln sichtbar und erfahrbar wird, verliert das Eigentum seine gesellschaftliche Legitimität und somit auf Dauer seine Existenzberechtigung. Das Ergebnis wäre dasselbe wie im Falle einer Ausweitung der Pflichten auf Kosten des Eigentümers, nämlich eine Gefahr für Marktwirtschaft und Demokratie.

Im Eigentum kristallisiert sich somit die Grundlage unseres Wirtschaftslebens besonders deutlich heraus; dort, wo es in der Hand von Familien ist, kommt die zweite staatstragende Komponente, die Familie, hinzu. Viele der Probleme, die man in verschiedenen Eigentümerkonstellationen in Familienunternehmen beobachten kann, resultieren aus einem Überschwappen familiärer Konflikte in die Unternehmenssphäre. „Will man das Risiko, das in dieser speziellen Abhängigkeit der Eigentümerfunktion von der Eigendynamik familialer Beziehungsmuster liegt, besser kalkulierbar machen, benötigt man eine sorgfältige Konfliktprophylaxe."[189] Diese Konfliktprophylaxe setzt idealerweise im Bereich der Familie an. Erreicht der familiäre Konflikt erst die Unternehmens-Bühne, ist er um ein Vielfaches schwerer so zu lösen, dass weder Familie noch Unternehmen Schaden nehmen. Der familiären Erziehung und Sozialisation kommt gerade in bezug auf die Eigentümerfunktion der Familie eine Schlüsselrolle zu.

Die zu den einzelnen Eigentumsformen herausgearbeiteten Merkmale und Besonderheiten sollen im folgenden kurz zusammengefaßt werden:

- 80 % der deutschen Familienunternehmen im Jahre 1995 befinden sich zu 100% im Besitz der Familie, der durchschnittliche Eigenkapitalanteil der Familie an Familienunternehmen beträgt fast 95%, während er in Nicht-Familienunternehmen bei 12% liegt. Eigentum stellt somit ein relativ trennscharfes Kriterium für die Unterscheidung zwischen Familien- und Nicht-Familienunternehmen dar.
- Insgesamt ist in jüngeren Familienunternehmen ein geringerer Eigenkapitalanteil der Familie zu beobachten als in älteren, die Rechtsform der Wahl von Familienunternehmen ist eine Personengesellschaft.
- 44% aller Familienunternehmen in 1995 werden ausschließlich von Familienmitgliedern geleitet, allerdings sinkt der Anteil der Familie am obersten Managementgremium mit steigendem Umsatz.
- Nur ⅓ der Familienunternehmen haben ein Kontrollgremium, immerhin ⅔ der Nicht-Familienunternehmen verfügen über ein solches. Jüngere Familienunternehmen haben seltener ein Kontrollgremium, nur die nach der Wiedervereinigung gegründeten sind eine Ausnahme. Je höher der Eigenkapitalanteil der Familie, desto seltener verfügt das Unternehmen über ein Kontrollgremium.
- Das häufigste Kontrollgremium im Familienunternehmen ist der Beirat, im Nicht-Familienunternehmen ist es der Aufsichtsrat.
- Familienunternehmen haben mit durchschnittlich 6 Gesellschaftern eine deutlich geringere Zahl an Gesellschaftern als Nicht-Familienunternehmen mit 16. Hierbei steigt bei beiden Gruppen die Zahl der Gesellschafter mit dem Alter. Zudem korrelieren Gesellschafterzahl und Eigenkapitalanteil der Familie negativ.
- Gründerunternehmer üben i.d.R. die Leitungsfunktion selbst aus, wodurch eine einpolige Struktur entsteht: Der Unternehmer ist die personifizierte Stärke und Schwäche des Unternehmens.
- Das Ehepartnerunternehmen ist vor allem durch ein Verwischen von Grenzen zwischen privatem und beruflichem Leben gekennzeichnet, hierin liegen seine Chancen, aber auch seine Risiken. Bei einer gemeinsamen Zielsetzung und gegenseitigem Respekt und Vertrauen sowie vorhandenen privaten Rückzugsmöglichkeiten können Ehepartner-Unternehmen wirtschaftlich erfolgreich und persönlich befriedigend sein.
- Geschwister-Partnerschaften, die i.d.R. aus Erbschaft entstehen, sind unter den möglichen Eigentümerstrukturen neben den Stämmeunternehmen die konfliktanfälligsten. Juristische Regelungen können nicht funktionierende Geschwisterbeziehungen nicht heilen und sind nur als „Krückstock" zu betrachten. Nur autonome Persönlichkeiten sind auch als Geschwister in der Lage, gemeinsam ihre Eigentümeraufga-

189 Wimmer, R. et al (1996): Familienunternehmen - Auslaufmodell oder Erfolgstyp? Wiesbaden, S. 101

ben zu lösen, anstatt das Unternehmen zur Bühne ihrer persönlichen Animositäten zu machen.

- Vettern-Konsortien sind Familienunternehmen meist der 3. oder einer späteren Generation, die einer Vielzahl von Familienmitgliedern gehören. Ihr Problem liegt in der großen Komplexität, ihr Vorteil wie auch ihr Nachteil in dem i.d.R. größeren Abstand der Anteilseigner vom Unternehmen. Vettern-Konsortien treten in verschiedensten Formen auf, das Konzept gibt es hier deshalb noch weniger als in anderen Familienunternehmen.
- Partnerschaftsgründungen haben ähnliche Probleme zu bewältigen wie Alleingründungen, allerdings haben sie einen deutlich höheren Regelungsbedarf auch im juristischen Bereich. Partnerschaftsgründungen sind i.d.R. dort von Vorteil, wo aufgrund der Komplexität der zu lösenden Probleme die Lösung eines Teams qualitativ bessere Ergebnisse zu bringen verspricht als die eines Einzelnen.
- 20% aller deutschen Familienunternehmen 1995 sind solche mit Beteiligung fremder Dritter. Es handelt sich hierbei um Unternehmen im Übergang, wobei nicht klar zu sagen ist, wie lange dieser dauern wird. Das Problem dieser Unternehmen besteht in der Notwendigkeit, verschiedene Kulturen in bezug auf die Rechte und Pflichten von Eigentümern koordinieren zu müssen. Hieraus entsteht ein Zwang zur Professionalisierung der Eigentümerfunktion.
- Der Verkauf eines Familienunternehmens stellt eine komplexe unternehmerische Leistung dar, die nur auf der Basis geklärter psychologischer Voraussetzungen gelingen kann.

Eigentum, wenn es entsprechend gemanaged wird, kann ein machtvolles Mittel sein, Ziele zu erreichen.[190] Um Eigentum entsprechend persönlicher Werte und Ziele einsetzen zu können, bedarf es zum einen eines dezidierten Eigentums-Managements als zum anderen auch eines dezidierten Eigentümer-Managements, falls es mehr als einen, auch potentiellen, Eigentümer gibt. Hierbei muß das Eigentums-Management auf dem Werthaltungsprofil[191] des bzw. der Eigentümer aufbauen. Je undifferenzierter dieses Werthaltungsprofil ist, d.h. je weniger sich der Eigentümer über seine Werte, ihre Hierarchie untereinander und die sich aus ihnen evtl. ergebenden Zielkonflikte im Klaren ist, desto weniger besteht für ihn die Möglichkeit, ein darauf aufbauendes Eignerkonzept zu entwickeln. Die sich in der Folge ergebenden Zielkonflikte im Entscheidungs- oder sogar im Krisenfall machen das Eigentum sprich Vermögen anfällig. Eigentum erwerben kann jeder, sei es mittels unternehmerischer Leistung oder Erbschaft; verantwortungsvoller Eigentümer zu sein jedoch bedeutet u.a. auch eine entsprechende Eigner-Strategie[192] zu

---

190 Wobei hier nicht geleugnet werden soll, dass in vielen Fällen Eigentum längst nicht mehr Mittel, sondern Zweck, häufig sogar Selbstzweck, geworden ist.

191 Zum Werthaltungsprofil, der Definition von Wert, Ziel, Einstellung und Sinn vgl. Klein, S. (1991): Der Einfluss von Werten auf die Gestaltung von Organisationen, Berlin.

192 Zum Thema Eigner-Strategie hat PRITZL 1993 eine Dissertation vorgelegt, die allerdings auf die betriebswirtschaftlich orientierte Strategie-Auffassung für Unternehmen von PORTER und PÜMPIN aufbaut und sich ausschließlich auf das unternehmensgebundene Vermögen bezieht. (Pritzl, R. (1993): Methodik zur Strategieentwicklung für Unternehmens-Eigner, Dissertation St. Gallen, S. 32 ff)

entwickeln und sie auf ihre Konsistenz mit dem eigenen Werthaltungssystem sowie mit dem der Mit-Eigentümer zu überprüfen.

Zusammenfassend muß nochmals betont werden, dass gerade in bezug auf die Eigentümerfunktion der Familie selbst als System eine Schlüsselrolle zukommt. Nur, wenn es im Rahmen der familiären Arbeit gelingt, verantwortungsvolle und verantwortungsbereite Eigentümer zu fördern, die als autonome Persönlichkeiten sich ihrer Schlüsselrolle auch bewußt sind, besteht die Chance, dass Unternehmen im Besitz einer Familie sowohl zum Nutzen der Familie als auch zum Nutzen des Unternehmens verbleiben.

Arbeitsteil zu Kapitel 5

Wissensfragen:

1. *Was sind die Rechte und Pflichten, die aus dem Eigentum an einem Unternehmen resultieren?*
2. *Welche Arten der Finanzierung von Familienunternehmen kennen Sie?*
3. *Wer bestellt in einem Familienunternehmen die Geschäftsleitung?*
4. *Wieviel Prozent der deutschen Familienunternehmen gehören zu 100% der Familie?*
5. *Was versteht man unter einem Gründungsunternehmen, einer Geschwister-Partnerschaft und unter einem Vetternkonsortium?*
6. *Welche besonderen Probleme sind häufig in Stämmeunternehmen zu finden?*
7. *Welche Vor- und Nachteile hat die Beteiligung fremder Dritter?*

Transferfragen:

1. *In einer Diskussion werden Sie mit der These konfrontiert, Aktiengesellschaften seien die Lösung für die typischen Probleme in Familienunternehmen. Bitte setzen Sie sich kritisch mit dieser These auseinander unter Berücksichtigung intervenierender Variablen wie z.B. Größe, Alter etc.!*
2. *Unterbreiten Sie einen Vorschlag, wie man den Standort Deutschland für Familienunternehmen attraktiver gestalten kann!*
3. *Welche Möglichkeiten der Gestaltung von Eigentumsorganisation kennen Sie, die die Konfliktanfälligkeit für eine Geschwister-Partnerschaft reduziert? Diskutieren Sie diese kritisch im Hinblick auf deren Auswirkungen auf die Flexibilität von Unternehmen und Eigentümerfamilie!*
4. *Ein mit Ihnen bekannter Familienunternehmer möchte einen Rat von Ihnen: Er ist von seiner Bank aufgefordert worden, einen Beirat einzurichten. Da er sich noch nicht mit dem Thema beschäftigt hat, bittet er Sie, ihm die Gestaltungsmöglichkeiten, die Zielsetzung und die Besetzung des Gremiums zu erklären.*

Kurzfall: Privat KG

Nach Abschluß Ihres Studiums arbeiten Sie in einer Unternehmensberatung, die sich auf die Betreuung von Familienunternehmen spezialisiert hat. Eines Tages werden Sie mit folgendem Fall konfrontiert:

Marianne Privat, die Witwe von Konsul Dr. hc Wilhelm Privat, und größte Anteilseignerin der Privat KG, möchte ihren Anteil am Unternehmen verkaufen. Das Unternehmen stellt Spezialverpackungen für die Pharma- und Kosmetikindustrie her und ist auf dem europäischen Markt Marktführer. Die Geschäftsleitung obliegt Ihren beiden Söhnen und dem Neffen ihres Mannes. Im Verlauf des Gespräches erfahren Sie, dass Frau Privat vor allem deshalb ihren Anteil von immerhin 30 % verkaufen möchte, da sie in einem Gespräch mit ihrer Bank zum ersten Mal deutlich auf die Risiken ihrer Beteiligung hingewiesen worden ist. Frau Privat ist die einzige Komplementärin, während ihre Söhne, die Familie ihres Schwagers, des Bruders ihres Mannes, und ihrer Schwägerin, der Schwester ihres Mannes, nur Kommanditisten sind. Diese Situation ist nach dem plötzlichen Tod ihres Mannes entstanden, der ihr seinen Komplementäranteil vererbt hat, während die Söhne jeweils 10 % der Anteile als Kommanditisten erbten. Die anderen 50 % liegen zu gleichen Teilen bei den Familien der Geschwister ihres Mannes.

Nachdem Sie festgestellt haben, dass Frau Privat an sich nur verkaufen möchte, um aus der Haftung heraus zu kommen, überlegen Sie, ob es noch weitere Möglichkeiten gibt. Bitte zeigen Sie Frau Privat die Möglichkeiten, die Schwierigkeiten sowie die Vor- und Nachteile eines Verkaufes ihres Anteils auf und entwickeln Sie alternativ für sie eine Eigentumsorganisation, die es Frau Privat erlauben würde, weiterhin am Unternehmen beteiligt zu bleiben, ohne jedoch weiterhin auch mit ihrem Privatvermögen für eventuelle Verluste zu haften.

6 Das Engagement der Familie in der Führung des Unternehmens

Lernziele und Orientierungsfragen des Kapitels 6

Ziel des Kapitels „Das Engagement der Familie in der Führung des Unternehmens" ist es, den Leser anzuregen,

- *sich über die Abhängigkeit einerseits, aber auch die Unabhängigkeit von Eigentum und Führung klar zu werden, indem er versteht, dass der Eigentümer zwar die Führung bestellt, sie aber nicht ausführen muss, es aber ggf. kann,*
- *über die Legitimation von Führung nachzudenken, besonders wenn diese von Familienmitgliedern in der 2. oder späteren Generation ausgeübt wird,*
- *über die Zusammenarbeit von Familienmitgliedern in den Führungsgremien des Unternehmens nachzudenken und*
- *sich klar zu werden über die dynamische Entwicklung, die auch die Führung im Unternehmen erfährt, wenn dieses wächst.*

Um sich vor dem Lesen des Kapitels über sein eigenes Wissen zu dem Thema klar zu werden, kann es für den Leser hilfreich sein, die folgenden Orientierungsfragen zu beantworten:

1. *Welche Voraussetzungen muss ein Familienmitglied erfüllen, um in das oberste Führungsgremium eines größeren Familienunternehmens einzutreten?*
2. *Welche Vor- und Nachteile der Zusammenarbeit mit Familienmitgliedern haben Sie selbst bereits erlebt oder beobachtet?*
3. *Würden Sie als Familienfremder Manager zu einem Familienunternehmen gehen? Begründen Sie Ihre Entscheidung!*

Ein Familienunternehmen unterscheidet sich dadurch von einem Nicht-Familienunternehmen, dass eine oder mehrere Familien maßgeblichen Einfluss auf die Unternehmenspolitik nehmen. Diesen Einfluss können sich die Familienmitglieder u.a. durch eine Beteiligung an der Führung des Unternehmens sichern. Unter Unternehmensführung sollen hier in Anlehnung an ULRICH[1] „alle Aktivitäten verstanden [werden], die zielorientiert das offene, produktive und soziale System Unternehmen lenken und gestalten". Das folgende Kapitel beschäftigt sich mit eben diesem Führungsaspekt in Familienunternehmen.

---

1 Ulrich, Hans (1987): Unternehmenspolitik, 2. durchges. Aufl. Bern, Stuttgart, S. 13

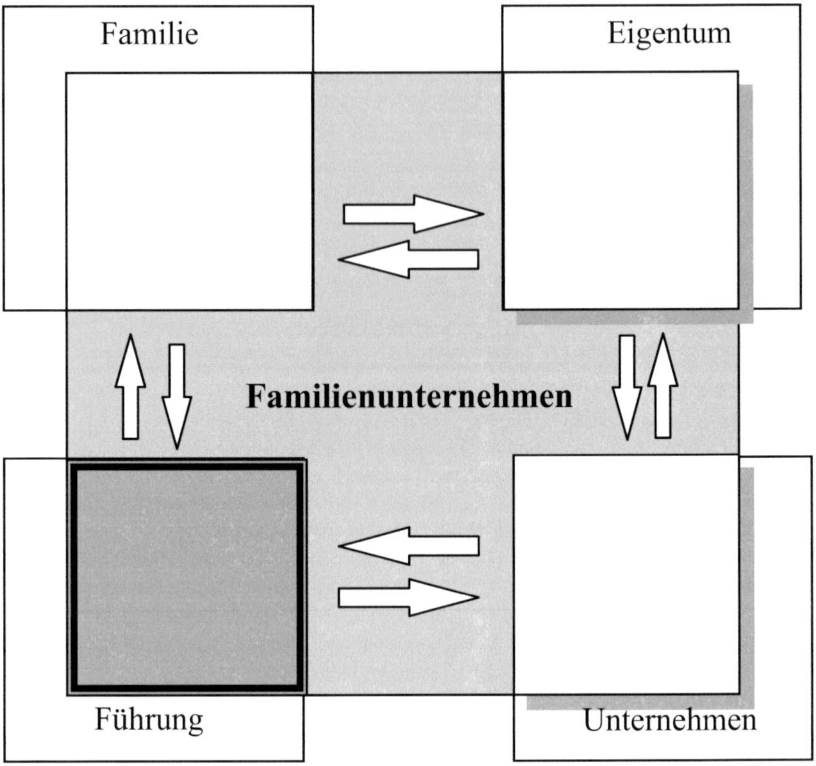

Abb. 53 Die Führungsdimension

Der Ursprung der Worte „führen“ wie auch „leiten“ stellt auf das indirekte bewegen machen bzw. gehen machen ab.[2] Es geht also im Zusammenhang mit Führung darum, andere Personen durch zu schaffende oder bereits existente Systeme, durch Auswahl, Entwicklung sowie durch ihren gezielten Einsatz oder durch direkte Interaktion auf ein Ziel hin zu bewegen, sie also „bewegen zu machen“. V. ROSENSTIEL/GEBERT[3] fassen dies wie folgt zusammen:

„(1) Führung ist ein Gruppenphänomen (das die Interaktion zwischen zwei oder mehreren Personen einschließt);

(2) Führung ist intentionale soziale Einflussnahme (wobei es wiederum Differenzen darüber gibt, wer in einer Gruppe auf wen Einfluss ausübt und wie dieser ausgeübt wird);

(3) Führung zielt darauf ab, durch Kommunikationsprozesse Ziele zu erreichen.“

---

2 vgl. Lattmann, C. (1982): Die verhaltenswissenschaftlichen Grundlagen der Führung, Bern, Stuttgart, S. 47 f

3 Rosenstiel, L. v. und D. Gebert (1995): Führungsforschung und Organisations-/Sozialpsychologie In: Kieser, A. (Hrsg.): HWBdF, Stuttgart, Sp. 679-698, hier Sp. 685

Um Ziele mittels Kommunikation zu erreichen, muss sich die Führungskraft, sei sie Familienmitglied oder Familienfremder, den daraus erwachsenden Aufgaben klar werden. MALIK[4] sieht als die wesentlichen Aufgaben der Führung „das Durchdenken und Festlegen von Zweck und Mission der Organisation sowie die Bestimmung von Zielen; das Organisieren von zielentsprechenden Aufgaben und Abläufen; das Treffen von Entscheidungen; Beurteilung, Messung und Kontrolle von Leistung und Ergebnissen; die Formation von Humanressourcen und die Entwicklung und Förderung von Menschen; und schließlich gehört noch die Aufgabe des Informieren und Kommunizierens dazu."

6.1 Grundfragen der Führung in Familienunternehmen

Führung ist ein in verschiedenen Disziplinen umfangreich erforschtes Teilgebiet. Neben den Psychologen, hier insbesondere den Sozial- und den Organisationspsychologen, den Soziologen, den Pädagogen und Politologen haben sich auch die Wirtschaftswissenschaftler aus den verschiedensten Blickwinkeln mit dem Thema auseinandergesetzt.[5] Die umfangreichen theoretischen und empirischen Arbeiten sollen nur dort Thema dieser Arbeit sein, wo sie direkt zu den Besonderheiten der Führung in Familienunternehmen Aussagen machen oder auf diese übertragbar sind. Es wird deshalb bewusst darauf verzichtet, die Führung im Familienunternehmen aus der Sicht einer bestimmten Theorie der Führung zu betrachten. Vielmehr soll vom Familienunternehmen selbst und den Fragen, die sich im Zusammenhang mit der Führung von Familienunternehmen und der Führung im Familienunternehmen ergeben, ausgegangen werden.

Dies ist zunächst einmal die Frage, wer ein Familienunternehmen führen „darf", wer dazu und von wem legitimiert ist. Des Weiteren stellt sich die Frage, ob es klug ist, sich als Familienmitglied der Eigentümerfamilie in der Führung des Unternehmens zu engagieren. Wenn dies so ist, dann ist es vermutlich nur unter bestimmten Bedingungen der Fall, zu diesen Bedingungen gehört auch die Qualifikation des betreffenden Familienmitgliedes. Wer aber soll und kann ein Familienmitglied im Hinblick auf seine/ihre Eignung für Führungsaufgaben beurteilen? Und - last not least - wenn denn ein oder auch mehrere Familienmitglied(er) sich in der Führung des Unternehmens engagieren, wie ist diese Aufgabe zu bewältigen, wie sollte diese Führung gestaltet werden?

6.1.1 Zur Legitimation von Führung

Dem Eigentümer des Unternehmens steht de jure die Entscheidung darüber zu, wer das Unternehmen führen soll. Die Grundlage der Machtausübung im Unternehmen besteht

---

4 Malik, F. (1993): Kompetenz zur Führung In: Schuppert, D. (Hrsg.): Kompetenz zur Führung, Wiesbaden, S. 141-169, hier S. 158

5 vgl. Kieser, A. (1995)(Hrsg.): HWBdF, Stuttgart, Sp. 679-698, und die dort angegebene Literatur

somit im Eigentum an dessen Sachmitteln. Andererseits ist davon auszugehen, dass eine zwar juristisch legitime, aber sozial nicht akzeptierte Machtausübung mit großen Problemen behaftet ist. Dies gilt in der heutigen Zeit umso mehr, als sich „in der Gesellschaft ...von der Rechtsordnung abweichende Auffassungen herausgebildet [haben], welche diese [auf Eigentum an Sachmitteln basierende Anm.d.Verf.] Machtbegründung in Frage stellen.“[6] Macht soll hierbei mit WEBER[7] als „jede Chance, innerhalb einer sozialen Beziehung den eigenen Willen auch gegen Widerstand durchzusetzen, gleichviel worauf diese Chance beruht“, bezeichnet werden.

Legitimation erfahren Macht und Führung hingegen aus der Anerkennung des Führers durch die Geführten[8]. Im Familienunternehmen sind somit zwei miteinander verwobene Fragenkomplexe zu klären: Wer bestimmt wie welche Person die Macht ausüben darf bzw. soll und was führt zu einer Anerkennung dieser Machtausübung durch die Geführten, aber auch durch die anderen Betroffenen wie z.B. Kunden, Lieferanten, Banken und Öffentlichkeit? Die erste der beiden Fragen ist juristisch eindeutig zu klären. Die dabei ablaufenden Gruppenprozesse in einer Gruppe mehrerer Eigentümer sollen hier nicht Gegenstand der Betrachtung sein, sie sind dem Bereich der Verfügungsrechte und somit dem Eigentum selbst zuzuordnen. Um nun allerdings die oder den „Richtigen“ in die Führung eines Unternehmens zu berufen, ist zuvor die Akzeptanz dieser Person durch die zu führenden in Betracht zu ziehen. Es sollen im Folgenden deshalb die Bedingungen der Durchsetzbarkeit von Entscheidungen, letztlich also die Grundlagen der Macht im Führungsprozess selbst, kurz dargestellt werden.

6.1.1.1 Die Machtgrundlagen der Führung

Nach FRENCH und RAVEN[9] lassen sich folgende Machtgrundlagen unterscheiden:
- Belohnungsmacht
- Bestrafungsmacht
- Rechtmäßige Macht (aufgrund anerkannter Normen, auch legitime Macht)
- Macht durch Bindung (referent power)
- Expertenmacht und die
- Macht einer Idee

Als Machtmittel können zur Durchsetzung
- Zwang (physisch, wirtschaftlich, sozial, seelisch)
- Überzeugung und
- Manipulation eingesetzt werden.

---

6 Lattmann, C. (1982): Die verhaltenswissenschaftlichen Grundlagen der Führung, Bern et al., S. 486f

7 Weber, M. (1972): Wirtschaft und Gesellschaft, 5. Rev. Aufl., Tübingen (1. Aufl. 1921), S. 28

8 vgl. Kehr, H. (1996): Die Legitimation von Führung, Diss. München, S. 16

9 vgl. dazu auch French, J.R.B.jr. & Raven, B. (1959): The bases of social power In: Cartwright, D. (Hrsg.): Studies in social power, S. 150-167, University of Michigan

Die hier dargestellten Machtgrundlagen sind voneinander und von intervenierenden Variablen wie z.B. den Werten und Normen der Geführten, der Aufgabenstellung u.a. abhängig. Folgende Abbildung soll die Abhängigkeiten illustrieren:

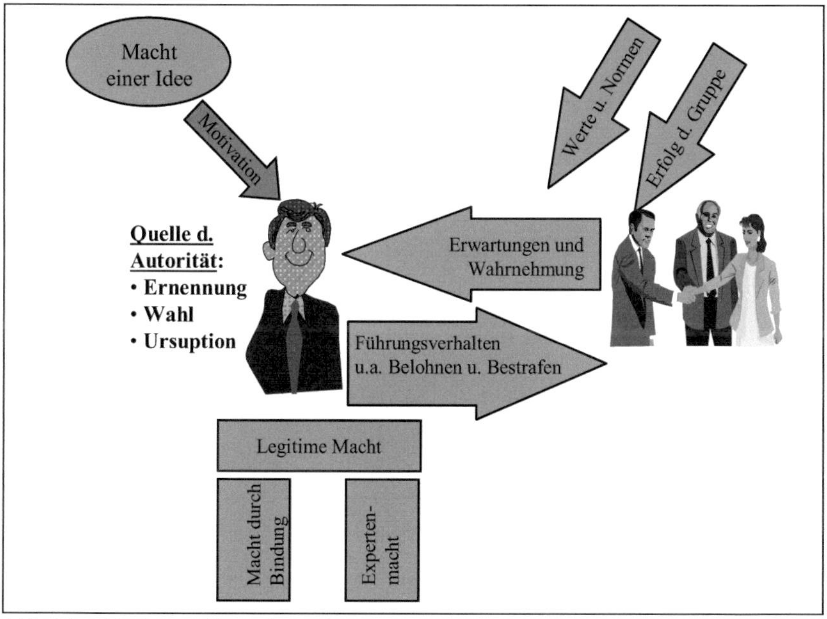

Abb. 54 Machtgrundlagen im Führungsprozess

Als Quelle der Autorität des Führers kommen die Wahl, die Ernennung oder die Usurpation, d.h. die Übernahme, in Frage. Die Quelle der Autorität ist nach READ[10] seine initiale Legitimation. KEHR[11] verweist in diesem Zusammenhang auf LORD[12], der „experimentell zeigen [konnte], dass sich die Fremdbeurteilung von Führung vor allem nach der Quelle der Autorität und weniger nach dem beobachtbaren Führungsverhalten richtet. Welche Autoritätsquellen akzeptiert werden, ist von Normen und Regeln sowie von Traditionen und Gebräuchen abhängig."

Sowohl in Familienunternehmen wie auch in Nicht-Familienunternehmen werden Geschäftsleitungsmitglieder in der Regel ernannt. Der Unterschied liegt, dort wo er vorhanden ist, in dem Procedere der Ernennung einerseits und in den zugrunde gelegten Kriterien andererseits. Nur der Gründerunternehmer fällt aus diesem Rahmen, er ist Füh-

10 vgl. Read, P. B. (1974): Source of authority and the legitimation of leadership in small groups. In: Sociometry, 37 (2), S. 189 - 204

11 Kehr, H. (1996): Die Legitimation von Führung, Diss. München, S. 81

12 Lord, R. G. (1977): Functional leadership behavior: Measurement and relation to social power and leadership perceptions In: Administrative Science Quarterly, 22, S. 114-133

rer durch Führung. Anders ausgedrückt: erst durch sein Führung übernehmen und dem damit verbundenen Aufbau des Unternehmens entsteht überhaupt die Position des Geschäftsführers. Während also sowohl beim Nachfolger im Familienunternehmen wie auch beim Geschäftsführer im Nicht-Familienunternehmen zuerst die vakante Position da ist und dann ein Geschäftsführer gesucht wird, hat der Unternehmer diese Position durch eigene Arbeit erschaffen.

Das Procedere der Ernennung unterscheidet sich in Familienunternehmen oft dadurch von dem in Nicht-Familienunternehmen, als es sich um einen weniger formalisierten Prozess handelt. Obwohl hierzu bis dato keine empirischen Daten vorliegen, ist doch anzunehmen, dass z.B. die geringere Zahl von Aktiengesellschaften im Bereich der Familienunternehmen selbst bei Unternehmen vergleichbarer Größenordnungen auf den höheren Formalisierungsgrad der Aktiengesellschaft und den daraus resultierenden geringeren Gestaltungsspielraum z.B. bei der Besetzung von Geschäftsleitungsfunktionen zurückzuführen ist.[13] Zwar bedeutet eine geringere Formalisierung zugleich eine höhere Flexibilität, andererseits bedeutet sie aber auch eine geringere Vorhersagbarkeit und damit Verlässlichkeit. Während im Nicht-Familienunternehmen schon die Vorschläge für Führungspositionen begründet werden müssen und dies anhand z.T. festgelegter Kriterienkataloge, wird in Familienunternehmen hierauf in vielen Fällen teilweise oder sogar ganz verzichtet. Hierbei ist zu unterscheiden, ob es sich bei dem Kandidaten um ein Familienmitglied oder einen Fremdmanager handelt. Eine weitere Besonderheit von Familienunternehmen ist oft, dass an Familienmitglieder nicht dieselben Maßstäbe angelegt werden wie an Fremde. Dies führt zu einer geringeren Akzeptanz von Familienmitgliedern im Management häufig auch dann, wenn diese gleichwertig oder sogar höher qualifiziert sind als Fremdmanager, frei nach dem Motto: „Dem gehört der Laden ja, der muss ja nichts können, um den Job zu kriegen." Um die initiale Legitimation auch von Familienmitgliedern im Management sicher zu stellen, ist es deshalb unumgänglich, das Procedere der Ernennung und allem die zugrunde gelegten Kriterien transparent zu machen.

Ist der Führer im Amt, so stützt er sich zum einen auf die so genannte legitime Machtgrundlage. Diese resultiert zum einen auf der Rechtmäßigkeit der Macht und zum anderen auf der Akzeptanz eben dieser Macht durch die Geführten. HARE & KENT (1994)[14] haben die verschiedenen Machtgrundlagen nach RAVEN/FRENCH einer empirischen Analyse in Bezug auf ihre Relevanz für die Akzeptanz bei den Geführten unterzogen und hierbei festgestellt, dass die legitimierte Macht an der Spitze der Rangordnung steht. „Der Machthaber verkörpert die Werte der Gruppe, wodurch sich eine starke Verhaltenswirksamkeit ergibt, die nicht auf einige sanktionierte Bereiche beschränkt ist."[15]

---

13 Über die Möglichkeiten, den Einfluss der Familie auch in der Aktiengesellschaft sicherzustellen, hat MAY 1991 promoviert. May, P. (1992): Die Sicherung des Familieneinflusses auf die Führung der börsengehandelten Aktiengesellschaft, Köln

14 Hare, A.P. und Kent, M.V. (1994): Leadership In: Hare, A.P. et al (Hrsg): Small group research. A handbook, S. 155-166, Norwood, N.Y. zitiert nach Kehr, H. (1996), a.a.o. S. 72

15 Kehr, H. (1996): Die Legitimation von Führung, Diss. München, S. 72

„Entscheidend ist, dass die Wirksamkeit der Legitimation als Machtbasis nicht auf die Verfügungsgewalt über Sanktionen angewiesen ist, sondern *unabhängig* davon besteht."[16] Allerdings wird die Legitimation sowohl beeinflusst von der Expertenmacht als auch von der Macht durch Bindung, über die ein Führer verfügt. Die Expertenmacht wirkt hier auf die Sachebene der Beziehung zwischen Führer und Geführten, die Macht durch Bindung auf die Beziehungsebene. Die Stärke der Familienunternehmen im Gegensatz zu Nicht-Familienunternehmen liegt häufig in einer hohen Macht durch Bindung; eine Bindung, die zum Teil über Generationen reicht.[17] Auf der anderen Seite wird in einigen Familienunternehmen das ausgewiesene und möglichst außerhalb des Unternehmens unter Beweis gestellte Expertentum des Führers in seiner Relevanz unterschätzt. Hierdurch kann es zu „Schieflagen" im Rahmen der Machtgrundlagen kommen.

Während die Expertenmacht und die Macht durch Bindung und die darauf aufbauende legitime Macht die Basis des Führers sind, bezieht er aus der Macht durch eine Idee vor allem die Motivation, sich auch gegen Widerstände durchzusetzen und andere, seien es Mitarbeiter, Kunden oder Lieferanten, für eben diese Idee zu begeistern. Die von FRENCH/ RAVEN an erster Stelle genannte Belohnungs- und Bestrafungsmacht ist als ein integraler Bestandteil des gesamten Führungsverhalten zu betrachten. Die Akzeptanz und somit auch die Wirkung positiver und negativer Sanktionen korreliert hierbei positiv mit der legitimen Macht. Je akzeptierter ein Führer ist, je höher seine Fachkompetenz eingeschätzt wird und je höher die Bindung an ihn ist, um wirkungsvoller, weil wichtiger für die Geführten, sind seine Sanktionen.

Die Belohnungs- und Bestrafungsmacht resultiert zunächst einmal in jedem Unternehmen aus der Positionsmacht des Führenden. Im Rahmen dieser Positionsmacht stehen ihm zum einen formale Möglichkeiten, wie z.B. Belobigung, Beförderung, Gehaltserhöhung, Sonderzahlungen auf der einen und Abmahnung, Strafversetzung, ggf. sogar Degradierung und Entlassung auf der anderen Seite zur Verfügung. Das Ausmaß, in dem er diese Mittel einsetzen kann, hängt von der Stellengestaltung ab. Es ist aber davon auszugehen, dass Mitglieder des obersten Führungsgremiums eines Unternehmens weitestgehend über alle diese Mittel verfügen. Nur in bestimmten Fällen ist eine Zustimmung durch Aufsichts- oder Beirat vonnöten, wie z.B. in den meisten Aktiengesellschaften bei der Erteilung von Prokura. Neben den formalen Möglichkeiten zur Belohnung und Bestrafung stehen jedem Führenden in mehr oder weniger großem Umfang auch informelle Möglichkeiten wie Lob und Tadel, das Zuteilen besonders interessanter Aufgaben oder eben das Gegenteil oder das Herausheben aus der Gruppe durch explizite Bevorzugung oder Benachteiligung zur Verfügung. Gerade in diesem Bereich führt eine hohe Bindung der Geführten an den Führenden zu einer verstärkenden Wirkung der Maßnahmen.

Für Familienunternehmen fällt bei der Betrachtung der Machtmittel auf, dass diese Machtmittel dem/den Gründer(n) in ganz anderem Maße zur Verfügung stehen als dessen Nachfolger(n). Der Gründer selbst verfügt grundsätzlich in mehr oder weniger großem Maße über alle diese Machtgrundlagen. Er kann belohnen und bestrafen, sei es

---

16 Kehr, H. (1996): Die Legitimation von Führung, Diss. München, S. 71

17 vgl. hierzu u.a. Mittelsten-Scheid, J. (1985): Gedanken zum Familienunternehmen, Stuttgart

durch Lob und Tadel oder durch z.B. durch den Einsatz finanzieller Mittel. Er wird als Urheber des Unternehmens als dessen legitimer Führer akzeptiert, er hat die Mitarbeiter nach und nach ausgewählt, eingestellt und über z.T. lange Zeit mit ihnen zusammengearbeitet. Diejenigen, die mit seinem Führungsstil, seinen Zielen, seinen Mitteln oder anderem grundsätzlich nicht einverstanden waren, haben zumeist im Rahmen der Selbstselektion das Unternehmen wieder verlassen. Er ist aufgrund der Existenz des Unternehmens als Experte in eben diesem Gebiet anerkannt und häufig verfügt aufgrund seiner Überzeugtheit[18] von seinem Konzept auch über die Macht der Idee. Er kann zur Durchsetzung Zwang ausüben, und zwar nicht nur wirtschaftlich, sozial und seelisch, sondern in einigen Fällen sogar physisch. Er ist in den meisten Fällen überdurchschnittlich überzeugt und kann daher auch überzeugen, er muss insofern kaum zum Mittel der Manipulation greifen. Seine Chancen, seine Entscheidungen auch bei den Geführten durchzusetzen, sind sehr groß.

Anders stellt sich das Problem in den Nachfolgegenerationen dar. Der Nachfolger/die Nachfolgerin[19] verfügt zwar über die positionsgebundene Belohnungs- und Bestrafungsmacht, aber nicht mehr über eine quasi „geborene“ Macht durch Bindung, Expertenmacht und Macht einer Idee. Diese muss er sich extern erarbeiten. Hinzukommt, dass er zwar die der Position entsprechenden Zwangsmaßnahmen einsetzen kann (physischer Zwang wird hier nicht mehr akzeptiert werden) und auch den Versuch der Manipulation unternehmen kann, letztlich aber im heutigen betrieblichen Umfeld mit immer komplexeren Fragestellungen auf der einen Seite und immer selbständiger arbeitenden Mitarbeitern auf der anderen Seite überzeugen muss. NEUBERGER[20] verweist hier auf den Zusammenhang zwischen Komplexität und der Zerstörung herkömmlicher Gehorsamsstrukturen. Komplexität fördert die Wahlfreiheit und diese wiederum schwächt eben jene Gehorsamsstrukturen bis hin zur ihrer Zerstörung und somit der Zerstörung herkömmlichen hierarchischen Managements. In abgeschwächtem Maße ist dies heute bereits beobachtbar. „Die Chancen, mit Hilfe von bloßem Zwang oder indirekt durch Manipulation das erforderliche Sich-in-Beziehung-Setzen der Beschäftigten zu den funktionalen Anforderungen des Unternehmens zustande zu bringen, sind drastisch gesunken.“[21] Dies ist nicht zuletzt deshalb der Fall, weil tradierte Muster der Über- und Unterordnung in der Gesellschaft als Ganzes wie auch in den Unternehmen, seien es nun Familienunternehmen oder Nicht-Familienunternehmen, keine unhinterfragte Akzeptanz mehr finden.

---

18 RECKHAUS hat in seiner Untersuchung erfolgreicher Unternehmen der DOB-Branche festgestellt, dass eines der Kriterien, die einen erfolgreichen Unternehmer kennzeichnen, die volle Überzeugung von der eigenen Idee ist. Vgl. Reckhaus, H.D. (1993): Erfolgreiche Führung in Klein- und Mittelunternehmen - Eine empirische Studie der DOB-Branche, Diss. St. Gallen 1993

19 Es wird im Folgenden darauf verzichtet, sowohl die weibliche wie auch die männliche Form parallel zu benutzen, da es die Lesbarkeit der Arbeit beeinträchtigt.

20 Neuberger, O. (1995): Mikropolitik, Stuttgart, S.6

21 Wimmer, R. et al. (1996): Familienunternehmen - Auslaufmodell oder Erfolgstyp?, Wiesbaden, S. 61

Welche Chance hat nun ein Nachfolger, sich die Akzeptanz der relevanten Gruppen und Individuen für seine Führungsentscheidungen zu sichern? Sowohl HOMANS[22] als auch HOLLANDER[23] haben darauf hingewiesen, dass das Einflusspotential des Führers und sein Rückhalt bei den Geführten umso größer sind, je stärker sein Verhalten den Erwartungen der Geführten entspricht. Sie belohnen diese Überstimmung seines Verhaltens mit ihren Erwartungen, in dem sie „ihr Verhalten verstärkt an den Zielen der Gruppe, statt an ihren individuellen Bedürfnissen ausrichten. Außerdem sind sie in höherem Maße bereit, den Führer in seiner Rolle zu akzeptieren.“[24] Neben den zur Verfügung stehenden Machtgrundlagen und -mitteln spielen demnach vor allem die Erwartungen der Geführten und ihre Wahrnehmung des Führers eine zentrale Rolle.[25] Zur Sicherung der Akzeptanz und somit zur Legitimation seiner Führung stehen dem Nachfolger damit drei Ansatzpunkte zur Verfügung: Die Machtgrundlagen, die Erwartungen der Geführten und die Wahrnehmung seiner Person und seines Verhaltens durch die Geführten.

6.1.1.2 Werte, Einstellungen, Erfahrungen und die Erwartung in Bezug auf Führung

Woraus ergeben sich Erwartungen und Wahrnehmungen von Mitarbeitern? Erwartungen sind einerseits von der Person selbst, ihren Werten und Einstellungen, und andererseits von den bisher gemachten Erfahrungen sowie der subjektiv erlebten Umwelt abhängig. Werte werden hier verstanden als gesellschaftlich vermittelte Konstrukte auf relativ hohem Abstraktionsniveau, die an der Schnittstelle von Individuum und Gesellschaft liegen und für den Einzelnen Orientierungscharakter haben. Obwohl Werte Einfluss haben auf die menschliche Wahrnehmung und auf menschliches Verhalten, sind sie objektunspezifisch, situationsübergreifend und zeitlich relativ stabil.[26] Aus den grundlegenden, situationsübergreifenden und objektunspezifischen Werten einer Person leiten sich ihre Einstellungen her. Einstellungen haben einen direkten Handlungsbezug, sind situationsgebunden und objektspezifisch. Daraus ergibt sich folgerichtig, dass Einstellungen zeitlich instabil sind.[27] Die Erwartungen einer Person ergeben sich nun einerseits aus den Werthaltungen und den daraus resultierenden Einstellungen dieser Person und andererseits aus der Umwelt, mit der diese Person konfrontiert war und ist.

Konkret heißt das, dass ein Geführter, für den Unabhängigkeit ein zentraler Wert ist und der demgemäß eine ablehnende Haltung gegenüber hoher Fremdkontrolle entwickelt

22 vgl. Homans, G.C. (1961): Social behavior: Its elementary forms; New York

23 vgl. Hollander, E.P. (1978): Leadership dynamics: A practical guide to effective leadership; New York

24 Kehr, H. (1996): Die Legitimation von Führung, Diss. München, S. 32

25 vgl. hierzu auch Kehr, H. (1996): Die Legitimation von Führung, Diss. München, S. 25

26 vgl. hierzu Klein, S. (1991): Der Einfluss von Werten auf die Gestaltung von Organisationen, Berlin, (zugleich Diss. Bayreuth, 1990) S. 25, und die dort angegebene Literatur

27 Klein, S. (1991): a.a.o., S. 33 und die dort angegebene Literatur

hat, von einem „guten“ Vorgesetzten erwartet, dass dieser ihm ein hohes Maß an Eigenverantwortung überträgt und ihn vornehmlich an seinen Ergebnis misst, anstatt z.B. seine Arbeitszeit, die ausgehende Korrespondenz oder die gefahrenen Kilometer seines Dienstwagens zu kontrollieren. Hat dieser Mitarbeiter zudem in der Vergangenheit z.B. ein eigenständiges Profitcenter geleitet und kommt nun in die Stabsabteilung der Zentrale, wo er dem für das Controlling zuständigen Geschäftsführer direkt unterstellt ist, ist schon in dem Unterschied zwischen der bisherigen und der jetzigen Situation ein latenter Konflikt angelegt. Entscheidet sich nun dieser Mitarbeiter aufgrund der seinen Werthaltungen und Einstellungen widersprechenden neuen Arbeitssituation, sich bei einem Gründerunternehmer zu bewerben, der eine „rechte Hand“ sucht, so kommt er mit klaren Erwartungen zu diesem Gründerunternehmer. Die Beurteilung der Führung dieses Gründungsunternehmers durch den „Neuen“ hängt in hohem Maße von der Einstellung und der daraus resultierenden Erwartung des neuen Mitarbeiters ab. Umgekehrt hat auch dieser Gründungsunternehmer eine Geschichte. Auch er verfügt über mehr oder weniger explizite Werthaltungen und daraus resultierende Einstellungen. Hat z.B. der Vorgänger des neuen Mitarbeiters, der über Jahre „an der langen Leine“ hat arbeiten können, den Gründungsunternehmer im Rahmen seiner Spesenabrechnungen betrogen (was auch zu seiner Entlassung führte), so ist eine genaue Kontrolle der Spesenabrechnungen, gefahrenen Kilometer etc. nur folgerichtig aus der gemachten Erfahrung des Gründerunternehmers. Neigt dieser zusätzlich noch zu einer restriktiven Informationspolitik, da ein „gesundes Misstrauen“ für ihn den Charakter einer Werthaltung hat, so ist auch hier der Konflikt von vornherein angelegt.

Die Legitimation und Akzeptanz von Führung sind von vielen Faktoren abhängig. Sowohl die beteiligten Personen, Führer wie Geführte, ihre Werthaltungen, Einstellungen, bisher gemachten Erfahrungen spielen eine Rolle, wie auch die Situation des Unternehmens und seiner Umwelt. Hier ergibt sich ein entscheidender Unterschied zwischen Familienunternehmen und Nicht-Familienunternehmen. Während in Nicht-Familienunternehmen nur in den seltensten Fällen die Organisation auf *eine* Person zugeschnitten ist, ist dies in Familienunternehmen, vor allem in der Gründergeneration, häufig der Fall. Die Organisation selbst spiegelt die Werte des Unternehmers wider. KLEIN[28] konnte in einer explorativen Studie mit 10 Unternehmen, die seit mindestens 10 Jahren von einer Person verantwortlich geführt wurden, nachweisen, dass die Werthaltungen dieser zentralen Persönlichkeiten sich in den aufbau- und ablauforganisatorischen Gegebenheiten der jeweiligen Organisationen wiederspiegelten, soweit diese zentralen Persönlichkeiten über ein stark konturiertes Werthaltungsprofil verfügten. Unter einem stark konturierten Werthaltungsprofil wird hier ein Profil mit Werten auf hohem Abstraktionsgrad verstanden, das differenziert und klar ist, und dessen Werte intensiv einerseits und integriert, d.h. aufeinander abgestimmt, andererseits sind. Zentrale Persönlichkeiten, die hingegen über ein schwach konturiertes Werthaltungsprofil verfügten, prägten die von ihnen geführten Organisationen nur insofern, als auch in den Organisationen kaum klare Prioritäten in den von Werten stark beeinflussten Bereichen zu finden waren.

---

28 Klein, S. (1991): Der Einfluss von Werten auf die Gestaltung von Organisationen, Berlin

Daraus folgt, dass nicht nur der Führer und der Geführte über eigene Werthaltungen verfügen, sondern dass unter gewissen Umständen auch in der Organisation selbst, vor allem in Familienunternehmen, Werte verankert sind. Handelt es sich bei der Organisation nicht um ein Gründerunternehmen, sondern um ein Familienunternehmen der zweiten oder späteren Generation, können die im Unternehmen verankerten Werte von denen des bzw. der derzeitigen Unternehmer zudem abweichen. Aus diesen Überlegungen ergibt sich, dass die Übergabe bzw. die Übernahme der Führungsverantwortung in der obersten Ebene eines Familienunternehmens ein besonders kritischer Moment in der Unternehmensgeschichte ist. Dies soll im Folgenden kurz dargestellt werden.

6.1.1.3 Übernahme der Führungsverantwortung als kritischer Moment

Die Literatur zum Thema Familienunternehmen befasst sich zu einem großen Teil mit der Frage der so genannten Nachfolgeregelung. Dies ist im angloamerikanischen Sprachraum nicht anders als im deutschsprachigen Bereich.[29] Erst in den letzten Jahren, und hier vornehmlich im angloamerikanischen Raum, wird hierbei von den Autoren zwischen der Nachfolge in der Familie, im Bereich des Eigentums und im Bereich der Führung differenziert.[30] Auch rückt in der jüngsten Zeit mehr die Perspektive der (potentiellen) Nachfolger ins Blickfeld der Forscher.[31] Im folgenden soll unter Konzentration auf die Nachfolge in der bzw. den Führungsposition(en) des Unternehmens der Prozess der Nachfolge skizziert und seine kritischen Momente in Familienunternehmen der ersten und der nachfolgenden Generation beleuchtet werden. Als Führungspositionen im Unternehmen sollen hierbei nur die im obersten Managementgremium des Unternehmens, d.h. z.B. Geschäftsführerpositionen in der GmbH oder Vorstände in der AG, interessieren.

Die Übergabe bzw. Übernahme der Führung ist in jedem Unternehmen ein kritischer Moment. Erwartungen der Geführten, die durch bisherige Erfahrungen geprägt wurden, sowie im Unternehmen verankerte Werte sind dem „Neuen“, so er nicht aus den eigenen Reihen kommt, nur in begrenztem Umfang bekannt. Auch Vermutungen über die Bereit-

---

29 vgl. hierzu u.a. Chrisman, J.J. et al. (1998): Important Attributes of Successors in Family Businesses: An Exploratory Study In: FBR XI (1), S. 19 - 34, S. 19; Wortman, M.S. jr. (1994): Theoretical Foundations for Family-Owned Business: A Conceptual and Research-Based Paradigm In: FBR VII (1), S. 3 - 27, S. 19; Wimmer, R. et al. (1996): Familienunternehmen - Auslaufmodell oder Erfolgstyp?, Wiesbaden und die jeweils dort angegebene Literatur

30 Gersick, K. E. et al. (1997): Generation to Generation - Life Cycles of the Family Business, Boston, S. 193ff

31 vgl. Handler, W. C. (1992): The Succession Experience of the Next Generation In: FBR V (3), S.283-307; Barach, J.A. et al (1988): Entry of the next generation: Strategic challenge for family business In: Journal of Small Business Management, 26(2), S.49-56; Rogal, K.H. (1989): Obligation or Opportunity: How Can Could-Be Heirs Asses Their Position? In: FBR II (3), S.237 - 255

schaft, ihn oder sie als Führer zu akzeptieren, bleiben selbst dann, wenn er oder sie aus den eigenen Reihen stammt, Vermutungen. Der ablaufende Prozess ist von GRAEN und SCANDURA[32] in drei Phasen eingeteilt worden, die des „Role taking", der Rollenübernahme, die der „Role making", der Phase des Ausdifferenzieren der Rollen und die des „Role routinizing", der Stabilisierung von beiderseits akzeptierten Verhaltensweisen.

Wird einer bereits bestehenden Gruppe ein neuer Führer „zugeordnet", also von übergeordneter Autorität ernannt, so wird von diesem neuen Führer zunächst einmal die Übernahme der Gruppennormen erwartet.[33] Erst nachdem die Gruppe den Führer unter Beibehalten der alten Regeln als Führer akzeptiert hat, kann dieser anfangen, diese Regeln zu ändern. KEHR[34] fasst dies wie folgt zusammen: „Scheinbar besteht eine paradoxe Situation: Einerseits wird vom Führer erwartet, dass er sich den Normen der Gruppe in besonderer Weise unterordnet. Zugleich werden gerade vom Führer innovative Anstöße für den Gruppenprozess erhofft."

Erfordert dieser Prozess schon im „normalen" Unternehmen sowohl Geduld und Fingerspitzengefühl einerseits wie auch Entschlossenheit anderseits, so kommt im Gründerunternehmen erschwerend hinzu, dass sich mit der Ablösung des Gründers nicht nur die Führung selbst, sondern nahezu das gesamte System Unternehmen in einem tief greifenden Veränderungsprozess befindet. Bei vielen Gründerunternehmen (allerdings auch bei einer nicht zu vernachlässigen Zahl von Familienunternehmen der zweiten, aber auch noch späterer Generationen) handelt es sich um so genannte *einpolige Unternehmen.* Der Begriff des einpoligen Unternehmens wurde von GUTENBERG[35] 1951 eingeführt. Er bezeichnet Unternehmen, bei denen Eigentum und Führung in den Händen des Unternehmers liegen und es somit nur einen Pol der Willensbildung gibt, als einpolige Unternehmen. Im Gegensatz hierzu stehen zum einen Familienunternehmen, in denen Familienleitung, Eigentum und Unternehmensführung jeweils einen Pol der Willensbildung darstellen, also von verschiedenen Personen oder sogar Personengruppen dominiert werden und Nicht-Familienunternehmen auf der anderen Seite, in denen schon qua definitionem der bzw. die Eigentümer zwar die Geschäftsführung bestellen, diese aber nicht persönlich wahrnehmen.

Das einpolige Unternehmen ist ganz auf den Unternehmer zugeschnitten, es ist von ihm geprägt. Diese Prägung findet sich in allen Bereichen des Unternehmens, von den ausgewählten und durch die gemeinsamen Jahre geprägten Mitarbeiter über den Umgangston, die Formen von Delegation bzw. Zentralisation, die Außenkontakte wie z.B. die Öf-

---

32 Graen, G.B.; Scandura, T.A. (1987): Toward a psychology of dyadic organizing In: Research in Organizational Behavior, 9, S. 175 - 208

33 vgl. Merei, F. (1958): Group leadership and institutionalization In: Maccoby, T.M. et al. (Hrsg.): Readings in social psychology, S. 522 - 532, New York, 1958

34 Kehr, H. (1996): Die Legitimation von Führung, Diss. München, S. 86

35 Gutenberg, E. (1951): Die Grundlagen der Betriebswirtschaftslehre, Bd. I: Die Produktion, Berlin, New York, S. 486 ff

fentlichkeitspolitik[36], Auswahlkriterien für Mitarbeiter, Konfliktverhalten, aber auch die strategische Ausrichtung des Unternehmens, die Art und Qualität der Kunden- und Lieferantenkontakte u.a.m.. Mit dem Abtreten des Unternehmers als oberster Führer des Unternehmens geraten das Unternehmen und seine Mitarbeiter zunächst in eine Krise, wobei Krise hier in dem doppeldeutigen Sinne wie es die chinesische Sprache nahe legt, verstanden werden soll; Krise sowohl als Risiko wie auch als Chance.

Bei der Übergabe der Führung in dieser Situation, so dies denn nicht durch Verkauf des Unternehmens oder das Versterben des Unternehmers begründet ist, besteht zunächst einmal die Gefahr, dass es sich nur um eine Übergabe der Position, nicht aber der tatsächlichen Führung handelt. Der Junior, der mit über 50 Jahren der Geschäftsleitung vorsteht, während sein noch rüstiger Vater in den hohen 70ern als Aufsichtsratsvorsitzender in allen wichtigen Entscheidungen das letzte Wort behält, ist von den Geführten kaum mehr als ein Erfüllungsgehilfe des Vaters akzeptiert. Von einer Legitimation durch Akzeptanz kann hier keine Rede sein; solange der Alte nicht nickt, wird niemand in einem solchen Unternehmen heikle Entscheidungen des Juniors umsetzen. Eine Voraussetzung für die Führungsübergabe im einpoligen Unternehmen ist demnach der völlige Rückzug des scheidenden Unternehmers aus den unternehmerischen Tätigkeiten und Positionen. Dies schließt nach einer gewissen Übergangszeit auch das Ausscheiden aus den Eigentümerfunktionen und den damit verbundenen Kontrollfunktionen ein. Hierbei kann die Eigentumsübertragung ausschließlich auf den Nachfolger in der Führung erfolgen, wodurch erneut ein einpoliges Unternehmen entsteht, oder es kann auf mehrere Eigentümer (in- oder exklusive des Führer-Nachfolgers) übertragen werden, womit die Einpoligkeit ebenso beendet wird wie mit der Übertragung des Eigentums zu 100% auf einen anderen als den Führer-Nachfolger.

Warum ist diese möglichst zeitnahe Übertragung von Führung und Eigentum, auch wenn es der gängigen Praxis in vielen Fällen widerspricht[37], so wichtig? Wie oben schon dargelegt, muss der Nachfolger sich zunächst einmal der Akzeptanz der zu führenden Gruppe durch Übernahme von deren Normen versichern. In einem zweiten Schritt muss er oder sie aber dann diese Normen zunächst schrittweise, später evtl. sogar drastisch verändern, um seine Position als Führer zu etablieren. Hinzu kommt, dass mit einem Wechsel an der Spitze eines Unternehmens auch in vielen Fällen zumindest eine Überprüfung der strategischen Ausrichtung, wenn nicht sogar eine Neuausrichtung einhergeht. Das einzige, was der Nachfolger nicht tun kann und darf, ist, es genauso zu ma-

---

36 Man denke hier an eines der krassesten Beispiel, ALDI, deren weitgehende Abstinenz, was Veröffentlichung von Unternehmensdaten betrifft, sprichwörtlich ist und mit der Öffentlichkeitsscheu der beiden Unternehmer, der Brüder Karl und Theo Albrecht, korreliert. Vgl. hierzu Brandes, D. (1998): Konsequent einfach - Die ALDI-Erfolgsstory, Frankfurt, New York und - sehr viel polemischer geschrieben - Hintermeier, H. (1998): Die ALDI-Welt - Nachforschungen im Reich der Discount-Milliardäre, München

37 SPIELMANN konstatiert im Rahmen der Untersuchung des Generationswechsel in kleinen und mittleren Unternehmen: „Es zeigte sich..., dass die Eigentumsfrage häufig erst etliche Jahre nach dem Führungswechsel definitiv gelöst wird.“ Spielmann, U. (1994): Generationswechsel in mittelständischen Unternehmungen - Ablösung von Firmen- und Nichtgründers, Diss., St. Gallen, S.65

chen wie sein Vorgänger. Handelt es nun bei diesem Vorgänger auch noch um seinen eigenen Vater und zudem um seinen Aufsichtsratsvorsitzenden oder schlimmer noch, weil weisungsberechtigt, um seinen Beiratsvorsitzenden, so sind Konflikte vorprogrammiert. Mit jeder Änderung, die der Sohn-Nachfolger-Geschäftsführer initiiert, fühlt sich der Vater-Vorgänger-Eigentümer in Frage gestellt. Hat er nicht über all die Jahre mit seiner Art Erfolg gehabt? Warum muss denn nun alles anders gemacht werden?

Erschwerend kommt in dieser Situation hinzu, dass der Vater in seiner Lebenszyklusphase, die sich vermutlich kurz vor, in oder bereits nach der Late-Adult-Transition befindet, emotional angreifbar ist durch das Vorwärts-Stürmen des Jüngeren. Während sich nach DAVIES und TAGUIRI[38] die Zusammenarbeit zwischen Vater und Sohn vor der Late-Adult-Transition des Vaters und vor der Midlife-Transition des Sohnes i.d.R. relativ harmonisch gestaltet, ist dies in oder nach der Late-Adult-Transition des Vaters sehr viel seltener der Fall. Der Vater sieht sein Lebenswerk in Gefahr und seine Arbeit von Jahrzehnten in Frage gestellt. Das Beispiel Moller-Racke[39] macht deutlich, was weniger publizitätswirksam auch in anderen Familienunternehmen in der Phase des Wechsels an der Tagesordnung ist: „Seit der Senior ... die Führung der Racke-Gruppe (...) an den Junior ... übergeben hat, knirscht es zwischen den Generationen. Der Alte („Ich bin nicht pensioniert“) mischt sich weiterhin in die Geschäfte ein. Der Junge kehrt den neuen Chef heraus, der alte Zöpfe abschneidet.“ Die Auswirkungen für die Unternehmen sind häufig direkt an den Zahlen abzulesen und die sind in den seltensten Fällen positiv. Im Fall Moller-Racke ging der Absatz von 1990/91 578 Mio. Liter-Flaschen auf 546 Mio. in 1992/93 zurück[40], was den Vater in seiner Meinung bestärkte, der Sohn mache es nicht richtig und den Sohn in der Meinung bestärkte, der Vater müsse sich nun endlich endgültig zurückziehen. Allerdings beschränken sich solche Situationen des Hinein-Regierens in die Aufgabenbereiche des Nachfolgers nicht nur auf Vater-Sohn Nachfolgen. Ähnliche, wenn auch nicht derart emotional aufgeladene Situationen werden auch aus Familienunternehmen berichtet, die zum ersten Mal in ihrer Geschichte einen Familienfremden zum Geschäftsleitungsvorsitzenden berufen haben.[41]

Aus dem oben dargestellten wird deutlich, dass die Übernahme der Führung eines Unternehmens vor allem in einpoligen, vom Eigentümer geführten Unternehmen eine kritische Situation darstellt. Der Erfolg der Führungsnachfolge hängt hierbei nicht nur von den auch in Nicht-Familienunternehmen kritischen Faktoren wie der Machtbasis des Nachfolgers, den Erwartungen der Geführten, dem Führungsverhalten und -erfolg und

---

38 Davis, J. A. ; Taguiri, R. (1989): The Influence of Life Stage on Father-Son Work Relationships in Family Companies In: FBR II (1) S. 47 -74

39 Rueß, A. (1994): Racke-Gruppe: Kalter Rausschmiß In: Wirtschaftswoche Nr. 48, 1994, S. 81 - 83, S. 81

40 Rueß, A. (1994): a.a.o., S. 81

41 vgl. u.a. die Intermezzi von Zumwinkel und Mangold als familienfremde Vorstandsvorsitzende bei Schickedanz (Goslich, L.(1995): Bei Schickedanz bildet das persönliche Vertrauen ein starkes Band In: FAZ v. 4.4.1995, S. 23) sowie das Intermezzo von Grüneisen bei Villeroy & Boch (Hoffmann, K.; Linden, F.A.: Nach Art des Hauses In: managermagazin Januar 1998, S. 68 - 77)

seiner Wahrnehmung und Beurteilung durch die Geführten ab, sondern zudem in hohem Maße von den im Unternehmen verankerten Werten, der Eigentümerkonstellation und nicht zuletzt von der Familienkonstellation. Die Führungsnachfolge in einem Familienunternehmen anzutreten, im schwersten Fall, die Führungsnachfolge eines Gründers anzutreten, stellt demnach ein sehr viel komplexere Aufgabe dar als die Führungsnachfolge eines Managers in einem Nicht-Familienunternehmen anzutreten.

6.1.2 Vor- und Nachteile der Beteiligung der Familie

Familienunternehmen unterscheiden sich dadurch von Nicht-Familienunternehmen, dass die Familie(n) maßgeblichen Einfluss auf das Unternehmen ausüben (kann/können). Dies können sie zum einen über die Eigentumsfunktion und der daraus abgeleiteten Kontrollfunktion tun, sie können aber ihren Einfluss auch mittels einer Beteiligung an der Geschäftsleitung geltend machen. In der Mehrzahl (86%) der deutschen Familienunternehmen sind Familienmitglieder in der Geschäftsleitung vertreten, in 43 % der Familienunternehmen wird die Geschäftsleitung sogar ausschließlich aus Familienmitgliedern rekrutiert.[42] Ungeachtet dieser Zahlen wird sowohl in der Wissenschaft[43] wie auch in der Praxis[44] der Sinn der Managementbeteiligung von Familienmitgliedern immer wieder in Frage gestellt. Große, erfolgreiche Familienunternehmen, die mit dem Ausschluss aller Eigentümer aus Managementpositionen seit Jahren erfolgreich sind[45] findet man allerdings in der Praxis ebenso wie das Gegenteil.[46]

Das Patentrezept gibt es offensichtlich nicht. Worin nun liegen die Vor- und Nachteile einer Beteiligung der Eigentümerfamilie am Management und was sind die Rahmenbedingungen einer erfolgreichen Beteiligung? Um diese Frage zu beantworten, muss zunächst einmal differenziert werden nach Gründerunternehmen und Nachfolgeunternehmen einerseits und nach der Umsatzgrößenklasse andererseits.

---

42 vgl. Abb. 26, S. 117

43 vgl. u.a. Wimmer, R. et al. (1996): Familienunternehmen - Auslaufmodell oder Erfolgstyp?, Wiesbaden

44 vgl. z.B. Willers, H.G. (1985): Zukunftssicherung von Familienunternehmen, Sonderdruck aus „Leadership“, 15. Internat. Management-Gespräch an der Hochschule St. Gallen, 20.-22.5.1985

45 vgl. z.B. Koch, B. (1995): Mitglieder der Familie Haniel dürfen bei Haniel nicht arbeiten In: FAZ v. 2.3.95, S.26

46 vgl. z.B. Koch, B. (1995): Das Familienvermögen ist seit1789 in der Bank gut aufgehoben - Bei Sal.Oppenheim in Köln bereitet sich die siebte Generation auf Führungsaufgaben vor In: FAZ v. 26.9.95, S.30

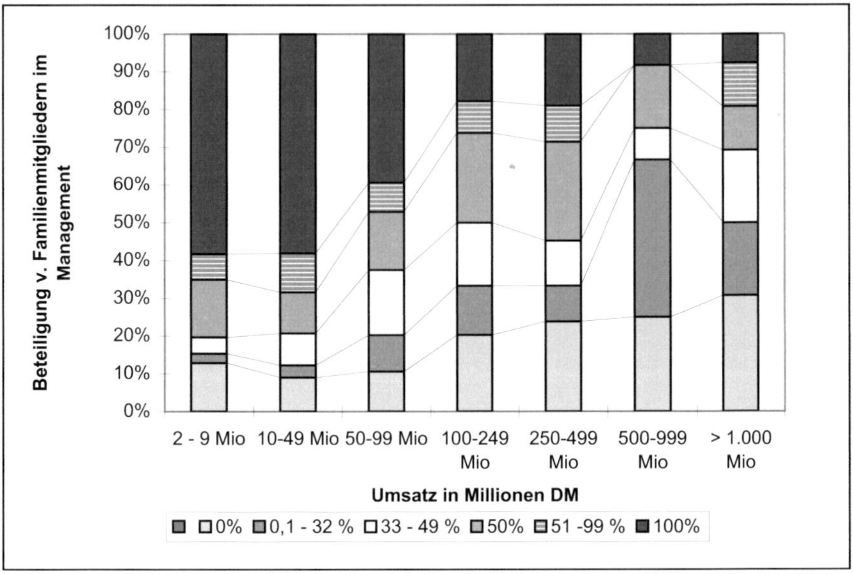

Abb. 55 Managementbeteiligung der Familie nach Umsatzgrößenklassen 1995

Abbildung 55 zeigt deutlich, dass die prozentuale Beteiligung der Eigentümerfamilie am obersten Managementgremium in Unternehmen der oberen Umsatzgrößenklassen deutlich geringer ist als in den kleinen und mittleren Unternehmen. Während in den Familienunternehmen, die zwischen 2 und 100 Millionen DM Umsatz erwirtschaften, nur in ca. 10 % kein Familienmitglied im Management vertreten ist, sind dies bei Familienunternehmen mit 100 Millionen DM bis 1 Milliarde DM Umsatz ca. 22 %, bei denjenigen mit mehr als 1 Milliarde DM Umsatz sogar ca. 30 %. Hingegen werden fast 60 % aller Familienunternehmen mit 2 bis 50 Millionen DM Umsatz ausschließlich von Familienmitgliedern geführt, während es bei Familienunternehmen mit mehr als 500 Millionen DM Umsatz nur noch ca. 8 % sind. Es ist zu vermuten, dass diese Entwicklung hin zu einem Management mit Familienfremden auf drei Faktoren zurückzuführen ist; zum einen steigt mit zunehmender Größe der Professionalisierungsbedarf im Management, zum zweiten nehmen mit steigendem Umsatz die Möglichkeiten, Familienfremde für das Management zu gewinnen und sie auch entsprechend bezahlen zu können, zu und zum dritten nimmt mit steigendem Umsatz die Größe des Managementgremiums zu und nur in den seltensten Fällen stehen genügend Familienmitglieder zur Verfügung, um die notwendigen Positionen entsprechend besetzen zu können.

Wenn man über das Engagement der Eigentümerfamilie in Führungspositionen nachdenkt, muss man sich zunächst einmal darüber klar werden, ob in einem betroffenen Betrieb überhaupt die Möglichkeit besteht, einen Familienfremden für das Management zu gewinnen und ob der Betrieb die dadurch zusätzlich entstehenden Kosten erwirtschaftet. Unternehmen in der Gründungs- und Aufbauphase erwirtschaften häufig noch nicht genug Umsatz, um eine solche Ausgabe überhaupt möglich zu machen. Erst mit dem Hineinwachsen des Unternehmens in andere Größenordnungen stellt sich die Frage nach den Vor- und Nachteilen des Fremdmanagers bzw. des Eigentümermanagers. Häufig bleibt dem Gründerunternehmer hierbei gar keine Wahl, wenn mit dem wachsenden Unternehmen die Führungsaufgaben komplexer, umfangreicher und nach Bereichen zu differenzieren sind, weitere Führungskräfte hinzu zu gewinnen. Nur in den seltensten Fällen stehen dem Gründerunternehmer entsprechend qualifizierte und interessierte Familienmitglieder zur Verfügung. Er wird also in der Regel auf Fremdmanager zurückgreifen, die dann allerdings unter ihm selbst als Vorsitzenden arbeiten. Selbst, wenn diese Fremdmanager den Status des Geschäftsführers haben, sind sie unter dem Gründerunternehmer als Vorsitzenden häufig nur mit den Entscheidungsbefugnissen und dem Verantwortungsbereich von Prokuristen betraut.

Die Frage, ob es sinnvoll, sprich vorteilhaft, ist, Familienmitglieder in die Führung eines Familienunternehmens zu berufen, stellt sich in der Regel erst mit dem Heranwachsen der zweiten und jeder weiteren Generation. Die Meßlatte, an der sich eine solche Entscheidung messen lassen muss, ist das Unternehmensinteresse. „Wirtschaftlich ererbte Macht ist dann als sinnvoll zu akzeptieren, wenn in ihr die Priorität des Firmeninteresses und die Bereitschaft zum Dienst am Unternehmen enthalten sind.“[47] Dies ist sowohl aus dem legitimen Eigeninteresse des Unternehmens und seiner Mitarbeiter, Kunden und Lieferanten als auch aus dem Eigentümerinteresse der Familie, den Wert ihres Vermögens zu erhalten und mehren, der Fall. In der an der Property Rights Theorie orientierten Arbeit fasst KÖNIG[48] dies wie folgt zusammen: „Dadurch, dass die Unternehmungskapital besitzenden Familienmitglieder die unternehmerische Leitungsbefugnis an Personen delegieren, deren potentielle unternehmerische Fähigkeiten die der Familienmitglieder überschreiten, die aber keine finanziellen Möglichkeiten zur Nutzung ihres Potentials haben, wird für beide Seiten ein Spezialisierungsvorteil ähnlich dem der Arbeitsteilung in der Produktion erreicht.“

Hieraus ergibt sich folgerichtig, dass das Engagement von Familienmitgliedern in der Unternehmensführung nur dann im Interesse des Unternehmens ist, wenn diese mindestens ebenso qualifiziert sind wie fremde Dritte. Es besteht also gerade in Unternehmerfamilien, die sich in der Führung ihres Unternehmens engagieren, ein hoher Professionalisierungsdruck. „The wisest course for any business, family or nonfamily, is to move to professional management as quickly as possible.“[49] Die Management-qualifikation, d.h. die (nachgewiesene) fachliche Qualifikation, die Führungserfahrung und die Kenntnis des Unternehmens und seiner Branche ebenso wie die auch von fremden Dritten geforderten charakterlichen Voraussetzungen sind somit das Minimum, das ein Familienmitglied vorweisen muss, um in die engere Wahl für eine Führungsposition zu ge-

47 Mittelsten-Scheid, J. (1985): Gedanken zum Familienunternehmen, Stuttgart, S. 55

48 König, D. (1986): Die mittelgroße Familienunternehmung in der Rechtsform der Aktiengesellschaft, Bergisch Gladbach, S. 181

49 Levinson, H. (1971): „Conflicts That Plague Family Business“ In: Harvard Business Review, March/April 1971, S. 90 - 98, hier S. 98

langen.[50] „Bei Familienunternehmen ist das Spannungsverhältnis zwischen Führungsanspruch infolge Kapitalbeteiligung und Führungsanspruch infolge Kompetenz ein traditionelles. Die Zeit der Unternehmensgründung im „Trial and error"-Verfahren und der Modus „Learning by doing" zur Sicherstellung des Generationenübergangs ist endgültig vorbei. Die zunehmende Professionalisierung der Unternehmensführung, gekoppelt mit einem sich verschärfenden Wettbewerb, lässt heute die Folgen von Dilettantismus oder Amateurtum rascher und unerbittlicher zutage treten. Fehlen Sachverstand und Kompetenz, so tritt der Misserfolg immer rascher ein. Die Boomjahre nach dem Krieg und der damalige Nachfrageüberhang konnten manche Inkompetenz oder Führungsschwäche überdecken. Diese Zeiten sind vorbei und die Herausforderungen an die Familienunternehmen aus dem Blickwinkel der zunehmenden Professionalisierung groß und im Wachsen."[51]

Man wird von einem Familienmitglied, vor allen Dingen, wenn es von den anderen Eigentümern unterstützt wird, ein höheres Engagement erwarten können als von einem fremden Dritten. Das Familienmitglied nimmt ja nicht nur einen „Job" an, es arbeitet mit eigenem Geld auf eigenes Risiko. „Offensichtlich gibt es Menschen, die sich im Laufe ihres Lebens - aus welchen Gründen auch immer - dazu entscheiden, für das, was sie tun, und für das, was sie nicht tun, einzugestehen, geradezustehen und zu haften. Sie verantworten die Folgen ihres Handelns mit ihrer Laufbahn, mit ihrem Vermögen und unter Umständen mit ihrem Leben. Andere tun das nicht und entscheiden sich im Gegenteil immer für die Flucht aus dieser Verantwortung."[52] Ein entsprechend qualifiziertes und erfahrenes Familienmitglied, dass in dem von MALIK oben angesprochenen Sinn die Verantwortung für sich und sein Handeln übernimmt und sich über die Konsequenzen im Klaren ist, ist i.d.R. für jedes Unternehmen, insbesondere aber für ein Familienunternehmen, von großem Wert. Die innere Haltung, das Engagement und sein (allerdings unabdingbares) Expertentum geben ihm eine breite Machtbasis, die, wenn sie zudem von der Eigentümerfamilie unterstützt und nicht unterlaufen wird, diesem Familienmitglied einen Handlungsspielraum einräumt, den ein Familienfremder in diesem Umfang nur in den seltensten Fällen erreichen kann. Die Bindung des Familienmitglied an das Unternehmen und seine Aufgabe wird noch dadurch verstärkt, dass ein Mitglied der Eigentümerfamilie, das einige Jahre im Management des eigenen Unternehmens gearbeitet hat, bei einem Misserfolg oder einem Streit mit den anderen Eigentümern, nicht einfach kündigen und sich einen anderen Job suchen kann. Die Expertise, im eigenen Unternehmen gearbeitet zu haben, erhöht in keinem Fall seinen Marktwert; im Gegen-

---

50 HENNERKES (1996) merkt hierzu an: „Es geht nicht um Beschäftigungstherapie für den Junior, sondern um den Vermögenserhalt für die Familie." Hennerkes, B.H. (1996): Die Regelung der Nachfolge ist Teil der strategischen Unternehmensplanung In: WELT am Sonntag Nr. 21 vom 26.5.1996, S. 47

51 Bechtler, T.W.(1990): Familienunternehmen 2000 - Quo vadis? In: Zukunft für Familienunternehmen? Perspektiven für die Unternehmenskontinuität, Gottlieb Duttweiler Institut, Rüschlikon, S.6

52 Malik, F. (1993): Kompetenz zur Führung In: Schuppert, D. (Hrsg.): Kompetenz zur Führung, Wiesbaden, S. 141 - 169, hier S. 166

teil, seine Chance, auf dem Markt eine adäquate Position zu finden, sind nicht gut. Dies gilt für den Fall, das der Familien-Manager von sich aus eine neue Position sucht.

Was aber passiert, wenn sich im Laufe der Zeit herausstellt, dass das Familienmitglied im Management nicht ausreichend qualifiziert ist, nicht engagiert genug ist, keine glückliche Hand mit Mitarbeitern hat o.ä.? Kurz, wie kündigt man einem Familienmitglied? MALIK[53] fordert als eine Voraussetzung für eine gelungene Gestaltung von Führungssystemen die rechtzeitige Aufdeckung von Inkompetenz und möglichst rasche und das Unternehmen wenig schädigende Trennung von eben diesen inkompetenten Führern. „Wie müssen unsere Organisationen gestaltet sein, und wie muss Management funktionieren, damit nicht nur die Zwecke der Organisation bestmöglich erreicht werden können, sondern schlechte und inkompetente Führer möglichst wenig Schaden anrichten, ihre Inkompetenz möglichst rasch entdeckt und sie möglichst einfach ersetzt werden können?“ Im Lichte dieser Anforderung ist die Berufung von Familienmitgliedern in das oberste Führungsgremium eines Familienunternehmens mit Vorsicht zu betrachten. Die Möglichkeit, inkompetente Familienmitglieder schnell, geräuschlos und ohne größeren Schaden für das Ansehen der Familie und das Unternehmen wieder los zu werden, sind deutlich geringer als bei einem Familienfremden. Vor dem Engagement eines Familienmitgliedes in der Führung des Familienunternehmens müssen deshalb die, von allen Beteiligten anerkannten, Voraussetzungen und Modalitäten für eine evtl. Absetzung schriftlich fixiert sein.

Als ein weiteres potentielles Problem bei dem Engagement von Eigentümern im Management ist zudem die Gefahr des Herüberschwappens von familiären Problemen in das Unternehmen zu erwähnen. In den meisten Fällen ist nicht die ganze Familie bzw. der gesamte Eigentümerkreis im Management vertreten. Durch die ungleiche Informationsbasis, die durch das Engagement einiger oder auch nur eines Eigentümers in der Führung im Kreis der Gesellschafter entsteht, kann zu Neid und Misstrauen führen, wenn die Vertrauensbasis unter den Eigentümern nicht ausreichend ist. Kommt es zu Problemen innerhalb der Eigentümerfamilie, so ist hiervon im schlimmsten Fall sogar das Tagesgeschäft betroffen. Anstatt sich auf der Familien- und Eigentümerebene zu bekriegen, wird der Schauplatz ins Unternehmen verlagert. Eine nicht in der Führung engagierte Eigentümerfamilie, die sich streitet, kann zwar langfristig ein Unternehmen lähmen, in dem z.B. strategische Entscheidungen, die der Zustimmung der Gesellschafterversammlung bedürfen, blockiert werden, aber sie kann nicht das Tagesgeschäft zum Erliegen bringen. Zwei Brüder z.B. von denen der eine die Produktion und Technik verantwortet, der andere Marketing und Vertrieb, können im Falle eines Streites durch mangelnde Kommunikation, Lagerbildung bei ihren Mitarbeitern u.a. Verhaltensweisen im Konfliktfall dem Unternehmen umgehend erheblichen Schaden zufügen.

Dem steht auf der anderen Seite eine besonders vertrauensvolle Zusammenarbeit im Falle einer harmonischen Familienbeziehung entgegen. Die Familie Rothschild z.B. hätte ohne die familiären Bande ihr Unternehmen mit den damals nur schleppend mögli-

---

53 Malik, F. (1993): Kompetenz zur Führung In: Schuppert, D. (Hrsg.): Kompetenz zur Führung, Wiesbaden, S. 141 - 169, hier S. 152

chen Informationsaustauschmöglichkeiten nicht so aufbauen können, wie sie es im Vertrauen auf die Loyalität und das Engagement der Familienmitglieder getan haben. Solange sich das Interesse der Familienmitglieder, und zwar der im Unternehmen engagierten ebenso wie der Nur-Eigentümer, auf *ein* gemeinsames Ziel richtet und die Beziehungen untereinander von Vertrauen und gutem Willen geprägt sind, ist das familiäre Band ein großer Vorteil.

Nun stellt sich nicht nur die Frage, ob Familienmitglieder in der Führung eines Unternehmens von Vor- oder Nachteil für das Unternehmen sind, die betroffenen Familienmitglieder müssen sich auch Gedanken darüber machen, ob sie persönlich an einem Engagement in der Führung des Unternehmens interessiert sind. Nicht jeder ist z.B. bereit, seine persönlichen Interessen und Neigungen unter das Familien- und Unternehmensinteresse unterzuordnen. „The demand [of working in the family´s business] is to turn aside opportunities for self-development and satisfaction by working elsewhere and to hold also from social activities that might damage the family image; the demand is to put the family before self.“[54] Nur für solche Familienmitglieder, die hierzu nachhaltig bereit und in der Lage sind, stellt das Engagement im Familienunternehmen eine ernsthafte Alternative zu anderen beruflichen Möglichkeiten dar.

Neben der unverzichtbaren fachlichen Qualifikation benötigt ein Familienmitglied, das im eigenen Unternehmen in die Führung eintreten will, wichtige persönliche Fähigkeiten. Vor allem Männer, die eine solche Position anstreben, müssen sich von ihrer Herkunftsfamilie gelöst haben und eine eigene Identität erarbeitet haben. Während junge Frauen mit einer von der Herkunftsfamilie übernommenen Identität, die sich ohne eine größere Krise zu durchlaufen an den Werten und Normen der Herkunftsfamilie orientiert, sich zu so genannten „starken Persönlichkeiten“ entwickeln, ist dies bei jungen Männern mit übernommener Identität nicht der Fall. Sie fallen im Gegenteil durch mangelnde Autonomie und Selbstunsicherheit auf. „Insbesondere die jungen Männer mit übernommenen Identitäten sind autoritätsgläubig, konservativ und von äußerer Anerkennung abhängig und haben infolge ihrer rigiden Einstellung schlechte Entwicklungsperspektiven. Die fehlende Ablösung von der Herkunftsfamilie wirkt sich hier also hemmend auf die Persönlichkeitsentwicklung aus.“[55] ROGAL faßt die Auswirkungen einer derart mangelnden Autonomie im Rahmen einer Führungsposition wie folgt zusammen: „when the burden of unseperated family and business goals is added to the basic strain caused by imperfect differentiation, the net effect is a powerful confluence of forces“[56]. Nur erwachsene, autonome Persönlichkeiten, die ihre Qualifikation und Führungsfähigkeiten in vom Familienunternehmen nachweislich unabhängigen Unternehmen durch Beförderung unter Beweis gestellt haben, sollten demnach überhaupt in Betracht gezogen werden, im eigenen Unternehmen eine Führungsposition angeboten zu bekommen.

---

54 Miller, E.J. und A.K. Rice (1988)(urspr. 1967): The Family Business in Contemporary Society In: FBR I, 1, S. 193 - 210, hier S. 195

55 Bischof-Köhler, D. (1990): Frau und Karriere in psychobiologischer Sicht In: Zeitschrift für Arbeits- und Organisationspsychologie (1990) 34 (N.F. 8), S. 17 - 28, hier S. 17

56 Rogal, K.H. (1989): Obligation or Opportunity: How Can Could-Be Heirs Asses Their Position? In: FBR II, 3, S. 237 - 255, hier S. 240

Während es schon für einen externen Manager schwierig sein wird, mit einem langjährigen Unternehmer zusammen zu arbeiten, vor allem, wenn es sich hierbei um den Gründer handelt, so ist dies für dessen Kinder umso schwerer. „Children expect to surpass their parents, but entrepreneurially successful parents may pose dauntingly high targets. This can breed a fear of failure - an anxiety about matching parental accomplishments.“[57] Auf der einen Seite erwartet gerade der Unternehmer außergewöhnliche Leistungen von seinem Nachfolger, andererseits ist jede außergewöhnliche Leistung ein Angriff auf seine bis dato unangefochtene Position. Ein möglicher Nachteil des Engagements von Familienmitgliedern in der Führung des Familienunternehmens ist hierbei, dass das Unternehmen Gefahr läuft, Bühne zu werden für die Wachablösung zwischen Vater und Sohn oder Vater und Tochter. Wenn sich die Eigentümer entschließen, einen aus ihrem Kreis in die Geschäftsleitung zu berufen bzw. wenn der Gründer- oder Unternehmervater seinen Sohn oder seine Tochter in eine Führungsposition beruft, so sollte der Eintritt des Juniors stets auf der obersten Ebene[58] erfolgen und die Zeit der Zusammenarbeit zwischen Vater und Junior zu kurz wie möglich gestaltet werden.[59]

Unabhängig von allen mit dem Engagement von Familienmitgliedern in Führung verbundenen Chancen und Risiken steht und fällt die Entscheidung für oder wider ein Familienmitglied mit dessen Qualifikation. Wie aber beurteilt man ein Familienmitglied möglichst objektiv, wo schon die Beurteilung fremder Dritter schwierig ist?

6.1.3 Zur Problematik der Beurteilung von Familienmitgliedern

Eine objektive, d.h. an eindeutig festgelegten und messbaren Kriterien orientierte und somit mit denselben Ergebnissen wiederholbare Beurteilung in Bezug auf ihre Managementqualitäten von Menschen durch Menschen gibt es nicht. Dies gilt für Fremde, Bekannte und eben auch für Familienmitglieder. Sowohl Wissenschaft als auch Praxis haben zwar in Bezug auf die Beurteilung von (potentiellen) Mitarbeitern seit den Anfängen Ende des vergangenen Jahrhunderts große Fortschritte gemacht[60], aber die eingesetzten Methoden sind je nach Kontext und Zielsetzung mit mehr oder weniger großen Fehlerquoten behaftet.[61] Im folgenden sollen die in der Praxis für die Auswahl oberer Führungskräfte am häufigsten eingesetzten und die in der Wissenschaft schwerpunktmä-

---

57 Rogal, K.H. (1989): Obligation or Opportunity: How Can Could-Be Heirs Asses Their Position? In: FBR II, 3, S. 237 - 255, hier S. 251

58 vgl. hierzu u.a. Hennerkes, B.H. (1996): Die Regelung der Nachfolge ist Teil der strategischen Unternehmensplanung In: WELT am Sonntag Nr. 21 vom 26.5.1996, S. 47

59 vgl. u.a. Hirn, W. (1997): Wechseljahre In: managermagazin, Nov. 1997, S. 129 - 137

60 vgl. hierzu Schwarb, T.M. (1996): Die wissenschaftliche Konstruktion der Personalauswahl, München, zugleich Diss Basel 1995, S. 31 ff

61 vgl. u.a. Schuler, H. (1996): Psychologische Personalauswahl, Göttingen und Sarges, W. (1995)(Hrsg): Management-Diagnostik, Göttingen et al.

ßig diskutierten Methoden in Bezug auf ihre Einsetzbarkeit und Aussagekraft bei Familienmitgliedern, die in ein Familienunternehmen eintreten wollen und/oder sollen, dargestellt werden. Es wird im Folgenden davon ausgegangen, dass die Familienmitglieder direkt in die Geschäftsleitung des Familienunternehmens eintreten, wie es von Theorie und Praxis unisono gefordert wird.[62]

Zur Auswahl oberer Führungskräfte werden in deutschen Unternehmen in 93 % die Bewerbungsunterlagen analysiert, 68 % verlangen zusätzliche Referenzen, 53 % lassen ein medizinisches Gutachten erstellen, 15 % setzen einen biographischen Fragebogen ein, 12 % ein Assessment Center, 11 % lassen ein graphologisches Gutachten erstellen und keines der befragten Unternehmen setzt für die Auswahl oberer Führungskräfte Intelligenztests ein.[63] Darüber hinaus stellt sich das Interview in seinen verschiedenen Facetten als eines der am häufigsten eingesetzten Verfahren heraus, allerdings sind die Daten der oben genannten Untersuchung auf die Auswahl und Beurteilung von Geschäftsführern nicht übertragbar, da z.B. ein Interview mit der Personalabteilung zwar für obere Führungskräfte, kaum aber für zukünftige Vorgesetzte eingesetzt wird. Hier wird das Interview mit den Aufsichts- bzw. Beiratsmitgliedern und/oder dem oder den Eignern geführt.

Betrachtet man nun die Beurteilung von Familienmitgliedern, wird die Problematik aus dem Vorgesagten deutlich. Die Beurteilung und Auswahl von Geschäftsleitungsmitgliedern erfolgt in der Regel unter Einbeziehung wenn nicht sogar unter der Leitung des Unternehmers. In einpoligen Unternehmen, in denen der Eigentümer zugleich Vorsitzender der Geschäftsleitung ist, sucht er in dieser Personalunion die Mitstreiter für die Geschäftsleitung aus. Er kann sich hier auf professionelle Hilfe, wie z.B. die von Personalberatern oder Headhuntern, stützen, die Entscheidung, wen er letztendlich einstellt, ist jedoch allein die seine. Wenn nun in einem solchen einpoligen Unternehmen die Frage gestellt wird, ob der oder die Junior(en) in die Geschäftsleitung berufen werden sollen, ist von Objektivität selbst mit den für Fremden geltenden Einschränkungen kaum noch die Rede. Der Eigentümer-Unternehmer ist in diesem Fall ja nicht nur der zukünftige Vorgesetzte, sei es in der Funktion des Vorsitzenden der Geschäftsleitung oder in seiner Eigenheit als Eigentümer, er ist zugleich auch der Vater des potentiellen Geschäftsleitungsmitgliedes. Als solches hat er mit dem zu Beurteilenden eine lange gemeinsame Vergangenheit und eine gemeinsame Zukunft.

Bei der Entscheidung, ob ein Junior in die Geschäftsleitung berufen wird, ist zunächst einmal also eine Beurteilungssituation herzustellen, die es ermöglicht, ohne die verzerrende Vater-Sohn- oder Vater-Tochter-Perspektive zu einem Urteil über den Junior zu kommen. Hierzu stehen zwei Möglichkeiten offen: das Hinzuziehen externer, *unabhängiger* Experten und/oder die externe Validierung der Fähigkeiten des Juniors durch Be-

62 vgl. hierzu u.a. Hennerkes, B.H. (1996): Die Regelung der Nachfolge ist Teil der strategischen Unternehmensplanung In: WELT am Sonntag Nr. 21 vom 26.5.1996, S. 47 und Wimmer, R. et al. (1996): Familienunternehmen - Auslaufmodell oder Erfolgstyp?, Wiesbaden

63 Schuler, H.; Frier, D.; Kaufmann, M. (1993): Personalauswahl im europäischen Vergleich, Göttingen

urteilung in einem fremden Arbeitsumfeld. Die letztere Methode ist die vom Familienunternehmen und all seinen Verstrickungen von Familie, Eigentum und Führung unabhängigste. Nach einer formalen Ausbildung, zumeist einem Studium, sucht sich der Junior ohne Unterstützung durch seine Familie einen Arbeitsplatz, den er auch wählen würde, wenn er später nicht in das Unternehmen gehen würde. In diesem „neutralen" Umfeld muss er sich mit und gegen Gleichrangige durchsetzen, muss seine Karriereschritte ohne die Unterstützung des Familienunternehmens machen. Ein solches Unternehmen zu finden, ist mit zunehmender Größe und Bedeutung des Familienunternehmens nicht immer einfach, vor allem dann, wenn der Wunsch des Juniors, Erfahrungen in der Branche zu sammeln mit dem Umstand einer hohen Konzentration, ergo wenigen Anbietern in eben dieser Branche zusammenfällt. Hier bietet sich evtl. noch das Ausweichen ins Ausland an, notfalls muss auf verwandte Branchen oder vor- bzw. nachgelagerte Branchen ausgewichen werden, um einen so genannten Halo-Effekt, ein Überschwappen bei der Beurteilung, zu vermeiden. Nur, wenn der Junior in dem von ihm gewählten Umfeld unabhängig von seinem Status als Sohn oder Tochter Karriere machen kann (oder eben daran scheitert), ist ein solcher Schritt für eine spätere Beurteilung einerseits und für die Entwicklung eines vom Familienunternehmen unabhängigen Selbstwertgefühl und Selbstbewusstsein des Juniors wertvoll.

Wenn nun der Junior sich zu einem solchen Schritt entschlossen hat, wie kann man ihn oder sie als Außenstehender, als nicht in seinem Arbeitsumfeld Tätiger, beurteilen? Mögliche Kriterien in Anlehnung an SCHULER[64] sind u.a.:

- die Beurteilung durch Vorgesetzte (soweit diese formalisiert erfolgt und für den Beurteilten selbst zugänglich ist)
- die Beurteilung durch andere Quellen, wie z.B. Kunden, Banken oder externe Experten
- objektive Leistungsergebnisse wie z.B. Umsatzentwicklung oder Ergebnis im verantworteten Bereich
- Gehalt
- der finanzielle Nutzen für das Unternehmen
- mittelbare Nutzenaspekte wie z.B. Image
- Beförderungen
- das Positionsniveau im Verhältnis zum Alter
- Ausbildungs- und Trainingsergebnisse
- öffentliche Reaktionen
- Preise und Auszeichnungen
- Mitarbeiterzufriedenheit im verantworteten Bereich (u.a. Fluktuation, Fehlzeiten)
- Mitarbeiter- und Gruppenleistung.

Wichtig ist hierbei, dass eine solche Beurteilung nicht durch den Vater, sondern durch einen vom Vater unabhängigen Experten erfolgt. Je mehr Information über die Leistungsfähigkeit und die Leistungsbereitschaft des Juniors der Eigentümer-Unternehmer seiner Entscheidung zugrundelegen kann, umso eher kann er sowohl dem Unternehmen

64 Schuler, H. (1996): Psychologische Personalauswahl, Göttingen, S. 63

als auch seinem Kind in seiner Entscheidung gerecht werden. Selbstverständlich ist davon auszugehen, dass auch ein externer Experte, sei es z.B. ein Personalberater oder ein Fachpsychologe, der vom Eigentümer-Unternehmer hiermit beauftragt wird, in die Versuchung geraten kann, seinem Auftraggeber nach dem Mund zu reden, also sozial erwünschte Antworten zu produzieren.

Allerdings sind mit dem hier vorgeschlagenen Verfahren extreme Ausreißer nur schwerlich zu verdecken. Ein Junior, der z.B. im Gegensatz zu externen Bewerbern nicht über die geforderten formalen Qualifikationen verfügt, der z.B. kein Studium abgeschlossen hat, die geforderten Fremdsprachen nicht oder nur unzureichend beherrscht und zudem in dem Unternehmen, in dem er oder sie außerhalb des Familienunternehmens arbeiten, noch nie befördert wurde, wird im Rahmen eines solchen Verfahrens auch von sehr gewogenen externen Beratern kaum für eine Geschäftsleitungsposition vorgeschlagen werden. Der Erfahrung nach besteht allerdings das Problem in solchen Fällen häufig darin, dass Eigentümer-Unternehmer mit derart unqualifizierten Junioren, die trotzdem wünschen, diese mögen in die Unternehmensleitung „hineinwachsen“, den Junior einem solchen Verfahren gar nicht erst aussetzen.

Ist der Junior nun sowohl nach der Papierform als auch nach den Ergebnissen aus seiner außerhalb des Familienunternehmens gemachten beruflichen Erfahrung zumindest gleich qualifiziert wie externe Bewerber, bleibt als weitere Möglichkeit der Beurteilung noch die eines so genannten Einzelassessments. Hierbei kann die zu besetzende Position und die dafür benötigten Fähigkeiten und Fertigkeiten mit einbezogen werden, was in der bisherigen Beurteilung nur bedingt der Fall war, was aber für eine qualitativ hochwertigen Beurteilung unabdingbar ist. Ob jemand geeignet ist für eine Position, hängt in nicht unerheblichem Maße von der Position selbst ab.[65]

Beim Einzelassessment beurteilt ein Beurteiler, zumeist ein Fachpsychologe oder in einem solchen Fall ein auf Familienunternehmen spezialisierter Berater mit entsprechender psychologischer Ausbildung, den zu Beurteilenden. Er greift dabei auf mehrere, einander ergänzende Erfassungsmittel, analog dem „normalen“ Assessment Center, zurück. Allerdings kommen im Einzelassessment die Gruppenübungen nicht vor, was eine deutliche Einschränkung darstellt. Die Folgerungen aus dem Einzelassessment werden in Form eines qualitativen Vergleichs des Verhaltens gezogen und sie werden sowohl dem Beurteilten als auch dem Auftraggeber in einer Form übermittelt, die eine konstruktiv kritische Auseinandersetzung ermöglichen.[66] SCHMID[67] fasst die Stärken des Einzelassessments wie folgt zusammen: „Mit seiner konsequenten Ausrichtung auf das Individuum schürft es vielleicht am tiefsten von allen bekannten Verfahren und eignet sich damit besonders für die Potentialeinschätzung auf jenen gehobenen hierarchischen Stufen, auf denen „die Persönlichkeit“ mehr als alles andere zählt.“

---

65 Schuler, H. (1996): Psychologische Personalauswahl, Göttingen, S. 59

66 vgl. hierzu auch Schmid, F.W. (1995): Einzel-Assessment in: Sarges, W.(Hrsg.): Management-Diagnostik, Göttingen et al, S. 703 - 715, hier S. 705

67 Schmid, F.W. (1995): a.a.o., hier S. 715

Zusammenfassend lässt sich konstatieren, dass die Beurteilung von Familienmitgliedern Unternehmer und Eigentümer, vor allem aber Eigentümer-Unternehmer, vor große Schwierigkeiten stellt. Eine annähernd faire Beurteilung kann nur erfolgen, wenn das zu beurteilende Familienmitglied in seinen formalen Qualifikationen mit fremden Dritten verglichen wird, es eine externe berufliche Laufbahn außerhalb des Einflussbereiches der Familie vorweisen kann und diese von einem unabhängigen Experten, auch im Vergleich mit externen Bewerbern, beurteilt wird. Ergänzend kann dann die Eignung für die spezielle Position, wiederum von einem externen, unabhängigen Experten, im Rahmen eines Einzelassessments überprüft werden. Dies alles setzt aber eine konstruktiv-kritische Atmosphäre innerhalb der Familie voraus und erwachsene, autonome Persönlichkeiten sowohl bei den Eigentümern, den Familienmitgliedern wie auch beim Unternehmer. Solange das Verfahren der Beurteilung unter dem vorrangigen Interesse des Unternehmens betrachtet wird, und zwar von allen Beteiligten, besteht eine gute Chance, zu einem tragbaren Ergebnis zu gelangen. Nehmen individuelle Interessen, Machtgerangel und Geschwistergezänk hingegen überhand, helfen auch keine noch so „objektiven" Verfahren, da bereits vor ihrer Anwendung feststeht, dass die gewonnenen Ergebnisse von Beteiligten auf unterschiedliche Weise instrumentalisiert werden werden.

6.1.4 Nachfolgen sollen und nachfolgen wollen

Die meisten Unternehmer, vor allem die meisten Gründungsunternehmer, wünschen sich einen Nachfolger aus der Familie[68], unabhängig von ihrer eigenen Rücktrittsbereitschaft und der Eignung potentieller Nachfolger(innen). Aber selbst dann, wenn der Junior geeignet ist und der Senior bereit ist, abzutreten, muss der Junior die Nachfolge nicht antreten wollen. GERKE-HOLZHÄUER[69] weist darauf hin, dass potentielle Nachfolger den Eintritt in das familieneigene Unternehmen immer häufiger ablehnen. Und dies, obwohl die Beeinflussung was die Berufswahl und den Eintritt ins familieneigene Unternehmen betrifft, gerade in Gründerunternehmen mit 50 % relativ hoch ist.[70] Betrachtet man die von RECKHAUS[71] identifizierten Eigenschaften, die erfolgreichen Unternehmern eigen sind, wird deutlich, dass die Weigerung, ins Familienunternehmen einzutreten, nicht nur aus Verweigerung oder Bequemlichkeit herrühren kann, sondern sehr wohl auch dem Instinkt, dass dem Nachfolger wichtige unternehmerische Eigenschaften, die er oder sie beim Unternehmer aus nächster Nähe erlebt hat, fehlen. Diese Eigenschaften erfolgreicher Unternehmer sind die Unzufriedenheit mit der gegebenen Situation, die volle Überzeugung von der eigenen Idee bei gleichzeitiger Offenheit für neue

---

68 vgl. Siefer, T. (1994): „Du kommst später mal in die Firma!": Psycholsoziale Dynamik von Familienunternehmen, Diss. Wuppertal

69 Gerke-Holzhäuer, F. (1996): Generationswechsel in Familienunternehmen: psychologische Aspekte des Führungswechsels, Wiesbaden, S. 97

70 Spielmann, U. (1994): Generationswechsel in mittelständischen Unternehmungen - Ablösung von Firmen- und Nicht-Gründern, Diss. St. Gallen, S.97

71 Reckhaus, H.D. (1993): Erfolgreiche Führung von Klein- und Mittelunternehmungen, Diss. St. Gallen

Ideen, Kreativität und Pragmatismus, konzeptionelle und rationales Denken und vor allem eine hohe physische und psychische Belastbarkeit.

Nachfolge stattfinden lassen heißt immer auch, Veränderungen zu zulassen. Dies gilt sowohl für den oder die Vorgänger als auch für den oder die Nachfolger. Darüber hinaus sind von den im Zuge der Nachfolge stattfindenden Veränderungen auch alle anderen am System beteiligten Personen wie z.B. die anderen Familienmitglieder, fremde Anteilseigner, die Geschäftsleitung, die Mitarbeiter usw. betroffen. Diese Veränderungen können zum einen Veränderungen innerhalb des bestehenden Systems sein, in dem z.B. unter Beibehaltung bestehender Rahmenbedingungen Personen ausgetauscht werden, oder es können Systemveränderungen sein. Letztere nennt DeSCHAZER[72] „the difference that makes a difference“.

In diesem Zusammenhang verweist DUNN auf die Arbeit von KERR & BOWEN[73], die den Schlüssel des Systems Familie zu einer Veränderung zweiter Ordnung, also einer systemverändernden, in dem Grad der Differenzierung der einzelnen Familienmitglieder sehen. „Individuals and families who are relatively better differentiated can express their views, listen, and be heard; they are able to work through challenges and crises, however difficult, because family members have a clear understanding about their roles in the process and can see how they contribute to the outcome. These families also have more success with change of the second order.“ [74] Da nachfolgen, wie im folgenden zu zeigen sein wird, aber nicht heißen kann, dasselbe weiter zu machen, sondern es entsprechend den Erfordernissen der derzeitigen Situation und mit Blick auf das angestrebte Ziel auf die eigene Art und somit anders als bisher zu machen, ist die Fähigkeit, Änderungen zweiter Ordnung herbeizuführen und auszuhalten, eine der entscheidenden Fähigkeiten, über die eine Unternehmerfamilie und ein Familienunternehmen verfügen muss, soll die Nachfolge gelingen. Dem System Familie und den von ihm erbrachten Erziehungsleistungen kommt somit auch im Nachfolgeprozess eine Schlüsselrolle zu.

6.1.4.1 Nachfolge möglich machen

Nachfolger, die die Nachfolge angetreten haben, haben diesen Prozess sehr unterschiedlich erlebt. Das reicht von traumatischen Erlebnissen, die sowohl das weitere berufliche wie auch das private Leben und vor allem die Beziehungen zur Herkunftsfamilie stark belasten bis hin zu überaus positiven Impulsen für das weitere Leben des Nachfolgers.

---

72 DeSchazer, S. (1984): The death of resistance. In: Family Process 23, S. 11-17, hier S. 14

73 Kerr, M. u. Bowen, M. (1988): Family evaluation. New York

74 Dunn, B. (1999): The Family Factor: The Impact of Family Relationship Dynamics on Business-Owning Families during Transistions In: FBR XII (1), S. 41-55, hier S. 43

HANDLER[75] hat in einer explorativen Studie untersucht, welche Faktoren dazu führen, dass der Nachfolger den Prozess der Führungsübernahme positiv erlebt. Einer der zentralen Faktoren, die zu einer positiven Bewertung der Nachfolge durch den Nachfolger führen, ist das Maß, in dem er im Rahmen seiner Tätigkeit im Familienunternehmen seine Bedürfnisse in Bezug auf Karriere, psychosozialem Umfeld und seinen Lebenszyklus als erfüllt erlebt. Die oben angesprochene Selbstselektion des Nachfolgers, bevor er sich entscheidet, die Nachfolge anzustreben, ist demnach überaus wichtig. Nur wenn die Möglichkeiten im Unternehmen den Erwartungen und Zielen des Nachfolgers Raum für Verwirklichung lassen, kann sich neben dem Erfolg des Nachfolgeprozesses auch eine subjektive Zufriedenheit hierüber einstellen.

Darüber hinaus wird die Nachfolge mit zunehmendem Einfluss im Familienunternehmen als positiv erlebt. Nachfolgeprozesse, die mit einem Ohnmachtsgefühl einhergehen, sind kontraproduktiv, wobei die Studie nichts darüber aussagt, ob dieses subjektiv erlebte Ohnmachtsgefühl den Tatsachen entspricht, und wenn dem so ist, ob diese Einflusslosigkeit ihren Ursprung im Nachfolger selbst oder in von ihm nicht beeinflussbaren Faktoren hat. Auch die Beziehung zum Vorgänger beeinflusst die Bewertung des Nachfolgeprozesses durch den Nachfolger; je mehr Verständnis und Anerkennung er von seinem Vorgänger erfährt, umso positiver erlebt er den Prozess. Analog hierzu führt auch die Unterstützung durch Geschwister eher zu einem positiven Erleben des Nachfolgeprozesses.

Die beiden letzten Rahmenbedingungen, die das Erleben des Nachfolgerprozesses durch den Nachfolger positiv beeinflussen, beziehen sich auf die Unternehmerfamilie. Zum einen nennt HANDLER eine in der Familie verankerte Verpflichtung gegenüber dem Familienunternehmen, die letztlich dazu führt, dass das Fortführen des Unternehmens durch die Familie Wertcharakter bekommt, als positiven Einfluss auf das Erleben des Nachfolgeprozesses. Zum anderen weisen die von ihr erhobenen Daten darauf hin, dass Scheidungserfahrungen aufgrund des Engagements im Familienunternehmen in Unternehmerfamilie das Erleben des Nachfolgeprozesses negativ beeinflussen. Während SIEFER[76] also in der Beauftragung nachfolgender Generationen durch das Verankern des „Wertes Familienunternehmen“ eine Bürde sieht, weist die Untersuchung von HANDLER auf die positiven Auswirkungen sinnstiftender Tradierung hin.

Zusammenfassend lässt sich sagen, dass die Vorgänger-Generation einige Möglichkeiten hat, das Erleben der Nachfolgegeneration bezüglich der Nachfolge positiv zu beeinflussen. Unternehmer-Eltern, die Wert darauf legen, dass ihr(e) Kind(er) in der Führung des Familienunternehmens aktiv werden und dies als positiv erleben, können dies durch eine frühe Verankerung dieses Wunsches im Wert- und Normenkonzept der Familie und durch eine tragfähige Aufteilung von privatem und beruflichen Engagement unterstützen. Darüber hinaus sind eine konstruktive Atmosphäre zwischen den Geschwistern wie

75 Handler, W. C. (1992): The Succession Experience of the Next Generation In: FBR V(3), S. 283-307

76 Siefer, T. (1996): „Du kommst später mal in die Firma!“: Psychosoziale Dynamik von Familien-Unternehmen, Heidelberg S. 183

in Kapitel 4.2.2.3 beschrieben, und Autonomie und Reife im Sinne auch der Differenzierung wichtige Voraussetzungen, die Eltern mit beeinflussen können.

Erst kurz vor bzw. im Zeitpunkt des Eintretens des Juniors in das Familienunternehmen hingegen lässt sich der Grad der erfüllten individuellen Ziele des Juniors und sein Einflusspotential beeinflussen. Eigentümer-Unternehmer, die trotz ihres persönlichen Wunsches nach Eintritt des Juniors in das Unternehmens und dessen Eignung hierfür gemeinsam mit ihm oder ihr prüfen, in wie weit der Junior seine persönlichen Karriereziele und das von ihm oder ihr gesuchte Umfeld im Unternehmen finden wird, tragen hiermit zu einer tragfähigen Entscheidung des potentiellen Nachfolgers bei. Es nutzt am Ende weder den Eigentümern, noch dem Unternehmen geschweige denn dem Nachfolger, wenn dieser mittels liebevollen Zwangs in eine Aufgabe „hineingeredet" wird, die seinen Neigungen und Interessen zuwiderläuft.

Hat sich der Junior dann für die Nachfolge entschieden, muss sie ihm auch möglich gemacht werden. Hier ist es für den Senior häufig schwer, zurückzustehen und nicht mehr hineinzureden. Soll der Nachfolger aber eine realistische Chance haben, muss vom Zeitpunkt seines Antritts gelten, was dieser anordnet. Der fragende Blick zum Senior der eingespielten Mannschaft, die erst nach dem Nicken des Seniors die Anweisungen des Juniors befolgt, muss vom Senior von vornherein unterbunden werden. Dies ist eine der schwierigsten Aufgaben für den Senior im Übergabeprozess. „Die Übergabe der Unternehmung kostete mich wesentlich mehr Kraft als ihr jahrzehntelanger Aufbau."[77] Oder wie es DAVIES formulierte: „*Smooth succession* is an oxymoron...Succession in a family business is probably the most complex management challenge anybody faces."[78]

6.1.4.2 Nachfolge anstreben

Potentielle Nachfolger müssen sich selbst darüber klar werden, ob sie an einer aktiven Eigentümerrolle oder darüber hinaus auch an einem Engagement in der Führung des Unternehmens interessiert sind. Die erste Vorentscheidung fällt relativ früh im Rahmen der Wahl der Ausbildung.[79] Später wird die formale Ausbildung durch entsprechende Qualifikation in der Praxis ergänzt. Spätestens zu diesem Zeitpunkt muss sich der potentielle Nachfolger mit der Frage befassen, ob er an einem Engagement in der Führung des

77 Zitat aus einem Interview mit einem Familienunternehmer aus: Spielmann, U. (1994): Generationenwechsel in mittelständischen Unternehmungen - Ablösung von Firmen- und Nichtgründern, Diss. St. Gallen, S. 375

78 P. Davies, Director Division of Family Business Studies, Wharton School of Business, zitiert nach Handler, W., Kram, K.E. (1988): Succession in Family Firms: The Problem of Resistance In: FBR I(4) S. 361

79 Vgl. hierzu Kapitel 4.2.2.4 dieser Arbeit: Die ersten Schritte ins Berufsleben

Familienunternehmens interessiert ist. ROGAL[80] hat hierzu in Anlehnung an JANIS[81] einen Kriterienkatalog entwickelt, mit dessen Hilfe ein potentieller Nachfolger sich über seine Bereitschaft, nachzufolgen, klar werden kann. Er nennt hier vor allem die Vor- und Nachteile einer Nachfolge für sich selbst und für andere, wie z.B. Einkommensvor- oder Nachteile, die Freiheit, sich Aufgaben selbst zu stellen oder den Status für die Familie, sowie den Bereich der Zustimmung und Missbilligung, sowohl der eigenen Person als auch von Seiten anderer. Hierunter fallen u.a. die Möglichkeit, langfristige Lebensziele zu realisieren, das Ausmaß, in dem man Kompromisse schließen muss sowie auch das Ansehen und die Anerkennung oder eben Ablehnung von Familie, Freunden, der Öffentlichkeit etc.

Entschließt sich der potentielle Nachfolger für ein Engagement in der Führung des Familienunternehmens, so muss er diese aktiv anstreben. Das bedeutet in erster Linie, dass er selbst dafür verantwortlich ist, festzustellen, welche Qualifikation notwendig und welche darüber hinaus wünschenswert ist, um sein Ziel zu erreichen, und wo und wie er sie erwerben kann. Er sollte versuchen, unternehmerische Erfahrungen zu sammeln, die auch vor unabhängigen Beobachtern standhalten, wie z.B. die Leitung eines Tochterunternehmens eines Konzerns oder den Aufbau einer Niederlassung in den neuen Bundesländern oder im Ausland für seinen Arbeitgeber. Dass dieser Arbeitgeber in keinem Kontakt zum Familienunternehmen stehen sollte und er sich die Aufgabe ohne Protektion sichern sollte, steht außer Frage.

Darüber hinaus muss sich der potentielle Nachfolger mit der Eigentümerstruktur des Familienunternehmens auseinandersetzen und gedanklich mögliche Alternativen durchgehen. Diese zu initiieren und evtl. später umzusetzen, bedingt eine breite Unterstützung aller Eigentümer. Hat sich ein potentieller Nachfolger also entschlossen, die Nachfolge anzustreben (was nicht bedeutet, dass sie ihm angetragen wird), so besteht ein Teil seiner Vorbereitung auf diese Nachfolge darin, gute und tragfähige Beziehungen zu allen jetzigen und potentiellen Eigentümern aufzubauen und deren Werthaltungen und Einstellungen, die vor allem das Unternehmen und dessen Führung betreffen, kennen- und verstehen zu lernen. Ohne die breite Unterstützung aller Eigentümer hat es ein Nachfolger in der Führung eines Familienunternehmens erfahrungsgemäß ungleich schwerer.

Insgesamt handelt es sich bei der Führungsnachfolge um einen komplexen Prozess, der sowohl vom Vorgänger und seinem Nachfolger und deren Beziehung zueinander, dem Familienunternehmen, dessen Unternehmenskultur und dessen Position im Markt sowie den (falls vorhanden) weiteren Eigentümern, Mitarbeitern, evtl. sogar von Lieferanten, Kunden, Banken, Kontrollgremiumsmitgliedern u.a. beeinflusst wird. BARACH/ GANITSKY[82] haben dies in folgender Graphik zusammengefasst:

---

80 Rogal, K.H. (1989): Obligation or Opportunity: How Can Could-be Heirs Asses Their Position In: FBR II(3), S. 237 - 255

81 Janis, I.; Mann, L. (1977): Decision Making: A Psychological Analysis of Conflict, Choice and Commitment, New York, S. 151

82 Barach, J. A.; Ganitsky, J.B. (1995): Successful Succession in Family Business In: FBR XIII(2), S.131-155, hier S. 135

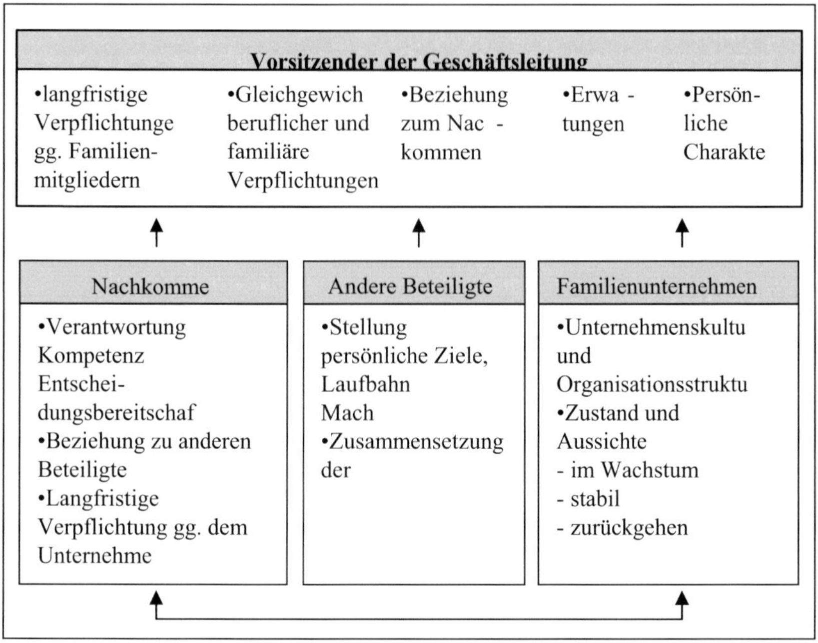

Abb. 56 Interaktion kritischer Faktoren bei der Nachfolge im Familienunternehmen nach BARACH/GANITSKY (Übersetzung d.d. Verf.)

Obige Graphik listet zunächst einmal die kritischen Faktoren im Nachfolgeprozess auf, die Einfluss haben auf ein Gelingen oder Scheitern. Hat ein Nachfolger sich nach Einbeziehen eben dieser Faktoren für das Anstreben der Nachfolge entschieden, wird er versuchen, die kritischen Faktoren für sich positiv zu beeinflussen. Die beiden folgenden Beispiele sollen als Illustration dienen, wie unterschiedlich der (erfolgreiche) Weg zum anerkannten Nachfolger verlaufen kann.

Nachfolger I macht direkt nach dem Abitur eine Lehre als Werbekaufmann, um in die Agentur seines Vaters, der bereits über 60 ist, einsteigen zu können. Nach der Lehre, die er im eigenen Unternehmen absolviert, hat er seinen Schreibtisch im Büro des Vaters. Dieser hat versprochen, sich spätestens nach 3 gemeinsamen Jahren zurückzuziehen. Nach 5 gemeinsamen Jahren ist von Rücktritt keine Rede mehr. Nach einigen unerfreulichen Diskussionen, zum Schluss auch vor Mitarbeitern, verlässt der Junior das Unternehmen. Er macht sich im benachbarten Ausland mit einem Freund selbständig. Sie haben soviel Erfolg, dass sie auch in Deutschland in schneller Folge mehrere Niederlassungen gründen.

Dem Vater, nun 80jährig, wächst sein eigenes Unternehmen über den Kopf. Auf Drängen seiner am Unternehmen beteiligten Schwestern bittet er seinen Sohn, zurückzukommen und die Leitung des Unternehmens zu übernehmen. Der Sohn macht das sofortige Ausscheiden des Vaters und die Verlegung von dessen Wohnsitz in das Ferienhaus der Familie sowie die vollständige Übertragung der Anteile des Vaters auf ihn zur Bedingung. Nach einigem Zögern stimmt der Vater zu.

Das in diesem Beispiel beschriebene Unternehmen (die Übernahme durch den Nachfolger fand 1982 statt) hat sich zu einem der führenden Unternehmen der Branche entwickelt. Und wie in obigem Beispiel eint oft erst die Not, also ernsthafte Probleme, mehrere Eigentümer eines Familienunternehmens.

Im Fall eines Produktionsunternehmens von Spezialzubehör für die Fotobranche führte die Uneinigkeit der Eigentümer im Stadium des Vettern-Konsortium dazu, dass der Ausschluss aller Familienmitglieder von Führungspositionen im Unternehmen im Gesellschaftsvertrag verankert wurde. Der amtierende Geschäftsleitungsvorsitzende, der Ehemann einer Kusine, sollte nach seiner Pensionierung von einem Familienfremden abgelöst werden. Sein ältester Sohn studierte nach einer technischen Lehre Betriebswirtschaft an der Hochschule St. Gallen. Nach einigen Jahren in einem Industrieunternehmen mit überdurchschnittlichen Ergebnissen nahm er ein Angebot von McKinsey als Berater an.

Im Familienunternehmen liefen währenddessen die Bemühungen, einen Nachfolger zu finden, auf Hochtouren. Da sich das Unternehmen allerdings in einer strategisch äußerst kritischen Situation befand (es hatte weder die kritische Größe noch die finanzielle Ausstattung, diese durch Akquisition zu erreichen) und zudem die Situation auf der Eigentümerseite (8 Gesellschafter aus 3 Familienstämmen) und die Rechtsform der GmbH & Co KG qualifizierte Bewerber abschreckte, waren diese Bemühungen bisher nicht von Erfolg gekrönt. Als es dann die Gesundheit des amtierenden Vorsitzenden der Geschäftsleitung dringend machte, einen Nachfolger zu verpflichten, einigten sich die Gesellschafter, in diesem Fall eine Ausnahme zu machen und den Sohn ihres Vorsitzenden, dessen Beförderung zum Partner von McKinsey gerade anstand, zu fragen. Dieser nahm die Aufgabe nach Bedenkzeit an. Trotz nur geringem finanziellem Spielraum gelang es ihm, unter Inkaufnahme eines sehr hohen Risikos und der Bereinigung des Produktportfolios auf nur ein (!) Produkt, in diesem Marktsegment das Unternehmen zum Weltmarktführer und damit auch zum Preisführer zu machen.

Auch in diesem Fall liegt die beschriebene Übernahme bereits über 15 Jahre zurück und hat sich für das Unternehmen und somit auch für die Eigentümerfamilie als ausgesprochen positiv herausgestellt. Die Position beider Geschäftsführer ist heute vollkommen unangefochten, sowohl im Unternehmen wie auch im Gesellschafterkreis und bei Kunden, Banken und Öffentlichkeit. Beide Geschäftsführer allerdings lassen offen, ob sie es für sinnvoll halten, Nachfolger in der Familie zu suchen. Betrachtet man die in der Wirtschaftspresse hinreichend dargestellten Negativ-Beispiele, weiß man, warum. Beide Beispiele machen aber auch deutlich, dass ein Nachfolger vor allem dann eine Chance hat, die Nachfolge im Familienunternehmen mit Erfolg anzutreten, wenn er/sie es selbst will und es auf der anderen Seite nicht muss. Nur ein potentieller Nachfolger, der an anderer Stelle eine vielleicht sogar noch interessantere Aufgabe mit größerem Potential übernehmen könnte, der also vom „Job“ im Familienunternehmen unabhängig ist, kann das Umfeld der Übernahme aktiv gestalten und damit seine Chancen auf eine erfolgreiche Übernahme erhöhen. Zudem erfährt er durch die Anerkennung „auswärts“ eine auf Expertentum aufbauende initiale Legitimation, die ihm hilft, die Anerkennung und Achtung seiner Mitarbeiter zu gewinnen.

6.2 Führung in Familienunternehmen

Unterscheidet sich nun die Führung im Familienunternehmen von der im Nicht-Familienunternehmen? Obwohl hierzu noch keine empirischen Untersuchungen vorliegen, betonen jedoch viele Autoren, dass gerade die Art der Führung einen der gravierendsten Unterschiede zwischen Familien- und Nicht-Familienunternehmen darstelle.[83] Verfolgt man die idealtypische Entwicklung vom Gründerunternehmen über das einpolige Unternehmen und die Geschwisterpartnerschaft bis hin zum Vetternkonsortium, so wird deutlich, dass die Art und die Gestaltung der Führung im Familienunternehmen von zwei Faktoren abhängen. Zum einen sind dies die Größe und das Stadium, in dem sich das Familienunternehmen befindet, und zum anderen ist es die Beteiligung des bzw. der Eigentümer und seiner/ihrer Familie(n) an der Führung. Die Umsatzgrößenklasse eines Familienunternehmens korreliert hierbei negativ (-0,356)[84] mit der Beteiligung der Familie im Führungsgremium[85] und positiv (0,268) mit der Beteiligung der Familie am Kontrollgremium. Kontroll- und Managementbeteiligung korrelieren negativ (-0,249).

Diskutiert man die Art der Führung im Familienunternehmen, muss man die Größe des Unternehmens gemessen an der Mitarbeiterzahl als relevante Variable mit in die Betrachtung einbeziehen. Eine Einteilung der Familienunternehmen in verschiedene Gruppen muss sich an der Zahl der Mitarbeiter orientieren, wobei die Grenzen dort zu ziehen sind, wo sich aufgrund der gewachsenen Gruppengröße die Art der Führung ändert. Dass es sich hierbei um fließende Grenzen handelt, eine scharfe Trennung zwischen Gruppen sich also immer dem Vorwurf der Willkür aussetzt, ergibt sich allein daraus, dass hier die verschiedensten intervenierenden Variablen wie Branche, Alter des Unternehmens, Persönlichkeitsstruktur des Unternehmers u.v.a.m. einwirken. Im zweiten Teil des Kapitels sollen deshalb die einzelnen möglichen Stadien der Führung entlang dem Wachstumspfad des Unternehmens in Bezug auf die Mitarbeiterzahl dargestellt werden,

---

83 vgl. u.a. Mittelsten-Scheid, J. (1985): Gedanken zum Familienunternehmen, Stuttgart; Wimmer, R. et al. (1996): Familienunternehmen - Auslaufmodell oder Erfolgstyp?, Wiesbaden; Siefer, T.(1994): „Du kommst später mal in die Firma!“: Psychosoziale Dynamik von Familienunternehmen, Diss. Wuppertal

84 Klein, S. (2000): Family Businesses in Germany - Structure and Significance In: FBR XIII (3), 157 - 181

85 vgl. hierzu auch Abbildung 57

ohne dass die Grenzen zahlenmäßig fixiert werden. Es ergeben sich, wie später noch genauer darzustellen sein wird, vier Phasen:

- Phase I: Führung durch Mitmachen
- Phase II: Führung durch Vorbild
- Phase III: Führung durch Prägung
- Phase IV: Führung durch Systeme.

Zunächst soll die Organisation der Führung unter besonderer Berücksichtigung der Beteiligung der Eigentümer dargestellt werden. Hierbei wird unterschieden nach

- dem Eigentümermanagement
- dem Familienmanagement
- dem Eigentümer-/Familienmanagement mit Beteiligung von Fremdmanagern
- dem reinen Fremdmanagement.

Da in allen 4 Phasen jede der Formen der Beteiligung der Familie theoretisch denkbar ist, ergeben sich 16 mögliche Kombinationen der Führungsorganisation in Familienunternehmen, wobei die des Eigentümermanagements nochmals in die des Alleinherrschers und die des Partnermanagements unterschieden werden muss.

6.2.1 Organisation der Führung in Familienunternehmen

Aus Familienunternehmen sind die verschiedensten Formen der Führungsbeteiligung bis hin zur sogar gesellschaftsrechtlich verankerten Abstinenz der Familie in der Führung des Unternehmens bekannt. Im Folgenden sollen die einzelnen Formen der Beteiligung und ihre Implikationen für die Führung von Familienunternehmen dargestellt werden. Obwohl davon ausgegangen werden muss, dass es zum Teil erhebliche Unterschiede der Präferenz verschiedener Formen der Führungsorganisation in Abhängigkeit von der Größe des zu führenden Unternehmens gibt, soll dies im Rahmen dieses Teilkapitels weitgehend ausgeklammert werden, da es im Zentrum des zweiten Teilkapitels steht.

6.2.1.1 Eigentümermanagement

Unter Eigentümermanagement soll der klassische einpolige Betrieb verstanden werden, in dem der oder die Eigentümer zugleich diejenigen sind, die die Führungspositionen besetzen. Es wird im Rahmen des Eigentümermanagements davon ausgegangen, dass *alle* Positionen im obersten Führungsgremium des Unternehmens von Eigentümern besetzt werden. Hierbei sind zwei Formen zu unterscheiden: zum einen der Eigentümer, der als Allein-Geschäftsführer das Unternehmen führt und zum anderen zwei oder mehr Eigentümer, die partnerschaftlich sich die Führung teilen.

6.2.1.1.1 Der Alleinherrscher

Der Alleinherrscher, sei er Gründer oder Nachfolger, ist der alleinige geschäftsführende Gesellschafter einer GmbH, der Alleingeschäftsführer einer Kommanditgesellschaft oder im Extremfall sogar der Einzelunternehmer. Obwohl sich die Bezeichnung Alleinherrscher zunächst auf die alleinige Wahrnehmung der Führungsverantwortung im Unternehmen bezieht, sind viele Alleinherrscher darüber hinaus auch Alleineigentümer. In diesem Fall, der im Folgenden dargestellt werden soll, liegt der höchste Grad an Machtkonzentration auf eine Person vor, die in einem Familienunternehmen anzutreffen ist.

Vor- und Nachteile dieser Form der Führung im Familienunternehmen sind die beiden Seiten ein- und derselben Medaille. Die meisten Eigentümerunternehmer, selbst dann, wenn sie nicht der Gründergeneration angehören, zeigen eine eher gering ausgeprägte Neigung zur Delegation. Hierdurch wird einerseits der Reibungsverlust durch Abstimmungen reduziert, andererseits entsteht eine autoritäre Grundstruktur, die bei der Bearbeitung komplexer, unstrukturierter Aufgaben von Nachteil ist. Auf der anderen Seite erfährt das Unternehmen durch die Einpoligkeit eine klare Prägung, vor allem dann, wenn es sich bei dem Unternehmer um eine differenzierte Persönlichkeit handelt.[86] Die Kommunikation ist schneller und klarer als in Unternehmen, in denen der Interessenausgleich zwischen verschiedenen Machtpolen gesucht und gefunden werden muss, sie ist mithin vor allem für Außenstehende verlässlicher und berechenbarer.

Die Chance und das Risiko einer solchen Struktur in der Person des Unternehmers. Seine Grenzen definieren die Grenzen des Unternehmens. Seine Ausbildung, sein Wissen, seine Erfahrung und seine Intuition sind die Faktoren, von denen das Wohl und Wehe des gesamten Unternehmens nahezu ausschließlich abhängt. Grenzen, die er persönlich nicht in der Lage oder willens ist, zu überschreiten, sind auch für das Unternehmen die Grenzen der Betätigung. Die gilt in Bezug auf nahezu alle Aspekte des Unternehmens, von der Finanzierung über die Marktbearbeitung, die Kundenbetreuung, die Innovationsbereitschaft bis hin zur Personalpolitik. Ist der Unternehmer bereit, Spielräume für Mitarbeiter zu schaffen, gut, wenn nicht, so gibt es sie in diesem Unternehmen nicht. Ist der Unternehmer bereit, sich mit neuen Märkten oder Produkten auseinander zu setzen, kann das Unternehmen die Möglichkeit einer Diversifikation prüfen, wenn nicht, ist es durch die Haltung des Unternehmers daran gehindert. Ist der Unternehmer bereit, auch unbequeme Einschnitte im Kostenbereich vorzunehmen, kann das Unternehmen sich fit machen z.B. für Zukunftsinvestitionen, ist er es nicht, muss es sich mit der derzeitigen, evtl. nicht konkurrenzfähigen, Kostenstruktur weiter „durchwursteln".

Das Wohl und Wehe, Gedeih und Verderb des Unternehmens hängen vom Unternehmer selber in sehr viel höherem Maße ab als in Familienunternehmen mit mehrpoligen Strukturen. Dies wird häufig erst in dem traurigen Fall des plötzlichen Ausfalls des Unternehmers, sei es durch Tod oder durch Krankheit, deutlich. Hier wird die Abhängigkeit des Unternehmens vom Unternehmer zur Achillesferse vor allem dann, wenn dieser Unternehmer als Unternehmensführer erfolgreich war und somit besonders schwer zu ersetzen ist. Hinzu kommt, dass durch die absolute Bezogenheit der Führung auf diese eine Person des Eigentümerunternehmers für die nachgeordneten Mitarbeiter eine hohe Abhängigkeit entstanden ist. Nur wenige Alleinherrscher dulden wirklich starke Mitstreiter

---

86 vgl. Klein, S. (1991): Der Einfluss von Werten auf die Gestaltung von Organisationen, Berlin

unter ihren Mitarbeitern. Die Gefahr, dass die innovativen, führungsstarken Mitarbeiter im zweiten und dritten Glied das Unternehmen relativ bald verlassen, ist ebenso wenig von der Hand zu weisen wie die Gefahr, dass sich ein Kreis von Ja-Sagern um den Unternehmer versammelt. Die Führung im Sinne direkter Interaktion zum Mittel der Zielerreichung mag hierdurch zunächst einmal reibungsloser ablaufen, inwieweit dies allerdings die Qualität der Entscheidungen positiv beeinflusst, darüber sind Zweifel angebracht.

Je komplexer und vor allem unstrukturierter und unstrukturierbarer eine Aufgabe ist, desto vorteilhafter ist es, wenn sich mehrere (allerdings möglichst nicht mehr als 5), auf verschiedenen relevanten Gebieten qualifizierte Personen an der Entscheidungssuche und -findung beteiligen.[87] Diese Entscheidungssuche und -findung sollte in einer möglichst gleichberechtigten Atmosphäre stattfinden, so dass auch weniger profilierte Mitglieder der Gruppe ihre Ideen und Argumente vortragen können. Zudem finden Einzelentscheidungen tendenziell weniger Akzeptanz als Gruppenentscheidungen, an denen die für die Umsetzung der Entscheidung relevanten Personen(-gruppen) beteiligt waren. Eine negative Auswirkung auf die Zufriedenheit der Gruppe hat die Einzelentscheidung allerdings nur in den Fällen, in denen aus Sicht der Gruppenmitglieder eine Beteiligungs- und Entscheidungsmöglichkeit von Seiten der Gruppenmitglieder in Frage kam.

Die Einzelentscheidung bleibt in den meisten Fällen in Familienunternehmen allerdings die zeitlich günstigste, das heißt schnellste Alternative, wodurch viele Familienunternehmen besonders flexibel auf den Markt reagieren. Selbst, wenn man die Zeit zur Durchsetzung der Entscheidung mit einbezieht in den Vergleich, so ist aufgrund der tendenziell autoritären Grundstruktur von einpoligen Familienunternehmen immer noch von einem relevanten Zeitvorteil auszugehen. In Organisationen also, in denen die im- und expliziten Normen eine Gruppenentscheidung nicht vorsehen, führt die Einzelentscheidung unter gewissen Umständen zwar zu einer qualitativ schlechteren Entscheidung, deren Akzeptanz zudem nicht gesichert ist, sie hat aber kaum negative Auswirkungen auf die Zufriedenheit der Mitarbeiter. Die geringe Qualität der Entscheidung kann u.U. durch die schnellere Entscheidungsfindung und -durchsetzung und durch die größere Konsequenz der Durchsetzung, wie sie in einpoligen Unternehmen häufig anzutreffen ist, mehr als wettgemacht werden.

6.2.1.1.2 Partner-Management

Wird ein Unternehmen von mehreren Eigentümern geführt, spricht man vom Partner-Management. Eines der bekanntesten Beispiele in Deutschland jüngeren Datums ist SAP bis zum Ausscheiden einiger Partner aus der Führung gewesen. Beim Partner-Management bilden demnach zwar die Eigentümer und die Führung nicht zwei verschiedene Pole, die sich kaum oder gar nicht überschneiden, die Schnittmenge ist hier relativ groß bis hin zu dem Fall, in dem alle Eigentümer im obersten Führungsgremium tätig sind,

87 vgl. zu „Gruppenarbeit oder Einzelarbeit?" v. Rosenstiel, L. (1992): Grundlagen der Organisationspsychologie, Stuttgart, S. 329 - 331 und die dort angegebene Literatur

aber es gibt naturgemäß durch die verschiedenen beteiligten Personen nicht nur einen Pol der Willensbildung. Die Besonderheit im Partner-Management ist demnach die Organisation des Miteinanders der Partner in der Führung des Unternehmens.

In eben der Organisation des Miteinanders und ihren Auswirkungen auf die Geführten besteht die Besonderheit des Partner-Managements. Zwei oder mehr Partner mit unterschiedlichen Erfahrungshintergründen und Lebensgeschichten gründen oder übernehmen gemeinsam ein Unternehmen, das ihnen (zumindest zum Teil) gehört. Jeder der Partner hat seine eigene Art, mit Mitarbeitern umzugehen. Die Abstimmung zwischen diesen persönlichen Stilen ist insofern von Relevanz, sobald sie Führungselemente, die über die persönliche und direkte Kommunikation hinausgehen, beeinflusst. Die Belohnung und Bestrafung z.B. mittels Beförderung, Sonderzahlungen oder Versetzung oder Degradierung können auf Dauer nicht mit zweierlei Maß gemessen werden, ohne dass dies zu Unzufriedenheit bei den Mitarbeitern führt. Während das Führungsverhalten individuell verschieden ist, sind die im Unternehmen verankerten Werte und Normen, die die Beurteilung des Führungsverhaltens durch die Geführten maßgeblich beeinflussen, gleich. Eine Abstimmung, vor allem dann, wenn das Unternehmen nicht von den Manager-Partnern gemeinsam gegründet sondern übernommen wurde, ist deshalb unerlässlich. Je nach Größe und Komplexität sowohl des Unternehmens als auch der Gruppe der Manager-Partner kann eine Formalisierung bestimmter Vorgänge sinnvoll sein. Im Rahmen einer solchen Formalisierung muss auf jeden Fall die Aufteilung von Kompetenz und Verantwortung geklärt werden, und zwar nachvollziehbar und transparent nicht nur für die Partner sondern auch für die Mitarbeiter, Lieferanten, Kunden und andere Betroffene. Da von der Kompetenzverteilung u.a. die Weisungsbefugnis sowie die Personalvorgesetztenfunktion abhängt, ist diese vor allem für die Mitarbeiter unverzichtbar. Es bleibt für jeden Mitarbeiter auch bei bekannter Kompetenzverteilung schwer genug, Durch- und Übergriffe geschäftsführender Gesellschafter zu handhaben.

Handelt es sich bei den Manager-Partnern um gleichberechtigte Partner sowohl im Eigentümer- wie auch im Führungsbereich, gewinnt ein Problem an Brisanz, das man immer wieder in Familienunternehmen antrifft. Die verschiedene Beurteilung von den das Eigentum definierenden Rechten und Pflichten erhält mit der Beteiligung an der Führung eine zusätzliche Bühne. Letztlich birgt jede Kombination von subjektiven Eigentumsdefinitionen der Partner in ihren Auswirkungen latente Konflikte. Geht z.B. von zwei gleichberechtigten Partnern der eine davon aus, dass ihm das Unternehmen „gehört", er also im Sinne juristischer Verfügungsgewalt „damit machen kann, was er für richtig hält", während der andere das Unternehmen als ein ihm anvertrautes Erbe betrachtet, das er zu erhalten und zu erweitern hat, um es dann wiederum an die nächste Generation weiter zu geben, so finden diese beiden subjektiven Eigentumsauffassungen im Führungsalltag immer wieder Reibungsflächen. Eine hochrisikoreiche Diversifikation wird für den ersten Partner zumindest prüfungswert scheinen, während der zweite sich hier eher risikoscheu verhalten wird. Die Verpflichtung, langjährige, vielleicht sogar vom Vorgänger übernommene Mitarbeiter auch dann „durchzuziehen", wenn diese den modernen Erfordernissen des Unternehmens nicht mehr gerecht werden, wird für den zweiten Partner selbstverständlich, für den ersten eine Verschwendung „seines" Geldes sein.

Auch in täglichen Details kann es hier zu langwierigen, unfruchtbaren Auseinandersetzungen z.B. über den Umfang des persönlichen Mitarbeiterstabes, das Arbeitsengagement, die Reisekosten- und Spesenabrechnungen u.ä. kommen. Soll aus derartigen Differenzen kein Zeit-, Kraft- und Liquiditätsabfluss resultieren, sind die grundlegenden Fragen bereits bei Übernahme der Führungsverantwortung zu klären. Ebenso kann es sich empfehlen, eine Gremium, sei es einen Beirat, ein Schiedsgremium o.ä., einzurichten, welches im Falle von Unstimmigkeiten mittels eines vorher festgelegten Procedere Klarheit schafft.

Eine letzte Besonderheit des Partner-Managements sei noch erwähnt. In der Literatur wird immer wieder auf den Umstand des so genannten Risikoschubs verwiesen. Entscheidungen, die von Gruppen getroffen werden, sind hierbei in der Tendenz risikoreicher als solche, die von Einzelpersonen getroffen werden.[88] Von ROSENSTIEL[89] nennt von den verschiedenen z.T. konkurrierenden und z.T. sich ergänzenden Erklärungshypothesen die plausibelste diejenige, die davon ausgeht, dass sich der Einzelne durch geteilte Verantwortung entlastet fühlt und deshalb bereit ist, ein höheres Risiko einzugehen. Für die Partner-Manager oder geschäftsführenden Gesellschafter in Familienunternehmen bedeutet dies, dass sie ihre gemeinsamen Entscheidungen in Bezug auf das damit verbundene Risiko besonders kritisch zu prüfen haben, um nicht durch die Idee, „50% gehen sowie nicht auf meine Kappe", ein unverantwortlich hohes Risiko einzugehen.

6.2.1.2 Das Familienmanagement

Unter Familienmanagement soll im Folgenden eine Führung verstanden werden, an deren oberstem Führungsgremium zwei oder mehr Familienmitglieder der Familie beteiligt sind, die auch maßgeblich an dem Unternehmen beteiligt ist. Hierbei ist es nicht relevant, ob die an der Führung beteiligten Familienmitglieder zugleich auch Eigentümer sind, solange Eigentum in der Familie vorhanden ist. Konkret sprechen wir z.B. auch dann von Familienmanagement, wenn das Unternehmen zu 100 % dem Vater gehört, es aber vom Vater und seinen beiden Söhnen geführt wird. Sind die an der Führung beteiligten Familienmitglieder zugleich auch Eigentümer, haben wir es mit der Schnittmenge von Partner-Management und Familienmanagement zu tun.

Das Familienmanagement stellt insofern einen besonderen und nur in Familienunternehmen anzutreffenden Fall von Führung dar, als die Führenden eine lange gemeinsame Vergangenheit haben und selbst dann, falls einer oder mehrere das Unternehmen verlassen werden, eine verbleibende gemeinsame Zukunft. Diese sind naturgemäß umso enger verbunden, als der Verwandtschaftsgrad näher ist. Es soll deshalb im folgenden zwischen dem Geschwistermanagement, den Schwiegersöhnen und Ehefrauen und dem Clan-Management unterschieden werden.

---

88 vgl. v. Rosenstiel, L. und Schuler, H. (1970): Motivationspsychologische Aspekte der Gruppenentscheidung unter Risiko In: Problem und Entscheidung (4), S. 39 - 71

89 v. Rosenstiel, L. (1992): Grundlagen der Organisationspsychologie, Stuttgart, 3. Aufl., S. 328 f

6.2.1.2.1 Geschwister unter sich

Geschwister, die gemeinsam ein Unternehmen führen, sehen sich neben den „normalen" Herausforderungen, die die Führung eines Unternehmens mit sich bringen, mit spezifischen Fragen konfrontiert, die sich aus ihrer Verwandtschaft ergeben. Bereits in Kapitel 4.2.2.3 wurde auf die Problematik der Geschwisterrivalität, der Konflikte zwischen Geschwistern und auf die Rolle des Unternehmens in der Entwicklung der Geschwister eingegangen. Geschwister, die gemeinsam ein Unternehmen führen, haben diese Phasen der Identifikation und der Individuation bereits mehr oder weniger erfolgreich durchlebt. Das Miteinander erwachsener Geschwister bleibt aber - auch über den Tod der Eltern hinaus - geprägt von dieser frühen Phase des Miteinanders im Elternhaus. Probleme, die erwachsene Geschwister miteinander haben, rühren nicht selten aus ihrer Kindheit.

Mit dem Eintritt in die Geschäftsleitung des Familienunternehmens nun erhalten diese aus der Kindheit stammenden Muster eben so wie die persönlichen Auseinandersetzungen jüngeren Datums eine weit über die Geschwisterbeziehung hinausreichende Bühne. Von dem Miteinander der Geschwister im Unternehmen sind deren direkte Mitarbeiter und mittelbar das gesamte Unternehmen mit allen davon Abhängigen betroffen. Dieses wird noch zusätzlich dann verstärkt, wenn die geschäftsführenden Geschwister zugleich Eigentümer des Unternehmens sind. Geht man zunächst einmal davon aus, dass die Geschwister, zumeist zeitlich versetzt aufgrund von Alter und Ausbildung, noch von dem oder den Eltern(-teil) zu Geschäftsführern bestellt werden, so ist in diesem Stadium eine gedrosselte Auseinandersetzung möglich.

Erst mit der Übernahme der Eigentümerfunktion sind die Geschwister nicht von einem Dritten, zumeist dem Vater, als Geschäftsführer bestellt sondern von eigenen Gnaden. Während vorher der Vater entschied, ob der Sohn oder die Tochter qualifiziert für die Aufgabe ist, fällt diese Instanz nur weg. Die Beurteilung der Befähigung wird damit zum ersten Mal qua Macht des Eigentümers von den anderen Geschwistern hinterfragt. Die Praxis zeigt, dass hierbei die tatsächliche Befähigung des Geschwisters oft gar nicht so relevant ist für die Beurteilung wie das subjektive, aus der Kindheit herrührende Urteil. BARNES[90] verweist z.B. darauf, dass es für Töchter und jüngere Söhne problematisch sei, eine den Geschwistern gleichberechtigte oder sogar übergeordnete Position einzunehmen, da diese der Familienhierarchie, wie sie über Jahrzehnte sich ausgeprägt hat, zuwiderläuft. Interessant ist hierbei, dass der Hauptgegner gegen die Führungsübernahme des jüngeren Bruders der ältere Bruder ist, während für eine Schwester sowohl die Geschwister wie auch die Mutter Gegner sind. Während die Mutter die Führungsübernahme des jüngeren Sohnes noch ggf. bereit ist, zu unterstützen, verweigert sie der Tochter ihre Unterstützung, es sei denn, sie ist selbst im Unternehmen tätig oder tätig gewesen.

Eine der zu klärenden Fragen, wenn Geschwister erfolgreich gemeinsam ein Unternehmen führen wollen, ist mithin die dort praktizierte Hierarchie und die Loslösung dieser Hierarchie von der tradierten Hierarchie in der Familie. Dies wiederum bedingt einen

---

90 Barnes, L. B. (1988): Incongruent Hierarchies: Daughters and Younger Sons as Company CEOs In: FBR I (1), S. 9 - 21

hohen Grad an Reife und Autonomie der einzelnen Geschwister. Kinder, die von ihren Eltern *mit dem Ziel,* die Entwicklung zu Selbständigkeit und Individuation zu bremsen, in das Familienunternehmen geholt wurden[91], haben später in der Zusammenarbeit mit ihren Geschwister das Problem mangelnder Eigenständigkeit bitter zu büßen.

Ebenso problematisch für das Geschwister-Management ist der Fall, in dem einem Familienmitglied die Rolle zugeschrieben wird, als Grund für nicht aufgearbeitete Konflikte und für dysfunktionale Verhaltensweisen der anderen Familienmitglieder fungieren zu müssen. HALEY[92] vermutet hinter derartigen Verhaltensmustern die Unfähigkeit oder die Unwilligkeit der Familie, sich in ihrem normalen Lebenszyklus fortzuentwickeln. Das von KAYE[93] beschriebene Kid-Brother-Syndrom, bei dem eines der Geschwister in einem fast kindlichen Verhaltensmuster verbleibt, ist eine dieser Konstellationen. Die mangelnde Verantwortungsbereitschaft, die kaum entwickelte Fähigkeit, für sein Leben selbst gerade zu stehen, gibt den anderen Familienmitgliedern die Möglichkeit, immer in das Leben des Betreffenden einzugreifen und sich selbst als unverzichtbar zu erleben. Im Extremfall führt dies dazu, dass derjenige nach einer gewissen Zeit im Familienunternehmen nicht einmal mehr die Chance hat, sich ein eigenverantwortendes Leben aufzubauen; er oder sie sitzen in der, wie es KAYE nennt, zärtlichen Falle (tender trap). „Then something even more tragic occurs: the sands of time slips away, eroding alternative opportunities. Family business dropouts must compete in the job market with men and women of equal ability and often better experience, whose salary expectations are more modest. Having enjoyed incomes two or four or eight times as much as their jobs were worth, with commensurate mortgages and school bills and vacations, they are trapped. They talk of starting or buying their own companies, but they have no capital. Their equity has no liquidity. Nor does their future inheritance have any current value. They are being held hostages in the family business.“[94]

Unter welchen Voraussetzungen nun kann Geschwister-Management funktionieren? Geht man davon aus, dass Geschwister schon recht früh in ihrer Familie verschiedene Rollen einnehmen oder Nischen besetzen[95], so ist die Kenntnis dieser Rollen und ihre Berücksichtigung im Rahmen der Organisation der Führung von großer Wichtigkeit. Jedes Geschwister braucht, soll die Zusammenarbeit fruchtbar sein, sein eigenes „Revier“. Besonders eindrucksvoll und erfolgreich haben dies die Brüder Albrecht durchgeführt, in dem sie das ursprünglich gemeinsam gegründete Unternehmen in zwei gleichberechtigte Unternehmen mit verschiedenen Aktionsgebieten (ALDI Süd und ALDI Nord) teilten und von diesem Zeitpunkt an zwar abgestimmt, aber selbständig agierten. „Sehr unterschiedliche Arbeitsweisen sind bekannt von Karl Albrecht und Theo Albrecht. Theo Albrecht ist der Detaillist, Karl Albrecht der „bibeltreue“ Prinzipienbewahrer. Karl Albrecht hat sich inzwischen aus dem aktiven Geschäft zurückgezogen, Theo Albrecht

---

91 Kaye, K. (1996): When the Family Business is a Sickness In: FBR IX (4), S. 347-368, S. 359

92 Haley, J. (1980): Leaving home, New York

93 Kaye, K. (1992): The Kid Brother In: FBR V, 3 S.237 - 256

94 Kaye, K. (1992): a.a.o., hier S. 246

95 Bank, S.P. und Kahn, M.D. (1982): The sibling bond, New York

wirkt weiterhin sehr aktiv und hat jetzt das 75. Lebensjahr vollendet. Auch hieran ist wiederum zu erkennen, wie sinnvoll die Trennung der Brüder Anfang der sechziger Jahre war."[96]

Durch die Differenzierung unter den Geschwistern haben diese eine unterschiedliche Expertenmacht einerseits und eine verschiedene Macht durch Bindung innerhalb des Unternehmens. Erst, wenn die Zuordnung der „Reviere" unter dem Gesichtspunkt, das Optimale für das Gedeihen des Unternehmens erreichen zu wollen, geschieht und die unweigerlich auftretenden Konflikte als Lernchancen konstruktiv genutzt werden, erweist sich diese Differenzierung als Vorteil. Dann ergibt sich aus der Identifikation der Geschwister mit der Familie die Chance, enger und vertrauensvoller miteinander zu arbeiten als Fremde es jemals könnten. Andernfalls besteht die Gefahr, dass auf der Bühne Unternehmen mit den Machtmitteln, die den Führenden zur Verfügung stehen, alte Rivalitäten zum Schaden des Unternehmens ausgetragen werden. Beginnen z.B. die Parteien, sich als solche zu begreifen und Hausmächte im Unternehmen aufzubauen, ist ein konstruktives Miteinander kaum noch möglich. Für die betroffenen Mitarbeiter in einem solchen Familienunternehmen wird es zunehmend schwer, die Arbeit zu leisten, für die sie ursprünglich einmal angestellt wurden, vielmehr werden sie zu Handlangern in einem Privatkrieg.

6.2.1.2.2 Schwiegersöhne und Ehefrauen

Viele Berichte aus Familienunternehmen handeln von der Rolle der Schwiegersöhne und/oder der Ehefrauen, sprich Schwiegertöchter. Im Amerikanischen kursiert das Bonmot vom In-Law, der zum Out-Law wurde. Die Problematik der Schwiegersöhne und Ehefrauen fasst MITTELSTEN-SCHEID wie folgt zusammen: „Schwiegersöhne und -töchter, die aus einem gänzlich anderen Milieu kommend zur Familie stoßen, fühlen sich nicht beengt durch Bindung, Tradition und dienende Haltung der Unternehmerfamilie. Sie wollen ihre eigenen Ziele verfolgen...Umgekehrt gibt es natürlich Schwiegersöhne und -töchter, die vielleicht aufgrund ähnlicher Strukturen im Elternhaus ein Empfinden für die Familiengesellschaft mitbringen oder entwickeln und die Verpflichtungen bejahend annehmen."[97]

Schwiegersöhne und Schwiegertöchter sind insofern zunächst einmal „große Unbekannte" für die weitere Entwicklung und das Miteinander im Familienunternehmen. Treten Schwiegersöhne oder Ehefrauen in die Geschäftsleitung des Familienunternehmens ein, sind zwei grundsätzliche Problemkreise zu beachten. Zum einen gilt für sie in besonderem Maße, dass sie den Anforderungen für diese Position, die ein fremder Dritter erfüllen müsste, in hohem Maße gewachsen sein müssen und dies auch extern unter Beweis gestellt haben. Eine Versorgung angeheirateter Familienmitglieder mit einem Geschäftsleitungsposten ist dysfunktional für das Unternehmen und demotivierend für die angestellten Führungskräfte und die Mitarbeiter. Zum zweiten kann das Problem des

96 Brandes, D. (1998): Konsequent einfach - Die ALDI- Erfolgsstory, Frankfurt et al., S. 171

97 Mittelsten-Scheid, J. (1985): Gedanken zum Familienunternehmen, Stuttgart, S. 26

Neides sowohl der Geschwister des Ehepartners des Schwiegersohnes/-tochter als auch von deren nicht im Unternehmen beschäftigten Ehepartnern auftauchen. Schwiegersöhne und Schwiegertöchter müssen sich demnach denselben Auswahlprozeduren unterziehen wie fremde Dritte, diese müssen transparent sein für die Eigentümer, die Familienmitglieder und bis zu einem gewissen Maße auch für die Mitarbeiter.

Die Basis der Macht der Schwiegersöhne und -töchter muss ihre Expertenmacht sein. Nur diese haben sie unabhängig von der Familie, in die sie eingeheiratet haben, erworben. Diese müssen sie mehr als andere in ihrer täglichen Arbeit unter Beweis stellen. Vor allem dort, wo z.B. Schwiegersöhne die Führung eines Familienunternehmens übernehmen[98], in dem auch geborene Mitglieder der Familie, also dessen Schwäger und Schwägerinnen, arbeiten, wird die frühzeitig unter Beweis gestellte Expertenmacht einerseits und die daraus resultierende Bindung der Mitarbeiter an den Schwiegersohn als Person unabdingbar. Vor allem, wenn ein solches Unternehmen in ein raueres Fahrwasser kommt, schlägt die Stunde der bis dahin schweigenden, aber unzufriedenen Familienmitglieder im Management. Fehler, die nachweisbar einerseits und vermeidbar andererseits gewesen wären, kann sich ein Schwiegersohn(-tochter) noch weniger leisten als jeder andere in derselben Position.

Steht allerdings ein Schwiegersohn allein als Vertreter der Unternehmerfamilie oder höchstens noch mit seiner Ehefrau an der Spitze eines Familienunternehmens, so ist die Ablösung auch bei offensichtlichen Fehlern schwer durchsetzbar. Ein trauriges, wenn auch nicht untypisches Beispiel für einen solchen Fall ist das Unternehmen Klöckner-Möller.

> *„Als sich Gert Moeller Ende 1991 aus dem operativen Geschäft zurückzog, zählten die Produkte von Klöckner-Moeller zum Besten, was es auf dem Markt für elektrische und elektronische Geräte zur Energieverteilung und zur Automatisierung gab. Auch die Zahlen stimmten, als Moeller mit 68 Jahren des Chefsessel für seinen Schwiegersohn räumte: Knapp 10 000 Mitarbeiter in mehr als 20 Produktionsstätten erwirtschafteten mehr als 1,3 Milliarden Mark Umsatz. Die Eigenkapitalquote lag mit fast 45 Prozent weit über dem Durchschnitt. In ihren besten Jahren hatte die Firma fast 100 Millionen Mark Gewinn (vor Steuern) gemacht, Verluste gab es nie.*
>
> ....
>
> *Seit Schwiegersohn Emil Seidel (47) im Tagesgeschäft das Sagen hat, sind die guten alten Zeiten dahin. Vom Führungsstil des neuen Chefs entnervt, haben innerhalb von nur zwei Jahren neun Verwaltungsräte, Gert Moellers engste Berater, resigniert und ihre Mandate zurückgegeben. Auch in der Chefetage scheint es niemand lange mit Seidel auszuhalten. Fünf Geschäftsführer gingen freiwillig oder wurden rausgeekelt. Fehlgeschlagene organisatorische Experimente, Flops mit Akquisitionen und strategisch fragwürdige Entscheidungen komplettieren das Durcheinander bei dem Bonner Traditionsunternehmen.*

98 Eines der profiliertesten Familienunternehmen des Bankgewerbes wird vom Schwiegersohn einer der größten Anteilseigner geführt, und zwar das Bankhaus Oppenheim von Matthias Graf von Krockow, dem Schwiegersohn von Baronin Karin Ullmann geb. v. Oppenheim.

Der Generationswechsel hat in der Bilanz Spuren hinterlassen. Der Umsatz bröckelt, die Eigenkapitalquote ist kräftig gesunken. ...Nur wenige Monate nach der Berufung des Schwiegersohnes zum Sprecher der Geschäftsleitung nötigten die Räte Moeller, die Nachfolgeregelung zu korrigieren. Seidel ...sei ein Risiko für die Zukunft des Unternehmens. Tochter Ilse wehrte sich vehement gegen eine Entlassung ihres Gatten. Aus Rücksicht drückte sich Moeller wochenlang vor einer Entscheidung. Im Dezember 1991 hatten ihn seine Berater dann doch überzeugt: Seidel musste gehen. Ein Ende der Turbulenzen war damit nicht erreicht. Fünf Tage nach dem Rausschmiss berief Ilse Seidel eine außerordentliche Aufsichtsratssitzung ein. Bei einer Kampfabstimmung setzte sie mit den Stimmen der Arbeitnehmervertreter Seidels Rückkehr in die Geschäftsführung durch. Um den Familienfrieden nicht noch mehr zu strapazieren, akzeptierte Moeller das Votum. Seine Verwaltungsräte taten das allerdings nicht: das Quintett trat geschlossen zurück.

...

Der harmoniebedürftige Firmensenior Gert Moeller will seinem Schwiegersohn noch ein paar Jahre Zeit geben, als Unternehmer dazuzulernen. In seiner „Vision 2000" hat der Alte vertraglich festgelegt, dass Klöckner-Moeller in den nächsten fünf Jahren auf jeden Fall noch selbständig bleibt. Läuft es bis dahin nicht besser, will Moeller einen Börsengang nicht ausschließen. Dann dürfte auch ein familienfremdes Management ran."[99]

Es gilt mithin für Schwiegersöhne und Ehefrauen in verschärftem Maße was auch für alle anderen Familienmitglieder gilt, die sich für eine Führungsposition im Familienunternehmen interessieren: Sie müssen sich vergleichbaren, transparenten und vor allem härteren Auswahlkriterien stellen als fremde Dritte. Sie müssen im Unternehmen sich gegen Widerstände Akzeptanz erarbeiten und sie sind äußerst schwer zu entlassen, wenn es trotzdem nicht klappt, weshalb sie ein Unternehmen nachhaltig schädigen können.

Darüber hinaus müssen vor allem klare Regelungen für evtl. als Leistungsanreiz erworbene Gesellschaftsanteile des Schwiegersohnes bei dessen Ausscheiden, für das Ende der Ehe durch Scheidung oder für den vorzeitigen Tod seiner Frau getroffen werden. Hier müssen insbesondere die Kinder der Tochter und des Schwiegersohnes und deren Interessenvertretung im Falle des frühen Todes der Mutter geregelt werden, da der Vater vor allem im Falle einer Wiederverheiratung einen Interessenkonflikt nicht gänzlich vermeiden könnte.[100] Insgesamt gilt, dass die Führungsbeteiligung, vor allem aber eine damit verbundene Eigentumsbeteiligung des Schwiegersohnes zu einem deutlich erhöhten Regelungsbedarf, auch in juristischer Hinsicht, führt. Nur, wenn die notwendigen Regelungen im allseitigen Einverständnis und im Hinblick auf das Beste für das Unternehmen klar und eindeutig getroffen sind, kann eine Beschäftigung eines Schwiegersohnes von Vorteil sein.

---

99 Balzer, A. (1995): „Fataler Fehler" In: managermagazin Juni 1995, S. 108 - 117

100 Hennerkes, B.-H. (1998): Familienunternehmen sicher und optimieren, Frankfurt et al. S. 200 f

6.2.1.2.3 Das Clan-Management

Das Clan-Management stellt eine seltenere Form des Familienmanagements dar, allein schon deshalb, weil Familienunternehmen im Stadium des Vettern-Konsortiums seltener zu finden sind als z.B. Gründerunternehmen, Einzelunternehmen, Geschwister-Partnerschaften etc. Gerade aber das Clan-Management weist einige Besonderheiten auf, die es unumgänglich machen, ihm ein Kapitel zu widmen. Unter Clan-Management soll im folgenden das Management eines Familienunternehmens dann subsumiert werden, wenn in der Geschäftsleitung des Unternehmens und evtl. auch in weiteren Schlüsselpositionen des Unternehmens Mitglieder der Unternehmerfamilie zu finden sind, die allerdings z.T. nur noch entfernt miteinander verwandt sind. Es können hierbei also Geschwister, Vettern und Kousinen, Onkel, Tanten u.s.w. auch 2., 3. und 4. Grades zusammenarbeiten.

Eine der intensivsten Formen des Clan-Managements praktiziert die C&A-Gruppe der Familie Brenninckmeyer seit vielen Jahren mit Erfolg. In allen Führungspositionen sind ausschließlich Familienmitglieder beschäftigt. Eine eigens hierfür unterhaltene Ferieneinrichtung sorgt dafür, dass sich die weit verzweigte Verwandtschaft bereits in jungen Jahren zwanglos kennen lernt. Andererseits sorgt ein ausgeklügeltes Ausbildungs- und Auswahlsystem dafür, dass Potentiale innerhalb der Familie erkannt und entwickelt werden. Nur, wer eine entsprechende Leistung nachweist, hat eine Chance auf eine Führungsposition.

Voraussetzung für diese Art des Clan-Managements ist eine Mindestgröße der Familie. Nur in Familien, in denen tatsächlich eine Auswahl stattfinden kann, führt die Beschränkung auf Familienmitglieder als Führungskräfte nicht zwangsläufig zu einem Absinken der Qualität der Führung. Hierbei ist es nicht nur wichtig, dass genügend Familienmitglieder als potentielle Führungskräfte vorhanden sind, sondern auch, dass es für sie interessant und erstrebenswert ist, in die Führung des Unternehmens einzutreten. Die größere Ferne zum Unternehmen, die erfahrungsgemäß mit der dritten Generation einsetzt[101], muss durch geeignete Maßnahmen frühzeitig abgebaut werden, da sonst zwar der Zahl nach genug Familienmitglieder vorhanden sind, diese aber nur in Ausnahmefällen Interesse an einem aktiven Engagement im Unternehmen zeigen.

Neben einer stark ausgeprägten, klaren und gelebten Familienkultur auch über die verschiedensten Kernfamilien der dynastischen Familie hinweg, die mittels Erziehung und Vorbild weitergegeben wird, findet man in den dynastischen Familien, die Führungspositionen im Unternehmen mit Familienmitgliedern besetzen und mit diesem Konzept über mehrere Generationen erfolgreich sind, häufig Elemente wie Familienräte, in festgelegtem Rhythmus stattfindende Familientreffen, so genannte Summer-Camps für Kinder und Jugendliche, Praktika im Unternehmen u.a.m. Alle diese Maßnahmen dienen dazu, die Familienmitglieder schon in jungen Jahren, wenn sie noch nicht über ihre berufliche Zukunft nachdenken, fest in die Familienkultur und -tradition einzubinden, ein Zugehörigkeitsgefühl zu stärken und den Kontakt untereinander zu fördern.

---

101 Mittelsten-Scheid, J. (1985): Gedanken zum Familienunternehmen, Stuttgart, S. 18

Gelingt es der Unternehmerfamilie, das Clan-Management auf fachlich hohem Niveau zu implementieren und durchzuhalten, ergeben sich für Familie und Unternehmen vielfältige Vorteile. Die Führungskräfte kennen sich über einen langen Zeitraum, zumeist allerdings ohne durch frühe Geschwisterrivalitäten um die Zuneigung und Aufmerksamkeit der Eltern belastet zu sein. Mit dem Eingebundensein in die dynastische Familie kennen sie zudem die Familienkultur und -tradition, die „musts“ und die „don´ts“. Sie sind engagiert, da sie im eigenen Unternehmen arbeiten, ohne dass dies eine geringe Qualifikation nahe legt. Andererseits kennt die ältere Generation die jüngere seit vielen Jahren; sie hatten u.a. in den Ferienlagern und Familientreffen die Möglichkeit, die späteren Führungskräfte als Kinder und Jugendliche kennen zu lernen und zu beobachten und sie über einen langen Zeitraum coachend zu begleiten.

Kritisch bleibt anzumerken, dass auch bei entfernterer Verwandtschaft bestimmte Beziehung durch z.T. lange zurückreichende Animositäten und Rivalitäten belastet sein können. Durch die Vielfalt der verwandtschaftlichen Beziehungen aber relativieren sich diese problematischen Beziehungen zumindest etwas. Als weiterer Problemkreis muss noch angemerkt werden, dass bei einem ausschließlichen Vorbehalten von oberen Führungspositionen für Familienmitglieder das Gewinnen qualifizierter Mitarbeiter von außerhalb der Familie schwer ist. Jeder Familienexterne weiß, dass er es in dem betreffenden Unternehmen nur bis maximal zwei Ebenen unter die Konzernleitung schaffen kann, weiter werden nur noch Familienmitglieder befördert.

6.2.1.3 Zusammenarbeit mit externen Managern

In vielen Familienunternehmen arbeiten Familienmitglieder und externe Manager zusammen in der Führung. Abbildung 26 zeigt, dass in 14% der Familienunternehmen der Untersuchung kein Familienmitglied an der Geschäftsleitung beteiligt ist, in 44 % stellt die Familie das gesamte Management. Demnach arbeiten in 42 % der Familienunternehmen der Untersuchung Familienmitglieder und Familienfremde in der Führung zusammen. Mit steigendem Umsatz steigt der Anteil der Unternehmen, in deren Geschäftsleitung Familienfremde engagiert sind.[102]

6.2.1.3.1 Gründe für eine Zusammenarbeit

Die Zusammenarbeit entspringt häufig dem Mangel an Führungskräften in der Familie, seltener dem Gedanken der optimalen Ressourcenzuteilung, wie sie KÖNIG[103] formu-

---

102 Die vorliegenden Zahlen (vgl. Abb.27) decken sich mit denen, die von SCHULTZENDORFF 1982 erhoben hat. Von Schultzendorff, D. (1984): Fremdmanager in Familienunternehmen, Diss. St. Gallen, S.54 ff

103 König, D. (1986): Die mittelgroße Familienunternehmung in der Rechtsform der Aktiengesellschaft, Bergisch-Gladbach, S. 181

liert. In nicht wenigen Fällen sind äußere Umstände ausschlaggebend für das Engagement von Fremdmanagern, sei es ein familienfremder Minderheitsaktionär, der seine Interessen gewahrt sehen will, sei es die Hausbank, die Kompetenz von außen dazu holen möchte, sei es ein sich schwierig entwickelnder Markt, der die Eigentümerfamilie und das Familienmanagement zu dem Schluss bringt, Erfahrung in diesem schweren Fahrwasser von außen dazu zu holen.

Von SCHULTZENDORFF[104] verweist darauf, dass die meisten Familienunternehmen erst durch äußere Anlässe, sei es in der Familien- oder in der Unternehmenssphäre, Fremdmanager engagieren. Nur wenige Familienunternehmen würden zukünftige Chancen und Risiken analysieren und vorausschauend (proaktiv) Fremdmanager zu einem Zeitpunkt ins Unternehmen holen, wo dieses noch nicht unbedingt nötig ist. Wichtig ist hierbei, zu unterscheiden zwischen einem vorübergehenden und einem dauerhaften Engagement von Fremdmanagern. Gerade in kleineren Familienunternehmen werden auch Interimslösungen implementiert, um die Zeit bis zum Ende der Ausbildung eines Nachfolgers aus der Familie zu überbrücken. Die grundlegende Problematik aber, die sich für die Eigentümerfamilie früher oder später stellt, ist die Professionalisierung der Führung. Diese kann zum einen über die Professionalisierung der Familienmitglieder in der Führung, der Professionalisierung der derzeitigen Mitarbeiter im Unternehmen, die sich für Führungsaufgaben empfohlen haben, oder durch den Einkauf externer professioneller Führungskräfte erfolgen.[105]

Neben der Beschaffung unternehmensfremden Wissens durch das Engagement eines Fremdmanagers oder dem zeitweiligen oder völligen Ausfall des Unternehmers gibt es darüber hinaus auch Unternehmer, die bestimmte unangenehme Aufgaben ganz bewusst an Fremdmanager delegieren. Diese sind nicht durch eine lange gemeinsame Geschichte mit dem Unternehmen und der Region verbunden. Ähnlich der Alibifunktion, die manche Unternehmensberatung zu übernehmen hat, wird hier der Fremdmanager vorgeschickt, um z.B. in Verhandlungen erste Pflöcke einzuschlagen, ohne die letzte Zusage geben zu können, Entlassungen durchzusetzen, Sortimente zu straffen u.a.m. „Letztlich“, sagte ein Fremdmanager eines alteingesessenen mittelständischen Automobilausrüsters im Westfälischen, „waren die Eigentümer heilfroh, dass ich mit eisernem Besen gekehrt habe. Sie fühlten sich dazu nicht in der Lage. Den einen Leitenden kannte einer der Inhaber aus der Schule, beim Vater des anderen hat er als Kind über die Schulter geschaut, und wieder einem anderen hat man doch schon all die Jahre nichts gesagt.“[106]

Die Gründe einer Unternehmerfamilie, Fremdmanager einzustellen, sind demnach vielfältig. Warum aber bewerben sich Führungskräfte für leitende Positionen gerade in Familienunternehmen? Die Gründe sind hier eben so vielfältig wie auf der Gegenseite. Die meisten Fremdmanager nennen vor allem die weitgehende Unabhängigkeit und die damit verbundene Möglichkeit, eigene Ideen und Ziele zu verwirklichen sowie das Fehlen

---

104 von Schultzendorff, D. (1984): Fremdmanager in Familienunternehmen, St. Gallen, S. 110

105 vgl. Dyer, W.G. jr. (1988): Integrating Professional Management into a Family Owned Business In: FBR II(3), S. 221 - 235, hier S. 222 f

106 von Schultzendorff, D. (1984): Fremdmanager in Familienunternehmen, St. Gallen, S. 103

bürokratischer Hemmnisse als Vorteile von Familienunternehmen. Nicht wenigen ist auch die direkte persönliche Beziehung zu Inhabern und obersten Entscheidungsträgern wichtig.[107] Hinzu kommt, dass aufgrund der doch meist geringeren Größe Familienunternehmen überschaubarer sind und die Tätigkeit somit ressortübergreifend und vielseitig ist. Allerdings erweisen sich derartige Erwartungen nicht selten als verfehlt. SOMMER[108] weist darauf hin, dass nur ein Drittel der Wechsel von Führungskräften aus Konzernen zu Familienunternehmen von Dauer ist. Häufig unterschätzen die konzernerfahrenen Führungskräfte das Beharrungsvermögen und die Macht des Eigentümermanagers und überschätzen zugleich ihre eigenen Fähigkeiten, die sie bis dato in der rationalen und stark arbeitsteilig organisierten Welt eines Großunternehmens unter Beweis gestellt haben. Improvisation, soziale Intelligenz im Umgang vor allem mit Unternehmensgründern, Mut zur Lücke und ressortübergreifendes Arbeiten standen nur selten auf der bisherigen Tagesordnung der wechselnden Manager.

Neben dem Wechsel aus der Konzernwelt in die der Familienunternehmen gibt es auch Führungskräfte, die den Aufstieg ausschließlich bei ihrem derzeitigen Arbeitgeber gemacht haben. Allerdings handelt es sich hierbei um eine verschwindend geringe Zahl. Die meisten von SCHULTZENDORFF befragten Fremdmanager (53%) haben sowohl in Publikumsgesellschaften als auch in Familienunternehmen gearbeitet bevor sie in die Geschäftsleitung des Familienunternehmens berufen wurden. Nahezu gleich viele Fremdmanager haben entweder ausschließlich in Familienunternehmen oder ausschließlich in Publikumsgesellschaften gearbeitet, bevor sie ihre jetzige Position antraten.[109]

Während in Publikumsgesellschaften die fachliche Qualifikation vorrangig für ein Engagement ist, wird in Familienunternehmen mindestens ebenso sehr auf die menschliche Qualifikation und die „Chemie" Wert gelegt. Gleichwohl sind die in Familienunternehmen beschäftigten Fremdmanager im Schnitt nach der formalen Qualifikation her gleich (51%) oder höher (42%) einzustufen als die Familienmitglieder auf derselben Hierarchiestufe.[110] Die Fremdmanager bringen demnach ihre hohe formale Ausbildung und ihre Erfahrung in anderen Unternehmen mit in die Arbeit ein, während der Eigentümerunternehmer über eine langjährige Erfahrung im Unternehmen und im Markt verfügt. Setzt man eine konstruktive Zusammenarbeit voraus, ergänzen sich diese Fähigkeiten hervorragend. Es darf allerdings nicht verschwiegen werden, dass in diesen unterschiedlichen Schwerpunkten auch ein erhebliches Konfliktpotential liegt, vor allem dann, wenn der Eigentümerunternehmer qua größerer formaler Macht seine Meinung durchsetzt, ohne die Argumente des Fremdmanagers zu berücksichtigen.

---

107 vgl. Lansberg, I. (1988): The Succession Conspiracy In: FBR I (2), S. 119 - 143, hier 129

108 Sommer, C. (1997): Wechsler zwischen den Welten In: manager magazin 12/97, S. 275 -284

109 von Schultzendorff, D. (1984): Fremdmanager in Familienunternehmen, St. Gallen, S. 219, wo von 70 interviewten Fremdmanagern nur 4 nur im Unternehmen groß geworden waren.

110 von Schultzendorff, D. (1984): a.a.o., S. 224

6.2.1.3.2 Art der Zusammenarbeit

Die Art der Zusammenarbeit zwischen dem Eigentümermanager und dem Fremdmanager ist von verschiedensten Randbedingungen abhängig und variiert sehr stark von Fall zu Fall. Zum einen ist zu unterscheiden zwischen der Zusammenarbeit mit einem Gründerunternehmer und einem Eigentümerunternehmer in der Nachfolgegeneration. Gerade die Zusammenarbeit mit Gründern erweist sich vielfach als besonders schwierig für Fremdmanager, da die Gründer es gewohnt sind, ihre - z.T. auch unorthodoxen - Ansichten durch- und umzusetzen. Hinzu kommt, dass die Diskrepanzen zwischen den im Einstellungsinterview geweckten Erwartungen und der betrieblichen Realität oftmals erheblich sind. „Nach vier Wochen im neuen Job lernte der Betriebswirt, dass zwischen der Vorstellung des Gründers von modernen Systemen und seiner Bereitschaft, die alten Strukturen aufzubrechen, Welten lagen. Das chaotische Zahlenmaterial rückte der Eigentümer nur zögernd heraus, das Budget für die benötigten EDV-Programme wurde kommentarlos gestrichen. Entscheidungen traf der Alte nach Tagesform; Ziele und Planungszahlen, in mühsamen Diskussionen gemeinsam erarbeitet, widerrief er nach Gusto.“[111] Letztlich entsteht die paradoxe Situation, dass explizit ein Fremdmanager gesucht wird, der über bestimmte, im Eigentümerkreis nicht vorhandene Fähigkeiten verfügt, dann aber eifersüchtig darüber gewacht wird, dass er diese Fähigkeiten nicht einsetzt, um so einem Machtgewinn des „Fremden“ vorzubeugen.

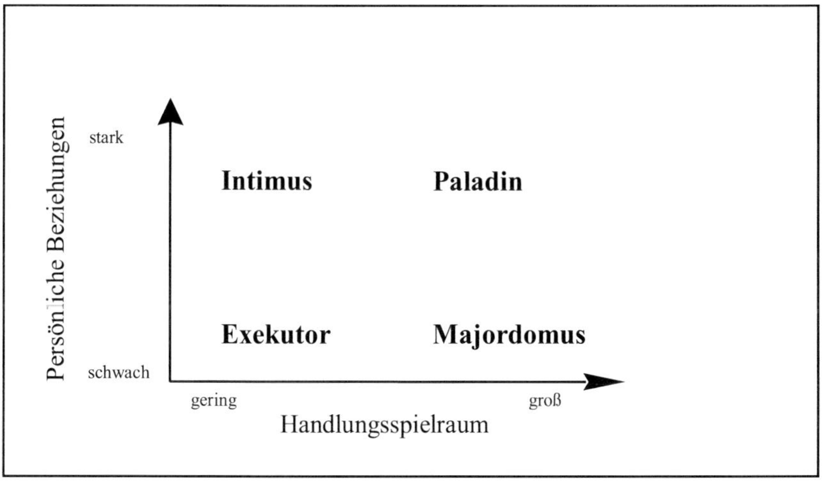

Abb. 57 Grundtypen von Fremdmanagern nach von SCHULTZENDORFF

Neben der Frage, ob der Fremdmanager mit einem Gründer oder mit einem oder mehreren Eigentümerunternehmer der Nachfolgegenerationen zusammenarbeitet, ist auch das Maß an persönlicher Nähe zur Unternehmerfamilie sehr verschieden. Von sehr großer

---

[111] Sommer, C. (1997): Wechsler zwischen den Welten In: manager magazin 12/97, S. 275 - 284, hier S. 276 f

Nähe, die gekennzeichnet ist von häufigen privaten Kontakten bis hin zu Freundschaft mit dem Eigentümerunternehmen bis zu einem rein auf sachlicher Ebene angesiedeltem Anstellungsverhältnis findet man in der Praxis alle Varianten vor. Zwar nicht gänzlich unabhängig davon, aber doch als zweiter Faktor zu nennen, ist der Handlungsspielraum, der einem Fremdmanager im Familienunternehmen gewährt wird. Von SCHULTZENDORFF hat angenommen, die beiden Faktoren seien voneinander unabhängig und hat so die grundlegende Typologie von Fremdmanagern dargestellt.[112]

Der Exekutor ist der Erfüllungsgehilfe des Eigentümerunternehmers bzw. der Eigentümer. Diese sehen ihn als ihnen untergeordnet und legen keinen Wert auf einen engeren persönlichen Kontakt. Seine Positionsmacht wird durch Eingriffe der Eigentümer immer wieder unterwandert, seine Entscheidungen werden in ihrer Umsetzung behindert oder sogar revidiert. Im Grunde genommen hat die Eigentümerfamilie kein Geschäftsleitungsmitglied gesucht und angestellt, sondern einen Prokuristen mit begrenztem Handlungsspielraum und einem viel versprechenden Titel. Fremdmanager, die sich in einem Umfeld mit begrenztem Handlungsspielraum bei gleichzeitig nur geringem und oberflächlichen Kontakt zur Eigentümerfamilie wieder finden, empfinden dies häufig als unbefriedigend und kündigen faktisch oder innerlich, wenn er nicht seine Erwartungen an die Realität anpasst und sich nicht als Führungskraft sondern als Erfüllungsgehilfe versteht.

Auch der Intimus ist in seinem Handlungsspielraum eingeschränkt. Obwohl dem Eigentümerunternehmer formal gleichgestellt, ist er doch dessen „rechte Hand". Der Intimus ist häufig in seinen frühen Berufsjahren in das Familienunternehmen gekommen und in diesem und mit diesem groß geworden. Der Intimus pflegt intensive, auch persönliche Kontakte zur Eigentümerfamilie. Die faktische Unterordnung unter den Eigentümerunternehmer und seine daraus resultierende dienende Rolle machen es ihm schwer, bei Ausfall des Unternehmers die Führung zu übernehmen. Die Kinder der Eigentümer kennen ihn als allgegenwärtigen Erfüllungsgehilfen des Vaters / der Mutter/ des Onkels und nennen ihn nicht selten, ohne das eine verwandtschaftliche Bindung bestehen würde, „Onkel". Gerade diese enge Verbundenheit wird zudem mit der Übernahme der Führung durch die nachfolgende Generation häufig zum Problem, da ein langjähriges väterlich-freundschaftliches Verhältnis in seinem Hierarchieverständnis nun „auf den Kopf gestellt" wird. Gerade der Intimus beurteilt die Frage der Machtbasis und der Rechte und Pflichten des Eigentümers stark aus Eigentümersicht. Für ihn ist es vollkommen legitim, dass der Eigentümerunternehmer entscheidet, denn schließlich ist es ja sein Vermögen, um das es geht. Die Macht des Intimus ist somit eine mittelbare, die durch den Rückhalt, den er in der Eigentümerfamilie genießt, legitimiert ist.

Während die Macht des Intimus auf der persönlichen Beziehung zur Unternehmerfamilie gründet, ist die des Majordomus ausschließlich auf seiner Leistung aufgebaut. Da der persönliche Kontakt zur Eigentümerfamilie fehlt, er aber zugleich großen Freiraum genießt, muss der Majordomus seine Macht durch Leistung gegenüber den Eigentümern und durch Akzeptanz bei den Mitarbeitern legitimieren. Der Majordomus ist häufig in

112 von Schultzendorff, D. (1984): Fremdmanager in Familienunternehmen, St. Gallen, S. 236

Familienunternehmen beschäftigt, die eine Trennung von Management und Kapital vollzogen haben. Sein Handlungsspielraum ist insofern im Rahmen strategischer Entscheidungen eingeschränkt durch gesellschaftsrechtliche oder aktienrechtliche Vorgaben; sein Spielraum im operativen Geschäft hingegen ist zumindest kurzfristig sehr groß. Auf der anderen Seite ist die Einsamkeit an der Spitze für den Fremdmanager im Familienunternehmen, der zwar große Verantwortung aber wenig persönlichen Kontakt zu den Eigentümern hat, am ausgeprägtesten von allen hier vorgestellten Typen. Fremdmanager vom Typ des Majordomus haben oft gerade deshalb in das Familienunternehmen gewechselt haben, weil sie dort diesen Freiraum und die Möglichkeit, unternehmerisch tätig zu sein, gesucht haben. [113] „Vielfach war es dieser - erarbeitete, erkämpfte oder zur Bedingung gemachte - Freiraum, der die Fremdmanager des Typs Majordomus (Hausmeier) motivierte." Daraus folgt, dass der Majordomus großen Wert auf den Ausbau seiner Machtbasis innerhalb des Unternehmens und gegenüber der Eigentümerfamilie legt. Das dies auch Konflikte mit der Eigentümerfamilie heraufbeschwören kann, vor allem dann, wenn die nächste Generation sich nicht mit der Eigentümerrolle begnügen will, sondern in der Führung aktiv werden will, liegt auf der Hand.

Den Fremdmanager, der einerseits über einen großen Handlungsspielraum und andererseits über einen engen persönlichen Kontakt zur Eigentümerfamilie verfügt, nennt von SCHULTZENDORFF den „Paladin", in Anlehnung an die 12 Helden Karls des Großen. Der Paladin schätzt zwar die freundschaftliche Verbundenheit mit den Eigentümern, dort aber, wo diese seinen Handlungsspielraum einzuschränken beginnt, geht er vermehrt auf Distanz. Auf der anderen Seite ist es für den Paladin einfacher als für die anderen Fremdmanager, sich auf die Wünsche und Bedürfnisse der Eigentümerfamilie einzustellen, da er auf der einen Seite über die notwendigen privaten Informationen und die informellen Kontakte verfügt, auf der anderen Seite auch über eine auf seiner fachlichen Arbeit aufgebauten Machtbasis. „Das Geschick der Mitarbeiter besteht gerade darin, sich gut in die Erwartungen der Unternehmerfamilie und ihrer Repräsentanten einzufühlen und die Dinge eigenständig zu erledigen, ohne sich vorher im Detail darüber verständigen zu müssen und den Entscheidungsträgern explizite Festlegungen abzuverlangen."[114]

Äußerungen von Fremdmanagern und Eigentümern legen die Vermutung nahe, dass die meisten Fremdmanager vor ihrem Eintritt in ein Familienunternehmen von der Position des Paladin oder des Majordomus träumen, sich dann aber in vielen Fällen in der des Exekutors wieder finden. Unabhängig von den im Anstellungsvertrag vereinbarten Details und Verantwortungsspielräumen wird die betriebliche Praxis gestaltet. Die sich hieraus ergebenden Frustrationen führen nicht selten zu einer vorzeitigen Auflösung des Vertrages. Eine mögliche Absicherung ist neben sehr offenen Gesprächen nicht nur mit den Eigentümern, sondern wenn möglich auch mit leitenden Mitarbeitern, mit zukünftigen Geschäftsleitungskollegen, mit den Bei- oder Aufsichtsräten (falls vorhanden) vor allem ein gründliches Studium des Zahlenwerkes und der Organisationsstruktur. Dort,

---

113 von Schultzendorff, D. (1984): Fremdmanager in Familienunternehmen, St. Gallen, S. 241

114 Wimmer, R. et al. (1996): Familienunternehmen - Auslaufmodell oder Erfolgstyp? Wiesbaden, S. 108

wo einem zukünftigen Geschäftsleitungsmitglied keine Zahlen zur Verfügung gestellt werden, ist davon auszugehen, dass auch später die Offenheit und die Bereitschaft zur Information nicht sehr ausgeprägt sein werden.

Darüber hinaus empfiehlt es sich für den Kandidaten ebenso wie für die Eigentümer, sich nicht nur direkt beim Gegenüber zu informieren, sondern auch diskrete, gut informierte neutrale Dritte zu befragen. Dies können Personalberater sein, ehemalige Kollegen oder auch Beiratsmitglieder, die nicht zur Familie gehören. Wiederkehrenden Mustern ist hier in beiden Fällen besondere Aufmerksamkeit zu widmen. In einem Familienunternehmen, dass in der Folge nun zum dritten Mal einen familienfremden Geschäftsleitungsvorsitzenden sucht, wobei keiner länger als zwei Jahre geblieben ist, und dies durchgängig damit begründet, dass die Kandidaten sich bei näherem Kennenlernen als nicht anpassungsfähig erwiesen hätten, sollten weitere Kandidaten sicherlich mit größerer Vorsicht begegnen als einem Familienunternehmen, in dem seit mehr als 10 Jahren ein familienfremdes Management bei Trennung von Kapital und Management installiert ist und die nun einen Nachfolger für den in Pension gegangenen Finanzvorstand suchen.

Als ein letzter problematischer Punkt in der Beziehung zwischen Fremdmanager und Unternehmerfamilie ist die Regelung über die Beschäftigung von Familienmitgliedern zu nennen. In der von von SCHULTZENDORFF durchgeführten Untersuchung äußerten sich (bei sonst durchgängig hohen Zufriedenheitswerten) immerhin 23% der befragten Fremdmanager unzufrieden mit der entsprechenden Regelung in dem Unternehmen, in dem sie arbeiteten.[115] Die Unsicherheit, ob und wann und vor allem, zu welchen Bedingungen sie mit einem Familienmitglied zusammenarbeiten müssten oder sogar durch ein Familienmitglied ersetzt würden, empfanden die Fremdmanager als deutliche Beeinträchtigung ihrer Situation.

Die Zusammenarbeit zwischen angestellten Fremdmanagern und Eigentümerunternehmern ist immer eine ungleiche Angelegenheit ist. Selbst dort, wo die Fremdmanager am Kapital beteiligt werden, um so z.B. als persönlich haftenden Gesellschafter in der Kommanditgesellschaft als Quasi-Unternehmer auftreten zu können, bleibt die Machtverteilung ungleich. Dies wird den Fremdmanagern noch deutlicher, wenn sie zudem nicht nur über weniger Macht verfügen, sondern auch noch über eine bessere Qualifikation. Andererseits können Familienunternehmen auf Dauer nur wachsen, wenn sie bereit sind, den wachsenden Aufgabenumfang mit Fremdmanagern zu teilen. Familien wie die Brenninckmeyers werden Ausnahmen bleiben. Ziel muss es demnach sein, die Ungleichgewichtigkeit von beiden Seiten zu akzeptieren und entsprechende Regeln für ein Miteinander zu entwickeln, von dem beide Seiten profitieren.

6.2.1.4 Trennung von Management und Kapital

Während im vorangegangenen Teilkapitel die Zusammenarbeit mit Fremdmanagern im Vordergrund stand, soll nun die vollständige Trennung von Management und Kapital,

115 von Schultzendorff, D. (1984): Fremdmanager in Familienunternehmen, St. Gallen, S. 427

wie sie in Publikumsgesellschaften zu finden ist, auch für Familienunternehmen diskutiert werden. Im Rahmen der Managerialismus-Diskussion wurde, zunächst vom angloamerikanischen Sprachraum ausgehend[116], Ende der 70er Jahre über die Auswirkungen der Trennung von Management und Kapital auf die Ergebnisse der Unternehmen, hier vorrangig auf die Rendite, diskutiert.[117] Fasst man die Ergebnisse verschiedener Studien zusammen, so lässt sich keine zweifelsfreie Aussage über positive oder negative Auswirkungen der Trennung von Management und Kapital auf die Rendite der betroffenen Unternehmen machen. Von SCHULTZENDORFF weist vor allem zu Recht auf die gravierenden Unterschiede des angloamerikanischen und des deutschen Systems hin und stellt deshalb die Übertragbarkeit der amerikanischen Ergebnisse auf deutsche Verhältnisse in Frage.[118]

Ergeben sich nun aus der Trennung von Management und Kapital keine eindeutigen wirtschaftlichen Vorteile für das Unternehmen und somit auch für seine Eigentümer, welche Überlegungen sind dann ausschlaggebend für die Befürworter einer solchen Trennung? Und umgekehrt, wenn die Einheit von Management und Kapital keine eindeutigen Vorteile mit sich bringt, welche Implikationen hat dies für die Institution des Privateigentums an Produktionsmitteln?[119] Anders gefragt: Welche Vorteile könnte es für die Eigentümerfamilie haben, auf den unstrittig größeren Einfluss, der ihr aus der Teilhabe an der Führung des Unternehmens erwächst[120], freiwillig zu verzichten?

Zunächst einmal entsteht aus dem öffentlich bekannt gegebenen Verzicht der Familie auf die Teilhabe an der Führung Planungssicherheit sowohl für die nachwachsende(n) Generation(en) der Familie wie auch für die Führungskräfte im Unternehmen und für potentielle Führungskräfte, die sich für das Unternehmen als Arbeitgeber interessieren. Andererseits muss man sich im Klaren darüber sein, dass ab einer gewissen Unternehmensgröße der Vorwurf, die Beteiligung der Familie blockiere den Karrierepfad für andere Mitarbeiter, unsinnig ist. Oetker, eines der renommiertesten Unternehmen, das unstrittigerweise ein Familienunternehmen ist, setzt auf die gemischte Geschäftsleitung. „Der Zugang von Familienmitgliedern zu höheren Sphären ist nicht ausgeschlossen. Das

---

116 vgl. u.a. Berle, A. und Means, G. (1967): The Modern Corporation and Private Property, New York (Revidierte Fassung, die Originaluntersuchung wurde Anfang der 30er Jahre durchgeführt)

117 Thonet, P.J. (1977): Managerialismus und Unternehmenserfolg, Diss. Saarbrücken. Die erste Untersuchung für deutsche Verhältnisse wurde 1965 von PROSS (Pross, H. (1965): Manager und Aktionäre in Deutschland, Frankfurt a. M.) durchgeführt.

118 von Schultzendorff, D.(1984): a.a.o., S.152 f

119 SCHREYÖGG/STEINMANN (Schreyögg, G.; Steinmann, H. (1981): Zur Trennung von Eigentum und Verfügungsgewalt In: ZfB 51. Jg. (1981), H. 6, S. 533 - 557, hier S. 552) gehen sogar noch weiter, indem sie sagen, der fehlende Einfluss von Eigentümern auf die Leitung des Unternehmens, der nicht mit einer Minderrendite einhergeht, die Institution des Privateigentums nach den Implikationen der wirtschaftsliberalen Theorie in Legimationsprobleme bringt.

120 Vgl. Witte, E. (1981): Der Einfluss der Anteilseigner auf die Unternehmenspolitik In: ZfB, 51. Jg., H.8, S. 733 - 779, hier S. 763

wäre für Oetker [Rudolf August O., Anm.d.Verf.] total überzogen. ... Mithin sind gerade vier von insgesamt etwa zweihundertfünfzig Führungspositionen von der Familie besetzt. Das entkräftet nach Meinung Oetkers das Argument, in Familienunternehmen würden Führungspositionen von der Familie blockiert, sie seien mithin für aufstiegswillige Führungskräfte nicht attraktiv."[121]

Allerdings hat die auch öffentlich verkündete Trennung von Management und Kapital den Vorteil, dass weder der/die Eigentümer noch die von ihnen berufenen Räte in die Verlegenheit kommen, ein unglücklich agierendes oder - noch schlimmer - ein unfähiges Familienmitglied aus dem Management entfernen zu müssen. WILLERS[122] fasst dies wie folgt zusammen: „Die Familie kann sich das beste Management suchen und es ablösen, wenn es versagt. „Vettern wirtschaften", wenn Sie mir das Wortspiel gestatten, in der Regel ungeschoren weiter." MALIK[123] geht sogar noch weiter, in dem er die möglichst zügige und lautlose und somit für das Unternehmen unschädliche Austauschbarkeit unfähiger Führungskräfte zu einem Kriterium neben dem Erkennen der Unfähigkeit macht, an denen man eine gute Unternehmensverfassung und eine kompetente Unternehmensführung auf der Metaebene erkennen könne.

Ist die Trennung von Kapital und Management beschlossene Sache, kann auch in Zukunft ein unsachlicher Streit zum einen über die Besetzung von Positionen, zum anderen aber auch von Amtsinhabern untereinander oder von Familienmitgliedern, die in der Führung engagiert sind mit solchen, die „Nur"-Eigentümer sind, vermieden werden. Da durch die Teilhabe an der Führungsverantwortung konsequenterweise zum einen ein Informationsvorsprung gegenüber den „Nur"-Eigentümern entsteht, zum anderen auch ein täglicher Handlungs- und Entscheidungsbedarf gegeben ist, werden durch die Trennung von Management und Kapital die Schauplätze von Auseinandersetzungen und das Austragen von Konflikten, die z.T. aus Kindertagen herrühren, zurück in die Familien- und Eigentumsdimension verlegt. Das Unternehmen wird zumindest in begrenztem Umfang vor den Eigentümern geschützt.

WILLERS[124] macht darüber hinaus noch darauf aufmerksam, dass ohnehin eine Problematik objektiver Beurteilung und somit nachvollziehbarer Beförderung bestehe. In gemischt geführten Familienunternehmen bestehe die Gefahr, dass Fehler, die unweigerlich in einem so komplexen Prozess unterlaufen würden, dazu führen könnten, dass sich in der Mannschaft die Meinung durchsetzen würde, Familienmitglieder würden bevor-

---

121 Helmer, W. (1995): Die Oetker-Gruppe trägt bis heute die Handschrift der Familie In: FAZ vom 2.2.1995

122 Willers, H.G. (1985): Zukunftssicherung von Familienunternehmen, Sonderdruck aus „Leadership", 15. Internat. Management-Gespräch an der Hochschule St. Gallen, 20. - 22. Mai 1985, S. 5

123 Malik, F. (1993): Kompetenz zur Führung In: Schuppert, D. (Hrsg.): Kompetenz zur Führung, Wiesbaden, S. 141-169

124 Willers, H.G. (1985): Zukunftssicherung von Familienunternehmen, Sonderdruck aus „Leadership", 15. Internat. Management-Gespräch an der Hochschule St. Gallen, 20. - 22. Mai 1985, S. 5

zugt. Dies, so warnt er, wäre fatal für die Motivation der anderen Führungskräfte und könne im Extremfall sogar dazu führen, das kompetente Nachwuchsführungskräfte das Unternehmen verlassen und solche von außen sich nicht bewerben würden.

Zusammenfassend lässt sich feststellen, dass im gemischten Management vor allem ab einer gewissen Unternehmensgröße einige nicht zu unterschätzende Probleme liegen. Nur wenn es der Eigentümerfamilie gelingt, eine logische und transparente Handhabe des Problems zu erarbeiten, umzusetzen und vor allem auch zu kommunizieren, wird sie Schaden vom Unternehmen abwenden können. In vielen Fällen wird sich der Verzicht auf die hohe Identifikation, die Namensidentität und das Engagement von Familienmitgliedern zugunsten einer „kleinen“, aber nachvollziehbaren Lösung, die die Probleme des Engagement von Familienmitgliedern vorausschauend vermeidet, die für das Unternehmen sinnvollere sein.

6.2.2 Phasen der Führung in Familienunternehmen

Neben der Zusammensetzung des obersten Managementgremiums spielt auch die Größe des Unternehmens eine entscheidende Rolle, wenn es um die Führung im Familienunternehmen geht. Es ist davon auszugehen, dass mit zunehmender Mitarbeiterzahl persönliche Interaktion mit dem Unternehmer mehr und mehr zunächst durch Delegation und dann durch die Schaffung von Strukturen ersetzt wird. Während die Mitarbeiter in einem Unternehmen mit 5 - 10 Mitarbeitern noch den Chef als Kollegen erleben und Positionen und eventuell vorhandene Strukturen mehr rechtliche Relevanz haben als dass sie die tägliche Zusammenarbeit beeinflussen würden, sieht dies in einem Unternehmen mit 1.000 Mitarbeiter vollkommen anders aus.

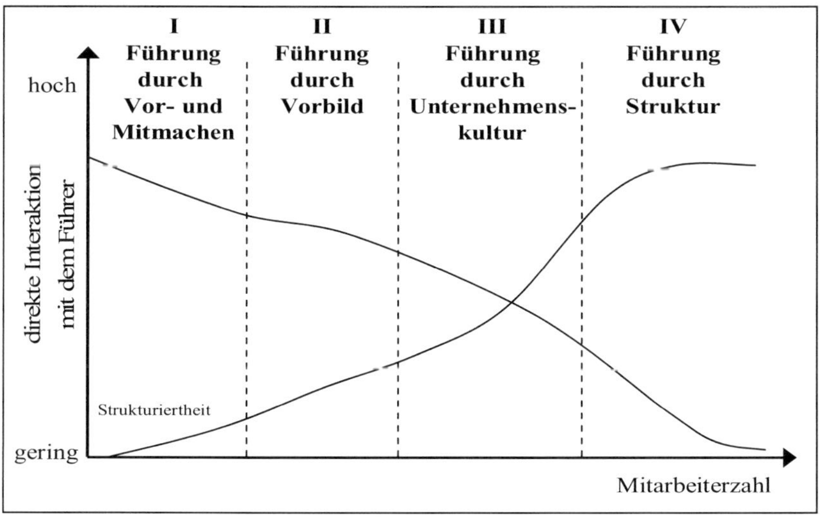

Abb. 58 Phasenmodell der Führung (eigene Darstellung)

Das obige Modell zeigt die Abhängigkeit der Führung von der Größe des Unternehmens in Bezug auf die persönliche Interaktion mit der Führung und die Strukturiertheit der Führung andererseits auf. Das Modell ist hierbei vielmehr als eine Illustration zu verstehen; die Phasen haben in verschiedenen Unternehmen verschiedene Ausprägungen, sie treten bei unterschiedlichen Beschäftigtenzahlen auf und sie sind vor allem abhängig von der Persönlichkeit des Führenden. Gleichwohl kann man die hier skizzierten Phasen, die sich in wichtigen Punkten voneinander unterscheiden, im Wachstumsprozess jedes Unternehmens mehr oder weniger ausgeprägt beobachten.

Im Folgenden sollen die einzelnen Phasen kurz charakterisiert werden und vor allem auf ihre Besonderheiten in Familienunternehmen beleuchtet werden. Hierbei sind vor allem die ersten beiden Phasen von besonderer Relevanz, da ein Großteil der deutschen Familienunternehmen (fast 90 %) weniger als 100 Mitarbeiter beschäftigt. Aufgrund der 1996/97 durchgeführten empirischen Untersuchung einer repräsentativen Anzahl deutscher Unternehmen mit mehr als 2 Millionen DM Jahresumsatz (Basisjahr 1995) ergibt sich folgende Größenklassenstruktur gemessen an Beschäftigten:

- 10 MA	10-49 MA	50-99 MA	100-499 MA	500-999 MA	> 1.000 MA
23.344 FU	108.729 FU	31.498 FU	17.880 FU	937 FU	785 FU

Tab 16 Anzahl der deutschen Familienunternehmen in den einzelnen mitarbeiterbezogenen Größenklassen 1995

In 13% aller deutschen Familienunternehmen arbeiteten 1995 zehn oder weniger Mitarbeiter, in 59% arbeiteten zwischen 10 und 50 Mitarbeiter. Führung durch Vor- und Mitmachen ist demnach die Art der Führung, die nach Anzahl der Betriebe gerechnet, am häufigsten auftritt. Sie soll im Folgenden dargestellt werden.

6.2.2.1 Führung durch Vor- und Mitmachen

Die Familienunternehmen mit nicht mehr als 10 Mitarbeitern sind zum einen relativ junge Unternehmen, zum anderen aber auch Kleinbetriebe, die z.T. schon seit Generationen bestehen. In Bezug auf die Führung ist ihnen eigen, dass jeder Mitarbeiter nahezu täglich mit dem Chef[125] zusammenarbeitet. Der Chef wird als Vorgesetzter, aber auch als Kollege erlebt. Seine Legitimation erfährt er durch seine Arbeit, die die Arbeit der Mitarbeiter überhaupt erst ermöglicht. Er ist allein durch die Existenz des Unternehmens als Experte legitimiert, dies wird erst in schwierigen wirtschaftlichen Situationen, die seine Mitarbeiter auf Führungsfehler des Chefs zurückführen, in Frage gestellt werden. Zugleich ist der Chef durch die tägliche Zusammenarbeit in seiner Leistung für die Mitarbeiter einschätzbar. Nur loyale Mitarbeiter werden auf Dauer im Unternehmen

[125] Es ist in diesem Kapitel von dem Führenden als „dem Chef" die Rede. Hierunter sollen sowohl weibliche wie männliche Chefs subsumiert werden, um der Lesbarkeit willen wird auf eine doppelte Schreibweise verzichtet.

bleiben; es ist deshalb davon auszugehen, dass in Kleinbetrieben, in denen Chef und Mitarbeiter direkt und nahezu täglich zusammenarbeiten, eine hohe Loyalität gegeben ist.

Interessant ist, dass in denen in der Stichprobe erfassten Familienunternehmen mit weniger als 10 Mitarbeitern nur 1/3 angab, nur ein Führungsmitglied zu haben, während 2/3 von zwei Personen geführt werden. Da die Erhebung keine Informationen über die Funktionsverteilung oder die interne Organisation gibt, können hierüber nur Vermutungen angestellt werden. Es ist anzunehmen, dass es sich um klassische Aufteilungen zwischen dem Meister, der die Produktion und die Kunden betreut, und seiner Frau, die sich um Personalfragen und Finanzen kümmert, handelt oder um die Aufteilung von „vor und hinter der Bühne", wie man sie in kleineren, familiengeführten Dienstleistungsbetrieben häufig beobachten kann. Allerdings bestehen die Teams der Stichprobe nur zur Hälfte ausschließlich aus Familienmitgliedern und zur anderen Hälfte aus einem Familienmitglied und einem Fremden. Hier liegt die Vermutung nahe, dass sich der geschäftsführende Eigentümer einen Fachmann zur Seite holt in einem Gebiet, das er weniger beherrscht.

Wie nun gestaltet sich die Führung in diesen kleinen Familienunternehmen konkret? Da die Abhängigkeit vom Chef durch die Nähe zu ihm sehr groß ist, variiert der Führungsstil von Person zu Person. Je näher die gesamte Mannschaft dem Chef ist, umso mehr prägt dieser den Stil. Neben dem in der Literatur häufig genannten patriarchalischen Führungsstil[126] findet man in den in jüngerer Zeit gegründeten Unternehmen, die sich noch im Aufbau befinden, auch vermehrt partnerschaftliche Strukturen über die an sich vorhandene, aber kaum kommunizierte Hierarchie hinweg. Darüber hinaus ist die Führung in Kleinbetrieben von hoher Flexibilität und gleichzeitiger Aufgabenhäufung bei den jeweiligen Personen gekennzeichnet. Das Einspringen auch in Bereichen, wo derjenige nicht der Fachmann ist, ist an der Tagesordnung.

Durch die enge Zusammenarbeit entsteht zumeist eine wechselseitige starke Bindung der Beteiligten aneinander. Zugleich ist aufgrund der geringen Betriebsgröße die Abhängigkeit von einzelnen Personen, ihrem Spezialwissen, ihren Erfahrungen und ihren zum Teil über Jahrzehnte aufgebauten Kontakten groß. Die Nähe zu den Mitarbeitern macht die Kontrolle einmal gegebener Weisungen einfach; sie ist im Gegenteil gar nicht zu vermeiden und findet integriert in die tägliche gemeinsame Arbeit permanent statt. Dieses und die systemimmanenten kurzen Informationswege machen die Führung im Kleinbetrieb sehr viel direkter als in größeren Betriebseinheiten. Formalisierung ist deshalb nur in sehr beschränktem Umfang (wo es z.B. gesetzliche Regelungen verlangen) notwendig. Darüber hinaus halten sich die Koordinationsprobleme in Grenzen, häufiger tritt das Gefühl zeitweiliger Überlastung aller Beteiligten auf, da die Möglichkeiten, auf weitere Ressourcen zurückzugreifen, sehr begrenzt ist. Hier liegt das Hauptproblem des Kleinbetriebes: er steht und fällt mit den Führenden, dem Unternehmer. Er ist die Stärke und die Schwäche des Unternehmens.

---

126 vgl. Pfohl, H.C.; Kellerwessel, P. (1982): Abgrenzung der Mittel- und Kleinbetriebe von Großbetrieben in: Pfohl, H.C. (Hrsg.): Betriebswirtschaftslehre der Mittel- und Kleinbetriebe, Berlin

6.2.2.2 Führung durch Vorbild

Diese Abhängigkeit vom Unternehmer ändert sich auch mit zunehmender Betriebsgröße (noch) nicht. Dort wo die direkte, fast tägliche gemeinsame Arbeit nicht mehr stattfindet, da aufgrund gewachsener Aufgabenbereiche und Beschäftigtenzahlen eine Delegation[127] an eine weitere Ebene nicht mehr zu vermeiden ist, ändert sich gleichwohl die Führung grundlegend. Der Chef ist nicht mehr der täglich in der Arbeit erlebte Kollege, mit dem man arbeitet, er ist den meisten Mitarbeitern vielmehr als der Organisator und Letztverantwortlicher bekannt. Auch in dieser Betriebsgröße kennt der Chef noch jeden Mitarbeiter persönlich, mit den meisten hat er auch in bestimmten Fragen schon einmal zusammengearbeitet. Er ist sowohl für schwierige sachliche wie auch persönliche Fragen für seine Mitarbeiter in der Regel persönlich ansprechbar. Allerdings wird in dieser Betriebsgröße die erste Strukturierung unumgänglich. Der Informationsfluss muss zusätzlich zu den gewachsenen informellen Strukturen organisiert werden. Die Spezialisierung und mit ihr der Koordinationsaufwand steigen an.

In dieser Betriebsgröße werden Unterschiede in der Führung zwischen Familienunternehmen und Nicht-Familienunternehmen deutlich, es ist wahrscheinlich sogar die Betriebsgröße, in der diese Unterschiede am ausgeprägtesten sind. KLEIN[128] konnte nachweisen, dass die Werthaltungsstruktur des Führers, der ein Unternehmen alleinverantwortlich über mindestens 10 Jahre geführt hat, sich in den aufbau- und ablauforganisatorischen Regelungen des Unternehmens wieder finden lässt. Dies ist umso ausgeprägter, je differenzierter diese Werthaltungsstruktur ist. In fast 90 % der Familienunternehmen der Betriebsgrößenklasse von 10 bis 100 Mitarbeitern sind in der Geschäftsleitung Familienmitglieder vertreten, und nur in einem dieser 224 Familienunternehmen war der Sprecher, so es denn eine mehrköpfige Geschäftsleitung gab, kein Familienmitglied. Es ist also davon auszugehen, dass der Vorsitz in der Geschäftsleitung in den Familienunternehmen mit weniger als 100 Mitarbeitern von einem Familienmitglied wahrgenommen wird, es sei denn, es ist ein komplettes Fremdmanagement installiert.

Dieses Familienmitglied prägt das Unternehmen durch seine Persönlichkeit sehr viel stärker als dies ein angestellter Manager kann, da dieses Familienmitglied zum einen eine deutlich längere Perspektive hat, zum anderen anders über Ressourcen und deren Zuordnung verfügen kann, da er in den meisten Fällen auch (Mit-)Eigentümer ist. „Der Familienunternehmer ist dem Unternehmen stark verbunden und betreibt eine Politik, die von seiner persönlichen Überzeugung getragen wird. Dabei mag die Art und Weise, wie er diese Überzeugung gewinnt, sehr unterschiedlich und von seiner Persönlichkeit abhängig sein. Sein Kollege in einer Publikumsgesellschaft hat mehr Rücksicht zu nehmen auf Faktoren, die nicht in ihm selber liegen.“[129]

---

127 Greiner (Greiner, L. (1972): Evolution and revolution as organizations grow In: HBR July-Aug. 1972, S. 37 - 46, hier S. 41) spricht von Wachstum durch Delegation nach überwundener Autonomiekrise, deren Ursache die direktive Führung der ersten Phase war.

128 Klein, S. (1991): Der Einfluss von Werten auf die Gestaltung von Organisationen, Berlin

129 Mittelsten-Scheid, J. (1985): Gedanken zum Familienunternehmen, Stuttgart, S. 71

Aus der mehr „handgestrickten" Organisation in Familienunternehmen ergibt sich einerseits zwar eine geringere organisatorische Effizienz, andererseits resultiert daraus aber auch neben der großen Flexibilität eine relativ große Unabhängigkeit der Mitarbeiter.[130] Jeder muss auch Fragen mit bearbeiten, die nicht unbedingt in sein Ressort fallen. Die erwartete Kompetenz ist hierdurch um vieles höher als in stärker arbeitsteilig organisierten größeren Unternehmen. Es wird erwartet, dass jeder mitdenkt und „das Nötige" tut. „Das Geschick der Mitarbeiter besteht gerade darin, sich gut in die Erwartungshaltung der Unternehmerfamilie und ihrer Repräsentanten einzufühlen und die Dinge eigenständig zu erledigen, ohne sich vorher im Detail darüber verständigen zu müssen und den Entscheidungsträgern explizite Festlegungen abzuverlangen." [131]

In dieser zweiten Phase wird das Unternehmen geprägt. Hier entsteht, was später als die unverwechselbare Unternehmenskultur das Unternehmen von allen anderen unterscheidet, so wie die prägenden Personen sich auch von anderen abheben. Einige dieser Prägungen sind anekdotenhaft bekannt wie die zum zweiten Mal zu wendende Treppenstufe in der Hauptverwaltung von Wehrhahn, andere sind noch heute integraler Bestandteil einer inzwischen weithin bekannten und erfolgreichen Unternehmenskultur wie die aus der Not geborene Sparsamkeit der Albrecht-Brüder.

6.2.2.3 Führung durch Prägung

Ist das Unternehmen so groß geworden, dass der Unternehmer nicht mehr für alle Mitarbeiter als direktes Vorbild fungieren kann, wird diese Funktion mehr und mehr durch die Gruppe und die Systeme übernommen. Mit dem Wachsen des Unternehmens hat eine Prägung stattgefunden, die ihren Ausgang in den Werten und Überzeugungen der Entscheider hat. Der Volksmund fasst dies wie folgt zusammen: „Wie er sich räuspert, wie er spuckt, hat er dem Alten abgeguckt." Zwar haben der oder die Unternehmer, häufig sind es die Gründer oder die Generation, die das Unternehmen in den Grundzügen gestaltet hat, keinen direkten Einfluss mehr auf die tägliche Führung, aber ihre Überzeugungen definieren die Eckpfeiler. „Es entspricht nicht dem Stil des Unternehmens, den die Inhaber selbst mit ihrem Beispiel vorgeben."[132]

Auch dort, wo Führung vermehrt delegiert wird, ist sie noch geprägt von dem Beispiel des Unternehmers, und dies bleibt in vielen Fällen auch noch weit über dessen Ausscheiden aus dem aktiven Management so. Die Gefahr in dieser Größenordnung ist es demnach, dass das Familienunternehmen dem Nicht-Familienunternehmen vor allem in Bezug auf die hard facts immer ähnlicher zu werden scheint, es aber von seiner Ge-

---

130 vgl. hierzu auch die Befragung bei 38 Unternehmern und 21 Fremdmanagern in Familienunternehmen, deren Ergebnisse BECHTLE darlegt. Bechtle, C. (1983): Die Sicherung der Führungsnachfolge in der Familienunternehmung, Diss., St. Gallen, S. 292

131 Wimmer, R. et al. (1996): Familienunternehmen - Auslaufmodell oder Erfolgstyp? Wiesbaden, S. 108

132 Brandes, D. (1998): Konsequent einfach - Die ALDI-Erfolgsstory, S. 57 f

schichte und deshalb von der Relevanz der hard facts wie z.B. von Controlling-Systemen oder Zeiterfassungsmethoden im Verhältnis zu den soft facts, den ungeschriebenen Gesetzen des menschlichen Miteinanders, noch ganz Familienunternehmen ist. Dies zu verstehen und sich damit zu arrangieren, ist eine der Aufgaben, vor die sich Führungskräfte wie auch Mitarbeiter in einem Familienunternehmen in sehr viel verschärfterem Maße gestellt sehen als in einem Nicht-Familienunternehmen. Während Nicht-Familienunternehmen um das Finden ihrer Unternehmens- und damit auch Führungskultur ringen und diese dann häufig in längeren schriftlichen Grundsätzen formulieren, ist sie bei Familienunternehmen i.d.R. bereits vorhanden, seltener aber ausformuliert oder gar schriftlich fixiert.

Dort, wo Fremdmanager aus welchen Gründen auch immer, den vorgegebenen Pfad dessen, was man in diesem Unternehmen tut, verlassen, werden sie sehr klar wieder auf den „rechten Weg" gebracht. Hilft dies nicht, so ist eine Trennung in den meisten Fällen unausweichlich. In Familienunternehmen kann sich ein nicht zur Familien gehörender Führer eher eine wirtschaftliche Fehlinvestition leisten als ein Abweichen von dem vorgegebenen, aber häufig nicht fixierten Verhaltenskodex. Als eines von vielen Beispielen sei nochmals ALDI[133] genannt. „Die Gefahr, dass Spitzenmanager wie auch Politiker ihren Status in der Gesellschaft durch medienwirksame Auftritte zu erhöhen versuchen und dabei den Erfolg des Unternehmens vernachlässigen, ist landläufig bekannt. Bei ALDI-Führungskräften jedoch ist die Gefahr eines solchen Auftretens gering. *Die Albrechts ließen es nie zu*, das sich ihre Manager als „nackte Kaiser" in der Öffentlichkeit zeigten." (Hervorhebung d.d.Verf.)

Wenn in der Größenordnung von ca. 100 bis 500 Mitarbeitern die Führung durch Prägung stattfindet noch bevor dies sich in Systemen verfestigt und diese sich, wie in der nachfolgenden Phase, verselbständigen, ist zu fragen, welchen Dimensionen der Organisation besonders von dieser Prägung betroffen sind. Immerhin 10 % aller deutschen Familienunternehmen, so ergab in die Arbeit integrierte empirische Erhebung, sind dieser Größenklasse zuzuordnen. KLEIN[134] hat abgeleitet aus der zugrunde gelegten Definition von Organisation fünf Dimensionen untersucht, und zwar die Umweltoffenheit der Organisation, die Organisation als soziales Gebilde, die zeitliche Dimension, die Ziele und die Struktur. Der direkte Einfluss der zentralen Persönlichkeit ist auf die Umweltoffenheit, auf soziale Dimension und auf die Strukturdimension nachweisbar. Interessant ist hierbei, dass die inhaltliche Prägung, also die Übertragung von Werthaltungen der zentralen Persönlichkeit ihrem Inhalt nach auf die organisatorischen Regelungen nur in Bezug die Umweltoffenheit, hier speziell die Theorien der Organisation über ihre Umwelt und die freiwillig an die Umwelt abgegebene Information und in Bezug auf die Organisation als soziales Gebilde, hier die Auswahl- und Beurteilungsverfahren und das Konfliktverhalten nachweisbar ist. Allerdings ist dies nur dann der Fall, wenn die prägende Persönlichkeit über ein so genanntes stark konturiertes Werthaltungsprofil, d.h. ein Werthaltungsprofil auf hohem Abstraktionsgrad, das differenziert ist und dessen

133 Brandes, D. (1998):): a.a.o., S. 57

134 Klein, S. (1991): Der Einfluss von Werten auf die Gestaltung von Organisationen, Berlin

einzelne Werte klar definiert sind, intensiv vertreten werden und die in das Gesamtsystem integriert werden.

Die Prägung auf der formalen Dimension ist noch ausgeprägter nachweisbar. Der Unterschied von Organisationen, die von einer zentralen Persönlichkeit mit einem stark konturierten Werthaltungsprofil geprägt wurden im Vergleich zu denen, die nicht über ein solches verfügten, ist auf der formalen Dimension noch deutlicher als auf der inhaltlichen. So findet man in Organisationen, die von einer Persönlichkeit mit schwach konturiertem Werthaltungsprofil geprägt wurden, undifferenzierte Anforderungsprofile, die Betonung von fachlicher Qualifikation bei Auswahl und Beurteilung von Mitarbeitern im Gegensatz zu persönlichkeits- und führungsbezogenen Fähigkeiten und Fertigkeiten. Im Konfliktfall wird in von Persönlichkeiten mit schwach konturiertem Werthaltungsprofil geprägten Organisationen tendenziell autoritär entschieden, während man in der anderen Extremgruppe ein an den verankerten Werten orientiertes, bei allen Führungskräften relativ ähnliches Verhalten im Konfliktfall findet. Auch die Strukturiertheit der Organisation wird deutlich beeinflusst von dem Werthaltungsprofil des Prägenden. Während Persönlichkeiten mit stark konturiertem Werthaltungsprofil eher dezentrale Organisationen prägten, waren die von Persönlichkeiten mit schwach konturiertem Werthaltungsprofil geprägten Organisationen stark zentralisiert. Dies geht einher mit dem Anteil strategischer Elemente an Entscheidungen; je konturierter das Werthaltungsprofil des Prägenden war, umso höher der Anteil strategischer Elemente an der Zahl aller Entscheidungen.[135]

Einschränkend muss hinzugefügt werden, dass sich die zitierte Untersuchung auf Unternehmen konzentrierte, in denen es nachweislich *ein* Machtzentrum in der Führung über einen längeren Zeitraum gab. Dies ist in den meisten Unternehmen nicht so eindeutig zu klären; über die Interaktion mehrerer prägender Personen, sei es parallel oder sequentiell, kann auf der Basis der Arbeit von KLEIN keine Aussage gemacht werden. Diese Interaktion ist allerdings in Familienunternehmen, die sich bereits in der zweiten oder einer späteren Generation befinden, die Regel. Festgehalten werden aber kann, dass gerade Familienunternehmen der Größenordnung von ca. 100 - 500 Mitarbeitern mit der Prägung ihres/ihrer Gründer und deren Nachfolger leben, obwohl dies aufgrund der Größe nicht mehr in allen Fällen direkt nachweisbar ist. Die Systeme sind in vielen Fällen bereits installiert, sie werden aber immer wieder umgangen oder nicht ernst genommen, wo sie der grundlegenden Prägung des Unternehmens zuwiderlaufen.

---

135 Interessant sind die Parallelen zwischen den Ergebnissen von KLEIN und den in Kapitel 6.1.4. dargestellten Ergebnissen von KERR und BOWEN (Kerr, M. u. Bowen, M. (1988): Family evaluation. New York), die in der Differenzierung der Familienmitglieder den Schlüssel zur Fähig-keit, Systemveränderungen herbeizuführen und zu managen, sehen. Die Differenziertheit der Familienmitglieder scheint demnach eine relevante Voraussetzungen für erfolgreiche unternehmerische Betätigung einer Familie über mehrere Generationen zu sein.

6.2.2.4 Führung durch Systeme

Mit zunehmender Größe des Unternehmens nimmt der Einfluss einzelner Personen ab, der der Systeme im Gegenzug zu. Die Professionalisierung des gesamten Unternehmens ist die vorrangige Aufgabe der Führung und somit auch der Eigentümer. „Hier werden jene Eigentümer an der Spitze ihrer Unternehmen besonders reüssieren, die ihre Führungsverantwortung gezielt auch mit Fremdmanagern teilen können und ihrer eigenen sowie der laufenden Professionalisierung der anderen einen hohen Stellenwert einräumen.“[136] In diesem Stadium verringert sich der Unterschied zwischen Familien- und Nicht-Familienunternehmen immer weiter. Die Unternehmenskultur des Familienunternehmens und die Unternehmenskultur des Nicht-Familienunternehmens mit mehr ca. 500 Mitarbeitern ist zwar in vielen Fällen noch auf den Gründer und die damit verbundenen Geschichten, Werte und Normen bezogen, aber der Einfluss der Systeme macht das Familienunternehmen ebenso wie das Nicht-Familienunternehmen berechenbarer und weniger abhängig von einzelnen Persönlichkeiten.

Die Systeme, die den Einfluss einzelner Persönlichkeiten als Regulativ ablösen, wirken hierbei vor allem auf die Organisationsdimensionen Spezialisierung (Arbeitsteilung), Koordination, Konfiguration (Leitungssystem), Entscheidungsdelegation (Kompetenzverteilung) und Formalisierung.[137] Während ein Kennzeichen der Klein- und Mittelbetriebe, vor allem aber der Familienunternehmen bis zu 10 Mitarbeitern, die geringe Spezialisierung und die damit verbundene Anhäufung von verschiedensten Aufgaben bei ein und derselben Person ist, löst sich dies mit zunehmender Größe immer mehr auf; die Spezialisierung nimmt zu. Dadurch wachsen die Anforderungen an die Koordination zwangsläufig. Ist im mittelständischen Unternehmen mit klaren Werten und Normen die Koordination durch Selbstabstimmungen noch möglich und häufig auch üblich, wird dies in den großen Familienunternehmen analog zu den Nicht-Familienunternehmen durch Koordination mittels Plänen oder/und Programmen ersetzt. Die Formalisierung steigt in diesem Stadium von einstmals nahezu null (was manchen Steuerberater und Wirtschaftsprüfer von kleinen Familienunternehmen an den Rand der Verzweiflung treibt) auf ein auch in Nicht-Familienunternehmen übliches Maß.

Mit wachsender Größe wird das Familienunternehmen dem Nicht-Familienunternehmen vor allem im Bereich der Führung somit zwangsläufig immer ähnlicher. Es kompensiert manche seiner systemimmanenten Schwächen, begibt sich aber auch mancher seiner spezifischen Stärken wie z.B. der der kurzen Entscheidungswege und der damit verbundenen hohen Flexibilität. Management- und Führungstheorien stellen inzwischen vermehrt darauf ab, wie es auch für Großunternehmen möglich ist, die Vorteile kleinerer Einheiten wieder für sich zu entdecken und zu realisieren. Dezentrale Entscheidungsstrukturen, Delegation von Entscheidungen im Sinne der Förderung des Intrapreneurship und ein Minimum an Formalisierung sind Zielgrößen, die diskutiert werden. Familien-

136 Wimmer, R. et al. (1996): Familienunternehmen - Auslaufmodell oder Erfolgstyp?, Wiesbaden, S. 64

137 vgl. hierzu Kieser, A. und Kubicek, H. (1983): Organisation, 2. neubearb. und erw. Aufl., Berlin, New York, S. 79 und die dort angegebene Literatur

unternehmen mit der spezifischen Erfahrung der drei vorangegangenen Phasen der Führung haben hier, wenn sie diese Erfahrungen wach halten können, einen klaren Vorteil gegenüber Nicht-Familienunternehmen. Die Aufgabenstellung für große Familienunternehmen heißt demnach, so professionell wie möglich zu werden ohne ihre Geschichte, ihre Kultur und ihre Erfahrungen mit dem Arbeiten in kleineren Einheiten aufzugeben.

6.2.3 Ein integriertes Konzept der Führung in Familienunternehmen

Im Folgenden soll der Versuch unternommen werden, die verschiedenen möglichen Führungskonstellationen zu kombinieren, ihre Relevanz, sprich Häufigkeit, und ihre Besonderheiten darzustellen. Zunächst muss also im Rahmen einer zweidimensionalen Aufstellung die Beteiligung der Unternehmerfamilie an der direkten Führung des Familienunternehmens und die Art der Führung durch Mitmachen, Vorbild, Prägung oder System kombiniert werden. Abbildung 59 nimmt diese Kombination vor und zeigt zugleich die - allerdings empirisch noch nicht überprüfte - Häufigkeitsverteilgung des Auftretens der verschiedenen Führungskonstellationen.

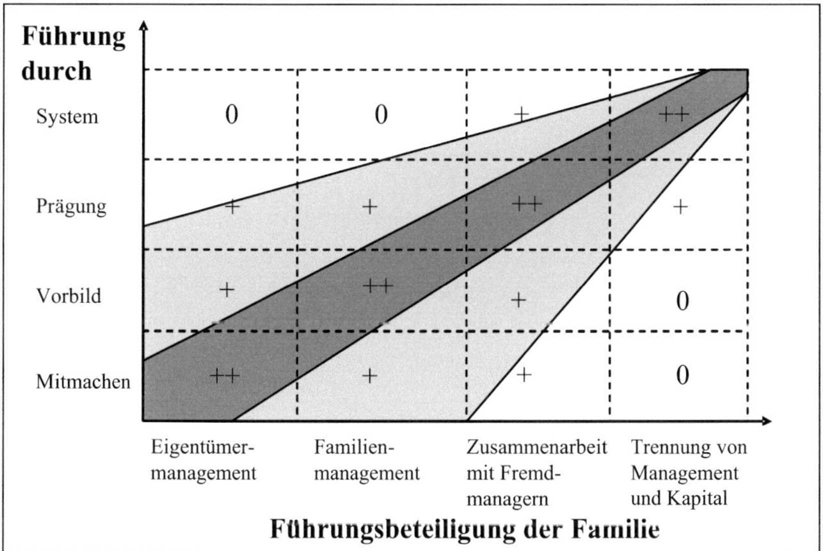

Abb. 59 Häufigkeit von Führungsausprägungen in FU (Quelle: eigene Darstellung)

Abbildung 59 zeigt, dass die häufigsten Kombinationen von Familienbeteiligung an der Führung des Unternehmens einerseits und der Nähe der Geführten zum Führenden bzw. zu den Führenden andererseits sich auf der Achse vom direkt mit seinen Leuten zusammenarbeitenden Eigentümerunternehmer hin zur systemdominierten Gesellschaft mit einer Trennung von Management und Kapital ziehen. Mitmachen und Vorbild sein setzt die Beteiligung des Eigentümers und ggf. seiner Familie an der Führung voraus. Kleine und mittlere Familienunternehmen kennen i.d.R. nur diese Form der Führung. Die Mitarbeiter schätzen die Nähe zur Familie, sie sind ganz bewusst in einem „persönlichen" Unternehmen mit all seinen Vor- und Nachteilen. Hingegen setzt die Trennung von Management und Kapital eine relativ große Distanz der Mitarbeiter zur Unternehmerfamilie voraus. Die Eigentümer sind selbst nicht in der Führung tätig, können so weder Vorbild sein noch aktuell prägen. In vielen Familienunternehmen dieser Größenordnung hat die ursprüngliche Prägung durch den/die Gründer und die Familie(n) Eingang gefunden in die Unternehmenskultur und -philosophie.

Obwohl diese Abbildung nur als Illustration häufig vorzufindender Kombinationen dienen soll und somit keines der nicht besetzten Felder grundsätzlich in seiner Existenz negiert wird, gibt es doch drei Haupttypen der Führung in Familienunternehmen, die im folgenden besonders in Bezug auf die so häufig diskutierte Nachfolgeproblematik kurz dargestellt werden sollen.

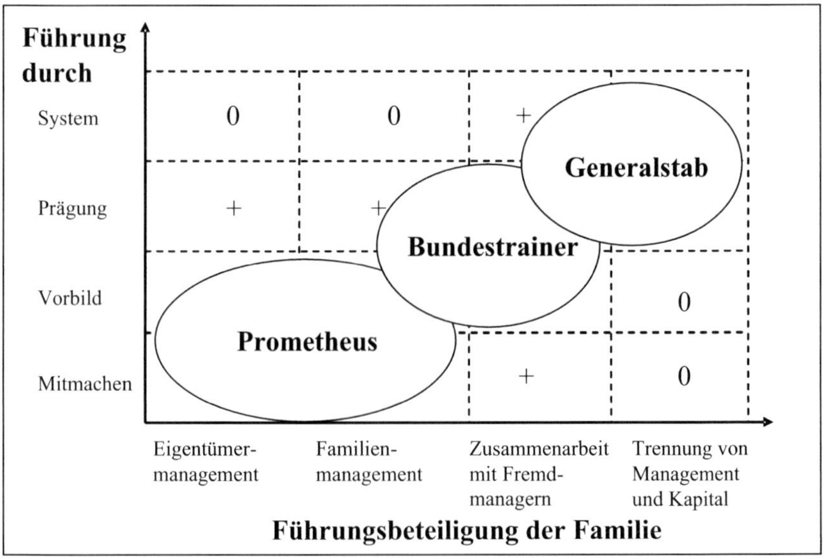

Abb. 60 Typische Führungsausprägungen in Familienunternehmen

Es sollen die drei Haupttypen der Führung in Familienunternehmen, der Prometheus, der Bundestrainer und der Generalstab beschrieben werden. Den Prometheus, benannt nach der Figur aus den griechischen Göttersagen, findet man in kleineren und mittleren Unternehmen. Vielfach handelt es sich um Gründer, aber auch um Nachfolgeunternehmer z.B. in Handwerks- und Dienstleistungsunternehmen. Der Prometheus lebt und praktiziert Führung in seinem Sinne täglich, ja stündlich. Führung ist für ihn kein abstrakt zu diskutierendes Thema, Führung ist schlichte Notwendigkeit. Er verlässt sich hierbei auf seinen Instinkt und seine Erfahrung; Führungsschulungen hält er im höchsten Fall für seine Mitarbeiter für angebracht, auf keinen Fall für sich selbst.

Prometheus ist der einsame Kapitän auf dem Schiff im Sturm, der sich zwar im Klaren darüber ist, dass er eine gute Mannschaft braucht, dass diese aber andererseits ohne ihn das Schiff nicht steuern kann. Getreu der von GOETHE beschriebenen Figur glaubt er an seine Kraft, seinen Verstand, seinen Fleiß und, entscheidend für seine Haltung zu Mitarbeiterführung, -förderung und -entwicklung wie auch zu Erziehung und Ausbildung, an sein Menschenbild und daran, dass gerade sein Werdegang ein entscheidendes Erfolgskriterium für ihn war und ergo auch für seine(n) Nachfolger der einzig richtige ist. „Hier sitz ich, forme Menschen nach meinem Bilde, ein Geschlecht, das mir gleich sei,...“[138]

Die Probleme, die von Nachfolgern aus Familienunternehmen häufig berichtet werden, findet man hier besonders ausgeprägt. Da ist der Vater, der darauf besteht, dass sein Sohn alles genau wie er „von der Pike auf lernt“; studieren ist Zeitverschwendung, er hat es ja schließlich auch ohne Studium zu etwas gebracht. Prometheus neigt zu emotionaler und einseitiger Betrachtung, was nicht selten zu Übertreibungen führt. Die Geschichte des Christian Müller[139], der nach erfolgreich abgeschlossenem Studium als hohe Anerkennung für seinen Vater Folien bei einem Vortrag auflegen durfte, ist nur eine von vielen traurigen Geschichten, die letzten Endes dazu geführt haben und noch führen, dass die Nachfolge entweder, wie im Fall Christian Müller, gar nicht stattfindet oder scheitert, in dem der Nachfolger immer Nachfolger bleibt, nie selbst Unternehmer wird. Die Nachfolge eines Prometheus anzustreben, ist eine große menschliche Herausforderung. Der Nachfolger muss aufgrund der großen Nähe seines Vorgängers zu seinen Mitarbeitern sich zunächst auf die Legitimation aus Expertentum stützen. Der Nachfolger eines Prometheus muss deshalb über eine besonders gute Ausbildung und über extern erworbene Erfahrung und nachgewiesenen Erfolg (z.B. durch Beförderung in einem fremden Unternehmen) verfügen. Um nicht in den Fußstapfen des Prometheus, die groß und tief sind, hängen zu bleiben, muss er vieles anders machen. Er muss eigenes Profil gewinnen, um dann eine neue, andere Bindung der Mitarbeiter zu sich aufbauen zu können.

Beim Bundestrainer sieht die Problematik schon anders aus. Das Unternehmen hat bereits eine Größe erreicht, die eine Zusammenarbeit mit Familienmitgliedern und/oder Fremdmanagern im obersten Führungsgremium unumgänglich macht. Der typische Bundestrainer ist mehr Erster unter Gleichen als der alleinige Vorturner. Zwar führt auch er noch sehr stark durch Vorbild, aber durch die Größe des Unternehmens wird bereits manches in Systemen festgelegt. Die Organisation ist nicht mehr in allen Positionen ad personam sondern zunehmend ad rem aufgebaut. Nur im obersten Führungsgremium ist häufig die traditionelle Dominanz der Personen und als Folge das Zugeschnittensein einzelner Führungsbereiche auf die ihnen vorstehenden Personen noch ungebrochen.

---

138 Goethe, J.W. v.: Prometheus

139 Hennerkes, B.H. (1998): Familienunternehmen sichern und optimieren, Frankfurt et al., S. 34 f

Der Bundestrainer muss ausgleichen zwischen den einerseits sehr auf die Personen zugeschnittenen gewachsenen, z.T. unorthodoxen Strukturen, und den sachlichen Anforderungen des wachsenden Unternehmens, das mehr und mehr vom Markt die Notwendigkeiten diktiert bekommt. Der Bundestrainer kann sich deshalb i.d.R. die dominierende Emotionalität und den Verzicht auf differenzierte Sichtweisen nicht mehr leisten. Der Nachfolger des Bundestrainers hat es insofern leichter als der des Prometheus. Zwar gilt auch für ihn, dass er sich eine eigene Legitimation durch Expertentum erarbeiten muss, die Übernahme der Führung ist aber in Grenzen planbarer.

Wird das Familienunternehmen erst einmal vom Generalstab geleitet, in dem nur noch familienfremde Manager sitzen, ist die Problematik der Personenbezogenheit und der damit verbundenen persönlichen Prägung kaum noch vorhanden. Allerdings kann das Unternehmen auch nicht mehr die daraus erwachsenden spezifischen Stärken wie kurze Entscheidungswege, hohe persönliche Loyalität und überdurchschnittliches persönliches Engagement u.a.m. nutzen. Das Familienunternehmen, in dem Management und Kapital vollständig getrennt sind, wird auf der Führungsseite fast wie eine Publikumsgesellschaft behandelt. Nur im Rahmen der Auswahl der Führungskräfte und im Rahmen strategischer Weichenstellungen durch die Eigentümer kommen die Werte und Ziele der Unternehmerfamilie zum Tragen; im Täglichen, d.h. im operativen Geschäft, sind sie von untergeordneter Bedeutung.

Damit gestaltet sich die Nachfolge im Generalstab nahezu analog zur Nachfolge in Nicht-Familienunternehmen in Abhängigkeit vom Vorgänger, von den Kollegen und von der Marktposition des Unternehmens sowie von der Struktur der Eigentümer. Nur in Bezug auf die Machtbasis der Eigentümer und damit der Durchsetzbarkeit ihrer Vorstellungen ist noch ein in vielen Fällen deutlicher Unterschied zu anonymen Publikumsgesellschaften feststellbar. Hinzu kommt, dass gerade große Familienunternehmen sich häufig deutlich risikoscheu verhalten, was sich in der Auswahl ihrer obersten Manager deutlich niederschlägt. „Die Verantwortung vor der Familie und dem eigenen Geld machen ältere Familiengesellschaften wenig empfänglich für Abenteurergestalten an der Spitze des Unternehmens.“[140]

Zusammenfassend lässt sich konstatieren, dass es deutliche Unterschiede zwischen der Führung in Familien- und Nicht-Familienunternehmen gibt, die allerdings nicht alle auf den ersten Blick offensichtlich sind. Diese Unterschiede haben die Tendenz, sich mit zunehmender Größe der Unternehmen zu nivellieren. Am deutlichsten treten die mit der Personenbezogenheit verbundenen Probleme, die sehr wohl in anderen Zeiten Stärken sein können, im Prozess der Nachfolge zutage. Je personenbezogener die Führung eines Familienunternehmens ist, desto schwieriger, vor allem in Hinsicht auf die menschliche Komponente, gestaltet sich der Nachfolgeprozess. Da erfahrungsgemäß die Unternehmer, die sich nach z.T. Jahrzehnten anschicken (oder angeschickt werden), ihre Nachfolge zu regeln, sich nur schwer auf die veränderte Situation einstellen können, bleibt es Aufgabe des Nachfolgers, durch geschickte Art Einfluss auf den Prozess zu nehmen und die Erfolgsaussichten so zu verbessern.

---

140 Mittelsten-Scheid, J. (1985): Gedanken zum Familienunternehmen, Stuttgart, S. 71

6.3 Zusammenfassung

Führung als intentionale soziale Einflussnahme, die mittels Kommunikation versucht, Ziele zu erreichen, findet immer im sozialen Kontext der Gruppe statt. Zunächst ist die Führung im Familienunternehmen durch das Eigentum an seinen Produktionsmitteln, woraus das Recht erwächst, die Führung zu bestellen, legitimiert. Allerdings wird in der heutigen Zeit die rechtliche Legitimation allein immer weniger von den Mitarbeitern akzeptiert. Über die juristische Legitimation hinaus muss der Führer bei den Geführten akzeptiert werden und erfährt hieraus seine eigentliche Legitimation. Diese kann sowohl auf Expertenmacht wie auch auf der Macht durch Bindung beruhen. Erst die anerkannte Führung kann dann auch mittels Belohnungs- und Bestrafungsmacht Ziele durchsetzen. Ohne die grundsätzliche Akzeptanz führen positive wie negative Sanktionen nur zu begrenzten Ergebnissen.

Führung in Familienunternehmen der Folgegenerationen hat sich noch stärker als Führung allgemein mit der Legitimationsproblematik auseinanderzusetzen. Während sich der Gründer allein durch die Existenz des von ihm gegründeten Unternehmens legitimiert, ist dies bei Nachfolgern, vor allem, wenn sie Familienmitglieder sind, komplizierter. Die auch für Außenstehende transparente Qualifikation des Nachfolgers wird hierdurch zum sine qua non. Insgesamt ist es sehr viel komplexer und komplizierter, in einem Familienunternehmen die Führungsnachfolge anzutreten als in einem Nicht-Familienunternehmen. Um diese Komplexität so weit wie möglich zu reduzieren, ist es sinnvoll, einen zeitnahen Übergang von Führung und Eigentum anzustreben.

Mit zunehmender Größe des Familienunternehmens sinkt der Anteil der Familienmitglieder im obersten Managementgremium. Die Problematik des Engagements von Familienmitgliedern liegt hier neben der Qualifikation vor allem in der Beurteilung eben dieser Qualifikation sowie in der nur schwierig durchzuführenden Trennung von einem Familienmitglied im Management, falls dieses nicht reüssiert. Hinzukommt, dass das Engagement eines Familienmitgliedes in der Führung das Herüberschwappen von familiären Konflikten in die Unternehmenssphäre möglich macht.

Zur Beurteilung von Familienmitgliedern ist die externe Validierung der Fähigkeiten des Juniors in einem fremden Arbeitsumfeld in der Konkurrenz zu anderen Führungsnachwuchskräften die von den Verstrickungen von Familie, Eigentum und Führung unabhängigste. Allerdings muss man sich im Klaren darüber sein, dass die Möglichkeiten der externen Validierung i.d.R. in den Fällen, wo der Junior deutlich weniger qualifiziert ist als ein Externer, der Vater und/oder die Mutter ihn aber auf jeden Fall als Nachfolger sehen, gar nicht erst zum Einsatz kommen.

Nachfolger müssen nicht nur qualifiziert sein, sie müssen die Nachfolge auch antreten wollen. Hierzu hat es sich als hilfreich erwiesen, das Familienunternehmen und sein Fortführen frühzeitig als Wert in der Familie zu verankern. Eine gelungene Nachfolge aus der Sicht des Nachfolgers sichert diesem zudem die Möglichkeit, mittels der Nachfolge seine individuellen Lebensziele zu verwirklichen. Die Nachfolger, die die Nachfolge anstreben, sollten dies möglichst früh aktiv gestalten. Dies beginnt mit der Ausbildung und Berufserfahrung bis hin zu der frühzeitigen Auseinandersetzung und ggf. Beeinflussung der Eigentümerstrukturen des Unternehmens. Nachfolger haben vor allem dann eine Chance, wenn sie den „Job“ im Familienunternehmen nicht brauchen sondern im Gegenteil, sogar zugunsten der Aufgabe im Familienunternehmen auf einen anderen, attraktiven Job verzichten und wenn der Vorgänger mit seinem Rückzug die Nachfolge möglich macht.

Im Falle der Organisation der Führung von Familienunternehmen wurde unterschieden zwischen den Phasen der Führung von Führung durch Mitmachen, durch Vorbild, durch Prägung und letztendlich durch Systeme und der Zusammensetzung des obersten Führungsgremiums von der Alleinherrschaft über das Familienmanagement, die Zusammenarbeit mit Fremdmanagern bis hin zur vollständigen Trennung von Management und Kapital. Der Alleinherrscher ist selbst Chance, Risiko und Grenze des Unternehmens, während beim Partnermanagement eine Verteilung auf mehrere Schultern stattfindet, die allerdings auch zu einem höheren Regelungs- und Abstimmungsbedarf führt. Das Familienmanagement ist vielseitig; vom Geschwister- über das Ehepartner- bis hin zum Clan-Management aber gilt: Die Stärke des Familienmanagement kann im großen Vertrauen und im konstruktiven Miteinander liegen, die Schwäche vor allem im Herüberschwappen familiärer Probleme in die Unternehmenssphäre.

Bei den Fremdmanagern wurden die vier Typen des Paladin, des Intimus, des Exekutors und des Majordomus dargestellt in Abhängigkeit von ihrer Nähe zur Eigentümerfamilie einerseits und ihrem Handlungsspielraum andererseits. Während Fremdmanager, die in Familienunternehmen wechseln, vor allem Entscheidungsspielraum suchen, finden sie sich nicht selten in der Rolle des reinen Exekutors, des Erfüllungsgehilfen mit Titel, aber ohne Handlungsspielraum, wieder. Fremdmanager sind hierbei immer in einer relativ schwächeren Position als die Eigentümer, dies zeigt sich vor allem in der Zusammenarbeit von Mitgliedern der Eigentümerfamilie und Fremdmanagern. Deshalb muss diese Zusammenarbeit klar und fair geregelt werden, damit für alle eine möglichst hohe Verlässlichkeit und Prognostizierbarkeit entsteht. Erst durch die Trennung von Management und Kapital nähert sich das Familienunternehmen dem Nicht-Familienunternehmen auf der Führungsseite weitgehend an. Hier lautet die vorrangige Aufgabe, bei der notwendigen Professionalität so viel wie möglich von den spezifischen Stärken des Familienunternehmens zu bewahren und als Wettbewerbsvorteil geltend zu machen.

Zum Abschluss des Kapitel wurden die drei häufigsten Typen der Führung in Familienunternehmen identifiziert und dargestellt; der Prometheus als Alleinherrscher oder Vorsteher der Familie im Management, der durch Mitmachen oder Vorbild führt, der Bundestrainer, der eine Managementcrew entweder nur aus Familienmitgliedern oder aus Familienmitgliedern und Fremden führt und in der Hauptsache durch Vorbild oder Prägung führt und den Leiter des Generalstabes im Unternehmen, das Management und Kapital bereits getrennt hat und schwerpunktmäßig durch Systeme führt. Hierbei wurde deutlich, dass vor allem die Anforderungen an Nachfolger je Typus ganz verschiedene sind. Die schwierigste anzutretende Nachfolge ist die Nachfolge des Prometheus, der emotional und z.T. unorthodox, aber mit hoher Bindung seiner Mitarbeiter führt und dessen Nachfolger deshalb vor einer menschlich hochkomplexen Aufgabe steht.

Arbeitsteil zu Kapitel 6

Wissensfragen:

1. *Was versteht man unter Führung?*
2. *Welches sind die Grundlagen der Macht nach FRENCH/RAVEN und wie beeinflussen sie die Führung im Familienunternehmen in der ersten und zweiten Generation?*
3. *Welche Möglichkeiten gibt es, Familienmitglieder in Bezug auf ihre Eignung für eine Führungsposition im Familienunternehmen zu beurteilen?*
4. *Welche Probleme können auftreten, wenn Schwiegersöhne und Schwiegertöchter in der Unternehmensleitung mitarbeiten?*
5. *Welche Gründe bewegen familienfremde Manager, sich in einem Familienunternehmen zu bewerben?*
6. *Welche Typen von Fremdmanagern in Familienunternehmen unterscheidet SCHULTZENDORFF?*
7. *Beschreiben Sie das integrierte Führungskonzept in Familienunternehmen!*

Transferfragen:

1. *Ihr Kommilitone stammt aus einem Familienunternehmen. Gegen Ende des Studiums bittet er sie um Rat, ob er dem Wunsch seines Vaters entsprechen soll, und als dessen Assistent ins väterliche Unternehmen eintreten soll. Diskutieren Sie die Vor- und Nachteile des Vorschlags unter Berücksichtigung verschiedener Konstellationen wie Größe des Unternehmens, Alter des Unternehmens, Lebenszyklusphase des Vaters, der Generation, die zur Zeit Eigentümer ist etc..*
2. *Bitte diskutieren Sie die Vor- und Nachteile des Geschwister-Managements und stellen Sie Überlegungen an, wie man proaktiv eine solche Zusammenarbeit fördern kann!*
3. *Ein Bekannter von Ihnen, der z.Zt. in einem großen Konzern im Controlling eine verantwortliche Position direkt unter dem Vorstand bekleidet, ist von einer Beteiligungsgesellschaft angesprochen worden, in einem Start-Up mit sehr guten Marktchancen den Finanz- und Controllingbereich zu übernehmen. Nun fragt er Sie nach den Unterschieden der Führung in einem solch jungen Unternehmen im Vergleich zu dem ihm bekannten.*

Kurzfall: Johannisberger Weinkontor

Sie sind seit mehreren Jahren im Beirat des Johannisberger Weinkontors, eines alteingesessenen Weinhandels. Der Beirat wurde im Rahmen der Umstrukturierung des Unternehmens vor einigen Jahren installiert, als aus der ursprünglichen OHG eine GmbH&CoKG wurde und der Senior, Otto Kampkes aus der persönlichen Haftung ausschied. Der Beirat hatte über all die Jahre eine beratende Funktion, da sich das Unternehmen im alleinigen Besitz von Otto Kampkes befand und von diesem auch, äußerst erfolgreich, geführt wurde. Allerdings erhielt der Beirat von Anfang an weitreichende Kompetenzen in Bezug auf die Neubesetzung von Führungspositionen im Unternehmen.

Nun möchte sich Otto Kampkes aufgrund seines fortgeschrittenen Alters, er wurde letztes Jahr 65, zurückziehen und sucht nach einer entsprechenden Nachfolgeregelung. Diese allerdings gestaltet sich problematisch als zunächst gedacht. Seine älteste Tochter, die als Sommelière in führenden Restaurants einen hervorragenden Namen hat, hat vor einigen Jahren einen Hotelier geheiratet, mit dem sie gemeinsam dessen Betrieb führt. Der älteste Sohn hatte von Anfang an kein Interesse am Betrieb, er ist inzwischen promovierter Chemiker und arbeitet im Labor eines Großkonzerns. Die beiden Kinder aus zweiter Ehe sind noch relativ jung. Sebastian, der ältere der beiden, hat gerade sein Betriebswirtschaftsstudium beendet und Isabelle absolviert eine Ausbildung als Krankengymnastin.

Die rechte Hand im Betrieb, die über mehrere Jahre loyal und erfolgreich für das Weinkontor arbeitet, würde gerne interimsweise die Leitung übernehmen. Allerdings ist Herr Kampkes der Meinung, dass ein hervorragender zweiter Mann noch lange kein guter erster Mann sein muss. Herr Kampkes selbst möchte nochmals mit seiner ältesten Tochter reden und ihrem Mann und ihr die Leitung des Kontors übertragen. Hier müsste er allerdings mit dem erbitterten Widerstand seiner zweiten Frau rechnen, die ihren Sohn Sebastian in dieser Position sieht.

Ihre Aufgabe als Beiratsmitglied nun ist es, eine Konzeption zu finden, die für das Unternehmen von Vorteil ist, ohne dass die Familie sich hierüber zerstreitet.

7 Das Familienunternehmen als Unternehmen im Lebenszyklus

Lernziele und Orientierungsfragen des Kapitels 7

Ziel des Kapitels „Das Familienunternehmen als Unternehmen im Lebenszyklus" ist es, den Leser anzuregen,

- *sich des besonderen Einflusses der Familie auf das Unternehmen bewusst zu werden,*
- *das Familienunternehmen aus einer dynamischen Perspektive verstehen zu lernen,*
- *die Stärken und Schwächen, die aus dem „Familien-„Unternehmen in den verschiedenen Lebenszyklusphasen erwachsen, zu verstehen, und*
- *Möglichkeiten der proaktiven Gestaltung von Nachfolgeprozessen zu erkennen.*

Um sich vor dem Lesen des Kapitels über sein eigenes Wissen zu dem Thema klar zu werden, kann es für den Leser hilfreich sein, die folgenden Orientierungsfragen zu beantworten:

1. *Wie entwickelt sich ein Familienunternehmen als Unternehmen im Zeitablauf?*
2. *Welche kritischen Fragen für das Überleben eines Unternehmens in verschiedenen Lebenszyklusphasen haben Sie bereits kennen gelernt?*
3. *Welche Probleme, die Sie im Zuge von Nachfolgeprozessen kennen gelernt haben, ließen sich bei entsprechender Vorbereitung bereits im Vorfeld vermeiden?*

Eines der größten Probleme, die sich aus der Beschäftigung mit Familienunternehmen ergeben, ist die Vielfalt der Themen. Ein Familienunternehmen ist gerade deshalb so komplex, weil man es aus der Perspektive der Familie, des Eigentums, der Führung und aus der des Unternehmens betrachten kann. Allen diesen Perspektiven ist eigen, dass sie einer zeitlichen Dynamik unterliegen. Da die Zyklen innerhalb der Teilgebiete nicht notwendigerweise synchron verlaufen, ergibt sich eine sehr große Zahl möglicher Kombinationen der einzelnen Perspektiven, so dass sich hieraus die hohe Komplexität des Themas Familienunternehmen erklärt.

Im Folgenden soll das Familienunternehmen als Unternehmen im Mittelpunkt der Betrachtung stehen. Familienunternehmen als eine Teilmenge aller privatwirtschaftlichen Unternehmen unterliegen hierbei denselben Regeln, die auch für die Nicht-Familienunternehmen gelten. Es kann deshalb im Rahmen dieser Arbeit nicht die Aufgabe sein, alle für ein Familienunternehmen relevanten, aber ebenso für Nicht-Familienunternehmen geltende Fragestellungen zu diskutieren. Unterscheidungskriterium muss vielmehr sein, ob eine bestimmte Frage für ein Familienunternehmen anders zu beantworten ist als für ein Nicht-Familienunternehmen. Dort, wo die Klassifikation Familien- oder Nicht-Familienunternehmen nichts an der Bearbeitung und Beantwortung ändert, wird auf die Darstellung verzichtet.

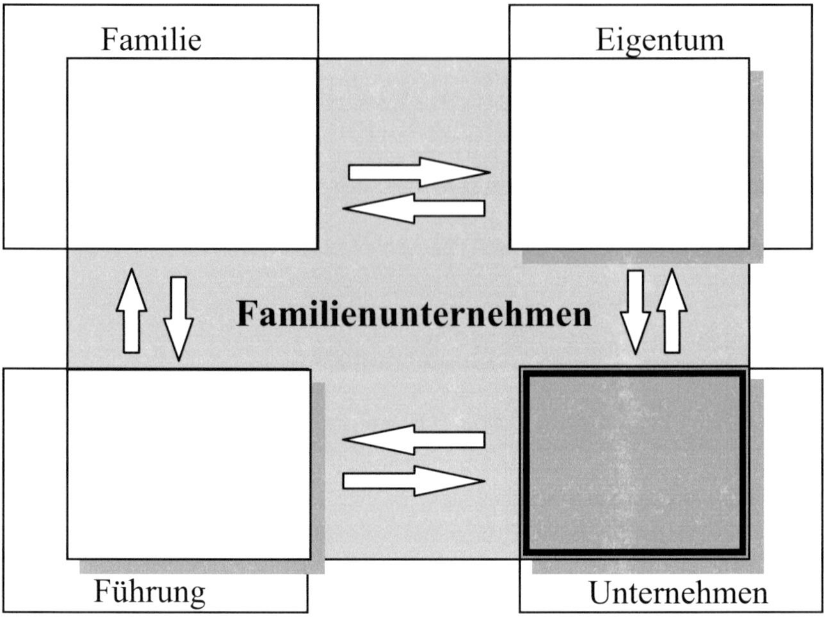

Abb. 61 Die Unternehmensdimension

Das Unternehmen selbst, das Leistungen erstellt und diese am Markt anbietet, ist die Bruchstelle zwischen der komplexen Entität Familienunternehmen und dem Markt. Dieser Markt, an dem Familien- und Nicht-Familienunternehmen miteinander ohne Ansehen ihrer Eigentümerstruktur um immer anspruchsvoller werdende Kunden konkurrieren, verändert sich zur Zeit in einem immer rasanteren Tempo. Aufgrund neuer Technologien, Marktliberalisierung und Globalisierung verschärft sich der Wettbewerb. Hinzukommt, dass die aufgrund unvollständiger Information beim Kunden oder aufgrund begrenzter regionaler Vorteile heute noch bestehenden Marktnischen vermehrt wegfallen.[1] Auf der anderen Seite entstehen gerade durch diese rasante Entwicklung auch für kleinere Unternehmen vermehrt Chancen. „Gigantische Unternehmen können buchstäblich von Zwei-Mann-Firmen in die Knie gezwungen werden.“[2]

Grundsätzlich wird davon ausgegangen, dass ein Unternehmen langfristig nur dann im Markt überleben kann, wenn es Leistungen für andere Marktteilnehmer erbringt, die von diesen nachgefragt werden. „In general terms, a well-managed organization must be ef-

---

1 Vgl. Scholz, Ch. (1997): Strategische Organisation: Prinzipien zur Vitalisierung und Virtualisierung, S. 21

2 Tom Peters in einem Interview: „Vergessen ist die höchste Kunst“, Wirtschaftswoche 3/99 vom 14.1.99, S. 81

fective: It must produce the results for which it exits."[3] Hierzu muss sich das Unternehmen immer wieder neu am Markt orientieren und seine Produkte, seine Organisation, seine Strategie und seine finanziellen Gegebenheiten an den veränderten Marktbedingungen ausrichten. Es muss, kurz gesagt, vital genug sein, um zu überleben. Vitalität, ein Begriff, der aus der Biologie übernommen wurde, meint analog der Definition des GROßEN BROCKHAUS[4] „Lebenskraft, Energiepotential eines Organismus, wie es sich in den körperlichen und seelischen Spannkräften sowie in den Reserven darstellt." Die Vitalität zeigt sich hierbei nicht nur in der Intensität, Spontanität und Ausdauer des Verhaltens einer Person, sondern auch in der Belastbarkeit und in der Widerstandskraft gegenüber pathogenen Einflüssen und in der Regenerationsfähigkeit. Überträgt man die Gedanken auf das Familienunternehmen[5], so kann man dann von einem vitalen Unternehmen sprechen, wenn sich das Unternehmen aktiv und erfolgreich im Markt bewegt und auf Störungen und Krisen proaktiv und im Sinne der Wahrnehmung von Chancen reagiert. Erst in jüngster Zeit wird das Konzept der Vitalität von Unternehmen auch in der betriebswirtschaftlichen Literatur diskutiert.[6]

Eine Ausnahme hierzu bildet das Konzept der „corporate health", das ARGENTI[7] bereits 1976 vorstellte. Er führt hierbei an, dass, während Gewinn und Umsatz von Jahr zu Jahr festgestellt und interpretiert werden, die „corporate health" ein sehr langfristiger Indikator für die Unternehmensverfassung ist. In die „corporate health" gehen neben den direkt messbaren Indikatoren wie Umsatz-, Kosten- und Gewinnentwicklung auch so wenig messbare Fragen wie die nach der Einstellung und Motivation der Mitarbeiter, dem Ruf bei Kunden und Lieferanten und andere so genannte soft facts ein. ARGENTI untersucht und beschreibt auf der Basis der „corporate health" verschiedene typische Verläufe von Unternehmenszusammenbrüchen. Auf der Basis dieses Konzeptes entwickelte GOEHLER[8] ein Lebenszyklusmodell speziell für Familienunternehmen.

---

3 Adizes, I. (1979): Organizational Passages - Diagnosing and Treating Lifecycle Problems of Organizations In: Organizational Dynamics, Summer 1979, S. 3 - 25, hier S. 3

4 Brockhaus, Enzyklopädie in 24 Bd., 19. Aufl., Bd. 23, Mannheim 1994, S. 384

5 Die Analogie zwischen Unternehmen und lebenden Organismen wird trotz großer Verbreitung immer wieder in Zweifel gezogen. „Eine Unternehmung ist gerade kein durch Naturgesetzlichkeiten vorprogrammierter Organismus, sondern eine aus rational, irrational und arational handelnden Menschen resultierende Organisation, für die jede biologische Analogie lediglich ein nicht strukturgleiches Abbild: einen verfehlten Denkansatz, darstellt." Schneider, D. (1996): Biologische Vorbilder für eine evolutorische Theorie der Unternehmung? In zfbf (48) 12/1996 S. 1098 - 1114, hier S. 1111. Von einer Diskussion der gegensätzlichen Standpunkte muss im Rahmen der vorliegenden Arbeit abgesehen werden. Die Autorin selbst hält gleichwohl eine solche Analogie (Analogie, nicht Gleichsetzung) *nicht* für verfehlt.

6 vgl. u.a. Booz, Allen & Hamilton (Hrsg.)(1997): Unternehmensvitalisierung: wachstumsorientierte Innovation - lernende Organisation - wertebasierte Führung, Stuttgart und Scholz, Ch. (1997): Strategische Organisation - Prinzipien zur Vitalisierung und Virtualisierung, Landsberg/Lech

7 vgl. Argenti, J. (1976): Corporate Collapse: the causes and symptoms. London et al., S. 148 ff

8 Goehler, A. (1993): Der Erfolg großer Familienunternehmen im fortgeschrittenen Lebenszyklus, Diss. St. Gallen, 1993, S. 79 ff

Im Rahmen der vorliegenden Arbeit wurde besonders auf den dynamischen Aspekt des Familienunternehmens abgestellt. Betrachtet man die Vielfalt von Formen, in denen Familienunternehmen auftreten, wird deutlich, dass sich gerade Familienunternehmen im Laufe ihres Bestehens immer wieder verändern. Dies geschieht zum einen durch die wachsende Familie, durch die daraus sich verändernden Eigentümerstrukturen und infolgedessen auch die veränderte Führung, aber es verändert sich auch und vor allem aufgrund der spezifischen Unternehmensentwicklung. Diese beginnt mit der Gründung und endet mit dem Tod des Unternehmens. Der sich zwischen diesen beiden Zeitpunkten spannende Bogen ist analog zu den Lebenszyklen in der Biologie mit verschiedenen Schwerpunkten im Rahmen von Lebenszykluskonzepten von Unternehmen beschrieben worden.[9] Zwar sterben Unternehmen im Gegensatz zu lebenden Organismen nicht zwangsläufig, eine Wiederbelebung, sei es durch das Erobern neuer Märkte, durch ein Relaunch, durch innovative neue Produkte, Absatzwege o.ä. ist nicht auszuschließen, aber dennoch lassen sich bei den meisten Unternehmen über einen kürzeren oder längeren Zeitraum ähnliche Phasen feststellen.

7.1 Die dynamische Betrachtung von Unternehmen

Die dynamische Betrachtung von Unternehmen, und somit implizit auch von Familienunternehmen, fand ihren Ausgangspunkt in den Überlegungen zum Wachstum von Unternehmen und in der Frage nach der optimalen Betriebsgröße.[10] Inzwischen füllen Arbeiten zu diesem Themenkomplex Bibliotheken. Einen Überblick sowohl über die Erklärungs- wie auch die Beschreibungsmodelle zum Unternehmenswachstum gibt MUELLER-OERLINGHAUSEN.[11] Während MUELLER-OERLINGHAUSEN die Lebenszyklusmodelle als einen gleichberechtigten Ansatz zur Beschreibung von Unternehmenswachstum neben Metamorphose-, Strukturänderungs-, Krisen-, Strukturkrisen- und Quantum-Change-Modellen einordnet, arbeiten andere Autoren mit dem Begriff der Lebenszyklusmodelle als übergeordnetem Begriff. Da auch z.B. Krisen- und Strukturkrisenmodelle[12] einen Lebenszyklus des Unternehmens, wenn auch mit anderem Schwerpunkt, beschreiben, wird im Weiteren mit dem Oberbegriff Lebenszyklusmodell und verschiedenen ihm zugeordneten Unterbegriffen gearbeitet.

---

9 Vgl. u.a. Pümpin, C. und Prange, J. (1991): Management der Unternehmensentwicklung, Frankfurt, S. 23

10 vgl. u.a. Brändle, R. (1966): Zur Dogmengeschichte und Methodologie der Theorie des Unternehmenswachstums, Diss. München, S. 44 ff; Haberlandt, K.-H. (1970): Das Wachstum der industriellen Unternehmung, Neuwied, S. 26 ff; Paul, H. (1985): Unternehmensentwicklung als betriebswirtschaftliches Problem. Ein Beitrag zur Systematisierung von Erklärungsversuchen des Unternehmenswachstums, Frankfurt et al. (zugl. Diss. Universität Giessen)

11 Mueller-Oerlingshausen, J.O. (1994): Führungs- und Finanzierungsschwellen im mittelständischen Wachstumsprozess, Diss. St. Gallen, S. 83 ff

12 vgl. z.B. Greiner, L. E. (1972): Evolution and Revolution as Organization Grows, In: Harvard Business Review, Vol. 50 (4/1972), S. 37 - 46

Die von ROSENBAUER[13] in Anlehnung an PÜMPIN/PRANGE[14] vorgestellten fünf Grundtypen von Lebenszyklus-Modellen beschreiben letztlich dasselbe Phänomen aus verschiedenen Perspektiven, bzw. mit einem verschiedenen Fokus. Die so genannten Metamorphose-Modelle beschreiben die Entwicklungsphasen, die ein Unternehmen im Laufe seines Lebens durchläuft, von der Gründungsphase und der Wachstumsphase, der Reifephase bis hin zur Wendephase, in der es sich entscheidet, ob das Unternehmen stirbt oder „wieder belebt" wird. Im Gegensatz hierzu fokussieren die Krisenmodelle die Übergänge von einer Phase in die nächste. Die zugrunde liegende Überlegung ist, dass es mit dem Wachsen des Unternehmens zu phasentypischen Problemen (Krisen) kommt, deren Überwindung die Voraussetzung für das Erreichen der nächsten Phase ist.

Die Krisen- ebenso wie die Strukturänderungs-Modelle und die Verhaltenänderungs-Modelle stellen in der Hauptsache auf das Führungsverhalten und die Aufbau- und Ablauforganisation während der verschiedenen Phasen bzw. in den Übergängen ab. Sie betrachten insofern den Lebenszyklus des Unternehmens aus der Perspektive der Führung. Die Marktentwicklungsmodelle hingegen betrachten den Unternehmenslebenszyklus als Addition der Produkt-Lebenszyklen. Für die vorliegende Arbeit ist es vor allem interessant, wie ein Familienunternehmen entsteht, wie es sich entwickelt und welche Chancen wahrzunehmen, welche Risiken zu bewältigen sind. Es soll deshalb im Folgenden mit dem Metamorphosemodell, das auf PÜMPIN/PRANGE[15] zurückgeht, gearbeitet werden. Innerhalb der einzelnen Phasen werden dann Erkenntnisse aus anderen Lebenszyklus-Modellen integriert, soweit dies dem Erkenntnisobjekt nutzt.

7.2 Familienunternehmens-spezifische Lebenszykluskonzepte

Obwohl es eine erhebliche Anzahl verschiedenster Lebenszyklus-Konzepte gibt, die wiederum in Bezug auf verschiedenste Fragestellungen diskutiert werden, sind der Autorin nur zwei spezifisch auf Familienunternehmen bezogene Lebenszykluskonzepte bekannt: dasjenige von ROSENBAUER[16] auf der Grundlage des Metamorphose-Modells von PÜMPIN/PRANGE[17] und das von GOEHLER[18] auf der Basis des Krisenmodells von ARGENTI.[19] Beide Modelle sollen im Folgenden kurz dargestellt werden.

---

13 Rosenbauer, C. (1994): Strategische Erfolgsfaktoren des Familienunternehmens im Rahmen seines Lebenszyklus, Diss. St. Gallen, S. 73 f

14 Pümpin, C.; Prange, J. (1991): Management der Unternehmensentwicklung, Frankfurt, S. 135

15 Pümpin, C. und Prange, J. (1991): a.a.o., S. 135

16 Rosenbauer, C. (1994): a.a.o., S. 99

17 Pümpin, C. und Prange, J. (1991): Management der Unternehmensentwicklung, Frankfurt.

18 Goehler, A. W. (1993): Der Erfolg großer Familienunternehmen im fortgeschrittenen Marktlebenszyklus, Diss. St. Gallen, S. 84

19 Argenti, J. (1976): Corporate Collapse: the causes and symptoms. London et al., S. 150

7.2.1 Das Lebenszyklusmodell des Familienunternehmens nach ROSENBAUER

ROSENBAUER unternimmt den Versuch der Integration der verschiedenen Lebenszyklen des Unternehmens, des Eigners und der Familie auf der Basis des Metamorphosemodells. Das Model von ROSENBAUER geht davon aus, dass ein Unternehmer ein neu-artiges Nutzenpotential entdeckt und dieses entwickelt.[20] Der Unternehmer ist hierbei die treibende und richtungweisende Kraft der Entwicklung. Mit dem Etablieren seiner Geschäftsidee am Markt beginnt die Wachstumsphase. Das Ziel nunmehr die konsequente Entwicklung des etablierten Nutzenpotentials, d.h. die bewusste Multiplikation bestehender Geschäftsideen. Parallel dazu geht ROSENBAUER davon aus, dass in die Pionier-, spätestens aber in die frühe Wachstumsphase des Unternehmens die Familiengründung des Unternehmers fällt, da zum Ende der Wachstumsphase im Modell von ROSENBAUER der Generationswechsel stattfindet. Mit abgeschlossenem Generationswechsel neigt sich auch der Lebenszyklus des Eigners rasch seinem Ende entgegen.

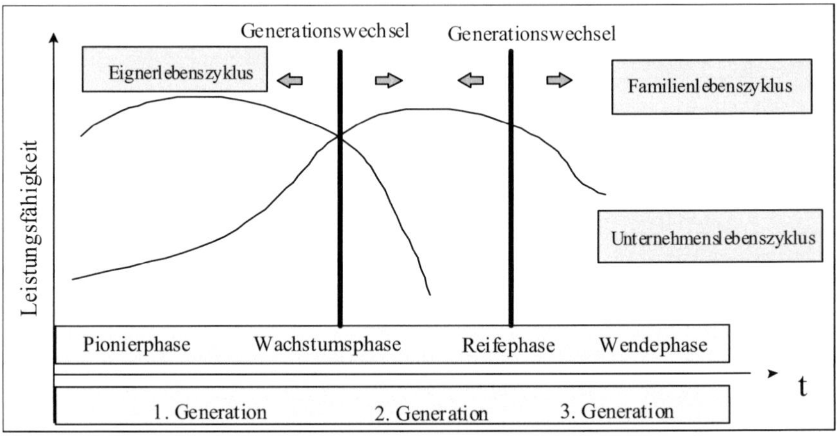

Abb. 62 Lebenszyklusmodel des Familienunternehmens nach ROSENBAUER

Das nun in der Reifephase befindliche Unternehmen wird jetzt von der 2. Generation geführt. Diese sieht sich mit Problemen, wie sie sich aus begrenzten Wachstumsmöglichkeiten in angestammten Geschäften ergeben, konfrontiert. Die Margen sinken, während zugleich die Produktpalette tendenziell ausgeweitet wird und somit die Kosten überproportional steigen. Die ursprüngliche Produktidee ist in die Jahre gekommen und, obwohl in dieser Phase häufig noch Hauptumsatzträger, auf dem Weg vom innovativen Produkt zum Commodity. Der relative Wettbewerbsvorteil schwindet zunehmend. Im Eignerlebenszyklus beschreibt ROSENBAUER eindringlich die mögliche und häufig nun einsetzende Zersplitterung des Eigentums. Mehrere Familienstämme besitzen Bruchteilsei-

20 vgl. Rosenbauer, C. (1994): Strategische Erfolgsfaktoren des Familienunternehmens im Rahmen des Lebenszyklus, Diss. St. Gallen, S. 74

gentum, einige sind im Unternehmen tätig, andere begleiten es mit, andere ohne die notwendigen Kenntnisse, wiederum andere haben nur ein finanzielles Interesse.

In diese Phase nun fallen die wichtigen, in der Wendephase zu treffenden Entscheidungen. „Ist es der Führungsebene nicht möglich, das Unternehmen zu revitalisieren und neue attraktive Nutzenpotentiale zu erschließen, kann sein Niedergang nur schwer aufgehalten werden."[21] Die Widerstände gegen eine Revitalisierung sieht ROSENBAUER vor allem auf der menschlichen Seite, in Gleichgültigkeit gegenüber dem Unternehmen und vermehrtem Widerstand gegenüber Veränderungen, die noch die zusätzlich Gefahr des Abwanderns besonders qualifizierter und motivierter Mitarbeiter mit sich bringen. In dem Modell von ROSENBAUER findet gerade vor dieser Wendephase der Generationswechsel von der 2. zur 3. Generation im Rahmen des Familienlebenszyklus statt. Der Eignerlebenszyklus bezieht sich in ihrem Modell ausschließlich auf den Gründer; er wird mit dessen Tod nicht weiter verfolgt, sprich auf die neuen Eigner übertragen.

Aufbauend auf dem in Abbildung 62 dargestellten Modell entwickelt ROSENBAUER im Folgenden eine Zuordnung von unternehmens- und eignerbedingten Krisen und Erfolgspotentialen im Lebenszyklus des Familienunternehmens. Die eigentliche Problematik des Modells liegt jedoch in den anfänglichen Annahmen. Die zeitliche Synkronität von Familien-, Eigner- und Unternehmenslebenszyklus ist eine von vielen in der Praxis zu beobachtenden Möglichkeiten. So werden Familienunternehmen von Mitgliedern alter Familien gegründet, die bereits über eine ausgeprägte Familienkultur verfügen und wo der Generationswechsel nicht zum ersten Mal bewusst stattfindet, auch wenn das erste Mal dieses Unternehmen, welches in der derzeit amtierenden Generation gegründet wurde, davon betroffen ist. Andererseits gibt es Unternehmen, die seit Generationen im lokalen Bereich tätig und im Sinne des Überlebens auch erfolgreich sind, bis eine Generation dieses lokale Unternehmen im nationalen oder sogar internationalen Markt etabliert. Die Pionier- und die eigentliche Wachstumsphase liegen hier u.U. Generationen auseinander. Die Probleme und Chancen der einzelnen Bereiche im Rahmen des jeweiligen Lebenszyklus bleiben deshalb zwar im Grundsatz ähnlich, aber den verschieden Kombinationsmöglichkeiten von Familien-, Eigentümer-, Führungs- und Unternehmenslebenszyklus wird in dem synkronisierten Modell von ROSENBAUER nur unzureichend Rechnung getragen.

---

21 Rosenbauer, C. (1994): Strategische Erfolgsfaktoren des Familienunternehmens im Rahmen des Lebenszyklus, Diss. St. Gallen, S. 75; Hervorhebung durch den Verfasser

7.2.2 Das Lebenszyklusmodell des Familienunternehmens nach GOEHLER

Anders als ROSENBAUER geht GOEHLER[22] von drei, auf der Unternehmenskonstitution nach ARGENTI´s „corporate health" aufbauenden, Stadien aus. Allerdings konzentriert er sich hierbei auf die Reife- und Wendephase und die auftretenden Probleme. Während er dem Familienunternehmen eine systemimmanente Stärke in der Pionier- und Wachstumsphase bescheinigt, konstatiert er verce visa eine systemimmanente Schwäche in den beiden letzten Phasen des Lebenszyklus.[23]

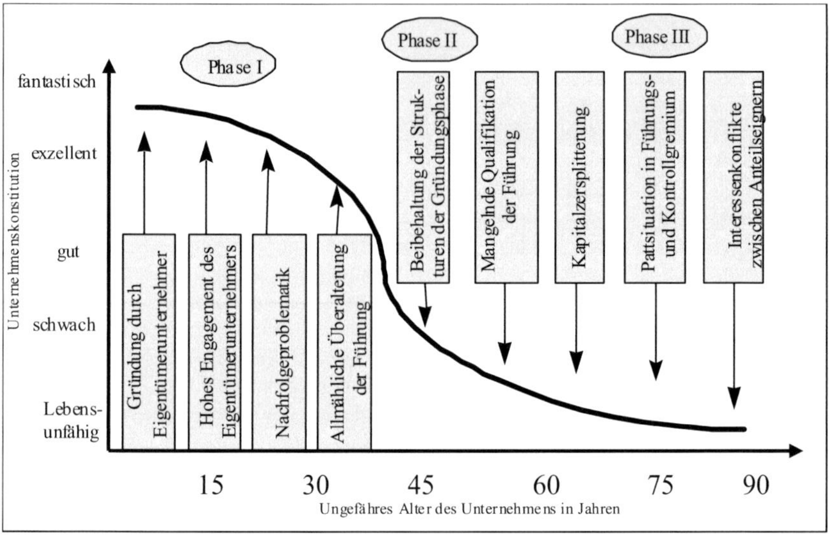

Abb. 63 Lebenszyklusmodel des Familienunternehmens nach GOEHLER

GOEHLER definiert die Gründungsphase nicht unbedingt als den eigentlichen Gründungsakt im Sinne z.B. des Eintrags des Unternehmens in das Handelsregister, sondern er bezeichnet die Phase als Gründungsphase, in der „das Unternehmen aus der Bedeutungslosigkeit heraus entwickelt"[24] wird, sei es durch den Gründer selbst oder den Vertreter einer späteren Generation. Diese Phase ist eng mit dem Pioniergeist des Unternehmereigentümers verbunden, Flexibilität und Pragmatismus gepaart mit hoher Mitarbeitermotivation sind die relevanten Wettbewerbsvorteile. Die zweite Phase ist nach GOEHLER von einer Überalterung der Organisation und einer daraus resultierenden abnehmenden Lernfähigkeit gekennzeichnet. Hierbei ist wichtig, dass die abnehmende

---

22 Goehler, A. W. (1993): Der Erfolg großer Familienunternehmen im fortgeschrittenen Marktlebenszyklus, Diss. St. Gallen, S. 84

23 Goehler, A. W. (1993): a.a.o., S.71 f

24 Goehler, A. W. (1993): a.a.o., S. 83

Lernfähigkeit einer Organisation sich direkt negativ auf deren Vitalität auswirkt. Auch der Unternehmer selbst versucht nach GOEHLER mehr und mehr sein Lebenswerk zu konservieren, denn es zu verändern, es weiter auf- und auszubauen.

Die in der zweiten Phase bereits angelegten und für den aufmerksamen Betrachter deutlich zutage tretenden Schwächen werden in der dritten Phase nun unübersehbar. Durch die immer größer werdende Anzahl von Eigentümern kommt es nach GOEHLER zur Kapitalzersplitterung. In Führungs- und Kontrollgremien entstehen durch Stimmengleichverteilung Pattsituationen, die Bereitschaft, Veränderungsrisiken auf sich zu nehmen, nimmt bei allen Beteiligten tendenziell ab. Auch dies ist ein deutlicher Hinweis auf die abnehmende Vitalität des Unternehmens. Am Ende der dritten Phase steht häufig die Auflösung bzw. der Verkauf der inzwischen lebensunfähig gewordenen Organisation.

7.2.3 Das vitale Familienunternehmen im Lebenszyklus

In einer immer schneller sich ändernden Umwelt, deren Richtungsänderungen zudem immer weniger vorhersagbar sind, können nur vitale Unternehmen überleben. Es ist also zunächst zu fragen, woran man diese Vitalität, die Lebenskraft des Unternehmens, erkennt, wie sie sich über den Zeitablauf entwickelt, um dann zu untersuchen, woraus sich diese Vitalität speziell bei Familienunternehmen speist.

7.2.3.1 Das vitale Unternehmen

Die Vitalität eines Unternehmens wird im Rahmen dieser Arbeit definiert als die Kraft des Unternehmens, mit den Störungen und Krisen, mit denen es konfrontiert wird, derart umzugehen, dass sein langfristiges Überleben gesichert ist. Darüber hinaus wird Vitalität nicht nur reaktiv, sondern auch proaktiv definiert, indem ein vitales Unternehmen auf die relevanten Märkte, Kunden, Lieferanten und andere Umfeldbedingungen derart Einfluss nimmt, dass die eigene Position gestärkt wird und evtl. Störungen und Krisen bereits im Ansatz abgefangen bzw. vermieden werden. Ein vitales Unternehmen hat demnach ein klares Selbstbild, welches nach innen und außen kommuniziert wird (Unternehmenskultur), und das als Orientierung bei werthaltigen Entscheidungen herangezogen wird, insofern verpflichtenden Charakter hat. Die Forderung nach wertebasierender Führung als ein Faktor zur Vitalisierung von Unternehmen[25] ist vor diesem Hintergrund zu sehen. Das Maß der Übereinstimmung von den Grundsätzen und ihrer Umsetzung kann somit als ein Indikator für die Vitalität des Unternehmens angesehen werden.

---

25 Booz, Allen & Hamilton (Hrsg.)(1997): Unternehmensvitalisierung: wachstumsorientierte Innovation - lernende Organisation - wertebasierte Führung, Stuttgart und Scholz, Ch. (1997): Strategische Organisation - Prinzipien zur Vitalisierung und Virtualisierung, Landsberg/Lech, S. 85 ff

Aber nicht nur das Maß der Übereinstimmung, auch die Grundsätze selbst, die in einem Unternehmen verankert sind, entscheiden maßgeblich über dessen Vitalität. In einer sich immer schneller wandelnden Umwelt muss ein Unternehmen offen genug sein, sein Selbstbild einerseits mit dem tatsächlichen und andererseits mit dem von Dritten gewünschten Fremdbild abzugleichen und es ggf. anzupassen. Ein vitales Unternehmen muss demnach offen sein für von innen und außen angestoßene Veränderungen. Um dies sein zu können, ist es unabdingbar, dass Fehler und Irrtum als Lernchancen begriffen werden, anstatt dass sie negative Sanktionen nach sich ziehen. Dies setzt den Verzicht auf „die einzig seelig machende Wahrheit“[26] voraus und erfordert von allen Beteiligten ein hohes Maß an Disziplin und Toleranz.

Um auf innere und äußere Anstöße adäquat reagieren zu können, muss im Unternehmen eine entsprechende Kommunikationsfähigkeit und -kultur vorhanden sein. Diese ist bis zu einem gewissen Grad auch unabhängig von gängigen Führungsstrukturen vorhanden oder eben nicht vorhanden. Voraussetzung für eine konstruktive Kommunikationskultur ist vor allem ein Menschenbild, das die Gleichwertigkeit aller Beteiligten (nicht die Gleichheit!) beinhaltet. Erst aus der akzeptierten Gleichwertigkeit ergibt sich Chancengleichheit, die für innovative Prozesse unabdingbar ist. Es wird hierbei ein Interessenausgleich aller Beteiligten angestrebt, ohne dass deren Interessenheterogenität geleugnet oder negativ bewertet wird. Die Interessenheterogenität wird somit als Lernchance begriffen, die einen Interessenausgleich auf höherem Niveau auf der Basis der verankerten Werte erst möglich macht.

Auf der Grundlage der beschriebenen Pluralität und Interessenheterogenität einerseits, Gleichwertigkeit, Toleranz und Lernorientierung andererseits ist das vitale Unternehmen permanent bemüht, seine Leistungen für die Kunden zu optimieren und die Kunden an das Unternehmen zu binden. Nur tragfähige Kundenbeziehungen sind bei Störungen oder in Krisenfällen belastbar und bergen die Möglichkeit, aus eben dieser Krise gemeinsam mit dem Kunden zu lernen. Kundenbindung und Innovation stehen somit in engem Zusammenhang. Erst aus der Kommunikation mit dem Kunden ergibt sich die mögliche Richtung strategischer Bemühungen. Dies gilt auch dort, wo das Unternehmen proaktiv tätig wird, da eine aus dem Unternehmen entwickelte Innovation ohne Kundenbeteiligung nur dann eine Chance am Markt hat, wenn der Kunde sie akzeptiert. Ein vitales Unternehmen ist somit gekennzeichnet durch ausgeprägte Kommunikation mit seinen Kunden, eine hohe Kundenbindung aufgrund einer kompromisslosen Kundenorientierung und darauf aufbauendem Innovationsmanagement.

7.2.3.2 Vitalität und Lebenszyklus des Familienunternehmens

Die Vitalität jedes Unternehmens verändert sich während der verschiedenen Phasen des Lebenszyklus. Hinzukommt, dass während der verschiedenen Phasen jeweils andere

26 Wissenschaftstheoretisch wurde diese Position besonders pointiert von POPPER (Popper, K.R. (1984): Objektive Erkenntnis - ein evolutionärer Entwurf, 4. Aufl., Hamburg) eingenommen.

Faktoren die Vitalität besonders stark negativ oder positiv beeinflussen. Während z.B. die formale Organisation während der Pionierphase kaum ins Gewicht fällt, ist sie gerade während der Wachstumsphase häufig ein die Vitalität negativ beeinflussender Faktor, da sie in vielen Fällen der aktuellen Unternehmensentwicklung „hinterher hinkt".

Im Folgenden werden auf der Grundlage des Basismodells der Metamorphose und der Entwicklung der Unternehmenskonstitution, ohne eine deterministische zeitliche Zuordnung der Phasen vorzunehmen, die Faktoren, die die Vitalität des Familienunternehmens in den jeweiligen Phasen ausmacht, dargestellt. Die folgende Abbildung zeigt zum einen den am Produktlebenszyklus orientierten Unternehmenszyklus eines Familienunternehmens. Hierbei sagt die Abbildung nichts über die Länge der einzelnen Phasen aus. Zwischen der Gründung des Unternehmens, z.B. als regionaler Handwerksbetrieb und seiner eigentlichen Wachstumsphase zu einem nationalen Unternehmen können u.U. mehrere Generationen aber ebenso auch nur wenige Jahre liegen. Ebenso sagt die Darstellung nicht über den Grad des Wachstums aus, der in verschiedenen Unternehmen sehr unterschiedlich ausfallen kann und u.U. auch diskontinuierlich und/oder mit Brüchen vor sich gehen kann.

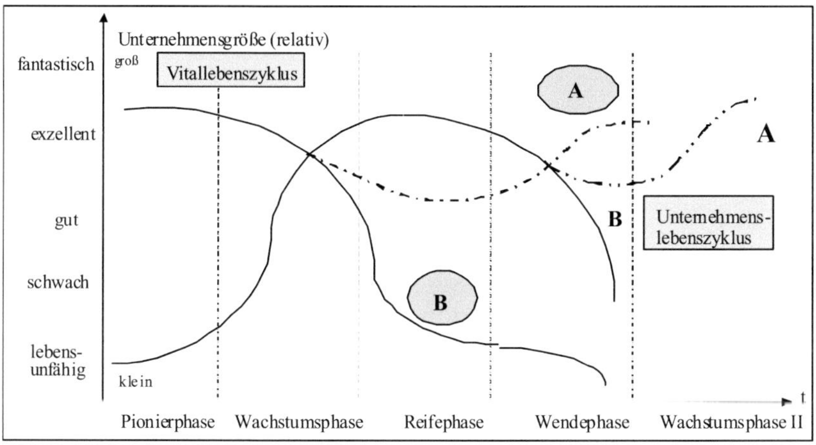

Abb. 64 Vitallebenszyklus des Familienunternehmens (eigene Darstellung)

Abbildung 64 soll vor allem den Zusammenhang zwischen Vitalität und Unternehmenswachstum deutlich machen. Während i.d.R. die Vitalität von Familienunternehmen in der Pionierphase hoch ist[27], nimmt sie in der Wachstumsphase ab. Hier entscheidet sich bereits, ob das Unternehmen die abnehmende Vitalität wahrnimmt und ob Anstrengungen unternommen werden und gelingen, dass Unternehmen zu revitalisieren (Fall A). Gelingt dies nicht, so tritt der von GOEHLER dargestellte Verlauf ein: Wenn sich die Unternehmenskennzahlen wie Umsatz, Gewinn, Cash flow u.a. negativ entwickeln, ist die Unternehmensvitalität bereits so gering, dass das Unternehmen kaum noch eine

27 Andere Fälle werden in Kapitel 7.3.1 beschrieben.

Chance hat, ohne einschneidende Veränderungen (z.B. in der Eigentümerstruktur durch Verkauf) weiter zu bestehen (Fall B).

Die Vitalitätsentwicklung kann somit als Frühindikator der Unternehmensentwicklung gesehen werden. Warum nun besonders Familienunternehmen bei der Revitalisierung sowohl gravierende Vor- als auch gravierende Nachteile haben, soll im Folgenden für die einzelnen Phasen herausgearbeitet werden. Den familienunternehmensspezifischen Vitalitätspotentialen ebenso wie den entsprechenden Vitalitätsabflüssen soll besondere Aufmerksamkeit gewidmet werden.

7.3 Die Phasen des Lebenszyklus in Familienunternehmen

Auf der Basis von Abbildung 64 werden im Folgenden die einzelnen Phasen des Familienunternehmenslebenszyklus dargestellt und die jeweiligen Vitalitätspotentiale und -abflüsse herausgearbeitet.

7.3.1 Das Familienunternehmen in der Pionierphase

In der Pionier- oder auch Gründungsphase ist häufig noch nicht abschließend zu beurteilen, ob aus dem neugegründeten Unternehmen einmal ein Familienunternehmen im Sinne des Fortbestandes über Generationen werden wird. Erst in der ex-post Analyse wird deutlich, dass es sich „damals" um die Pionierphase „des" Familienunternehmens gehandelt hat. Es sprechen einige Gründe dagegen, Pionierunternehmen als Familienunternehmen zu behandeln. Häufig werden sie von Ledigen ohne Kinder gegründet, es gibt also noch gar keine Familie im Hintergrund; die Frage nach dem Fortbestand ist noch nicht zu beantworten, Familienunternehmensspezifische Fragen wie z.B. das Überschwappen familiärer Probleme in die Unternehmenssphäre spielen noch keine Rolle.

Dennoch spricht nach Ansicht der Autorin mehr für als gegen eine Einbeziehung der Pionierunternehmen in die Gruppe der Familienunternehmen. Zunächst einmal hat jedes Familienunternehmen irgendwann einmal als Pionierunternehmen begonnen, allerdings wird nicht jedes Pionierunternehmen, das im Besitz und unter Leitung einer oder mehrere Privatpersonen steht (das also die formalen Kriterien für ein Familienunternehmen erfüllt) ein über Generationen vererbtes Familienunternehmen. In diesem Fall ist die Gegenfrage zu stellen: In welche Kategorie ist ein neu gegründetes Unternehmen einzuordnen, das von Privatpersonen geführt wird und dessen Eigenkapital mehrheitlich diesen Privatpersonen gehört, wenn es kein Familienunternehmen ist? Die Gruppe aller privatwirtschaftlichen Unternehmen teilt sich nach der dieser Arbeit zugrunde liegenden Definition in Familien(beherrschte)unternehmen und anonyme Nicht-Familienunternehmen. Ein solches Unternehmen ist eindeutig kein anonymes Unternehmen, ein Nicht-

Familienunternehmen im Sinne dieser Arbeit. Es handelt sich vielmehr um einen Sonderfall eines Familienunternehmens, ein potentielles Familienunternehmen.

7.3.1.1 Die Unternehmensgründung im Zeitablauf

Die Pionierphase unterteilt sich i.d.R. in verschiedene Schritte. Am Anfang steht die Idee oder die Notwendigkeit, sich selbständig zu machen. Die Gründungsmotivation ist hierbei in erster Linie das Streben nach eigenverantwortlichem Handeln und die Umsetzung eigener Ideen, es kann aber auch die drohende Arbeitslosigkeit sein, die dann zu einer so genannten erzwungenen Selbständigkeit führt. Die Unzufriedenheit mit dem früheren Arbeitsplatz und das Streben nach materiellem Erfolg werden ebenfalls als Motivation angegeben.[28] Es ist die Zeit der Aufregung und Aufgeregtheit, kombiniert mit hektischen Aktivitäten. ADIZES[29] formuliert dies so: „One gets a sense that the founders are in love with their idea. They behave like missionaries searching for an audience to convert." Diese grundlegende Geschäftsidee entsteht in den seltensten Fällen durch reinen Zufall. Vor allem bei technisch innovativen Geschäftsideen entsteht die Mehrzahl durch intensive Marktbeobachtung und/oder Beobachtung der technischen Entwicklung. In gut einem Drittel der Fälle kommt die systematische Suche nach bislang nicht gelösten Bedarfspotentialen und nach neuen Lösungsalternativen hinzu.[30]

Auf die Ideenphase folgt die Planungsphase, deren vorrangiges Ziel es ist, eine „vom Umfang und Branche des Vorhabens abhängige, ausreichend detaillierte und systematische Gründungskonzeption zu erarbeiten."[31] Die Marktorientierung der Innovation einerseits, aber auch die Qualität der Planung andererseits wird als Grund für das Gelingen und Scheitern einer Unternehmensgründung vorrangig angeführt. So verweist KAYSER[32] darauf, dass die wichtigste Determinante des Wachstums, die untersucht wurde, die Qualität der Planung gewesen sei. Obwohl die Planung als eine Erfolgsdeterminante immer wieder angeführt wird, ist der Prozentsatz der Gründer, die eine de-

---

28 Vgl. hierzu u.a. Hüfner, P. et al. (1992): Mittelstand und Mittelstandspolitik in den neuen Bundesländern, ifm-Materialien Nr. 45, Bonn, S. 21. Die hier erhobenen Gründungsmotive ergaben sich aus der Befragung von 1236 Gründern, die im Juni 1991 in den neuen Bundesländern befragt wurden. Zu ähnlichen Ergebnissen für den Raum Wien kommt SAUTNER in der Arbeit: Sautner, M. (1985): Motive und Probleme der Unternehmensgründung, Wien, S. 25 ebenso Picot, A. et al. (1989): Innovative Unternehmensgründungen, Berlin et al., S.88 für die Bundesrepublik (damals noch alte Bundesländer).

29 Adizes, I. (1979): Organizational Passages - Diagnosing and Treating Lifecycle Problems of Organizations In: Organizational Dynamics, Summer 1979, S. 3 - 25, hier S. 4

30 vgl. Picot, A.; Laub, U.-D.; Schneider, D. (1989): Innovative Unternehmensgründungen, Berlin et al., S. 110

31 Kaiser, L. (1997): Phasenspezifische Probleme beim Wachstums von Existenzgründungen, unveröff. Dipl.-Arbeit, Trier, S. 28

32 Kayser, G. (1987): The stages of growth in small and medium business: The current demand and supply of economic services, ifm-materialien Nr. 56, Bonn, S. 10

taillierte, schriftliche Planung vornehmen, auffallend gering. SAUTNER[33] befragte 130 Gründer 1 Jahr nach erfolgter Gründung. Nur 30 % von ihnen gaben an, die Gründung geplant und diese Planung schriftlich fixiert zu haben. Von diesen 30 % hatten 80 % einen Finanzplan erstellt, jeweils 52,5 % einen Zeitplan bzw. einen Investitionsplan, 40 % einen Absatzplan und nur 22,5 % einen Produktionsplan. Die viel zitierte Kapitalausstattung, wobei hier vor allem die Eigenkapitalbeschaffung im Vordergrund steht, ist nach vorliegenden Untersuchungen in der Gründungsphase nicht so relevant wie zunächst angenommen. ALBACH/MAY-STROBL[34] fassen dies wie folgt zusammen: „Über das Schicksal eines neu zu gründenden Unternehmens am Markt entscheidet in erster Linie das Vorhandensein einer Innovation im weiteren Sinne. Dagegen bestimmt die Kapitalausstattung nicht so sehr die Richtung als vielmehr die Geschwindigkeit der Geschäftsentwicklung."

Auf die Planungsphase folgt die eigentliche Errichtungsphase. Hier werden konkrete Verpflichtungen eingegangen; es werden erste Investitionen vorgenommen. Diese Phase ist somit auch als der „point of no return" anzusehen, da der Gründer nun nicht mehr ohne Einbußen von der Unternehmensgründung Abstand nehmen kann.[35] Die Dauer der Errichtungsphase ist je nach Umfang und Komplexität, vor allem aber auch in Abhängigkeit von der Branche unterschiedlich lang. ALBACH[36] gibt die Dauer zwischen 4 Monaten bei Dienstleistungsunternehmen, 6 Monaten im produzierenden Gewerbe und zwischen 10 und 16 Monaten für Industrieunternehmen an.

Obwohl es keine exakten Abgrenzungskriterien gibt, wird z.T. in der Literatur noch zwischen der ersten Wachstumsphase und der Bewährungsphase unterschieden. „Der Grund für die dennoch explizite Abgrenzung der Bewährungsphase von der Wachstumsphase liegt in den, in der Literatur identifizierten, spezifischen Problemen, die vor dem Eintritt in die nachfolgende Wachstumsphase gelöst werden müssen."[37] Die ersten realen Markterfahrungen machen u.U. eine Anpassung der angebotenen Leistungen im Sinne des learning-by-doing notwendig. Auf der Einkaufsseite, sowohl was Vorprodukte, aber auch was Dienstleistungen und vor allem Fremdkapital betrifft, ist der Gründer mit einer hohen Verkaufsmacht konfrontiert, der er (noch) nichts entgegen zu setzen hat, da seine Einkaufsmengen noch verschwindend gering sind. Er muss zudem der Versuchung widerstehen, sich auf nur einen Lieferanten für längere Zeit festzulegen, und so vermeiden, in eine später nur schwer lösbare Abhängigkeit mit allen ihren negativen Auswirkungen zu geraten. Durch den Zwang, Umsatz machen zu müssen, kann es zudem sein, dass der

33 Sautner, M. (1985): Motive und Probleme der Unternehmensgründung, Wien, S. 74

34 Albach, H.; May-Strobl, E. (1986): Erfolgsfaktoren neugegründeter Unternehmen In: Die Bank, Köln 1986, S. 84 - 86, hier S. 84

35 vgl. hierzu auch Adizes, I. (1979): Organizational Passages - Diagnosing and Treating Lifecycle Problems of Organizations In: Organizational Dynamics, Summer 1979, S. 3 - 25, hier S. 10

36 Albach, H.(1987): Investititonspolitik erfolgreicher Unternehmen In: zfb 57, 1987, S 636 - 661

37 Kaiser, L. (1997): Phasenspezifische Probleme beim Wachstums von Existenzgründungen, unveröff. Dipl.-Arbeit, Trier, S. 42

Gründer die Bonität seiner Kunden zu wenig prüft[38], da er froh über jeden neu gewonnenen Kunden ist, den er für sein noch unbekanntes Unternehmen gewinnen kann und der für ihn ja zugleich auch Referenzkunde für weitere Verkaufsgespräche ist. Es besteht gerade in dieser Phase die Gefahr, dass der Gründer die Rentabilität zwar beachtet, aber die Liquidität aus den Augen verliert, was vor allem bei einer knappen Kapitalausstattung zum vorzeitigen Aus führen kann. Insgesamt ist die Bewährungsphase von Improvisation und hoher Flexibilität gekennzeichnet, interne Strukturen sind noch kaum vorhanden, das Unternehmen lebt oder stirbt mit der Leistung des Gründers.

Dies ist auch in der nun folgenden Wachstumsphase nicht anders. Durch das nun einsetzende Wachstum verursacht die fehlende Struktur und die große Flexibilität aber auch Probleme. So bestehen die bisher erarbeiteten Kontakte, seien es Kontakte zu Lieferanten, Banken, Kunden oder Beratern, zumeist ausschließlich als persönliche Kontakte. Hier ist der Gründer gefragt, möglichst zügig eine tragfähige Organisation zu entwickeln, die es seinen Mitarbeitern ermöglicht, auf die von ihm selbst gemachten Kontakte aufzubauen und ihn von den Tagesgesprächen wo möglich zu entlasten. Gelingt dies nicht, ist der Gründer selbst und seine zeitliche Kapazität der Hauptbegrenzungsfaktor für ein weiteres Unternehmenswachstum. In dieser Phase kann die zu geringe Kapitalausstattung in dem oben erwähnten Sinn Wachstumshemmnis werden, da das Unternehmen gezwungen ist, zu einem Zeitpunkt, da es noch nicht oder nur unter größten Anstrengungen dazu in der Lage ist, das weitere Wachstum über Innenfinanzierung sicher zu stellen. Aus der wachsenden Komplexität ergeben sich zudem erhöhte Anforderungen an die Kosten- und Erlösrechnung und vor allem an die Liquiditätsrechnung, da in den meisten Fällen das Problem der geringen Einkaufsmacht einerseits und der nur unzureichend geprüften Kundenbonität noch nicht gelöst ist.

In der Wachstumsphase ist der Gründer zum ersten Mal in größerem Umfang mit der Problematik konfrontiert, qualifiziertes Personal für sein Unternehmen zu gewinnen. Hier ergeben sich für ihn zwei Problemkreise. Zum einen kann er die hochqualifizierten Mitarbeiter, die er für bestimmte Aufgaben benötigt, weder voll auslasten (dafür ist das Unternehmen noch zu klein), noch kann er sie bezahlen. Auf der anderen Seite muss er große Überzeugungsarbeit leisten, wenn er potentielle Mitarbeiter gefunden hat, um ihnen den Einstieg in ein noch unbekanntes, gerade gegründetes und noch nicht fest etabliertes Unternehmen schmackhaft zu machen. Zugleich erliegen viele Gründer der Versuchung, mit der Einstellung von zusätzlichem Personal der Unternehmensentwicklung deutlich hinterher zu hinken, um so der Unsicherheit steigender Personalkosten bei noch nicht stabilisierten Umsätzen zu entgehen. Hieraus ergibt sich folgerichtig eine überdurchschnittliche Belastung sowohl des Gründers selbst, der vom Tagesgeschäft absorbiert wird und für übergeordnete Führungsaufgaben kaum Zeit findet, und der bereits im Unternehmen arbeitenden Mitarbeiter andererseits. Dies kann zu hoher Unzufriedenheit, relativ hohen Fehlerraten und zu hoher Fluktuation führen. Allerdings wird diese phasentypische Überlastung aller Beteiligten in Gründungsunternehmen mit Aufbruchsstimmung häufig durch eine weit überdurchschnittliche Motivation abgefangen.

---

38 vgl. Kaiser, L. (1997): a.a.o., S. 48

Die Pionierphase des Unternehmens endet mit der auf die erste Wachstumsphase folgenden Konsolidierungsphase, die nötig ist, um die Voraussetzungen für die zweite, die eigentliche Wachstumsphase zu schaffen. Im Rahmen der Konsolidierungsphase wird eine erste Organisationsstruktur gesucht und etabliert, die die in der ersten Wachstumsphase aufgetretenen Probleme beseitigen und einem erneuten Auftreten derselben vorbeugen soll. Dabei müssen aber die Stärken der ersten Zeit, die Flexibilität und die Schnelligkeit, erhalten bleiben. Neben den organisatorischen Voraussetzungen für ein weiteres nachhaltiges Unternehmenswachstum muss im Rahmen dieser Konsolidierungsphase auch die Finanzierung des Unternehmens konsolidiert und auf solide Füße gestellt werden. Hierzu ist in einigen Fällen eine erste Kapitalerhöhung notwendig, vor allem aber muss der Fremdkapitalanteil soweit abgebaut werden, dass für ein nun folgendes Unternehmenswachstum genügend Finanzierungsreserven vorhanden sind.

7.3.1.2 Mögliche Entwicklungsverläufe in der Pionierphase

Die Entwicklungsverläufe während der Pionierphase lassen sich grundsätzlich in drei Typen einteilen: in schrumpfende, moderat wachsende und stark wachsende Gründungsunternehmen. In einer Untersuchung von 344 Gründungsunternehmen über 4 Jahre ergab für die drei Typen jeweils ca. ein Drittel der Stichprobe[39]. KULICKE[40] (es wurden 60 technologieorientierte Neugründungen untersucht, die durchschnittlich 5 Jahre alt waren) differenziert hier noch weiter und unterscheidet insgesamt 6 Typen. Insgesamt kommt sie zu etwas abweichenden Ergebnissen, allerdings basieren beide Untersuchungen nicht auf einer Zufallsstichprobe und erheben keinen Anspruch auf Repräsentativität. Da die vorgenommene Differenzierung allerdings für das Verständnis der möglichen Entwicklungsverläufe von Gründungsunternehmen interessant ist, soll sie im Folgenden kurz vorgestellt werden.

KULICKE beschreibt neben dem schrumpfenden (scheiternden) und zwei moderat wachsenden Gründungsunternehmen 3 verschiedene Typen stark wachsender Unternehmen. Typ 1 wird beschrieben als das langsam wachsende Unternehmen ohne großes Wachstumspotential. Knapp 50 % der untersuchten Gründungsunternehmen gehörten zu diesem Typ. Sie zeichneten sich durch eine klare Technologieführerschaft in der Nische, einen hohen Qualitätswettbewerb und durch geringes bis gar kein Fremdkapital aus. Typ 2 wird beschrieben als das expandierende Unternehmen mit großem Wachstumspotential, wozu 16 % der untersuchten Unternehmen zählten. Im Gegensatz zu Typ 1 findet man hier eine deutliche Ergebnisorientierung, die Finanzierung stellt ein erheblich größeres Problem dar und vor allem die Marktetablierung ist problematisch, da es sich um einen attraktiven, und das heißt umkämpften Markt handelt. Typ 3 ist ebenfalls ein moderat wachsendes Unternehmen, allerdings ist sein Wachstum an das des Produktes ge-

39 vgl. hierzu auch Hunsdiek, D.; May-Strobl, E. (1987): Gründungsfinanzierung durch den Staat: Fakten, Erfolg und Wirkung, ifm-schriften Nr. 17, S. 147 f

40 Kulicke, M. (1991): Ansätze zur Erklärung von Entwicklungsmustern technologieorientierter Unternehmensgründungen in BFuP 4/91, S. 349 - 362

koppelt. Unternehmenslebenszyklus und Produktlebenszyklus sind somit deckungsgleich. Die Ziele in diesem Unternehmenstyp ähneln denen des Typs 1, allerdings konzentriert sich hier die Aufmerksamkeit auf das Produkt, nicht auf die Kunden, weshalb ein Weiterentwicklung bzw. eine Neuentwicklung und somit eine Abkoppelung des Unternehmenslebenszyklus vom Produktlebenszyklus unterbleibt. Immerhin 12 % der untersuchten Gründungsunternehmen gehörten zu diesem Typ.

Als Typ 4 wird ein Unternehmen beschrieben, das bereits an der Markteinführung oder -etablierung scheitert. Auch diesem Typ gehörten 12 % der untersuchten Gründungsunternehmen an. „Solche Unternehmen scheitern zumeist deshalb, weil die Marktstrukturen falsch eingeschätzt wurden bzw. die verfolgte Vertriebsstrategie die Wettbewerbsverhältnisse nur unzureichend antizipiert.“[41] Typ 5 wird beschrieben als ein zunächst langsam wachsendes Unternehmen, das sich nach einer Marktexpansion zu einem schnell wachsenden Unternehmen entwickelt. 8 % der untersuchten Unternehmen zeigten einen so beschriebenen Wachstumsverlauf. Diesen Unternehmen ist eine klare Wachstumsorientierung eigen. Allerdings ist hier der Markt, in dem sich das Unternehmen bewegt, noch in der Entstehungsphase. Die Markteintrittsbarriere ist hier vor allem in der hohen Überzeugungsarbeit, die das Unternehmen zu leisten hat, zu suchen. Erst mit ersten Referenzkunden ergibt sich langsam die Möglichkeit, diesen Markt zu entwickeln. Ist dieses Problem überwunden, entwickelt sich der Typ 5 analog zu Typ 2. Als letzten Typ des Unternehmenswachstums stellt KULICKE das Unternehmen mit krisengeschütteltem Wachstum vor. Es handelt sich bei diesem 6. Typ, zu dem 8 % der untersuchten Gründungsunternehmen zählten, um eine Variante des Typs 2, der aufgrund von Managementfehlern das Wachstumspotential nur unzureichend in der Lage ist, auszuschöpfen. Mit jedem Wachstumsschub wird ein anderes Versäumnis in der Führung des Unternehmens deutlich, welches erst nach dessen Beseitigung wieder weiter wachsen kann.

Für die weiteren Betrachtungen von Familienunternehmen im Zeitablauf, nämlich in ihrer Wachstums-, Reife- und Wendephase sind zunächst einmal ausschließlich die wachsenden Unternehmen interessant. Der von der Gründung an schrumpfende Unternehmenstyp erreicht diese Phasen erst gar nicht. Bei den verbleibenden 5 Entwicklungsverlaufen sind es vor allem die stark wachsenden Unternehmen, die von besonderem Interesse sind, da sie das Potential haben, überregionale, nationale oder sogar internationale Bedeutung zu erlangen. Zudem treten mit überdurchschnittlichem Wachstum auch die mit dem Wachstum verbundenen Probleme besonders deutlich zutage, während das langsam wachsende Unternehmen, das sich in einer nicht besonders großen und/oder nicht besonders attraktiven Nische ohne großen Konkurrenzdruck bewegt, mit diesen nur in abgeschwächtem Maße konfrontiert wird.

7.3.1.3 Vitalitätspotentiale und -abflüsse in der Pionierphase

Stark wachsende Familienunternehmen verfügen in der Pionierphase über eine hohe Vitalität, oftmals werden ähnliche Vitalitätsüberschüsse im Verlauf des Unternehmens-

---

41 Kulicke, M. (1991): a.a.o., hier S. 357

lebenszyklus nie wieder erreicht. Im Folgenden soll kurz dargestellt werden, woraus sich diese Vitalität speist und wofür sie im Sinne des Überlebens des Unternehmens eingesetzt wird. Es wird hierbei auf die spezifischen Modelle von GOEHLER[42] und ROSENBAUER[43]; die bereits in Kapitel 7.2.1 und 7.2.2 dargestellt wurden, zurückgegriffen.

Stark wachsende Gründungsunternehmen sind i.d.R. in relativ jungen Märkten tätig. Sie wachsen mit dem Markt bzw. sie machen den Markt. Die typischen Merkmale dieses Anfangsstadiums der Marktentwicklung sind u.a. unklare Zielgruppen und Marktpotentiale, geringer Wettbewerb, hohes Risiko, hohe Wettbewerbsdynamik und hoher strategischer Entscheidungsbedarf. „Solche Unternehmen haben in einem derartigen Branchenumfeld Wettbewerbsvorteile, die über ein hohes Maß an Kreativität und Flexibilität verfügen und die darüber hinaus bereit sind, die aus der Ungewissheit über die weitere Marktentwicklung resultierenden unternehmerischen Risiken zu tragen."[44] Um sich in einem solchen Umfeld zu bewähren, muss ein Unternehmer (Gründer) risikobereit sein, über ein hohes Selbstbewusstsein verfügen, das in seiner Qualifikation und Leistungsbereitschaft begründet liegt, er muss über das normale Maß hinaus in der Lage sein, sich und andere zu überzeugen und motivieren und er muss über ein realistisches Gefühl bezüglich der Machbarkeit von Projekten verfügen.[45]

PICOT et al[46] kommen in einer zusammenfassenden Analyse von 52 Gründungsunternehmen zu dem Schluss, dass erfolgreiche Unternehmensgründer über umfangreichere Marktinformationen verfügen als die weniger erfolgreichen und dadurch eine ausgeprägtere Marktorientierung aufweisen. Hinzukommt, dass die erfolgreichen Gründer aufgrund der umfangreicheren Information seltener auf eine nicht vorgesehene Marktnische ausweichen müssen, sondern vielmehr ihren Platz in der angestrebten Segmenten einnehmen können. Die erfolgreichen Gründer nehmen deshalb auch zumeist nur Detailänderungen vor, während weniger erfolgreichen z.T. ganze Funktionsbereiche neu erschließen mussten. Des weiteren verweisen PICOT et al darauf, dass erfolgreiche Unternehmensgründer tendenziell mit kürzeren Produktlebenszyklen rechnen und dementsprechend häufiger Weiterentwicklungsüberlegungen anstellen als nicht so erfolgreiche Gründer. Als letzten Punkt wird in der zitierten Untersuchung darauf verwiesen, dass sehr erfolgreiche Unternehmensgründungen häufiger innovative Produkte aufweisen, deren Marktpotentiale nicht in direkter Abhängigkeit zur Ausbringungsmenge des Abnehmers stehen.

---

42 Goehler, A. W. (1993): Der Erfolg großer Familienunternehmen im fortgeschrittenen Marktlebenszyklus, Diss. St. Gallen, S. 264

43 Rosenbauer, C. (1994): Strategische Erfolgsfaktoren des Familienunternehmens im Rahmen seines Lebenszyklus, Diss. St. Gallen

44 Goehler, A. W. (1993): a.a.o., S. 264

45 vgl. hierzu auch Rosenbauer, C. (1994): Strategische Erfolgsfaktoren des Familienunternehmens im Rahmen seines Lebenszyklus, Diss. St. Gallen, S. 154 f

46 Picot, A.; Laub, U.-D.; Schneider, D. (1989): Innovative Unternehmensgründungen, Berlin et al., S.143 f

Zu ähnlichen Ergebnissen kommen ALBACH und HUNSDIEK[47], die ihre Beobachtung im Rahmen der so genannten „Marktwiderstandsthese" postulieren. Die Marktwiderstandsthese geht davon aus, dass erfolgreiche Gründer aufgrund des höheren Innovationsgrades des der Gründung zugrunde liegenden Produktes höhere Marktwiderstände zu überwinden haben. Sie begründen dies u.a. mit einem längeren Zeitraum zwischen Gründung und Produktreife sowie zwischen Gründung und erster Umsatzrealisierung bei erfolgreichen Gründern. Diese längeren Zeiträume können aber andererseits auch mit exaktere, d.h. detaillierte Planungen zusammenhängen. Unterstützt wird die These allerdings durch die Beobachtung, dass erfolgreiche Gründer zum Zeitpunkt des Markteintritts häufiger über Marktprobleme berichten als nicht erfolgreiche, während zum Ende der Pionierphase (hier durchschnittlich nach 5 Jahren) keines der erfolgreichen Gründungsunternehmen von Marktproblemen berichtete, aber immerhin 80 % der nicht erfolgreichen. PICOT et al schließen aus ihrer Untersuchung, dass weniger erfolgreiche Gründer eine geringere Marktorientierung aufweisen, über ein unspezifischeres Informationsverhalten verfügen und sich dadurch in eine stärkere Outputabhängigkeit begeben. Dies würde mit den Ergebnissen der persönlichen Gründerprofile übereinstimmen, wo bei den erfolgreichen Gründern eine deutlich stärkere Ausprägung des Unabhängigkeitszieles gefunden wurde.

Neben der Person des Gründers sind ein klares Unternehmenskonzept und eine konkrete Unternehmensidee erfolgsentscheidend. In der Konzentration auf diese Idee bei gleichzeitig höchstmöglicher Kundenorientierung liegt ein weiteres wichtiges Vitalitätspotential der Gründungsphase. Gerade in noch nicht klar definierten und verteilten Märkten ist die Rückmeldung der (potentiellen) Kunden die Hauptinformationsquelle über die Absatzmöglichkeiten und somit über die Überlebenschancen. Neben den Genannten sind ein umfassender Planungsprozess und eine ausreichende Kapitaldecke für die Überlebensfähigkeit des Gründungsunternehmens von Relevanz.

Mit der entsprechenden Planung und der ausreichenden Kapitalausstattung lassen sich zwei der Hauptabflüsse für Vitalität in der Gründungsphase vermeiden: die so genannte Ressourcenkrise[48] und die Fehlprognosekrise.[49] Die dritte, mögliche Gründungskrise macht deutlich, wie nah in der Gründungsphase Vitalitätspotential und Vitalitätsabfluss beieinander liegen. Während der Gründer selbst das Potential ist, aus dem das Unternehmen in dieser Phase lebt, ist es auch der Gründer, der durch ein unklares Konzept und die daraus sich ergebende Verzettelung in der ersten Wachstumsphase dem Unternehmen schadet. Man nennt diese Verzettelungskrise auch die Opportunitätsfalle. Da in der Gründungsphase das Unternehmen mit seiner Person steht oder fällt, ist der Gründer bzw. sind die Gründer <u>der</u> entscheidende Vitalitätsfaktor. Anders ausgedrückt: Die Vita-

47 Albach, H.; Hunsdiek, D. (1987): Die Bedeutung von Unternehmensgründungen für die Anpassung der Wirtschaft an veränderte Rahmenbedingungen. In: ZfB Nr. 5/6 1987, S. 562 - 580, hier S. 576

48 Rosenbauer, C. (1994): Strategische Erfolgsfaktoren des Familienunternehmens im Rahmen seines Lebenszyklus, Diss. St. Gallen, S. 102 f

49 vgl. Albach, H.; Hunsdiek, D. (1987): Die Bedeutung von Unternehmensgründungen für die Anpassung der Wirtschaft an veränderte Rahmenbedingungen. In: ZfB Nr. 5/6 1987, S. 562 - 580, hier S. 576ff

litätsreserven des Familienunternehmen in der Gründungsphase sind nahezu deckungsgleich mit der unternehmensbezogenen Vitalität des Gründers.

7.3.2 Familienunternehmen in der Wachstumsphase

Die Familienunternehmen, die nun im Weiteren interessieren sollen, sind diejenigen, die nach der Pionierphase irgendwann ein starkes Wachstum realisieren. Durch dieses starke Wachstum entstehen phasenspezifische Probleme, die im Rahmen des Kapitels diskutiert werden sollen. Hierbei ist der Terminus „starkes Wachstum" nicht eineindeutig zu definieren, da dieses Wachstum abhängig von den Umfeldfaktoren sehr unterschiedlich sein kann. Unternehmen, die diese Phase nach dem 2.Weltkrieg durchlaufen haben, sind hierbei auf vollkommen andere Rahmenbedingungen gestoßen als Unternehmen, die sich in den 80er Jahren angeschickt haben, sich aus ihrer regionalen Bedeutungslosigkeit heraus zu entwickeln. Bei Unternehmen, die im Handwerk ihre Wurzeln haben, ist das Wachstum in absoluten Zahlen anders zu beurteilen als bei Industrieunternehmen. Im Folgenden soll dann von starkem Wachstum gesprochen werden, wenn dieses Wachstum dazu führt, dass das Unternehmen in seinem Markt bzw. in seiner Nische eine relevante Position auf einem überregionalen Markt einnimmt.

7.3.2.1 Die Wachstumsphase aus unternehmenspolitischer Sicht

Nachdem die in der Pionierphase typischen Marktwiderstände überwunden sind, wandelt sich das Umfeld des Unternehmens vorübergehend von einem Nachfragerdomierten in ein Anbieter-dominiertes. Typischerweise ist die angestrebte Wachstumsgeschwindigkeit des Marktes in dieser Phase größer als die des Unternehmens. Dies ändert sich dann relativ schnell, wenn der Markt eine Größe erreicht, die andere potente Anbieter anlockt. „Während Probleme, die Folge der Unbekanntheit waren, zunehmend an Bedeutung verlieren, werden Probleme wie „zu hohe Konkurrenzdichte" und „Konkurrenz durch im Markt bereits etablierte Unternehmen" nun von beinahe jedem zweiten Unternehmen genannt."[50]

Auf der Absatzseite ist für das Wachstumsunternehmen vor allem die Konsistenz und Konsequenz in der Durchsetzung der einmal zugrunde gelegten Marktdurchdringungsstrategie entscheidend. Vor allem die marktgerechten Festlegung, Auslegung und Durchsetzung der 4 p´s: price, place, product und promotion, bereitet jungen Unternehmen in z.T. noch nicht klar definierten Märkten häufig Probleme. Diese Probleme werden in der frühen Wachstumsphase i.d.R. mit großem Engagement und Pragmatismus angegangen. Noch ist der Gründer bzw. derjenige, der das Unternehmen von einem re-

50 vgl. Hunsdiek, D. (1987): Unternehmensgründung als Folgeinnovation - Struktur, Hemmnisse und Erfolgsbedingungen der Gründung industrieller innovativer Unternehmen, Stuttgart, ifm-Schriften Nr. 16

gionalen zu einem nationalen oder internationalen Unternehmen aufbauen will, in alle wichtigen Entscheidungen integriert. Die Formalismen in diesem Stadium sind gering, was einerseits den Freiraum für überdurchschnittlich engagierte Mitarbeiter schafft, selbst unternehmerisch zu handeln, was aber andererseits mit zunehmender Größe auch zu immer größeren Reibungsverlusten führt.

Im Absatzbereich lassen sich z.B. nicht mehr alle wichtigen Kunden vom Gründer betreuen, so dass fehlende Konditionenabstimmung zu Unstimmigkeiten mit den Kunden führen kann, die sich benachteiligt fühlen. Mit zunehmender Nachfragermacht eröffnen unabgestimmte Konditionen den Abnehmern zudem die Möglichkeit, auf den jeweils bestmöglichen Konditionenmix zu bestehen. Hieraus ergibt sich eine der Hauptaufgaben für den stark wachsenden Betrieb: die Organisations- und Führungsstruktur muss laufend den wachsenden Anforderungen angepasst werden. Parallel dazu muss ein internes Berichtswesen aufgebaut werden, dass die in Familienunternehmen in der Wachstumsphase i.d.R. vorhandene Bereitschaft, schnelle Entscheidungen zu treffen, mit entsprechendem Zahlenwerk unterstützt und die notwendigen Informationen für eine Steuerung des stark wachsenden Unternehmens zur Verfügung stellt.

Der dritte unternehmenspolitische brisante Bereich im Wachstumsunternehmen neben der marktorientierten Absatzstrategie und dem Aufbau einer Führungs- und Organisationsstruktur mit entsprechendem Berichtswesen ist der der Finanzierung. Zwar wird die Problematik des Kapitalbedarf hauptsächlich für die Gründungsphase im Sinne eines Hindernisses für eine erfolgreiche Gründung diskutiert, es ist jedoch festzustellen, dass die eigentlichen Probleme im Rahmen der Finanzierung erst mit einem entsprechenden Wachstum virulent werden. HUNDSDIEK[51] betont, dass der Kapitalbedarf gerade in der Expansionsphase nach einer erfolgreichen Gründung auftritt. Und wenn dieser dann nicht gedeckt werden kann, kommt es gerade wegen des Markterfolges einer Gründungsidee zum Zusammenbruch des Unternehmens. Hier ist in den letzten Jahren auch in Deutschland neben vielfältigen Risiko-Kapital-Unternehmen, die vor allem innovative, stark wachsende Unternehmen finanzieren, in dem sie sich auf Zeit an ihnen beteiligen, durch die Öffnung der Börse auch für junge Unternehmen ein Umfeld entstanden, dass die Finanzierung auch stürmischen Wachstums ermöglicht. Allerdings sind gerade in diesem Bereich eine entsprechende Vorbereitung und ein Prüfen möglicher Abhängigkeiten, die die einzelnen Finanzierungsformen mit sich bringen, unverzichtbar.

51 vgl. Hunsdiek, D. (1987): Unternehmensgründung als Folgeinnovation - Struktur, Hemmnisse und Erfolgsbedingungen der Gründung industrieller innovativer Unternehmen, Stuttgart, ifm-Schriften Nr. 16, S. 33

7.3.2.2 Vitalitätspotentiale und -abflüsse in der Wachstumsphase

In der Pionierphase sind Unternehmen und Unternehmer, sprich Gründer, noch nahezu deckungsgleich. Daraus folgt, dass auch die Vitalitätspotentiale und -abflüsse des Unternehmens eng mit den Stärken und Schwächen des Unternehmers korrelieren. Dies ändert sich bereits in der Wachstumsphase. Es handelt sich hierbei um einen sich sukzessive vollziehenden Prozess, in dem die einzelnen Elemente des Familienunternehmens immer mehr an Eigenständigkeit gewinnen. Unter dem Gründer selbst entwickeln die Bereiche mehr und mehr ein voneinander unabhängigeres Profil, z.T. wird dies vom Gründer selbst initiiert, in dem er z.B. die Eigentumsstruktur ändert, z.T. geschieht dies aber auch im Rahmen eines ungelenkten, aber gerichteten, sich selbst verstärkenden Prozesses, der in seinen Auswirkungen vom Gründer, solange dieser noch der Herrscher aller Ressourcen im einpoligen Unternehmen ist, unterdrückt wird.

Das Sich-Auseinander-Entwickeln der Elemente des Familienunternehmens geschieht mit nahezu derselben Zwangsläufigkeit, mit der sich die einzelnen Elemente selbst entwickeln. Nachdem der Gründer z.B. geheiratet hat und mehrfacher Vater geworden ist, lässt sich die Komplexitätsentwicklung seiner Familie nicht mehr verhindern, im besten Falle lässt sie sich lenken. Mit dem Wachsen des Unternehmens und dem Einziehen neuer Führungsebenen wächst auch die Komplexität der Führung usw. Vitalitätspotentiale und -abflüsse in der Wachstumsphase des Unternehmens sind demnach in allen Bereichen z.T. voneinander unabhängig aufzuspüren, ohne dabei die Interdependenzen zu vernachlässigen.

7.3.2.2.1 Vitalitätspotentiale des Unternehmens selbst

Das größte Vitalitätspotential ist in dieser Phase das Unternehmen selbst und seine wirtschaftliche Verfassung. Je besser die relative Wettbewerbsposition im Sinne einer überdurchschnittlichen Entwicklung (im Verhältnis zum Gesamtmarkt) und einer hohen Kundenbindung ist, desto größer ist der Spielraum, den das Unternehmen im Falle einer Störung oder Krise hat. Wichtig ist in dieser Phase, dass das Unternehmen sich von der hervorragenden Entwicklung nicht verleiten lässt, unnötigen „Speck“, sprich Overheads, anzusetzen. Das permanente Bemühen um ein möglichst schlanke Organisation ist im wachsenden Familienunternehmen i.d.R. einfacher durchsetzbar als in etablierten Großorganisationen, da die Zeit, wo gar nicht die Möglichkeit bestand, z.B. Stäbe zu bilden, den meisten Mitarbeitern noch in Erinnerung ist. Hierin liegt eines der Vitalitätspotentiale des wachsenden Familienunternehmens.

Ein weiteres Potential, und als Kehrseite bei Nicht-Erreichen ein Vitalitätsabfluss, liegt in dieser Phase in einer gelungenen Mischung aus klassischen Konzepten und unorthodoxen Ideen. Gerade Familienunternehmen zeichnen sich dadurch aus, dass sie nur selten der reinen Lehre frönen. Die Erfolgsgeschichten vieler Familienunternehmen hätten nie stattgefunden, hätte der Unternehmer früh genug Unternehmensberater mit einem klassischen Instrumentarium befragt. Die Erfolgsgeschichten von Familienunternehmen sind immer auch ein wenig Geschichten, die eigentlich „nicht gehen“, die „so nie klappen können". Von WINDAU/SCHUMACHER[52] zeigen anhand von der Gegenüberstellung von Praxisbeispielen und der reinen Lehre auf, wie mittelständische Unternehmen gerade durch die Abweichung Erfolg haben. Durch diese Abweichungen werden die Spielregeln geändert oder das Marktverständnis erweitert, so dass die bisher bestehenden und funktionierenden Regeln teilweise außer Kraft gesetzt werden.

Herr A machte sich nach langjährigen, einschlägigen Erfahrungen mit einem Großhandelsgeschäft für Floristenbedarf selbständig. Er baute ein Haus, großzügig wie für einen Konsumtempel, dass er dann so einrichtete, dass es ein Maximum an Einkaufserlebnis, Inspiration und Menschlichkeit ausstrahlte.... Phantasievolle Warenpräsentationen und regelmäßige Trend-Shows gehören ebenso dazu wie die Tasse Kaffee beim Beratergespräch.

...Marketingerfahrung und Aufgeschlossenheit für internationale Kontakte. So wurden alle in Frage kommenden Floristen und Blumenfachgeschäfte gezielt über einen Außendienst und Mailing-Aktionen angesprochen. Die Erschließung günstiger Einkaufsquellen, insbesondere in Fernost, hat dem Unternehmen eine gute Kostenposition verschafft, so dass ein auf den ersten Blick erkennbar gutes Preis-Leistungsverhältnis viele der Angesprochenen zu Stammkunden hat werden lassen.

Die „ultima ratio", die uns die Fachliteratur präsentiert, ist der Großhändler, der logistisch günstig - am besten auf der grünen Wiese - in sachlichem und kostengünstigem Laden-Layout Ware für den Einzelhandel vorhält. Die klassischen Erfolgsregeln lauten: Die Beratung soll sich möglichst knapp auf den Erklärungsbedarf der Produkte beschränken. Das Sortiment muss der Großhändler auf die „Renner" konzentrieren und in der Breite wie in der Tiefe den Panel-Zahlen entsprechend laufend optimieren....

Eine andere Erfolgsgeschichte, die ebenfalls aus dem Bereich des Handels stammt und die ebenfalls auf der anfänglichen Missachtung etablierter Regeln beruht, ist die des Hauses ALDI. Mit der Beschränkung auf maximal 400 Artikel, klarer Qualitätsorientierung bei der Ware und nahezu vollständiger Beschränkung im Rahmen der Ladenausstattung und Warenpräsentation missachtete ALDI nahezu alle damals geltenden Regeln im Einzelhandel, der von Vollsortimentern mit Ambiente und Service ausging. Mit dem Erfolg, der dieser Missachtung der Regeln beschieden war, hat ALDI die Spielregeln des Marktes geändert.

Ein entscheidendes Vitalitätspotential ist hierbei die Durchsetzungsmöglichkeit des oder der Gründer. Hierbei handelt es sich um ein Familienunternehmensspezifisches Vitalitätspotential. Während ein Vorstand oder Geschäftsführer in einem anonymen Unternehmen auf die Zustimmung verschiedener Gremien angewiesen ist und seine kurz- bis mittelfristige „Performance" über seine Vertragsverlängerung entscheidet, kann ein Eigentümerunternehmer, ohne derartige Rücksichten nehmen zu müssen, entscheiden und

52 von Windau, P.; Schumacher, M. (1998): Strategien für Sieger, Frankfurt/Main

diese Entscheidung umsetzen. Der potentielle Vitalitätsabfluss besteht hierbei in einer Fehleinschätzung des Unternehmers, die aufgrund der geringeren externen Kontrolle nicht korrigiert sondern umgesetzt wird.

Die so genannte Diversifikationskrise wird denn auch als eine der häufigsten Krisen des Wachstums-Unternehmens genannt.[53] PÜMPIN/PRANGE[54] geben den Ursprung solcher Diversifikationskrisen mit nur ungenügend ins strategische Gesamtkonzept passenden Diversifikationen an. Strategische Planung ist in Wachstumsunternehmen nur in wenigen Fällen institutionalisiert. Zumeist wird die Zielrichtung des Unternehmens von dem oder den Eigentümerunternehmern festgelegt, häufig geschieht dies nicht einmal in schriftlicher Form[55]. Vielmehr vertraut der Unternehmer auf seinen „Instinkt" oder „Bauch", seine „Nase" für gute Geschäfte.[56] Das erklärt, warum gerade von Wachstumsunternehmen, die von den Gründern geführt werden, auch dann Investitionsmöglichkeiten in neuen Bereichen wahrgenommen werden, wenn diese mit dem angestammten Geschäft nahezu nichts gemein haben. Die Möglichkeit an sich wird bis zu einem gewissen Grad geprüft, inwieweit die Investitionsmöglichkeit aber zum Gesamtkonzept passt, wird nicht oder nur unzureichend geprüft. Die für die Finanzierung des Stammgeschäfts notwendigen liquiden Mittel fließen dann zu einem oftmals nicht unerheblichen Teil in die Diversifikationsaktivitäten; die Diversifikationskrise wiederum kann somit zum Auslöser einer Finanzierungskrise werden. Zudem binden die neuen Aktivitäten zusätzliche von den sowieso schon knappen Managementkapazitäten[57]. Eine nicht ins Gesamtportfolio passende Diversifikation ist somit als ein deutlicher Vitalitätsverlust des Wachstumsunternehmens zu bewerten. Im Gegenzug ist eine abgestimmte und im Rahmen der Finanzierungs- und Managementkapazitäten tragbare Diversifikation ein klares Vitalitätspotential, welches in der folgenden Reifephase eine Abkoppelung des Unternehmenslebenszyklus vom Markt- bzw. Produktlebenszyklus ermöglicht.

7.3.2.2.2 Vitalitätspotentiale im Bereich der Führung

Im Bereich der Führung des Familienunternehmens in der Wachstumsphase ist die Nähe zu den Mitarbeitern und die persönlich empfundene Verantwortung ihnen gegenüber eines der größten Vitalitätspotentiale. Familienunternehmen haben zumeist eine sehr ausgeprägte Unternehmenskultur, die von den Gründern bzw. dem Gründer maßgeblich geprägt sind. Die Personenorientierung führt dazu, dass Mitarbeiter nicht das Gefühl haben, Nummern zu sein, sondern sich als Person wahrgenommen fühlen. Diese menschli-

---

53 vgl. hierzu Rosenbauer, C. (1994): Strategische Erfolgsfaktoren des Familienunternehmens im Rahmen seines Lebenszyklus, Diss. St. Gallen, S. 106 und die dort angegebene Literatur

54 Pümpin, C.; Prange, J. (1991): Management der Unternehmensentwicklung, Frankfurt, S. 216

55 vgl. u.a. Hennerkes, B.-H. (1998): Familienunternehmen sichern und optimieren, Frankfurt/ New York, S. 69

56 vgl. hierzu auch Rosenbauer, C. (1994): a.a.o., S. 107

57 vgl. Hennerkes, B.-H.(1998): a.a.o., S. 73 ff

che Komponente kann zur Mobilisierung großer Motivationsreserven führen, nach dem Motto: „Einer für alle, alle für einen." Daneben führt eine derart persönliche Führung dazu, dass die Werte der bzw. des Führenden in der Zusammenarbeit erlebbar werden[58]. Die Forderung nach einer wertebasierten Führung zur Vitalisierung von Unternehmen[59] wird insofern von vielen Familienunternehmen a priori erfüllt und stellt eines ihrer Vitalitätspotentiale dar.

Gleichzeitig entwickeln sich im Bereich der Führung im Wachstumsunternehmen auch potentielle Vitalitätsabflüsse. Das starke Wachstum macht es auf der Seite der Führung unumgänglich, die Aufgaben auf mehrere Schultern zu verteilen. Das Gewinnen und Einbinden kompetenter Geschäftsführer ist eine nicht immer optimal gelöste Aufgabe in wachsenden Familienunternehmen.[60] Auf der anderen Seite tendieren nicht wenige Gründer dazu, auch das gewachsene und noch wachsende Unternehmen als Alleinherrscher weiter zu regieren. In beiden Fällen bedeuten die nicht optimal gelösten Führungsstrukturen Vitalitätsabflüsse für das Unternehmen. Im Falle des Alleinherrschers fehlt zum einen schlicht die Zeit, über das Tagesgeschäft hinaus zu denken, da der Gründer völlig in der Bewältigung von Tagesproblemen aufgeht. Für notwendige Überlegungen in Bezug auf zukünftige Weichenstellungen bleibt keine oder nicht genug Zeit. Hinzukommt, dass in ein immer größer werdendes Unternehmen verschiedenste Kompetenzen auch auf der Ebene der Unternehmensführung benötigt. Da diese nicht von außen hinzukommen und zumeist auch im Unternehmen wegen des tendenziell autoritären Führungsstils schwer wachsen können, fehlen sie auf der Geschäftsleitungsebene.

Der Gründer, der die Idee hatte und sie am Markt etabliert hat und der die personifizierte Stärke des Unternehmens in der Pionier- und in der frühen Wachstumsphase war, wird selbst zum begrenzenden Faktor für weiteres Wachstum. Die mit seinem persönlichen Älter-Werden verbundene Veränderung seiner Prioritäten, die Frage „Was bleibt von dem, was ich aufgebaut habe?"[61], führt zu einer geringeren Risikoneigung, einem verminderten Kampfeswillen (und altersbedingt auch einer verminderten Kraft) und einem insgesamt geringeren Tempo. Damit reduzieren sich bei nicht rechtzeitigem Einbinden kompetenter Geschäftsführer auch das Tempo des Unternehmens, seine Wettbewerbs- und Kundenorientierung und vor allem seine Innovationsneigung. Hiermit wird ein sich selbst verstärkender Prozess in Gang gesetzt: Das Unternehmen wird behäbiger, langsamer; junge, engagierte Mitarbeiter mit unkonventionellen Ideen können sich immer weniger Gehör verschaffen, nicht wenige verlassen das Unternehmen, andere gehen in die innere Kündigung. Dadurch werden die älteren Führungskräfte immer weniger mit Impulsen aus der nachwachsenden Generation konfrontiert und langsam kehrt Ruhe ein im Unternehmen. Es handelt sich hierbei nicht um eine schöpferische Pause, sondern

---

58 vgl. hierzu auch Klein, S. (1991): Der Einfluss von Werten auf die Gestaltung von Organisationen, Berlin

59 Booz, Allen & Hamilton (Hrsg.)(1997): Unternehmensvitalisierung: wachstumsorientierte Innovation - lernende Organisation - wertebasierte Führung, Stuttgart

60 vgl. Kapitel 6.2.1.3. „Zusammenarbeit mit externen Managern" sowie Hennerkes, B.-H. (1998): Familienunternehmen sichern und optimieren, Frankfurt/New York, S.180

61 vgl. hierzu Kapitel 4.2.4 „Der Wachwechsel"

vielmehr um jene Ruhe, die auf mangelnde Auseinandersetzung mit den Entwicklungen der Zeit schließen lässt. Ein zentrales Vitalitätspotential eines Wachstumsunternehmen, aber auch später des Unternehmens in der Reifephase, ist das erfolgreiche Einbinden junger Mitarbeiter und das Erhalten und Nutzen der „kreativen Unruhe".

7.3.2.2.3 Vitalitätspotentiale im Bereich des Eigentums

Während das Unternehmen selbst in der Wachstumsphase das größte Vitalitätspotential darstellt, entwickeln sich häufig in dieser Phase besonders im Bereich des Eigentums potentielle oder auch offene Vitalitätsabflüsse. ROSENBAUER[62] verweist in diesem Zusammenhang auf die mögliche Finanzierungskrise in der Wachstumsphase. Während die Finanzierung eine der offensichtlichen Krise in der Wachstumsphase sein kann, entstehen im Bereich des Eigentums weitere vielfältige potentielle Vitalitätsabflüsse, die aber erst später offensichtlich werden, warum sie häufig nicht im Zentrum der Aufmerksamkeit stehen. Gerade aber in diesen potentiellen Vitalitätsverlusten liegt eine der Gefährdungen des Familienunternehmens, warum sie im Folgenden dargestellt werden sollen.

Der Eigentümer, in dieser Phase zumeist noch der oder die Gründer, hat die Pflicht und das Recht, das Eigentum zu erhalten und es gemäß ethischer und moralischer Normen einzusetzen. Das Eigentum an Produktionsmitteln ist in dieser Phase häufig der einzig relevante Vermögensteil des Gründers. Alles verfügbare Kapital wurde für den Aufbau und die Finanzierung des Wachstums des Unternehmens benötigt. Jetzt, in der späteren Wachstumsphase, verdient das Unternehmen zum ersten Mal mehr, als es für das eigene Überleben benötigt. Die nun häufig vom Gründer gestellten Frage ist nicht: „Wie setze ich dieses überschüssige Kapital im Sinne meiner Zielsetzung am besten ein?" sondern vielmehr: „Wie verhindere ich, dass dieses Kapital bei Staat und/oder den Gesellschaftern landet, damit es weiterhin dem Unternehmen zugute kommen kann?" Der Gründer beginnt, so genannte stille Reserven zu bilden.

Stille Reserven aber, darauf verweist MAY[63] nachdrücklich, erfüllen zum einen den ihnen zugedachten Zweck, nämlich Polster für Notzeiten zu sein, nicht, und gefährden zum anderen den eigentlichen Unternehmenszweck, in dem sie diesen verwässern und vom Wesentlichen ablenken. Stille Reserven sind nur in einer nahezu konstanten Umwelt eine einsetzbare Reserve. So war Grund und Boden in den vergangenen Jahrhunderten die klassische stille Reserve, während selbst Grund und Boden heute keinen marktgerechten Erlös mehr garantiert, ist der Unternehmer zum Verkauf aufgrund einer offenkundigen Notlage gezwungen.

---

62 Rosenbauer, C. (1994): Strategische Erfolgsfaktoren des Familienunternehmens im Rahmen seines Lebenszyklus, Diss. St. Gallen, S. 105 ff

63 May, P. (2001): Lernen von den Champions, Frankfurt

Zu einem größeren Vitalitätsverlust aber führt die durch die stillen Reserven einsetzende Verwässerung des Unternehmenszwecks. Das Unternehmen ist nicht Selbstzweck, sondern das zur Zeit probate Mittel zum Zweck. Insofern ist ein Unternehmen dann am vitalsten, wenn all seine Funktionen darauf ausgerichtet sind, diesen Zweck bestmöglich zu erfüllen und alle Funktionen, die hierfür nicht unabdingbar sind, in einem permanenten Überprüfungsprozess gestrichen werden. Das Verstecken von erarbeitetem Kapital vor dem Finanzamt und/oder weiteren Gesellschaftern ist nicht Zweck eines Unternehmens, gleich welchem. Unternehmen, auch Familienunternehmen, leben in der heutigen Zeit davon, dass sie eine überdurchschnittliche Leistung erbringen und dies auch kommunizieren. Nur dann sind z.B. Banken bereit, die erheblichen Risiken einer Projektfinanzierung oder einer strategischen Investition mit zu tragen. Zudem verleitet das Verstecken von im Bewusstsein der Mitarbeiter jederzeit reaktivierbaren Ressourcen zu einer trügerischen Sicherheit. Der tägliche Kampf ums Überleben des schlanken Unternehmens wird relativiert und somit langsam unterhöhlt.

Das Schaffen stiller Reserven in Form von nicht betriebsnotwendigem Kapital hat aber darüber hinaus auch negative Auswirkungen auf die Vermögensstruktur des oder der Eigentümer, das zu einem späteren Zeitpunkt zu einer geringeren Beweglichkeit führen kann und somit als potentieller Vitalitätsabfluss zu beurteilen ist. Da die im Unternehmen erwirtschafteten Gewinne in diesem in Form von stillen Reserven verbleiben, kann aus ihnen weder eine strategische Investition im Sinne einer Diversifikation finanziert werden, noch kann ein nennenswertes Privatvermögen gebildet werden. Gelungene Diversifikationen aber ermöglichen dem Unternehmen, den Unternehmenslebenszyklus vom Marktlebenszyklus ihres tragenden Produktes unabhängiger zu gestalten und nicht zwangsläufig mit dem Produkt zu sterben. Ein diversifiziertes Privatvermögen wiederum erlaubt z.B. im Rahmen der Nachfolgeregelung die Abfindung weichender Erben ebenso wie es den Lebensstandard des oder der Gründer nach ihrem Ausscheiden aus dem aktiven Berufsleben sicherstellt.

Ein weiterer, nicht zu unterschätzender Vitalitätsabfluss kann sich im Bereich der rechtlichen Regelungen auf der Bruchstelle zwischen Eigentum und Führung ergeben. Während bei einer Partnergründung bereits von Anfang an bestimmte rechtliche Festlegungen nötig sind, beschränken sich diese Notwendigkeiten im Falle einer Alleingründung auf die rechtlich erforderlichen Formalismen. Für ein Familienunternehmen in der Wachstumsphase können sowohl die Existenz unzureichender oder falsch formulierter Regelungen wie auch das völlige Fehlen derselben zu einem potentiellen Vitalitätsabfluss werden. Hier ist in erster Linie der Gesellschaftsvertrag und die in ihm getroffenen Regelungen für einen Eigentumsübergang sowie für ein mögliches Ausscheiden zukünftiger Gesellschafter zu nennen. Des Weiteren sind die Beiratsordnung sowie die Kriterien der Berufung in den Beirat, die Geschäftsordnung und die Regelung des Zugangs zu Führungspositionen zu nennen. Es würde den Rahmen der vorliegenden Arbeit sprengen, Gestaltungsmöglichkeiten und ihre Auswirkungen darzulegen. Grundsätzlich aber ist eine klare schriftlich fixierte Regelung, die im Einklang mit den grundlegenden Zielsetzungen des Eigentümers steht und die dem Unternehmen eine Priorität vor den Interessen des Einzelnen einräumt, ein Vitalitätspotential eines Wachstumsunternehmens.

7.3.2.2.4 Vitalitätspotentiale im Bereich der Unternehmerfamilie

Der letzte zu erwähnende Bereich, in dem Vitalitätspotentiale und potentielle Abflüsse entstehen können, ist der der Unternehmerfamilie. Hierbei ist festzustellen, dass die Prognose der Auswirkungen umso schwieriger wird, desto weiter man sich hierbei vom eigentlichen Unternehmensbetrieb entfernt. Insofern ist die Prognose der Auswirkungen von Vitalitätspotentialen und -abflüssen aus dem Bereich der Unternehmerfamilie ausgesprochen schwierig. Betrachtet man allerdings gescheiterte Familienunternehmen, so sind diese in der Regel an der Familie und nicht am Unternehmen gescheitert.

Im Rahmen der Erziehung der Kinder vermitteln Eltern Werte. Für Familienunternehmen stellt es ein nicht zu unterschätzendes Vitalitätspotential dar, wenn die in der Familie vermittelten Werte mit den im Unternehmen verankerten Werten zumindest kompatibel sind. Findet man im Unternehmen z.B. eine starke soziale Verpflichtung gegenüber dem einzelnen Mitarbeiter, so ist es für die nachwachsende Generation wichtig, dass ihr im Rahmen ihrer Erziehung und Ausbildung eine soziale Verantwortung vermittelt wird. Die bereits im Unternehmen verankerten Werte beeinflussen die Erwartung der Mitarbeiter, denen später die nachfolgende Generation gerecht werden muss.

Des Weiteren wird im Rahmen der Erziehung der Grundstein gelegt für das Verhältnis der Geschwister untereinander. Geschwisterstreitigkeiten, die im Unternehmen eine Bühne finden, führen über kurz oder lang zum Tod eines Familienunternehmens. Funktionierende Geschwisterbeziehungen sind somit eines der wichtigsten Vitalitätspotentiale eines Familienunternehmens. Dies gilt umso mehr, je unklarer die rechtlichen Regelungen sind. Allerdings ersetzen klare rechtliche Regelungen nicht eine funktionierende Geschwisterbeziehung, sie unterstützen sie nur. Neben der Geschwisterbeziehung entwickelt sich im Rahmen der Erziehung auch das Verhältnis der Eltern zu ihren Kindern. Auch hier werden die Grundlagen gelegt, auf die sich die Beteiligten später in ihrer Zusammenarbeit und vor allem im Konfliktfall verlassen können müssen. Eine tragfähige Beziehung zwischen den Generationen, die geprägt ist von gegenseitigem Respekt und Achtung, ist ein erhebliches Vitalitätspotential, da in diesem Fall auch in Konflikt- oder Krisensituationen noch Lösungen gesucht und gefunden werden können, ohne das es zu destruktiven Auseinandersetzungen kommt.

Ein weiteres Vitalitätspotential, welches in den ersten beiden Phasen des Familienlebenszyklus entstehen kann, ist das Verhältnis der nachfolgenden Generation zum Unternehmen einerseits und zum Vermögen andererseits. Nur, wenn es gelingt, auch nachfolgenden Generationen den Sinn unternehmerischen Handelns zu vermitteln und Begehrlichkeiten im Zaum zu halten, wird das Unternehmen nicht zur „Cash Cow" der Familienmitglieder verkommen. Gerade Mitglieder von Unternehmerfamilien müssen frühzeitig Bescheidenheit einerseits und Dienen andererseits lernen, um nicht später das Unternehmen z.B. durch unangemessene Privatentnahmen, einen überzogenen Lebensstil oder den Anspruch auf eine Führungsposition ohne entsprechende Qualifikation zu schädigen.

Ein letztes, nicht zu unterschätzendes Vitalitätspotential eines Familienunternehmens in der Wachstumsphase ist die Bereitschaft des oder der Gründer, zu einem klar festgelegten Zeitpunkt aus allen Ämtern auszuscheiden. Der notwendige und schwierige Wechsel in der Leitung von Unternehmen, Vermögen und Familie wird dadurch erheblich vereinfacht. Andernfalls wird das Unternehmen gerade in der schwierigen Phase des Übergangs von der Wachstums- in die Reifephase von ungelösten Nachfolgeproblemen belastet und richtet seine Kraft nach innen zur Lösung dieser „hausgemachten“ Probleme anstatt alle Kraft und Aufmerksamkeit auf die schwierige Situation am Markt zu konzentrieren.

Zusammenfassend lässt sich sagen, dass ein bei allen Mitglieder der Unternehmerfamilie verankertes dynastisch-institutionelles Familienverständnis bei gleichzeitig ausgeprägter Reife und Souveränität der einzelnen Personen ein erhebliches, vielleicht das größte, Vitalitätspotential eines Familienunternehmens darstellt.

7.3.2.3 Früherkennung von Vitalitätsdefiziten in der Wachstumsphase

In der Wachstumsphase entwickeln sich zwar bereits grundlegende potentielle Vitalitätsabflüsse, allerdings treten sie i.d.R. noch nicht offen zutage. Um hier entsprechend gegensteuern zu können, ist eine frühzeitige Analyse notwendig. Im Folgenden soll anhand der oben aufgezeigten potentiellen Vitalitätsabflüsse deren mögliche Früherkennung mittels geeigneter Instrumente dargestellt werden.

Vitalitätsdefizite		Früherkennung
<u>Unternehmensbereich</u>		
• Aufbau unnötiger Overheads	⇒	Zero base budgeting
• im Vergleich zum Markt unterdurchschnittliche Entwicklung in Bezug auf Umsatz und Rendite	⇒	Vergleich der eigenen Daten mit Statistiken von Verbänden, Veröffentlichungen von Wettbewerbern etc.
• Durchsetzungsmöglichkeit ungeprüfter Projekte	⇒	Analyse des Procederes zur Ge--nehmigung neuer Projekte
• Diversifikation ohne strategische Anbindung	⇒	Stärken-/Schwächenanalyse, Portfolio-Analyse
• fehlende Innovation und/oder Diversifikation zum Ende der Wachstumsphase	⇒	Positionierung aller Produkte in einer Produkt-/Marktmatrix
<u>Führungsbereich</u>		
• Überlastung des Unternehmers	⇒	Verhältnis der aufgewendeten Zeit für strategische und operative Aufgaben
• nicht vorhandene aber notwendige Qualifikation auf GL-Ebene	⇒	Soll-/Istanalyse durch einen unabhängigen Experten
• mit zunehmendem Alter des Unternehmers zunehmende Risikoaversion und geringe Innovationsneigung	⇒	abnehmende Innovationsbemühungen, Verschiebung von Neuinvestitonen zugunsten von Erhaltungsinvestitionen
• „Friedhofsruhe“	⇒	deutlich steigendes Durchschnitts-

		alter der Mitarbeiter, Abwandern von engagierten, aber „unbequemen" Nachwuchskräften
<u>Eigentumsbereich</u>		
• fehlende Eignerstrategie	⇒	persönliches Gespräch mit dem oder den Eigner(n) unter Leitung eines unabhängigen Experten
• Bilden stiller Reserven	⇒	Zero base budgeting
• nicht mit der Eignerstrategie im Einklang stehender Gesellschaftsvertrag	⇒	Abgleichen von Eignerstrategie und Gesellschaftsvertrag
• fehlender oder nicht optimal besetzter Beirat	⇒	Beratung durch einen unabhängigen Experten
• unklar geregelter Zugang zu Führungspositionen	⇒	Überprüfung der Berufungsmodalitäten der derzeitigen GL sowie der schriftlich fixierten Grundsätzen für Berufungen
• unklare Dividenden- und Entnahmemodalitäten (mit der Möglichkeit zu hoher Privatentnahmen)	⇒	Überprüfung der entsprechenden Regelungen, Verhältnis der Privatentnahmen / Ergebnis n. Steuern
<u>Unternehmerfamilie</u>		
• ungeklärte Nachfolge in der Familie	⇒	Gespräch mit allen Familienmitglie--dern, möglichst unter Leitung eines unabhängigen Moderators
• Geschwisterstreitigkeiten	⇒	Einzelgespräche mit den Geschwistern sowie Beobachtung
• keine oder unzureichende Werteverankerung in der Familie	⇒	themenzentrierte Leitfadeninterviews mit den Familienmitgliedern mit anschließender Auswertung der geschriebenen Interviews[64]
• keine oder unzureichende Kommunikation der Familienmitglieder untereinander	⇒	Beobachtung und Einzelgespräche
• fehlende Streitkultur	⇒	Beobachtung
• Familienmitglieder verstehen das Unternehmen nicht als Aufgabe, sondern als „Versorgungsinstitution"	⇒	Einzelgespräche, Entnahmepolitik, Konsumorientierung
• derzeitige „Chef" hat keinen Zeitplan für sein Ausscheiden aus dem aktiven Berufsleben und keine Pläne für die Zeit „danach"	⇒	Einzelgespräche mit dem „Chef" und den direkt Betroffenen

---

64 Zur Möglichkeit, Werthaltungen mittels themenszentrierter Leitfadeninterviews mit anschließender Dokumentenanalyse zu ermitteln, vgl. Klein, S. (1991): Der Einfluss von Werten auf die Gestaltung von Organisationen, Berlin, S. 142 ff

Die dargestellten Vitalitätsdefizite führen in der Wachstumsphase noch kaum zu einer wahrnehmbaren Abschwächung der Unternehmensentwicklung. Moderate Einbußen bei Umsatzwachstum oder Gewinnen werden i.d.R. mit einer vorübergehenden Entwicklung am Markt erklärt. „Wichtig ist in diesem Zusammenhang, dass der Beginn der strukturellen Schwächung im Allgemeinen in die Wachstumsphase des betreffenden Marktes fällt."[65] Hierbei verringert die Filterwirkung der Unternehmenskultur des Familienunternehmens die Wahrscheinlichkeit, dass Frühwarnsignale a) wahrgenommen werden und ggf. b) richtig interpretiert werden. Hinzukommt, dass der augenscheinliche betriebswirtschaftliche Erfolg in der Wachstumsphase über bestehende Mängel hinweg täuscht und an den Konzepten der Vergangenheit festhalten lässt nach dem Motto: „Never change a winning team!".

Die aufgezeigten Vitalitätsdefizite führen, auch wenn nur einige von ihnen auftreten, zu einer Schwächung der Überlebenskraft des Unternehmens gerade in einer Phase, wo das Unternehmen diese am meisten braucht. Mit dem Übergang von der Wachstums- zur Reifephase benötigt das Unternehmen alle ihm zur Verfügung stehenden Kräfte, um seinen Unternehmenslebenszyklus vom Marktlebenszyklus abzukoppeln und somit nicht langfristig mit dem Markt zu sterben. Die Früherkennung potentieller Vitalitätsdefizite gehört deshalb zu den vorrangigen Aufgaben des oder der Unternehmer in der fortgeschrittenen Wachstumsphase.

Das entscheidende Vitalitätspotential ist hierbei die Abkoppelung des Unternehmenslebenszyklus vom Marktlebenszyklus mittels Innovation und/oder Diversifikation. Ohne diese Abkoppelung hilft die Mobilisierung aller anderen Vitalitätspotentiale auf lange Sicht nicht. Allerdings garantiert eine gelungene Diversifikation oder Innovation noch nicht das Überleben des Familienunternehmens, wenn die weiteren aufgezeigten Vitalitätsabflüsse vor allem im Eigentums- und im Familienbereich nicht frühzeitig erkannt und beseitigt werden. Dann nämlich besteht die Gefahr, dass das Unternehmen als Unternehmen zwar fortbesteht, aber nicht als Familienunternehmen. In solchen Fällen ist das Unternehmen im Markt so positioniert, dass es überlebt, die Familie aber ist nicht in der Lage, ihrer Rolle als Eigentümer gerecht zu werden. Die Familie wird auf lange Sicht ganz oder teilweise gezwungen sein, sich aus dieser Rolle zurückzuziehen.

7.3.3 Die Reifephase

Mit fortschreitendem Marktlebenszyklus tritt auch das Familienunternehmen in die Reifephase ein. Diese ist auf Seiten des Marktes gekennzeichnet durch abnehmendes Marktwachstum im angestammten Markt bis hin zu Stagnation, einem daraus resultierenden zunehmendem Verdrängungswettbewerb aufgrund der zunehmenden Überkapazitäten und der Konzentration der Abnehmer mit der Folge einer steigenden Nachfragermacht.

65 Goehler, A. W. (1993): Der Erfolg großer Familienunternehmen im fortgeschrittenen Marktlebenszyklus, Diss. St. Gallen, S. 267 f

Je nach Abhängigkeit des Familienunternehmens von seinem Hauptumsatzträger wirken sich die Veränderungen im Markt mehr oder weniger auf das Unternehmen aus. Bei einer hohen Abhängigkeit vom Hauptumsatzträger und dessen Marktlebenszyklus sinken in einer solchen Situation zunächst Umsatzzuwächse, später Umsätze und Gewinne, wobei die Gewinne i.d.R. im Verhältnis zum Umsatz überproportional sinken, da ein zunehmender Preiswettbewerb einsetzt.

Während der Wachstumsphase ist eines der entscheidenden Vitalitätspotentiale, das sich ein Familienunternehmen erarbeiten kann, eine in die strategische Ausrichtung passende und am Markt etablierte Diversifikation, um so die Abhängigkeit vom Hauptumsatzträger für die Zukunft zu verringern. Aus dem Unternehmen, dass nur auf einem Markt agiert und in folge dessen von diesem abhängig ist, wird ein auf mehreren Märkten agierendes Unternehmen, dass die Schwäche auf dem einen mit einer Stärke auf dem anderen Markt zumindest theoretisch ausgleichen kann. Für die weitere Darstellung des Familienunternehmens in der Reifephase soll deshalb zwischen dem Ein-Markt-Familienunternehmen und dem diversifizierten Familienunternehmen unterschieden werden.

7.3.3.1 Das Ein-Markt-Familienunternehmen in der Reifephase

Auch in reifen Märkten können entsprechend agierende Unternehmen auf lange Sicht erfolgreich arbeiten. Die Abhängigkeit von einem Produkt, dessen Marktlebenszyklus relativ weit fortgeschritten ist, bedeutet nicht zwangsläufig ein schlechtes Unternehmensergebnis. Allerdings ist gerade in einer solchen Situation eine klare Strategie und eine entsprechende Ausrichtung des gesamten Unternehmens unabdingbar. Schwächen in der Unternehmensstruktur, die in der Wachstumsphase durch eben das Wachstum „zugedeckt" wurden, treten in dieser Phase unerbittlich in den Vordergrund. Die Reaktion des Unternehmens besteht häufig darin, dass es seine Produktpalette durch so genannte Scheininnovationen ausweitet. Es werden deutlich mehr Varianten von Produkten gefertigt, als dies betriebswirtschaftlich sinnvoll ist. Dies belastet zum einen die Gewinn- und Verlustrechnung, zum anderen bindet es Produktionskapazitäten und vor allem bindet es die Managementkapazitäten, sei es in der Forschung und Entwicklung, im Marketing, im Vertrieb oder in der Unternehmensführung, die benötigt würden, um eine strategische Neuausrichtung zu bewerkstelligen.

Das Unternehmen ist i.d.R. zum ersten Mal in seiner Geschichte mit einem mehr als vorübergehenden Gewinnrückgang und einer anhaltenden Umsatzstagnation konfrontiert. Geeignete Entscheidungsunterstützungssysteme sind ebenso nicht oder nur in Ansätzen installiert wie auch die formellen Regelungen nicht den gestiegenen Anforderungen entsprechen. Die allerdings installierten Regelungen werden verfeinert und bis zum Erreichen einer gewissen Bürokratie gepflegt. Erste Anzeichen einer negativen Veränderung wie z.B. Überalterung, Homogenität der Personalstrukturen oder Verzögerung der Führungsnachfolge reduzieren zusätzlich die Qualität der Entscheidungsstrukturen. Da aber in der Wachstumsphase wenige strategische Entscheidungen markinduziert getroffen werden mussten, ist dieser Mangel oft noch nicht aufgefallen. Es ist nun Kennzeichen der Reifephase, dass diese dem Unternehmen weitreichende marktinduzierte Entscheidungen abverlangt, die über das Überleben des Unternehmens entscheiden. Im Vordergrund steht die strategische Ausrichtung des gesamten Unternehmens. Diese soll im Folgenden mit den für Familienunternehmen spezifischen Fragestellungen dargestellt werden.

7.3.3.1.1 Strategische Ausrichtung von Ein-Produkt-Familienunternehmen in der Reifephase

Mit dem Erreichen der Reifephase des Marktes verliert die ursprüngliche Vision ihr Ziel und damit ihren Sinn und ihre Kraft. Am Beginn der strategischen Neuausrichtung des Familienunternehmens muss neben der Stärken-/Schwächenanalyse somit die Entwicklung einer neuen Vision stehen. Während die das Unternehmen tragende Vision in der Pionier- und in der Wachstumsphase die Vision des Gründers bzw. die desjenigen, der das Unternehmen aus der regionalen Bedeutungslosigkeit geführt hat, war, muss die nun zu entwickelnde Vision von verschiedenen Kräften innerhalb des Unternehmens mitgetragen werden. Die erste Vision war z.B. Entscheidungskriterium für Führungskräfte, die von außen neu zum Unternehmen kamen, ob sie sich soweit mit ihr identifizieren konnten, dass sie bei diesem Unternehmen bleiben wollten. Die erste Vision trennte somit Anhänger und Ablehnende in die, die an ihrer Verwirklichung mitarbeiteten und diejenigen, die ihr Glück in einem anderen Unternehmen versuchten.

Die nun zu entwickelnde Vision muss im Gegensatz hierzu von den bereits mit dem Unternehmen verbundenen gesellschaftlichen Kräften, seien es Mitarbeiter, Führungskräfte, Banken und natürlich den Eigentümern und ihren Familien mitgetragen werden. Der Aushandlungsprozess ist somit ein sehr viel komplexerer und es besteht die Gefahr einer Verwässerung der Vision im Zuge dieses Prozesses. Die Entwicklung der Vision kann nur dann gelingen, wenn die Betroffenen zu Beteiligten gemacht werden. Dies setzt voraus, dass nicht nur die Geschäftsleitung, unabhängig davon, ob sie ausschließlich aus Familienmitgliedern, aus Fremdmanagern oder aus einer Mischung besteht, bereit ist, sich einem solchen, z.T. auch schmerzhaften Prozess zu unterziehen, sondern es setzt vor allem voraus, dass die Eigentümer und die Unternehmerfamilie bereit ist, dies ebenfalls mit allen Konsequenzen zu tun.

Im Zuge eines solchen Prozesses müssen alle bisherigen Betätigungen in Frage gestellt werden. Dies ist vor allem für die Unternehmerfamilie schwierig. Nicht ohne Not spricht MAY von der so genannten strategische Starre[66], die verhindert, dass sich ein Familienunternehmen von alten Bereichen oder auch nur alten Gewohnheiten löst, um sein Überleben in der Zukunft zu sichern. Die Tradition, die als stabilisierender Faktor in Familienunternehmen kulturstiftend wirkt, verhindert hier unter Umständen, dass sich das Unternehmen aus eigener Kraft regenerieren kann. Während Veränderung dringen-

66 vgl. May, P. (2001): Lernen von den Champions, Frankfurt

der als je nötig ist, unterstützen zudem die etablierten Strukturen die derzeitige Ordnung.[67]

Welche bereits vorhandenen Vitalitätsdefizite nun verhindern das Entwickeln einer tragfähigen Vision und daraus abgeleiteten Strategie für Ein-Produkt-Familienunternehmen in der Reifephase? Betrachtet man die aufgezeigten potentiellen Vitalitätsabflüsse in der Wachstumsphase, so wird deutlich, dass vor allem diejenigen aus dem Führungs-, Eigentums- und Familienbereich sich im Rahmen der Notwendigkeit, eine neue Vision zu entwickeln, von potentiellen Vitalitätsabflüssen zu konkreten Defiziten wandeln. Hier ist zuerst die Überlastung des Unternehmers selbst und seiner Führungsmannschaft zu nennen. Der Anstoß für die Entwicklung einer Vision und entsprechenden Strategie müsste im Idealfall vom Unternehmer ausgehen. Dies setzt voraus, dass er die Notwendigkeit hierzu einsieht, bevor der Markt sie allzu offensichtlich werden lässt oder er von Außenstehenden, seien es Berater oder im schlimmsten Fall Banken, zu einem solchen Prozess gezwungen wird. Auf der menschlichen Seite setzt dies beim Unternehmer ein hohes Maß an Selbstkritik voraus und die Fähigkeit sowie die Bereitschaft, das von ihm Erschaffene rigoros in Frage zu stellen. Die Bereitschaft hierzu wird dann tendenziell größer sein, wenn der Unternehmer über eine klar formulierte Eignerstrategie verfügt, wobei er das Unternehmen als einen wichtigen Teil, aber eben nur als einen Teil des Vermögens begreift.

Ein wichtiges Vitalitätsdefizit in dieser Phase ist zudem eine nicht ausreichende strategische Qualifikation der gesamten Führungsmannschaft. Agiert diese darüber hinaus noch am zeitlichen Limit, wird eine Diskussion über die zukünftige Ausrichtung des Unternehmens nur schwer zu initiieren sein. Hier ist die gelungene Integration jüngerer Führungskräfte für ein Familienunternehmen von Vorteil, da die so genannte Friedhofsruhe von ihnen i.d.R. nicht akzeptiert wird. Das In-Frage-Stellen der altgedienten Führungskräfte durch unorthodox denkende, aber engagierte Jüngere zwingt auch der ursprünglichen Mannschaft ein hohes Tempo und eine Offenheit für Zukunftsthemen auf. All dies kann aber nur Erfolg haben, wenn die Eigentümer einer solchen Diskussion eine Chance geben. Die Kommunikation sowohl über die Ebenen im Unternehmen hinweg wie auch zwischen Geschäftsleitung und Eigentümern ist hierbei von entscheidender Bedeutung. Solange ein Unternehmer autokratisch sein Unternehmen führt und um sich eine Gruppe von Führungskräften versammelt, die ihm zuarbeiten eher im Sinne qualifizierter Sachbearbeiter mit Prokura denn als Führung übernehmende selbständig denkende und handelnde Manager wird eine Diskussion um die strategische Neuausrichtung des Unternehmens von der Geschäftsleitung nicht zu leisten sein.

In der Kommunikation zwischen Geschäftsleitung und Eigentümern kommt dem, falls vorhandenen, Kontroll- und Beratungsgremium eine Schlüsselrolle zu. Die frühzeitige Installation eines solchen Gremiums und seine optimale Besetzung sind ein nun wichtiges zu aktivierendes Vitalitätspotential. Die Strukturen auf Seiten der Eigentümer sind naturgemäß in den vergangenen Jahren zunehmend komplexer geworden. Dies hat auch dann Auswirkungen, wenn es zwar noch einen Alleineigentümer gibt, dieser aber eine

67 vgl. dazu auch Gersick, K. E. et al. (1997): Generation to Generation - Life Cycles of the Family Business, Boston S. 122

Familie hat. Nur in wenigen Fällen werden geschäftliche Themen in Unternehmerfamilie gar nicht besprochen und der Alleineigentümer, der zugleich Unternehmer ist, entscheidet dieses, ohne überhaupt mit seiner Familie gesprochen zu haben. Spricht er aber über Unternehmensbezogene Themen mit seiner Familie, so wächst in der Familie das Bewusstsein, zu solchen Themen auch etwas zu sagen zu haben. Dieses Bewusstsein ist nicht notwendigerweise abhängig von der fachlichen und menschlichen Qualifikation, sich zu den Themen äußern zu können. Im Gegenteil; in der Praxis beobachtet man immer wieder Fälle, in denen die, die sich besonders vehement äußern, über sehr viel weniger Sachkenntnis verfügen als diejenigen, die sich eher vorsichtig und differenziert äußern. Der Volksmund fasst dies wie folgt zusammen: „Es ist die Krux dieser Welt, dass die Dummen immer wissen und die Klugen meistens zweifeln."

Die anstehende Neuausrichtung des Familienunternehmens in der Reifephase ist darüber hinaus besonders geeignet, zur Bühne der Auseinandersetzung zwischen Familienmitgliedern gemacht zu werden, die über Jahre Aversionen aufgebaut, diese aber bis dato noch nicht haben ausagieren können. Die in Kapitel 5.4. angesprochenen Strukturen und die sich daraus potentiell ergebenen Probleme kommen in dieser Situation mit all ihren negativen Auswirkungen für das Unternehmen bis hin zur vollständigen Lähmung desselben zum Tragen. Neben den Streitigkeiten zwischen den Familienmitgliedern trägt auch die noch nicht geregelte Nachfolge sowohl im Bereich der Familie wie auch im Bereich von Eigentum und Führung zu einer Lähmung des Unternehmens in dieser Phase bei. Die strategische Neuausrichtung und die Diskussion darüber führen immer wieder zu dem Punkt, an dem die Nachfolgefrage als Kernfrage der Diskussion zu stellen ist. Nicht selten wird hierbei die Frage der Neuausrichtung von potentiellen Nachfolgern instrumentalisiert, um sich in den Augen des Unternehmer-Eigentümer-Vaters für eben diese Nachfolge ins rechte Licht zu setzen.

Im Gegenzug zu den oben dargestellten Vitalitätsdefiziten verfügen viele Familienunternehmen wiederum um große Vitalitätsreserven, die in dieser Phase aktiviert werden können. Dabei ist zu beachten, dass die Vitalitätsreserven jedenfalls zum Teil unabhängig von den Vitalitätsdefiziten vorhanden sind. Es lassen sich Familienunternehmen finden, die zur selben Zeit sowohl ausgeprägte Vitaltitätsdefizite wie auch ebenso ausgeprägte Vitalitätspotentiale zeigen. Hierzu gehört vor allem die im Unternehmen und in der Familie verankerte Wertestruktur. Sind diese kommunizierten Werte getragen von den Mitarbeitern, den Führungskräften und den Eigentümern und werden sie dann auch noch von den nachwachsenden Familienmitgliedern für richtig und wichtig befunden, verfügt das Unternehmen hier über ein großes Vitalitätspotential. Die sich hieraus ergebende Unternehmenskultur und -identität ist die Basis, auf der die möglichen strategischen Neuausrichtungen zu diskutieren sind. Es ist zugleich aber auch der Kodex, auf den in kritischen Situationen des Aushandlungsprozesses einzelne Protagonisten immer wieder verpflichtet werden können.

Darüber hinaus ist gerade in Familienunternehmen die Kundenbindung besonders hoch. „In dieser besonderen Beziehungsqualität gegenüber dem Kunden, in dieser ausgeprägten Fähigkeit, sich in die Probleme des Kunden hineinzuversetzen und seine brennensten Engpässe zu erspüren und dafür Lösungen anzubieten, liegt wohl aktuell der wichtigste

Wettbewerbsvorteil vieler Familienunternehmen."[68] In dieser Phase der strategischen Neuorientierung ist diese Nähe zum Kunden, solange sie nicht den Blick für die Entwicklung des Gesamtmarktes verstellt, ein großes Vitalitätspotential des Familienunternehmens, da Stärken und Schwächen des Unternehmens aus Sicht des Kunden bekannt sind und Strategieentwürfe daraufhin geprüft werden können, ob sie den Kunden den angestrebten Mehrwert und somit dem Unternehmen einen Wettbewerbsvorteil bringen.

Für das Familienunternehmen in der Reifephase stellt sich die Frage, wie es seine Stärken am besten einsetzen kann, um sich einen solchen, nachhaltigen Wettbewerbsvorteil im Markt zu erarbeiten. Im Folgenden sollen drei Normstrategien Kostenführerschaft, Differenzierung und Konzentration auf Schwerpunkte in Anlehnung an PORTER[69] dargestellt und für Familienunternehmen in der Reifephase diskutiert werden. Hierbei soll ein Schwerpunkt auf der Frage liegen, welche Vitalitätsreserven zur Umsetzung einer solchen Strategie aktiviert werden müssen und welche Vitalitätsabflüsse andererseits die erfolgreiche Umsetzung einer solchen Strategie verhindern.

7.3.3.1.1.1 Kostenführerschaft des Familienunternehmens

Einer der möglichen Wettbewerbsvorteile des Familienunternehmens in der Reifephase ist die klare Kostenführerschaft in seinem angestammten Markt. Viele Familienunternehmen haben sich mit ihrem angestammten Markt dahingehend entwickelt, da ihre Kunden mit zunehmender Produktreife preisbewusster und der Wettbewerb schärfer wurde. Kostenführerschaft ist hierbei erst ab einer gewissen Größe möglich, da erst dann der Einsatz stückkostengünstiger Produktionsanlagen, ein kostengünstiger Einkauf aufgrund entsprechender Marktübersicht und ggf. auch Einkaufsmacht sowie der Verzicht auf nicht effiziente Kleinmengen möglich ist. Alle Bereiche des Unternehmens, gleich ob Forschung und Entwicklung, Vertrieb, Marketing oder Aufbau- und Ablauforganisation müssen auf mögliche Kosteneinsparungen permanent überprüft werden. „Niedrigere Kosten im Verhältnis zu den Konkurrenten werden zum roten Faden der gesamten Strategie,..."[70]

Eine umfassende Kostenführerschaft schützt das Familienunternehmen vor allen fünf von PORTER genannten Wettbewerbskräften. Gegenüber den Konkurrenten der Branche hat der Kostenführer den Vorteil, dass er aufgrund seiner günstigen Kostenposition einen Preiskrieg mit weniger negativen Auswirkungen überstehen kann als sie. Dies gilt allerdings nur dann, wenn es sich bei diesen Konkurrenten nicht um diversifizierte Unternehmen handelt, die aus strategischen Gründen (Verdrängungswettbewerb) das Produkt, mit dem sie mit dem Familienunternehmen konkurrieren, subventionieren oder aufgrund von Mischkalkulationen zu ebenso günstigen Konditionen kommen. Ähnliches

---

68 Wimmer, R. et al. (1996): Familienunternehmen - Auslaufmodell oder Erfolgstyp?, Wiesbaden, S. 128

69 vgl. hierzu Porter, M.E. (1987): Wettbewerbsstrategie, 4. Aufl., Frankfurt/New York, S. 62 ff

70 Porter, M.E. (1987): a.a.o. S. 63

gilt für die Position des Kostenführers gegenüber seinen Abnehmern. Hat dieser es ausschließlich mit Ein-Produkt-Unternehmen zu tun, so hat der Kostenführer den Vorteil, dass die Abnehmer in dem Dilemma stecken, die Preise entweder nur auf das Niveau des nächst teureren Konkurrenten zu drücken oder aber eine Monopolsituation zu riskieren. Zudem verweist PORTER[71] darauf, dass „niedrige Kosten ...vor mächtigen Lieferanten [schützen], indem sie größere Flexibilität im Umgang mit Kostensteigerungen bei Inputs erlauben." Die Eintrittsbarrieren in reife Märkte mit einem klaren Kostenführer sind zudem i.d.R. relativ hoch, da neu eintretende Unternehmen nicht über die Erfahrungen und Verbindungen der bereits im Markt tätigen Unternehmen verfügen und nennenswerte Reserven im Kostenmanagement kaum vorhanden sind. Dies macht auch die Angreifbarkeit durch Ersatzprodukte geringer. Eine umfassende Kostenführerschaft verschafft einem Familienunternehmen demnach auch in der Reifephase eines Marktes eine relativ gute Position.

Allerdings verlangt die umfassende Kostenführerschaft eine klare Konzentration des Unternehmens und aller Beteiligten auf dieses Ziel. Das heißt für das Unternehmen, seine Führungskräfte und Mitarbeiter, die Eigentümer und die Unternehmerfamilie, dass sie sich diesem Ziel ganz und gar verschreiben müssen. Für das Unternehmen bedeutet dies, dass neben den o.g. Rahmenbedingungen wie entsprechenden Produktions- und Absatzmengen auch Abschied von dem technisch Machbaren zugunsten dem vom Kunden Gewollten nehmen muss. Häufig werden die letzten technischen Finessen vom Kunden zwar wohlwollend akzeptiert, er ist aber nicht mehr bereit, dafür einen entsprechenden Aufpreis zu zahlen. Das Familienunternehmen, das Kostenführer werden oder bleiben will, muss die vom Kunden geforderte Qualität und nur die vom Kunden geforderte Qualität zum bestmöglichen Preis anbieten. Dies kann auch heißen, dass ganze Produktionsprozesse umgestellt und sogar Produkte redesignt werden müssen, um Kostenvorteile zu realisieren.

Familienunternehmen, die die umfassende Kostenführerschaft in ihrem Markt anstreben, müssen so schlank wie möglich werden. Das gesamte Unternehmen muss auf stille Reserven durchkämmt werden, diese müssen aufgelöst werden und in den Dienst der Kostenführerschaft gestellt werden. Die gesamte Aufbau- und Ablauforganisation muss schlank und flexibel gestaltet werden. Verbesserungsvorschläge, die Kosten sparen helfen, müssen entsprechend belohnt werden. Neben der Kostenführerschaft in ihrem angestammten Markt kann sich ein Familienunternehmen, das dies anstrebt und erhalten will, keine anderen Schauplätze, die nicht diesem Ziel dienen, leisten. Ein Familienunternehmen, dass z.B. im einem Bereich der Lebensmittelproduktion umfassender Kostenführer ist und als solcher erster Lieferant dieser Produkte an ALDI, kann es sich nicht erlauben, parallel dazu eine Marke mit all den entsprechenden Kosten wie Werbung, F&E, Vertrieb etc. aufzubauen. Wenn ein solches Unternehmen, das die umfassende Kostenführerschaft z.B. für Deutschland erreicht hat, weiter wachsen will (oder muss), so muss es dies in Bereichen tun, wo es die erworbenen Stärken einsetzen kann. Es kann z.B. seine Kostenführerschaft versuchen auf Europa auszuweiten und/oder auf verwandte Produkten und Dienstleistungen. Die Mischstrategie aber, hier umfassender Kostenführer und

---

71 Porter, M.E. (1987): Wettbewerbsstrategie, 4. Aufl., Frankfurt/New York, S. 65

auf der anderen Seite Markenartikler, bringt die Kostenführerschaft mittel- bis langfristig in Gefahr.

Die Ursache für eine solche Gefährdung liegt vor allem im Bereich der Führung und des Eigentums. Die Führung in einem Unternehmen, das Kostenführer ist, steht vor vollkommen anderen Fragestellungen als diejenige eines Markenartiklers, der über Differenzierung seine Wettbewerbsvorteile zu erarbeiten sucht. Die Mitarbeiter des Kostenführers werden permanent mit der Notwendigkeit, transparente, kostengünstige Strukturen zu schaffen und Kostenvorteile an allen Punkten zu realisieren, konfrontiert. Dies fängt beim Umfeld (Büro, Fuhrpark, Kommunikationsmittel etc.) an, geht im Einkauf und der Organisation weiter und findet sich auch im Marketing wieder. Der Aufbau einer eigenen Logistik wird z.B nur dann genehmigt, wenn dies zu einem Kostenvorteil führt und die evtl. seit Jahrzehnten bestehende unternehmenseigene Logistik wird einem Outsourcing unterzogen, falls dies langfristige Kostenvorteile bedeutet. Ähnliches gilt für den Vertrieb; einige Kostenführer, die den Lebensmittelhandel beliefern, beschränken sich z.B. ausschließlich auf wenige Key-Accounter, die die Großkunden betreuen und verzichten vollständig auf einen eigenen Außendienst.

Für die Eigentümer und die Unternehmerfamilie bedeutet die Strategie der umfassenden Kostenführerschaft, dass Sparsamkeit zum obersten Prinzip erhoben wird. Wo es um den letzten Pfennig in der Kalkulation eines Produktes geht, sind nicht nur üppige Dienstwagen, First-Class-Reisen oder mit moderner Kunst ausgestattete, repräsentative Büropaläste kontraproduktiv, sondern auch ein überaus großzügiger Lebensstil der Eigentümer und der Unternehmerfamilie ist mit Vorsicht zu betrachten. Da in Familienunternehmen Familie und Unternehmen i.d.R. eng verzahnt sind, ist es den Mitgliedern des Führungsgremiums des Unternehmens oder den Mitarbeitern nur schwer ohne Motivationsverlust zu erklären, warum sie selbst an allen Ecken und Enden zum Sparen angehalten werden und mit gutem Beispiel vorangehen sollen und z.B. die studierenden Kinder des Unternehmers mit ihrem Porsche auf den Hof fahren und ihre First-Class-Wochenendreisen über ein eigens dafür geschaffenes Spesenkonto absetzen. Genauso wenig ist es den Mitarbeitern ohne Motivationsverlust zu erklären, warum für nicht qualifizierte Familienmitglieder verhältnismäßig hoch dotierte Jobs „geschaffen“ werden, während die gesamte Organisation permanent auf noch nicht aufgedeckte Reserven auch in Bezug auf die Besetzung mit Personal durchforstet wird.

Gelingt es dem Ein-Produkt-Familienunternehmen allerdings, sich die umfassende Kostenführerschaft in ihrem angestammten Markt zu erarbeiten und hierfür alle Beteiligten zu einem entsprechenden Verhalten zu motivieren, kann dies die Ausgangsposition für ein langfristiges Überleben des Familienunternehmens sein. Die in diesem Markt mit der Position erarbeiteten Gewinne stehen dann zur Verfügung, um in einem für die bestehenden Kunden interessanten Bereich, der dem eigenen nicht gänzlich fremd ist, ein weiteres Standbein aufzubauen. Das Familienunternehmen kann somit aus eigenen Kräften wachsen, sei es, indem es regional wächst oder z.B. den Sprung vom reinen Produzenten eines Produktes zum Sortiments- oder Systemlieferanten schafft o.a.m..

7.3.3.1.1.2 Überleben des Familienunternehmens durch Differenzierung

Nach PORTER[72] besteht der zweite Strategietyp darin, „das Produkt oder die Dienstleistung des Unternehmens zu differenzieren und damit etwas zu schaffen, das in der ganzen Branche als einzigartig angesehen wird." Hierbei kann die Differenzierung auf verschiedenen Elementen oder einer Kombination von Elementen beruhen, wie z.B. Markenname und -auftritt, Technologie, Vertriebsweg oder Service. Differenzierung kann daneben auch durch die Integration von Dienstleistungen in Produkte erreicht werden, wobei sich die Differenzierung mit zunehmender Reife des Produktmarktes von einer direkt auf das Produkt bezogenen Differenzierung zur einer auf eine Systemintegration bezogene Differenzierung wandelt und aus Dienstleistungen am Produkt mehr und mehr Dienstleistungen für den Anwender erwachsen.[73] Von einer gelungenen Differenzierung kann dann gesprochen werden, wenn der Kunde nachhaltig bereit ist, für das Produkt aufgrund seiner Differenzierung mehr zu zahlen als für die Konkurrenzprodukte, da er seinen objektiven oder subjektiven Nutzen höher bewertet als den der Konkurrenzprodukte. Dort, wo ein Produkt z.B. die Kosten des Abnehmers für seine Weiterverarbeitung verringert, weil es bestimmte Montagegänge überflüssig und somit Personaleinsparungen möglich macht, wird der Kunde bereit sein, einen Teil seiner Einsparungen an den Lieferanten weiterzugeben. Gelungene Differenzierung verringert die Preissensibilität bei den Abnehmern/Verbrauchern und erhöht die Kundenbindung.

Die Differenzierung eines Produktes oder einer Dienstleistung eines Familienunternehmens kann in den seltensten Fällen erst in der Reifephase eingeleitet werden und trotzdem erfolgreich etabliert werden. Die Reifephase ist davon gekennzeichnet, dass die noch zu verteilenden Zuwächse am Markt gegen null gehen. Marktanteile sind somit zunächst einmal verteilt, auch wenn diese häufig im nun folgenden Verdrängungswettbewerb wieder in Frage gestellt werden. Eine in der Wachstumsphase eingeleitete Differenzierung kann in dieser Phase ausgebaut und stabilisiert werden; eine Differenzierung neu einzuführen ist nur in den wenigsten Fällen möglich. Wenn allerdings dies der Fall ist, so führt dies häufig zurück in die Wachstumsphase, da über die Differenzierung ein größeres Kundeninteresse und ein erneuter Wachstumsschub des Marktes erreicht werden. GOEHLER[74] beschreibt ein solches Beispiel anhand des deutschen Biermarktes, in dessen Reifephase hinein durch Differenzierungsversuche mehrerer Brauereien der Premiumbiermarkt Ende der 70er/ Anfang der 80er Jahre stark wuchs. „Im Gegensatz zu den auf Ertragssicherung ausgerichteten Preisstrategien dieser Konkurrenten gehen sie genau den umgekehrten Weg der Spezialisierung auf ein Produkt bei gleichzeitiger intensiver Bewerbung und hochpreisiger Vermarktung."[75] Ein für ein Familienunternehmen gelungene Differenzierung bedeutet hier allerdings die Alleinstellung innerhalb

---

72 Porter, M.E. (1987): Wettbewerbsstrategie, 4. Aufl., Frankfurt/New York, S. 65

73 Vgl. hierzu Servatius, H.-G. (1991): Vom strategischen Management zur evolutionären Führung, Stuttgart, S. 267 ff

74 Goehler, A. W. (1993): Der Erfolg großer Familienunternehmen im fortgeschrittenen Marktlebenszyklus, Diss. St. Gallen, S. 260 ff

75 Goehler, A.W. (1993): a.a.o., S. 261

eines Marktes, nicht das Ausweiten des Marktes an sich, womit das eigentliche Problem nur zeitlich verschoben wird.

Ein Familienunternehmen, das eine in der Wachstumsphase bewusst oder unbewusst begonnene Differenzierung in der Reifephase zur Absicherung seiner Position im Markt fortsetzen will, muss die hierzu notwendigen Mittel zur Verfügung stellen können. Differenzierung kann nur durch Kommunikation der differenzierenden Merkmale des Produktes oder der Dienstleistung erreicht werden und diese Kommunikation ist kostenintensiv. Ist die Grundsatzentscheidung für die Differenzierungsstrategie gefallen, gilt es, mögliche Differenzierungsmerkmale zu definieren und sie auf ihre Akzeptanz bei den Kunden zu überprüfen. Die aufgrund der Stärken-/Schwächenanalyse, der Konkurrenzanalyse und der Kunden- und Marktanalyse herausgearbeiteten Differenzierungsmerkmale müssen nun im Rahmen des Produktions- bzw. Dienstleistungserstellungsprozesses verfeinert werden. Erst dann kann die auf der Grundlage der Differenzierungsmerkmale aufbauende Kommunikationsstrategie umgesetzt werden.

Für das Unternehmen, die Führungskräfte und Mitarbeiter, die Eigentümer und die Unternehmerfamilie bedeutet diese Phase zwischen Strategieentscheidung und –umsetzung eine Phase der Unsicherheit und Anfechtung. Um eine solche Differenzierungsstrategie umzusetzen, sind z.T. sehr umfangreiche Investitionen nötig. Ob diese sich am Ende rechnen, steht nicht fest. Gleichzeitig befindet sich das Unternehmen aufgrund des fortgeschrittenen Lebenszyklus in einer ertragsseitig eher angespannten Situation. Nicht alle Unternehmen haben in dieser Phase genügend finanziellen Spielraum, einen Fehlschlag im Rahmen einer solchen Differenzierungsstrategie auch verkraften zu können. Während während der Ideegenerierung und -diskussion nahezu alle Betroffenen beteiligt werden konnten, ist dies in der nun folgenden Umsetzungsphase nicht mehr möglich. Dieses bleibt den Führungskräften und Mitarbeitern vorbehalten, während den Eigentümern und den Familienmitgliedern die Aufgabe zufällt, diese entsprechend ihrem Einfluss zu motivieren, den Prozess durchzustehen.

Um den Prozess bei entsprechenden Chancen am Markt zu einem Erfolg werden zu lassen, muss neben dem entsprechenden professionellen Potential in der Führung des Familienunternehmens eine klare Führung in der Gruppe der Eigentümer und in der Familie vorhanden sein, die eine der heiklen Situation angemessene Disziplin durchzusetzen in der Lage ist. Gerade in einer solchen Situation sind nach außen getragenen Bedenken einzelner Familienmitglieder, die vielleicht mit der Strategie grundsätzlich oder in Details nicht einverstanden sind, außerordentlich schädlich. Hier kann die oben angesprochene Bühne für Streitigkeiten im Bereich der Eigentümer und/oder der Unternehmerfamilie(n) entstehen, die herhalten muss für die Aufarbeitung der vor langer Zeit entstandenen, aber bis dato nicht ausagierten Rivalitäten. Unbedachte Äußerungen selbsternannter Experten aus den Reihen der nicht im Unternehmen mitarbeitenden Eigentümer oder Familienmitglieder können hier das Zünglein an der Waage sein, das einen derart schwierigen Prozess zum Kippen bringt.

7.3.3.1.1.3 Konzentration auf Schwerpunkte

Die dritte mögliche Strategie des Familienunternehmens ist die Konzentration auf Schwerpunkte. Diese Schwerpunkte können regionale Schwerpunkte sein ebenso wie Marktnischen oder Teile eines Produktionsprogramms. Gerade in Märkten, in denen die Hauptwettbewerber Grossunternehmen sind, bleiben häufig interessante Nischen unbesetzt, da diese schlichtweg zu klein für die Konzerne sind. Die Losgrößen sind zu klein, das Know-How zu spezifisch und die Umrüstkosten der Anlagen übersteigen die Mehrerlöse. In solchen Nischen können sich Familienunternehmen auch in der Reifephase einrichten, vorausgesetzt, sie sind in der Wachstumsphase nicht zu groß dafür geworden.

Um sich in einer solchen Nische über einen längeren Zeitraum erfolgreich halten zu können, muss das Unternehmen über eine Kombination der für die Kostenführer- und die Differenzierungsstrategie erforderlichen Ressourcen verfügen. Welche Kombination dies jeweils ist, ergibt sich aus der spezifischen Marktsituation. Allerdings müssen sich Eigentümer und Familienmitglieder darüber einig sein, die Nischenbedingten Wachstumsgrenzen für das Familienunternehmen zu akzeptieren. Dies bedeutet auch, dass das Unternehmen nicht eine wachsende Familien als ausschließliche Vermögensmaße auf lange Sicht „ernähren" kann, sondern dass nachwachsende Familienmitglieder bereit sein müssen, ihre berufliche Zukunft unabhängig von dem Familienunternehmen aufzubauen.

Zusammenfassend lässt zur strategischen Ausrichtung des Familienunternehmens in der Reifephase sagen, dass sie eine der vorrangigen Aufgaben der Führung und der Eigentümer ist. Nur wenn es gelingt, eine neue tragfähige Vision für die Zukunft des Unternehmens zu entwickeln, wird dieses überleben. Alle beteiligten Gruppen müssen hieran nach Kräften mitarbeiten und den Erfolg des Erarbeiteten durch ihren Einsatz und ihre Disziplin möglich machen.

7.3.3.1.2 Die Eignerstrategie als Messlatte

Bevor jedoch alle Beteiligten an die Umsetzung der erarbeiteten Strategie gehen, sollte die Erfolgswahrscheinlichkeit dieser Strategie überprüft werden. Hierbei muss neben einer Stärken-/Schwächenanalyse des Familienunternehmens, der Wettbewerbsanalyse und der prognostizierten Entwicklung des politischen und gesellschaftlichen Umfeldes vor allem die Finanzierung überprüft werden. Für Unternehmerfamilien, die als Eigner und Unternehmer an einem Ein-Produkt-Unternehmen beteiligt sind, ist diese Beteiligung häufig der Hauptbestandteil ihres Vermögens. Die Situation, in der sie sich nun in der Reifephase befinden, wäre mit großer Wahrscheinlichkeit so nicht eingetreten, hätte es beizeiten eine klar formulierte und handlungsweisende Eignerstrategie gegeben. Deshalb wird die Eignerstrategie in der Wachstumsphase auch als eines der wichtigen Vitalitätspotentiale des Familienunternehmens genannt. „All die Hausaufgaben, die in einer bestimmten Phase nicht erledigt werden, behindern in Zukunft zusätzlich."[76] Diese „Hausaufgaben", nämlich die Formulierung einer Eignerstrategie, muss der oder müssen die Eigner nun unverzüglich vornehmen.

Eine Eignerstrategie bezieht sich hierbei ausschließlich auf das Vermögen des Eigentümers und seine damit verbundenen Ziele. Er/Sie kann dieses Vermögen in den Dienst der Familie, des derzeitigen Familienunternehmens, der unternehmerischen Betätigung der Familie an sich, des Erhaltes des Vermögens selbst, der (wie auch immer definierten) Zukunftsgestaltung, der Gesellschaft oder persönlicher Ziele stellen. Er ist in der Verfügung über sein Eigentum grundsätzlich frei, solange er bestehende Gesetze beachtet und die mit dem Eigentum verbundenen Pflichten erfüllt. Gerade Eignerunternehmer, die ein Familienunternehmen aus der Bedeutungslosigkeit herausgeführt haben, können sich eine Trennung von Vermögen und Unternehmen auch nur in Teilen nicht vorstellen. Das Unternehmen ist ihr erstes Kind, eine Trennung erscheint absurd.

Zunächst muss die Formulierung einer Eignerstrategie unabhängig vom Familienunternehmen sich an den persönlichen Zielen des Eigners orientieren. Erst, wenn diese abstrakt formuliert sind, ergibt sich aus ihnen die Implikation für das Unternehmen und das diesbezügliche Engagement des Eigners in der Zukunft. MAY[77] formuliert dies wie folgt: „Familienstrategie kommt vor Unternehmensstrategie!". Gerade an dieser nicht oder nicht hinreichend klar formulierten Eignerstrategie scheitern viele Nachfolgeprozesse, wie im Folgenden Abschnitt zu zeigen sein wird. Der Eigentümer-Unternehmer-Vater möchte sowohl seine Kinder gerecht (d.h. in seinen Augen: gleich) behandeln, das Unternehmen als Familienunternehmen erhalten wie auch das Vermögen erhalten und mehren. Das die in diesen verschiedenen Zielen enthaltenen Zielkonflikte eine Konzentration auf eines dieser Ziele notwendig machen und damit die gleichzeitige Erreichung der anderen Ziele zumindest unwahrscheinlich, wird hierbei oft. übersehen oder negiert.

Die Eignerstrategie, gleich, ob noch zu formulieren oder bereits vorhanden, ist nun die Messlatte für die Entscheidung, ob die neu formulierte Strategie umgesetzt werden soll oder ob ein Marktaustritt und/oder eine Desinvestition der Familie vernünftiger im Sinne der Ziele des Eigner bzw. der Unternehmerfamilie ist. Hierbei kann z.B. ein hoher Finanzierungsbedarf zur Umsetzung der neuen Strategie das Herein-Nehmen neuer Gesellschafter nötig machen, ist die Unternehmerfamilie nicht bereit und entschlossen, neben der Auflösung aller im Unternehmen liegender stiller Reserven auch private Vermögensbestandteile in das Unternehmen einzubringen oder zumindest vorübergehend als Sicherheit zur Verfügung zu stellen. Ein Börsengang, soweit er in dieser Phase der Unternehmensentwicklung noch möglich und sinnvoll ist, wäre eine Alternative zur Finanzierung der Neuorientierung. Andererseits kann sich eine Unternehmerfamilie ebenso entschließen, dass Unternehmen zu verkaufen, um mit dem realisierten Vermögen in anderen, vielversprechenderen Märkten wieder unternehmerisch tätig zu werden oder um

76 Wimmer, R. et al. (1996): Familienunternehmen - Auslaufmodell oder Erfolgstyp?, Wiesbaden, S. 247

77 May, P. (2001): Lernen von den Champions, Frankfurt

dieses Vermögen zur Verwirklichung anderer, nicht unternehmerischer Ziele einzusetzen.

Da diese Entscheidungen, wenn marktinduziert bereits Probleme im Unternehmen auftreten, relativ schnell getroffen werden müssen, sie andererseits von weitreichender Bedeutung sind, wird in einer solchen Situation die Werteverankerung in der Familie und bei den Eigentümern und eine darauf aufbauende Kommunikationsfähigkeit entscheidend. Auch hier gilt wieder, wie in anderen oben angeführten kritischen Situationen, dass die in der Wachstumsphase aufgebauten und nun zu aktivierenden Vitalitätspotentiale des Familienunternehmens entscheidend sind und dass sie zumeist im Bereich der Familie und des Eigentums angesiedelt sind. J. DAVIES[78] formuliert dies wie folgt: „Families which are successful in business are not loyal to their specific business, but to business in general and before all to the family. They if necessary sell to survive. Success and most problems can be traced back to the functioning of the family.“

7.3.3.1.3 Die Nachfolgefrage als Problem-Katalysator

Die Nachfolgefrage in Familienunternehmen ist eines der, wenn nicht überhaupt das am häufigsten diskutierte Familienunternehmensspezifische Problem.[79] Die Regelung der Nachfolge findet zwar nicht im Bereich des Unternehmens statt, es ist jedoch von der Regelung in vielerlei Hinsicht am meisten betroffen. Zudem lässt sich nicht sagen, in welcher Lebenszyklusphase des Familienunternehmens dieses jeweils mit Nachfolgeproblemen konfrontiert wird. Allerdings weist GOEHLER[80] darauf hin, dass Familienunternehmen in der kritischen Reifephase häufig zusätzlich mit der Nachfolgeproblematik konfrontiert sind, die wiederum aufgrund der anderen Unternehmensspezifischen Probleme wie mangelnde strategische Ausrichtung und fehlende Eignerstrategie[81] ebenfalls ungelöst bleibt, bzw. aufgeschoben wird.

---

78 Davis, J. (1998): „Lessons of successful family business dynasties“ Vortrag gehalten auf der 9. F.B.N. Annual World Conference vom 24.- 26. September 1998 in Paris

79 Einen Überblick über die angloamerikanische und die deutsche Literatur zu diesem Thema findet sich bei Klein, S.B. (2003): Der strategische Wandel während des Nachfolgeprozesses im Familienunternehmen In: Schmeisser et al (Hrsg): Handbuch Unternehmensnachfolge, Stuttgart, S. 23 - 60. Hier findet sich ebenfalls eine Klassifizierung der bisher in diesem Bereich durchgeführten Arbeiten (S. 27).
Auch die meisten empirischen Studien wurden zum Thema „Succession“ durchgeführt. Vgl. hierzu Wortman, M.S.jr. (1994): Theoretical Foundations for Family-Owned Business: A Conceptual and Research-Based Paradigm In: FBR VII (1), S. 3- 27

80 Goehler, A. W. (1993): Der Erfolg großer Familienunternehmen im fortgeschrittenen Marktlebenszyklus, Diss. St. Gallen

81 FILE und PRINCE Untersuchung von 749 gescheiterten Familienunternehmen kommt zu dem Ergebnis, dass eine inadäquate Eignerstrategie häufiger mit dem Scheitern des Familienunternehmens korreliert als eine unzureichende Nachfolgeplanung. (File, M.K.; Prince, R.A. (1996): Attributions for Family Business Failure: The Heir's Perspective - In: FBR IX (2) S. 171 - 184)

Die Frage der Nachfolgeregelung in Familienunternehmen ist eines der komplexesten zu lösenden Themen, mit denen sich das Unternehmen im Laufe seiner Geschichte konfrontiert sieht. Dies hat mehrere Gründe. Zum einen betrifft die Nachfolgefrage alle Kernbereiche des Familienunternehmens. Es geht um den Wachwechsel in der Familie ebenso wie um die Eingangsqualifikation für Führungspositionen, die Übergabe der Führung im Unternehmen und um den Übergang von Eigentum. Zum anderen wird zwar die Nachfolge gerade in der älteren Literatur nicht nur eindimensional, d.h. häufig nur aus der Perspektive der Führungsnachfolge im Unternehmen, behandelt, sondern zudem auch als ein Datum, als klarer Schnitt in der Unternehmensgeschichte. Erst in der letzten Zeit setzt sich die Erkenntnis durch, dass die Nachfolge deshalb so kompliziert zu erfassen ist, weil es sich um einen Prozess handelt, in dem sich die verschiedenen Ebenen des Familienunternehmens treffen und der nicht selten wie ein Problemkatalysator wirkt.[82] Im Folgenden soll die von LANSBERG/GERSICK[83] entwickelte Phasenbetrachtung skizziert und zur Grundlage der weiteren Diskussion gemacht werden.

7.3.3.1.3.1 Prozessbetrachtung der Nachfolge

Nachfolge in Familienunternehmen wird in der Übergangsphase zwischen den Generationen angesiedelt. Allerdings baut sich die Notwendigkeit, eine Nachfolgeregelung zu finden und zu implementieren i.d.R. über einen gewissen Zeitpunkt auf. Unabhängig vom Unternehmen selbst und der Phase des Lebenszyklus, in dem sich dieses befindet, läuft für den derzeitigen Unternehmer-Eigentümer die biologische Uhr. Dies gilt ebenso, wenn es bereits mehrere Eigentümer und evtl. auch mehrere an der Führung beteiligte Familienmitglieder gibt. Allerdings kann es in diesem Fall zu Phasenverschiebungen aufgrund von Altersunterschieden kommen. Am eindeutigsten ist der Fall zu beschreiben, wenn der Pionierunternehmer selbst „in die Jahre“ kommt. LANSBERG/GERSICK unterscheiden in dieser Pre-Transition-Phase drei Arten von Einflüssen: zeitliche, umweltbedingte und entwicklungsbedingte Einflüsse. Die zeitlichen Einflüsse sind vorhersehbar und daher prognostizierbar. Der Lebenszyklus des Unternehmers verläuft in eine klar definierte Richtung und Abweichungen bewegen sich in engen Grenzen. Schwerer prognostizierbar sind ökonomische und politische Veränderungen. Auch sie beeinflussen den sich aufbauenden Problemdruck in der Vorentscheidungsphase. Eine Zwischenstellung nehmen die entwicklungsbedingten Einflüsse ein, wie z.B. die Entwicklung der EinKern-Familie hin zu einer dynastischen oder institutionellen Familie oder aber auch zu mehreren Kernfamilien.

---

82 vgl. hierzu u.a. Lansberg, I.; Gersick, K. (1998): „The development of collaboration throughout the life-cycle in family enterprise“ Vortrag gehalten auf der 9. F.B.N. Annual World Conference vom 24.- 26. September 1998 in Paris, sowie Gersick, K.E.; Lansberg,I.; Desjardins, M.; Dunn, B.: Stages of Transistions: Managing Change in the Family Business In: FBR XII, 4, S. 287 – 297, 1999

83 Lansberg, I.; Gersick, K. (1998): a.a.o.

In der Vorentscheidungsphase beginnt sich mehr und mehr ein zunächst nicht klar definierbarer Druck aufzubauen, der von den Beteiligten noch häufig einzelnen Ursachen als denn dem Nachfolgeproblem zugeordnet wird. Hierzu gehören auch aus dem Unternehmen selbst kommende Problemfelder wie z.B. die für die Reifephase typische Umsatzstagnation oder der Verdrängungswettbewerb und der damit verbundene Preiskampf. Bei Nachfolgeprozessen in der Wachstumsphase dauert die Vorentscheidungsphase allein deshalb häufig länger als in der Reifephase, weil die marktinduzierten Probleme (noch) nicht virulent sind und das Wachstum und damit der unternehmensseitige Erfolg manche der anderen Probleme (zunächst) zudeckt.

Mögliche Probleme in der Vorentscheidungsphase des Nachfolgeprozesses:

Familie	• late adult transition des Vaters/ der Mutter • midlife-transition der nachfolgenden Generation • Probleme mit Schwiegersöhnen/Schwiegertöchtern • Geschwisterrivalitäten u.v.a.m.
Eigentum	• Entnahmepolitik sowohl der scheidenden als auch der nachfolgenden Generation • Formulierung einer Eignerstrategie / eines Unternehmertestamentes • Änderung der Rechtsform (Haftung) • Diskussionen um das Privatvermögen u.a.m.
Führung	• Generationenkonflikt in der Geschäftsleitung • Abwandern qualifizierter Nachwuchskräfte • Flexibilisierung versus Bürokratisierung u.a.m.
Unternehmen	• Umsatzstagnation und Gewinnrückgang • strategische Ausrichtung / fehlende Vision • Verzettelung mit Scheininnovationen u.a.m.

Je nachdem, wie viele Problemfelder in einem Unternehmen der Vorentscheidungsphase des Nachfolgeprozesses virulent sind, entwickelt sich dieser Prozess langsam oder dynamisch. Allen diesen Prozessen aber ist eines eigen: Es muss in der Vorentscheidungsphase zunächst ein schier unerträglicher Druck aufgebaut werden, damit der Eintritt in die tatsächliche Übergangsphase erfolgt.

Der Eintritt in diese Übergangsphase von Familienführung, Eigentümerstruktur und Führung erfolgt aufgrund eines so genannten „transitional triggers“, eines Auslösers. Dieser Auslöser kann ein zeitliches Limit sein wie z.B. ein im Gesellschaftsvertrag festgelegtes Pensionsalter oder eine in naher Zukunft eintretende gesetzliche Änderung[84] oder auch ein umweltbedingter Auslöser, wie politische oder wirtschaftliche Ereignisse. Der Auslöser kann aber genauso aus dem Bereich der Familie (z.B. Tod eines Familienmitgliedes, Scheidung, Krankheit o.a.), des Eigentums (z.B. Rücktritt des Beratungs- und Kontrollgremiums), der Führung (Kündigung eines wichtigen Geschäftsleitungsmitgliedes) oder des Unternehmens selbst (Verlust eines wichtigen Kunden) kommen. Die Auslöser sind nicht Konfliktursache, sie sind nur der Tropfen, der das Fass zum Überlaufen bringt. Dieser Tropfen kann neben den o.g. dramatischen Ereignissen auch ein ganz banales Ereignis sein, das nur aufgrund der bereits bestehenden Spannung zu einem weitreichenden Ergebnis führt, wie z.B. die Spesenabrechnung des bereits im Unternehmen arbeitenden Sohnes, der als fehl am Platz empfundene Auftritt der Schwiegertochter im örtlichen Golfclub, das Jahresgespräch mit der Hausbank u.v.a.m.

Mittels des Auslösers wird der sich bis dahin „unter der Oberfläche" entwickelnde Prozess offiziell begonnen. Die Bereitschaft zur Veränderung wird bekundet, die Notwendigkeit anerkannt. Der alte Zustand gilt nicht mehr, das Familienunternehmen und mit ihm Familie, Eigentümer und Führung, befinden sich in einem Übergangsstadium. Dies ist ein zunächst von den meisten Beteiligten als verunsichernd empfundener Schritt. Das Alte gilt nicht mehr, etwas Neues, das an seine Stelle treten könnte, gibt es noch nicht. Es ist in diesem Stadium deshalb unabdingbar, einen klar umrissenen Zeitplan für den Prozess aufzustellen. Organisationen können sich nur durch solche Übergangszeiten hindurch entwickeln, die sich daraus ergebende Unsicherheit ist aber für die Beteiligten nur einen gewissen Zeitraum lang zu ertragen.

Ziel dieser Phase ist es, eine neue, tragfähige Vision, die alle betroffenen Bereiche bestmöglich integriert, zu entwickeln. Hierzu muss zunächst einmal über die Träume der Beteiligten ein konstruktiver Austausch begonnen werden. Während z.B. der Unternehmer das Familienunternehmen auf jeden Fall in der Familie halten will, träumt der älteste Sohn davon, es zu einem internationalen Player aufzubauen. Während also der Vater auf keinen Fall bereit ist, Beteiligungen fremder Dritter am Eigenkapital zuzulassen, will der Sohn in eine AG umwandeln und an die Börse gehen, um das notwendige Kapital für die Expansion zu bekommen. Wichtig in dieser Phase ist es, zunächst einmal in der Familie und dann unter den Eigentümern eine von allen getragene Vision zu entwickeln und erst im Anschluss daran über die Maßnahmen zu diskutieren, die eine solche Vision verwirklichen sollen. In dieser heiklen Phase des Prozesses kann sich das Einschalten eines Moderators als hilfreich erweisen, da dieser, wenn er über das entsprechende Wissen und die nötigen Erfahrungen verfügt, die Ebenen der Diskussion helfen kann, zu trennen und das Konfliktpotential so auf einem erträglichen Niveau hält. Hinzukommt, dass er als Nicht-Beteiligter derjenige sein kann, der, ohne dass ihm Eigeninteresse zu unterstellen wäre, auf die Einhaltung des Zeitplanes drängen kann.

Nachdem verschiedene Träume entwickelt und diskutiert worden sind, muss, nachdem alle wichtigen Informationen zu den verschiedenen Visionen in die Diskussionen einge-

---

84 So war die Diskussion, ob in Zukunft land- und forstwirtschaftliches Vermögen auch weiterhin zum Einheitswert vererbt und übertragen werden dürfe, Auslöser für unzählige Betriebsübertragungen in diesem Bereich im Jahr 1996 in Deutschland.

flossen sind, eine Entscheidung getroffen werden. Diese Entscheidung wird immer unter Unsicherheit getroffen. Sie ist insofern eine echte unternehmerische Entscheidung, die von allen Beteiligten zumindest toleriert werden muss, von denjenigen, die sie umsetzen müssen, muss sie allerdings mehr als toleriert, muss sie voll und ganz getragen werden. Auf der Basis dieser neuen Vision nun werden die einzelnen Maßnahmen diskutiert und ausgewählt. Hiermit endet das Übergangsstadium, der neue Weg wird offiziell bekannt gegeben und die Umsetzung beginnt. Da die existierenden Strukturen noch auf das alte Ziel ausgerichtet sind, müssen diese nun überprüft und auf das neue Ziel hin ausgerichtet werden. Hier sind in der Anfangszeit Unsicherheiten zu überwinden ebenso wie Veränderungswiderstände. Häufig geht mit der Implementierung eines neuen Ziels auch eine Trennung von den Mitarbeitern einher, die nicht bereit sind, sich den neuen Herausforderungen zu stellen. Gerade in das Unternehmen eintretende Familienmitglieder der nachwachsenden Generation haben häufig nur dann eine Chance, ihren Weg umzusetzen, wenn sie dies mit Mitarbeitern ihrer Generation versuchen, die ihren Traum vom Weg des Unternehmens teilen und nicht mit denen, die den alten Weg nach wie vor versuchen, zu verteidigen.

LANSBERG/GERSICK verweisen darauf, dass ein solcher Prozess Zeit braucht. Jede Phase ist notwendige Voraussetzung für die nachfolgende und somit unverzichtbar. Sie fassen dies wie folgt zusammen: „Recognise a transition when it starts, keep it open long enough to sought out the best possible solutions and close it down and move on in time.“[85]

7.3.3.1.3.2 Multidimensionalität der Nachfolgefrage

Die Nachfolgefrage wirkt als Problem-Katalysator in Familienunternehmen. Im Zuge der nun notwendig gewordenen Diskussion kommen bisher nur latent vorhandene oder aber auch von den Beteiligten geleugnete oder ignorierte Probleme an die Oberfläche. Neben der Prozesshaftigkeit des Geschehens führt die Multidimensionalität der zu diskutierenden Fragen immer wieder zu großen Problemen. Diese Multidimensionalität beruht u.a. auch darauf, dass betriebswirtschaftliche, psychologische, soziologische, juristische und andere Teilbereiche in ein und dieselbe Fragestellung einfließen. Die bisher häufig zu beobachtende Ausblendung der weniger „beherrschbaren“ Bereiche, hier i.d.R. der psychologischen und soziologischen, führt zwar häufig zu einem Ergebnis; dessen Qualität ist allerdings oftmals mehr als nur fraglich.

---

85 Lansberg, I.; Gersick, K. (1998): „The development of collaboration throughout the life-cycle in family enterprise“ Vortrag gehalten auf der 9. F.B.N. Annual World Conference vom 24.- 26. September 1998 in Paris [Das Zitat stammt aus einer Mitschrift des Vortrags; es ist sinngemäß so gesagt worden, allerdings kann die Formulierung geringfügig von der in Paris gebrauchten abweichen. Der Verfasser.]

Die Schwierigkeiten der klassischen Betriebswirtschaftslehre, mit dieser Fragestellung adäquat umzugehen, fasst SCHNEIDER[86] wie folgt zusammen: „Zwei Dinge fallen auf, wenn man sich die klassische BWL in Bezug auf die Nachfolgeproblematik ansieht:

1. Subjektiv u.U. krisen- und konfliktreich erlebte Entscheidungen und Handlungen werden in Bezug auf ihre emotionale Komponente völlig ausgeblendet....
2. Die Empfehlungen der Betriebswirtschaftslehre beruhen auf einer Reihe von fragwürdigen, aber nicht in Frage gestellten Voraussetzungen." (Hierunter sind u.a. anderem bestehende und ausformulierte strategische Planungen, Suche nach Eigenschaften des Nachfolgers, obwohl der Vorgänger als „Person" im Mittelpunkt stand bzw. steht, gemeint.)

Während z.B. der Vater-Eigentümer-Unternehmer eine Frage aus der Sicht des Unternehmens diskutiert, bestehen seine Kinder auf einer Eigentümer- oder sogar der Familienperspektive. Noch komplizierter wird es, wenn in einer Frage die Diskutanten zwischen verschiedenen betroffenen Ebenen hin und her springen. Im Folgenden sollen einige der häufiger auftretenden Fragestellungen und die Dimensionen dargestellt werden. Aufgrund der Vielfalt möglicher Themen kann dies nur ein exemplarischer Ausschnitt sein, anhand dessen vor allem die Probleme, die sich aus der Verquickung der Dimensionen ergeben, dargestellt werden soll.

Das Drama im Hause Moller-Racke ist eines von vielen Beispielen für die Multidimensionalität der Nachfolgefrage. Die Geschichte in Umrissen[87]:

> *Nachdem die zuerst angedachte Nachfolgeregelung, nämlich den ältesten Sohn des amtierenden Vorstandsvorsitzenden Harro Moller-Racke, Dr. Georg Moller-Racke, gescheitert war und dieser das Unternehmen auch als Miteigentümer verließ, wurde 1985 der zweite Sohn, Marcus Moller-Racke, der das unternehmenseigene Weingut in Kalifornien leitete, zum Mitglied des Vorstandes ernannt. 1986 kündigt der Vater in der hauseigenen „rackepost" an, dass er Marcus zu seinem Nachfolger erkoren habe. 1991 wird dieser Vorsitzender des Vorstandes, Harro Moller-Racke zieht sich auf den Aufsichtsratsvorsitz zurück.*
>
> *Die bereits im Vorfeld absehbaren Meinungsverschiedenheiten zwischen Vater und Sohn eskalierten in der Folgezeit schnell und heftig zum Thema strategische Ausrichtung des Unternehmens. Während der Vater eine Anlehnung des Unternehmens an einen Konzern befürwortete, da er in dem nun reifem Markt, in dem sich das Unternehmen bewegte, keine Überlebenschance ohne eine solche Anbindung sah, setzt Marcus Moller-Racke auf Eigenständigkeit. Allerdings schien auch er gewisse Größenbedingte Probleme zu sehen, denn bereits in der Pressekonferenz anlässlich Übernahme des Vorstandsvorsitz kündigte er eine*

---

86 Schneider, U. (1990): Das Nachfolgeproblem als Familiendrama - Zwei nicht gegebene Interviews In: Kappler, E., Laske, S. (Hsrg.): Blickwechsel: zur Dramatik und Dramaturgie von Nachfolgeprozessen im Familienbetrieb, Freiburg, S. 73 f

87 vgl. hierzu u.a. Ruess, A. (1994): Kalter Rausschmiss In: WirtschaftsWoche Nr. 48 v. 24.11.1994, S. 81-83 und v. Plüskow, H.-J. (1995): Wenn aus Kindern Unternehmer werden In: Impulse 2/95 S. 60-63

Umsatzverdoppelung auf rund 1 Milliarde DM innerhalb der nächsten 5 bis 6 Jahre an. Im Geschäftsjahr 1997/98, also 6 Jahre nach Übernahme der Führungsverantwortung durch Marcus Moller-Racke, setzte das Unternehmen 523 Millionen DM um.[88] *Doch zu diesem Zeitpunkt hat die Auseinandersetzung zwischen Vater und Sohn bereits ein - unrühmliches - Ende gefunden: Mit den Stimmen zweier Tanten und Geschwister drängt Marcus Moller-Racke seinen Vater 1996 aus dem Aufsichtsrat und somit ganz aus dem Unternehmen.*

Betrachtet man das beschriebene Beispiel, so weist hier zunächst alles auf einen klassischen sachlichen Konflikt um die „richtige" Strategie hin. Dies ist allerdings nur auf den ersten Blick korrekt. Hinter der „richtigen" Strategie verbergen sich auch für den reinen Zeitungsleser sichtbar, weitere latente Probleme, die nun im Generationenwechsel virulent werden. Ob die Unternehmensvitalität des Unternehmens die dadurch entstandene Belastung auf Dauer aushält, bleibt abzuwarten.

Was nun verbirgt sich hinter der Diskussion um die strategische Ausrichtung? Welches sind die für Außenstehende erkennbaren Motive des Vaters, Harro Moller-Racke? H. Moller-Racke verfolgte offensichtlich zwei Ziele: Er wollte einerseits auf jeden Fall dem Unternehmen das Überleben sichern, auch unter Inkaufnahme eines fremden Mehrheitsgesellschafters, sprich der Aufgabe der Selbständigkeit, und er wollte die oberste Führungsposition auf jeden Fall mit einem Familienmitglied besetzen. Eine Eignerstrategie ist zumindest für den Außenstehenden nicht erkennbar. Der Vater agiert somit zum einen als Vorsitzender der Geschäftsleitung und zum anderen als Familienoberhaupt, wobei Ziel seines Bemühens in beiden Rollen das Unternehmen ist. Der Sohn wird instrumentalisiert.

Ob dies die Motivation von Marcus Moller-Racke ist, sich weniger um das vom Vater Gewünschte als um seine eigene Vision zu kümmern, bleibt Mutmaßung. Vieles spricht dafür, dass der Sohn, nachdem der Vater sich nicht um ihn um seinetwillen sondern um der Firma willen kümmert, dieses Vakuum versucht zu füllen. „Ihm geht es", klagt der Vater, „nicht um das Unternehmen, sondern um die Macht." Ob und in wie weit das Wissen, in den Augen des Vaters nur die zweite Wahl nach dem älteren Bruder zu sein, ein weiteres dazu taten, bleibt ebenfalls für den Außenstehenden nur zu vermuten.

Deutlich aber wird in diesem Fall, dass die fehlende Eignerstrategie einerseits und die mangelnde Bereitschaft, sich für ein Ziel zu entscheiden und den Preis für die getroffene Entscheidung zu zahlen, maßgeblich zu dem Desaster bei Racke beigetragen haben. Am Ende war das Verhalten aller Protagonisten sowohl für das Eigentum (Umsatzstagnation bei gleichzeitigem Gewinnrückgang in den vergangenen Jahren), für das Unternehmen (Konzentration auf interne Probleme anstatt mit Kraft die Herausforderungen des reifen Marktes zu meistern), für die Führung (häufiger Wechsel in Führungspositionen) und vor allem für die Familie nahezu zerstörerisch. Die Frage nach der „richtigen" Strategie war zwar nur eine wichtige Fragestellung, aber letztlich zu wichtig, um für die Familienprobleme (mangelndes Vertrauen und fehlender Respekt sowie Kommunikations-

88 FAZ vom 16.9.1998, S. 25

probleme), die Eigentümerproblematik (fehlende Eignerstrategie, Stämme-Unternehmens-Konstruktion über einen Poolvertrag) und die Führungsproblematik (Qualifikation des Nachfolgers, Personalpolitik) als Vehikel herhalten zu müssen. Alle diese latenten Konflikte kamen durch die Nachfolgeproblematik „ans Tageslicht", sind aber letztlich nicht „das" Nachfolgeproblem. Die Nachfolgefrage wirkte somit auch im Fall Racke nur als Katalysator, der die latent vorhandenen Probleme, fehlenden Stärken und menschlichen Verletztheiten bündelte, deutlich machte und in diesem ihre zerstörerischen Kräfte frei setzte.

Ein anderes Familienunternehmen, das mit der Nachfolgefrage konfrontiert wurde, als es sich in der Reifephase befand, sind die Walter Rau Lebensmittelwerke. Die Fakten in Kürze:

> *Zur Walter Rau Gruppe gehörten Ende der 80er Jahre drei Unternehmen; ein Öl- und Fettproduzent (sehr reifer Markt mit bereits hoher Konzentration und multinationalen Wettwerbern), ein Margarineproduzent (reifer Markt, ebenfalls bereits hohe Konzentration der Wettbewerber, Preiskämpfe) und ein Produzent tiefgefrorener Fertiggerichte für Kantinen, Krankenhäuser etc., aber auch den Lebensmittelhandel. Alleiniger Eigentümer der Unternehmensgruppe war der Gründersohn, Ulrich Rau, der die Gruppe in den 60er Jahren von einem regional zu einem national agierenden Unternehmen aufgebaut hatte.*
>
> *Nach ersten zaghaften Diskussionen zu verschiedenen Themen wie Umwandlung in eine AG, strategische Neuausrichtung, Trennung von Management und Kapital u.a. war der eigentliche Auslöser des Nachfolgeprozesses der Tod des Unternehmers 1991. In seinem Testament regelte er die Eigentumsnachfolge, die zu drei gleichen Teilen an seine drei Kinder ging, nicht aber die Nachfolge in der Familie oder diejenige in der Führung des Unternehmens. Während in den drei Gruppenunternehmen weiterhin die dortigen Geschäftsführern das operative Geschäft betreuten, fehlte der strategische Kopf, der Unternehmer.*
>
> *Durch die mittels Bruchteilseigentum geschaffene Geschwisterpartnerschaft avancierte die Eigentumsdimension zur Bühne der Auseinandersetzung unter den Geschwistern um die Führung von Familie und Unternehmen. Am Ende schied die Älteste der drei aus, in dem sie ihre Anteile an ihre beiden Brüder verkaufte, da ihr Mann und sie keine Möglichkeit sahen, eine neue strategische Ausrichtung auch nur zu diskutieren. Die Brüder waren der Meinung, man solle alles so weiter machen, wie es bisher gemacht worden sei. Nach ca. 1 Jahr nach dem Ausscheiden der Schwester kam es zum ersten Streit unter den Brüdern, diesmal um die Beteiligung an der Führung des Unternehmens des älteren Bruders, den der jüngere für nicht qualifiziert hielt. Das operative Tagesgeschäft wurde weiterhin von den jeweiligen Geschäftsführern betreut; strategische Weichenstellungen erfolgten keine. Anfang des Jahres 1999 gaben die Brüder eine*

Realteilung bekannt[89]*, ein Gruppenunternehmen wurde verkauft, von den verbleibenden Unternehmen übernahm jeder Bruder eines.*

In diesem Fall waren wichtige Fragestellungen zwar bekannt, sie wurden ja bereits vor dem Tod des Unternehmers andiskutiert, aber es kam nie zu einer umfassenden und tief greifenden Auseinandersetzung um die zukünftige Gestaltung von Familie, Eigentum, Führung und Unternehmen. Die hier unterdrückten Themen drängten mit dem plötzlichen Ausfall desjenigen, der bis dahin alle Fäden in der Hand hatte, mit Macht ans Tageslicht. Auf der Ebene des Unternehmens wurde deutlich, dass eine strategische Neuausrichtung vor allem in den beiden reifen Märkten unabdingbar war, zugleich aber wurde mit der Diskussion darum auch deutlich, dass die Unternehmensgruppe in eine strategische Starre hineinsteuerte, da sich die Geschwister (=Eigentümer) nicht vertrauten bzw. sich gegenseitig die Kompetenz absprachen. Dies schaffte ein Vakuum auf der Führungsseite, das die Geschäftsführer so gut wie möglich, aber natürlich nach ihren eigenen Vorstellungen und nicht nach denen der Eigentümer, auszufüllen suchten.

Die am Ende des sich quälend in die Länge ziehenden Nachfolgeprozesses sich abzeichnende Neuordnung macht deutlich, dass die eigentliche Ursache der Querelen die Unfähigkeit der Geschwister war, selbstkritisch und unabhängig die jeweils eigenen Stärken und Schwächen einzuschätzen, die Geschwister zu respektieren und ihren jeweiligen Standpunkt gelten zu lassen und gemeinsam dem Unternehmen mittels eines verantwortlichen Umgangs mit den ererbten Eigentumsrechten und -pflichten zu dienen. Auch in diesem Fall wirkte der Nachfolgeprozess als Katalysator, der die im Unternehmen vorhandenen Schwächen (fehlende USP, unklare strategische Ausrichtung), die in der Führung (Ressortegoismen der Geschäftsführer, fehlende strategische Kompetenz) und im Eigentum angelegten Probleme (fehlende Selbstkritik in Bezug auf Führungskompetenz der Eigentümer, unklar geregelte Verfügung über finanzielle Ressourcen, Entnahmepolitik) virulent machte. Vor allem deckte der Nachfolgeprozess die in der Familie angelegten Schwächen schonungslos auf (ausgeprägte Geschwisterrivalitäten, mangelnde Reife und Autonomie einzelner Protagonisten, keine gemeinsame Wertebasis und daher keine Ansätze eines dynastischen Familienkonzeptes). Wieder gilt, wie auch im vorher beschriebenen Fall: Der Nachfolgeprozess selbst ist nicht das eigentliche Problem, er legt nur alle vorhandenen Probleme offen. Insofern gilt, was GERSICK et al sagen: „Succession is the ultimate test of a family business."[90]

Dieser Test geht zwar in vielen Fällen nicht optimal aus, allerdings muss er nicht zwangsläufig negativ ausgehen. Neben den vielen bekannten und in der Presse dargestellten nicht oder kaum gelungenen Nachfolgeregelungen gibt es ebenso gelungene. Abgesehen von der Abgrenzung, wann ein solcher Prozess als gelungen angesehen werden kann, zeigt sich hier die Schwierigkeit der zugänglichen Daten. Gelungene Nachfolgeprozesse kann man häufig u.a. daran erkennen, dass man außer einer kurzen Meldung unter „Personalien" keine Pressemeldungen findet. Von den gelungenen Nachfol-

89 FAZ vom 5. Januar 1999

90 Gersick, K. E. et al. (1997): Generation to Generation - Life Cycles of the Family Business, Boston, S. 193

geprozessen, von denen man dennoch in der Presse liest, wird trotz der Berichterstattung selten soviel bekannt, dass eine Analyse des Prozesses für einen Zeitungsleser möglich wäre.[91] Im Folgenden soll ein solcher als gelungen zu betrachtender Nachfolgeprozess dargestellt werden. Als Kriterium für das Gelingen des Prozesses wurde hier der Fortbestand und das Prosperieren des Unternehmens, das Wachstum des Unternehmensgebundenen Eigentums bei nicht zerstrittenem Eigentümerkreis und eine Familie, in der noch miteinander gesprochen wird und in der keiner der Beteiligten an dem Nachfolgeprozess menschlich zerbrochen ist, vorausgesetzt.

Das Beispiel eines gelungenen Nachfolgeprozesses berichtet von einem regional agierenden Familienunternehmen in der Dienstleistungsbranche:

> *Das Unternehmen, vom Gründer geführt, hatte sich in den 70er Jahren zu einem der führenden Gebäudereinigungsunternehmen in seiner Region entwickelt. Der für die Nachfolge „ausgeguckte" Sohn allerdings verzichtete auf die ihm angebotene Lehrstelle und studierte Betriebswirtschaftslehre. Nach erfolgreichem Abschluss und einigen Jahren in einem Fremdunternehmen trat er in die Firma ein. Allerdings wurde bald deutlich, dass der autoritäre Führungsstil des Gründers und die Erfahrung mit neueren Managementmethoden des Sohnes ein explosives Gemisch ergaben. Schließlich verließ der Sohn das Unternehmen und machte sich gemeinsam mit einem Studienkollegen selbständig. Während das ursprüngliche Familienunternehmen sich die nächsten Jahre eher schleppend entwickelt, wurde die Neugründung ein Erfolg. Die beiden Gründer errichteten weitere Niederlassungen.*
>
> *Anfang der 80er Jahre, der Vater war inzwischen weit in den 70ern, bat dieser seinen Sohn auf Drängen der anderen Gesellschafter sowie der Banken, nach Hause zu kommen und seine Nachfolge anzutreten. Der Sohn willigte ein, stellte aber klare Bedingungen. Der Vater müsse sich aus allen Positionen im Unternehmen zurückziehen und auch sein Büro dort komplett auflösen. Er, der Sohn, sei im Gegenzug gern bereit, dem Vater auf Unternehmenskosten ein Büro in dessen Privathaus einzurichten und ihm eine Sekretärin zur Verfügung zu stellen. Alle unternehmenspolitischen Entscheidungen ebenso wie die dazu gehörenden personalpolitischen Entscheidungen seien ab sofort ausschließlich Angelegenheit des Sohnes. Der Vater willigte unter dem Druck der anderen Beteiligten ein und hielt sich an seine Zusagen. Das Unternehmen entwickelte sich mehr als nur positiv, nachdem der Sohn die Nachfolge angetreten hatte.*

Ein gelungener Nachfolgeprozess liest sich schon in der Beschreibung weniger dramatisch als ein nicht gelungener. Eines greift folgerichtig in das andere, und doch waren auch in diesem Beispiel genug Möglichkeiten zum Scheitern des Prozesses angelegt. Da war zunächst einmal der absolutistisch regierende Vater, der seinen Sohn zum Erfüllungsgehilfen degradierte. Aber der Sohn, der sich zunächst der Macht des Vaters beugte, begehrte nach einer gewissen Zeit auf und nahm sein Leben selbst in die Hand.

---

91 vgl. hierzu z.B. Hirn, W. (1997): Wechseljahre In: managermagazin 11/97 S. 128-137

Er riskierte sein Verhältnis zum Vater, der seinen Weggang als persönlichen Affront verstand, und er setzte sein Erbe aufs Spiel, da er in Bezug auf dieses vom Wohlwollen des Vaters abhängig war. Zudem machte er seine eigene Leistung für Außenstehende transparent, indem er anstatt als Angestellter in einem großen Unternehmen als einer unter vielen zu arbeiten, sich selbständig machte. Er riskierte also sowohl auf der Familienebene wie auch auf der Eigentumsebene wie auch auf der Ebene der eigenen beruflichen Entwicklung sehr viel, um unabhängig zu werden.

Der Vater hingegen erlebte den Weggang des Sohnes, auch wenn er dies nicht zugeben wollte, als äußerst schmerzhaft. Der Junge hätte ja alles haben können, wäre er nicht so eigensinnig. In den dann folgenden Jahren baute sich beim Unternehmer-Vater ein immer größerer Druck auf. Der Markt und mit ihm die Anforderungen begannen sich immer schneller zu wandeln, die Zeit des starken Wachstums war vorbei, erste Anzeichen der Reifephase zeigten sich. Zudem lief seine biologische Uhr unaufhaltsam und sehr zu seinem Ärger hatte er körperlich und geistig oft nicht mehr die Kraft, dasselbe Tempo zu gehen, das für ihn noch vor 5 Jahren kein Problem gewesen war, nur, dass jetzt ein noch höheres Tempo von ihm verlangt wurde. Kurz, er hatte seine late adult transition hinter sich und sehnte sich danach, endlich ein wenig Ruhe zu haben. Aber er war zu stolz, den einmal im Zorn gegangenen Sohn um Hilfe zu bitten. In diese Situation hinein forderten ihn nun seine Mitgesellschafter auf, endlich eine tragfähige Nachfolgelösung zu finden. Sie baten ihn, über seinen Schatten zu springen und seinen Sohn zu fragen, dessen fachliche Qualifikation ebenso wie seine menschliche Reife und Unabhängigkeit inzwischen außer Frage standen.

Auch in diesem Fall wird die Nachfolgefrage zum Katalysator für latent vorhandene oder zugedeckte Probleme. Zugleich aber wird in diesem Nachfolgeprozess sichtbar, dass die Katalysatorfunktion der Nachfolgefrage sich nicht nur auf Schwächen sondern auch auf Stärken bezieht. Die eigentliche Nachfolge wird hier in relativ kurzer Zeit geregelt. Auslöser sind die durch die Unternehmensentwicklung beunruhigten Mitgesellschafter und die Vertreter der Banken, die den Unternehmer auffordern, die Nachfolge zu regeln und ihm auch gleich vorschlagen, wie. Durch den nun beginnenden Prozess wird deutlich, dass der Unternehmer-Vater selbst bereit ist, wenn auch unter Schmerzen, in den Ruhestand zu gehen. Die eigentliche Stärke, die in diesem Prozess aber zum Tragen kommt, ist die Unabhängigkeit, die Reife und die Kompetenz des Sohnes. Er ist bereit, das Unternehmen zu übernehmen, ohne dass er es noch nötig hätte, irgendjemandem etwas zu beweisen. In dem er vor Jahren agierte und Verantwortung übernahm für sich und sein Leben, trauen ihm jetzt die anderen Beteiligten auch zu, Verantwortung für das Unternehmen zu übernehmen.

Alle drei beschriebenen Beispiele zeigen, dass der Nachfolgeprozess Katalysatorfunktion im Rahmen der Unternehmensentwicklung hat. Stärken und Schwächen werden im Rahmen des Nachfolgeprozesses erbarmungslos aufgedeckt. Hinzukommt, dass der Prozess, ist er einmal begonnen, zu einem Ergebnis gebracht werden muss, da er sich sonst (im schlimmsten Fall) sein Ergebnis selbst sucht, ohne dass die Protagonisten noch relevanten Einfluss hätten. Im Familienunternehmen sind in jeder Phase des Lebenszyklus unglaublich viele verschiedene Kräfte angelegt. Allerdings bringt die Reifephase durch ihre marktinduzierten Probleme einerseits und die Nachfolgefrage durch ihre internen

Fragestellungen andererseits diese Kräfte am deutlichsten zum Ausdruck. Gelingt es, ein Familien-Unternehmen auf der Metaebene so zu managen, dass die Schwächen ausgemerzt oder zumindest gehandhabt werden und die Stärken gebündelt auf ein Ziel ausgerichtet werden, ist gerade ein Familienunternehmen eine überlegene Unternehmensform.

7.3.3.2 Das diversifizierte Familienunternehmen

Während sich die vorangegangenen Darstellungen strategischer Ausrichtungen auf Ein-Produkt-Familienunternehmen bezogen, also auf Familienunternehmen, denen es in der Wachstumsphase nicht gelungen ist, sich mittels einer in das strategische Gesamtkonzept passenden Innovation vom Produktlebenszyklus ihres Ursprungsproduktes abzukoppeln, bezieht sich der nun folgende Abschnitt auf diversifizierte Familienunternehmen. Das diversifizierte Familienunternehmen zeichnet sich dadurch aus, dass es auf mehreren Märkten parallel tätig ist. Bekannte Familienunternehmen wie z.B. Oetker, Wehrhahn oder Villeroy & Boch zählen zu den diversifizierten Familienunternehmen.

Diversifizierte Familienunternehmen sind i.d.R. ältere Familienunternehmen, wobei hier einschränkend zu sagen ist, dass die Produktlebenszyklen sich zunehmend verkürzen, es also bereits innerhalb der ersten Generation notwendig werden kann, sich vom ursprünglichen Produkt und dessen Lebenszyklus, der sich dem Ende zuneigt, abzukoppeln. Da allerdings heute bekannte diversifizierte Familienunternehmen i.d.R. ältere Familienunternehmen sind, ist ihre Eigentümerstruktur ebenso wie die Familienstruktur komplex. Auch die Führung verschiedener Produktbereiche, Profit-Center oder selbständiger Tochterunternehmen erfordert eine komplexere Struktur als die eines Ein-Produkt-Unternehmens.

Diversifizierte Familienunternehmen nähern sich deshalb in ihren Merkmalen denjenigen von Nicht-Familienunternehmen häufig mehr an als Ein-Produkt-Unternehmen. Gleichwohl bleiben bestimmte Fragestellungen des Ein-Produkt-Familienunternehmens auch für das diversifizierte Familienunternehmen erhalten, wie z.B. der Aufbau unnötiger Overheads oder das Bilden stiller Reserven. Die bereits im Kapitel Ein-Produkt-Familienunternehmen besprochenen Vitalitätsdefizite sollen hier nicht nochmals diskutiert werden. Ebenso wenig sollen jene Fragestellungen Thema sein, die ein diversifiziertes Familienunternehmen ebenso betreffen wie das diversifizierte Nicht-Familienunternehmen. Im Unternehmensbereich sind dieselben Fragestellungen zu beantworten wie bei Nicht-Familienunternehmen, Konzentration auf Stärken versus Diversifikation, Globalisierung versus Nischenorientierung u.v.a.m. Es kann nicht Aufgabe der vorliegenden Arbeit sein, diese - sehr wichtigen - Problembereiche darzustellen und zu diskutieren, da sie nicht Familienunternehmensspezifisch sind. Nachfolgende Übersicht zeigt die Vitalitätsdefizite und die Vitalitätsreserven von diversifizierten Familienunternehmen auf. Die mit einem * gekennzeichneten Defizite und Reserven sind für die diversifizierten FU spezifisch, sie werden im Folgenden kurz dargestellt.

Vitalitätsdefizite	Vitalitätsreserven
<u>Unternehmensbereich</u>	
• Aufbau unnötiger Overheads	• ausgeprägte Sparsamkeit auch in großen Organisationen *
• im Vergleich zum Markt unterdurchschnittliche Entwicklung in Bezug auf Umsatz und Rendite	• längere Zeit, neue Projekte sich entwickeln zu lassen und neue Märkte zu bearbeiten *
• Durchsetzungsmöglichkeit ungeprüfter Projekte	• große Durchsetzungskraft der Führung bei Eigentümerbeteiligung
• Diversifikation ohne strategische Anbindung	
<u>Führungsbereich</u>	
• Probleme beim Gewinnen kompetenter Führungskräfte *	• hohe Motivation und Loyalität der Führungsmannschaft
<u>Eigentumsbereich</u>	
• zunehmende Ferne der Eigentümer zum Unternehmen *	• Langfristorientierung der Eigentümer *
• fehlende Eignerstrategie	
• Bilden stiller Reserven	• Möglichkeit zur Verschwiegenheit *
• nicht optimales Eigentümer-Management (mangelnde Koordination der Eigentümerinteressen)*	• klare vertragliche Regelungen der Eigentümerinteressen und ihrer Vertretung *
• fehlender oder nicht optimal besetzter Beirat	• Nicht-Öffentlich-Werden von Bei- bzw. Aufsichtsratsitzungen *
• unklar geregelter Zugang zu Führungspositionen	• nicht mitbestimmter Aufsichtsrat *
• unklare Dividenden- und Entnahmemodalitäten (mit der Möglichkeit zu hoher Privatentnahmen)	
<u>Unternehmerfamilie</u>	
• nachlassender Familienzusammenhalt *	• gemeinsame Wertebasis *
• Familienstreitigkeiten *	• Familienrat mit klarer Satzung *
• keine oder unzureichende Kommunikation der Familienmitglieder untereinander *	• Rituale, Orte und Institutionen, die die Kommunikation auch entfernter Familienmitglieder möglich macht und fördert und ihr Verständnis für das Unternehmen weckt *
• Familienmitglieder verstehen das Unternehmen nicht als Aufgabe, sondern als „Versorgungsinstitution" *	
• fehlende Streitkultur	

Im Unternehmensbereich sind bei gelungener Diversifikation keine gravierenden zusätzlichen Vitalitätsdefizite zu verzeichnen, allerdings ist das Gelungen-Sein einer Diversifikation besonders kritisch zu prüfen, da zunächst bejubelte Diversifikationen sich auf lange Sicht für manches Familienunternehmen als Anfang vom Ende herausgestellt haben. Ein eindrucksvolles Beispiel eines solchen Familienunternehmens, das durch nicht gelungene Diversifikationen in eine existenzbedrohende Schieflage geraten ist, beschreiben KLEIN/MAHLER[92] mit dem Hause Passavant:

> *„...das 102 Jahre alte Familienunternehmen in der dritten Generation an den Rand des Ruins gebracht hat. ... Das Eigenkapital ist nahezu aufgezehrt. ... Statt konsequent das hauseigene, jahrzehntelang geübte Wissen in der Abwasser- und Kläranlagentechnik zu vertiefen und das Unternehmen mit modernen Anlagen und rationelleren Methoden für die Zukunft aufzurüsten, dachte der jüngste Firmenchef in ganz andren Dimensionen. ..., der in Hanglage in seiner Villa Hügel (Dorfschnack) über dem Firmengelände thront, schwebte der Aufbau eines ganzen Konzerns mit internationalem Flair vor. Der Spross einer alten Hugenottenfamilie, unter Mitarbeitern wie Einwohnern als Patriarch und „König des Untertaunus" anerkannt, investierte in den letzten 20 Jahren lieber in scheinbar zukunftsträchtige Beteiligungsfirmen und baute einen Kranz von Auslandstöchtern auf, um heute vor einem Scherbenhaufen zu stehen."*

Sind die vorgenommenen Diversifikationen hingegen gelungen, verfügt das diversifizierte Familienunternehmen vor allem im Vergleich zu diversifizierten Nicht-Familienunternehmen über zusätzliche Vitalitätsreserven, nämlich die häufig ausgeprägte Sparsamkeit auch in großen familiendominierten Organisationen (man denke an ALDI) und der längere Zeithorizont, um neue Projekte zu entwickeln und Märkte zu bearbeiten.

In der Führung des diversifizierten Familienunternehmens wird bis auf ganz wenige Ausnahmen[93] entweder ein reines Fremdmanagement oder ein gemischtes Familien- und Fremdmanagement zu finden sein. Da das diversifizierte Familienunternehmen i.d.R. einen höheren Bedarf an Führungskräften hat als ein Ein-Produkt-Unternehmen, gewinnt die Frage, ob qualifizierte Mitarbeiter für die Führungsebene zu gewinnen sind, eine zusätzliche Brisanz. Hier sind Familienunternehmen mit spezifischen Nachteilen konfrontiert wie z.B. einem geringeren Bekanntheitsgrad, einer grundsätzlich ablehnenden Haltung vieler Führungskräfte gegenüber Familienunternehmen und einer Inkompatibilität des in Konzernen Erlernten für Familienunternehmen.[94]

---

92 Klein, R.; Mahler, A. (1987): Expansion ins Nichts In: manager magazin 6/87, S. 30 - 35, hier S. 30 f; zitiert nach: Siefer, T. (1996): „Du kommst später mal in die Firma!", Heidelberg, S. 72

93 Das Haus C&A Brenninckmeyer sei hier mit seiner Personalpolitik genannt. C&A stellt in oberen Führungspositionen nur Familienmitglieder ein. Allerdings hat die Familie Brenninckmeyer auch die dafür nötige Maße.

94 Sommer, C. (1997): Wechsler zwischen den Welten In: manager magazin 12 (1997), S. 275 - 284

Der größte Unterschied zwischen dem diversifizierten Nicht-Familienunternehmen und dem diversifizierten Familienunternehmen lässt sich im Bereich des Eigentums feststellen. Durch die langfristige Bindung der Familie(n) an das Unternehmen, ist auch das Interesse der Eigentümer am Ergebnis des Unternehmens ein langfristiges. Jahres- oder Quartalsergebnisse sind bei privat geprägten Eigentümerstrukturen weniger relevant als die langfristige Erfolgsaussicht. Gut geführte diversifizierte Familienunternehmen haben deshalb den großen Vorteil, dass sie in interessante Bereiche auch langfristig investieren können, diese Bereiche langfristig aufbauen und entwickeln können, da sie nicht eine Gruppe anonymer Anteilseigner oder, noch extremer, eine Gruppe institutioneller Anleger kurzfristig befriedigen müssen. Allerdings liegt hierin auch die Gefahr eines nicht ausreichenden Erfolgsdruck bei neuen Aktivitäten, warum diese entweder erst später als möglich in die Gewinnzone kommen oder aber länger als nötig durchgehalten werden, obwohl sie voraussichtlich nie in die Gewinnzone kommen werden.

Als weiteres Vitalitätspotential hat das diversifizierte Familienunternehmen wie Familienunternehmen überhaupt die Möglichkeit, Informationen gezielter und selektiver an die Öffentlichkeit zu geben. Der Zwang zur Transparenz, der auch Wettbewerbern eine weitreichende Analyse der Geschäftsabläufe vor allem börsennotierter Nicht-Familienunternehmen erlaubt, ist bei Familienunternehmen, die nicht börsennotiert sind auch bei zunehmender Größe nur eingeschränkt gegeben. Hinzu kommt, dass nur wenige Familienunternehmen dazu gezwungen sind, einen mitbestimmten Aufsichtsrat einzurichten und sich für sie somit im Gegensatz zu Nicht-Familienunternehmen bei einer optimalen Besetzung ihres Beratungs- und Kontrollgremiums ein größerer Grad an Vertraulichkeit der entsprechenden Sitzungen ergibt, was sich wiederum positiv auf die Intensität und Qualität der Beratungen auswirkt.

Allerdings ergeben sich aus der komplexeren Struktur des diversifizierten Familienunternehmens auch im Eigentumsbereich potentielle Vitalitätsdefizite. Hier ist zum einen die Gefahr der zunehmenden Ferne der Eigentümer zum Unternehmen zu nennen. Während die Ansprüche (Wahrnehmung der Rechte) gleich bleiben oder sogar steigen, sinkt gleichzeitig die Bereitschaft, den eigentums-gebundenen Pflichten nachzukommen.[95] Kommt dann eine mangelnde Koordination der Eigentümer hinzu, was langfristig dazu führt, dass jeder Eigentümer seine individuellen Ziele versucht mittels des Unternehmens zu realisieren, anstatt diese zugunsten der gemeinsamen Eigentümerstrategie zurückzustellen, können sich daraus spezifische Angriffspunkte z.B. für eine unfreundliche Übernahme oder einen Teilverkauf ergeben. Klare vertragliche Regelungen der Eigentümerinteressen und ihrer Vertretung sind somit im Gegenzug eine der Vitalitätsreserven, über die ein diversifiziertes Familienunternehmen im Vergleich zu einem (börsennotierten) Nicht-Familienunternehmen verfügt, da dieses den individuellen Eigentümerinteressen verpflichtet ist.

Im Bereich der Unternehmerfamilie(n) ergeben sich bei diversifizierten Familien-unternehmen sowohl spezifische Vitalitätsdefizite als auch -potentiale. Der oben bereits angesprochene nachlassende Familienzusammenhalt kann aufgrund unzureichender oder gar nicht stattfindender Kommunikation zwischen den Familienmitgliedern zu langwierigen

95 vgl. Mittelsten-Scheid, J. (1985): Gedanken zum Familienunternehmen, Stuttgart, S. 18 ff

Familienstreitigkeiten führen, die ein Unternehmen langfristig schwächen. Ebenso besteht die Gefahr, dass die Familienmitglieder das Unternehmen nicht als Aufgabe, sonders als „Versorgungsinstitution“ verstehen. Wichtige Vitalitätsreserven sind im Gegenzug eine klare und kommunizierte gemeinsame Wertebasis der (Groß-)Familie, auf die die einzelnen Familienmitglieder sich einerseits berufen können, denen sie aber auch verpflichtet sind. In großen Familien kann sich die Einrichtung eines Familienrates empfehlen, der unterschiedliche Zielrichtungen verschiedener Familienmitglieder im Vorfeld koordiniert und der vor allem Möglichkeiten zur Kommunikation der Familienmitglieder untereinander schafft und unterhält. Dies kann z.B eine familieninterne Weiterbildungsinstution sein, die jüngere Familienmitglieder und solche, die nicht im Unternehmen aktiv sind, mit den Grundsätzen der unternehmerischen Tätigkeit der Familie bekannt macht.

Zusammenfassend lässt sich sagen, dass das diversifizierte Familienunternehmen über eine Reihe familien-unternehmens-spezifischer Vitalitätspotentiale verfügt. Wenn die potentiellen Defizite vor allem im Bereich der Eigentumsorganisation und des Familienmanagements aufgrund klarer und von allen mitgetragener Regelungen nicht zum Tragen kommen, hat das Familienunternehmen, das dieses Stadium in der Entwicklung erreicht hat, gegenüber dem Nicht-Familienunternehmen klare Vorteile. Diese Vorteile in Stärken umzuwandeln und sich damit am Markt eine herausgehobene Stellung zu erarbeiten, ist Aufgabe des diversifizierten Familienunternehmens und aller, die an ihm mitwirken. Die Qualität der Organisation und die Qualifikation der Führenden in Familie, Eigentümerkreis und Unternehmensführung werden hierbei den Ausschlag geben.

7.3.4 Die Wendephase

„Vieles deutet darauf hin, dass die Phase der Marktreife für den Erfolg von Familienbetrieben generell von kritischer Bedeutung ist.“[96] Leiten der Unternehmer, die Führungskräfte und die Eigentümer nicht rechtzeitig entsprechende Maßnahmen ein, die die vorhandenen Vitalitätsdefizite abbauen und alle vorhandenen Vitalitätsreserven mobilisieren, gerät das reife Unternehmen zunehmend in die Wendephase. „Auf der Basis empirischer Erkenntnisse lässt sich ein Lebenszyklus der Familiengesellschaft entwerfen, danach dem sich die Unternehmenskonstitution im Zeitablauf kontinuierlich verschlechtert. Die anfänglich gesunden Strukturen verkrusten mit zunehmendem Reifegrad des Unternehmens, so dass es schließlich, sofern nicht frühzeitig entsprechende Veränderungsmaßnahmen eingeleitet werden, zur Gefährdung des Fortbestands kommt.“[97]

---

96 Goehler, A. W. (1993): Der Erfolg großer Familienunternehmen im fortgeschrittenen Marktlebenszyklus, Diss. St. Gallen, S. 263

97 Goehler, A. W. (1993): a.a.o., S. 33

7.3.4.1 Unternehmen und Familie in der Wendephase

In der Wendephase wird die vorher latente Krise (am Ende der Wachstumsphase), die dann zwar deutlich wahrnehmbare, aber noch nicht unbedingt lebensbedrohliche Krise (in der Reifephase) akut. Umsätze brechen mehr und mehr weg, der Gewinn geht nicht nur zurück, er wird negativ. Führungskräfte und Fremdkapital treten die Flucht an, der so genannte „Brain-drain" und der „Cash-drain" setzen ein.[98] Die verbleibenden Führungskräfte versuchen mehr, ihr eigenes Überleben zu sichern, denn durch gezieltes Turn-Around-Management die Unternehmenssituation wieder in den Griff zu bekommen.

Wesentliche Symptome der akuten Unternehmenskrise sind in Anlehnung an HENNERKES[99]:

- Der Mangel an liquiden Mitteln, der sich z.B. durch schleppende Gläubigerbefriedigung durch das „Schieben" fälliger Zahlungen, verspätete Abführung von einbehaltener Lohnsteuer und Sozialversicherungsabgaben zeigt.
- Die deutliche Herabsetzung, Kündigung oder Aussetzung von Kreditlinien durch einzelne Kreditinstitute.
- Die verspätete Fertigstellung des Jahresabschlusses des Unternehmens und darauf aufbauend verspätete Jahresgespräche mit den Kreditinstituten; generell ein schlecht funktionierendes Rechnungswesen.
- Das Verhalten der Geschäftsleitung, die fast ausschließlich mit unproduktiven Aufgaben beschäftigt ist, wie z.B. der Koordination der Gläubigerbefriedigung, Beruhigung des Betriebsklimas etc., aber auch das Wahrnehmen von Schiedsrichteraufgaben im Bereich der Eigentümer.
- Die Amtsniederlegung von Funktionsträgern (Aufsichtsrats- oder Beiratsmitgliedern) unter fadenscheinigen Begründungen.

Diese Unternehmenskrise kann marktinduziert sein, dass heißt von einem schrumpfenden Markt getragen, in dem das Unternehmen nicht rechtzeitig entsprechende Weichenstellungen vorgenommen hat. Die Unternehmenskrise kann aber auch in einem noch handhabbaren Marktumfeld unternehmensinduziert, sprich hausgemacht, sein. Betrachtet man die Unternehmerfamilien in diesem Stadium der Unternehmensentwicklungen, so fällt auf, dass in vielen den Eigentümern und ihren Familien die Dramatik der Situation erst mit den von außen an sie heran getragenen Krisenmeldungen wie gekündigten Kreditlinien u.ä. wirklich bewusst wird. In wie weit hier bis dato ein Verdrängungsmechanismus in Einzelfällen die Wahrnehmung verhindert hat, lässt sich nur vermuten. Der bisherige Erfolg des Unternehmens ist für viele ein Datum geworden, zwischenzeitlich anders lautende Meldungen wurden mit vorübergehenden Marktentwicklungen begründet, die jetzige virulente Krise trifft die bis dato fast Ahnungslosen unvorbereitet.

---

98 vgl. hierzu Rosenbauer, C. (1994): Strategische Erfolgsfaktoren des Familienunternehmens im Rahmen seines Lebenszyklus, Diss. St. Gallen, S. 111

99 Hennerkes, B.-H. (1998): Familienunternehmen sichern und optimieren, Frankfurt/New York, S. 438

Eine wichtige Rolle spielt hierbei die Wirklichkeitskonstruktion[100] der Familienunternehmen, die in dieser Phase getragen von den Erfolgen der Vergangenheit und dem Traditionsbewusstsein weiterhin stabilisierend wirkt, nur dass jetzt ein negativer Zustand stabilisiert wird und ein Neuanfang erschwert, wenn nicht unmöglich gemacht wird.

7.3.4.2 Der Turnaround im Familienunternehmen

Betrachtet man den wirtschaftlich desolaten Zustand des Unternehmens in dieser Phase, so stellen sich mehrere Fragen: Ist das Unternehmen sanierungsfähig? Und, wenn dies so ist: Ist das Unternehmen sanierungswürdig? Was sind die Gründe für den derzeitigen Zustand[101] und welche strategischen Alternativen bieten sich? Hierzu muss man zum einen den Markt und die sich in ihm ergebenden strategischen Alternativen betrachten, das Unternehmen muss auf seine Fähigkeit, kurzfristig zu überleben, geprüft werden, es muss nach verbliebenen Vitalitätsreserven „gefahndet“ werden und die internen Gründe, die zu der derzeitigen Situation geführt haben, müssen beseitigt werden.

Für die Sanierungswürdigkeit und -fähigkeit ist der Markt, in dem sich das Unternehmen bewegt, entscheidend. Im Folgenden wird hierbei von einem Ein-Produkt-Unternehmen ausgegangen, wobei sich die dargestellten Fragestellungen ebenso für ein diversifiziertes Unternehmen, entweder als ganzes oder in Teilbereichen, ergeben können. Allerdings ist z.B. die Frage nach der Desinvestition eines Teilbereiches niemals so dramatisch wie die in einem Ein-Produkt-Unternehmen, weshalb hier mit erheblich größeren Widerständen zu rechnen ist. Ebenso fehlt hier die Möglichkeit in einem Ein-Produkt-Unternehmen, die negativen Ergebnisse eines Bereiches mit den positiven eines anderen Bereiches auszugleichen.

7.3.4.2.1 Strategische Alternativen in schrumpfenden Märkten

Das Wendeunternehmen bewegt sich in einem schrumpfenden Markt. Die Empfehlungen der Literatur gingen zunächst dahin, aus einem schrumpfenden Markt auszusteigen, sei über eine langfristige Abschöpfungsstrategie oder direkt über Desinvestition, um das Kapital in einem Wachstumsmarkt ertragsbringender zu investieren.[102] Allerdings verwies PORTER[103] bereits 1980 auf die zunehmende Verbreitung schrumpfender Branchen aufgrund der Verlangsamung des weltweiten ökonomischen Wachstums, der Ver-

---

100 Goehler, A. W. (1993): Der Erfolg großer Familienunternehmen im fortgeschrittenen Marktlebenszyklus, Diss. St. Gallen, S. 259

101 Eine Übersicht über interne und externe Gründe gibt Franceschetti, A. (1993): Der Turnaround aus der Sicht der Anteilseigner, der Unternehmensleitung und der Banken, Diss. St. Gallen, S. 65 f

102 vgl. u.a. Coenenberg, A.; Baum, H.-G. (1987): Strategisches Controlling, Stuttgart, S. 91

103 Porter, M.E. (1987): Wettbewerbsstrategie, 4. Aufl., Stuttgart, S. 318 (1. Aufl. 1980)

kürzung von Produktlebenszyklen und des rasanten technischen Fortschritts. Hinzu käme, so PORTER, dass die verschiedenen schrumpfenden Branchen von vollkommen unterschiedlichen Bedingungen gekennzeichnet seien. „Manche altern dezent, andere sind durch verbitterte Wettbewerbskriege, lang andauernde Überkapazität und hohe Verluste gekennzeichnet.“[104]

Da Unternehmen heute vermehrt gezwungen sind, auch in schrumpfenden Märkten zu agieren[105], stellt sich für das betroffene Unternehmen zunächst einmal die Frage, ob dies in dem gegebenen Markt erfolgreich möglich ist. Ist der Rückgang des Marktes schnell und/oder sprunghaft, die Wahrscheinlichkeit des Rückgangs im Verlauf unsicher und unberechenbar, gibt es keine Restnischen und handelt es sich um einen Markt homogener Produkte bzw. no-names (weiße Ware), sind die Bedingungen für ein Verbleiben im Markt denkbar ungünstig. Ist dann das Preisniveau noch dauerhaft niedrig, z.T. sogar von negativen Deckungsbeiträgen gekennzeichnet, wird das Verbleiben im Markt für ein Ein-Produkt-Unternehmen unmöglich. Das Verbleiben in einem solchen Markt führt zu Kapitalvernichtung, was sich ein Familienunternehmen i.d.R. weniger leisten kann als ein diversifiziertes Nicht-Familienunternehmen, welches evtl. aus langfristigen strategischen Überlegungen eine solche „Durststrecke“ in Kauf nimmt. Wenn dann noch ungünstige Wettbewerbsbedingungen wie z.B. eine starke Nachfragemacht sowie gute Möglichkeiten, Abnehmer auszutauschen, hinzu kommen und langfristige vertragliche Bindungen sich negativ für das Ein-Produkt-Familienunternehmen auswirken, bleibt nur die Entscheidung, sich aus diesem Markt zurückzuziehen.

Gestaltet sich hingegen der Rückgang des Marktes hingegen langsam und relativ gut prognostizierbar bei einem Preisniveau, welches unter entsprechenden Voraussetzungen seitens des Unternehmens das Erwirtschaften eines nachhaltigen Deckungsbeitrags ermöglicht, ist zu überprüfen, ob das Besetzen einer Nische im Rückgang möglich ist und Erfolg verspricht. Dies wird umso eher möglich sein, als es eine Markentreue der Abnehmer einerseits und eine zersplitterte Abnehmerstruktur andererseits gibt. Da sich das Familienunternehmen allerdings in der Wendephase befindet, ist im Falle, dass ein Verbleiben im Markt für möglich gehalten wird und eine entsprechende Strategie formuliert wird, umso entschlossener nach den internen Gründen für die derzeitige desolate Situation zu suchen, da gerade in schrumpfenden Märkten dem Unternehmen Fehler und mangelnde Disziplin nicht verziehen wird.

Steht ein langfristiges Verbleiben im Markt nicht zur Diskussion, ist zu fragen, ob eine Abschöpfung oder eine Desinvestition die bessere Möglichkeit ist, das im Unternehmen gebundene Kapital der Familie und externer Kapitalgeber zu retten. Die Möglichkeit einer Abschöpfungsstrategie sinkt hierbei tendenziell dann, wenn ein Verbleiben im Markt nur durch entsprechende Reininvestitionen möglich ist und zugleich die Anlagen so hoch spezialisiert sind, das fehlende Märkte für die Anlagen vermutlich zu hohen

---

104 Porter, M.E. (1987): a.a.o., S. 319

105 Vgl. hierzu Meffert, H. (1983): Strategische Planungskonzepte in stagnierenden und gesättigten Märkten, In: DBW 1983, S. 193 - 209, hier S. 193

Stilllegungskosten führen. Die oben genannten Gegebenheiten wie fehlende Restnischen und homogene Produkte erschweren zusätzlich eine Abschöpfungsstrategie.

7.3.4.2.2 Eigentümermanagement in der Krise

In der Krise der Wendephase rücken die Eigentümer des Unternehmens vermehrt in den Vordergrund. Das Unternehmen ist wirtschaftlich i.d.R. nicht mehr in der Lage, sich aus eigener Kraft aus seiner desolaten Lage zu befreien. Die strategischen Weichenstellungen müssen von den Eigentümern nicht nur mit entschieden und mit getragen werden, sondern sie müssen auch finanziert werden[106]. Nun sind aber gerade in Familienunternehmen, die in die Krise geraten sind, nicht selten eben diese Eigentümer nicht unschuldig an der Situation des Unternehmens. GOEHLER[107] führt den Niedergang vieler Familienunternehmen auf die Eigentümer und ihr Verhalten (ihr Handeln oder eben Nicht-Handeln) zurück und führt als Beweis die schnelle Sanierung nach dem Eigentümerwechsel an: „Auffällig sind die <u>kurzen Zeiträume</u>, die z.B. im Fall von Pelikan, Bauknecht oder Grundig nach dem Verkauf zur Unternehmenssanierung durch die neuen Eigentümer erforderlich waren. Die Tatsache, dass ein professionelles Management in allen drei Fälle in relativ kurzer Zeit wieder Gewinne erwirtschaftete, deutet darauf hin, dass die vorangegangenen Schwierigkeiten der Unternehmen tatsächlich eher auf den Verfall der Konstitution des <u>Familien</u>betriebs als auf die mangelnde Wettbewerbsfähigkeit der Wirtschaftsbetriebe an sich zurückzuführen sind.“ Allerdings hat sich gerade in den hier genannten Fällen in den dann folgenden Jahren gezeigt, dass der Markt und seine Probleme auch die neuen Eigentümer z.T. wieder eingeholt haben (siehe z.B. Grundig).

Es spricht dennoch viel dafür, dass Familienunternehmen, die scheitern, bis auf Ausnahmen an der Familie scheitern. Die relevanten Weichenstellungen, von der Besetzung der Geschäftsleitung bis hin zur Finanzierung und der das Unternehmen tragenden Vision, müssen von dem oder den Eigentümern vorgenommen werden. Betrachtet man die Möglichkeiten, die die Eigentümer in der Wachstums- und Reifephase offensichtlich verpasst haben, für das Unternehmen wahrzunehmen, liegt es nahe, es den Eigentümern anzulasten, dass das Unternehmen überhaupt in die Wendephase geraten konnte. Am Ende kommen immer auch noch zusätzliche Belastungen aus der Umwelt dazu, aber mit diesen wäre das Unternehmen vermutlich fertig geworden, hätte es entsprechende Vitalitätsreserven aufgebaut, bzw. wäre der Aufbau von Vitalitätsdefiziten rechtzeitig verhindert worden.

---

106 FRANCESCHETTI zeigt verschiedene Möglichkeiten finanzieller Unterstützung des Turnarounds durch die Anteilseigner auf und diskutiert diese. Franceschetti, A. (1993): Der Turnaround aus der Sicht der Anteilseigner, der Unternehmensleitung und der Banken, Diss. St. Gallen, S. 133 ff

107 Goehler, A. W. (1993): Der Erfolg großer Familienunternehmen im fortgeschrittenen Marktlebenszyklus, Diss. St. Gallen, S. 273

Befindet sich das Unternehmen zu diesem Zeitpunkt im Alleineigentum des Unternehmers, wird sich ohne die Veränderung dieser Eigentumsstruktur kaum etwas ändern. Nixdorf und Grundig sind hierfür beredte Beispiele. Befindet sich das Unternehmen im Eigentum mehrerer Familienmitglieder, muss diese Gruppe „gemanaged“ werden. Der Zustand einer solchen Eigentümergruppe folgt häufig dem für gruppendynamische Prozesse beobachteten Muster.

VOIGT[108] listet eine Reihe von Verhaltensweisen auf, die man gerade in Gruppen vorfindet, die zu einer Gefährdung und Entartung der Gruppe bis hin zu ihrer Auflösung führen. In Anlehnung an seine Aufzählung sollen im Folgenden einige der häufigsten in Eigentümergruppen von Familienunternehmen in der Existenzkrise vorzufindenden Verhaltensweisen kurz dargestellt werden:

- Die Eigentümer haben kein Wir-Gefühl. Da Aggressionen nicht ritualisiert ablaufen (keine Streitkultur) und es keine Beschwichtigungsrituale gibt, verkommen die Eigentümer im Streit.
- Die Eigentümergruppe stellt keine Leistungsanforderungen an ihre Mitglieder und erwartet keine Vorleistung in Bezug auf Leistung von denjenigen, die neu hinzukommen wollen oder sollen. Die Eigentümer sind verwöhnt und unterliegen im Wettbewerb mit anderen.
- Weil die Eigentümergruppe keine Strategie hat (fehlende Eignerstrategie), wurschtelt sie sich von Tag zu Tag durch und weiß im Grunde nicht, wo es lang geht.
- Die Eigentümergruppe hat keine Führung, die Ziele setzt oder vereinbart, und keine Führung, die Autorität und Identifikation vermittelt. Sie zerfällt.
- Die Eigentümer sind faul geworden. Sie lassen wesentliche Dinge nur noch von Dritten machen und verlieren somit wichtige Kernkompetenzen. Die gewonnene Zeit wird nicht sinnvoll genutzt, sondern vielmehr „totgeschlagen“.
- Die Eigentümer verlieren ihr Wissen über die sie umgebende Realität (Realitätsverlust).
- Die Eigentümer haben die Führungsnachfolge nicht geregelt.
- Die Eigentümer haben ihre materielle Basis verschwendet.
- Die Eigentümergruppe löst ihre Probleme durch Scheinlösungen. Statt wirklicher Lösungen macht sie sich etwas vor, spielt Theater oder sucht Sündenböcke z.B. in schwachen Gruppenmitgliedern oder in nicht beeinflussbaren externen Faktoren.

Treffen nur einige der o.g. Eigenheiten auf die Gruppe von Eigentümern eines Familienunternehmens zu, das sich in einer existenzbedrohlichen Krise befindet, ist die Chance, ohne eine Veränderung der Eigentümerstruktur zu einer tragfähigen Lösung zu kommen, als gering einzuschätzen. Es fehlt offensichtlich Führung. In solchen Fällen kann sich als letzte Rettung ein externer Partner herausstellen, der für sein weiteres Engagement entsprechende Führungskompetenzen zur Voraussetzung macht. Dies kann z.B. eine der finanzierenden Banken sein, dies kann aber auch einer der Eigentümer sein, der bis dato nicht über die entsprechende Macht verfügt hat und nun im Angesicht der Krise mit seinem sofortigen Rückzug droht. Um diesen nicht verkraftbaren Rückzug

108 Voigt, J. (1990): Familienunternehmen: im Spannungsfeld zwischen Eigentum und Fremdmanagement, Wiesbaden, S. 33 ff

zu vermeiden, sind die anderen Eigentümer evtl. bereit, bis dato bestehende Patts o.ä. aufzuheben. Dies kann ein Wettbewerber sein, der sich durch die Übernahme eines Anteils erhofft, auf lange Sicht das Unternehmen ganz übernehmen zu können.

Das bereits angesprochene Beispiel der Familie Passavant sei hier nochmals zur Illustration herangezogen:

> *„Jahrelang hatten die Visionen vom Weltkonzern dem Management den Blick für das Wesentliche verstellt: den langsamen aber dramatischen Wandel auf den Stammmärkten. ... Alle Hoffnungen ruhen deshalb auf dem Aufsichtsrat ...Dass der Führer des Banken-Pools und nicht die Familie Passavant das Sagen hat, ist in Aarbergen längst kein Geheimnis mehr. ... Immerhin ist die Familie ...offensichtlich bereit, sich zurückzuziehen, um einem Neuanfang den Weg zu ebnen. Denn ebenso dringend wie straffe Führung braucht das ausgeblutete Unternehmen frisches Kapital."*[109]

In der jetzt eingetretenen Situation ist die Beschneidung des Einflusses der derzeitigen Eigentümer unabdingbar. Unter ihrer Führung oder eben Nicht-Führung ist das Unternehmen in die lebensbedrohliche Situation geraten. „Durch entsprechend tief greifende Maßnahmen kann es den Eigentümern trotz der aufgezeigten Schwierigkeiten dennoch gelingen, den Zusammenbruch des Unternehmens zu abzuwenden. Da jedoch viele der korrigierenden Eingriffe letztlich zur Begrenzung des Familieneinflusses führen, besitzen sie häufig bei den Eigentümerfamilien nur geringe Popularität."[110] Einflussbegrenzende Maßnahmen lassen sich deshalb i.d.R. nur unter extremem äußerem Druck durchsetzen. Dies kann bis hin zu dem Punkt gehen, an dem erst der Konkursverwalter in der Lage ist, die Eigentümer zu entmachten.

7.3.4.3.2 Verkauf des Familienunternehmens

Entschließen sich die Eigentümer im Rahmen der nun offensichtlichen Krise, das Unternehmen zu verkaufen, stehen sie vor deutlich größeren Problemen, als Verkäufer eines Familienunternehmens, das sich nicht in der Krise befindet. Hat eine Unternehmenskrise erst einmal ein lebensbedrohliches Ausmaß angenommen, ist dies nicht nur in der Branche selbst und bei den Lieferanten und Abnehmern sondern auch darüber hinaus bekannt. Vorausgesetzt, es wurde im Eigentümerkreis eine Einigung über die Verkaufsentscheidung erreicht und es wurde, im besten Falle, ein mit allen Vollmachten ausgestatteter, Verhandlungsführer benannt, so steht dieser vor dem Problem, relativ schnell potentielle Interessenten ausfindig zu machen und auf ihre Interessenslage hin zu beurteilen. Vor allem die Zielsetzung der beteiligten Banken ist hierbei von dem Verhandlungsfüh-

---

109 Klein, R.; Mahler, A. (1987): Expansion ins Nichts In: manager magazin 6/87, S. 30 - 35, hier S. 30 f; zitiert nach: Siefer, T. (1996): „Du kommst später mal in die Firma!", Heidelberg, S. 72

110 Goehler, A. W. (1993): Der Erfolg großer Familienunternehmen im fortgeschrittenen Marktlebenszyklus, Diss. St. Gallen, S. 274

rer kritisch mit in Betracht zu ziehen. Verfügt eine der hauptfinanzierenden Banken über einen interessierten Käufer als Kunden, so kann für sie ein Vergleich oder sogar ein Konkurs des Familienunternehmens u.U. von größerem Interesse sein, als ein Verkauf „in letzter Sekunde".

Der Verkaufsprozess selbst muss so professionell wie möglich organisiert werden, es ist keine Zeit mehr, „es mal zu versuchen". In so fern ist zu prüfen, ob der Auftrag von einem M&A-Profi noch angenommen würde und zu welchen Konditionen. Auf keinen Fall erscheint es erfolgsversprechend, einen Eigentümer aus einem zerstrittenen Eigentümerkreis mit der Verhandlungsführung zu beauftragen, da die Gefahr besteht, dass von ihm/ihr ausgehandelte Lösungen in letzter Minute von den anderen Eigentümern aufgrund von Misstrauen gekippt werden. Die Eigentümer müssen hierbei vorher darüber im klaren sein, dass etwaige Forderungen, die mit einem Unternehmensverkauf in normalen Zeiten evtl. zu verbinden sind, wie z.B. Beibehaltung des Unternehmensnamen, Beteiligung von Familienmitgliedern am Management, Aufsichts- oder Beiratspositionen oder Erhaltung des Standortes in der jetzigen Situation nicht mehr diskutabel sind.

Mit dem Verkauf endet das Familienunternehmen als Familien-Unternehmen, ist der entsprechende Käufer gefunden, so kann zumindest das Unternehmen überleben. Für die Unternehmerfamilie endet ein oftmals langer und zutiefst prägender Teil der Familiengeschichte. Ob einer und wenn ja, wer von ihnen je wieder unternehmerisch tätig wird, bleibt offen. Noch härter ist die Unternehmerfamilie, vor allem aber sind die im Unternehmen beschäftigten Mitarbeiter betroffen, wenn ein Verkauf nicht mehr gelingt und ein Turn-Around ebenso scheitert (oder gar nicht versucht wird) und das Familienunternehmen Konkurs anmelden muss.

7.3.4.3 Das langsame Sterben des Familienunternehmens

Das Familienunternehmen hört auf, als Familienunternehmen zu existieren, wenn die Familie sich entschließt, dass Unternehmen zu verkaufen. Ein solcher Verkauf kann Familien-, Unternehmens- oder Markt-induziert sein. Ist jedoch die finanzielle Situation im schrumpfenden Markt hinreichend, schrumpft der Markt langsam, fast unmerklich, und ist das Familienunternehmen klein genug, sich in einer Nische einzurichten, so kann die Situation entstehen, dass es auch in den Phasen des fortgeschrittenen Lebenszyklus des Marktes keinen äußeren Druck gibt, sich vom Unternehmen zu trennen oder eine strategische Neuausrichtung zu initiieren. Vorübergehend auftretende Probleme können mittels eines klaren Kostenmanagements gehandhabt werden, der Unternehmer spricht vom notwendigen „Gesundschrumpfen".

Bei genauerem Hinsehen jedoch entpuppt sich das Gesundschrumpfen als ein langsamer, leiser Ausstieg, der zwar nicht unbedingt intendiert ist, der aber gleichwohl stattfindet. Eine solche Strategie bzw. Marschrichtung ist i.d.R. nur anfänglich noch umkehrbar. Wird dieser Weg eine zeitlang beschritten, ist eine Revitalisierung fast unmöglich. Die hinreichend in der Presse dargestellten Nachwuchsprobleme des Mittelstandes können hier zweierlei sein: Voraussetzung und Folge. Steht dem Unternehmer, der selbst in der Geschäftsleitung tätig ist und dessen Familienunternehmen (noch) nicht die Größe hat, einen professionellen Fremdmanager bezahlen zu können, vor der Situation, in der Familie keinen Nachfolger zu finden, so muss er sich entscheiden, ob er einen externen Nachfolger, zumeist im Wege eines Verkaufs oder einer Beteiligung desjenigen, sucht oder ob er den Umfang seiner Tätigkeit langsam reduziert. Auf der anderen Seite ist der engagierte Nachfolger, der beobachtet, wie sich sein Unternehmer-Vater in eine Marktnische zurückzieht und jedwede Anstrengung unterlässt, Wachstum zu realisieren und neue Chancen wahrzunehmen, enttäuscht und desillusioniert. Er/Sie hat evtl. neue Ideen für eine Revitalisierung, wird aber vom Unternehmer nicht ernst genommen. Der Nachfolger sieht zunächst für das Unternehmen und somit letztlich auch für sich selbst „seine Felle davonschwimmen" und orientiert sich beruflich weg vom Familienunternehmen.

Eine letzte Gruppe Familienunternehmen sei noch angesprochen. Hier hat ein Generationswechsel bereits stattgefunden, eine Nachfolgeproblematik besteht zur Zeit nicht und wird auf absehbare Zeit auch nicht das Problem sein. Das Unternehmen bewegt sich in einem reifen Markt mit Tendenz zum Wendemarkt. Die strategische Starre verhindert eine Neuorientierung, diese ist aber auch nicht Streitpunkt; es wird nicht einmal ein Leidensdruck diesbezüglich wahrgenommen. Das Unternehmen macht, was es immer gemacht hat. Der oder die Unternehmer verhalten sich, als habe sich nichts geändert. Und so ändert sich auch im Unternehmen nichts, wohl aber die Unternehmensumwelt ändert sich. Das sich nicht bewegende Familienunternehmen bleibt notgedrungen hinter der Zeit, wird mehr und mehr zu einem Relikt aus einer vergangenen Zeit. Junge, ambitionierte Nachwuchskräfte lassen sich schon lange nicht mehr für das Unternehmen begeistern und gewinnen, und so stört niemand die fortschreitende Friedhofsruhe. Ein solches Familienunternehmen wird über kurz oder lang vom Markt verschwinden. Es wird entweder plötzlichen Turbulenzen im Unternehmensumfeld nicht gewachsen sein oder es wird langsam und kontinuierlich Umsatz verlieren, schleichend desinvestieren, indem nicht einmal mehr Erhaltungsinvestitionen die Abschreibungshöhe erreichen und wird so einen langsamen Tod sterben.

7.4 Zusammenfassung

Analog zu den anderen Elementen des Familienunternehmens entwickelt sich auch das Unternehmen selbst im Zeitablauf. Hierbei spielt gerade in Familienunternehmen das Zusammenspiel von Vitalitätspotentialen und Vitalitätsdefiziten bzw. -abflüssen eine entscheidende Rolle. Die Vitalität des Unternehmens entscheidet letztlich darüber, ob und wie das Unternehmen mit Störungen bis hin zu Krisen fertig wird, diese optimalerweise proaktiv behandelt und die in ihnen liegenden Chancen genutzt werden sollen.

In den vier Phasen, der Pionier-, der Wachstums-, der Reife- und der Wendephase lassen sich familienunternehmensspezifische Vitalitätspotentiale und -defizite feststellen. In der Pionierphase ist die Vitalität i.d.R. hoch, Stärke und Schwäche des Unternehmens liegen in der Person (bzw. den Personen) des/der Gründer einerseits und im Vorhandensein einer echten Innovation andererseits. Diese führt zwar i.d.R. zu höheren Marktwiderständen in der Einführungsphase, sie ist zugleich aber nach Überwindung derselben Grundlage einer weiteren positiven Unternehmensentwicklung.

In der Wachstumsphase beginnen sich die Elemente des Familienunternehmens erstmals auseinander zu entwickeln. Das Unternehmen wächst, die Familie wächst, die Eigentümerstrukturen müssen evtl. neu geregelt werden etc. Das größte Vitalitätspotential in der Wachstumsphase ist das Unternehmen selbst und seine wirtschaftliche Verfassung. Häufig lässt sich hier eine Mischung klassischer Konzepte und unorthodoxer Ideen beobachten. Die Durchsetzungsmöglichkeiten des/der Gründer(s) sind i.d.R. sehr groß, was Chance und Risiko zugleich bedeutet. In der späten Wachstumsphase stellt sich die Frage nach einer in das strategische Gesamtkonzept passenden Diversifikation, um den Unternehmenslebenszyklus vom Produktlebenszyklus des Hauptumsatzträgers abzukoppeln, was im Falle des Misslingens zur so genannten Diversifikationskrise führen kann.

In der Wachstumsphase besteht i.d.R. noch eine große Nähe der Mitarbeiter zum Gründer, allerdings bedingt gerade das Wachstum, dass diese Nähe immer mehr abnimmt und neue Formen der Organisation auch gerade im Führungsbereich gefunden werden müssen. Die Überlastung des bzw. der Unternehmer stellt in dieser Phase ein potentielles Defizit dar. Hinzu kommt, dass mit dem wachsenden Unternehmen die Anforderungen an die Unternehmensleitung deutlich steigen. Die Qualifikation oder Nicht-Qualifikation der Geschäftsleitung stellt somit eines der Vitalitätspotentiale bzw. -defizite dar.

Die entscheidenden potentiellen Vitalitätsdefizite, die in der Wachstumsphase auftreten bzw. nur aufgebaut werden, aber noch nicht virulent werden, liegen im Eigentums- und Familienbereich. Eine unklare oder nicht vorhandene Eignerstrategie, unklar oder nicht geregelter Zugang zu Führungspositionen, das Fehlen eines Beirates, unklare Dividenden- oder/und Entnahmemodalitäten sind hier u.a. auf der Eigentumsseite zu nennen, ungeklärte Nachfolge in der Familie, Geschwisterstreitigkeiten, fehlende Streitkultur in der Familie, keine oder unzureichende Werteverankerung etc. sind die Risiken auf der Seite der Familie. Eine frühzeitige Analyse macht eine entsprechende Prophylaxe möglich, potentielle Defizite können abgebaut und Potentiale können aufgebaut werden. Durch das Wachstum des Unternehmens sind i.d.R. Spielräume gegeben, zu diesem Zeitpunkt Weichen zu stellen.

Ist das Unternehmen in die Reifephase eingetreten, verändern sich die Voraussetzungen und der Spielraum, die Vitalität des Unternehmens positiv zu beeinflussen, sinkt. Man unterscheidet Familienunternehmen in der Reifephase, die von einem Hauptumsatzträger abhängig sind und solche, denen bereits eine Diversifikation gelungen ist. Für die Ein-Produkt-Familienunternehmen stellt sich die Frage der strategischen Ausrichtung als zentrale Frage. Hier gibt es die drei klassischen Möglichkeiten der Kostenführerschaft, der Differenzierung und der Konzentration auf Schwerpunkte. Die Messlatte für die strategische Ausrichtung ist hierbei die Eignerstrategie, die die Zielsetzung des Eigentümers in Bezug auf sein Eigentum definiert. Handelt es sich bei dem Familienunternehmen in der Reifephase bereits um ein diversifiziertes Unternehmen, so verfügt dieses über klare Vorteile gegenüber einem Nicht-Familienunternehmen, wenn es ihm gelingt, die potentiellen Defizite im Bereich des Eigentümermanagements und der Unternehmerfamilie durch klare Regelungen und eine gemeinsame Wertebasis nicht zum Tragen kommen zu lassen.

Die Nachfolgefrage zeigt sich im Rahmen dieser Prozessbetrachtung als ein Problemkatalysator. Im Gegensatz zu der Mehrzahl der Veröffentlichungen zu diesem Themenkreis konnte dargestellt werden, dass die Nachfolge selbst, die ebenfalls als Prozess abläuft, nicht das eigentliche Problem darstellt, sondern vielmehr im Rahmen der Katalysatorfunktion die im Unternehmen, im Eigentum, in der Führung und in der Familie angelegten Konflikte bündelt. Durch die Komplexität des gesamten Systems Familienunternehmen verstärken sich diese einzelnen Konflikte im Zuge des Nachfolgeprozesses gegenseitig, so dass es hier zu einer Potenzierung kommen kann. Dies führt u.a. dazu, dass ein gelungener Nachfolgeprozess sich selten ähnlich dramatisch darstellt wie ein nicht oder nur teilweise gelungener.

Befindet sich ein Familienunternehmen in der Wendephase, so ist die vorher latente, später zwar offensichtliche, aber noch nicht lebensbedrohliche Krise nun akut. Alternativen sind ein Turnaround, eine langfristige Abschöpfungsstrategie, die sofortige Desinvestition, der Verkauf in letzter Sekunde, das Scheitern im Sinne eines Konkurses oder das langsame Sterben. Allerdings sind ein Turnaround oder eine Abschöpfungsstrategie i.d.R. nur mit einer veränderten Eigentümerstruktur realisierbar, da das Unternehmen aufgrund der Entscheidungen der derzeitigen Eigentümer, sei es in der Besetzung der Geschäftsleitungsfunktionen, der strategischen Ausrichtung (oder eben Nicht-Ausrichtung), der Finanzierung u.v.a.m. in die jetzige Situation gekommen ist.

Insgesamt macht die Betrachtung des Familienunternehmens im Lebenszyklus deutlich, dass sich im Unternehmen und seiner Konstitution die Vitalitätspotentiale und -defizite aus den Bereichen Familie, Eigentum und Führung bündeln. Dies erklärt, warum Familienunternehmen sich anders verhalten, anders zu erklären und zu behandeln sind als Nicht-Familienunternehmen. Rein betriebswirtschaftliche Erklärungen zum Verhalten eines Familienunternehmens greifen vor allem in der dynamischen Betrachtung zu kurz; die wesentlichen Eigenheiten und damit Verhaltensweisen sind betriebswirtschaftlich nicht oder nur unzulänglich erklärbar, sie können nur aufgrund der Kenntnis des gesamten Systems Familienunternehmen unter Einbeziehen der psychologischen und soziologischen Erkenntnisse aus den Bereichen der Familie, des Eigentums und der Führung verstanden werden.

Arbeitsteil zu Kapitel 7

Wissensfragen:

1. *Beschreiben Sie den Lebenszyklus des Familienunternehmens nach ROSENBAUER und nach GOEHLER!*
2. *Was versteht man unter Unternehmensvitalität?*
3. *Nennen Sie die Vitalitätspotentiale und -abflüsse in der Pionierphase!*
4. *Nennen Sie exemplarisch 5 Vitalitätspotentiale der Wachstumsphase und wie man sie erkennt!*
5. *Welche strategische Alternativen hat ein Familienunternehmen in der Reifephase?*
6. *Beschreiben Sie den Prozess der Nachfolge in Familienunternehmen!*

Transferfragen:

1. *In einer Diskussion werden Sie mit der These konfrontiert, Familienunternehmen scheiterten in der Regel an unzureichend geregelter Nachfolge. Bitte setzen Sie sich kritisch mit dieser These auseinander!*
2. *Bitte diskutieren Sie die Chancen und Risiken einer Diversifikation im Familienunternehmen der Reifephase!*
3. *Gründungsunternehmen sind keine Familienunternehmen. Setzen Sie sich mit dieser Aussage kritisch auseinander!*
4. *Welche Möglichkeiten der vorausschauenden Gestaltung des Nachfolgeprozesses hat der Eigentümer-Unternehmer eines Gründungsunternehmen in der Wachstumsphase?*

Kurzfall: Kindle Wurst- und Fleischwaren

Die Kindle Wurst- und Fleischwaren in Ostwestfalen ist ein Familienunternehmen in der dritten Generation. Gegründet 1901 von Alfons Kindle, war es über Jahrzehnte zunächst eine Großschlachterei, die nach dem 2. Weltkrieg vermehrt begann, die umliegenden Fleischereien, die nicht mehr selbst schlachteten, zu beliefern. Inzwischen beschäftigt Kindle ca. 750 Mitarbeiter und erwirtschaftet einen Umsatz von ca. 300 Millionen DM. Vor 7 Jahren trat der Junior, Dr. Andreas Kindle, in die Geschäftleitung ein. Er unterstützt seinen Vater, der das Unternehmen nach dem Krieg wieder aufgebaut und zu nationaler Größe geführt hat, im Bereich des Marketing und des Vertriebs.

Obwohl Kindle relativ gute Ergebnisse im Vergleich zum Branchendurchschnitt erwirtschaftet, merkt man auch in Ostwestfalen, dass der Wind insgesamt rauer weht. Die Konzentration im Handel einerseits und die Globalisierung, die über die Expansion des

Handels die Hersteller ebenfalls zur Expansion zumindest in weitere europäische Länder zwingt, drücken auf die Margen. Kindle ist vor allem bekannt für regionale Spezialitäten wie die westfälische Leberwurst und die Sommerwurst, die sie mit einem hohen Marketingaufwand als Marken bundesweit positioniert haben. Allerdings erweist sich die Abhängigkeit von diesen beiden Hauptumsatzträgern für die Expansion ins europäische Ausland als eher hinderlich. Vor 4 Jahren initiierte Dr. Andreas Kindle deshalb gegen den ausdrücklichen Rat seines Vater Alfons Josef Kindle eine, wie er es nannte, Diversifikationsanstrengung. Kindle kaufte ein kleines französisches Unternehmen, das noch fast in Handarbeit Pasteten für die gehobene Gastronomie herstellte. Allerdings stellte sich schnell heraus, dass die Rezepturen für die industrielle Fertigung nicht einsetzbar waren, und die von Hand gefertigten Produkte für den Handel zu teuer und daher uninteressant waren. Das Unternehmen wurde vor einem halben Jahr geschlossen.

Neben der Marktentwicklung macht Alfons Josef Kindle vor allem die Atmosphäre unter den Geschwistern, neben Dr. Andreas Kindle sind seine beiden Schwestern noch zu jeweils 10 % als stille Gesellschafter am Unternehmen, einer GmbH&CoKG, beteiligt, Sorgen. Zwar haben die Schwestern früh zu erkennen gegeben, dass sie an einer aktiven Führungsposition im Unternehmen nicht interessiert sind, aber unter der Führung ihres Ehemannes, der Wirtschaftsprüfer bei einer der großen Gesellschaften in Düsseldorf ist, äußert vor allem die jüngere der beiden Schwestern, Katharina, vermehrt Kritik an der Ausrichtung des Unternehmens und den Vorschlägen ihres Bruders Andreas. Das französische Abenteuer war hier Wasser auf ihren Mühlen.

Alfons Josef Kindle ist selbstkritisch genug, zu erkennen, dass ohne einschneidende Veränderungen die Übergabe an die kommende Generation gefährdet ist. Selbst wenn der Markt sich positiver als erwartet entwickeln würde, womit er nicht rechnet, würde durch die Geschwisterstreitigkeiten das Unternehmen geschwächt. Er beauftragt deshalb Sie, der Sie als Fachmann für Familienunternehmen einen hervorragenden Ruf haben, bereits im Vorfeld die Stärken und Schwächen, oder um in Ihrer Sprache zu sprechen, die Vitalitätspotentiale und -defizite aufzuzeigen und Vorschläge vorzulegen, wie die Potentiale genutzt und Defizite reduziert werden können.

Autorenverzeichnis

Stichwortverzeichnis

Literaturverzeichnis

Abelhauser, W.: Wirtschaftsgeschichte der Bundesrepublik Deutschland (1945-1980), Frankfurt 1983.

Adizes, I.: Organizational Passages - Diagnosing and Treating Lifecycle Problems of Organizations In: Organizational Dynamics, Summer 1979, S. 3 - 25.

Adler, A.: Unterstanding Human Nature, New York 1959.

Albach, H.: Investititonspolitik erfolgreicher Unternehmen In: zfb 57, 1987, S. 636 - 661, 1987.

Albach, H; **Freund**, W: Generationswechsel und Unternehmenskontinuität - Chancen, Risiken, Maßnahmen; Gütersloh, 1989.

Albach, H.; **Hunsdiek**, D.: Die Bedeutung von Unternehmensgründungen für die Anpas-sung der Wirtschaft an veränderte Rahmenbedingungen. In: ZfB Nr. 5/6 1987, S. 562 - 580, 1987.

Albach, H.; **May-Strobl**, E.: Erfolgsfaktoren neugegründeter Unternehmen In: Die Bank, Köln 1986, S. 84 - 86.

Alchian, A.-A.: Some Economics of Property Rights In: Il Politico, 30. Jg., S. 816-829, 1965.

Allport, G.W.: Personality - A psychological interpretation, New York 1937.

Arendt, H.: Vita activa oder Vom tätigen Leben, 4. Aufl., München 1985.

Argenti, J.: Corporate Collapse: the causes and symptoms. London et al 1976.

Arnold, W.: Finanzierungsziele. Anforderungen mittelständischer Unternehmungen an Beteiligungskapital, Frankfurt 1989.

Aronoff, C.E.: Megatrends in Family Business In: FBR XI (3), S. 181 – 185, 1998.

Aronoff, C.E.; **Ward**, J.L.: Family business values: How to assure a legacy of continuity and success; Family Business Leadership Series No. 12, Marietta, GA, 2001

Aronoff, C.E. und J.L. **Ward**: Family Owned Businesses: A Thing of the Past or a Model for the Future? In: FBR IIX (2), S. 121-130, 1995.

Astrachan, J.H.; **Kolenko,** T.A.: A neglected factor explaining family business success: Human resource practices In: FBR VII (3), S. 251 – 262, 1994.

Astrachan, J.H,: **Klein,** S.B.; **Smyrnios,** K.X. (2002): The F-PEC Scale of Family Influence: A Proposal for Solving the Family Business Definition Problem In: FBR XV (1),
S. 45 - 58

Bätz, V.: Anleihen von Familienunternehmen, Diss., Würzburg 1994.

Balzer, A.: „Fataler Fehler“ In: managermagazin Juni 1995, S. 108 - 117, 1995.

Bank, S.P. und **Kahn**, M.D.. The sibling bond, New York 1982. deutsch: Bank, S. und M. Kahn: Geschwister-Bindung, Paderborn 1989.

Barach, J. A.; **Ganitsky**, J.B.: Successful Succession in Family Business In: FBR XIII (2), S. 131-155,1995.

Barach, J.A. et al: Entry of the next generation: Strategic challenge for family business In: Journal of Small Business Management, 26(2), S. 49 -56, 1988.

Barnes, L. B.: Incongruent Hierarchies: Daughters and Younger Sons as Company CEOs In: FBR I (1), S. 9 - 21, 1988.
Barnes, L.B. und S.A. **Hershon**: Machtwechsel in Familienunternehmen, In: Harvard Manager 2, S. 67 –76, 1970.
Barnett, F. und S. **Barnett**: Working Together; Entrepreneurial Couples, Berkeley 1988.
Beach, B.: Family Support in Home-Based Family Business In: FBR VI (4), S. 371-379, 1993.
Bechtel, H.: Wirtschafts- und Sozialgeschichte Deutschlands, München 1967.
Bechtle, Ch.: Die Sicherung der Führungsnachfolge in der Familienunternehmung, Diss. St. Gallen 1983.
Bechtler, T.W.: Familienunternehmen 2000 - Quo vadis? In: Zukunft für Familienunternehmen? Perspektiven für die Unternehmenskontinuität, Gottlieb Duttweiler Institut, Rüschlikon 1990.
Beck, U: Risikogesellschaft - Auf dem Weg in eine neue Moderne, München 1986.
Beck, U. und E. **Beck-Gernsheim**: Das ganz normale Chaos der Liebe, Frankfurt 1990.
Beckhard, R. und W.G.**Dyer**, Jr.: Managing continuity in the family owned business. In: Organizational Dynamics 12 (I): 5-12
Bergamin, S.: Der Fremdverkauf einer Familienunternehmung im Nachfolgeprozeß: Motive - Vorgehenskonzept - externe Unterstützung, Bern, Stuttgart, Wien 1995. (zugleich Diss. St. Gallen 1995).
Berle, A. und **Means**, G.: The Modern Corporation and Private Property, New York 1967.
Birley, S.: Owner-manager attitudes to family and business issues: A 16 country study In: Entrepreneurship Theory & Practice, Winter 2001, S. 63 – 76
Bischof, N.: Das Rätsel Ödipus, 4. Aufl., München 1985.
Bischof-Köhler, D.: Geschlechtsspezifische Besonderheiten im Konkurrenzverhalten: Evolutionäre Grundlagen und entwicklungspsychologische Fakten In: Krell, G. u. M.Osterloh (Hrsg.): Personalpolitik aus der Sicht der Frauen, S. 251- 281, München 1992.
Bischof-Köhler, D.: Frau und Karriere aus psychobiologischer Sicht in: Zeitschrift für Arbeits- und Organisationspsychologie (1990) 34 (N.F.8), S. 17 - 28, 1990.
Böckli, P.: Neuere Methoden der Eigenkapitalbeschaffung durch Mittelbetriebe In: Schweizerische Aktiengesellschaft 1981, S. 21-26.
Booz, Allen & Hamilton (Hrsg.): Unternehmensvitalisierung: wachstumsorientierte Innovation - lernende Organisation - wertebasierte Führung, Stuttgart 1997.
Brandes, D.: Konsequent einfach - Die ALDI-Erfolgsstory, Frankfurt, New York 1998.
Brändle, R.: Zur Dogmengeschichte und Methodologie der Theorie des Unternehmenswachstums, Diss. München 1966.
Brockhaus, Enzyklopädie in 24 Bd., 19. Aufl., Bd. 23, Mannheim 1994.
Brown, H.F.: Reweaving the family tapestry: A multigenerational approach to families, New York 1991.
Brown, H.F.: Loss and Continuity in the Family Firm In: FBR VI (2), S. 111-130, 1993.
Brückmann, H.: Steuerliche Optimierungsstrategien für die Generationsfolge bei Unternehmerfamilien, Frankfurt 1991, (zugleich Diss. Uni. der Bundeswehr München 1990).

Carlock, R.: A Classroom Discussion with James R. Cargill In: FBR VII (3), S. 297-307, 1994.
Carlock, R.S.; **Ward**, J.L. (2001): Strategic planning for the family business – Parallel planning to unify the family and business, Houndsmill, NY
Chrisman, J.J. et al: Important Attributes of Successors in Family Businesses: An Exploratory Study In: FBR XI (1), S. 19 - 34, 1998.
Chua, J.H.; **Chrisman,** J.J.; **Sharma,** P. (1999): Defining the family business by behaviour In: ET&P, Summer 1999, S. 19 - 39
Coenenberg, A.; **Baum**, H.-G.: Strategisches Controlling, Stuttgart 1987.
Daily, C. und M.J. **Dollinger**: An Empirical Examination of Ownership Structure in Family and Professionally Managed Firms In: FBR V (2), S. 161-172, 1992.
Danco, L.: Beyond Survival: A Business Owner´s Guide for Success, Cleveland, Ohio 1975.
Davies, P.; **Harveston,** P.: In the Founder´s Shadow: Conflict in the Family Firm In: FBR XII (4), S. 311 – 323, 1999.
Davis, J.A.: „Lessons of successful family business dynasties" Vortrag gehalten auf der 9. F.B.N. Annual World Conference vom 24.- 26. September 1998 in Paris.
Davis, J. A. ; **Taguiri**, R.: The influence of Life Stage on Father-Son Work Relationships in Family Companies In: FBR II (1) S. 47 -74, 1989.
DeSchazer, S.: The death of resistance. In: Family Process 23, S. 11-17, 1984.
Diekhof, R. u. K. **Hoffmann**: Die Erben steigen aus In: Manager Magazin 11/83, S. 72-80, 1983.
Dunn, B.: The Family Factor: The Impact of Family Relationship Dynamics on Business-Owning Families during Transistions In: FBR XII (1), S. 41-55, 1999.
Dyer, W.G. jr.: Integrating Professional Management into a Family Owned Business In: FBR II (3), S. 221 - 235, 1988.
Dyer, W.G.; **Sanchez,** M. : Current State of Family Business Theory and Practice as Reflected in Family Business Review 1988 – 1997 In : FBR XI (4), S. 287 – 295, 1998.
Eckert, J.: Der Kampf um die Familienfideikommisse in Deutschland, Habilitation, Frankfurt 1992.
Ehren, H. und W. **Hirn**: Geld oder Sterben In: Manager Magazin 9/97, S. 87-97, 1997.
Fasselt, Theo: Nachfolge in Familienunternehmen, Stuttgart 1992.
File, M.K.; **Prince**, R.A.: Attributions for Family Business Failure: The Heir´s Perspective - In: FBR IX (2) S. 171 - 184, 1996.
Filser, F.: Einführung in die Familiensoziologie, Paderborn, München, Wien, Zürich 1978.
Flören, R.H.: Crown princes in the clay. An empirical study on the tackling of succession challenges in Dutch family firms. Dissertation Universiteit Nyenrode, 2002
Flören, R.H.: The Significance of Family Business in the Netherlands In: FBR XI (2), S. 121 – 134, 1998
Franceschetti, A.: Der Turnaround aus der Sicht der Anteilseigner, der Unternehmensleitung und der Banken, Dissertation St. Gallen 1993.
French, J.R.B.jr. & **Raven**, B.: The bases of social power In: Cartwright, D. (Hrsg.): Studies in social power, S. 150-167, University of Michigan 1959.
Freund, W.; G. **Kayser**; E. **Schröer**: Generationswechsel im Mittelstand, ifm-Materialien 109, Bonn 1995.

Friedman, S. (1991): Sibling Relationships and Intergenerational Succession in Family Firms In: FBR IV (1), S. 3 – 20
Fröhlich, E.; J.H. **Pichler**: Werte und Typen mittelständischer Unternehmer, Berlin 1988.
Fromm, E.: Haben oder Sein, 15. Aufl., München 1986.
Furobotn, E.G. und **Pejovich**, S.: Property Rights and Economic Theory: A Survey of Recent Literature In: The Journal of Economic Literature, Vol. 10, S. 1137-1162, 1972.
Gallo, M.A.: The role of Family Business and Its Distinctive Characteristic Behaviour in Industrial Activity In: FBR VIII (2), S. 83 - 97
Gebert, D. und L.v. **Rosenstiel**: Organisationspsychologie, 3. Aufl., Stuttgart et al 1992.
Gerke-Holzhäuer, F.: Generationswechsel in Familienunternehmen - Psychologische Aspekte des Führungswechsels, Wiesbaden 1996.
Gersick, K.E.; **Lansberg,**I.; **Desjardins,** M.; **Dunn,** B.: Stages of Transistions: Managing Change in the Family Business In: FBR XII (4), S. 287 – 297, 1999.
Gersick, K.E.; **Davies,** J.A.; **McCollom Hampton,** M.; **Lansberg,** I.: Generation to Generation - Life Cycles of the Family Business, Boston 1997.
Goehler, Axel: Der Erfolg großer Familienunternehmen im fortgeschrittenen Lebenszyklus: dargestellt am Beispiel der deutschen Brauwirtschaft, Diss St. Gallen 1993.
Gömmel, R.: Überlebenschancen von Unternehmensgründungen 1800-1870 In: Pohl, H.(Hrsg.):Überlebenschancen von Unternehmensgründungen In: Zeitschrift für Unternehmensgeschichte, Beiheft 63, S. 17-28, Stuttgart 1991.
Goethe, J.W.v.: Faust I
Goethe, J.W. v.: Prometheus
Goode, William J.: Struktur der Familie, 3. Aufl., Köln 1967.
Graen, G.B.; **Scandura**, T.A.: Toward a psychology of dyadic organizing In: Research in Organizational Behavior, 9, S. 175 - 208, 1987.
Gregory, A.: Der Glanz des Reichtums: wie die großen Vermögen entstanden sind, München 1993.
Greiner, L.: Evolution and revolution as organizations grow In: HBR July-Aug. 1972, S. 37 - 46.
Gukenbichl,H.: Familie In: Schäfers, B. (Hrsg.): Grundbegriffe der Soziologie, S. 83-86, Opladen 1988.
Gutenberg, E.: Grundlagen der Betriebswirtschaftslehre, Bd. I, Berlin, Heidelberg, New York 1972.
Haberlandt, K.-H.: Das Wachstum der industriellen Unternehmung, Neuwied 1970.
Hamilton, S.: Research Note: A Second Family Business - Pattern in Wealth Management in: FBR V (2), S. 181-188, 1982.
Handler, B.: Succession in Family Business: A Review of the Research In: FBR VII (2), S. 133 - 157, 1994.
Handler, W. C.: The Succession Experience of the Next Generation In: FBR V(3), S 283-307, 1992.
Handler, W.; **Kram**, K.E.: Succession in Family Firms: The Problem of Resistance In: FBR I (4), 1988.
Hansen, K.: Familie als Gegenstand historischer Sozialforschung. Bemerkungen zu einer Forschungsstrategie in: Zeitschrift für historische Sozialwissenschaft, 1.Jg. Heft 2/3 S. 171-209, 1975.

Hare, A.P. und **Kent**, M.V.: Leadership In: Hare, A.P. et al (Hrsg): Small group research. A handbook, S. 155-166, Norwood, N.Y. 1994.
Hauser, K.: Familie als Gegenstand historischer Sozialforschung. Bemerkungen zu einer Forschungsstrategie in: Zeitschrift für historische Sozialwissenschaft, 1.Jg. Heft 2/3, 1975.
Helmer, W.: Die Oetker-Gruppe trägt bis heute die Handschrift der Familie in: FAZ v. 2.2. 1996
Helmer, W.: Bahlsen - ratlos. Familienbetrieb und Eigentümer. In: FAZ v. 18.7.1992, Nr. 165
Hennerkes, B.-H.: Familienunternehmen sichern und optimieren, Frankfurt, New York 1998.
Hennerkes, B.-H.: Die Regelung der Nachfolge ist Teil der strategischen Unternehmens-planung In: WELT am Sonntag Nr. 21 vom 26.5.1996
Hennerkes, B.H.: Familienbetriebe heute: Kreativität und Sinn für das Machbare in: BddW, 5.10.1994.
Henning, F.W.: Das vorindustrielle Deutschland 800 - 1800, 5. Durchges. und überarb. Aufl., Paderborn, München, Wien, Zürich 1994.
Henning, F.W.: Die Industrialisierung in Deutschland 1800 bis 1914, 8. durchgesehene und ergänzte Aufl., Paderborn, München, Wien, Zürich 1993.
Hintermeier, H.: Die ALDI-Welt - Nachforschungen im Reich der Discount-Milliardäre, München 1998.
Hirn, W.: Wechseljahre In: managermagazin 11/97 S. 128-137, 1997.
Hoffmann, K.; **Linden**, F.A.: Nach Art des Hauses In: managermagazin 1/98, S. 68 - 77, 1998.
Hollander, E.P.: Leadership dynamics: A practical guide to effective leadership; New York 1978.
Homann, K.: Gewinnmaximierung und Kooperation - Eine ordnungsethische Reflexion; Kieler Arbeitspapiere Nr. 691, Kiel 1995.
Homans, G.C.: Social behavior: Its elementary forms; New York 1961.
Hüfner, P. et al: Mittelstand und Mittelstandspolitik in den neuen Bundesländern, ifm-Materialien Nr. 45, Bonn 1992.
Hunsdiek, D.: Unternehmensgründung als Folgeinnovation - Struktur, Hemmnisse und Erfolgsbedingungen der Gründung industrieller innovativer Unternehmen, ifm-Schriften Nr. 16, Stuttgart 1987.
Hunsdiek, D.; **May-Strobl**, E.: Gründungsfinanzierung durch den Staat: Fakten, Erfolg und Wirkung, ifm-schriften Nr. 17, Bonn 1987.
Hutter, M.: Die Gestaltung von Property Rights als Mittel gesellschaftswirtschaftlicher Allokation In: H.K. Schneider (Hrsg.): Beiträge zu ökonomischer Forschung, Bd. 7, Göttingen 1979.
Jaffe, D.T.: Working with the Ones You Love: Conflict Resolution and Problem-Solving Strategies for Successful Family Business, Berkeley 1990.
Janis, I.; **Mann**, L.: Decision Making: A Psychological Analysis of Conflict, Choice and Commitment, New York 1977.
Johnson, S.C.: We'll Never Go Public In: Aronoff, C.E. et al (Hrsg): Family Business Source Book II, S. 140-144, Marietta, Georgia 1996.

Juhnke, R.: Die Trennung von Eigentum und Verfügungsmacht in der deutschen Publikumsgesellschaft und der Funktionswechsel ihrer Organe, Diss. Berlin 1995.
Kaiser, L.: Phasenspezifische Probleme beim Wachstums von Existenzgründungen, unveröff. Dipl.-Arbeit, Trier 1997.
Kayser, G.: The stages of growth in small and medium business: The current demand and supply of economic services, ifm-materialien Nr. 56, Bonn 1987.
Kappler, E. und S. **Laske** (Hrsg): Blickwechsel, Freiburg 1990.
Kasper, M.: Bibel und Business - Von den Reichtümern des Schuhverkäufers Deichmann aus Essen in: Welt am Sonntag v. 17.3.1996.
Katzendobler, E.-M.: Führung in gewachsenen Organisationen - Chancen und Herausforderungen für wachsende Familienbetriebe im Handwerk, zugleich Diss. München 1998
Kaye, K.: When the Family Business is a Sickness in: FBR IX (4), S. 347-368, 1996.
Kaye, K.: The Kid Brother In: FBR V (3), S. 237 - 256, 1992.
Kaye, K.: Penetrating the Cycle of Sustained Conflict in: FBR IV (1), S. 21 - 44, 1991.
Kehr, H.: Die Legitimation von Führung, Diss. München 1996.
Kerr, M. u. **Bowen**, M.: Family Evaluation. New York 1988.
Kieser, A.(Hrsg): Handwörterbuch der Führung (HWBdF), 2. erg. Aufl., Stuttgart 1995.
Kieser, A. und H. **Kubicek**: Organisation, 2.Aufl., Berlin, New York 1983.
Klaus, H.: Der Firmenbeirat, Stuttgart 1991.
Klaus, H.: Die Rolle des Beirates bei der Führung von Mittelbetrieben, Frankfurt et al. 1988 (zugl. Diss. Erlangen 1987).
Klein, R.; **Mahler**, A.: Expansion ins Nichts In: manager magazin 6/87, S. 30 - 35, 1987.
Klein, S.B.: Der strategische Wandel während des Nachfolgeprozesses im Familienunternehmen In: Schmeisser, W.; Krimphove, D.; Nathusius, K. (Hrsg): Handbuch Unternehmensnachfolge, Stuttgart 2003, S. 23 – 60.
Klein, S.: Family Businesses in Germany – Structure and Significance In: FBR XIII (3), S. 157 – 181, 2000
Klein, S.: Erben lassen - Psychologische Aspekte der Unternehmernachfolge In: Rosenstiel, L.v. und T. Lang-von Wins (Hrsg): Perspektiven des Unternehmertums, Stuttgart 1999.
Klein, S.: Qualität als Führungsphilosophie – Chancen der Personalarbeit in mittelständischen Unternehmen In: Personalführung 8/94, S. 738 – 742, 1994.
Klein, S.: Der Einfluss von Werten auf die Gestaltung von Organisationen, Berlin 1991 (zugleich Diss. Bayreuth 1990).
Klein, S.B.; **Astrachan**, J.H., **Smyrnios**, K.X.: The F-PEC scale of family influence: Construction, validation, and further implication for theory; Manuskript präsentiert auf der 3rd Conference on Theories of the family enterprise: Search for a paradigm; 10. – 12. Dezember 2003, University of Calgary, Canada
Kleinmann, P.: Kirchliche Auffassungen zur familialen Herrschaft In: Siebel, W.(Hrsg.): Herrschaft und Liebe, Berlin 1984.
Koch, B.: Mitglieder der Familie Haniel dürfen bei Haniel nicht arbeiten In: FAZ, S. 26, 2.3.1995.

Koch, B.: Das Familienvermögen ist seit 1789 in der Bank gut aufgehoben - Bei Sal. Oppenheim in Köln bereitet sich die siebte Generation auf Führungsaufgaben vor In: FAZ , S. 30, 26.9.1995.
Kocka, J.: Familie, Unternehmer und Kapitalismus In: Reif, H. (Hrsg.): Die Familie in der Geschichte, S. 163-186, Göttingen 1982.
König, D.: Die mittelgroße Familienunternehmung in der Rechtsform der Aktiengesellschaft, Bergisch-Gladbach 1986.
König, R.: Materialien zur Soziologie der Familie, Köln 1974.
Kopper, H. in: Pohl, Manfred (Hrsg.): Unternehmen und Geschichte, Mainz 1992.
Kühnel, H.: Ehe in der Gesellschaft des Mittelalters - Das Rollenbild der Frau In: Vavra, E.(Hrsg): Familie - Ideal und Realität, Horn 1993.
Kulicke, M.: Ansätze zur Erklärung von Entwicklungsmustern technologieorientierter Unternehmensgründungen in BFuP 4/91, S. 349 - 362, 1991.
Langer-Ostrawsky, G.: Erziehung In: Vavra, E. (Hrsg.): Familie - Ideal und Realität, S. 151 - 161, Horn 1993.
Lansberg, I.: On Retirement: A Conversation with Daniel Levinson In: FBR IV(1), S. 59-73, 1991.
Lansberg, I.: Managing human resources in family firms: The problem of the institutional overlap. In: Organizational Dynamics 12 (I): 39-46
Lansberg, I.: The Succession Conspiracy In: FBR I (2), S. 119 - 144, 1988.
Lansberg, I.S. und J.H. **Astrachan**: Modeling the Influences of Family Relation-ships on Leadership Succession in Family Businesses: The Importance of Mediating Influences, Unpublished manuscript, New Haven 1991.
Lansberg, I.; **Gersick**, K.: „The development of collaboration throughout the life-cycle in family enterprise“ Vortrag gehalten auf der 9. F.B.N. Annual World Conference vom 24.- 26. September 1998 in Paris.
Lattmann, C.: Die verhaltenswissenschaftlichen Grundlagen der Führung, Bern et al. 1982.
Lehr, U.: Psychologie des Alterns, 7.Aufl., Heidelberg, Wiesbaden 1991.
Leisner, W.: Eigentum: Schriften zu Eigentumsgrundrecht und Wirtschaftsverfassung 1970 - 1996, Berlin 1996.
Levinson, D.J.: Seasons of a woman´s life, New York, 1996.
Levinson, D.J.: Seasons of a man´s life, New York, 1976.
Levinson, H.: Conflicts That Plague Family Businesses In: HBR, 49, S. 90 - 98, 1971.
Lietke, R.: Wem gehört die Republik? Die Konzerne und ihre Verflechtungen, Frankfurt 1994.
Lord, R. G.: Functional leadership behavior: Measurement and relation to social power and leadership perceptions In: Administrative Science Quarterly, 22, S. 114 - 133, 1977.
Luhmann, N.: Grundrechte als Institution, Berlin 1965.
Malik, F.: Kompetenz zur Führung In: Schuppert, D. (Hrsg.): Kompetenz zur Führung, S. 141 - 169, Wiesbaden 1993.
Mann, G.: Deutsche Geschichte des 19. und 20. Jahrhunderts, 7. Aufl. d. Sonderausgabe, Frankfurt 1983.
Marshack, K. J.: Coentrepreneurial Couples: A Literature Review on Boundaries and Transistions Among Copreneurs In: FBR VI (4), S. 346-369, 1993.
May, P.: Lernen von den Champigions, Frankfurt 2001

May, P.: Die Sicherung des Familieneinflusses auf die Führung der börsengehandelten Aktiengesellschaft, Köln 1992.
McClintock, Ch. G.: Game behavior and social motivation in interpersonal settings In: McClintock, Ch. G. (Hrsg): Experimental social psychology , S. 271-297, New York 1972.
McGoldrick, M. und J.G. **Troast** Jr.: Ethnicity, Families, and Family Business: Implications for Practitioners in: FBR VI (3), S. 283 - 300, 1993.
Meffert, H.: Strategische Planungskonzepte in stagnierenden und gesättigten Märkten, In: DBW 1983, S. 193 - 209, 1983.
Merei, F.: Group leadership and institutionalization In: Maccoby, T.M et al (Hrsg.): Readings in social psychology, S. 522 - 532, New York 1958.
Miller, E.J. u. A.K. **Rice**: The Family Business in Contemporary Society In: FBR I (2), S. 193 - 210, 1988.
Minuchin, S.: Families and family therapy, Cambridge, Mass 1974.
Mittelsten-Scheid, J.: Gedanken zum Familienunternehmen, Stuttgart 1985.
Mitterauer, M.: Historisch-anthropologische Familienforschung: Fragestellungen und Zugangsweisen, Wien 1990.
Mueller-Oerlingshausen, J.O.: Führungs- und Finanzierungsschwellen im mittelständischen Wachstumsprozeß, Diss. St. Gallen 1994.
Nave-Herz, R.: Bedeutungswandel von Ehe und Familie In: Schulze, H.-J. und T. Meyer (Hrsg.): Familie - Zerfall oder neues Selbstverständnis? S. 18 - 27, Würzburg 1987.
Neidhardt, F.: Die Familie in Deutschland, In: Bolte, Karl M; F. Neidhardt und H. Holzer (Hrsg.): Deutsche Gesellschaft im Wandel, Bd. II, S. 57 - 69, Opladen 1970.
Nell-Breuning, O.v.: Arbeit vor Kapital - Kommentar zur Enzyklika Laborem exercens von Johannes Paul II., Wien 1983.
Nelton, S.: In Love and in Business: How Entrepreneurial Couples Are Changing the Rules of Business and Marriage, New York 1986.
Neuberger, O.: Mikropolitik, Stuttgart 1995.
Niemann, H.-W.: Zur Entwicklung der Unternehmensgründungen und -auflösungen in der Weimarer Republik und im „Dritten Reich“ in: Pohl, H. (Hrsg.): Überlebenschancen von Unternehmensgründungen, Zeitschrift für Unternehmensgeschichte, Beiheft 63, S. 61-70, Stuttgart 1991.
N.N.: Interlübke: Tüchtig vermöbelt In: Manager Magazin 8/1995, S. 21-22, 1995.
N.N.: Kathechismus der katholischen Kirche, München et al. 1993.
N.N.: Leben und Erziehen - Wozu? Entschließung der 5. Synode der Evangelischen Kirche in Deutschland In: Familienpolitische Informationen 18, 1979.
N.N.: Codex juris canonici, Freiburg und Regensburg 1922.
Paul, H.: Unternehmensentwicklung als betriebswirtschaftliches Problem. Ein Beitrag zur Systematisierung von Erklärungsversuchen des Unternehmenswachstums, Frankfurt et al. 1985 (zugl. Diss. Universität Gießen).
Pellinghausen, P.: Ist was weg, muß was hin - Wie funktioniert Aldi? Ein langjähriger Topmanager des Handelskonzern berichtet In: Wirtschaftwoche v. 12.3.1998, S.92 - 97, 1998.
Peters, T. [Interview mit]: „Vergessen ist die höchste Kunst“, Wirtschaftswoche 3/99 vom 14.1.1999

Pfohl, H.C.; **Kellerwessel**, P.: Abgrenzung der Mittel- und Kleinbetriebe von Großbetrieben in: Pfohl, H.C. (Hrsg.): Betriebswirtschaftslehre der Mittel- und Kleinbetriebe, Berlin 1982.
Picot, A.; **Laub**, U.-D.; **Schneider**, D.: Innovative Unternehmensgründungen, Berlin et al 1989.
Pieper, B. und M. **Pieper**: Familie - Stabilität und Veränderung, München 1975.
Plüskow, H.-J.v.: Wenn aus Kindern Unternehmer werden In: Impulse 2/95 S. 60-63, 1995.
Pohl, M.: Die Überlebenschancen von Unternehmensgründungen in der Zeit von 1870 bis 1918 In: Pohl, H. (Hrsg.): Überlebenschancen von Unternehmensgründungen, Stuttgart 1991.
Pohl, M.: Unternehmen und Geschichte, Mainz 1992.
Ponthieu, L.D. und **Caudill**, H.L.: Who´s the Boss? Responsibility and Decision Making in Copreneurial Ventures In: FBR VI (1), S. 3 – 17, 1993.
Popper, K.R.: Objektive Erkenntnis - ein evolutionärer Entwurf, 4. Aufl., Hamburg 1984.
Porter, M.E.: Wettbewerbsstrategie, 4. Aufl., Frankfurt/New York 1987.
Prince, R.A.: Family Business Mediation: A Conflict Resolution Model In: FBR III (3), S. 209- 223, 1990.
Pritzl, R.: Methodik zur Strategieentwicklung für Unternehmens-Eigner, Diss. St. Gallen 1993.
Pross, H. : Der Geist der Unternehmer. 100 Jahre Vorwerk & Co., Düsseldorf 1983.
Pross, H.: Manager und Aktionäre in Deutschland, Frankfurt 1965.
Proudhon, P.J. : Was ist Eigentum? 1840 Paris (dt. 1844).
Pümpin, C. und **Prange**, J.: Management der Unternehmensentwicklung, Frankfurt 1991.
Rau , W.: Rechtsauffassungen zur familialen Herrschaft In: Siebel, W. (Hrsg.): Herrschaft und Liebe, Berlin 1984.
Read, P. B.: Source of authority and the legitimation of leadership in small groups. In: Sociometry, 37 (2), S. 189 - 204, 1974.
Reckhaus, H.D.: Erfolgreiche Führung in Klein- und Mittelunternehmen - Eine empirische Studie der DOB-Branche, Diss. St. Gallen 1993.
Reif, H. (Hrsg): Die Familie in der Geschichte, Göttingen 1982.
Reinhart, A.: Die Familie als Kulturträger in Unternehmen in: Gottlieb-Duttweiler-Institut (Hrsg): Zukunft für Familienunternehmen? Perspektiven für die Unternehmenskontinuität. Tagungsband Rüschlikon 1990.
Risch, S.: Mach mal Pause In: Manager Magazin 10/96 S. 120-129, 1996.
Rogal, K.H.: Obligation or Opportunity: How Can Could-Be Heirs Asses Their Position? In: FBR II (3), S. 237 - 255, 1989.
Roha, R.A.: Enterprising Couples: What Does It Take to Run a Business with Your Spouse? In: Changing Times, S. 73 - 76, 1990.
Rosenbauer, C.(1994): Strategische Erfolgsfaktoren des Familienunternehmens im Rahmen seines Lebenszyklus, Diss. St. Gallen 1994.
Rosenbaum, H.: Formen der Familie: Untersuchungen zum Zusammenhang von Familienverhältnissen, Sozialstruktur und sozialem Wandel in der Gesellschaft des 19. Jahrhunderts, Frankfurt 1982.

Rosenstiel, L.v.: Grundlagen der Organisationspsychologie, 3. überarb.,erg. Aufl, Stuttgart 1992.
Rosenstiel, L.v. und D. **Gebert**: Führungsforschung und Organisations-/Sozialpsychologie In: Kieser, A. (Hrsg.): HWBdF, Sp. 679-698, Stuttgart 1995.
Rosenstiel, L.v.; W. **Molt** u. B. **Rüttinger**: Organisationspsychologie, 8. überarb. und erweit. Aufl., Stuttgart, Berlin, Köln 1995.
Rosenstiel, L.v. und **Schuler**, H.: Motivationspsychologische Aspekte der Gruppenentscheidung unter Risiko In: Problem und Entscheidung (4), S. 39 - 71, 1970.
Ross, H. u. J. **Milgram**: Important Variables in Adult Sibling Relationships In: M. Lamb und B. Sutton-Smith (Hrsg): Sibling Relationships: Their Nature and Significance Across the Life Span, S. 223 - 247, Hillsdale 1982.
Rueß, A.: Racke-Gruppe: Kalter Rausschmiß In: Wirtschaftswoche Nr. 48, S. 81 - 83, 1994.
Rüßmann, K.-H.: Die stille Macht am Rhein - Serie Dynastien/Wehrhahn In: Manager Magazin 11/94, S. 48-65, 1994.
Sautner, M.: Motive und Probleme der Unternehmensgründung, Wien 1985.
Savigny, F.K. von: System des heutigen römischen Rechts, Berlin 1840.
Schierenbeck, H: Überlebenschancen von Unternehmensgründungen in der Zeit von 1945 bis zur Gegenwart in: Pohl, H. (Hrsg.): Überlebenschancen von Unternehmensgründungen, Zeitschrift für Unternehmensgeschichte, Beiheft 63, S. 73-85, Stuttgart 1991.
Schmid, F.W.: Einzel-Assessment in: Sarges, W. (Hrsg.): Management-Diagnostik, S. 703 - 715,Göttingen et al. 1995.
Schmid, V.: Die Familie in Artikel 6 des Grundgesetzes, Diss. Berlin 1989.
Schmidt, A.: Zur finanzwirtschaftlichen Situation kleiner und mittlerer Unternehmen im Strukturwandel In: Franke, G. u. H. Laux (Hrsg.): Unternehmensführung und Kapitalmarkt, Festschrift für Herbert Hax, S. 285 - 326, Berlin et al. 1998.
Schneewind, K.A.: Familienpsychologie, 2. Aufl., Stuttgart, Berlin, Köln 1999.
Schneider, D.: Biologische Vorbilder für eine evolutorische Theorie der Unternehmung? In zfbf (48) 12/1996 S. 1098 - 1114, 1996.
Schneider, U.: Das Nachfolgeproblem als Familiendrama In: Kappler, E. u. S. Laske (Hrsg.): Blickwechsel - Zur Dramatik und Dramaturgie von Nachfolgeprozessen in Familienunternehmen, S. 71 - 84, Freiburg 1990.
Scholz, Ch.: Strategische Organisation: Prinzipien zur Vitalisierung und Virtualisierung, Landsberg/Lech 1997.
Schreyögg, G. u. H. **Steinmann**: Zur Trennung von Eigentum und Verfügungsgewalt. Eine empirische Analyse der Beteiligungsverhältnisse in deutschen Großunternehmen In: ZfB 51. Jg., S. 533 - 558, 1981.
Schuler, H.: Psychologische Personalauswahl, Göttingen und Sarges, W. (1995)(Hrsg): Management-Diagnostik, Göttingen et al. 1996.
Schuler, H; **Frier**, D.; **Kaufmann**, M.: Personalauswahl im europäischen Vergleich, Göttingen 1993.
Schuler, Th.: Familien im Mittelalter in: Reif, H. (Hrsg): Die Familie in der Geschichte, Göttingen 1982.
Schultzendorff, D.v.: Fremdmanager in Familienunternehmen, Diss St. Gallen 1984.
Schwägler, G.: Soziologie der Familie, Tübingen 1970.

Schwarb, T.M.: Die wissenschaftliche Konstruktion der Personalauswahl, München 1996 (zugleich Diss Basel 1995).
Sellien, F. und H. **Sellien** (Hrsg.): Gablers Wirtschaftslexikon, 10. neubear. Aufl., 1980.
Sennett, R.: Die Tyrannei der Intimität. Verfall und Ende des öffentlichen Lebens. Frankfurt 1986.
Servatius, H.-G.: Vom strategischen Management zur evolutionären Führung, Stuttgart 1991.
Siebel, W.: Herrschaft und Liebe, Berlin 1984.
Siefer, T.: „Du kommst später mal in die Firma!“: Psychosoziale Dynamik von Familienunternehmen, Diss. Wuppertal 1994.
Siegel, W. u. .**Rau**, W.: Dimensionen der Herrschaft in: Siebel, W. (Hrsg.); Herrschaft und Liebe, S. 11 - 29, Berlin 1984.
Smyrnios, K.; **Tanewski,** G.; **Romano,** C.: Development of a Measure of the Characteristics of Family Business In: FBR XI (1), S. 49 – 60, 1998.
Sommer, C.: Wechsler zwischen den Welten In: manager magazin 12/97, S. 275 - 284, 1997.
Spielmann, U.: Generationswechsel in mittelständischen Unternehmungen - Ablösung von Firmen- und Nichtgründern, Wiesbaden 1994 (zugleich Diss. St. Gallen).
Stadtmüller, G.: Gesellschaft und Wirtschaft zwischen den Weltkriegen in: Pleticha, H. (Hrsg.): Deutsche Geschichte, Bd. 11, S. 155 - 169, Gütersloh 1993.
Stafford, K.; **Duncan,** K.A.; **Dane,** S.; **Winter,** M.: A Research Model of Sustainable Family Businesses In: FBR XII (3), S. 197 – 208, 1999.
Stone, L.: Heirat und Ehe im englischen Adel des 16. und 17. Jahrhunderts, in: Rosenbaum, H. (Hrsg.): Seminar Familie und Gesellschaftsstruktur, S. 444 - 479, Frankfurt 1978.
Stürmer, M.; **Teichmann**, G.; **Treue,** W.: Wägen und Wagen, Sal Oppenheim jr. & Cie, Geschichte einer Bank und einer Familie, München, Zürich 1989.
Thonet, P.J.: Managerialismus und Unternehmenserfolg, Diss. Saarbrücken 1977.
Treue, W.: Unternehmens- und Unternehmergeschichte auf fünf Jahrzehnten In: Pohl, H. (Hrsg): Zeitschrift für Unternehmensgeschichte, Beiheft 50, 1989.
Ulrich, H.: Unternehmenspolitik, 2. durchges. Aufl. Bern, Stuttgart 1987.
Voigt, J.: Familienunternehmen: im Spannungsfeld zwischen Eigentum und Fremdmanage-ment, Wiesbaden 1990.
Walton, R.: How to choose between strategies of conflict and collaboration. In Golembiewski, R.T. ; Blumberg, H.H. (Hrsg.): Sensivity training and laboratory approach, 2. Aufl., S. 383 – 389, Itasca 1974.
Ward, J.; **Dolan**, C.: Defining and Describing Family Business Ownership Configurations In: FBR XI (4), S. 305 – 309, 1998.
Watzlawick, P. et al.: Menschliche Kommunikation, 9. Unveränd. Aufl., Bonn, Göttingen, Toronto, Seattle 1996.
Weber, M.: Wirtschaft und Gesellschaft, 5. Rev. Aufl., Tübingen 1972 (1. Aufl. 1921).
Willers, H.G.: Zukunftssicherung von Familienunternehmen, Sonderdruck aus „Leadership“, 15. Internationales Management-Gespräch an der Hochschule St. Gallen, 20. - 22. Mai 1985.
Wimmer, R.; **Domayer,** E.; **Oswald,** M.; **Vater,** G.: Familienunternehmen – Auslaufmodell oder Erfolgstyp? Wiesbaden 1996.

von Windau, P.; **Schumacher**, M.: Strategien für Sieger, Frankfurt 1998.
Witte, E.: Der Einfluss der Anteilseigner auf die Unternehmenspolitik In: ZfB, 51. Jg., S. 733-779, 1981.
Witzel, A.: Verfahren der qualitativen Sozialforschung. Überblick und Alternativen, Frankfurt , New York 1982.
Wöhe, G.: „Die Wahl der Rechtsform als Entscheidungsproblem" in ders.: Einführung in die Betriebswirtschaftslehre, 13. überarb. Aufl., München 1978.
Woityla, K.: Liebe und Verantwortung, München 1979.
Wortman, M.S. jr.: Theoretical Foundations for Family-Owned Business: A Conceptual and Research-Based Paradigm In: FBR VII (1), S. 3 - 27, 1994.
Wossidlo, P.R: Finanzierung In: Pfohl, H.-C. (Hrsg.): Betriebswirtschaftslehre der Mittel- und Kleinbetriebe: größenspezifische Probleme und Möglichkeiten zu ihrer Lösung, 3. neubearb. Aufl., S. 287 - 333, 1997.
Zahn, P.A.: Familienunternehmen im Gegenwind? In: GDI (Hrsg.): Zukunft für Familien-unternehmen, Rüschlikon 1990.
Ziegler, K., **Sontheimer**, W. (Hrsg.): Der kleine Pauly. Lexikon der Antike, 2 Bd., Stuttgart 1967.
Zorn, W.: Typen und Entwicklungskräfte deutschen Unternehmertums im 19. Jahrhundert In: Vierteljahrschrift für Sozial- und Wirtschaftsgeschichte, Bd. 44, S. 57 - 77, 1957.